개정증보판

축구철학의 역사

위대한 전술과 인물들

축구철학의 역사 위대한 전술과 인물들

초판 1쇄 발행일 • 2011년 11월 30일
2쇄 발행일 • 2012년 3월 30일
개정증보판 1쇄 발행일 • 2015년 10월 30일
2쇄 발행일 • 2018년 1월 25일
3쇄 발행일 • 2021년 11월 10일

지은이 • 조나단 윌슨(Jonathan Wilson)
옮긴이 • 하승연
펴낸이 • 이재호
펴낸곳 • 리북
등 록 • 1995년 12월 21일 제2014-000050호
주 소 • 경기도 파주시 회동길 50, 3층(문발동)
전 화 • 031-955-6435
팩 스 • 031-955-6437
홈페이지 • www.leebook.com

정 가 • 20,000원

ISBN 978-89-97496-34-1

개정증보판

축구철학의 역사

위대한 전술과 인물들

조나단 윌슨 지음   하승연 옮김

▽△▽△▽△▽
▽△▽△▽
▽△▽
▽

리북

felix qui potuit rerum cognoscere causas

Virgil, Georgics, no 2, 1 490

사물의 원인을 아는 자는 행복하다

베르길리우스(로마 시인), 〈게오르기카〉(농경시) 2권, 490절

■ 일러두기

– 본문에서 옮긴이의 설명은 작은 글씨로 (   )안에 넣었습니다.

– 축구클럽명과 감독 및 선수, 기타 인물의 원어 표기는 맨 뒤의 색인을 참고하세요.

옮긴이의 말

△▽ 〈축구철학의 역사〉 초판을 번역하면서 '우리의 축구철학'에 대한 물음에 맞닥뜨리게 된 것은 당연한 일이었다. 하지만 〈축구철학의 역사〉에 등장하는 전술과 철학의 역사는 우리에게 상당히 낯설게 다가오는 것도 사실이다. 물론 그 모든 과정을 거쳐야 완성된 축구가 탄생하는 것은 아니지만 이제는 모두가 세계의 축구 흐름과 방향을 주목하고 자신에게 맞게 접목하려고 노력하고 있다. 우리의 경우도 국내 선수들을 선진 축구라 부르는 해외리그로 보내려고 애를 쓰는 일이나, 최신의 세계축구 전술과 시스템을 누구보다도 빠르게 받아들이고 있는 현실을 보면 알 수 있다. 문제는 흐름을 따라 가는 일에 급급해 축구의 기능적인 부분에만 몰두하고 정작 전술과 시스템의 근간을 이루는 철학이라는 추상적 영역을 소홀히 하는 점이다. 또한 축구 역사는 상대적으로 짧지만 최근에 우리가 이룬 발전을 생각해 보면, 축구철학을 논하고 수립하기 위해서는 축구 인프라의 구축이 전제가 되어야 한다는 주장만 계속 펼칠 수는 없어 보인다. 물론 여기서 축구철학은 한 나라나 팀의 일목요연한 사고체계이기도 하고 개별적인 축구인이 각자의 수준에서 품고 있는 일관된 생각도 포함한다.

초판 번역본의 추천사를 써주신 김호 전 국가대표팀 감독님으로부터 기회가 되면 알렌 웨이드 Allen Wade의 책을 한 번 번역해 보라는 권유를 받은 적이 있다. 이 책(〈The F.A. Guide to Training and Coaching〉을 말함)은 1967년에 영국에서 출간된 축구 실용서이자 축구철학이 담긴 '고전'이라 할 수 있다. 이런 고전에 대한 통찰의 부족도 '철학의 빈곤'으로 이어지는 하나의 원인이라고 생각한다. 무릇 교과서의 텍스트를 생략하고 요약된 내용만 다급하게 외워서는 응용력을 발휘할 힘이 떨어지고 깊이 있는 공부와 멀어지는 법이다.

지금은 무엇보다도, 승리와 성적, 우승 트로피와 돈 그리고 성공이 마치 축구의 전부인 것처럼 여기며 '현실'을 내세워 '축구'를 차 버리는 절망적 상황에서 축구에 내재된 감동을 다시 살리려는 노력이 필요한 시기라고 본다. 사실 언제나 승리를 보장하는 절대적인 전술은 없고, 항상 모두를 만족시키는 축구를 하기란 불가능하다. 그러므로 이겨야만 의미가 있다고 한다면 우리는 언제나 절망할 것이다. 어릴 적, 공을 차던 우리의 모습을 돌아보면 무엇을 위해 뛰기보다 자신의 욕망에 충실하고 함께한다는 기쁨이 넘치는 놀이로서의 축구를 기억할 것이다. 승리하되 날뛰지 않고 패배에도 무너지지 않으며 원시적 건강성이 살아있고 정신을 드높이던 축구를 떠올릴 수 있을 것이다. 이것을 누구나 품고 있는 아마추어정신이라고 한다면 그것은 프로정신의 반대 개념이 아니라 축구정신의 모태라고 표현할 수 있지 않을까?

조나단 윌슨은 언론활동과 저술을 통해 세계적으로 알려진 영국의 축구전문작가이다. 지금도 세계 각국을 돌며 세계축구의 흐름을 목격하고 생생하고 깊이 있는 축구칼럼과 트위터 활동으로 전 세계 축구인들과 소통하고 있다. 원저 〈Inverting the Pyramid―The History of Football Tactics, 2012 개정증보판〉은 각국의 수많은 축구자료와 감독, 선수를 비롯한 1,500여명에 이르는 다양한 인물에 대한 기록을 토대로 150년이 넘는 축구역사와 전술의 역사를 흥미롭고 감동적으로 옮겨 놓은 역작이다. 또한, 각 장에는 전술의 흐름을 한 눈에 볼 수 있도록 주요 경기의 포메이션이 도표로 나와 있다.

개정증보판의 가장 큰 특징은 현대 축구의 큰 줄기인 FC바르셀로나의 축구철학을 깊이 있게 다루면서 이것이 어떻게 독일 분데스리가를 비롯하여 전 세계의 축구에 영향을 주고 있는지 밝히고 각 장마다 흥미롭고 중요한 내용을 새롭게 보강했다는 점이다. 책 속에는 축구에 대한 일반적 인식부터 세밀한 전술의 이해에 이르기까지 유용한 정보가 들어 있어 감독, 선수뿐만 아니라 축구를 사랑하는 일반인에게도 큰 감동과 영감을 줄 것이며 그들의 축구역사와 철학이 결코 우리와 무관하지 않다는 것을 실감하게 될 것이다. 각 장에 심심치 않게 등장하는 골 장면의 묘사와, 상반되는 축구철학이 부딪치는 장면들은 박진감 넘치고, 많은 인용문 속에는 역사 속 인물들의 축구와 삶에 대한 강직함이 묻어난다. 이렇게 축구철학과 전술의 역사 여정을 끝마치고 나면 지금 우리가 무심코 쓰고 있는 전술의 뿌리를 발견하고 축구에 대한 우리의 생각의 씨줄과 날줄에는 숱한 축구전도사들의 열정과 철학이 얽혀 있다는 결론에 다다를 수 있을 것이다.

우리는 이 책을 통해 전술은 단지 숫자와 배열의 문제가 아니라 축구정신과 관련이 있다는 사실을 깨닫게 되고 나아가 축구에서 또는 우리의 삶에서 잃지 말아야 할 것은 아득한 시절의 축구에 담긴 순수한 정신과 소박한 감동이라는 가르침을 얻게 된다. 결국 축구역사의 수레바퀴를 굴리는 일은 언제나 선수와 감독, 팬들의 몫이다. 모두가 손을 맞잡는 순간도 있지만 갈등과 대립은 일어나기 마련이다. 그럼에도 불구하고 함께 밀고 나가야 할 축구의 방향은 언제나 존재하고 우리는 끊임없이 어떻게 축구를 할 것인가에 대한 질문을 던져야 한다.

책에 등장하는 포메이션은 관심 있는 사람들을 위해 책의 뒷부분에 각 장 별로 정리해 두었다. 원문의 인명 색인에다 클럽 색인도 첨부하였다. 1,500여명에 이르는 각국 선수와 감독, 기타 인물들 그리고 330여개 축구클럽의 우리말 표기는 나라별 외래어 표기법을 따르되 널리 통용되는 표기도 참조하였다. 또한 초판의 잘못된 부분을 바로잡고 전체내용도 다시 다듬었음을 밝힌다.

개정증보판을 내기로 결정한 것은 출판사의 용기가 옮긴이의 나약함을 이긴 탓이지만 결국 무언의 의기투합이 작용했다고 감히 생각한다. 책을 우리말로 옮기는 내내 아마추어 축구인에게 다가오는 흥분과 감동을 끝까지 안고 가고자 했다. 작업을 마쳤지만 초판 번역 때와 마찬가지로 책 속의 몇몇 인물들이 마음속에 오래 머무르고 있다. 이재호 대표님을 비롯한 리북출판사 여러분께 또다시 고마움의 인사를 올린다.

옮긴이 하 승 연

■차례

▽△▽△▽△▽△
초판 감사의 말

▽▽ 이 책을 쓰면서 참으로 많은 사람들이 자신이 살아 왔던 시대와 철학을 포용해 왔던 사실에 고개를 숙였다. 비록 여기에 쭉 열거를 하더라도 한 사람 한 사람이 했던 중요한 역할 만큼은 높이 평가해야 한다.

우크라이나와 헝가리 그리고 러시아에서 타라스 호르디옌코Taras Hordiyenko, 산도르 라치코Sandor Laczko, 블라디미르 솔닷킨Vladimir Soldatkin의 도움을 받았다. 이들은 변함없이 해박하고 꼼꼼한 사람들이었다. 알리악시 질Aliaksiy Zyl과 민스크 지역 디나모 팬클럽 회원들의 조언에 대해서도 고마움을 표한다(그리고 우리를 소개시켜 준 크리스 프레이저Chris Fraser에게도 인사를 전한다. '디마(Dima, 러시아식 호칭)': 아스날 에미레이츠 홈구장에서 방사능원소 폴로늄이 검출되었던 그날 밤(2006년 러시아 스파이가 런던에서 폴로늄에 의해 독살된 사건-역자 주)을 결코 잊지 못할 것이다).

아르헨티나에서 마르셀라 모라 이 아라우호Marcela Mora y Araujo는 자신의 넓은 인맥을 나에게 연결시켜 주었고 로드리고 오리우엘라Rodrigo Orihuela, 페데리코 마욜Federico Mayol, 닐 클락Neil Clack, 클라우스 가요Klaus Gallo는 인터뷰를 잡아주고 나를 안내하며 번역과 조사를 도왔다. 아라셀리 알레만Araceli Aleman은 자신의 방대한 서재를 공개하고 후안 로만 리켈메의 위대함을 밝혀 놓은 정기 논문들을 보여 주었으며 예상보다 길어진 도보여행을 포함하여 매사에 도움을 주었다.

브라질에서 시간을 함께하며 편안하게 정보를 얻도록 해준 이반 소테르Ivan Soter, 호베르투 아사프Roberto Assaf, 파울루 에밀리오Paulo Emilio, 아우베르투 헬레나 주니오르Alberto Helena Junior에게 감사드리며 조사, 번역, 작업 실행에 이르기까지 노력을 기울인 카시아노 고베트Cassiano Gobbet,

11

로버트 쇼Roberto Shaw, 조르다나 알바레스 도스 산투스Jordana Alvarez dos Santos에게도 고마움을 전한다. 또한 이야기의 배경을 구상하고 현장의 전문가들과 접촉하도록 도와준 아이단 해밀턴Aidan Hamilton과 알렉스 벨로스Alex Bellos의 노력도 잊지 않고 있다.

이탈리아 관련 글은 가브리엘 마르코티Gabriele Marcotti의 헌신적인 도움이 있었다. 정보통으로서 많은 것을 검증하는 데 든든한 발판이 되어주었고 무엇보다도 레스토랑에서 후무스와 타불러, 차지키(중동 및 그리스 음식 이름-역자 주) 그릇으로 우디네세(Udinese 1896년 창단된 이탈리아 축구클럽 -역자 주) 수비진을 편성하여 벌였던 토론에 끼어들도록 허락해준 것에 대해 감사한다. 지금도 나는 그때의 퀴즈챔피언 트로피를 내가 소유할 시간이 오기를 바라고 있다.

프랑스에서는 필립 오클레어Philippe Auclair, 독일 관련 내용은 크리스토프 비어만Christoph Biermann, 라파엘 호니그슈타인Raphael Honigstein, 울리 헤세-리흐텐베르거Uli Hesse-Lichtenberger의 지원이 있었다. 네덜란드 축구에 대한 해박한 내용은 사이먼 쿠퍼Simon Kuper와 아우크 콕Auke Kok으로부터, 스페인은 시드 로우Sid Lowe와 기엠 발라게Guillem Balague로부터 도움을 받았다. 또한 많은 역사적 문제를 똑바로 잡아준 브라이언 글랜빌Brian Glanville의 변함없는 마음 씀씀이도 잊을 수 없다.

햄던에 있는 스코틀랜드 축구박물관 리처드 맥브레티Richard McBrearty, 축구의 기원에 관한 식견을 펼쳐준 프레스턴의 국립축구박물관 피터 혼Peter Horne, 콜린데일의 영국신문도서관과 글래스고의 미첼 박물관, 세인트 판크라스의 영국도서관 직원들에게도 감사를 드린다.

또한 섹션별 원고 검토와 번역, 조사통로를 찾는 데 많은 사람들이 도와주었다: 존 아담스Jon Adams, 데이비드 바버David Barber, 마우리시오 리베이로 바로스Mauricio Ribeiro Barros, 한스피터 본Hanspeter Born, 던칸 캐슬Duncan Castles, 마르쿠스 크리스텐슨Marcus Christenson, 제임스 코프널James Copnall, 그레이엄 커리Graham Curry, 소린 두미트레스쿠Sorin Dumitrescu, 데이브 파라Dave Farrar, 이고르 골데스Igor Goldes, 루크 고세트Luke Gosset, 개빈 해밀턴Gavin Hamilton, 게오르그 하이츠Georg Heitz, 폴 하워스Paul Howarth, 에밀 이안체프Emil Ianchev, 마치에이 이반스키Maciej Iwanski, 리차드 졸리Richard Jolly, 존 키스

12

John Keith, 토마스 넬울프Thomas Knellwolf, 짐 로튼Jim Lawton, 앤디 라이언스 Andy Lyons, 벤 리틀턴Ben Lyttleton, 댄 맥나워스키Dan Magnowski, 엠마 맥알리 스터Emma McAllister, 케빈 맥카라Kevin McCarra, 레이첼 니콜슨Rachel Nicholson, 블라디미르 노막Vladimir Novak, 군나르 페르손Gunnar Persson, 앤디 로즈Andy Rose, 폴 로완Paul Rowan, 릴라나 루지치Ljiljana Ruzic, 도미니크 샌드브룩Dominic Sandbrook, 존 슈마허John Schumacher, 휴 슬라이트Hugh Sleight, 롭 스미스Rob Smyth, 그레이엄 스피어스Graham Spiers, 죄르지 세페시Gyorgy Szepesi, 에릭 웨 일Eric Weil, 던칸 화이트Duncan White, 악셀 바르탄얀Axel Vartanyan, 시노부 야 마나카Shinibu Yamanaka, 브루노 지아우딘Bruno Ziauddin.

나의 에이전트 데이비드 럭스턴David Luxton, 흔들림 없는 지원과 유용 한 중재에 나선 오리온 출판사 편집장 이안 프리스Ian Preece 그리고 교열 담당 크리스 혹스Chris Hawkes의 노고에 감사를 표한다.

끝으로 구두점에 관한 해박한 지식을 함께 나누고 아프리카 네이션스 컵에 대해 많은 시간을 투자한 이안 호키Ian Hawkey와 리프 축구이론의 문제점이 새롭게 떠올랐던 시기에 더람 바로 북쪽 철도지점에서 일어난 고장으로 나를 한참동안 기다리게 만든 네트워크 레일(Network Rail 영국 철도시설공단-역자 주)에도 감사를 전한다.

▽△▽△▽△▽△▽△
개정증보판 감사의 말

△▽ 초판에 도움을 줬던 많은 분들이 이번 개정증보판에도 변함없이 큰 힘이 되었고 나는 또 한 번 모두에게 고마운 마음을 전해야 할 것 같다. 더불어 감사를 드릴 분들이 있다. 2차 세계대전 이전의 일에 대한 해박한 지식과 자료를 흔쾌히 공유해 준 국립축구박물관 알렉산더 잭슨 Alexander Jackson, 피터 맥윌리엄과 아서 로가 이끌던 토트넘에 대한 추가 자료에 도움을 준 마틴 클로크 Martin Cloake, 아르헨티나에서 여러 가지 조언을 해준 에스테반 베케르만 Esteban Bekerman, 에드 말리온 Ed Malyon, 마틴 마주르 Martin Mazur, 에스겔 페르난데스 무레스 Ezequiel Fernandez Moores, 조엘 리처즈 Joel Richards, 파블로 비그논 Pablo Vignone 그리고 브라질 축구에 대한 폭넓은 정보를 제공해준 팀 비커리 Tim Vickery에게도 감사의 말을 전한다.

또한 80년대 덴마크대표팀에 대한 집념과 그에 대한 자신의 분석을 함께 공유해 준 롭 스미스 Rob Smyth에게 특별히 고마운 마음을 전한다.

18장의 '토탈 리콜' 제목을 생각해낸 닉 웨마이어 Nick Wehmeier도 빼놓을 수 없다.

에이전트 데이비드 럭스턴 David Luxton에게도 다시 한 번 고마움의 인사를 올린다. 오리온 출판사 앨런 삼손 Alan Samson과 폴 머피 Paul Murphy, 편집장 이안 프리스 Ian Preece, 교열 담당 존 잉글리쉬 John English는 개정판 작업에 큰 도움을 주었다.

더불어 원고 정리와 편집을 자신의 삶으로 여기며 지원을 아끼지 않았던 캣 피터슨 Kat Petersen에게 변함없이 커다란 고마움을 느낀다.

14

△▽△▽△▽△▽
개정증보판 서문

△▽ 2005년 내가 〈포포투 FourFourTwo〉에 〈Inverting the Pyramid〉 저술의 정점으로 치닫는 생각으로 이어진 기사를 썼을 당시, 전술은 잉글랜드축구 관련 보도의 변방에 머물러 있었다. 그로부터 8년이 흘러 이렇게 글을 쓰고 있는 시점에 전술은 논의의 중심으로 진입했다. 영국팬들 다수는 아니더라고 적어도 핵심 팬들에게, 대형 터치스크린 앞에서 게리 네빌이 손을 이리저리 흔들며 주말 경기를 해부하는 모습을 지켜보는 것은 빠뜨릴 수 없는 일이 되었다. 모든 신문이 전술 고정칼럼을 싣고 전술 블로그가 생겨났으며 '폴스나인 false nine, 가짜 9번'과 '뒤집어진 윙어 inverted winger'같은 용어가 자주 등장하게 되었다.

〈Inverting the Pyramid〉는 그런 움직임의 한 부분이었다. 누군가의 지적처럼 책이 그런 흐름을 만든 것이 아니라 막 시작된 어떤 흐름을 포착함으로써 경기를 분석하길 좋아하는 사람들에게 역사적 맥락을 알려주는 데 도움을 주었다고 볼 수 있다. 잉글랜드축구는 지금도 러다이트 Luddite(신기술을 반대하며 벌인 기계파괴운동. 축구의 새로운 요소를 거부하는 경향)를 보일 때도 있지만 날이 갈수록 세련되게 축구를 받아들이고 있다. 잘 살펴보면 어떨 때는 전술에 대한 관심을 넘어 집착의 단계에 이르는 경우도 있다.

2008년 이 책의 조판 프롤로그에서 분명하게 밝혔지만, 나를 일종의 전술원리주의자로 바라보는 사람들이 많은 것 같아서 언급할 가치가 있는 부분을 반복하겠다. 나는 전술이 팀의 경기방식을 결정하는 유일한 것으로 여기지 않을뿐더러 전술이 경기를 풀어나가는 데 언제나 가장 중요한 요소라고는 믿지 않는다. 전술은 그동안 소홀히 여겼던 많은 요소

15

중 하나이지만 오히려 능력, 체력, 동기, 파워와 행운을 함께 이어주는 한없이 복잡한 태피스트리 tapestry(여러 가지 색실로 그림을 짜 넣은 직물)의 실 가닥과 같다. 더불어 전술을 다른 요소와 분리할 수 있다고 믿지 않는다. 체력이 앞서는 팀은 힘이 빠진 팀에게 다른 방식으로 플레이를 해야 하고, 자신감이 부족한 팀이라면 좀 더 신중한 플레이가 필요하며, 예술 을 애호하는 선수들이 있는 팀은 그들의 부족한 점을 메울 수 있는 방식 으로 준비를 해야 하듯 모든 것은 연관되어 있다.

마찬가지로 포메이션도 자의적으로 명명하는 경우가 많아 보인다. 4-4-2에서 세컨드 스트라이커가 얼마만큼 핵심 스트라이커 뒤에 있어 야 4-4-1-1이 되는가? 측면 미드필더들이 어느 정도 전진해야 4-2-3-1이 되는가? 만일 보조 스트라이커가 조금 깊이 내려오고 측면 선수가 올라가면 그래도 4-2-3-1인가, 아니면 4-2-1-3 또는 4-3-3 인가? 풀백이 종종 높이 올라가는 경우 평균적으로 수비형 미드필더와 나란히 서게 되는데 그런 경우 4-2-3-1 대신에 2-4-3-1로 왜 분류하 지 않는가? 용어란 본래 약칭에 가깝고 실제 만큼이나 관례에 따르는 경우가 많으며 투박하긴 하지만 기본적인 라인업을 알려주는 데 쓰이는 방식이다.

전술에서 절대라는 것은 없다고 본다. '최고의' 포메이션은 결단코 없다. 지난 5년간 나는 끊임없이 이 질문을 받았다. 공격과 수비의 기본 적인 균형은 분명 있어야 하지만 결국 모든 게 상황에 달려 있다. 즉, 뛸 수 있는 선수들, 선수들의 체력 및 정신상태, 주변 조건들, 기량, 팀의 경기 목표 그리고 상대 팀과 상대방 선수들, 그들의 포메이션, 체력 과 정신도 고려해야 한다. 모든 것이 연관되어 있을 뿐 아니라 모든 것은 상대적이다.

△▽

초판에서 AS로마와 맨체스터 유나이티드가 가동했던 스트라이커 없 는 포메이션을 살피면서 마무리 지었고 4-6-0이 미래의 포메이션이 될 거라는 카를루스 아우베르투 파헤이라의 이론을 인용했다. 거기서는 '폴스나인'이라는 용어를 쓰지 않았지만 우리가 알게 된 바대로 정통파 센터포워드가 움직이던 위치에서 깊이 내려와 있는 선수를 칭하는 것이다. '폴스나인'이 자유롭게 사용되고 있다는 사실은 누구나 금세 알 수 있을 것이다. 또한 이제는 그런 흐름이 보편화되었을 뿐만 아니라 지난 5년간 전술 분석에 대한 관심이 얼마나 커졌는지 말해 준다.

그 시기에 펩 과르디올라는 바르셀로나를 적어도 지난 20년을 통틀어 최고의 팀으로 변모시켰고 그런 와중에 전술의 지형을 바꾸어 놓았다. 이번 개정증보판에서는 과르디올라 축구철학의 뿌리와 완성을 생각해 보고 초판에 비해 훨씬 더 세부적으로 퀸스파크부터 뉴캐슬과 토트넘을 거쳐 아약스와 바르셀로나에 이르는 패스게임 스타일의 진화를 살펴본다. 또한 루이스 반 할과 마르셀로 비엘사 아래서 토탈풋볼이 어떻게 진화했는지 살펴보고 바르셀로나를 맥락 속에 두고 스페인 축구의 기원과 빅 버킹엄과 리뉘스 미헐스가 등장하기 전 어떻게 라 푸리아(la furia, 또는 la furia roja는 스페인 국가대표팀의 애칭으로 원뜻은 '붉은(roja) 분노(furia)'로 정열을 나타낸다)가 스페인의 이상이 되었는지 알아보려고 한다.

하지만 곳곳에 내용을 추가하여 어감을 살리는 설명을 덧붙이고 다듬어 확장시켰다. 예를 들면 초판에서 당시의 축구가 보편적으로 2-3-5에 집착했다는 인상을 던졌던 에드워드 시대의 영국축구에 관한 상세한 내용을 개정판에 담았다. 마찬가지로 1920년대 스리백의 탄생은 내가 인식한 것보다도 한참 느리고 더욱 복잡한 과정이었는데, 놀랍게도 C. B. 프라이는 1897년에 이미 스리백에 관한 논의를 하고 있었다. 또한 1980년대 초반 스리백의 귀환에 대해서도 훨씬 많은 내용을 포함시켰다. 이전에 내가 카를로스 빌라도와 프란츠 베켄바우어에게 스리백 개발의 공을 돌렸던 그 지점에서 이제는 셉 피온테크와 치로 블라제비치가 적어도 스리백에 대해서는 그만큼의 권한을 가지고 있다는 사실을 알게 되었다.

추가적인 조사를 통해 더욱 세밀하게 내용을 첨가하기도 했는데 특히 독자들이 나에게 빠진 부분을 지적하고 다른 방식의 해석을 제안하기도 했다. 예를 들면, 나는 브라질에 W시스템(2-3의 수비형태)을 도입했던 헝가리인 도리 커슈너에 맞먹는 인물이 아르헨티나에 있을 것이라 막연하게 생각했었는데, 아니나 다를까 역사학자 에스테반 베케르만이 건네준 30년대의 아르헨티나 신문파일을 훑어본 뒤 1936년 리버 플라테에서

2관왕을 일궜던 에메리호 히르슐은 내가 생각했던 아르헨티나 사람이 아니라 실제로는 에메리히 히르슐로서 1932년 이민을 간 헝가리 사람이라는 사실을 발견했다. 좀 더 연구를 해보니 그 사람이 W수비시스템을 개발했고 그것을 인정받기까지 3년이 걸렸다는 사실이 밝혀졌다. 커슈너처럼 히르슐도 유대인이었는데 이는 30년대 반유대주의 물결이 축구 발전에 얼마나 깊이 관여했는지 알 수 있게 해준다.

조사를 많이 할수록 연관된 것들이 하나둘 드러나기 마련이고 전술의 발전에 깔려있던 얽히고설킨 영향들이 더 많이 보이기 시작한다. 다음과 같은 사실을 예로 들어 보겠다. 2차 세계대전 이후로 바르셀로나 감독을 역임했던 두 명의 영국인은 모두 30년대 후반 피터 맥윌리엄 시절 토트넘 홋스퍼에서 뛴 적이 있는 감독 밑에서 선수생활을 했다. 한 명은 빌 니콜슨 밑의 테리 베너블스고 다른 한 명은 캄프누Camp Nou, 바르셀로나 홈구장에서 현대적 패스게임의 초석을 다진 빅 버킹엄 밑의 보비 롭슨이었다. 이것이 그저 우연의 일치일 수도 있겠지만 총체적인 경기인 축구의 틀을 마련해 주는 전통과 핵심철학의 연계를 암시해 준다. 축구전술은 항상 진화 중이며 축구역사도 마찬가지다.

조나단 윌슨
2012년 12월, 런던

▽△▽△▽△▽△
프롤로그

△▽ 유로2004에서 잉글랜드가 스위스에 3-0 승리를 거둔 날 저녁, 리스본의 예술촌 바이로 알토 타파스 바. 리오하 와인을 따르며 각국의 언론인이 뒤섞여 토론을 벌이고 있었다. 스벤 예란 에릭손 감독이 정통 4-4-2 전술을 고수한 것은 과연 옳았는가? 미리 밝힌 대로 다이아몬드형 미드필드로 전환하는 게 옳지 않았는가? 유력 선수들이 막판에 팀의 미드필드진에 합류하면서 얼떨결에 중원이 일자형으로 바뀐 게 아닌가?

영국 동료가 따지고 들었다. "그래, 뭐가 다른데? 포메이션이 뭐가 중요해, 그 선수가 그 선순데. 적을 가치도 없어."

내가 분을 삭이지 못하고 술에 취해 손가락을 치켜들면서, 당신 같은 사람은 축구에 대해 말할 자격도 없고 아예 보지도 말아야 한다며 퍼부을 때, 때마침 아르헨티나 여성 기자가 내 팔을 끌어 내리며 말했다. "포메이션이야말로 중요한 딱 한 가지죠. 다른 것에 대해 적을 게 뭐가 있겠어요?"

일순간 영국인들의 축구에 대한 생각에서 가장 취약한 부분이 적나라하게 드러났다. 축구는 선수에 관한 것 또는 선수에게만 관련된 것이 아니다. 형태와 공간, 선수의 지능적인 배치 그리고 그 속에서 일어나는 선수들의 움직임에 관한 것이다(여기서 '전술'은 포메이션과 스타일의 조합이라는 것을 분명히 해 두어야겠다. 같은 4-4-2라도 야구선수 스티브 스톤과 축구선수 호나우지뉴가 다른 만큼이나 전혀 다를 수 있다). 아르헨티나 기자의 말은 상황에서 나온 과장일 뿐 축구에는 마음, 정신, 노력, 욕망, 체력, 의지, 속도, 열정과 기술, 이 모든 것이 다 작용한다. 그럼에도 불구하고 이론적인 영역은 존재하며 다른 분야처럼 영국인들은 대체로 이런 추상적인 문제에 매달리지 않으려 한다는 것을 보여 주는 대목이다.

이것은 분명 결점이고 좌절감을 안겨주는 것이긴 하지만 그렇다고 잉글랜드축구의 실패에 대한 변명이 될 수는 없다. 무엇보다도 1, 2차 세계대전 시기와 비교하지 않는다면, 잉글랜드축구가 꼭 실패하고 있다고 단언할 수는 없다. 스벤 예란 에릭손은 결국 조롱을 당하고 말았지만, 그때까지 잉글랜드팀을 세 번 연속으로 국제대회 8강전에 올려놓은 사람은 알프 램지뿐이다. 스티브 맥클라렌이 이끈 잉글랜드가 영국인들의 예상보다 훨씬 더 힘들었던 유로2008 조별 예선에서 탈락한 것은 하강국면의 시작이라기보다는 일시적으로 불거진 문제임이 드러났다. 파비오 카펠로가 지휘봉을 잡았던 잉글랜드는 일찌감치 2010년 월드컵 예선을 통과했지만 남아프리카에서 쓴맛을 보았다. 유로2012에서는 승부차기로 8강전에서 탈락하며 늘 하던 일을 되풀이했다.

우루과이와 오스트리아를 보라, 그게 바로 몰락이다(2010년과 2011년 우루과이가 오스카르 와싱톤 타바레스 감독 효과로 성적이 급상승한 것을 고려하더라도). 겨우 인구 5백만이라는 제한된 상황에서도 영웅처럼 꿋꿋이 버티는 스코틀랜드와 비교해 보라. 더군다나 1953년 11월, 우린 우월하다는 영국인들의 환상에 조종을 울렸던 헝가리를 보라. 가장 빛났던 팀의 가장 위대한 선수였던 페렌츠 푸슈카시가 세상을 뜬 2006년 11월에 헝가리는 끝없는 추락을 거듭하며 FIFA 세계랭킹 100위 안에 머무는 것도 버거웠다. 그게 바로 몰락이다.

하지만 웸블리구장에서 헝가리에게 당한 3-6 패배는 잉글랜드에게 하나의 분수령으로 남아 있다. 그것은 안방에서 유럽대륙을 상대로 패한 최초의 경기일 뿐만 아니라 내용적으로도 압도당함으로써 잉글랜드축구가 세상을 지배하고 있다는 믿음을 완전히 무너뜨렸다. 브라이언 글랜빌은 당시의 패배에 대해 〈사커 네메시스 Soccer Nemesis〉에 이렇게 적었다. "외국의 도전과 잉글랜드 축구사는 어리석고 멀리 보지 못하는 막돼먹은 섬나라 근성 때문에 어마어마한 우월성이 희생당하는 이야기로 점철되어 있다. 부끄러울 만큼 재능을 소진하고, 놀랄 만큼 안주하고, 끝도 없이 자신을 속이는 이야기다." 정말 그랬다.

그러나 13년 후 잉글랜드는 세계 챔피언에 등극했다. 그 어마어마한 우월성은 탕진했는지 모르겠지만 여전히 축구 강국임을 입증했다. 지난 50년간 엄청난 변화가 있었다고 생각하지 않는다. 물론 주요 대회를 앞두고는 흥분해서 정신을 놓아버리는 경향이 있고 그렇기 때문에 8강전에서 탈락하면 보통 때보다 더 뼈아프다. 그렇지만 잉글랜드는 월드컵과 유러피언 챔피언십에서 우승 후보 8위 또는 10위 안에 늘 든다(하지만 덴마크나 그리스 같은 별스러운 챔피언도 있다). 그렇다면 왜 그런 기회를 살리지 못하는가? 분명, 일관성 있는 유소년 코칭구조, 기술과 전술적 규율의 강조, 프리미어리그에서 외국인선수 수의 제한, 선수들의 오만과 안주에 대한 질책 등등 만병통치약처럼 쏟아져 나오는 처방들은 잉글랜드의 성공 가능성을 높이기에는 너무 광범위한 방안들이다. 축구에서 운이 작용하기는 하지만 결코 승리를 보장하는 것은 아니고 예닐곱 경기를 치르는 국제대회 토너먼트에서는 더욱 그렇다.

1966년 잉글랜드월드컵에서 잉글랜드가 우승한 것은 오히려 잉글랜드 축구계에 일어날 수 있는 최악의 일이라는 이론이 서서히 생겨났다. 〈더 매버릭스 The Mavericks〉의 롭 스틴과 잉글랜드의 라이벌 아르헨티나와 독일에 관한 책을 쓴 데이비드 다우닝은 이 우승으로 알프 램지가 이끄는 잉글랜드팀의 기능주의가 성공의 유일한 길이라는 인식이 잉글랜드 축구계에 뿌리내리면서 잉글랜드의 발목을 잡았다는 주장을 펼쳤다. 비록 램지 이전에도 이런 태도가 있었고, 나도 근본적으로 두 사람의 견해에 반대하지는 않지만 문제의 근원은 램지 팀의 경기방식이 아니라, 우승을 통해 여러 세대의 영국팬과 감독의 정신 속에 '올바른' 플레이 방식이 설정되었다는 사실이라고 본다. 특정한 상황과 특정한 선수 그리고 특정한 축구 발전단계에서 어떤 것이 옳았다고 해서 앞으로도 항상 효과가 있을 거라고 단정할 수는 없다. 1966년의 잉글랜드가 브라질처럼 경기를 펼치려 했다면 브라질이 조별예선에서 체력적으로 공세를 펼치는 팀에게 당했던 것처럼 탈락했을 것이고 브라질처럼 기술이 뛰어난 선수가 없다시피 한 현실을 고려하면 더 나쁜 결과를 얻었을 것이다. 알렉스 퍼거슨 경, 발레리 로바노브스키, 빌 샹클리, 보리스 아르카디예프처럼 오랫동안 성공을 거뒀던 감독들의 특징은 언제나 진화를 거듭했다는 것이다. 그들은 전혀 다른 경기를 펼치는 팀이었지만 기존의 승리공식을 버려야 할 시점을 정확히 알아차리는 명석한 비전과 도전의식을 공통적으로 가지고 있었다.

나는 '정확한' 플레이 방식이 존재한다고 믿지 않는다는 점을 분명히 해 두어야겠다. 미적, 정서적 면에서 조제 모리뉴가 이끈 첼시의 실용주의보다는 아르센 벵거가 이끌고 있는 아스널의 패스게임에 더 마음이 가는 것이 사실이지만, 그건 어디까지나 개인적으로 선호한다는 것이지, 이것은 옳고 저것은 그르다는 말은 아니다. 마찬가지로 이론과 실제를 적절히 절충해야 한다는 것도 잘 알고 있다. 이론적으로는 로바노브스키의 디나모 키예프와 파비오 카펠로의 AC밀란에 마음이 쏠리지만, 내가 대학시절 2년간 최소한 2, 3학년으로 구성된 대학축구팀의 경기스타일에 영향을 끼칠 실전기회를 가졌을 때는 팀은 막상 상당히 기능적인 축구를 구사했다. 솔직히 말하자면 우리는 그다지 훌륭한 팀은 아니었지만 선수의 능력을 최대한 활용한 것도 사실이다. 하지만 우리가 더 미적인 즐거움을 주는 축구를 펼칠 수도 있었다는 생각이 든다. 매년 타이틀을 차지하고 벌어진 축하 뒤풀이는 맥주로 흠씬 젖어 있었고 누구도 그런 문제에 크게 신경 쓰질 않았다.

하지만 '정확한' 플레이 방식이 승리를 보장하는 방식이라고 말할 만큼 단순하지 않은 것은, 디킨스 소설에 등장하는 비인간적인 과학과 수치에만 매달리는 그래드그라인드 같은 인물 중에서도 가장 시무룩한 사람만이 성공을 승점과 트로피의 수로 따진다고 주장할 뿐이고, 축구에는 낭만적인 여지도 틀림없이 존재하기 때문이다. 아름다움과 냉소주의 또는 브라질에서 말하는 '예술 축구'와 '결과 축구' 사이의 긴장은 하나의 상수이고 이는 스포츠의 기본이기도 하지만 삶에서도 마찬가지다. 즉, 이길 것인가? 경기를 잘할 것인가? 실용주의와 이상주의라는 두 극단 사이의 타협을 완전히 배제하고서는 조금이라도 의미 있는 행위를 생각해 내기란 쉽지 않다.

그런데 무엇이 추가적인 요소인지 가려내기가 만만치 않다. 영광은 절대치로 측정할 수 없으며 또한 영광의 요소도 상황에 따라 시시각각 변한다. 영국 관중은 천천히 공격을 전개하는 것에 이내 싫증을 내지만, 카펠로가 처음 부임한 레알 마드리드처럼 페르난도 이에로가 호베르투 카를루스가 달려가는 방향으로 정확한 롱패스를 보내자 관중은 야유를 보내기도 했다. 현대의 감성으로 볼 때 초기 아마추어 선수들이 패스를 남자답지 못하다고 생각한 것은 당혹스럽지만, 얼마 지나지 않으면 요즘 영국인들이 몸을 던지는 것을 싫어하는 일도 생뚱맞아 보일 것이다.

축구를 단순히 이기는 것 이상의 무엇이라고 인정한다 할지라도 승리의 중요성을 부인하면 웃음거리가 된다. 벵거 감독은 때때로 답답하리만큼 돈키호테식이지만 2005년 FA컵 결승에서 보여 준 소극적인 전술처럼 벵거조차도 이기는 경기의 필요성을 인정한다. 팬들이 잉글랜드가 처음으로 국제대회에서 성공을 거두도록 공헌했던 램지를 비난하는 일은 배부른 소리이며 그의 예리한 전술에 경의를 표하기보다는 잉글랜드축구를 망쳐 놓았다며 비난을 퍼붓는다면 이것은 사뭇 괴팍하게 보인다.

주요 국제대회 성적을 죄다 무시해야 한다고 말하려는 것은 아니지만 너무 지나치게 의미를 부여하는 일은 위험하다. 세상에서 뛰어난 한 팀으로 존재한다는 것도 흔치 않지만 더군다나 그 팀이 월드컵에서 우승하는 일은 더욱 드문 일이다. 그런 보기 드문 경우가 스페인이다. 2002년 월드컵의 브라질은 상대가 누구든 특별히 의식하지 않았다. 사실 그때는 다른 팀이 부상, 피로, 부실한 훈련 탓에 힘을 잃으며 더위에 백기를 들었고, 특히 브라질이 월드컵 지역예선전을 느슨하게 치른 점까지 생각해 보면 브라질이 우월한 것은 당연했다. 1998년 월드컵에서는 분명 프랑스가 최고의 팀이었지만 결승전에 가서야 제 기량을 보여 주었다. 2년 뒤 유로2000에서는 단연 최고의 모습을 보이긴 했지만 결승전에서 이탈리아에게 승리를 내 줄 뻔한 경기를 했다.

사실 역사상 전무후무한 1954년의 헝가리와 1974년의 네덜란드는 우연인지는 모르겠지만 똑같이 결승전에서 서독에게 패했다. 세 번째 위대한 팀이라는 1982년의 브라질은 거기까지 가지도 못했다. 1966년을 제외하고 잉글랜드가 월드컵에서 최고의 기량을 뽐낸 것은 1990년 월드컵이었는데, 이 대회는 폴 게스코인의 눈물과 승부차기 패배로 워낙 인기를 끌어—이 장면은 식상한 비유로 변했지만 당시에는 비극적 실패의 여운이 있었다—1990년대 축구붐을 일으키는 데 일조했다. 하지만 월드컵의 준비과정은 엉망이었고 예선전을 가까스로 통과한 보비 롭슨 감독은 하루가 멀다 하고 언론의 뭇매를 맞았다. 결국 언론이 몇몇 선수와 지역 홍보담당대표와의 관계를 폭로하자 언론매체는 훈련장에서 쫓겨났고 모든 것이 훌리거니즘Hooliganism의 그늘에 가려진 채 진행되었다. 아일랜드와 이집트전은 끔찍했고 벨기에와 카메룬전에서는 운이 따랐다. 그래도 네덜란드, 서독과의 경기에서는 패하긴 했지만 선전을 펼쳤다. 알고 보면 잉글랜드가 90분 정규시간 안에 물리친 팀은 이집트가 유일했다. 어쨌든 대회를 통해 축구에 중산층 혁명이 일어났다.

절대적이지는 않지만, 정규리그를 치르는 동안의 행운, 바람몰이,

부상, 선수와 심판의 실수는 여름철의 월드컵 일곱 경기를 치를 때보다 훨씬 더 호각지세를 이룬다. 40년 넘게 우승트로피가 없어 짜증도 나고 무수한 감독, 선수, 임원 그리고 상대방에게 그 책임을 돌릴 수도 있지만 그렇다고 그것이 곧 근본적인 쇠퇴는 아니다. 틀림없이 잉글랜드의 경기운영 방식에 근본적인 결함이 있을 수도 있고 세련되지 못한 것을 자랑하는 태도도 도움이 되지 않았지만, 그렇다고 잉글랜드가 주요대회에서 거둔 결과만 가지고 밑바닥부터 완전히 점검하고 뜯어고칠 만한 심각한 논거로 삼기는 어려울 것이다.

세계화로 각 나라의 고유한 스타일이 흐려지고 있긴 하지만 감독, 선수, 비평가, 팬들이 지켜온 전통은 눈에 띨 정도로 굳건히 남아 있다. 이 책을 쓰면서 분명해진 사실은 모든 나라가 자신의 강점에 재빨리 눈을 떴으며 어느 나라도 그런 강점을 과신하지 않는다는 것이다. 브라질하면 타고난 재능과 임기응변이지만 이탈리아의 수비조직을 동경하며, 이탈리아는 냉소주의와 전술지능을 떠올리지만 체력에 바탕을 둔 잉글랜드의 용기가 두렵고도 감탄스럽다. 영국축구는 끈기와 에너지를 상징하지만 브라질의 기술을 모방해야 한다고 느낀다.

알고 보면 전술의 역사는 두 가지가 서로 얽힌 팽팽한 줄다리기의 역사이다: 한쪽은 미학과 결과이고 다른 한쪽은 기술과 체력이다. 이 문제가 혼돈스러운 이유는 기술을 중시하는 풍토에서 성장한 사람은 투지 넘치는 경기방식이 좋은 결과를 얻는다고 보고, 체력중심의 문화권에 있는 사람은 기술적인 방식이 실용적이라고 생각하기 때문이며, 아름다움이라는 것도—또는 적어도 팬들이 보고 싶어 하는 것—사실상 제 눈의 안경인 셈이다. 저잖은 영국팬들이 2003년 챔피언스리그 AC밀란과 유벤투스전처럼 말을 타고 상대를 찌르는 저스팅같은 지능적인 경기에 감탄할 수도 있지만 프리미어리그의 쿵쾅거리며 부닥치는 경기를 더 보고 싶어 한다. 물론 10년 전과 비교하면 프리미어리그의 기술이 향상되었기 때문에 공정한 평가는 아니지만 여전히 어느 리그보다도 속도를 앞세우고 볼 소유에 덜 집착한다. 해외 텔레비전 중계권에 지불된 액수를 보면 영국 외의 나라들은 자신들이 만족스런 계약을 했다고 생각한다.

50년대 중반, 하락하는 잉글랜드의 위상을 현실로 받아들이려는 책이 홍수처럼 쏟아져 나왔다. 그중에서 가장 격정을 토로한 것은 글랜빌의 저서였지만, 위대한 오스트리아의 감독 유고 메이슬의 동생 빌리 메이슬이 쓴 〈축구 혁명 soccer revolution〉도 실상을 잘 드러내 주고 있다. 이민자로서는 보기 드문 독실한 영국예찬자인 메이슬은 이 책에서 애통한 심정을 토로한다. 두 사람에게는 사과할 줄 모르는 잉글랜드 축구계의 보수주의를 비난하는 일이 사리에 맞았다. 돌이켜 보면 그것은 제국의 몰락을 지켜보고도 여태까지 잉글랜드가 해야 할 제 역할을 찾지 못한 기존의 체제에 대해 문화적으로 총체적인 공격을 가하는 것으로 볼 수 있다. 분명히 잉글랜드는 편협했고, 그 잘못으로 축구의 우월성을 잃게 된 것이었다. 그렇다면 학생은 스승을 능가하는 법이라고 누구이 지적하는 글랜빌의 말처럼 나머지 나라가 어느 정도는 따라 잡았을지도 모른다. 그러나 스승이라는 사람은 거만을 떨고 섬나라 근성을 드러내면서 자신들의 몰락에 연루되어 있었다.

하지만 그때의 이야기일 뿐이다. 잉글랜드축구의 기반이 무너졌다는 것은 더 이상 새로운 이야기가 아니다. 축구전술이 진화하는 과정을 추적함으로써 어떻게 우리가 지금의 자리에 오게 되었는지를 설명하려 한다는 점에서 이 책은 〈사커 네메시스〉나 〈축구 혁명〉과 같은 계열이지만, 지금은 그때와는 아주 다르게 잉글랜드의 몰락이 아니라 일어서지 못하고 있다는 관점에서 출발한다. 어디까지나 반론이 아닌 역사서인 셈이다.

■ 용어에 대하여

영국에서 '센터하프'는 줄곧 중앙수비수를 말하는 데 사용되고 있다. 이것은 역사적인 이유로서 4장의 앞부분에 가면 알 수 있다. 그러나 이 책에서는 2-3-5 포메이션의 중앙 미드필드를 꼭 집어서 '센터하프'로 부른다는 점을 분명히 해 두겠다. 다른 포지션을 언급하는 용어들은 특별히 애매하지 않으리라 본다.

1장

▽△▽△▽△▽△

축구의 시작과 전술의 탄생 - 피라미드 전술

△▽ 축구의 시작은 무형의 혼돈에 다름 아니었다. 빅토리아 여왕이 통치하던 19세기에 모양새를 갖추고, 이른바 축구를 분석하는 이론가들은 그 후에 나왔다. 지금과 비슷한 전술을 인식하고 논의하게 된 것은 겨우 1920년대 후반이었다. 그러나 1870년대 초에도 필드에 선수를 배치하는 일이 경기의 흐름에 큰 영향을 끼친다는 사실을 깨닫고 있었다. 그렇지만 초창기 축구에서 잘 다듬어진 전술형태를 찾기란 쉽지 않다.

여러 나라의 문화에 공을 차는 놀이가 있었다고 말할 수 있다. 로마와 그리스, 이집트, 카리브 연안국, 멕시코, 중국 또는 일본까지도 자국이 축구의 발생지라고 주장하지만 현대적인 축구는 중세 영국의 군중놀이에 뿌리를 두고 있다. 규칙이라고 할 만한 것이 있었지만 가는 곳마다 달랐다. 다만, 게임의 원리는 두 팀이 나뉘어 공처럼 생긴 것을 경기장이라고 정해 놓은 곳의 반대편 끝 목표물에 밀어 넣는 것이었다. 게임이 걷잡을 수 없이 폭력적으로 흐르자 금지령이 내리기 다반사였다. 19세기 초 사립학교에 교육을 통해 신앙과 강건한 육체를 동시에 가진 삶을 지향하는 사람들이 많아지자, 스포츠를 활용하여 학생들의 도덕심을 키울 수 있다는 판단을 내렸고, 그때서야 지금과 비슷한 축구가 등장했다. 하지만 전술은 놔두고라도 먼저 일관된 규칙이 필요했다.

19세기 말 역사상 최초의 포메이션이 생겨났지만 그것에 골몰하는 일은 많지 않았다. 초창기 축구는 전술을 머릿속으로 구상하거나 이런저런 표시를 한 도표는 생각조차 할 수 없었을 것이다. 그렇지만 축구가 모양을 갖추어가는 과정은 축구란 무엇이며, 축구를 어떻게 해야 하는가에 대한 영국인들의 각인된 고정관념을 엿볼 수 있다는 점에서 배울 바가 있다(축구 규칙이 처음 문서화되고 나서 40년 동안 영국식 축구개념만 존재했다).

빅토리아 시대 초반 축구붐이 일어났다. 데이비드 위너가 〈저들의 발〉에서 설명하듯 축구붐의 밑바닥에는 대영제국이 무너지고 있는 것은 부도덕한 행위 탓이라는 인식이 깔려있었다. 따라서 사람들은 자아 이외의 객관적인 세계는 존재하지 않는다는 유아론적 생각을 뿌리치게 만드는 단체경기를 널리 퍼뜨려야 한다고 여겼다. 더욱이 유아론 때문에 심신을 허약하게 만드는 자위행위가 곳곳에 퍼져 나가고 있었다. 어핑엄 스쿨 교장이었던 에드워드 스링 목사는 자위를 하면 불명예스럽게 일찍 무덤에 갈 거라는 내용의 설교를 한 적도 있다. 이런 면에서 E.A.C. 톰프슨이 1901년 자신의 저서 〈더 보이즈 챔피언 스토리 페이퍼〉에 적었듯이 축구는 너무나 잘 맞아떨어지는 해독제였다. "축구만큼 남자다운 스포츠는 없다. 축구는 용기와 냉정함 그리고 인내심이 필요하다는 점에서 기막힐 정도로 영국적이다."

영국과 축구의 조우에는 그럴만한 정치 경제적 이유가 있다. 여기서 제국주의로서의 영국의 쇠락이 축구 종주국의 우월성 상실과 동시에 나타났다는 사실은 아주 적절한 상징성을 갖는다. 축구의 인기는 19세기 전반 내내 식을 줄 몰랐다. 하지만 당시 축구규칙은 학교의 환경에 따라 제각각이었다. 첼트넘과 럭비 지역은 넓게 트인 필드가 있어서 초기 군중놀이와 별반 다르지 않았다. 한 선수가 땅에 넘어지고 뒤따르던 선수들이 그 위에 넘어지더라도 진흙밭이라 크게 다치지 않고 일어나곤 했다. 하지만 수도원 마당이 있던 차터하우스와 웨스터민스트 같은 곳은 그렇게 거칠게 굴렀다면 뼈가 부러졌을 것이다. 그러다 보니 그곳에서는 드리블 기술이 생겨났다. 손으로 공을 다루는 것을 아예 금지하거나 제한을 두긴 했지만 오늘날의 축구와는 한참 달랐다. 경기 시간과 각 편 선수의 수도 정해지지 않았고 포메이션 얘기는 나오지도 않았다. 기본적으로 반장이나 상급생이 공을 몰고 다니면 자기편 선수들은 혹시 태클을 당해 공이 튈까 봐 줄지어 뒤를 받쳤고 상대방은 심부름 노릇을 하는 하급생을 내세워 그들을 막으려고 했다.

비록 기초적이지만 공격수끼리 주고받는 플레이가 있었고 그로부터 초기 영국축구를 이루는 몇 가지 기본기가 싹트게 되었다. 경기는 사실상 드리블이 전부였고 패스와 협력, 방어를 열등한 것으로 여겼다. 이런 저런 궁리를 하기보다는 머리를 숙인 채 부딪히는 동작을 더 선호했는데, 이것은 영국인의 일상적인 태도의 유전형질이라 말할 수 있다. 사립학교에서는 사색은 눈총받기 일쑤였다(1946년 헝가리 만화작가 조지 미케슈는 자신이 영국에 처음 도착했을 때 어떤 여성이 자신에게 '똑똑하다'라고 말해 뿌듯하게 느끼고 있다가 나중에야 그 단어가 품고 있는 불신의 속뜻을 알게 되었다는 이야기를 쓸 정도였다).

규칙이 하나로 수렴되지 않자 대학마다 축구를 정착시키는 데 어려움을 겪었다. 1848년 드디어 영국 서리 남동부 고달밍 마을 출신의 H.C. 몰든은 해로우와 이튼, 럭비, 윈체스터 그리고 시루즈베리 대표들과, 특히 두 명의 비사립학교 남학생도 포함하여, 케임브리지에 있는 자신의 방에서 회의를 열었다. 이때 최초의 통합된 축구 규칙이라 할 수 있는 것이 수집되고 짜 맞추어졌다. H.C. 몰든은 "새 규칙을 '케임브리지 규칙'이라 적고 이를 복사하여 케임브리지 파커스 피스[도시 중심에 있는 탁 트인 잔디밭]에서 사람들에게 나누어 주었는데, 흡족할 만큼 효과가 있었다. 규칙은 잘 지켜졌고 한 번도 규칙이 마음에 들지 않아 게임을 관뒀다는 말을 듣지 못했다"고 썼다.

그로부터 14년 뒤 남부지역의 새로운 규칙이 생겨나 통합에 한 걸음 더 다가가게 되었다. 앞서 어핑엄 교장 에드워드의 동생 J.C. 스링은 케임브리지에서 통합된 규칙을 문서로 작성하려다 무산되자 '가장 단순한 게임'이라는 제목의 10가지 규칙을 내놓았다. 이듬해 10월에는 '케임브리지 대학 축구 규칙'이라는 비슷한 규칙이 간행되었고, 결정적으로 한 달 뒤 축구협회 Football Association, FA가 만들어졌다. 협회는 당장에 확정적인 축구규칙을 만드는 일에 착수하였지만, 여전히 발로 하는 드리블과 손으로 하는 게임의 장점을 다 살리려는 생각에 머물렀다.

합의에 이르지도 못하고 논의만 길어지자 모인 사람들은 짜증이 났다. 하지만 런던의 링컨스 인 필즈에 있는 프리메이슨 선술집에서 가졌던 다섯 번째 모임에서 손으로 공을 들고 가는 것을 금지하면서 축구와 럭비는 서로 다른 길을 걷게 되었다. 1863년 12월 8일 오후 7시였다. 그런데 논쟁의 중심은 손을 사용할 것인가의 문제가 아니라 '해킹 hacking', 즉 정강이를 걷어차는 행위를 허용할 것인가 말 것인가 하는 문제였다. 블랙히스의 F.W. 캠벨은 허용에 적극 찬성하는 쪽이었다.

"해킹을 없앤다면 게임에 담긴 모든 용맹스러움을 없애버리게 될 것이며 나는 일주일만 연습시키고도 당신들을 이길 수 있는 프랑스인들을 불러 모을 것이다." 캠벨은 스포츠를 고통과 잔인함 그리고 남자다운 것으로 느꼈던 것 같다. 그러니 스포츠가 단순한 기술의 문제로 전락하면 아무리 나이가 든 외국인도 시합에서 이길 수 있다는 설명이다. 그의 말이 실제로는 농담이었겠지만 어쨌든 해킹이 진지한 논쟁거리였다는 것은 당시 축구에 대한 보편적 인식을 엿볼 수 있다. 결국 블랙히스는 해킹이 금지되자 협회를 탈퇴했다.

드리블이 대세였던 것은 오프사이드 규칙의 전신인 제6조항 탓이었다. 즉 '한 선수가 킥을 했을 때 상대 골라인 쪽에 더 가까이 있는 같은 편 선수는 그 상황이 종료될 때까지는 플레이에 관여하거나 공을 건드릴 수 없을 뿐더러 상대를 방해해서도 안 된다'는 내용이었다. 즉 패스를 옆이나 뒤로만 해야 했다. 목표물에 직접 돌진하는 것 외의 어떤 것도 교묘한 구석이 있고 남자답지 못하다고 믿는 영국인들에게 전진패스는 애초에 통할 수 없었다.

당시의 드리블은 지금의 드리블 기술과는 달랐다. 지금은 고인이 된 〈더 타임스〉 축구담당기자 조프리 그린은 FA 역사에 관한 기사를 다루던 중 1870년대 어느 작가의 말을 인용한다: "수준이 높은 선수는 공을 시야에서 놓치지 않는다. 동시에 상대 진영의 어떤 빈틈이나 수비진의 약한 곳을 살피는 데 집중한다. 그러다가 좋은 기회가 생기면 노리고 있던 골문에 도달한다. 때때로 선수들이 몸을 돌리거나 좌우로 비틀면서 빙 둘러싸고 있는 상대선수들을 제치고 공을 요리조리 몰고 다니는 모습은 잊지 못할 광경이다. 용감하게 앞만 보고 저돌적으로 달려가 성채를 무너뜨리는 것만이 드리블의 전부가 아니다. 약점을 빨리 찾아내는 눈이 있어야 하고 돌파할 수 있는지 계산하고 결정할 줄 알아야 한다." 선수가 늘어선 모양은 핸들링이 빠진 현대 럭비클럽의 기본 대형쯤으로 볼 수 있다.

그런 환경에 적용하기에 너무 거창한 단어라는 생각이 들지만, 당시의 전술은 어디를 보나 초보적 기술에 가까웠다. 선수의 수를 11명으로 정하고 나서도 그저 공만 쫓아다녔다. 골키퍼라는 포지션을 인정한 것은 1870년대였고 골키퍼의 유니폼 색상을 구별한 것은 1909년이었다. 1912년이 되어서야 골키퍼는 페널티지역에서만 공을 잡을 수 있다고 규정했다. 사실 이 규칙은 걸핏하면 하프라인까지 공을 잡고 나오는 선덜랜드 골키퍼 리치몬드 루스를 제지하기 위해 만들었다. 포메이션은 대략 둘 혹은 세 명의 수비와 아홉 또는 여덟 명의 공격수를 둔 형태였다.

이튼에서 회의가 있은 후 1866년, 제6조항은 반대쪽 골대와 우리

편 선수 사이에 골키퍼를 포함하여 최소 세 명의 수비수가 있으면 전진패스가 가능하도록 바뀌었지만(즉 지금의 오프사이드보다 한 명이 더 많은 상태) 드리블에 길들여진 사람들에게는 별반 차이가 없었던 것으로 보인다. 초창기의 뛰어난 축구선수이자 행정가(또한 1866년 규칙 변경 후 처음으로 오프사이드에 걸린 사람)였던 찰스 W. 앨콕은 이미 1870년대에 복음을 퍼뜨리듯 '백업 backing up'이 필수적인 기술이라며 그 원리에 대해 썼다. 물론 여기서 백업은 동료 선수를 돕거나, 동료가 상대에게 진로를 방해받을 때 공을 이어받기 위해 가까이 따라가는 동작이다. 다시 말해, 축구협회가 설립되고 10년이 지났지만 축구 창시자 중 한 사람이 자기 팀 선수가 골대를 향해 머리를 숙이고 달려들면 당연히 그를 지원해야 한다고 설명할 정도였다. 물론 그 사람한테서 공을 받을 거라고 기대하는 것은 무리였을 것이다.

남부지역과 더불어 북부지역도 나름대로 진전이 있었다. 1857년 10월 24일, 요크셔 남쪽 셰필드대학 내 해로우 스쿨 출신 교사들은 홀름퍼스와 페니스톤 지역의 전통 민속놀이를 결합하여 셰필드 클럽을 창설하였다. 처음에는 크리켓 선수들의 동계 체력강화를 위해 축구를 했다. 그해 말 복싱데이 Boxing Day(공휴일로 정한 크리스마스 다음 날)에 세계 최초의 클럽대항전이 열려 셰필드가 할람FC를 2-0으로 이겼다. 꾸준한 성장을 통해 5년 만에 평균 관중 수는 몇 백 명으로 늘어났고 15개 클럽이 지역에 생겼다. 셰필드는 자신의 규칙을 만들어 1862년에 공표하였다. 그러나 해로우나 럭비 그리고 윈체스터의 영향을 받았음에도 정작 오프사이드에 대해서는 아무런 언급이 없었다.

그래도 몇 가지 규제는 있었던 것으로 보인다. 1863년 11월 30일, 셰필드 총무였던 윌리엄 체스트먼은 갓 창설된 축구협회로 편지와 함께 클럽의 가입서와 자신이 만든 축구규칙에 관한 기고 자료를 제출하면서 "우리는 6조항처럼 문서로 된 것은 없다. 하지만 우리가 하던 경기 규칙을 노트에 남겼다"라고 언급했다. 셰필드는 노츠 카운티와의 경기에 앞서 규칙을 두고 치열한 교섭을 벌이다 1895년에야 공식적으로 오프사이드를 받아 들였다. 그때는 심지어 전방 골라인 쪽으로 공격수 앞에 수비수가 한 명만 있으면 온사이드로 간주했다. 분명히 패스가 엄청나게 쉬워졌지만 얼마나 활용했는지 알 수는 없다.

축구협회가 셰필드의 교섭제의에 제대로 대응하지 못하면서 몇 년간 두 조항은 그대로 남아 있었지만, 노팅엄을 포함한 몇몇 도시에도 변형된 조항이 있었기 때문에 두 조항은 기초 조항에 불과했다. 1866년 배터시 파크에서 런던과 셰필드의 시합이 열리면서 처음으로 두 조항이 만났다. 당시 보도에 따르면 기술이 뛰어난 런던이 2-0으로 승리했지만 셰필드의 체력에 고전했다고 한다.

누구의 규칙을 따를 것인가 티격태격하다가 1871년 12월 앨콕은 런던을 셰필드로 불러들였고, 셰필드의 규칙을 적용하여 홈팀이 3-1로 승리를 거두었다. 사람들은 셰필드의 승리는 정돈된 포메이션 때문이라고 생각하게 되었다. 셰필드의 느슨한 오프사이드 규칙을 고려하면 패스게임이 이루어졌을 것이라 생각할 수 있지만 실제로 셰필드는 런던보다 드리블에 치중하는 팀이었던 것 같다. 퍼시 M. 영은 〈셰필드의 축구〉에서 "셰필드 선수들은 앨콕의 드리블 기술이 자신들이 경험하지 못한 것임을 알게 되었다. 게다가 앨콕이 살아난 것은 정확한 패스 덕분이었으며(그 지역 선수들은 동료선수를 생각하지 않고 언제나 직접 골대로 향하는 단순하고 직접적인 방법을 택했다), 체너리와 펼치는 아기자기한 협력플레이는 대단한 볼거리로 2천여 관중을 즐겁게 했다"고 말했다. 셰필드는 열여덟 차례의 회의를 거쳐 1878년에 축구협회로 들어왔다.

셰필드에서는 패스 문화는 없었던 것 같고 대신 주로 터치라인 밖으로 롱볼을 날려 보냈다. 제프리 그린은 〈월드게임〉이라는 책에서 1875년 셰필드 선수들이 시범경기를 하러 런던에 도착하여 머리로 공을 걷어내자 관중들이 감탄하기보다는 흥미롭다는 반응을 보였다고 언급했다. 물론 드리블 위주의 경기에서 상대의 발 위로 공을 넘겨 올리는 경우를 제외하면 공이 땅에서 떨어질 일이 없었을 것이다. 헤딩도 공을 공중으로 멀리 보낼 때만 필요했을 거라 생각된다.

1877년에 열린 글래스고와 셰필드의 시합에 대한 스코틀랜드축구협회의 연례보고서는 이 점을 확실히 지적하고 있다. "경기는 치열했고 누구라도 최고의 팀이 승리했다고 인정할 것이다. 하지만 경기 내용도 좋았다. 결합된 드리블을 멋있게 펼쳐는 플레이는 스코틀랜드팀의 전매특허다. 인정하기는 쉽지 않겠지만 사실을 감출 수는 없는 법이다... 셰필드는 잉글랜드와 스코틀랜드협회와는 다른 규칙으로 축구를 하고 있었고, 더군다나 우리의 오프사이드 규칙은 그들에게는 효력이 상실된 문서나 다를 바 없었으므로 셰필드가 그런 전술을 선택하는 데 한몫을 하였다. 글래스고 선수들이 셰필드의 롱킥 위주의 천편일률적 플레이에 따라 가다보니 자신의 승리공식인 일치된 행동을 잃게 되었다."

'일치된 행동'이 뜻하는 패스가 널리 퍼지게 된 계기는 1872년 글래스고 햄든 파크에서 벌어진 잉글랜드와 스코틀랜드의 최초의 국제경기였다. 잉글랜드 선발진은 골키퍼와 '스리-쿼트 백', '하프백' 그리고 '플라이 킥'이 각각 한 명, '미들'에 네 명 그리고 두 명의 '레프트 사이드'와 한 명의 '라이트 사이드'로 구성되었다. 현대의 개념으로 보면 한쪽으로 기울어진 1-2-7에 가까운 포메이션으로 보인다. 앨콕은 "팀의 포메이션은 대체로 공격수는 7명이고 골키퍼를 포함하여 3선으로 4명의 수비를 두었다. 결국 골키퍼 앞에 한 명의 풀백이 있고 그 앞에 상대 팀 공격수를 저지하는 두 명의 포워드를 둔 것이다"고 말했다.

1867년에 창설된 퀸스파크 클럽은 1873년 스코틀랜드축구협회가 설립될 때까지 크리켓의 MCC나 골프의 로열앤드에인션트 Royal and Ancient처럼 스코틀랜드를 대표하여 축구를 주관했다. 대부분의 축구 이론가들은 스코틀랜드 선수들이 잉글랜드 선수보다 평균 6킬로그램이나 체중이 덜 나간다는 사실을 중요시하여 체중에서 우위에 있는

최초의 국제경기: 스코틀랜드 0 잉글랜드 0, 스코틀랜드 파틱,
1872년 11월 30일

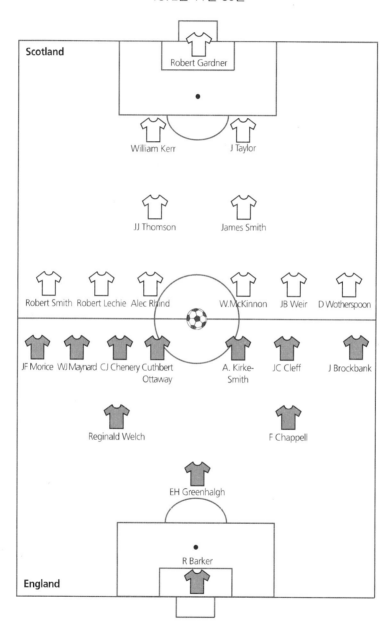

잉글랜드의 낙승을(체격에 바탕을 둔 초기 축구의 특징을 엿볼 수 있다) 점쳤다. 그러나 예상은 빗나가고 말았다. 직접적인 증거는 없지만, 스코틀랜드 축구박물관의 리처드 맥브레티가 주장하듯 자신들이 힘에서 밀릴 것 같다고 판단한 퀸스파크는 일대일 방식의 경기운영을 포기하고 잉글랜드 주변에서 패스를 돌려야겠다고 결심한 것 같다. 포메이션은 명백히 2-2-6 포메이션이었고 제대로 맞아 떨어졌다. 전통과 선수 수급능력에서 월등한 잉글랜드의 당연한 승리가 점쳐졌지만 득점 없이 무승부로 끝났다. 〈글래스고 헤럴드〉의 기사는 "잉글랜드 선수들은 평균적으로 스코틀랜드 선수들보다 12킬로그램이나 [조금 과장되었다] 더 무거웠고 몸도 빨랐다. 홈팀 퀸스파크의 강점은 훌륭한 팀워크였다"고 말했다.

이렇게 성공을 거두자 적어도 스코틀랜드에서는 패스가 드리블보다 더 낫다는 확신을 갖게 되었다. 하지만 스코틀랜드가 축구를 시작할 때부터 패스게임이 들어가지 않았다면 결코 이런 성공을 거두지는 못했을 것이다. 1867년 퀸스파크 클럽 창단 당시 그들이 채택한 오프사이드 규칙에 따르면 골라인에서 두 번째 사람보다 앞에 있고 동시에 필드 끝에서 약 13미터 안에 있을 때만 오프사이드를 적용한다고 했다. 분명 그것은 축구협회의 최초 규정과 1866년의 개정안보다 훨씬 더 패스를 유도하는 규정이었다. 퀸스파크는 1870년 11월 9일 축구협회에 가입할 때 3명이라는 오프사이드 조건을 받아 들였다. 하지만 당시는 이미 패스라는 개념이 뿌리를 내린 때였다. 스코틀랜드에서는 공을 가지고 마냥 드리블만 하는 게 아니라 킥을 하려고 시도했다. 이것은 1869년 퀸스가 해밀턴 김나지움을 이기자 H.N. 스미스가 승리를 축하하며 쓴 시에 잘 나타나 있다.

남자들이 나오고―공을 찬다,
하늘 높이 튀어 오르는 공,

사람들 머리위로 공은 속도를 낸다...

패스와 같이 드리블도 유행을 타게 되었다. 퀸스파크 회원이자 그 경기의 스코틀랜드팀 오른쪽 윙어였던 로버트 스미스는 앨콕이 주선한 국제경기 선두주자격인 잉글랜드와 런던 거주 스코틀랜드팀의 네 차례 경기 중 첫 경기가 끝난 후 클럽에 보낸 편지에서 이렇게 썼다. "경기가 진행되면 마음껏 길고 높게 공을 차지 않고 보통 달리거나 드리블을 했다."

퀸스파크가 잉글랜드축구협회에 가입한 동기 중 하나는 정해진 규칙으로 맞설 상대를 찾기 어려웠기 때문이었다. 축구협회에 들어가기까지 몇 개월 동안 10명, 14명, 15명 또는 16명을 한 팀으로 하는 경기를 했고 1871년과 1872년에는 겨우 세 경기만 치렀다. 리처드 로빈슨은 1920년의 퀸스파크 역사를 저술하면서 "하지만 퀸스클럽은 결코 훈련을 게을리 하지 않았다"고 언급했다. 외부와 고립된 상태에서 매번 자신들끼리 시합을 했다는 의미는, 1930년대의 아르헨티나처럼, 그들만의 개성이 도드라지고 버거운 상대에 아랑곳없이 패스게임이 발전했음을 말해 준다. 로빈슨은 계속해서 말을 이어갔다. "이런 연습게임을 통해 스코틀랜드의 경기를 순수예술의 경지로 끌어 올린 드리블과 패스가 발전했다. 드리블은 원래 잉글랜드의 플레이였지만 한참 지나서야 잉글랜드는 강력한 백업과 함께 공을 이동하는 퀸스파크의 방식이 결국 팀을 중심에 둔 원리임을 알게 된다. 협력플레이가 퀸스파크의 특기였다. 이런 본질적인 문제에 감동을 받은 앨콕은 자신이 만든 초기 축구연감에서 이런 플레이를 골자로 스코틀랜드 선수에 대한 찬사를 보내고 학술논문에도 잉글랜드와 스코틀랜드 남동부를 흐르는 트위드 강 위쪽 지역의 능수능란한 경기운영 방법을 잉글랜드 선수들이 즉시 도입할 것을 강력하게 주장했다."

그렇지만 앨콕은 그 정도로 확신하지는 않았다. 자신이 '팀워크 게임'에 흥미를 느꼈다고 밝혔지만 1876년 연감에서는 자신이 셰필드에서 선보인 기량과 비교해 보면 '패스만을 쏟아내는 시스템이 과연 성공적인지'는 생각해 볼 일이라 했다. 앨콕은 패스가 하나의 선택사항으로는 분명 좋지만 그렇다고 드리블을 대신하면 안 된다고 느꼈다.

그럼에도 패스는 빠르게 퍼져 갔다. 특히 스코틀랜드에서는 퀸스파크의 영향력이 전 방위적으로 펼쳐졌고 나중에는 아주 낭만적인 '패턴을 창조하는 플레이' 방식이 생겨났다. 이것은 공격진과 미드필드 사이에서 지그재그로 연이어 짧은 패스를 주고받는 것이다. 퀸스파크는 두 번에 걸친 최초의 국제경기를 위해 스코틀랜드 대표팀을 조직했고 스코틀랜드축구협회 창립 후에도 축구의 기반을 다지는 역할을 계속했다. 그들은 시범경기를 위해 스코틀랜드 구석구석을 누비며 축구전도사 노릇을 했다. 스코틀랜드의 초창기 빅클럽 중 하나였던 베일오브레븐과의 시합기록에는 간헐적으로 경기를 중단시켜 규칙과 플레이 방법을 설명했다고 적혀 있다. 그러다가 1873년 수도 에든버러에서 경기가 열리면서 축구는 본격적으로 자리를 잡았다. 잉글랜드와 스코틀랜드의 국경지역만 럭비의 근거지로 살아남았다는 사실은 축구의 영향이 얼마나 컸는지 잘 보여 준다. 결국 퀸스파크가 국경지역에서 추진하려 했던 축구전도시합은 FA컵 차출 때문에 취소되었고 그곳에서는 축구가 뿌리를 내리지 못했다. 맥브레티가 지적하듯 스코틀랜드 인구의 대다수가 글래스고와 에든버러 중심에 살고 있기 때문에 지역 고유의 경기방식을 가졌던 잉글랜드보다 특정 스타일의 파급력이 더 컸다.

첫 번째 국제경기에서 선보인 퀸스파크의 전술이 잉글랜드 사람들의 눈살을 찌푸리게 했음에도 불구하고 패스게임이 남쪽으로 퍼져나간 데는 스코틀랜드가 승리한 두 번째 경기에 뛰었던 존 블랙번과 헨리 레니 테일러에게 힘입은 바가 컸다. 육군 중위면서 공병대 축구클럽 소속이었던 두 사람은 나중에는 자신들의 스코틀랜드 축구스타일을 켄트에 보급했다. 셰필드 선수였던 W.E. 클레그는 1930년 〈셰필드 인디펜던트〉에 "공병대팀은 '협력'플레이를 도입한 최초의 축구팀이었다"는 글을 실었다. "이전에는 공병대팀과 시합에서 우리가 이겼다. 하지만 시즌 사이에 공병대팀은 '군사적인 축구전술'을 숙고하였고 새로운 경기운영으로 셰필드를 무너뜨리자 매우 놀랐다."

스펜서 워커 목사는 자신의 모교였던 랜싱 칼리지에 학장으로 돌아와 학교축구에 패스 위주의 축구방식을 심었고 '걸레나 다를 바 없는 팀'을 '질서정연한 팀'으로 변화시켰다. "나는 맨 먼저 모든 공격수가 한 명의 최전방 공격수에게 몰려드는 문제에 매달렸다. 어디를 가든 공격수들은 그 공격수 주변으로 몰렸다. 그래서 제1규칙을 만들었다: 모든 공격수에게 고정된 자리를 정하고 서로 공을 패스하기. 우리와 첫 시합을 한 상대 팀 얼굴에서 '우린 어디로 들어가란 말이지?'라는 표정을 읽을 수 있었다."

앨콕이 회의적으로 생각했던 패스가 점차 축구의 미래라는 것이 분명해졌다. 1881년 FA컵 결승전에서 이튼 칼리지 동문팀을 3-0으로 이긴 카르투지오 수도회 동문팀은 특히 E.M.F. 프린셉과 E.H. 패리를 앞세운 협력플레이로 유명해졌다. 반면, 그린이 FA컵 역사에서 밝혔듯이 이듬해 북부지역 최초로 결승에 오른 블랙번 로버스를 물리쳤던 이튼 동문팀은 A.T.B. 던의 '긴 드리블과 크로스 패스'를 받아 W.H. 앤더슨이 골을 성공시켰다. 여전히 이튼은 드리블 중심의 팀이었다.

드리블 게임의 마지막 전성기는 1883년에 찾아 왔다. 처음으로 FA컵 대회는 런던 외부에서 더 많은 출전팀을 받았다. 이 대회에서 블랙번 올림픽팀이 이튼 동문팀을 물리치고 북부지역에 처음으로 우승컵을 안겼다. 이젠 아마추어의 시대는 끝났다는 생각이 자리 잡기 시작했고, 이는 2년 후 축구협회가 프로축구를 합법화하면서 현실로 다가 왔다.

블랙번 올림픽팀 선수 모두는 직업을 갖고 있었다. 하프백이자 사실상 감독인 잭 헌터가 결승전 직전 팀을 데리고 훈련캠프인 블랙풀로 가면서 약간의 동요가 일었다. 그것은 누가 봐도 아마추어가 열망하던 '수월한 우월성 effortless superiority'과는 사뭇 달랐다. 경기 초반 부상으로 이튼이 10명의 선수로 싸웠던 불리한 점도 있지만 과연 윙에서 윙으로 롱패스를 뿌려주는 올림픽팀의 낯선 전술에 제대로 대처를 할 수 있었는지는 미지수다. 추가시간이 끝날 쯤 얻은 결승골은 전반적인 경기특징을 잘 보여 준다. 오른쪽의 토미가 왼쪽 공간으로 전진하는 지미에게 크로스를 보내자 침착하게 이튼 골키퍼 롤린슨을 따돌리고 골을 성공시켰다.

스코틀랜드에서 패스가 우월하다는 것은 이미 다 아는 얘기가 되었다. 1884년 칼럼니스트 '사일러스 마너'는 〈스코티쉬 엄파이어〉에 글을 실었다. "두각을 보이는 클럽들을 보자. 난투와 상대를 엎어버리려는 저급한 욕망 대신 조심스럽게 공을 다루고 정확하고 빠른 패스를 하게 된 그 순간부터 앞으로 성큼성큼 전진하는 움직임이 생겨난 것을 알게 될 것이다." 물론 모두가 다 확신에 차 있지는 않았다. 두 달 후 스코틀랜드컵 대회에서 제임스타운 애슬레틱스가 베일오브레븐에 1-4로 패하자 올림피안은 '윙에 대하여'라는 칼럼에 팀워크 위주의 경기를 혹평했다. "'분할하여 정복하라', 이것은 군주 마키아벨리가 왕자에게 통치하는 법을 가르칠 때 즐겨 쓰던 금언인데, 제임스타운이 이 금언의 진실을 증명하려고 노력했다는 점은 인정한다. 분명히 그들의 전제는 옳았다. 하지만 안타깝게도 결론은 틀렸다. 적이 아니라 자신을 나누는 중대한 실수를 했고 그 대가를 치렀다. 엄청난 대가를! 가드에 가서 고하지 말고 아스글론에 가서 전파하지도 말라(성경 구절로서 '우리가 당한 슬픔으로 말미암아 적이 기뻐하지 말게 하라'는 뜻). 전략이 결코 11명의 날렵한 다리를 대신할 수는 없는 법."

그러나 가능성은 현실이 되었다. 잉글랜드와 스코틀랜드의 전통주의자들은 경악할 일이겠지만 패스게임에서 서로 닮은 플레이를 하는 두 명의 센터포워드 중 한 명이 아래로 내려왔고 결국 1880년대 선보이기 시작하는 2-3-5 포메이션의 센터하프가 되었다. 이것이 피라미드전술이다. 방대한 분량과 내용을 담고 있는 코치 안내서 〈사커〉의 저자인 헝가리 출신 아르파드 차나디 감독의 말대로 2-3-5는 1883년 케임브리지 대학에서 처음 적용했다고 알려져 있지만, 6년 전인 1877년부터 그들이 이 시스템을 사용해 왔을 거라는 증거도 있다. 1870년대 말 노팅엄 포레스트도 정강이 보호대를 발명한 주장 샘 위더슨의 주도적인 실험에 영감을 받아 1870년대 말까지 이 시스템을 신봉하였다.

렉섬도 1878년 웨일스컵 결승에서 드루이드에 맞서 센터하프를 썼다. 주장이자 풀백인 부동산 중개업자 찰스 멀레스는 센터포워드 존 프라이스의 빠른 걸음이 충분히 공격의 공백을 메울 수 있을 것으로 직감하고 E.A. 크로스를 공격라인에서 아래로 끌어 내렸다. 경기 시작 2분 만에 들어간 제임스 데이비스의 선취골이 결승골이 되면서 팽팽했던 시합은 렉섬의 승리로 끝났고 찰스의 판단이 옳았음이 입증되었다.

2-3-5가 점차 확산되면서 센터하프는 곧 시무룩한 표정의 스토퍼 이미지를 완전히 벗고 팀의 기둥이 되었다. 다양한 기술을 가지고 수비와 공격을 하고, 리더이자 작전의 배후, 스트라이커이자 상대 진영을 깨는 역할까지 해내는 전천후 선수였다. 오스트리아의 위대한 축구저술가 빌리 메이슬은 센터하프는 "필드에서 가장 중요한 인물" 이라고 말했다.

흥미롭게도, 1878년 10월에 펼쳐진 '레즈'와 '블루즈'간의 최초의 야간 시범경기에 대해 〈셰필드 인디펜던트〉는 각 팀이 4명의 수비와 1명의 하프 그리고 5명의 공격수로 짜졌다고 보도했다. 하지만 그후 30년간 두 명 이상의 수비수를 두었다는 팀을 어디에서도 찾을 수 없다는 점으로 미루어 볼 때 실제로는 2-3-5였는데 상대방 인사이드 포워드 inside-forwards(센터포워드와 윙어 사이에 왼쪽과 오른쪽에 위치하는 공격수. 오늘날 측면에서 중앙으로 파고드는 공격수)의 견제 역할을 하던 윙하프를 하프가 아닌 백으로 기록한 것으로 볼 수 있다.

랙섬 1 드루이드 0, 웨일스컵 결승, 웨일스 액턴,
1878년 3월 3일

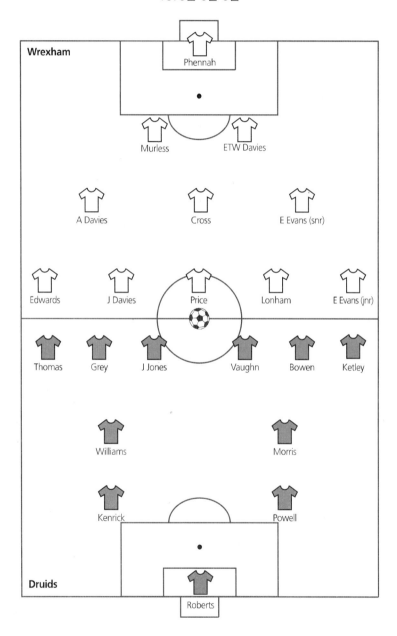

수비라는 개념에 대해서조차 용납할 수 없다는 기사가 1882년 11월 〈스코티쉬 애슬레틱 저널〉에 실렸고 자기 골대에서 18미터 거리 이내에 두 명의 수비를 두는 '어떤 시골 클럽들'의 습관을 두고 '골키퍼와 잡담하기 위해' 그곳에 있는 거라고 호되게 비난했다. 에어셔 지역 클럽인 루가 보스웰 시슬도 아홉 명만 공격에 가담하는 것에 대해 몹시 탄식했다. 하지만 시대를 역행하는 사람들은 이미 진 싸움에 매달리고 있었다. 덤바턴이 1883년 스코틀랜드컵 결승에서 베일오브 레븐을 누를 때도 2-3-5 전술을 사용했다.

2-3-5 전술이 단연 뛰어나다는 것은 1880년대 프레스톤 노스 엔드가 성공을 거두면서 확인되었다. 크리켓과 럭비 클럽으로 출발했던 프레스톤은 1878년 협회규칙에 따라 이글리와 단판 경기를 펼쳤다. 포지션은 기록으로 남아 있지 않지만 이듬해 11월에는 고전적인 2-2-6으로 팀을 꾸려 할리웰을 만났다. 2명의 풀백과 2명의 하프백, 각각 2명씩 오른쪽, 왼쪽 윙어 그리고 2명의 센터포워드였다. 1880~81시즌 랭커셔 FA에 등록한 프레스톤은 처음에는 고전했지만 사실상 프로선수였던 스코틀랜드 선수들이 팀에 들어와 클럽에 활기를 불어넣었다. 1883년에 처음으로 프레스톤의 라인업 명부에 2-3-5가 등장한다. 누구의 생각이었는지 알 길이 없지만, 데이비드 헌트가 클럽 역사에서 말한 것처럼 글래스고 출신의 교사이자 의사인 제임스 그레드힐이 '전문가들로 엄선된 팀이 해야 할 바를 칠판에 보여 주는' 강의를 몇 차례 하였다고 한다. 프레스톤이 1887~88시즌 무패를 포함하여 최초로 두 개의 리그 타이틀을 차지한 것은 이 시스템의 성과였다.

잉글랜드는 1884년에 열린 스코틀랜드전에서 처음으로 2-3-5를 가동했다. 그해 10월 노츠 카운티가 렌프루셔와 친선경기를 위해 북부지역으로 갔을 때 〈엄파이어〉지는 별다른 언급도 없이 2-3-5 포메이션으로 실어 놓았을 정도로 보편화되었다. 스코틀랜드 대표팀이 1887년 피라미드 전술을 처음 사용했을 때 잉글랜드의 전술을 흉내

낸다고 많은 불평을 들었다. 하지만 1889년 〈스코티쉬 레프리〉에 실린 셀틱의 제임스 켈리에 대한 이력을 언급하는 논조는 10년 만에 전술 논쟁이 막을 내렸음을 보여 준다. "스코틀랜드가 센터하프라는 포지션을 받아 들였을 때 경기의 주도력을 상당히 희생시킨 것이라 믿는 사람들이 있다. 우리는 이런 주장에 전적으로 동의하지는 않는다. 만일 우리 팀에 이 공간을 매우는 선수가 켈리 정도의 수준이라면 이견이 없을 것이며, 우리가 이 부분에서 잉글랜드를 따른 것에 대해 후회할 이유를 찾지 못할 것이다."

이후 35년간 큰 변화는 없었다. 하지만 2-3-5가 잉글랜드의 기본 설정전술로 남아 있었다고 해서 변형전술이 없었다는 말은 아니다. 전술에 대한 추상적이고 정교한 논의가 풍성했다고 말한다면 잘못이지만 1차 세계대전에 이르는 시기 동안 경기의 운영방법을 두고 관심이 일었던 것은 사실이다. 에드워드 7세 시대의 축구는 각 팀이 경기장에 나와 매주 같은 방식으로 플레이를 하지 않았던 것은 분명하다.

예를 들어 1907년에서 1914년 사이 총 64편의 플레이 지침 관련 칼럼이 〈셰필드 텔레그래프〉와 〈스타 스포츠 스페셜〉에 실렸으며 피터 J 세든의 축구개요서에는 1898년에서 1912년 사이에 출판된 축구방법론에 관한 안내서를 비롯한 12권의 책 목록이 올라 있었다. 그중 9권은 프로선수들이 직접 쓰거나 그들의 조언으로 쓰여졌다. 또한 '구경꾼 Looker-On'이라는 이름으로 보통 스코틀랜드 출신 브루스 캠벨 기자가 연재하는 칼럼이 있었는데 '나의 노트의 낱장'이라는 제목으로 전술과 스타일 문제를 논의했고 독자들과 의견을 주고받기도 했다. 1차 세계대전에 이르는 기간 동안 활동했던 축구전문가인 국립 축구박물관 알렉스 잭슨의 지적처럼 모든 토론의 바탕에는 스코틀랜드의 짧은 패스게임과 잉글랜드에 통용되는 직선적인 패스간의 근본적이 차이가 있었다.

하지만 스코틀랜드와 잉글랜드 스타일, 짧은 패스와 긴 패스, 과학과 체력의 대립은 일부분에 지나지 않았다. 1907년 〈셰필드 텔레그래프〉와 〈스타 스포츠 스페셜〉에 실린 울위치 아스널(지금의 아스널) 센터하프 퍼시 샌즈의 세 번째 축구지침 칼럼은 "축구가 과학적으로 변모하고 있는가?"라는 물음을 던지며 '오픈게임(공간을 이용하는 경기스타일), 짧은 패스게임, 삼각형태의 움직임, 킥앤드러시, 개인기 등'을 논할 정도로 경기운영 방법에 몰두한 흔적을 보여 주었다.

추상적인 사고가 서서히 맹위를 떨치기 시작했다. 주류 지식인 사이에 전술논의가 시작된 곳은 10년 뒤의 오스트리아 다뉴비언 스타일의 커피하우스였지만 에드워드 시대의 잉글랜드에서도 어느 정도 진행되고 있었다. 1913년 셰필드 유나이티드의 조지 유틀리는 '왼쪽 하프백의 플레이'에 관한 글에서 전년도 반슬리의 FA컵 우승을 돌이켜 보며 이렇게 말했다. "반슬리의 성공은 무작스러운 축구로 얻은 것이 아니었다. 강팀과의 시합을 앞두고 우리는 어김없이 탈의실이든 어디든 수없이 토론을 벌였고 행동지침을 세웠다. 한 번은 컵대회 결승을 준비하며 리담에 머물렀을 때 저녁을 먹은 후 이런 식의 토론을 시작했다. 트레이너가 토론에 뛰어 들었다. 22개의 각설탕을 가져와 테이블 위에 포지션 별로 올려놓은 뒤 설탕을 옮겨가며 어떻게 하면 [조지] 릴리크롭이 첫 골을 넣을 것인지 또 어떻게 우리가 2-0으로 이길지 보여 주었다." 실제 반슬리는 웨스트 브롬과 0-0 무승부를 기록한 후 재경기를 펼쳐 해리 투프넬의 추가시간 2분에 터진 골로 1-0 승리를 거두었다. 비록 반슬리가 전통적인 영국 스타일을 선보였지만, 대체로 상대에 따라 시도를 달리했다는 점은 확실하다.

번리와 반슬리에서 주장을 맡았던 톰 보일은 단호한 태도를 보였다. "최고의 전술을 만끽하는 팀은 결국 승리할 것이고 주로 그 팀의 주장이 팀 전술을 결정한다. 어느 축구팀이든 전략에 관한 문제는 한도 끝도 없다. 주장은 상대의 약점을 꿰뚫고 있어야 하고 약한 쪽으로 플레이를 전개함으로써 드러난 약점을 이용해야 한다. 만일 한쪽 측면의 상대가 우리 선수보다 월등히 강하면 상대의 허점을 공격대상으로 삼아 플레이를 하도록 지시를 내린다. 미래의 축구경기는 다른 어떤 것보다 전술에 의해 승리를 얻을 것이며 전술을 살피는 짐을 질 수 있는 천재적인 주장이 있는 팀은 행운을 거머쥐게 될 것이다."

그의 말은 두 가지 중요한 문제를 제기한다. 첫째, 전술을 결정하는 사람이 감독이나 매니저가 아니라 주장인 점. 결국 여기서 주장은 축구보다는 오늘날 크리켓 경기의 주장에 더 가까웠다. 둘째, 보일 자신이 2-3-5를 수정하여 대대적인 포지션 이동이 아니라 어느 한 쪽 측면으로 플레이를 이동시킨 점. 동시에 절대적인 전술은 없다는 그의 인식은 상당히 현대적이다. 그는 "축구에서 채택하는 전술은 항상 전술을 제대로 수행할 선수들의 능력과 결부시켜야 한다. 그러므로 고정불변의 규칙을 세우기가 어렵다"고 말했다.

처음으로 두 번의 리그 타이틀을 차지한 프레스톤, 1890년대 잉글랜드축구를 지배했던 선덜랜드와 아스톤 빌라 그리고 1900년대 뉴캐슬은 스코틀랜드 출신 선수에 크게 의존하였기 때문에 자연스럽게 스코틀랜드 스타일의 짧은 패스게임을 했다. 버밍엄과 더비에서 풀백으로 뛰었고 나중에 울브즈의 혁신적인 매니저가 되었던 프랭크 버클리는 "공격수들은 여기저기서 공을 톡톡 주고받다가 짧고 날카로운 전환으로 전진했다"고 설명했다.

뉴캐슬의 위대한 주장이었던 콜린 베이치는 뉴캐슬이 그런 경기 스타일을 도입한 것은 퀸스파크에서 공격수 R.S. 매콜을 데려온 덕분이라고 믿었다(동생과 함께 신문보급소를 차린 탓에 '토피 밥'으로 더 잘 알려진 인물). 또한 팀에는 1년 앞서 인버네스 시슬에서 합류한 왼쪽 하프 피터 맥윌리엄도 있었다. 그는 나중에 토트넘 홋스퍼의 거물급 매니저가 되었는데, 그는 '구경꾼'이 다시 인쇄한 매콜의 경기 스타일 설명 부분을 공개했다. "멋진 첫 번째 볼 터치를 시작으로 경기장을 빠르게 훑어 본 뒤 모든 선수들의 포지션을 파악한 것 같았다. 동시에 언제나 가장 좋은 위치에 있는 팀 동료에게 땅볼로 자로 잰 듯 패스를 보냈고 자신은 가장 위험한 위치에서 리턴패스를 받았다. 마치 체커게임에서 한꺼번에 몇 '수'를 읽은 것 같았다. 그가 패스를 한 다음에 리턴패스를 받기위해 다시 자리를 잡는 걸 여러 차례 목격했다. 공이 자신에게 오기 전에 분명히 두 명 이상의 팀 동료를 거쳐 온다는 사실을 알고 있었다."

이러한 스코틀랜드식 축구의 핵심은 1872년, 그동안 낌새를 알아 차리지 못한 잉글랜드에 처음으로 '패스앤드무브 the pass and move approach'가 등장하는 작은 진화로 이어졌다. 뉴캐슬에서 인기를 끈 변형된 패스 게임은 삼각패스라는 것인데 한쪽 또는 양쪽 측면에서 하프백, 인사이드 포워드 그리고 윙어끼리 주고받는 패스를 뜻했다. 왼쪽 측면에서 다양한 역할을 했던 봅 휴이슨은 "삼각형의 모서리로 패스하거나 여섯 번째 전진하는 플레이"라고 표현했는데 그 속에는 공격의 속성이 들어있다. 그는 "평론가들은 그것을 순수한 축구의 골자며 심심풀이의 과학이자 예술로 여긴다"고 말했다. 하지만 그것을 제대로 하기란 쉽지 않았기 때문에 비교적 드물었다. 휴이슨은 이렇게 적었다. "개인기, 두뇌, 적응력, 스피드는 말할 필요도 없이 중요하다. 진정한 예술가만이 이런 엄청난 요구를 실행해 낼 수 있다. 하지만 순수한 축구라고해서 기술을 닦지 말아야 할 이유는 어디에도 없다."

휴이슨과 스코틀랜드축구에 노출된 사람들에게는 명백해 보였지만 잉글랜드 남부에서는 체력을 앞세운 축구일수록 더 순수하다는 생각이 지속되었다. 반항적인 아마추어였던 코린티안스는 자신들만큼은 축구의 전통을 수호한다고 여기며 계속해서 드리블과 체력을 권장했다. 코린티안스를 설립한 니콜라스 레인 잭슨은 프레스톤의 프로선수 영입을 반대하는 캠페인을 주도했던 잉글랜드축구협회 임원이었다. 그는 "달려가는 선수의 앞쪽으로 패스하는 것"은 자신들의 스타일을 규정짓는 특징이라고 주장했다. 자신의 수많은 스포츠 업적

중 코린티안스를 먼저 내세우는 C.B. 프라이는 "공격라인 전체는 볼을 뺏기거나 슛을 할 때까지 멈추지 않고 함께 달려든다. 프로 공격수들의 과학적이며 그토록 현명한 짧은 패스는 대개 멈추고 뒤로 빠져나가는 동작이 있는데 이것은 볼을 지키기는 하지만 공격의 흐름을 지체시키는 방법이다."

하지만 이것은 실상을 제대로 전달하지 못하는 얘기인 것 같다. 실제로 1890년대 말 코린티안스는 센터포워드 G.O. 스미스를 보유하고 있었다. 그는 자신이 직접 득점을 하기보다 윙어와 팀 동료에게 볼을 배급하는 데 집중하였는데 아마도 '폴스나인'의 시작을 알리는 선수였다. 잉글랜드팀에서 스미스와 나란히 뛰었던 다작 저술가 스티브 블루머에 따르면 그는 "센터포워드를 스트라이커라는 개인에서 공격라인과 팀 전체를 통합시키는 역할로 바꾸었다."

프로팀의 직선적인 경기방식은 공간 활용이나 윙플레이로 드러나곤 했다. 셰필드 웬즈데이의 왼쪽 공격수 앤드류 윌슨은 이렇게 설명했다. "가장 위협적인 공격은 중앙에서 윙으로, 윙의 안쪽에 있는 선수에서 반대쪽 측면 선수로 공간을 활용하는 롱패스로 좌우를 흔드는 스타일이다. 대략 이렇게 공을 보내면 수비수들은 어디서 상대를 막아야 할지 모른다. 공을 달고 다니는 공격수들의 숨통을 조일 수 있지만 이쪽저쪽 빠르게 방향을 바꾸면 곤경에 처한다." 웬즈데이의 오른쪽 인사이드 포워드 빌리 길레스피의 표현대로 이 전술에는 '센터포워드에서 좌우 측면으로 길게 이동시키는 것과 한쪽 윙의 안쪽 선수에서 다른 쪽 윙의 바깥 쪽 선수로 곡선을 그리며 가는 패스'가 들어 있다.

이 스타일은 블랙번 올림픽팀이 연마한 다음 1880년대 중반 웨스트 브롬위치 알비온이 발전시켰다. 그들은 1886년, 1887년 FA컵 결승에 진출했으나 고배를 마셨고, 1888년 결승전에서는 대회 초반 하이드를 26-0로 물리친 프레스턴과 맞붙었다. 프레스턴은 누구도 브롬위치의 승리에 희망을 걸지 못했다. 자신감이 넘치는 프레스턴은 주심인 프란시스 마린딘 소령에게 경기시작 전 우승컵과 함께 사진을 찍을 수 있는지 묻기도 했다. 마린딘은 "우선 시합을 이겨야 되지 않겠느냐?"고 대답했다.

나중에 프레스톤 선수들은 자신들이 오전에 열린 대학보트대회를 보느라 템스 강둑에 서 있어서 몸이 뻐근해졌다고 불평을 늘어놓았다. 이유가 어찌되었든 17,000명의 관중 앞에서 펼쳐진 축구사의 첫 매진 경기는 제프리 그린의 묘사처럼 '롱패스와 공간 활용으로 경기를 이끈 웨스트 브롬위치'가 2-1로 이겼다. 승리의 열쇠는 몸집이 작은 오른쪽 윙어 W.I. 바세트였는데 그는 그날 저녁 웨일스에 맞설 잉글랜드 대표팀에 선발되었고 이후 8년 동안 대표팀 고정멤버였다. 그린은 이렇게 말했다. "한창 때는 윙어들은 코너 깃발까지 공을 몰고 간 뒤 공중볼을 중앙으로 날려 골대 앞으로 보냈지만 바세트는 이런 방식에 매몰되지 않았다. 그는 빠르게 전진해서(그의 가속력은 대단했다) 수비수가 정렬할 여유를 갖기 전에 최대한 정확하고 빠르게 볼을 배급하는 것이 중요하다고 믿었다."

초창기에는 짧은 패스플레이는 귀족들의 스타일이고 긴 패스를 위주로 하는 경기는 기술이 떨어져서 한정된 능력을 최대한 이용하려는 사람들의 것이라는 인식이 있었다. 그린은 다음과 같이 썼다. "주급 10파운드를 받는 스태퍼드셔 혈통의 팀이 고액 연봉의 유명 스코틀랜드 축구 전문가로 구성된 프레스톤의 힘에 맞서고 있었다."

하지만 스코틀랜드에서는 순수한 형태의 축구는 곧 짧은 패스라는 절대 신념이 존재했고 이것은 글래스고 언론이 덤바턴셔 클럽들—렌턴, 베일오브레븐, 덤바틴—의 롱볼 스타일의 반대편이라고 지목한 것이었다. 1888년 세계 챔피언전이라고 불렸던 경기에서 스코티쉬컵 우승자였던 렌턴이 웨스트 브롬위치 알비온을 거친 플레이로 물리치자 퀸스파크의 패스게임을 대놓고 지지했던 스코틀랜드 언론은 웨스트 브롬에게 동정심을 표했다. 웨스트 브롬이 직선적인 플레이로 명성을 떨친 것을 감안하면 렌턴의 스타일이 퀸스파크의 기준에서 얼마나 멀리 벗어나 있었는지 엿볼 수 있다.

덤바턴셔가 롱볼 축구를 구사한다는 게 널리 알려지자 1912년 셀틱과의 친선경기를 위해 반슬리가 글래스고로 갔을 때 〈스코티쉬 엄파이어〉는 경기를 예상하며 셀틱의 '짧고 예술적인' 스타일과 '반슬리의 담대한 구식 렌턴 축구'를 대비시켰다. 경기는 1-1 무승부로 끝났고 주심노트라는 칼럼은 다음과 같이 평가했다. "우리는 아스톤 빌라의 기계 같은 패스와 몇몇 웨스트 브롬위치 선수들의 현란한 개인기에 경이로워 했던 과거에 익숙해 있다. 하지만 여태까지 한 번도 요크셔 출신들이 선보였던 예술적 능력, 무한한 열정 그리고 대담한 전술의 조합을 본 적이 없다. 누군가는 축구의 그런 무모한 면을 좋아하지 않는 것 같았지만 이젠 그것이 새로운 잉글랜드축구다… 대비되는 축구스타일만 해도 볼거리가 충분했다. 단호함으로 똘똘 뭉친 상대들과 맞섰던 셀틱의 경기방식은 알아줄 만하다. 이것은 반슬리의 시즌 첫 경기였고 이 한 번의 경기로 자신들이 경기장에 등장했을 때만큼이나 참신하게 경기장을 떠난 후 그들의 훈련이 어땠는지 많은 것을 말해 준다." 잉글랜드에서는 반슬리를 덤바턴셔의 블레셋 사람들 Philistines(팔레스타인, 교양 없는 사람의 뜻)만큼 진보적이라 여겼지만 정작 스코틀랜드에서는 그들보다 나은 게 없다시피 하다고 여긴 점은 두 나라의 축구가 어떻게 발달했는지 시사하는 바가 많다.

알렉스 잭슨의 지적처럼 깔끔한 패스게임은 리그경기에는 통하지만 FA컵처럼 작은 실수로도 탈락할 수 있는 대회서 우승을 노리는 팀이라면 단호해야 한다는 인식이 있었다. 축구계간지 〈더 블리자드〉 3호는 다섯 번의 FA컵 결승에서 3번이나 패한 경험이 있는 뉴캐슬이 어떻게 거칠고 직선적인 스타일로 변모하여 1910년 결승전 재경기에서 반슬리를 꺾었는지 간추려 설명했다. 초창기 전술에 관한 기사에서 다음과 같이 적었다. "이런 직선적인 스타일은 영국 컵대회에서도 선호되었다. 컵 경기의 요구와 보상이 격렬함과 태클 그리고 스피드를 각별히 강조했고 이것은 체력을 중시하는 잉글랜드축구에 이바지했다."

그런 면에서 퍼시 샌즈가 경기스타일을 열거하면서 킥앤드러시에 대해서도 언급했다는 점은 흥미롭다. 그것은 어느 감독이라도 내키는 형태의 축구는 아니었다. 잭슨은 자신의 팀이 그런 플레이를 한다고 내세울 만한 선수를 대지는 못했지만 1차 세계대전에 이르는 시기까지 축구의 빠르기와 공격성향(컵 쟁탈전에서 볼 수 있는 강렬함과 똑같다)이 높아지고 있다는 것을 암시하는 것으로 보인다.

과도한 스피드의 문제점은 잉글랜드에서 특이 두드러진다. 이것은 20년 후 중요한 걱정거리로 바뀌었지만 1차 세계대전 시기에도 잉글랜드축구가 유해할 정도로 스피드를 강조하고 있었다는 인식이 존재했다. 1910년 '구경꾼'(물론 글쓴이가 스코틀랜드 사람이었지만)은 이런 글을 실었다. "지금까지 스코틀랜드와 잉글랜드축구를 경험한 결과 나는 한 치의 주저도 없이, 스코틀랜드가 많은 노력을 기울이지 않고도 잉글랜드와 같은 결과를 이루어냈다고 생각하지만, 스코틀랜드축구가 잉글랜드보다 더 느리다고 말할 수 있다. 스코틀랜드 사람이라면 누구나 스코틀랜드에서 펼쳐지는 최고 수준의 축구는 치밀한 계산과 방법을 구상하다보니 잉글랜드보다 더 느리다는 사실에 고개를 끄덕일 것이다. 칼레도니아 사람들 Caledonians(스코틀랜드 사람을 지칭)은 대체로 그런 사실에 굉장한 자부심을 갖고 있다. 스코틀랜드 시골 클럽들이 잉글랜드리그에서 하는 축구와 흡사한 플레이를 하면 일급 클럽들은 '시골의 킥앤드러시 게임'이라고 조롱한다. 축구를 제외하면 스코틀랜드 남자들은 잉글랜드인 만큼 재빠르다. 그러나 축구를 할 때는 앵글로 색슨사람들보다 한층 더 '생각하는 경기'를 펼친다."

3년 뒤 '구경꾼'은 자신의 주장을 가다듬어 잉글랜드와 스코틀랜드 축구의 스피드와 주안점의 차이가 선수뿐 아니라 축구문화 전반으로 번졌다고 지적했다. "스코틀랜드의 축구가 느린 것은 한 선수가 필드의 중앙 근처로 볼을 몰고 간다고 해도 사람들은 그 선수가 꼭 잘난 척 한다고 생각하지 않기 때문이다. 그렇게 드리블을 함으로써 상대 수비를 자신 쪽으로 몰리게 만든 뒤 동료에게 패스를 하면 골문이 열린다는 사실을 관중들은 똑똑히 알고 있다. 잉글랜드라면 그런 선수는 틀림없이 이런저런 말을 듣게 된다. 볼을 빨리 처리하라든지 주고받아라든지. 스코틀랜드축구는 잉글랜드 관중이 이것을 이해할 때까지는 상당히 오랫동안 인기를 끌지 못할 것이다. 사람들은 몇 번이나 '[조니] 워커나 [지미] 맥메네미라면 잉글랜드에서 얼마나 성공했겠는가'라고 말하지만 나는 한결같이 동의하지 않았다. 위대한 공격수인 이들이 잉글랜드의 어느 경기장에서 뛴다하더라도 혐오스런 야유를 듣게 될 것이다. 관중들은 그들의 의도를 이해하지 못할 것이다."

선수들은 스피드가 부정적인 영향을 끼치고 있다는 걸 인식했다. 1914년 웨스트 브롬의 윙어였던 A.C. 제프콧은 언급했다. "어떤 선수가 스피드가 없다고 말하는 것은 축구를 추종하는 다수의 눈으로 보자면 어마어마한 경멸이다." 그 결과 "전술과 볼 컨트롤에서 기술과 영민함이 부차적인 위치로 떨어지게 되었다." 랭카셔 출신으로 어릴 적에 스코틀랜드로 넘어가 폴커크와 블랙번 로버스에서 뛰었던 윙어 조크 심프슨은 잉글랜드축구가 더 빠르다는 점을 한 치도 의심하지 않았는데, 그는 1차 세계대전에 이르는 시기에 득점이 줄어든 것은 스피드와 관련이 있다고 비난했다. "득점이 나지 않는 것은 잉글랜드축구의 엄청난 스피드 때문이라고 생각한다. '전진 앞으로'라는 단순한 생각 때문에 너무나 많은 것을 잃어버린 것 같다."

하지만 빠르든 느리든, 짧은 패스, 삼각 패스 또는 윙에서 윙으로 가는 패스든, 아니면 낡은 드리블이든 1925년 오프사이드 규칙의 변화로 잉글랜드에 W-M이 개발될 때까지 피라미드는 전 세계의 기본설정전술로 남아 있었다. 드리블과 공격만 하는 축구가 한때는 유일한 '올바른' 방법이었듯이 2-3-5도 그렇게 초석으로 자리를 잡았다.

2장

▽△▽△▽△▽△

탱고와 왈츠에서 피어난 전술 – 남미와 중앙유럽

▽△ 축구 열기가 달아오른 곳은 영국만이 아니었다. 영국인들이 상업과 무역을 찾아 나섰던 곳은 어디에나 축구가 남았고 이는 비단 대영제국에 속한 나라에만 국한되지 않았다. 칠레의 구리, 페루의 구아노Guano(천연비료로 사용되는 바닷새 배설물 퇴적층), 아르헨티나와 우루과이의 육류, 양모, 동물가죽 그리고 브라질과 콜롬비아의 커피를 현지에서 수출하여 벌어들이는 돈도 있었으니 모든 곳에서 은행업무가 존재했다. 1880년대 영국의 해외투자 중 20퍼센트가 남미에서 이루어졌고 1890년에는 부에노스아이레스에 45,000명의 영국인이 거주하고 있었으며 상파울루, 리우데자네이루, 몬테비데오, 리마 그리고 산티아고에도 규모는 작지만 영국인 주거지역이 있었다. 영국인들은 직접 사업을 벌이면서 신문사와 병원, 학교 그리고 스포츠클럽을 세웠다. 남미의 천연자원을 갖고 축구를 돌려준 셈이었다.

유럽도 시정은 비슷했다. 영국인 지역이 형성된 곳은 외교, 은행업, 무역 또는 엔지니어링, 무엇이 중심이 되었든 축구가 뒤따랐다. 헝가리 부다페스트 최초의 축구클럽 우이페슈트가 1885년 체육학교에 설립되고 연이어 MTK와 페렌치바로시 클럽이 만들어졌다. 오스트리아 비엔나는 영국인이 주재하는 중앙유럽의 중심무대로서, 처음에는 대사관과 은행 그리고 다양한 무역 회사와 엔지니어링 회사 직원들끼리 축구를 시작했으나 얼마 지나지 않아 모두 축구에 빠져 들었다. 1894년 11월 15일 오스트리아에서는 처음으로 비엔나 크리켓클럽과 은행가 바론 로스차일드의 사유지 정원사들 간의 축구시합이 열렸다. 관심이 커지자 1911년에는 비엔나 크리켓클럽이 비엔나 아마토이레라는 축구클럽으로 바뀌었다. 체코에서 축구는 독일에서 인기였던 투르넨이라는 국민체조의 변형인 소콜과 앞서거니 뒤서거니 하다가 갈수록 많은 프라하의 젊은 지식인들이 축구지도를 받으러 런던과 비엔나로 향하면서 뿌리를 내리게 되었다. 합스부르크 제국에 속한 팀은 누구나 출전할 수 있었던 1897년의 데어 챌린지컵 Der Challenge Cup의 발족은 축구에 대한 관심을 더 한층 끌어 올렸다.

영국을 예찬하는 덴마크, 네덜란드, 스위스도 축구를 빠르게 받아들였고, 특히 덴마크는 1908년 올림픽에서 은메달을 획득할 정도로 뛰어났다. 하지만 전술이든 다른 면이든 영국과 다른 새로운 시도를 해볼 아무런 이유가 없었다. 19세기 후반 네덜란드 스포츠클럽의 사진을 보면 늘어진 콧수염과 의도적인 듯 무심한 표정까지 빅토리아 시대 영국인의 모습을 모방한 것임을 한눈에 알 수 있다. 〈글로벌 게임〉에 인용된 한 참가자의 말처럼 축구의 목적은 온전히 영국적인 관습과 전략으로 아름다운 네덜란드의 경치를 두고 영국식 운동장에서 경기를 하는 것이었다. 모방에만 신경을 쓰느라 창조는 스며들 여지가 없었다.

축구가 진화를 한 곳은 영국에 대해 좀 더 회의적인 태도를 취하던 중앙유럽과 남미였다. 2-3-5 포메이션을 쭉 지켜나갔으나 형태와 스타일은 서로 다른 문제였다. 패스게임을 수용하고 2-3-5가 확산되었지만 영국은 끝까지 거칠고 체력을 중요시하는 스타일을 지켰고 다른 곳은 축구의 섬세한 부분을 발전시켰다.

△▽

중앙유럽의 축구에서 눈에 띄는 점은 축구가 엄청난 속도로 노동자들에게 퍼져 나간 것이다. 옥스퍼드대학과 사우샘프턴, 코린티안스, 에버턴, 토트넘의 순회경기와 함께 여러 코치들이 들어옴으로써 영국 축구의 영향이 분명히 남기긴 했지만 경기를 하는 사람들은 영국 사립학교의 사고방식에 물들지 않았고 따라서 무엇을 하든 '올바른' 방식이 있다는 전제에 얽매이지 않았다.

가장 큰 영향을 준 팀이 스코틀랜드라는 점과 그들처럼 경기의 중심을 짧고 빠른 패스에 둔 것도 다행스러운 일이었다. 예를 들어 〈'사자'가 되돌아본다〉를 쓴 짐 크레이그의 표현을 빌리면, "온갖 묘기를 부리는 당대 최고의 아티스트"라고 불렸던 셀틱의 왼쪽 공격수 존 매든은 1905년부터 1938년 사이에 프라하에서 슬라비아팀을 지도했고, 스코틀랜드 에이드리오니언스와 아스널 소속 선수였던 그의 동료 존 딕도 1919년과 1933년 사이에 스파르타를 두 번이나 지휘했다. 한편 오스트리아는 1905년 순회경기를 통해 선보였던 레인저스의 스타일을 모방하고자 노력을 기울였다.

그렇지만 스코틀랜드식 축구의 진정한 스승은 아일랜드계 영국인 지미 호건이었다. 번리 태생으로 독실한 로마가톨릭 집안 출신인 호건은 십대에 성직에 입문하려던 생각을 바꿔 축구로 관심을 돌려 누구보다도 영향력 있는 감독이 되었다. 1950년대 초 위대한 헝가리팀의 감독이었던 구스타브 세베시는 "지미 호건이 가르친 대로 축구를 했다. 헝가리의 축구역사를 말할 때 그의 이름은 마땅히 황금색 글자로 새겨야 한다"고 말했다.

회계사가 되기를 원하던 아버지의 바람을 물리치고 호건은 16세에 랭커셔의 넬슨에 들어가 '쓸 만한 학구파 공격수'로 성장한 뒤 영국 북서지역의 로치데일과 번리로 차례로 옮겨 갔다. 어딜 가나 까다롭기로 소문난 호건은 임금인상을 요구하며 수없이 따지기도 했지만 자기 향상을 위해서는 너무나 헌신적이었다. 팀 동료들은 꼼꼼하고 청교도에 가까운 그의 기질을 두고 '목사'라고 불렀다. 한 번은 아버지와 공동으로 '원시적인' 실내 운동용 자전거(흔들거리는 나무 받침대 위에 올려놓은 자전거를 기본 형태로 하는)를 고안하였고, 자신이 그 위에서 하루 32킬로미터씩 탔더니 나중에는 몸이 빨라지기는커녕 종아리 근육만 단단해졌더라는 말도 했다.

초창기 아마추어 선수들의 '수월한 우월성'이라는 이상이 프로축구에도 스며들었다. 가령, '훈련'이라 하면 얼굴부터 찌푸렸고 달리기와 단거리 전력 질주 연습은 했지만, 공을 가지고 하는 훈련은 필요 없거나 심지어 해롭다고 여겼다. 예를 들어 1904년 토트넘의 훈련스케줄에는 일주일에 딱 두 번 공을 가지고 하는 활동이 있었는데, 그 정도면 의식이 깨어 있는 편이었다. 일주일 내내 공을 주면 토요일에는 공을 갈망하지 않을 거라는 논리가 펼쳐졌다. 설득력 없는 은유가 원칙이 되어 버렸다.

한 번은 시합 중에 호건이 달려드는 상대를 드리블로 돌파하고 결정적인 기회를 잡았지만 슛이 아쉽게 골대 위로 벗어난 적이 있었다. 시합이 끝나고 감독에게 잘못된 점을 물었다. 발의 위치가 문제였나요? 몸의 균형이 무너졌나요? 스펜 휘태커 감독은 무시하는 투로 열 번 슛을 해서 한 번 성공하면 괜찮은 결과라며 계속 시도해 보라고만 했다. 다른 사람들이 그냥 넘어갔을 일을 완벽주의자였던 호건은 골똘히 생각했다. 이건 분명 운이 아니라 '기술'의 문제라는 생각이 들었다. "그날부터 스스로 헤아리기 시작했고 위대한 선수들의 조언을 구하는 것도 병행했다. 나중에 내가 감독이 된 것도 끝까지 문제를 깊이 파고들었기 때문에 가능했다. 나는 생각이 분명했다. 어려서부터 프로선수로서 단련시켜 왔기 때문에 나한테는 당연한 일이었다"고 술회했다.

호건이 번리의 낡은 축구에 좌절감을 느끼던 시점에 금전 갈등이 불거졌고 때마침 번리에서 잠깐 알고 지냈던 풀럼 총감독 해리 브래드쇼의 부추김으로 스무 세 살에 처음 랭커셔를 떠나 풀럼으로 갔다. 브래드쇼는 감독이라기보다는 축구와 관련이 없는 사업가이자 행정가였다. 하지만 어떻게 축구를 해야 하는지에 대해 분명한 입장이 있었다. 킥앤드러시 kick-and-rush를 배척하는 브래드쇼는 짧은 패스게임을 연마한 스코틀랜드 코치를 연이어 고용하여 스코틀랜드식 축구를 표방한다는 점을 확실히 심어주었고 그렇게 추진하도록 시켰다.

누가 뭐래도 그들의 방법은 대성공이었다. 호건은 풀럼의 1906년, 1907년 남부리그 챔피언 등극에 일조했고 1907~08시즌 2부리그에 입성, 비록 뉴캐슬 유나이티드에 패하긴 했지만 FA컵 준결승전까지 오르는 기염을 토했다. 이 경기는 호건이 풀럼에서 뛴 마지막 경기였다. 브래드쇼 구단주는 한동안 무릎 부상으로 힘들게 지내고 있던 호건을 부담스럽게 생각하고 있었다. 호건은 잠시 스윈던 타운에 들어갔는데, 어느 날 일요일 저녁예배를 마치고 나오던 자신을 기다리고 있던 볼턴 원더러스 대표단의 설득으로 볼턴이 있는 북서부 지역으로 돌아 왔다.

볼턴에서 선수생활은 실망스러웠고 팀도 강등되었다. 하지만 프리시즌에 네덜란드를 순회하면서 호건은 유럽의 잠재력과 그곳 선수들의 배움의 열망을 보았다. 영국이라면 불필요하다며 무시했을지도 모르는 '코칭'을 네덜란드 사람들은 갈구하고 있었다. 네덜란드 도르드레흐트를 10-0으로 이기고 나서 호건은 언젠가는 여기로 돌아와 제대로 가르쳐보겠다고 굳게 다짐했다. 또한 당시 주심으로 이름을 떨치던 레드카 출신의 엔지니어 제임스 하워크로프트와 사귀게 된 것도 그에겐 중요했다. 제임스는 정기직으로 국제경기 심판을 맡아보니 여러 외국 축구 행정가들과 알고 지냈다. 어느 날 저녁 그는 호건에게 도르드레흐트가 새 감독을 찾는데 이왕이면 영국축구 전문가를 쓰고 싶어 한다는 소식을 전해 주었다. 호건은 절호의 기회라고 생각하고 당장 지원했다. 스물여덟 살, 네덜란드로 돌아올 거라 맹세한

지 1년 만에 2년간의 계약을 수락하며 그 꿈을 이루었다.

호건의 선수들은 대개 아마추어 학생들이었지만 영국 프로선수들의 훈련을 그대로 따라 체력 향상을 최우선으로 삼았다. 하지만 문제는 볼 컨트롤 능력을 키우는 것이라고 믿었다. 호건은 자신의 팀이 '옛 스코틀랜드식 축구'를 본떠 '영리하고 건설적이며 혁신적이면서도 엄숙한 자세로' 플레이하기를 원했다. 많은 선수들이 대학출신이라서 공부에 밝았다는 점도 주효했다. 나아가 호건은 수업을 도입하여 칠판에 자신의 축구철학을 설명했다. 전술과 포지션을 이해시킬 때는 경기장에서 즉흥적으로 하지 않고 교실에서 도형을 이용했다.

호건의 지도는 성공적이었고 독일과의 시합(네덜란드의 2-1승)에 네덜란드 대표팀을 맡아 달라는 요청을 받을 정도로 인기를 누렸다. 하지만 서른에 불과한 호건은 선수로서 더 보여 줄 게 있다고 느꼈고 도르드레흐트와의 계약이 만료되자 등록선수로 남아 있던 볼턴으로 복귀했다. 거기서 한 시즌을 보내면서 팀의 승격을 돕기도 했지만 자신의 미래는 지도자의 길이라는 걸 알았다. 1912년 여름, 다시 감독직을 찾기 시작했고 또다시 하워크로프트의 도움을 받아 오스트리아 축구의 위대한 개척자 유고 메이슬과 만났다.

△▽

메이슬은 1881년 체코 보헤미아 지역의 말레샤우시의 중산층 유대인 가정에서 태어나 어릴 적에 비엔나로 이사를 갔다. 곧 축구에 빠져들었지만 크리켓클럽에서는 별반 큰 성공은 거두지 못했다. 하지만 아들이 사업을 하기를 원했던 아버지는 이탈리아 트리에스테에 일자리를 구해 주었다. 그곳에서 메이슬은 이탈리아어를 숙달시켰고 다른 외국어도 익혔다. 군 복무를 위해 오스트리아로 돌아와서는 은행 근무를 원하던 아버지의 요구를 받아 들였다. 하지만 오스트리아축구협회 업무도 병행했다. 처음에 한 일은 주로 기금마련과 관련된 것이었지만 영리한 공격수였던 호건처럼 축구의 방향에 대해 확실한 생각을 가지고 오스트리아축구의 미래를 구상하기로 결심했다. 서서히 그의 역할은 커졌고 사실상 오스트리아축구협회의 수장이 되자 결국 은행을 완전히 포기했다.

1912년 하워크로프트가 주심을 맡았던 시합에서 오스트리아는 헝가리와 1-1로 비겼다. 경기결과에 실망한 메이슬은 하워크로프트에게 오스트리아팀의 문제점을 짚어 달라고 했고 하워크로프트는 개인기를 키워낼 수 있는 호건 같은 적합한 코치가 필요하다고 조언했다. 메이슬은 6주간의 계약으로 호건을 코치에 선임했는데, 한편으로는 그와 함께 오스트리아의 위대한 클럽에서 일하기 위한 것이지만 더 큰 목적은 스톡홀름올림픽에 앞서 오스트리아 대표팀을 꾸리는 것이었다.

출발부터 삐걱거리기 시작했다. 선수들은 호건의 말을 이해하기 힘들었고 지나치게 기본에만 집중한다고 느꼈다. 이와 달리 메이슬은 호건에게 감동했고 두 사람은 밤늦도록 서로의 축구비전에 대해 얘기를 나누었다. 두 사람은 30년 넘게 세계 축구의 토대를 형성시킨 2-3-5가 전술적으로 큰 문제가 없다고 보았다. 하지만 더 많은 움직임이 필요한데도 대부분의 팀이 전술에 고지식해서 상대에게 쉽게 읽힌다고 생각했다. 또한 공을 끌지 않는 빠른 패스의 조합이 드리블보다 더 바람직하며, 개인기가 중요한 이유는 남미축구의 특징인 활강 같은 지그재그 동작을 위한 게 아니라 자신에게 오는 패스를 바로 컨트롤하여 재빨리 넘겨주기 위한 것이라는 데 의견이 일치했다. 호건은 또한 롱패스의 가치를 힘주어 강조하면서, 만일 생각 없이 공중으로 멀리 차내는 것이 아니고 올바른 방향으로 간다면 상대편의 수비를 흔들 수 있다고 말했다. 메이슬은 낭만주의자였지만 호건의 신념은 본질적으로 실용적이라는 점이 그의 매력이었다. 그는 패스게임을 돈키호테식으로 무조건 옳다고 전도하는 사람이 아니라 시합에서 이길 수 있는 최선의 방법이 볼을 소유하는 것이라 믿었을 뿐이었다.

오스트리아는 스톡홀름에서 독일을 상대로 5-1 대승을 거두었지만 네덜란드와의 8강전에서 3-4로 패했다. 그런데도 메이슬은 호건의 능력을 확신했고 독일축구협회가 호건을 독일로 보내도록 추천서를 부탁했을 때, 그는 오히려 1916년 올림픽 대비를 위해 호건에게 오스트리아팀을 맡기려 했다. "어둡고 침울한 산업도시 랭커셔를 떠나 유쾌한 비엔나로 온 것은 천국에 발을 들여놓는 것과 같았다"고 호건은 회고했다. 그는 일주일에 두 번을 올림픽팀과 함께 하며 나머지 시간에는 비엔나의 빅클럽을 지도하였고, 자신을 필요로 하는 곳이 갈수록 많아져 나중에는 새벽 5시 30분에 비엔나FC를 지도하기도 했다.

오스트리아와 호건은 서로 호감을 가졌다. 그는 오스트리아축구는 '경쾌하고 단순한' 왈츠와 같다고 말했다. 한편 메이슬은 1916년 올림픽에서 오스트리아가 성공을 거둘 거라 낙관하고 있었지만 전쟁으로 꿈은 깨지고 말았다. 호건은 양국이 분쟁에 휘말릴 가능성이 있다고 판단하고 영국 영사관에 가족과 함께 영국으로 빨리 귀국하는 게 좋지 않겠냐고 물었지만 당장은 위험하지 않다는 대답만 돌아 왔다. 그러나 48시간 만에 전쟁이 선포되었다. 하루 뒤 호건은 재외국민 신분으로 체포되었다.

1915년 미국 영사가 가까스로 호건의 아내와 아이들을 영국으로 돌려보냈고, 호건은 독일 포로수용소로 보내질 예정이었으나 하루 전날 비엔나의 백화점 소유주인 블라이드 형제가 보증인 역할을 자청해 풀려나게 되었다. 블라이드의 아이들에게 테니스를 가르치는 등 거의 18개월 동안 그들을 위해 일했다. 하지만 130마일 떨어진 동쪽에서는 호건의 축구계 복귀를 위한 일이 진행되고 있었다. 케임브리지에서 공부를 한 헝가리 부다페스트 MTK 클럽 부사장 배론 덜스테이는 호건의 어려운 사정을 전해 듣고 모든 외교적 수완을 발휘하였다. 결국 꼬박꼬박 경찰에 출두한다는 전제로 그에게 MTK 코치직을 제의했다.

호건은 흔쾌히 받아 들였다. 주전선수 대부분이 전선에 나가 있어서 우선 출전할 선수를 다시 꾸려야 했다. 자연스레 유소년클럽 쪽으로 눈을 돌려, 앵골 공원에서 길거리 축구를 목격하고 발탁한 유소년팀 최고의 인기선수였던 죄르지 오르스와 요제프 '치비' 브라운을 선발했다. 그는 당시 상황을 설명했다. "난 그들에게 와락 달려들었다. '내 선수다, 바로 내 선수다.' 둘 다 부다페스트의 고등학교에 다니던 똑똑한 아이들이었다. 학교를 마치면 매일 그들을 필드로 불러 축구기술을 가르쳤다." 그들은 호건이 함께 하고 싶어 했던 영리하고 학구적인 중앙유럽형 선수의 전형이었고 그 덕분에 비엔나와 부다페스트에서 마음 편히 생활할 수 있었다. "유럽대륙이 영국의 축구를 능가하는 큰 이점은 사내아이들이 몸이 유연한 어린 나이에 축구기술을 지도받는다는 점이다"고 호건은 말했다.

호건의 축구는 큰 성공을 거두었다. MTK는 전쟁이 소강상태에 접어든 1916~17시즌 최초의 공식 챔피언 타이틀을 땄고 이를 9년 동안이나 지켰다. 전쟁이 끝난 후 통합 부다페스트팀이 볼턴을 4-1로 완파하고 유럽축구의 성장력을 과시했다. 하지만 호건은 MTK가 이룩한 업적 중 두 차례만 진두지휘를 했고 전쟁이 끝나자마자 서둘러 영국으로 떠났다. "헝가리에서 보낸 시간은 오스트리아에 머물 때만큼이나 행복했다. 유럽 중에서도 가장 아름다운 도시가 부다페스트라고 생각한다"고 말했다. 4년 동안이나 아내와 아이들을 못 본 상황이라 어쩔 수가 없었다. 선임 선수였던 도리 커슈너가 감독직을 물려받았고 그는 20년 뒤 브라질축구 발전에 중대한 역할을 했다.

호건은 랭커셔로 돌아 왔고 리버풀에서 워커스 담배회사의 파견 현장감독식으로 일하게 되었다. 하지만 생계가 어려워졌을 때, 축구협회의 지원금을 신청해보라는 말을 들었다. 당시 협회가 전쟁 탓에 금전적 불이익을 받은 프로선수를 지원하는 기금을 만들어 놓았던 터였다. 그의 축구경력에 전환점이 되는 계기가 찾아 왔다. 호건은 200파운드는 받을 것이라 믿고 여행경비로 5파운드를 빌려 런던까지 갔다. 하지만 협회총무였던 프레드릭 월은 기금은 전쟁에 참가했던 사람을 위한 것이라며 경멸하듯 호건을 대했다. 호건은 자신이 4년 동안 억류되어 지원에 서명할 기회가 없었다는 이유를 들었다. 월은 군용양말 세 켤레를 건네며 "전방에 있던 사병들은 엄청 좋아했지"라며 냉소적인 말을 했다. 몹시 화가 난 호건은 협회와 완전히 담을 쌓아버렸다. 결국, 보수적인 분위기의 영국축구가 그의 철학을 받아들이지 못한 것은 어쩔 수 없었지만, 그의 재능마저 놓치게 되었다.

비엔나에서는 비록 전쟁 직후 독일 남부팀에 0-5 패배를 당하는 시련을 겪었지만 메이슬은 호건이 세운 기본골격을 지켜나갔다. 뉘른베르크의 폭 패여 얼어있는 경기장에서 자신들의 짧은 패스게임이 통하지 않자 낙심한 메이슬은 돌아오는 길에 선수들과 함께 지금의 방식을 접고 체력위주의 더욱 직선적인 방법으로 바꿔야 할지를 의논했다. 그들은 한목소리로 반대했고 여기서 위대한 미완의 대표팀 선두주자였던 30년대 초 '원더팀 Wunderteam'을 키워 낼 원칙이 세워졌다. 브라이언 글랜빌은 "메이슬의 축구를 말하자면, 발레대회의 경연에 가까웠고 여기서 골을 넣는 것은 백 가지쯤 되는 복잡한 패턴을 만들기 위한 구실에 지나지 않았다"고 썼다.

피라미드는 기본 형태로 남아 있었지만 스코틀랜드의 패스게임이 빠르게 확산되면서 경기 스타일은 원래의 영국적인 모습과는 사뭇 달라 '다뉴비언 스쿨 the Danubian School'이라는 독자적인 유형으로 인식되었다. 체력보다 기술을 더 높이 샀고 기술은 팀의 구조와 이어졌다. 남미에서는 원형에서 더욱 급속히 갈라져 나갔다. 여기서도 기술을 최고로 여겼다. 하지만 우루과이와 특히 아르헨티나는 개성과 자기표현을 높이 받들었다.

△▽

축구협회규칙이 1867년 아르헨티나에 도착하여 영어판 신문 〈더 스탠더드〉에 공표되었다. 같은 해 후반, 부에노스아이레스 축구클럽이 크리켓클럽의 한 갈래로 창립되었다. 하지만 제대로 뿌리를 내리지 못하고 6년 만에 다시 럭비팀으로 전환되었다. 1880년대 이르러 축구가 성공을 거두기 시작하는 데는 알렉산더 왓슨 후튼의 공이 컸다. 에든버러대학 졸업생인 후튼은 아르헨티나에 정착하여 세인트 앤드류스 스카치 스쿨의 교사가 되었다. 학교에서 운동장을 확장하지 않자 사직을 하고 1884년 자신이 직접 영국고등학교를 세워 축구를 가르칠 경기전문지도자를 고용했다. 그리고 1893년 아르헨티나축구협회 리그를 개편할 때도 중추 역할을 했다. 영국고등학교 출신 OB로 구성된 얼럼나이는 1부리그에 속해 20세기 중반 리그를 지배했다. 한편, 재학생 팀은 더 낮은 리그에서 활동했는데, 그들도 축구를 심각하게 받아들이는 학교였지만 처음 7개의 타이틀 중 여섯 번을 명문 기숙학교인 로마스 데 자모라를 기반으로 한 팀이 차지했다.

아르헨티나 국경에 있는 플라테 강의 건너편 우루과이도 상황은 비슷했다. 젊은 영국 프로선수들이 크리켓과 보트클럽을 창설한 뒤 나중에 축구부를 만들었고 영국인 학교가 축구를 주도했다. 몬테비데오의 영국고등학교 교사인 윌리엄 레슬리 풀은 후튼과 어깨를 나란히 할 인물로서 1891년 5월 알비온 크리켓클럽을 만들었고 클럽의 축구부는 곧이어 부에노스아이레스의 여러 팀과 시합을 벌였다.

당시 팀 명부를 얼핏 봐도 알 수 있듯 선수들은 영국인 아니면 영국계 아르헨티나 사람이었고 영국적인 정신을 지니고 있었다. 조르지 이완츠크는 자신이 쓴 아르헨티나 아마추어 축구사에서 '격렬한 감정을 가지지 않고 좋은 플레이를 하는 것'이 경기의 목표며 '페어플레이'의 중요성에 대해 말하고 있다. 얼럼나이는 에스투디안테스와의 경기에서 심판이 상대에게 페널티 반칙을 선언하자 잘못 주어진 것이라 여겨 페널티킥을 차지 않겠다고 거부하기도 했다. 이런 일들은 보편화된 2-3-5 전술 속에 뻗쳐있는 신념, 즉 무엇이든 '옳은 방법'으로 한다는 것을 보여 주는 예다. 1904년 영국 원정팀으로는 처음으

로 아르헨티나 땅에 선을 보인 사우샘프턴이 얼럼나이를 3-0으로
물리친 경기를 〈부에노스아이레스 헤럴드〉가 대대적으로 보도한 것
을 보면 사립학교의 축구관이 어떻게 보편화되었는지 확인할 수 있
다. 사설은 사우샘프턴이 출중했던 것은 '선천적으로 무엇이든 남자
다운 것을 좋아하는' 결과였다고 실었다.

하지만 영국 중심의 판도가 차츰 흔들리기 시작했다. 아르헨티나축
구협회 AFA는 1903년 스페인어를 축구업무 공식어로 채택했고 2년
뒤 우루과이축구협회도 이를 따랐다. 얼럼나이는 1911년에 해산했고
이듬해 AFA도 Asociacion del Football Argentina로 명칭을 바꿨
다. 그렇지만 'football'이 'fútbol'로 변경된 것은 한참 뒤인 1934년
이었다. 신앙과 강건한 육체를 동시에 가진 삶을 지향한다는 영국의
기독교 사상에 물들지 않았던 우루과이와 아르헨티나는 영국처럼 체
력중심주의를 덕목으로 삼는 인식이라고는 눈을 부비고 찾아 봐도
없었고 재간을 부리는 것을 업신여기지 않았다. 형태가 같았을 수는
있지만 스타일은 엄청나게 달랐다. 인류학자 에두아르도 아르케티는
스페인과 이탈리아계 이민자들의 영향이 사회에 나타나면서 힘과 규
율은 감각과 기술에 무릎을 꿇었으며 이는 다른 분야에서도 일반적인
경향이었다고 주장한다. 우루과이의 시인이자 언론인 에두아르도 갈
레아노는 "탱고처럼 축구가 빈민가에 꽃을 피웠다"라는 글을 쓰기도
했다.

조건이 다르면 스타일도 달라지는 법. 수도원 복도에서 하는 게임
과 영국 사립학교 운동장에서 하는 게임이 달랐듯, 부에노스아이레스
와 몬테비데오의 가난한 지역의 좁고 고르지 않는 갇힌 공간에서는
다른 기술이 개발되었고 새로운 스타일이 태어났다. 갈레아노의 표현
대로 "밀롱가 milonga(탱고의 전신) 댄스클럽에서 발명된 춤처럼 자생적인
축구. 댄서들은 타일 바닥 위에 세공하듯 선을 그렸고 축구선수들은
그 작은 공간에서 자신의 언어를 창조했다. 자신의 발이 마치 가죽

공을 꿰매는 손인 양 차내기보다는 공을 소유하고 지켜내고자 했다. 최초의 크리올 Creole(유럽인의 자손으로 식민지 지역에서 태어난 사람) 대가의 발에서 '엘 토케 el toque', 즉 터치기술이 탄생했다. 공을 마치 음악이 흘러나오는 기타인 듯 퉁겨댔다."

서로 다른 덕목을 내세우는 두 개의 스타일이 무리 없이 공존할 수는 없었다. 아나나 다를까 오래된 것과 새로운 것이 만나자 갈등이 일어났고 이는 1905년에 두드러졌다. 여섯 번째 순회경기에서 노팅엄 포레스트가 영국계 아르헨티나 선수를 주축으로 한 11인 대표를 힘으로 밀어붙이자 엄청난 반감이 일어났다. 일관되게 영국에 우호적인 신문 〈헤럴드〉조차 포레스트의 경기방식을 거칠게 비난했던 사람들에게 궁색한 반박의 글을 낼 정도로 흔들리기도 했다. "스태미나를 향상하고 한창때인 젊은이들의 힘을 발휘하자는 취지의 경기가 꼭 거실에서 즐기는 실내게임일 필요는 없다." 계속된 순회경기는 분노를 일으켰고 주로 경기 중 어깨로 밀치는 행위를 도저히 용납하지 못하겠다는 내용이었다.

1912년 스윈던 타운의 순회경기는 몇 안 되는 성공적인 사례로 손꼽혔다. 영국인들 스스로 배울 점이 있다고 깨닫게 된 것은 아마도 이때부터였다. 스윈던 총감독 새뮤얼 알렌은 아마추어 시합에서 이보다 더 좋은 경기를 보지 못했다고 말하면서 긍정적으로 받아 들였다. 하지만 아르헨티나 선수들이 "개인 업적을 더 중요시 여겨, 혼자 영리한 플레이를 보여 줄 기회가 오기만 하면 놓치지 않는다"고 우려를 나타냈다. 아르헨티나 안에 전통을 중시하는 사람들도 축구가 '크리올화'되는 것에 회의적이었다. 영국 태생으로 얼럼나이 신수였던 호르헤 브라운은 1920년대 초, "새 스타일의 축구는 골문 가까이서 지나치게 패스를 하면서 힘이 떨어졌다. 이것이 더 섬세하고 예술적이며 분명히 더 지적이지만 축구가 지닌 원시적인 열정을 잃고 말았다"고 항변했다. 이런 비판은 급격히 확산되었다. 결국 1953년 헝가리가 웸블리에서 이 논쟁을 단번에 해결할 때까지, 영국은 영국 외의 모든 나라가 골대 앞에서 과감하지 못해 애를 먹고 있다는 착각에 빠져 있었다.

1924년 우루과이 올림픽팀을 지켜본 사람이라면 그런 생각이 잘못되었다는 것을 알았을 것이다. 아르헨티나는 참가하지 않기로 했지만 우루과이는 파리올림픽에서 위대한 초창기 축구사의 한 획을 그었다. 지나치게 낭만에 빠지는 경향이 있는 갈레아노가 자기 조국의 금메달에 기뻐서 날뛰었다고 해서 언짢게 여길 수는 없었다. 무엇보다도 우루과이는 노동자로 구성된 팀이었다. 그중에는 정육업자와 대리석 절단사, 식료품업자 그리고 아이스크림 판매원도 있었다. 그들은 3등 선실 칸에 몸을 실어 유럽에 갔고 식비를 벌기위해 시합을 했으며 스페인에서 아홉 차례 친선경기를 전승으로 마치고 나서야 프랑스에 도착했다. 우루과이는 유럽 원정길에 나선 최초의 남미 국가였지만 처음에는 주목을 받지 못했다. 자신들의 첫 올림픽 경기인 유고슬라비아전에서 7-0 대승을 거두었지만 관중은 겨우 2천명 정도였다. 대표팀을 쭉 맡았으며 갈레아노보다는 미사여구를 덜 사용하는 온디노 비에라는 이렇게 말했다. "코치도, 체력적인 준비도, 스포츠용 약품도 그리고 전문가도 없이 우루과이의 축구학교를 세웠다. 우루과이의 경기장에서 우리끼리 아침부터 오후 그리고 달빛 품은 밤까지 공을 쫓으며 선수다운 선수가 되기 위해 20년간 뛰었다. 공을 잡으면 어떤 이유로도 놓치지 않는 완벽한 공의 달인. 그것은 길들지 않은 야생의 축구, 우리의 게임이었다. 경험을 통해 스스로 터득한 타고난 스타일의 축구였다. 그것은 유럽대륙의 축구를 관장하던 계율을 완전히 벗어난 축구였다. 그것이 우리의 축구이고 또 그렇게 우리식 축구학교를 만들었다. 그렇게 신세계의 전 대륙을 아우르는 축구를 가르치는 학교가 만들어졌다."

파리에서는 곧 우루과이팀에 대한 이야기가 나돌기 시작했다. 갈레아노는 이렇게 서술했다. "경기마다 관중은 사내들을 보기 위해 서로 밀쳤다. 다람쥐마냥 약삭빠르게 공을 가지고 체스게임을 했던 사내들. 영국선수들은 롱패스와 공중볼이 완벽했다. 하지만 멀리 아메리카 대륙에서 온, 자기 땅의 상속권을 빼앗긴 이 아이들은 그들 아버지의 걸음걸이로 걷지 않았다. 그들은 발밑으로 바로 보내는 짧은 패스게임을 발명했다. 전광석화처럼 리듬을 바꾸고 엄청난 속도로 드리블을 하는 게임."

공으로 체스게임을? 앨콕은, 기름을 잔뜩 바르고 머리가 헝클어질까 봐 헤딩을 꺼렸던 센터포워드 페드로 페트로네의 득점능력은 두말없이 인정했지만 정작 경기가 그 정도라는 건 인식하지 못했을 것이다. 하지만 거기에 있는 사람들은 우루과이가 대회 내내 기복 없는 경기력을 펼쳤고 결승전에서 스위스에 3-0 승리를 거두기 전까지 4경기에 2골만 내주고 무려 17골을 득점하자 황홀해서 넋을 잃을 정도였다. 프랑스 수필가이자 소설가인 앙리 드 몽테를랑은 이렇게 적었다. "새로운 발견! 우리 여기 진정한 축구를 만난다. 여기에 비하면 우리가 전에 알던 것은 단지 사내아이들의 취미쯤 될까 싶다."

화려한 선수생활을 마감하고 〈레퀴프〉의 편집장이 된 가브리엘 아노는 조금 차분한 반응을 보였다. "우루과이는 공을 받고 다루는 데 놀라운 기교를 보여 주었고, 우아하면서도 빠르고 변화무쌍하며, 강하면서도 효율적인 아름다운 축구를 창조했다"라고 썼다. 그래도 영국축구가 더 뛰어나다는 생각에 대해 손사래를 치며 잘라 말했다. "그것은 경주 말인 서러브레드와 농장 말을 비교하는 것과 같다."

우루과이가 귀국하자마자 아르헨티나는 단판 승부를 벌이자며 도전장을 내밀었다. 양 팀 간의 이전 경기에서, 관중소동으로 중단되긴 했지만 부에노스아이레스에서 2차전을 2-1로 이겼고, 따라서 합계 3-2 승리를 거두었으므로, 자신들이 올림픽에 참가했더라면 세계챔피언이 될 수 있었을 거라고 주장하고 나섰다. 이 주장이 옳은지 그른지 말하기는 어렵지만 부에노스아이레스의 보카 주니어스가 19경기 중 단 3패만을 기록했던 1925년 유럽순회 경기가 깊은 인상을 남긴 것은 분명했다.

아르헨티나는 4년 뒤 네덜란드 암스테르담올림픽에 참가했고 두 팀 간의 재경기라 할 수 있는 결승전에서 우루과이를 만나 1-2로 졌다. 2년 뒤 두 팀은 초대 월드컵 대회 결승에서 다시 만나 우루과이가 또다시 4-2로 승리하며 축배를 들었다. 당시의 보도로 판단한다면 우루과이의 장점은, 선수 대부분의 높은 기량과 특히 비에라의 즉흥적인 플레이도 돋보였지만 그들은 한 가지 일관된 수비형태를 유지했다는 것이다. 반면, 개인기 위주의 아르헨티나는 때때로 혼란에 빠졌다. 이탈리아 기자 지아니 브레라는 〈스토리아 크리티카 델 칼시오 이탈리아노〉에서 1930년의 월드컵 결승은 "아르헨티나가 풍부한 상상력으로 우아한 경기를 펼치긴 했지만 뛰어난 기술도 전술을 버리게 되면 소용없다는 것을 보여 주었다. 플라테 강을 사이에 둔 두 팀은 우루과이가 부지런한 개미라면 아르헨티나는 한가로운 매미다"고 말했다. 이것은 근본적인 문제로서, 모든 전술의 역사에는 공격의 흐름을 유지하면서 수비의 결속을 꾀하여 공격과 수비의 균형을 이루고자 최대한 노력하는 내용이 들어 있다.

그렇게 해서 '라 가라 차루아 la garra charrua' 이론이 성장했다. '차루아'는 우루과이 토착 차루아 인디언과 관련이 있고 '가라'는 '발톱'이라는 뜻으로 흔히 '배짱'이나 '투지'를 의미한다. 짐작컨대, 이것은 인구 3백만의 나라가 두 번의 월드컵 우승을 위한 결의를 다지게 한 정신이었으며, 이후 우루과이의 여러 팀이 보여 주는 무자비한 행동을 근거 없이 정당화시키는 정신이기도 했다.

비록 낭만에 치우친 이론인지는 모르겠지만(알고 보면 차루아 인디언은 축구와 거의 관련이 없었다) 영국 밖의 모든 사람은 세계 최고의 축구가 플라테 강어귀에서 펼쳐지고 있으며 그것도 영국에서 사용하던, 쉽게 예측할 수 있는 2-3-5에서 진일보한 경기운영이라고 확신했다. 1928년 아르헨티나 〈엘 그라피〉는 다음과 같이 단언했다. "무덤덤함을 줄이고 들뜨고 흥분되는 라틴 정신을 키우며 앵글로색슨의 영향은 사라져가고 있다. 그들은 어느새 경기의 방식을 변형시키고 그들 자신의 경기를 만들어가고 있었다. 영국과 달리 집단의 가치를 위해 개성을 희생시키지 않기 때문에 단조롭지 않고 규율과 방법에 덜 얽매였다. 플라테 강을 두고 펼치는 축구는 드리블을 활용하고 개인기에 너그럽기 때문에 더욱 민첩하고 매력적이다."

어떤 선수가 어떤 기술이나 속임수를 발명했다고 대접을 받을 정도로 상상력을 높이 샀다. 후안 에바리스토는 마리아넬라 marianella, 즉 발리 힐패스를, 파블로 바르톨루치는 다이빙 헤딩을, 페드로 칼로미노는 바이시클킥 bicycle-kick을 발명했다고 칭송받았다. 특히, 바이시클킥에 대해서는 논란이 많은데, 어떤 사람들은 19세기 후반 페루에서 발명했다고 말하지만, 대부분 칠레로 이민을 간 빌바오 사람 라몬 운사가 아슬라가 1914년에 처음 사용한 것으로 믿고 있다(그래서 만일 스페인 원정길에 그 기술을 퍼뜨린 칠레선수 다비드 아레야노를 말하는 게 아니라면 스페인어를 쓰는 남미국가에서는 칠레나 chilena, (칠레사람)라는 용어를 쓴다). 한편에서는 1930년대 브라질 공격수 레오니다스의 의견을 따라 페트로닐류 지 브리투가 개발했다고도 한다. 한 가지 기이한 것은 전 아스톤 회장 더그 엘리스가 바이시클킥을 발명했다는 주장인데, 그는 한 번도 정식으로 축구를 해 본 적이 없고 운사가가 이 기술을 처음 선보였다고 하는 시점에서 10년 뒤 태어났다. 사실 누가 이 기술을 발명했는가보다는 이 논쟁을 통해 1920년대 이곳에서 상상력이 얼마니 중요했는지 알 수 있다는 점이나. 부끄럽게노, 축구 종가라는 영국이 워낙 변화에 둔감하다 보니 엘리스가 영국에서 최초로 바이시클킥을 선보였다고 해도 사람들은 대충 그대로 믿었다.

아르헨티나는 자신만의 축구신화를 발전시켰다. 그 핵심은 1922년 헝가리 페렌치바로시가 방문한 시기를 전후로, 아르헨티나인의 축구

우루과이 4 아르헨티나 2, 월드컵 결승, 우루과이 몬테비데오 엘 센테나리오,
1930년 7월 30일

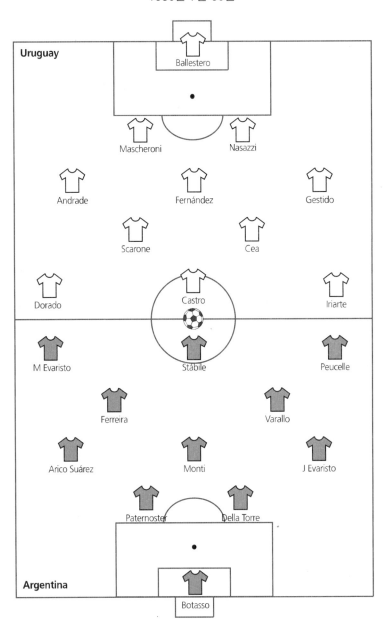

관에 일대 혁신을 가져다준 다뉴비안 스쿨의 스타일을 접한 것이다. '크리올화(아르헨티나의 기술축구)' 과정이 적어도 10년은 계속되었다고 한다면 방문경기는 이미 진행 중이던 변화를 확인시켜 주었을 뿐이고 초기에는 다뉴비안 스쿨과 아르헨티나 그리고 우루과이의 경기방식이 유사했으며, 거의 동시에 체력 위주의 영국 스타일에서 개인기에 중심을 두는 방향으로 옮겨 갔을 것으로 보인다.

비록 완만하지만 이런 기술적 실험과 함께 전술에 손질을 가하려는 시도가 뒤따랐다. 1회 월드컵 결승전 당시 아르헨티나의 오른쪽 공격수였던 프란시스코 바랄로는 "남미팀은 공을 더 잘 다루었고, 더욱 전술적인 태도를 취했다. 그때는 8번과 10번인 공격수를 뒤로 처지게 하고 윙어는 패스를 공급하도록 하면서 5명의 공격수를 두었던 시대였다"고 말했다. 인사이드 포워드를 창조적 플레이의 핵심으로 여겼으며 이런 경기에서는 '감베타 gambeta', 즉 활강 형태의 드리블을 추종했다. 아르헨티나와 우루과이 두 나라에서는 한 선수가 상대편을 다 제친 뒤 기막히게 멋진 골을 넣고 나서 중앙선으로 돌아오면서 누가 자기 기술을 흉내 내지 못하도록 발자국을 지운다는 이야기가 떠돌았다.

신화적인 면도 있지만 새로운 가치체계가 자리 잡고 있다는 조짐이며, 아르헨티나축구가 서서히 세상과 동떨어져가면서 이것은 더욱 도드라졌다. 1934년 월드컵을 앞두고 이민을 간 선수들로 인해 허약해진 아르헨티나(우승을 한 이탈리아팀에 4명의 아르헨티나 선수가 있었다)는 1라운드 스웨덴전에서 패했고, 그 후 1938년 월드컵 개최 신청이 거부당하자 프랑스월드컵 불참을 결정했다. 2차 세계대전이 거세지고 후안 페론 대통령의 고립화정책으로 아르헨티나는 1950년까지 세계무대에 등장하지 않고 자신들의 황금시대를 누렸다. 1931년 프로리그가 시작되자 대형 경기장에 엄청난 관중이 몰려들었고 신문과 라디오의 취재로 전 국민이 축구에 관심을 쏟았으며 또 그런 방향으로 유도해 나갔다. 축구가 얼마나 아르헨티나인의 생활 속에 자리를 잡았으면 축구를 혐오했던 호르헤 루이스 보르헤스와 축구 옹호론자인 아돌포 비오이 카사레스, 두 소설가가 공동으로 〈있다는 것은 지각되는 것이다〉는 단편소설집에서 축구를 통해 현실 인식이 어떻게 조작될 수 있는지를 설명했다. 그들은 어떤 축구팬이 클럽 회장과 대화를 통해, 모든 축구는 결과가 미리 정해져 있고 선수들은 연기자처럼 각본대로 경기를 한다는 걸 알고서 환멸을 느낀다는 상황을 설정하고 있다.

20년대에 나타나기 시작했던 스타일은 훨씬 더 화려한 '라 누에스트라 la nuestra', 즉 '우리 것' 또는 '우리 스타일의 플레이'로 발전했다. 이 말은 '크리올라 비베사 criolla viveza', 즉 '타고난 교활함'에 뿌리를 두고 있다. '라 누에스트라'라는 말은 1953년에 잉글랜드XI을 3–1로 꺾고 난 직후에 알려진 것으로 보인다. 비록 완전한 국가대표 경기는 아니고 어느 대표끼리의 경기라고 보는 것이 옳았는데, 이를 통해 '우리 스타일'이 백인 외국인의 스타일을 이길 수 있다고 생각했다. 그것은 공격하는 즐거움에 바탕을 두고 건설한 아르헨티나 초기 축구 철학의 진면목을 보여 준다. 1936년 9월과 1938년 4월 사이의 아르헨티나 챔피언십 경기에서 단 한 번도 무득점 무승부가 나오지 않았다. 하지만 골은 이야기의 일부분일 따름이다. 에르네스토 사바토는 〈영웅과 무덤에 관하여〉라는 자신의 소설 속에 나오는 꽤 알려진 일화를 통해 라 누에스트라 정신을 논의하고 있다. 등장인물인 쥴리언은 영웅인 마르틴에게 20년대 인데펜디엔테의 인사이드 포워드에 관한 이야기를 들려준다. 알베르토 라린과 마누엘 세오아네('돼지'와 '니그로'라는 두 가지 별명을 가진)는 축구의 방법에 대한 서로 다른 원칙을 적나라하게 보여 준다. "쥴리언이 마르틴에게 말하길, '당신에게 서로 다른 사고방식이 무언지 보여 주기 위해 간단한 일화를 소개하겠습니다. 어느 날 오후, 하프타임에 돼지가 라린에게 말하길, "나에게 크로스를 올려. 내가 받아서 골을 넣을게"라고 말했고 후반전이 시작되고 라린의 크로스를 돼지가 받고 달려들어 득점을 합니다. 돼지는 팔을 쭉 뻗어 라린을 향해 달려가며 소리칩니다. "봤지, 라린, 응?!" 그러자 라린은 대답했습니다, "그래, 근데 난 재미가 없잖아.'" 말하자면 여기에 아르헨티나축구의 모든 문제가 들어 있습니다."

기교와 즐거움 중 어느 것이 더 중요한지 서로 견주게 되었다. 반세기 앞서 영국은 독자적인 논쟁을 벌였다: '올바른 방식'의 플레이와 드리블(한참 덜 현란하지만)을 계속할 것인가, 또는 이기는 스타일을 채택할 것인가. 누에고치처럼 갇혀 있던 20년 세월 동안 아르헨티나는 '활기차게'라는 구호에만 매달렸고, 패배를 통해 자신의 전술을 재고할 기회로 삼을 외부와의 시합도 없이 그들만의 활달한 스타일이 번성했다. 그것이 장기적으로 아르헨티나축구에 이롭지 않을 수도 있었지만, 어쨌든 행복한 시절이었다.

3장

△▽△▽△▽△▽△▽△

투백에서 스리백의 시대로 - 오프사이드 규칙과 W-M전술

△▽ 축구의 사라지지 않을 매력 중 하나는 축구가 하나의 통일된 유기적 게임으로서 경기장의 한 부분에 조그만 변화가 생겨도 다른 곳에서 예상치 못한 심대한 결과가 일어날 수 있다는 것이다. 잉글랜드축구협회가 1925년 국제이사회에 오프사이드 규칙의 완화를 설득했던 것은 골 가뭄이라는 구체적인 문제의 해결 때문이었다. 노츠 카운티를 필두로 몇몇 클럽이 오프사이드에 매달렸다. 그 중 가장 눈에 띄는 팀은 뉴캐슬 유나이티드였다. 풀백으로 한 조를 이룬 허즈페스와 맥크라켄을 보유한 뉴캐슬은 오프사이드 트랩을 너무나 능숙하게 써서 플레이가 빈번하게 하프라인 양쪽의 좁은 공간에 집중되었다. 뉴캐슬이 1925년 2월 베리에서 0-0 무승부를 기록하자 더는 손을 놓고 있을 상황이 아니었다. 그 경기는 뉴캐슬의 시즌 6번째 무득점 무승부로서 뉴캐슬은 당시로는 상상하기 힘들만큼 낮은 경기당 2.58의 평균득점을 기록하고 있었다. 축구는 지루해졌고 관중 수가 줄자 협회는 대책을 세워야 한다며 발 벗고 나섰다.

오프사이드 규칙은 공격수가 온사이드가 되려면 보통은 골키퍼와 2명의 수비수를 포함한 3명의 반대편 선수가 자신과 골대 사이에 있어야 했다. 축구관계자들은 갈수록 오프사이드 트랩을 많이들 사용하자 대응책으로 1866년 이후 약간의 수정을 가했었다. 예를 들면 1906년 4월 햄든 파크에서 열린 스코틀랜드와 잉글랜드의 시합에서 잉글랜드 주장 코린티안스의 S.S. 해리스는 왼쪽 하프 해리 메이크피스가 부상 당하자 평소처럼 포워드 한 명을 하프라인으로 끌어 내리는 것이 아니라 왼쪽 백인 허버트 버제스를 앞으로 올리고 오프사이드 라인을 높였다. 오른쪽 백 로버트 크롬프톤은 롱볼과 역습에 대비해 깊이 내려왔고 나머지 선수들은 스코틀랜드 골라인에서 18미터 지점까지 올라가 사실상 스코틀랜드가 자기 진영에서 꼼짝 못하도록 했다. 1970년에 출판된 브라이언 제임스의 〈잉글랜드 대 스코틀랜드〉에 인용된 당시 보도는 열변을 토했다. "해리스가 안전한 플레이를 하자는 말을 전달하고 나자 경기는 웃음거리가 되었다. 관중은 전방에서 일어난 변화에 분개했다. 관중들은 크롬프톤이 뒤로 처지고 잉글랜드 수비수들이 스코틀랜드 공격수 사이에 뒤엉켜 상대 진영에서 18미터 내에서 자꾸만 오프사이드에 걸리게 하는 모습을 보는 일이 짜증스러웠다."

잉글랜드가 2-1로 이겼지만 축구관계 기관의 비판이 이어졌다. 또 다른 보고서는 이랬다. "잉글랜드가 채택한 원백 경기는 언제나 못마땅한 클럽 축구의 특징이다. 하지만 대표팀이 점수를 안 주려고 이런 필사적인 수를 쓰는 것이 과연 스포츠 정신인지 의심스럽다." 1906년에 열린 3번의 국제경기에서 잉글랜드 주장을 맡았던 해리스는 다시는 대표팀에 발탁되지 못했고 이듬해 오프사이드 규칙이 바뀌자 자기 진영에서는 오프사이드가 적용되지 않게 되었다.

하지만 오프사이드 트랩 상자의 뚜껑이 열리자 되돌려 놓기란 불가능했고 1차 세계대전 이전 몇 년 동안 갈수록 오프사이드 트랩을 가동하는 일이 흔해졌다. 노츠 카운티의 풀백조인 허버트 몰리와 조크 몽고메리가 선구자였지만 오프사이드 트랩하면 맥크라켄을 빼놓을 수 없다. 당시 연재만화에서 자기편이 또 한 번 오프사이드 선언을 얻어내자 신이 나서 박수를 치는 맥크라켄의 모습이 그려졌다.

현대적인 시각에서는 오프사이드 트랩하면 조지 그레이엄이 지휘하던 아스널 포백이 완벽하게 줄을 맞춰 손을 들어 올리는 장면이 떠오른다. 하지만 1925년 이전에는 두 명의 풀백이 나란히 플레이를 하는 경우는 드물었기 때문에 전혀 다르게 오프사이드가 작동했다. 이렇게 엇갈리는 시스템을 누구보다도 잘 표현해낸 사람은 웨스트브롬의 제시 페닝턴과 블랙번의 봅 크롬프턴이었는데 이들은 1차 세계대전 이전 잉글랜드 대표팀에서 무려 스물세번이나 함께 뛰었다. 아스톤 빌라 공격수 찰리 윌리스는 이렇게 설명했다. "크롬프턴이 곧잘 뒤로 처지는 반면에 페닝턴은 전방으로 올라가는데 때로는 그 거리가 자신이 네 번째 하프백으로 보일 정도로 어마어마했다. 그의 스타일은 과감한 형태의 풀백 플레이다. 때때로 자신이 한 선수를 따라 잡기 위해 전력질주를 해야 할 때도 있지만 안정적인 전술과 결합한 크롬프턴의 플레이 방식은 페닝턴이 상대 공격수가 전혀 예상 못한 곳에 자리를 잡고 있기 때문에 종종 두 사람이 짝이 되어 상대 공격을 원천적으로 깰 수 있었다."

오프사이드 규칙이 공격수가 온사이드가 되려면 세 명의 수비수를, 실제로는 골키퍼와 두 명의 수비수, 규정하기 때문에 공격수들은 더 전진해있는 풀백을 기준으로 자리를 잡아야 했고 다른 수비수는 항상 뒤에서 스위퍼 역할을 효과적으로 수행할 수 있었다. 맥크라켄에게 수년간 많은 파트너가 있었지만 그 중 허즈페스가 단연 이름을 떨쳤다. 허즈페스는 〈셰필드 텔레그래프 앤드 스타 스포츠 스페셜〉에 오프사이드 트랩을 옹호하는 글을 실었다. "당연히 나는 맥크라켄의 방식은 경기를 풀어가기 위한 것이 아니라 수많은 경기를 망치게 하는 것에 독창성이 있다는 말을 듣는다. 하지만 바로 그 부분이 잘못되었다. 경기를 망치게 하는 것은 맥크라켄의 방식이 아니다. 상대 공격수가 이런 오프사이드 트랩전술을 무용지물로 만들 책략을 고민하지 않기 때문에 경기를 그르치는 것이다. 공격수들이 뻔히 알고도 오프사이드 규칙에 대해 계속 잊어버리는 멋진 유보조항이 하나 있다. 만일 공격수가 볼 뒤에 있으면 맥크라켄이 앞으로 전진 하든 무얼 하든 상관없이 오프사이드에 걸리지 않는다."

하지만 불안한 축구관계자들은 1921년 또 한 번 규칙에 손을 대고 스로인 한 볼은 오프사이드가 될 수 없도록 만들었다. 1925년 무렵에는 분명히 더욱 확고한 조치가 필요해 보였다. 축구협회는 두 가지 해결방안을 들고 나왔다. 하나는 공격수 앞의 수비 숫자를 둘로 하는 것이고, 다른 하나는 골대에서 18미터 지점에 선을 추가해서 그 뒤에 서는 오프사이드를 적용하지 않는 것이었다. 그리고 전반전은 첫 번째 안으로, 후반전은 다른 안을 적용하여 여러 차례 시범경기를 펼치며 실험을 했다.

1925년 6월 런던에서 열린 회의에서 협회는 수비의 수를 줄이는 방안이 더 낫다고 결정하였다. 이어 스코틀랜드협회도 수정안을 채택하였고 나아가 바뀐 내용을 국제이사회에 제출하여 1925~26시즌을 앞두고 변경된 오프사이드 규칙을 시행했다. 전에는 오프사이드 트랩을 쓰는 팀은 한 명의 풀백이 상대 공격수를 저지하기 위해 앞으로 나가면 다른 한 명의 풀백이 커버플레이를 할 수 있었다. 하지만 새로운 규칙 하에서는 한 번 판단을 잘못하면 공격수에게 골키퍼와 일대일 상황을 내 줄 위험이 있었다.

다음 시즌에 경기당 평균 득점이 3.69로 치솟으며 수정안이 단박에 성공을 거두는 듯 했지만, 이 때문에 경기 방식에 큰 변화가 생겼고 곧이어 허버트 채프먼은 '세 번째 수비수', 즉 W-M포메이션을 개발했다. 하지만 많은 사람들이 주장하듯 이로 말미암아 잉글랜드축구의 쇠퇴가 시작되고 부정적인 면이 두드러졌다.

가장 목소리를 높인 사람은 메이슬의 동생 빌리 메이슬이었다. 그는 〈축구 혁명〉을 통해 1953년 잉글랜드가 홈에서 헝가리에 3-6으로 패한 것을 두고 소름이 끼칠 정도의 반응을 보였는데, 메이슬이 오스트리아의 거센 반유대주의를 피해 영국에 정착하기 전부터 이미 독실한 영국예찬자였던 점을 짚고 넘어가야 한다. 책에서는 자신이 그저 간접적으로 경험하고 이상화했던 과거를 애통해 하고 있다. 메이슬은 스포츠 언론계에서 존경받는 인물로서 주로 국외출판을 목적으로 잉글랜드축구를 다루었다. 하지만 〈축구 혁명〉은 괜찮은 미사여구를 나열하지만, 현대의 시각으로는 놀랄 만큼 특이한 저작물이었다. 그에게 오프사이드 규칙의 변화는 축구의 '타락 the Fall(아담과 이브의 원죄)'이나 다를 바 없었다: 순수함이 패배하고 상업주의가 승리하게 된 순간. 아마도 그 판단은 옳았겠지만 앞으로 일어날 중대한 결과에 비하면 그것은 서막에 불과했다.

형 못지않은 낭만주의자였던 메이슬의 눈에는, 손익계산서만 들여다보느라 앞을 보지 못하는 클럽이사들은 정작 자신들이 '축구를 잘못 이끈 장본인'이라는 생각은 못하면서 축구의 실패를 축구 규정 탓으로 돌렸고 결국 '보통 사람들에게는 축구의 규칙이 조금 바뀐 것처럼 보이지만 사실상 대참사를 알리는 총성이 되어버린' 정책을 밀어붙였다는 것이다.

또다시 승리를 추구하는 사람과 경기내용을 중시하는 사람들로 나뉘게 된다. 요즘은 식상한 논쟁으로 들리지만 1920년대에는 브라이언 글랜빌이 '악몽'이라고 소리치며 리그라는 개념자체에 의문을 가질 정도로 활발했다. 채프먼은 "만일 경기결과가 시합의 최고 목표가 아니라면 전반적인 경기수준은 눈에 띄게 높아질 것이다"고 인정했다. "패배와 승점을 잃는다는 두려움이 선수들의 자신감을 좀 먹는다… 요약하자면 프로선수는 마음이 편하면 우리 생각보다 훨씬 더 잘할 수 있다. 그리고 더 좋은 축구를 원한다면 승리의 중요성과 승점의 가치를 최소화하는 방법을 찾아야만 한다." 하지만 축구에서 이기고 지는 것은 일상에서도 그러하듯 도덕성에 관한 문제가 아니다. "가장 큰 오류는 축구가 하나부터 열까지 이기는 문제라는 것이다.

사실 축구는 영광에 관한 것이며 화려하고 품위 있게 하는 것"이라는 대니 블란치플라워의 금언에 진심으로 동의하는 사람들조차도, 10점부터 점수를 매기는 피겨스케이팅 심사방식으로 경기를 결정하도록 내버려두지는 않았을 것이다. 어떻게 하면 이길까 고심하는 사람들이 결국 부정적인 전술을 만지작거리게 되는 것은 당연하면서도 안타까운 사실이다. '라 누에스트라'가 극에 달했던 찬란한 시절이 지나자 아르헨티나에도 이런 부정적인 흐름이 찾아 왔다. 오스트리아에서도 그들의 자의식에 심미주의가 깔려있긴 했지만 만약 파시즘이 그곳에 먼저 찾아오지 않았다면 그들에게도 이런 부정적 흐름이 생겼을 것이다. 이젠 황금시대라 불렸던 시절은 지나갔고 그렇게 기뻐 날뛰던 순수의 시대는 결코 오래가질 않았다.

오프사이드 규칙의 변화로 공격수는 움직일 공간을 더 많이 확보하여 경기를 넓게 펼치고 짧은 패스 대신에 롱볼이 두드러졌다. 유독 여기에 잘 적응하는 팀도 생겨났지만 1925~26시즌 시작과 동시에 기이한 결과가 나오기도 했다. 특히 아스널은 일관된 경기형태에 안착하지 못하고 9월 26일에 리즈 유나이티드를 4-1로 이기고도 10월 3일에는 뉴캐슬에 0-7로 패했다.

팀 패배에 격분한 아스널 톱스타 오른쪽 공격수 찰리 버칸은 채프먼에게 자신은 은퇴를 하고 선덜랜드 소속으로 성공을 누렸던 북동부 지역으로 가고 싶다고 말했다. 지금의 아스널은 계획이라고는 아무것도 없고 무엇 하나라도 이루어낼 가망성이 보이질 않는다고 말했다. 채프먼은 일생일대의 과업이 수포로 돌아가는 걸 보았을 것이다. 또한 버칸의 말이 더욱 아프게 다가온 것은 채프먼 자신이 계획을 수립한 사람이었기 때문이었다.

채프먼은 셰필드와 워크숍 사이에 있는 키브톤 파크라는 작은 탄광마을 태생으로 축구가 아니었다면 아버지를 따라 탄광 일을 했을 것이다. 처음 스태일리브리지에서 시작해서 로치데일, 그림스비, 스윈던,

셰피 유나이티드, 워크숍, 노샘프턴 타운, 노츠 카운티 그리고 마지막에는 토트넘에서 뛰었다. 비록 벤치 신세를 겨우 벗어날 정도의 고만고만한 선수였지만, 팀 동료들이 자신을 좀 더 쉽게 알아보도록 연노란 송아지가죽 부츠를 신었을 때 발휘된 그의 창의성은 나중에 그가 훌륭한 감독이 될 것이라는 걸 일찌감치 보여 주었다.

그러나 감독으로서의 출발은 화려하지 않았다. 1907년 봄 토트넘 2군 팀과의 친선경기를 마치고 욕조에 누워 있을 때, 팀 동료인 월트 불에게서 그가 노샘프턴의 선수 겸 감독 자리를 제안 받았지만 자신은 풀타임 출장 선수생활을 연장하고 싶다는 말을 들었다. 채프먼이 그 자리에 관심이 있다고 말하자 불은 그를 추천했고 노샘프턴은 스토크와 맨체스터 시티에서 하프백으로 활약했던 샘 애쉬워스의 영입에 실패하면서 채프먼에게 총감독직을 맡겼다.

조금이라도 생각을 해본 사람은 다 그렇듯, 채프먼도 스코틀랜드의 패스게임을 매우 좋아했고 자기 팀에 그런 축구개념에 없어서는 안되는 '기교와 노련함'을 그대로 살려 보고 싶었다. 팀은 초반 몇 차례 좋은 성적을 거두었지만 오래가지 못했고, 11월에 홈에서 열린 노리치전에 패하면서 남부리그 꼴찌에서 다섯 번째로 순위가 떨어졌다. 위기가 찾아오자 채프먼은 자신의 첫 번째 야심작인 '공격을 오래 지속할 수 있는 팀을 만들 수 있다'는 이론을 내놓았다. 그리고 선수들에게 뒤로 처지도록 독려하기 시작했고 자신이 노리는 것은 상대 공격수를 저지하기보다는 상대 수비수를 빠져 나오도록 하여 팀이 공격할 공간을 확보하는 것이라고 말했다. 1908년 성탄절 노샘프턴은 남부리그 선두자리에 올라 결국 90골이라는 최고 기록으로 타이틀을 차지했다.

1912년 채프먼은 리즈 시티로 옮겼고 1차 세계대전이 일어나기 전 두 시즌 만에 2부리그 꼴찌에서 두 번째였던 팀을 4위로 끌어올렸다. 또한 놀랄 만한 몇 가지 개혁을 단행하면서 카드게임을 하며 열띤 논쟁을 벌이는 선수들에게 힌트를 얻어 '팀원들의 대화'를 도입했다. 그들의 행진에 제동이 걸린 것은 전쟁 탓도 있지만 클럽이 선수들에게 불법적인 돈을 지불했다는 비난이 일면서 채프먼과 클럽이 받은 타격 때문이었다. 채프먼이 클럽의 회계장부를 넘기기를 거부하면서 리즈 시티는 리그에서 추방당했고 채프먼은 1919년 10월 축구계서 영구제명을 당했다.

2년 후 오일과 케이크를 생산하는 셀비 지역 올림피아 공장에서 일하던 중 허더즈필드 타운으로부터 총감독 앰브로즈 랭글리의 보좌를 맡아 달라는 제안을 받는데, 그는 1차 대전이 일어나기 전 고인이 된 형 해리와 함께 축구를 했던 사람이었다. 마음이 끌린 채프먼은 불법적인 임금지불이 있었던 시기에 자신은 반보우 무기공장에서 일하느라 클럽과는 떨어져 있었다는 점을 지적하면서 협회에 호소했다.

협회가 너그러운 입장을 취하면서 채프먼은 직책을 맡게 되었다. 한 달 후 랭글리가 술집을 경영하겠다는 결정을 내리자 어느새 채프먼이 총감독 자리에 앉게 되었다. 그는 이사들에게 팀이 재능 있는 젊은 선수를 보유하고 있지만 '팀을 이끌 리더'가 필요하다며 아스톤의 클렘 스티븐슨을 적임자로 염두에 두었다. 32세의 스티븐슨은 채프먼이 역습의 가치를 신봉하고 있던 시점에 이미 자기 중앙선으로 빠져 있다가 앞으로 나가면서 오프사이드 트랩을 깨는 방법을 개발했다. 경기력은 향상되고 관객 수는 빠르게 늘어났으며, 늘 더 큰 그림을 구상하던 채프먼은 경기장에 잔디를 다시 심고 리즈 로드에 있던 기자실을 개조했다. 1922년 노츠 카운티와의 준결승전 승리를 자축하다 당나귀 마스코트에 불이 붙는 일도 있었지만, 허드즈필드는 스탬포드 브리지에서 열린 결승전 마지막 순간에 빌리 스미스의 페널티골로 프레스톤 노스 엔드를 물리치고 FA컵 우승을 차지했다.

하지만 협회 측의 반응은 냉랭했다. 하찮은 반칙으로 널브러진 형편없는 경기라고 평가했고 이어 자신들이 목격한 행위에 깊은 유감을 전하면서 "앞으로는 어떤 결승전에서도 이와 유사한 행동이 일어나지 않기를" 바란다고 말했다. 허드즈필드가 협회의 진의를 묻자 협회는 자신들이 본 경기의 부도덕한 행위를 클럽이 인지해야 한다고 응답했지만, 그 내용이 분명하지 않자 사람들은 채프먼이 센터하프 톰 윌슨을 평상시보다 깊게 배치시켜, 윌슨이 '상대 공격을 방해하는' 역할을 한 것 때문에 비난을 받는다고 믿었다.

지금 시점에서 당시 협회의 구체적인 의중을 알 길이 없지만, 아무래도 채프먼이 '정석플레이'를 벗어났다는 인식이 있었던 것 같다. 마찬가지로, 대인 방어는 아니라 해도 어쨌든 상대 센터포워드인 빌리 로버츠를 저지하는 역할을 윌슨에게 맡긴 것은 스토퍼 역할의 센터하프가 생겨났다는 의미이며 오프사이드 규칙 변경 전에도 그런 역할이 존재했음을 암시한다.

사실 돌이켜 보면 스토퍼형 센터하프를 보편적으로 수용하기까지 시간이 걸리긴 했지만 그것은 피라미드 전술에 내포된 것으로 보인다. 두 개의 2-3-5가 만나면 책임 면에서 5명의 공격수와 5명의 수비수가 맞붙는 경기일 수밖에 없었다. 센터하프는 항상 센터포워드를 책임졌지만 몇몇 팀은 하프백들이 인사이드 포워드를 마크하고 풀백들이 상대방 윙어를 마크하거나 또는 그 반대로 마크하도록 했다. 셰필드 유나이티드의 오른쪽 하프 W.H. 브렐스포드는 풀백이 윙어를 맡게 되면 "수비가 흩어지는 경향이 있다"고 언급했지만 하프백이 상대 인사이드 포워드를 더 빠르게 봉쇄할 수 있다는 점을 인정했다. 다시 말하면 다른 것과 마찬가지로 두 시스템 모두 장단점이 있고 어느 것이 바람직한지는 상황이 결정했다.

초창기에는 어느 시스템이든 센터하프는 최소한의 수비임무를 가지고 있었고 균형 잡힌 하프백 라인의 필요성이 확고했다. 1914년 1월 브렐스포드는 이렇게 썼다. "때론 공격수에게 완벽하게 볼을 배급할 능력이 있는 팀에서 세 명의 하프백을 두는 게 쓸모가 있을까라는 생각이 들었다. 모두들 축구의 공격적인 부분을 너무 즐기다 보니 수비적인 부분에서 애를 먹곤 한다. 나의 견해는 최상의 미들 라인은 활동성과 기술을 잘 혼합한 라인이지만 세 명 모두가 똑같은 플레이를 할 필요는 없다. 만일 두 명의 일급 볼 공급원이 있다면 상대를 확고하게 무력화하는 선수가 한 명 필요하고, 상대를 방해하는 두 명의 선수가 있다면 정상급 볼 배급 능력을 지닌 세 번째 선수가 꼭 필요하다."

제1차 세계대전 직전에도 몇 년간 몇몇 센터하프는 수비를 전담했다. 예를 들어 공격적인 하프백 라인으로 유명했던 뉴캐슬은 1909년 애버딘에서 윌프 로를 영입하여 곁에 있는 창의적인 선수를 커버하도록 할 요량이었다. 1914년 〈셰필드 텔레그래프 앤드 스타 스포츠 스페셜〉의 어느 회고 기사에는 어떻게 "시즌[1910~11]내내 그가 자신이 만난 거의 모든 센터포워드의 명성을 짓밟았는지"를 언급했다.

분명히 센터하프는 윙하프와 자신의 측면에 있는 두 명의 미드필더에 비해 수비적인 경향이 있었다. 셰필드 유나이티드 풀백 버니 윌킨슨은 "센터 하프백은 수비에 치중하고 윙하프는 공격에 치중해야 한다"고 썼고, 브리스톨 시티의 센터하프 빌리 웨드록은 이렇게 설명했다. "센터하프는 상대 센터포워드를 주시해야 한다. 만일 자신의 임무를 제대로 수행하기만 하면 제아무리 최고의 센터포워드라도 테리어처럼 태클을 해대는 센터하프에 쫓겨 다니다 빛을 잃을 것이다."

이미 1897년에 C.B. 프라이는 수비전담능력을 갖춘 센터하프를 쓰는 전술을 언급했다. 그는 〈인사이클로피디아 오브 스포트 앤드 게임스〉에 다음과 같이 썼다. "어느 팀이 한 골 또는 두 골을 앞서고 있고 수비지향적인 경기를 하는 게 바람직하다고 생각하면 공격수의 수를 줄이고 세 번째 백을 더한다... 공격수 한 명을 끌어 내려 추가로 백을 두는 전환에 관해서는 많은 얘기가 있다: 스리백은 뚫기가 매우 힘들지만... 만일 그 자리로 이동한 선수가 재능이 없고 바뀐 포지션의 역할을 만족스럽게 수행하지 못하고... 수비에 추가된 선수가 그 포지션을 소화할 능력이 없다면 세 번째 백을 쓰는 것은 현명하지 못하다."

물론 포워드 한 명을 내리는 것과 센터하프를 더 깊이 내리는 것은 다르지만 프라이처럼 전통적인 방법을 추구하는 사람조차 수비수를 더하는 것을 지지할 태세였다는 사실은 2-3-5가 보기만큼 신성불가침의 영역은 아니었다는 걸 말해 준다. 1910년부터 버거운 원정경기에서는 센터하프를 아래로 내리는 팀들이 비일비재했던 것 같다. 예를 들어, 전 첼시 감독이었던 데이비드 콜더헤드는 〈톰슨즈 위클리〉와 가진 인터뷰에서 이렇게 말했다. "스리백은 내가 뛸 당시에 원정경기에서 아주 효과적인 작전이었다고 기억한다. 그것을 가장 멋지게 구현한 선수 중 한 명이 노츠 카운티와 던디에서 뛰었던 센터하프 허버트 데인티였다."

클럽들이 특정한 수비 역할을 하는 센터하프를 기용하는 일이 간간이 일어났지만 채프먼이 이끄는 허드즈필드의 독특한 점은 그들만의 스타일을 결합시킨 것인데, 이는 채프먼이 영국에서 너무나 숭상하는 윙플레이를 불신한 데에 기반 한다. 채프먼은, 라인을 따라 달려가다 골 입구 쪽으로 센터링을 올린 공이 수비수에게 가로막히는 무의미한 방식보다는 화려함은 덜 하지만 인사이드 패스가 더 위협적이라고 주장했다. 허드즈필드가 리그 타이틀을 획득하고 난 1924년 〈이그재미너〉는 "리즈 로드 구장 홈팀의 낮게 깔리는 패스와 종으로 경기장을 이용하는 플레이가 금세 유명해졌다"고 언급했다.

중요한 점은 채프먼이 명확한 축구철학을 지니고 있었을 뿐만 아니라 그런 생각을 실행할 수 있는 위치에 있었다는 사실이다. 적어도 잉글랜드에서는 채프먼은 클럽 운영을 완전히 장악한 최초의 현대적 감독이었다. 그는 계약체결에서부터 전술선택, 나아가 시합 전과 하프타임에 관중의 흥을 돋우기 위해 대중연설 장비를 통해 축음기 레코드를 트는 일까지 책임졌다. 1925년 타이틀 방어에 한발 더 다가가고 있던 허드즈필드에게 〈스포팅 크로니클〉은 질문을 던졌다. "클럽들은 과연 팀을 통제하는 위치에 있는 사람의 중요성을 정확히 알고 있는가? 한 선수에게 4~5천 파운드까지 지불할 준비를 하면서도 선수를 담당하는 관리자에게는 그만큼의 중요성을 두고 있는가? 클럽의 관점에서는 선수를 발굴하고 재능을 키우며 자신의 지휘 아래 선수들을 최대한 활용하는 무대 뒤의 사람이야말로 가장 중요한 사람이다."

허드즈필드가 이듬해 리그 타이틀 3연패를 달성했을 때, 채프먼은 잠재력이 더 많다고 판단한 아스널에 옮겨가 있었다. 그의 판단이 옳았는지는 분명치 않았다. 아스널은 상위권에 머물려고 안간힘을 쓰고 있었고 권위적인 헨리 노리스 회장 밑에서 힘겨워 하고 있었다. 채프먼의 전임인 레슬리 나이턴은 선수 수급에 보통 3천 파운드가 들었던 시대에 1천 파운드 이상을 쓸 수 없었고 170센티미터 이하 선수의 영입을 금지하는 조항에 묶여 있었다. 1923년 나이턴이 신장 제한에 저항하며 워킹턴 소속의 153센티미터 '난쟁이' 휴 모패트와 계약하려고 하자 노리스는 모패트를 루턴 타운으로 떠넘겼고, 그는 이후 리그 경기에 딱 한 차례 출전했다. 노리스는 나쁜 성적을 들먹이며 1924~25시즌 말 나이턴을 해고시켰지만 나이턴은 자선경기로 받기로 한 보너스를 주지 않으려고 해고시킨 것이라고 반박했다.

채프먼은 무언가를 달성하려면 자신에게 5년은 필요하다고 말했고 부당한 제약을 받지 않는다는 조건으로, 물론 노리스가 마지못해 동의했지만, 총감독직을 인계받았다. 그의 첫 계약 선수는 찰리 버칸이었다. 선덜랜드는 그의 몸값을 4천 파운드로 책정했는데, 봅 카일 감독은 버칸이 인사이드 포워드로서 한 시즌 20골을 보장하기 때문에 그만한 가치가 있다고 주장했다. 노리스는 그렇게 자신이 있다면 버칸의 골에 따라 액수를 책정하자고 응수했다. 즉, 처음에 2천 파운드를 지급하고 추가로 첫 시즌 중 한 골당 백 파운드를 제시했다. 카일은 동의했고 결국 버칸이 21골을 넣자 선덜랜드는 기쁜 마음으로 4천백 파운드를 받았다.

1925~26시즌 9월 뉴캐슬에게 0-7로 참패했던 일은 다시는 일어

날 것 같지 않았다. 아스널에서 보낸 첫날, 종종 사람을 난처하게 했던 버칸은 축구 장비가 못마땅하다며 운동장을 뛰쳐나갔고 둘째 날은 양말에 바셀린 연고 덩어리가 엉겨 있다며 훈련을 거부했다. 다른 감독이었다면 의도적인 훼방이거나 말도 안 되는 까탈을 부린다고 생각하겠지만 채프먼은 오히려 그가 수준 높은 프로정신을 지녔다고 여겼다. 또한 그 나이의 선수들에게는 좀체 볼 수 없는 축구에 대한 버칸의 독자적인 생각을 높이 샀다. 1914년 전직 심판이었던 존 루이스는 "우리 프로선수들은 축구이론은 무엇이건 배우려는 열의를 보이지 않는다. 대부분의 팀에서 미리 숙지한 전술이나 면밀한 움직임을 찾으려 해도 찾을 수가 없다"고 지적했다. 전술 논쟁에 불을 지피려 했던 채프먼의 노력에도 큰 변화는 일어나지 않았다.

버칸은 센터포워드에서 수비라인으로 내려오는 센터하프로 변신한 선덜랜드 시절 팀 동료 찰리 톰슨 때문에 수비적인 센터하프의 효율성에 대해 주목하게 되었다. 버칸은 시즌 초부터 줄곧 바뀐 오프사이드 규칙에 따라 센터하프가 더욱 수비적인 역할을 맡아야 하며, 세인트 제임스 구장에서 아스널이 패했을 때 뉴캐슬의 센터하프 찰리 스펜서가 아주 깊이 내려 왔던 점을 주목해야 한다고 주장했다. 스펜서는 공격적인 면에서는 거의 보여 준 게 없었고 다만 아스널의 공격이 채 시작되기도 전에 반복해서 공격을 깨뜨림으로써 뉴캐슬이 볼 소유와 공간을 지배할 수 있었다. 결국 채프먼이 납득을 하긴 했지만, 역습을 추구하는 타고난 그의 기질을 생각해 볼 때 채프먼이 왜 좀 더 일찍 그렇게 하지 않았는지 의문이 남는다. 분명히 권위에 쉽게 움츠러드는 사람이 아니었지만 아마도 협회가 자신의 무기한 퇴출 상태를 풀어주는 데 도움을 줬다는 점과 1922년 컵대회 결승전 후의 발언이 영향을 끼쳤다고 본다.

다른 사람들도 이미 같은 결론에 도달해 있었다. 비록 축구의 전술적인 면에 대한 관심과 인식의 부족으로 단편적인 증거만 있지만 바뀐 오프사이드 규칙보다 더 오래전에 세 번째 수비수가 존재했다는 것은 분명하다. 하지만 그런 변화로 전술적 실험정신이 높아졌고 팀들이 세 번째 수비를 사용함으로써 경기장의 다른 쪽에서 발생하는 연쇄반응을 살피도록 이끌었다.

예를 들면 1925년 10월 3일 아스널이 뉴캐슬에서 계시에 가까운 패배를 당했던 날, 조지 화이트는 〈사우샘프턴 풋볼 에코〉의 '체리 블로섬 Cherry Blossom' 칼럼에 'W포메이션'이라는 머리기사로 다음과 같이 써내려갔다. "성자들은 [9월 26일] 토요일 델에서 전술에 의해 브래드포드 시티에게 패했다. 내 생각에는 홈팀이 시티보다 더 많이 뛰었고, 오프사이드 규칙이 변경되기 전의 축구처럼 더 좋은 축구를 선보였다. 하지만 시티는 볼을 아주 영리하게 다루었고 나머지는 전술을 가동하여 두 골을 넣었다. 반면에 성자들은 단 한차례만 대응했다. 지금 탈의실에서는 변화된 플레이 조건을 다루기 위한 W형태의 공격을 두고 많은 얘기가 오고간다. 이 포메이션에서 센터포워드와 두 명의 극단적인 윙어들은 경기장 위로 올라가 약 1미터의 온사이드 위치에 머물고 두 명의 중앙 윙포워드는 뒤로 처져 8분의 5자리에서 역할을 한다. 다시 말하면 하프백의 근처이자 전진한 세 명의 포워드 뒤에서 움직인다."

만일 화이트가 전술의 독불장군인 브래드포드의 매니저 데이비드 멘지스 얘기를 꺼낸다면 참으로 놀라웠을 테지만 아무튼 그는 W시스템이 널리 퍼졌다며 결론을 짓는다. "나아가 지금 득점을 올리는 선수들을 보면, 한편에선 한 경기에서 센터포워드가 빈번하게 세 골에서 다섯 골까지 득점을 올리고 위쪽에 치우친 윙어들도 득점에 중요하게 관여하지만, 중앙 윙포워드가 득점상황에서 달러드는 경우는 거의 없기 때문에 주로 이 방법이 채택되었다고 말할 수 있다."

첼시도 당시 2부리그 팀이었던 사우샘프턴처럼 새로운 규칙의 수혜자 중 하나였다. 노화하는 스코틀랜드 출신의 세계적인 선수 앤디 윌슨은 처진 인사이드 포워드 역할을 한껏 즐기고 있었는데, 이전 시즌

경기장 위쪽에서 플레이를 했을 때와 비교해보면 느린 걸음이 큰 문제가 되지 않았다. 화이트는 계속 말을 이어갔다. "이런 공격 배치로 중앙 윙포워드는 팀이 수비를 할 때는 하프백으로 추가되어 도움을 주면서 실제로 경기 내내 센터 하프백 역할로 세 번째 수비가 된다."

화이트는 사우샘프턴에게 그날 오후의 포트 베일전에 W포메이션을 쓰라고 종용했다. 그 방법을 채택한 사우샘프턴은 원정경기 무승부를 이끌어 냈고 월요일 홈경기에서 다시 W포메이션으로 달링턴을 4-1로 격파했다. 연이은 토요일, 즉 사우샘프턴이 포트 베일과 비기고 아스널이 뉴캐슬에 패하고 한 주 뒤 체리 블로섬 칼럼은 레이스 로버스의 데이브 모리스를 현대적인 처진 센터하프의 모델로 집중 조명했다. "그는 수비수와 센터 하프백이 3명의 상대방 인사이드 포워드를 맡도록 남겨두고 윙 하프백이 상대 윙포워드를 견제하는 동안 자신은 수비수보다는 조금 앞서면서 윙 하프백 사이의 중간쯤에 자리를 잡는다[여기서 용어가 조금 혼란스러운데, 그는 각각 센터포워드, 오른쪽 인사이드 포워드와 왼쪽 인사이드 포워드를 의미한다]. 이 대형에서는 인사이드 포워드들이 이전보다 센터 하프백에 더 가까이서 활동하고 그 중심점인 센터하프가 기회를 엿보다 공격의 포문을 여는 두 사람에게 볼을 공급한다."

누가 뭐래도 W포메이션은 빠르게 퍼졌는데, 텔레비전 중계가 없었다는 점을 고려하면 참으로 놀라운 일이었다. 만일 사우샘프턴이나 레이스 같은 팀이 10월 초에 그것을 사용했다면 시즌 개막 7~8경기만에 전국적인 현상으로 나타났을 것으로 보인다. 아스널이 센터하프가 세 번째 수비수가 되어야 한다고 결론을 내린 첫 번째 클럽은 아니지만 누구보다도 성공적으로 새로운 포메이션을 일관되게 사용했다.

만일 버칸의 주장대로 채프먼이 센터하프를 끌어 내리면 미드필드의 한쪽 측면 자원이 부족해진다. 그러자 버칸은 자신이 오른쪽 공격수 자리에서 뒤로 물러나겠다고 제안했다. 이제 느슨하면서도 조금 불균형한 3-3-4 전형이 만들어졌다. 이것은 2-3-5와 W의 특징을 합쳐놓은 중간 형태였다. 하지만 버칸의 득점력을 높게 평가하는 채프먼은 그가 능력을 발휘하도록 앤디 닐에게 처진 인사이드 포워드 역할을 대신 맡겼다. 닐이 팀플레이를 하는 세 번째 선수라는 점에서 의외의 결정이었지만 그것은 탁월한 선택이었고 채프먼은 자신이 상황분석과 이론화 그리고 필요한 기술을 직감적으로 파악하는 능력을 갖추고 있음을 증명했다. 채프먼이 두 번째로 신뢰했던 톰 휘태커는, 채프먼이 닐을 "장례식처럼 느릿느릿"하다고 묘사하면서도 "볼 컨트롤이 뛰어나고 공을 발아래 둔 채로 결정을 내릴 수 있기 때문에" 별문제가 되지 않는다고 말했던 기억을 떠올렸다.

창의적인 플레이어인 잭 버틀러를 처진 센터하프로 기용하자 시스템은 즉시 효력을 보였고 뉴캐슬전 완패 후 이틀 뒤 업톤 파크에서 웨스트 햄을 상대할 때는 버칸은 버칸대로 새 시스템에 한껏 달아올라 있었으며 팀은 4-1 대승을 거두었다. 아스널은 허드스필드에 이어 2위로 시즌을 마감하며 런던 연고 클럽 중 리그 최고 성적을 거두었다. 다음 시즌 출발이 부진했던 것은 성공이 불러온 과신 탓도 있었고, 상대 팀이 버틀러가 안고 있는 수비력 부족이라는 약점을 이용했기 때문이기도 했다. 어떤 이들은 전통적인 2-3-5로 돌아가야 한다고 했지만 채프먼은 오히려 이 전술혁명이 충분히 이루어지지 않았다고 판단했다. 무엇보다도 철저하리만큼 자만하지 않는 센터하프가 필요했다. 너무나 뜻밖에도 채프먼은 오스웨스트리 타운으로부터 2백 파운드에 계약한 붉은 머리의 흐느적거리는 윙하프 허비 로버츠에게서 그런 자질을 발견했다.

휘태커는 "로버츠의 천재성은 영리하다는 것도 있지만 무엇보다도 지시를 충실히 이행했다는 사실에 있다"고 말했다. 로버츠가 일차원적인 선수였을 수도 있지만, 문제는 그 일차원이 중대한 일차원이었다는 점이다. 그의 임무는 "미드필드 지역으로 오는 모든 공을 가로채 헤딩을 하거나 팀 동료에게 짧은 패스를 하는 것이었다. 그 때문에 공을 멀리 강하게 차지 못하는 약점이 문제가 되지 않고 묻혀 버렸다"고 휘태커는 적었다. 잉글랜드의 마지막 아마추어선수이자 나중에 기자가 된 버나드 조이는 1935년 로버츠의 대리인으로 아스널에 합류했다. 조이는 〈전진, 아스널!〉에 다음과 같은 글을 적었다. "로버츠는 솔직한 유형의 선수로 기술적으로는 버틀러보다 아래지만 신체적으로나 기질적으로는 자신의 역할에 딱 맞았다. 그는 수비진에 남아 있는 것에 만족했고 높은 신장을 이용해 붉은 머리로 공을 땅에 떨어뜨렸다. 강한 압박과 시끄러운 야유에도 흔들림 없이 역할을 수행하는 인내심을 가진 선수였다. 이런 침착함과 넓은 시야로 아스널 수비의 기둥이 되었고 전 세계가 따라 했던 새로운 스타일을 세워 놓았다." 그런데 어떤 의미에서는 그것이 문제였다. 아스널이 엄청난 성공을 거두자 그들의 스타일을 따라 할 만한 선수가 없는 팀도 괜찮은 시스템이라 생각하고 흉내를 내기 시작했다.

1927년 FA컵 우승을 카디프에게 내주었지만 협회의 변칙재정문제 조사 후 1929년 노리스 구단주가 떠나자 아스널의 성공시대가 열렸다. 버칸은 1928년 은퇴했지만 그를 대신해 프레스턴에서 9천 파운드에 계약한 왜소한 체격의 스콧 알렉스 제임스는 채프먼의 시스템에 다시 활기를 불어넣었다. 아스널의 공식 역사에는 1930년대의 아스널의 성공에 이바지한 제임스를 과소평가해서는 안 된다고 기록하고 있다. 진정한 핵심선수로서 군더더기 없는 움직임을 보였던 제임스는 가급적 뒤에서 빠르게 플레이를 하며 공을 받는 공간을 찾는 데 능숙했고 넓은 시야와 기술로 공격수에게 적절한 타이밍에 공을 배급했다. 조이는 "함께한 선수 중에 가장 영리한 선수였으며 필드에서 두 번째 또는 세 번째 동작을 미리 생각하는 능력이 있었다. 그는 자기 진영의 페널티 구역에 민첩하게 자리를 잡았고 상대의 약점을 노려 효율적인 기습패스를 함으로써 반전시킨 경기가 많았다"고 기억했다.

아스널 2 허드즈필드 타운 0, FA컵 결승, 런던 웸블리,
1930년 4월 26일

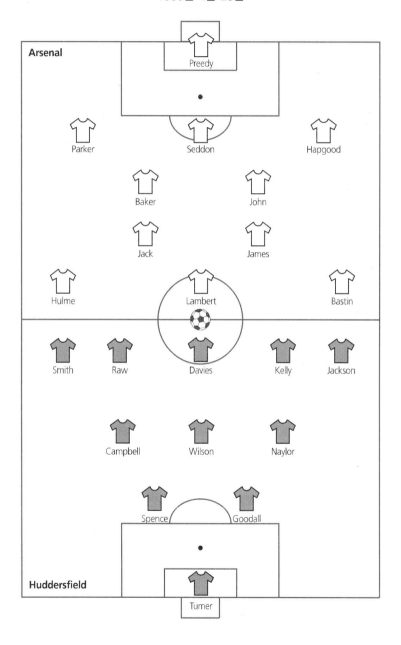

채프먼이 약속한 대로 다섯 시즌 만에 아스널은 1930년 FA컵 우승을 차지했고 새로운 전형의 틀을 명확하게 갖추었다. 풀백은 인사이드 포워드보다는 윙어를 방어했고, 윙하프는 윙어 자리보다는 상대 인사이드 포워드 자리를 지키고, 지금의 센터백인 센터하프가 상대 센터포워드를 견제했으며, 인사이드 포워드들은 더 아래로 내려왔다. 2-3-5가 3-2-2-3이 되면서 W-M포메이션이 탄생했다. 버나드 조이는 "비책은 공격이 아니라 역습이다. 우리는 개인을 최대로 활용하는 계획을 세워 매번 양측 페널티구역 내에 한 명이 더 많았다. 미드필드에서 경기를 지배하거나 상대방 페널티구역에 몰리는 것이 경기의 목표가 아니다. 우리의 목표는 먼저 후퇴를 하고 의도적으로 상대를 끌어 들인 다음, 페널티박스를 한계로 공격을 저지한 후 윙어에게 긴 패스를 통해 빠르게 헤쳐 나가는 것"이라고 적었다.

　　우승과 현대화는 서로 상승작용을 일으키며 진행되었다. 골수 보수였던 협회가 유니폼 번호와 야간경기 도입을 막았지만 다른 개혁들이 단행되었다. 아스널의 검정 양말은 청백의 테 있는 양말로 바뀌었고 하이버리 구장에 시계가 설치되었으며 길레스피 로드 지하철역 명칭을 아스널로 변경했다. 또한, 흰색 소매를 붉은 유니폼 상의에 덧붙이게 되었는데, 흰색이 어떤 색깔보다도 시야에 잘 들어온다는 판단 때문이었다. 여러 가지 개혁 중 가장 큰 성과는 금요일마다 훈련이 끝나면 채프먼이 자석 작전판 주위에 선수들을 모아놓고 다가올 게임을 논의하고 이전 경기의 문제점을 풀어나가는 일이었다. 허드즈필드에서도 선수들이 책임감을 가지고 경기장에서 스스로 위치를 잡도록 독려한 바 있었는데, 아스널은 주간 일정의 하나로 토론을 정착시켜 놓았다. 〈데일리 메일〉의 기사에는 이런 설명이 붙었다. "오랜 전통을 해체하면서 채프먼은 체계적으로 승리를 준비하기 시작한 최초의 매니저였다."

　　드디어 시스템이 진가를 발휘하기 시작했다. 아스널은 1931년과

1933년 리그 우승을 달성했고 비록 격렬한 논란을 일으킨 실점으로 패하긴 했지만 1932년 컵대회 결승까지 올랐다. 글랜빌은 아스널이 "정밀한 기계에 가까워지고 있다"고 썼는데, 실제로 그들의 요란스럽지 않은 기능위주의 스타일과 수비에서 공격으로의 빠른 전환에는 하이버리 주변의 아르데코art deco(1920~30년대에 유행한 장식 미술의 한 양식)와 같은 감성이 있었다. '기계'라는 비유는 축구의 근대화를 표현하는 상징이다. 미국 시인 윌리엄 카를로스 윌리엄스도 자신의 모더니즘 구호가 된 문구에서 시를 "말로 이루어진 기계. 모든 기계가 그렇듯 군더더기가 없다"라고 묘사했다. 채프먼의 아스널은 두말할 나위 없이 모더니즘 시대에 제격이었다. 조이는 "그들의 스타일은 20세기의 것으로서 간결하고 흥미진진해서 볼거리가 있고 경제적이며 통렬했다"라고 말했다.

이런 특징들은 그렇게 놀랄 만한 일이 아닐 수도 있다. 채프먼도 12세까지 의무교육을 담은 1870년의 포스터 교육령Forster's Education Act의 첫 수혜자 대열에 속했고, 이 교육령으로 여태까지 겪지 못한 엄청난 수의 남성 노동자계급이 1차 세계대전으로 공석이 된 관리직 자리를 채우게 되었다. 미국 모더니즘 시인 에즈라 파운드의 '새롭게 하라'는 명령이 자신들의 귓전을 울리지는 않았겠지만 새로운 관리직 계급이 전통에 얽매였던 전임자들보다 혁신에 더 개방적이었다. 또한, 채프먼이 노팅엄셔 탄광 가문 출신의 모더니스트 천재인 D.H. 로렌스와 거의 동시대 인물이었다는 사실도 기억해 둘 만하다.

축구계에 의문을 품는 사람들 중 가장 민첩했던 〈데일리 메일〉의 캐러더스는 1933년 챔피언십대회 후 다음과 같이 논평했다: "만일 다른 클럽들이 따라 할 것이라 생각해 보면 아스널이 불행하게 될 수도 있다. 지금은 단 하나의 아스널이 있고 또 다른 아스널을 상상할 수는 없다. 이유는 단 하나, 다른 클럽에는 아스널의 철학을 수행할 말한 선수들이 없기 때문이다."

결국, 이런 생각은 완전하게 받아들여지지 않았고 잉글랜드 선수선발 위원회가 1931년 스코틀랜드와의 친선경기에 로버츠를 명단에 올렸을 때 이런 점은 잘 드러났다. 로버츠는 국가대표에 소집된 선수 중 최초의 스토퍼였으나 풀백인 프레드 구달과 어니 블랜킨숍은 둘 다 W-M전술에 익숙하지 않았다. 결과적으로 스코틀랜드는 〈데일리 스케치〉의 L. V. 마닝의 표현대로 "열린 공간에서 행복하게 소풍을 즐기며" 2-0으로 승리했다.

예전처럼 스코틀랜드는 더욱 현대적인 시스템의 효능을 인식하는 사람과 짧은 패스게임의 낭만에 젖어 있는 사람들로 의견이 나누어졌다. '패턴을 창조하는 플레이 방식'의 마지막 만세 소리가 울려 퍼진 것은 1928년 3월이었다. 당시 '웸블리의 마법사들 Wembley Wizards'이라는 불멸의 이름을 얻게 된 스코틀랜드 대표팀의 알렉스 잭슨과 알렉스 제임스가 각각 3골과 2골을 합작하며 잉글랜드를 5-1로 대파했다. 샌디 아담슨은 〈이브닝 뉴스〉에 실은 기사에서 잭슨의 첫 골을 "이 분야의 고전으로서 후대가 물려받아야 할 지그재그 진격"이라 묘사하며 말을 이어갔다. "얼마나 의기양양하게 스코틀랜드 선수들이 발끝에서 발끝으로 공을 빠르게 보내며 끊임없이 습격을 노리는 장난을 했던지, 흐트러진 적들은 당황하고 좌절하다 지쳐 쓰러졌다. 하나의 패턴은 11번의 패스로 이어졌고 잉글랜드선수는 팀 던이 골대 너머로 높이 치솟는 슛을 날려 흐름을 막을 때까지 누구도 공을 건드리지 못했다."

〈글래스고 헤럴드〉의 논조는 조금 차분했다. "스코틀랜드의 성공은 그들의 기술과 체계적인 지식 그리고 전술이, 스피드를 앞세우는 매력 없고 단순하기 그지없는 잉글랜드 스타일에 맞서 성공 가도를 달릴 것이라는 점을 여실히 보여 주었다." 윙하프인 지미 깁슨과 지미 맥뮬란, 인사이드 포워드인 던과 제임스는 단단한 결속력으로 축축한 경기장에서 파괴력을 과시했다. 하지만 실제로는 홈 인터내셔널 챔피언스리그 최하위를 결정하는 플레이오프였다는 점을 염두에 두어야 한다. 0-1로 패한 북아일랜드전이나 2-2 무승부를 기록한 웨일스전에서는 한 수 위라고 점쳤던 스코틀랜드축구는 온데간데없었다.

스코틀랜드 선발 중 8명이 잉글랜드 클럽 소속이었던 점도 중요하다. 이것은 그들이 패스능력도 능력이지만 영국식 플레이에 적응하는 데 도움이 되었던 게 분명했다. 스타일 면에서는 몇몇 사람들이 생각하는 과거로의 회귀까지는 아니었다. 센터하프 톰 브래드쇼가 수비역할을 맡아 딕시 딘을 방어하자 잉글랜드는 확실한 W-M을 구사하지 못했을 것이고 그렇다고 고전적인 2-3-5 전형을 적용한 것도 아니었다.

클럽 대항에서는 W-M시스템이 제대로 정착하지 못했다. 레인저스 선수였던 조지 브라운은 1939년대부터 시작된 레인저스 셀틱과 하츠 힙스의 자선경기 중 하나를 회상한다: "데이비 마이클존이 오른쪽 하프였고 나는 왼쪽 하프, 셀틱의 지미 맥스테이는 센터하프였다. 우리는 전반전에 고전하며 한 골을 뒤지고 있었다. 하프타임에 마이클존이 맥스테이에게 말했다: '네가 너무 위에 있다 보니 중앙에서부터 문제가 생긴다. 우리가 지미 심프슨과 함께 뒤로 처져 플레이를 하면 수비들이 자유롭게 된다.' 맥스테이가 그렇게 하기로 동의하면서 결국, 쉽게 승리를 거두었다. 그때부터 맥스테이는 셀틱에서 늘 똑같은 플레이를 했다." 하지만 아스널의 잭 버틀러처럼 맥스테이도 타고난 수비수는 아니었으며 스토퍼형 센터하프 윌리 라이언을 퀸스파크에서 데리고 오면서 9시즌 연속 무관이라는 긴 터널을 빠져 나왔다.

어떤 의미에서는 그것이 문제였다. 공격보다는 수비를 잘하는 센터하프가 되는 것이 쉬웠던 것이다. 채프먼 등식의 창의적인 부분을 완수하는 일은 훨씬 어려웠다. 알렉스 제임스의 능력을 가진 인사이드 포워드는 드문 반면 냉정한 허비 로버츠 스타일의 스토퍼는 풍부했다. 지미 호건은 말했다. "다른 클럽들이 채프먼을 따라 하려 했지만 그런 선수들이 없었다. 내 생각으로는 그 결과 잉글랜드축구가 몰락했다. 즉, 수비를 강조하고 경기를 적극적으로 운영하지 않겠다는 듯이 공을 내지르는 일이 발생했다. 이런 형태의 경기를 하다 보니 선수들은 볼 터치와 공에 대한 감각을 잃게 되었다."

몰락의 시초는 어쩌면 오프사이드 규칙이 변하기 전일 수도 있었다. 하지만 몰락의 씨앗은 채프먼이 바뀐 오프사이드 규칙에 대처하는 과정에서 자라났다. 글랜빌이 말했듯이 스리백 경기의 영향은 "코치와 선수들에게 정신적 해이함을 부추겨 이미 있던 약점마저 더 악화시키는 것"이었다. 결국은 창조의 고통을 견디기보다 공격수가 있는 방향으로 대충 롱볼을 차 내기가 훨씬 쉬웠다. 그러나 사과할 줄 모르는 채프먼은 "우리 시스템은 다른 클럽들이 빈번하게 모방을 하고 있지만 최근에는 비판과 토론의 대상이 되었다"고 유고 메이슬에게 말했다. "전개되는 공은 딱 하나며 한 번에 단 한 사람만 그 공으로 플레이 할 수 있고 다른 21명은 구경꾼이 된다. 그러므로 시스템의 한 부분은 오로지 볼을 가진 선수의 속도와 직관, 능력 그리고 스타일에 대응하는 것이다. 나머지 시스템은 사람들이 좋을 대로 판단하면 된다. 분명히 시스템 자체는 우리 선수들의 개인적 기질에 가장 적합하다는 걸 보여 주었고 우리는 계속 승리를 이어갔다. 왜 이기는 시스템을 바꾼단 말인가?"

채프먼 자신은 결코 선수의 세대교체 문제를 다루지도 않았고 다룰 필요도 없었다. 1934년 1월 1일 버리에서 펼쳐진 시합 중 오한을 느꼈지만 다음 날 아스널이 맞붙을 셰필드 웬즈데이의 경기를 보러 갔다. 고열의 몸으로 런던으로 돌아왔지만 의사의 충고를 무시하고 길포드에서 열린 2군 경기를 관람했다. 그리고 돌아오자마자 잠자리에 들었는데, 그때는 이미 폐렴이 진행되고 있었다. 56번째 생일을 보름 앞둔 1월 6일 세상을 떠났다.

아스널은 다시 타이틀을 거머쥐었고 이듬해 3회 연속 우승을 차지했다. 그가 죽고 몇 달 후 채프먼의 글을 모은 책이 출판되었다. 흥미롭게도 그는 책에서 경쟁력이 떨어지는 패스게임에 대해 후회하는 속마음을 내비쳤다. 그는 "이제는 어떤 팀이 좋은 플레이를 하는 것이 필요한 게 아니다. 그들은 어떻게 해서든지 골과 승점을 얻어내야 한다. 사실 기술에 대한 측정은 리그 표에 있는 그들의 순위로 판단한다."

이 말은 거의 격언처럼 남아 있다. 채프먼조차 승리를 변호하는 것이 필요하다고 느꼈다는 것은 그동안 축구에 대한 아마추어적 경향이 얼마나 퍼져 있었는지를 가늠해 볼 수 있다. 채프먼은 계속 말을 이어갔다. "30년 전, 선수들은 기술과 솜씨를 마음껏 발휘해도 좋다는 생각으로 경기장에 나섰다. 이젠 그들은 하나의 시스템에 헌신을 해야 한다." 마침내 승리에 모든 것을 걸게 되고 축구는 전술의 가치와, 선수의 개성이 팀의 체계 안에서 활용되어야 한다는 것을 알아차리게 되었다.

4장

▽△▽△▽△▽△

나치와 파시스트의 터널에서 – 오스트리아와 이탈리아

△▽ 허버트 채프먼은 구체적인 문제를 해결하기 위해 한 가지 변화를 일으킨 사람이었다. 잉글랜드는 채프먼 방식이 효력을 나타내자 그 방식을 따랐지만 스리백 시대가 와도 잉글랜드의 전술가들은 대를 이어가지 못했다. 빌리 메이슬은 "불행하게도, 남아 있는 석고상을 산산이 부수고 새로운 틀에 주조할 만한 축구 마법사나 학자는 여기에 아무도 없었다"고 적었다. 기껏해야 마치 전술적 변화는 일어난 적이 없고 신성한 피라미드는 고스란히 남아 있는 양 꾸미려고 하는 것이 고작이었다. 1939년 협회는 유니폼 상의 번호표시를 의무화하면서 나중에 일어날 변화를 예상 못하고 번호를 명문화하였다: 라이트 백은 2번, 레프트 백은 3번, 라이트 하프는 4번, 센터하프는 5번, 레프트 하프는 6번, 라이트 윙어는 7번, 인사이드 라이트는 8번, 센터포워드는 9번, 인사이드 레프트는 10번 그리고 레프트 윙어는 11번. 이것은 마치 2-3-5가 여전히 보편적이거나 적어도 다른 모든 전형은 2-3-5의 토대를 손질한 것에 불과하다는 생각이었다. 지금의 표기법으로는 W-M을 사용하는 팀은 수비에 2, 5, 3번을, 미드필드에 4, 6번을, 그 위에 8, 10번을 그리고 공격에 7, 9, 11번을 세웠다는 의미가 되는데, 이래서 영국에서는 혼란스럽게도 '센터하프'가 '센터

2-3-5 전형의 등번호표기

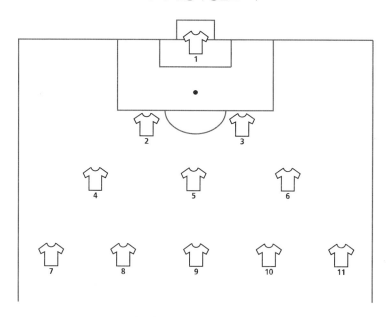

잉글랜드 W-M의 등번호표기

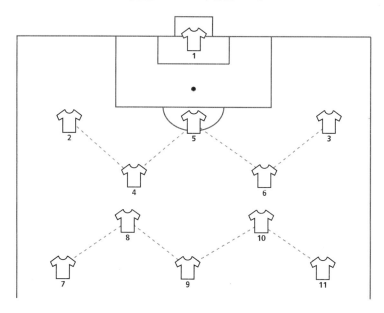

백'과 같은 말로 사용되고 있다.

현실을 직시하지 못하는 신문들도 1960년대까지 모든 팀이 계속해서 2-3-5 전술을 구사하는 것처럼 인쇄했다. 심지어 1954년 부다페스트의 뵈뢰시 로보고와 첼시의 경기를 앞두고, 1년 전 웸블리에서 당한 헝가리전 3-6 패배의 여파로 전술의 세밀한 부분에 신경을 쓰면서 로보고의 전형을 시합 일정표에 정확히 인쇄하려고 노력을 하면서도 정작 신문들은 첼시의 W-M을 끝까지 2-3-5라고 착각했다. 잉글랜드의 시각이 숨 막힐 정도로 보수적이다 보니 50년대 돈캐스터 로버스의 총감독 피터 도허티는 때때로 자기 선수들의 상의를 바꿔 입혀 늘 등번호로 자신의 맞상대 선수를 알아내던 상대 팀을 당황하게 만드는 꾀를 부려 성공을 거두기도 했다.

전술의 중요성을 완전히 깨닫기 위해서는 선천적으로 이론을 만들고 해체하길 잘하고 경기장에서 재연할 때만큼이나 쉽게 추상적인 계획을 세우며 무엇보다도, 영국에서 볼 수 있는 반지성주의를 겪지 않았던 사회 계층이 축구에 뛰어 들 필요가 있었다. 그런 일이 1, 2차 세계대전 사이 중앙유럽에서 일어났다. 우루과이와 아르헨티나를 본보기로 삼아 오스트리아와 헝가리의 유대인 자본가 계층이 이런 움직임을 보였다. 축구를 이해하고 논의하는 현대적 방식은 비엔나의 커피하우스에서 발명되었다.

△▽

오스트리아에서는 1924년 2단계 프로리그를 출범시키면서 1920년대 축구붐을 일으켰다. 그 해 11월 〈뉴 비엔나 저널〉은 이런 물음을 던졌다: "다른 어디에서 최소 4,5만 명의 관객이 일요일이면 비가 오는 날에도 경기장마다 모여드는 걸 볼 수 있는가? 다른 어디에서 대다수 국민이 경기결과에 관심을 기울이고 저녁이면 누구나 할 것 없이 리그 경기결과와 클럽의 다음 경기 전망에 대해 얘기하는 것을 볼 수 있겠는가?" 사실 영국을 제외한 어느 유럽에서도 이런 광경을 목격하는 일은 흔치 않았다.

영국에서 축구에 대한 토론이 펍에서 이루어졌다면 오스트리아는 커피하우스였다. 영국에서 축구는 사립학교의 여가 활동으로 시작되었지만 1930년대쯤에는 단연코 노동자 계급의 스포츠가 되었다. 중앙유럽에서는 좀 더 복잡한 경로를 따라 먼저 영국을 예찬하는 중상류층 계급이 도입한 뒤 노동자들이 빠르게 받아 들였고 나중엔 선수들 대부분이 노동자였음에도 지식인들이 열광했다.

중앙유럽의 축구는 도시 전반의 현상이었고, 특히 비엔나와 부다페스트 그리고 프라하에 집중되었는데, 이 도시들은 커피하우스 문화가 가장 왕성했던 곳이었다. 커피하우스는 합스부르크 제국 말기에 번성했다가 나중에는 대중적인 모임장소로 모든 계층의 남녀가 어우러졌지만, 예술적이며 보헤미안적인 모습을 띤 곳으로 더 유명해졌다. 사람들은 그곳에서 신문을 읽고, 우편물과 세탁물을 받고, 카드놀이와 체스게임을 했다. 정치인들은 회합과 토론의 장으로 이용했으며 지식인들과 그 조수들은 예술, 문학, 드라마 그리고 20년대에 잦아든 축구까지, 시대적 문제를 두고 토의를 하곤 했다.

클럽마다 자신들의 카페가 있었고 거기서 선수, 팬, 클럽이사, 작가들이 한데 어울렸다. 예를 들면 비엔나 팬은 파르지팔 카페에서 라피드 팬은 홀루프 카페에서 모였다. 그렇지만 세계 양 대전 사이에 집중적으로 축구붐이 일어난 곳은 본디 영국을 예찬하는 크리켓클럽의 집합소였던 링 카페로서 이곳은 1930년에 이르자 더욱 광범위한 축구공동체들의 중심으로 변모했다. 세계대전 후 〈월요일의 세계〉에 실린 기사에 따르면 그것은 "축구 동호인과 축구광들의 혁명의회 같은 곳이었고 비엔나의 거의 모든 클럽이 참여했기 때문에 한 클럽만 편애하는 일은 없었다."

축구가 문화전반에 끼친 영향은 라피드의 센터포워드 요제프 우리딜의 이력으로 확인할 수 있다. 그는 당시 비엔나의 교외지역에서 가장 멀리 떨어진 노동자 지역 출신으로 그의 억센 플레이 스타일은 클럽이 지닌 노동자계급의 뿌리를 잘 보여 준다고 환호를 받았다. 우리딜은 커피하우스에서 등장한 최초의 축구영웅이었으며 1922년 유명한 카바레 음악가 헤르만 레오폴디의 '오늘은 우리딜이 경기하는 날'이라는 노래가사의 주인공이 되었다. 노래가 히트를 치자 축구에 관심이 없었던 사람들도 그의 이름을 알게 되었다. 나중에는 비누에서 과일주스까지 다양한 상품 광고에 등장했으며 1924년 2월에는 노래와 춤을 섞은 대중적 희가극에 사회자로 출연했고 우리딜 본인 역으로 출연한 〈의무와 명예〉라는 영화가 극장에 상영되기도 했다.

유고 메이슬이 이끄는 '원더팀'은 이런 분위기에서 탄생했다. 20년대 후반 내내 이 흐름은 멈출 줄 몰랐고, 비록 출발은 불안했지만 오스트리아는 30개월 동안 체코, 헝가리, 이탈리아, 스위스가 펼치는 리그 토너먼트인 초대 게뢰 이사컵 Dr. Gero Cup (유러피언 챔피언십의 전신) 대회에서 우승 문턱까지 갔다. 개막 네 경기 중 세 경기를 패했지만 헝가리를 5-1로 격파하고 최종 우승자인 이탈리아를 3-0으로 물리침으로써 1점 뒤진 2위로 마무리했다. 그러나 결과에 만족 못한 링 카페의 사람들은 유대인 자본가와 밀접한 관계가 있는 오스트리아 비엔나 클럽에서 중추 역할을 하는 재능 있는 공격수 마티아스 진델라르를 선발하라고 다그쳤다.

진델라르는 새로운 스타일의 센터포워드로서 '종이인간 Der Papierene' 이라는 별명을 얻을 정도로 몸매가 가냘픈 선수였다. 그에게는 작가들이 그의 창조성을 자신들과 비교할 정도로 연약한 천재의 분위기가 풍겼다: 섬세한 타이밍과 극적인 감각, 즉흥적인 것과 공들여 만든 것, 이 두 가지를 다 가진 천부적 재능. 커피하우스 작가의 선두자격인 프리드리히 토르버그는 1978년 모음집 〈욜레쉬 이모의 유산〉에서 다음과 같이 적었다: "그가 부여받은 변화와 생각은 믿기 어려울 만큼 풍부해서 결코 어떤 방식의 플레이를 할지 확실히 예상할 수가 없다.

그는 어떤 정해진 패턴은 말할 것도 없고 시스템이라는 것이 없었다. 다만 천재성을 지니고 있었다."

그러나 메이슬은 의구심을 버리지 않았다. 1926년 23살의 진델라르를 국제무대에 데뷔시키긴 했지만 신개념 축구의 선구자였던 메이슬은 내심 보수적인 사람이었다. 그가 시도한 모든 전술은 1905년의 레인저스 원정팀의 스타일을 재창조하려는 향수와 맞물린다고 볼 수 있다. 그는 패턴을 만들어 가는 방식의 패스를 고집하면서 닥쳐올 스리백 시스템을 무시했고 센터포워드는 모름지기 우리딜 정도의 체격은 되어야 한다는 인식을 갖고 있었다.

우리딜과 진델라르는 둘 다 모라비아교도 이민자 가족이었고 도시 외곽에서 성장하여 나중에 유명인이 된 것 외에는 공통점이라곤 찾기 어려웠다(진델라르도 영화에 출연했고 손목시계와 유제품 광고로 부수입을 벌었다). 토르버그는 "그들은 인기와 관련해 비교할 수 있을 뿐, 같은 선수이면서도 기술, 창조성, 재능, 한마디로 축구 문화적인 면에서는 얇은 웨이퍼 과자와 탱크 같은 두 사람의 체격만큼이나 달라도 너무나 달랐다"고 지적했다.

1931년 마침내 메이슬은 압력에 못 이겨 진델라르에게 다가갔고 그를 팀 붙박이 주전으로 배치시켜 1931년 5월 16일 스코틀랜드를 5-0으로 물리치는 놀라운 결과를 이끌어 냈다. '웸블리의 마법사'라는 이름을 얻게 된 스코틀랜드가 잉글랜드를 5-1로 격파한 지 2년 6개월 만에 이번에는 오스트리아에게 그때보다도 더 쓰라린 패배를 당했다. 물론 스코틀랜드에는 레인저스나 셀틱 선수들이 아무도 없었고 7명이 첫 출전이었으며 다니엘 리들은 부상으로 빠져 있었다는 점을 감안해야 한다. 게다가 콜린 맥냅은 전반전 끝날 무렵 머리를 다쳐 사실상 경기를 구경만하는 상황이었지만 〈데일리 레코드〉는 자신들이 목격한 것에 대해 단호하게, "제압당했다! 어떤 변명도 소용없다"라며 목소리를 높였다. 다행히 골키퍼 존 잭슨의 영웅적 선방으로 더 큰 굴욕은 피할 수 있었다.

이틀 전 잉글랜드가 파리에서 프랑스에 2-5로 패한 사실을 놓고 보면, 그 한 주는 하나의 시발점으로서 이젠 세계 모든 나라가 잉글랜드를 따라 잡았다는 것을 부인하기 힘들게 된 순간이기도 했다. 〈노동신문〉은 이런 분위기를 완벽하게 짚어냈다. "만일 우리를 대변했던 스코틀랜드의 이상이 몰락하는 광경을 지켜보는 순간에 애수의 노래가 있었다면 진정한 예술성에서 피어난 승리를 목격하는 일이 더욱 신선했을 것이다. 그것은 11명의 축구선수, 11명의 프로선수가, 실제론 더 중요한 측면이 있지만, 비엔나의 미의식과 상상력 그리고 열정에 바치는 선물에 다름 아니었다."

원더팀에게 그것은 시작에 불과했다. 전통적인 2-3-5 전술에서는 우아한 공격형 센터하프였고 '다뉴브의 소용돌이 the Danubian Whirl'라 불리는 시스템에서는 팀의 유연함을 이끈 신형 센터포워드였던 요제프 스미스틱과 더불어 팀은 이후 11경기에서 9승 2무 44골을 기록했으며 그 사이 운영방식이 새로이 변경된 게뢰 이사컵을 들어올렸다. 커피하우스마다 기쁨이 넘쳐났고 그들의 축구는 널리 퍼져 나갔다. 낭만적인 그들의 눈에는 모든 것이 커피하우스가 키워낸 진델라르의 힘이었다. 공연 비평가인 알프레드 폴가르는 〈파리저 타게스차이퉁〉의 진델라르 사망기사에 "그는 체스의 대가처럼 축구를 했다. 폭넓은 정신으로 움직임과 반격을 미리 계산하고 언제나 최고 유력한 가능성을 찾아냈다"라고 덧붙였다. 이 기사는 여러 가지 근본적인 주제들을 한데 모아 놓은 뛰어난 글이었다.

갈리아노도 20년대의 우루과이팀을 묘사하면서 체스에 비유한 적이 있고 한참 뒤에는 아나톨리 체렌트소프가 발레리 로바노브스키가 이끌던 디나모 키예프를 체스에 비유했다. 진델라르에게는 지체 없는 볼 컨트롤에 집착하던 호건의 영향력이 느껴졌고, 폴가르는 "그는 볼 트래핑에 적수가 없었고 허를 찌르는 역습의 명수였다. 또한 끊임없이 속이는 전술을 쓰고 어김없이 공격다운 공격을 함으로써 전광석화처럼 빠른 그의 기술에 상대는 속수무책이었다"고 말을 이었다.

아마 가장 놀랄 만한 일이라면 진델라르가 진화생물학자인 스티븐 제이 굴드의 '우수함의 보편성'이라는 개념을 이미 보여 주고 있다는 점이다. 굴드는 "나는 경기력과 전통학문은 스타일과 내용면에서 다르다는 것을 부인하지 않는다. 하지만 우리는 스포츠를 잔인한 감성의 영역으로 간주해 버리는 실수를 범하고 있다. 가장 위대한 선수는 신체적 재능만으로 성공할 수 없다. 뛰어난 운동능력의 속성 중 가장 흥미롭고 분명한 것은 몇몇 중요 기술은 명백하게 생각으로 규제할 수 있는 것이 아니라는 사실이다. 상황에 필요한 동작은 의식적인 결정을 연속적으로 처리할 충분한 시간을 주지 않는다"고 말한다. 폴가르는 진델라르에 대해 이렇게 평가했다. "어찌 보면 그의 다리에는 뇌가 있고 달리는 다리에서 놀랍고 경이로운 많은 일이 일어났다. 진델라르의 슛은 정곡을 찌르는 한마디 말처럼 골망을 흔들었다. 이야기의 완벽한 구성을 이해하고 그 진가를 알게 해주는 마무리이자 그것을 상징하는 왕관을 씌우는 일과 같았다."

1932년 12월 잉글랜드를 만난 원더팀은 최대의 시험대에 올랐다. 나머지 나라와 동떨어져 있었던 잉글랜드가 세계 최고의 팀은 아니었지만 세상 사람들은 축구의 발전에 끼쳐온 영향 탓에 그들을 존경했으며 국내에서는 외국팀에 패한 적이 없었다. 스페인은 1929년 마드리드에서 잉글랜드를 물리치며 그들의 취약점을 노출시켰다. 하지만 2년 뒤 스페인은 하이버리에서 1-7로 침몰당하면서 저항을 실감했다. 많은 오스트리아인들은 스코틀랜드를 물리친 들뜬 마음으로 희망에 부풀어 올랐다. 하지만 늘 비관적이던 메이슬은 걱정스러워 하며 오랜 친구이자 멘토인 지미 호건을 찾았다.

잉글랜드에 환멸을 느낀 호건은 1921년 스위스로 떠나 3년 동안 영보이즈 오브 베르네의 로잔에서 보낸 후 부다페스트로 돌아가 FC

훈가리아라는 새 이름으로 단장한 MTK와 함께했다. 그런 뒤 독일로 가서 축구협회 보좌관역을 맡으면서 SC드레스덴을 지도했는데, 당시 제자 중 한 명이 헬무트 쉔이었다. 쉔은 1954년 서독의 월드컵 우승 당시 제프 헤르베르거 밑에서 코치를 역임했고 1974년에는 자신이 직접 서독을 우승으로 이끌었으며, 영국축구가 유럽에게 추월당하고 있다는 것을 확신시켜 주는 능숙한 기술축구를 전파했다.

처음에 사람들은 의구심을 가지고 호건을 맞았다. 감독들이 호건의 서툰 독일어를 문제 삼자 독일축구협회는 호건에게 통역사 없이 직접 강의를 하도록 요청했다. 시작부터 호건은 무심결에 자신이 '축구의 대가가 아닌 여러 언어를 구사하는 교수'의 모습을 보이더니 갈수록 태산이었다. 정신력의 중요성을 강조하려다 이번에는 어리둥절해 하는 청중에게 축구는 신체의 게임일 뿐만 아니라 축구위원들의 게임이라는 엉뚱한 말을 했다. 청중의 조롱 섞인 웃음에 결국 호건은 10분간 휴식을 요청하고 단상을 떠났다. 다시 돌아 왔을 때는 과거 자신의 볼턴 원더러스 복장을 하고 있었다. 축구화와 양말을 벗고 청중에게 독일 선수의 4분의 3은 킥을 제대로 못한다고 말하면서 오른발로 공을 차서 약 14미터 떨어진 곳의 나무판자를 강타했다. 공이 자기 쪽으로 튕겨 나오자 호건은 양발잡이의 가치를 지적하면서 이번에는 왼발 슛을 날렸다. 판자가 두 동강이 났다. 그가 말하고자 하는 핵심이 분명해졌고 순회강연을 시작한 지 한 달 만에 드레스덴 지역에 있는 5천 명의 축구인을 대상으로 강의를 했다. 1974년 그가 세상을 뜨자 독일 축구협회 사무총장인 한스 파스락은 호건의 아들 프랭크에게 보낸 편지에서 호건을 '독일 현대축구'의 창시자라고 불렀다.

정치상황이 불안해지자 호건은 독일을 떠나 파리로 갔고 저축한 돈은 화폐반출에 관한 규제를 피하기 위해 자신의 헐렁한 반바지 솔기에 넣어 꿰매 두었다. 하지만 스타들이 즐비한 팀에서 규율을 세우는 데 애를 먹다가 스위스 로잔으로 돌아갔지만, 경기 중 기회를 놓치는 선수에게 벌금을 부과해야 한다고 소신을 밝힌 그곳 회장과 의견이 맞을 리 없었다. 메이슬이 호건을 찾았을 때 호건도 서로 주고받을 말이 많았다.

오스트리아는 호건이 필요했고 적어도 그들의 재능을 대외적으로 확인할 필요가 있었던 것 같다. 오스트리아는 런던 경기를 2주 앞두고 급조된 비엔나팀과 맞붙었다. 몸이 아파 제 기량을 발휘하지 못한 진델라르의 오스트리아팀은 2-1로 힘겨운 승리를 거두었다. 모두들 신경이 곤두섰고 아돌프 포글과 프리드리히 그슈바이들의 체력에 대한 우려도 있었다. 그런데도 오스트리아 사람들은 흥분하며 떠들썩했다. 관중은 3대의 확성기를 통해 중계되는 해설을 들으려고 헬덴플라츠로 몰려들었고 국회 재정위원회는 경기를 청취하려고 휴회를 했다.

원더팀은 초반의 부진함을 극복하지 못하고 26분 만에 블랙풀의 공격수 지미 햄프슨에게 두 골을 허용해 잉글랜드에게 뒤지고 있었다. 오스트리아는 후반 6분 진델라르와 안톤 샬이 합작으로 칼 치쉑에게 연결하여 한 골을 만회했다. 발트 노위쉬의 슛이 압박의 와중에 골대를 맞추기도 했지만 잉글랜드가 다시 힘을 모으면서 에릭 휴튼의 프리킥이 공을 피하려던 샬을 맞고 루디 히덴을 지나 오스트리아의 골문으로 들어갔다. 볼 컨트롤의 명수인 진델라르의 침착한 마무리로 2-3까지 따라 붙었지만 곧바로 샘 크룩스의 중거리 슛으로 잉글랜드는 다시 공세를 펼쳤다. 오스트리아가 볼을 소유하지 않을 때는 습관적으로 공 뒤로 물러나자 잉글랜드는 당황했고 오스트리아는 경기를 지배하며 자신들의 패스 경로를 만들어 갔지만 문제는 떨어진 추진력이었다. 치쉑이 5분을 남기고 골 모서리로 한 골을 밀어 넣었지만 너무 늦은 시간이었다. 3-4의 패배에도 불구하고 그들의 경기력은 사람들의 눈과 마음을 사로잡았다. 〈데일리 메일〉은 '뜻밖의 경험'이라고 말했고 〈더 타임스〉는 오스트리아에게 '도덕적 승리'라는 찬사를 보내면서 또다시 그들의 '패스 기술'에 대해 노래를 불렀다.

2년 뒤 이름만 비엔나XI로 소개되었을 뿐 사실상 대표팀인 오스트리아가 하이버리에서 아스널과 시합을 펼쳤는데, 당시 FIFA는 국가대표와 클럽간의 대항전을 못마땅하게 여겼다. 오스트리아는 2-4로 패했고 롤랜드 알렌은 〈이브닝 스탠더드〉에 다음과 같은 글을 실었다. "좋아 보인다, 아니 괜찮은 경기였다. 오스트리아팀이 자신들의 영리함을 뭔가 중요한 것으로 바꿀 줄 아는 법을 배우고, 축구공을 체계적으로 다루는 만큼 승리의 방정식을 세운다면 모든 사람들이 자세를 고쳐 앉고 주목하게 될 것이다." 이 글이 벽보에 붙었지만 아무도 읽으려 하지 않았다.

두 경기를 통해 대륙에 있는 유럽팀이 득점 가능한 지역에서 결정타가 부족하다는 틀에 박힌 소리를 다시 확인하는 계기가 되었다. 물론 이를 오스트리아팀에 적용하면 맞는 구석도 있었지만 볼 소유에 대한 전반적인 관점이 분명하지 않은 것은 이상적인 용어를 사용하는 메이슬의 말투 때문에 어쩔 수 없었다. 이를 테면 다음과 같이 말했다. "중앙 유럽인들에게 영국 프로선수들의 공격플레이는 미적인 관점에서 보면 오히려 어설프게 보인다. 그런 플레이는 득점은 센터포워드와 윙어에게 맡기고 인사이드 포워드에게는 공격수와 수비수를 연결하는 임무를 줘서 공격수라기보다는 하프백이 되는 구조를 가지고 있다. 우리에게 센터포워드란 기술적 탁월함과 전술적 영리함을 겸비한 주도적 인물인데, 잉글랜드에서는 그의 활동을 상대 수비의 실수를 이용하는 것에 한정시킨다."

하지만 영국축구의 속도를 칭송하면서 자기 선수들이 혼란스러워 갈팡질팡했다고 말했다. "그들의 빠르고 높은 패스는 비록 정확성은 떨어지지만 누구도 흉내 낼 수 없는 빠르고 힘 있는 공격으로 이것을 메운다." 이제 익숙한 전선이 형성되었다. 잉글랜드의 체력, 빠르기, 강인함과 유럽대륙의 기술, 인내 그리고 도덕적 해이.

1936년 5월 비엔나, 마침내 오스트리아는 메이슬이 그토록 갈구했던 잉글랜드전 승리를 맛보았다. 메이슬이 그의 팀을 호건에게 인계했을 때 호건은 영국인답게 인사이드 포워드의 체력을 회의적으로 생각했지만, 메이슬은 경기시작 20분 안에 결정적인 선점을 할 수 있고 그러면 나머지 시간은 지키는 경기를 할 수 있을 것이라고 응답했다. 그의 말이 옳았다. 진델라르가 계속해서 상대 센터하프 존 바커를 자기 위치에서 끌어 내자 잉글랜드는 곧 두 골을 허용했는데, 17년 뒤 헝가리의 난도르 히데쿠티에 맞선 해리 존스턴도 똑같이 당했다. 후반 초반 잉글랜드의 조지 캠셀이 오스트리아의 공격을 지체시켰고 중산모를 쓴 메이슬이 초조하게 터치라인에 서있었지만 오스트리아의 우세는 분명했다. "우리는 나아가야 할지 물러나야 할지 몰랐다. 날씨까지 넌더리나도록 더웠다"고 잭 크래이스턴은 회고했다. 더위 때문에 잉글랜드의 주특기인 차징을 지속하기 어려웠고 공을 소유하는 것에만 중점을 두면서 한 차례도 주도권을 잡지 못했다.

하지만 그쯤 원더팀은 하향세에 접어들었고 유럽 최고의 자리를 이탈리아에게 내주었다. 포메이션과 관련해서 이탈리아는 거의 얼떨결에 잉글랜드의 W-M과 오스트리아와 헝가리의 2-3-5의 중간 형태를 취했다. 차이점은 그들의 '기풍'이었다. 글랜빌은 "이탈리아축구는 유럽의 경쟁자들보다 기술적으로 덜 뛰어나지만 더 단호하고 놀라운 체력으로 만회했다"고 평가했다. '열정적 활동'이 최고라는 믿음은 파시즘체제에서는 당연한 것이었지만 비토리오 포초의 성향과도 잘 맞아떨어졌다. 덥수룩한 머리의 선지자 포초는 1, 2차 세계대전 사이에 이탈리아 축구계를 이끈 천재였다. 1886년 토리노 근처에서 태어난 포초는 한때는 피드먼트 학생 육상대회 400m 달리기에서 우승을 할 정도로 유망주였으나 친구 때문에 축구로 전향했다. 유벤투스에서 센터하프를 맡고 있었던 조반니 조치오네가 포초에게 "자동차처럼 달린다"고 놀리면서 "공을 가지고" 달려 보라고 권한 것이 계기가 되었다.

평범한 선수였던 포초는 취리히에 있는 국제무역학교에서 영어, 프랑스어, 독일어를 공부한 뒤 런던으로 갔다. 곧 런던의 이방인 생활에 지쳐 북부 브래드포드로 옮겼고 그곳에서 아버지의 영향 탓에 양모 제조를 연구하는 일자리를 얻었지만 여기서 불현듯 영국축구에 매료되었다. 자신의 새로운 삶터를 이해하고자 결심하면서 가톨릭 신자이면서도 영국성공회 예배에 참석하기 시작했다. 한 주의 일과는 영국의 일상에 맞추어졌다: 일요일은 교회, 5일 근무, 토요일은 축구. 부모가 포초에게 형의 엔지니어링 회사 일을 도우라고 일렀지만 거부했고, 아버지가 용돈을 끊어버리자 외국어를 가르쳐 생계를 이어가며 계속 머물렀다.

포초가 맨체스터 유나이티드를 가장 좋아하게 된 이유는 딕 덕워서, 찰리 로버츠, 알렉 벨로 이루어진 전설적인 중앙 수비진의 스타일 때문이었다. 시합이 끝나면 올드 트래포드 선수 출구 앞을 서성거리기 시작했고, 그러던 어느 주말 마침내 용기를 내어 로버츠에게 다가가 당신을 정말 존경하며 축구에 대해 같이 얘기 할 기회를 가질 수 있다면 고맙겠다고 말했다. 이렇게 오랜 우정이 시작되었고 이를 계기로 20년 뒤 포초는 자신의 이탈리아팀에 적용할 스타일을 탄생시켰다.

포초는 스리백 시스템을 혐오했고 센터하프라면 로버츠같이 윙 쪽으로 롱패스를 뿌려줄 수 있어야 한다고 말했다. 이점을 중요시 여긴 포초는 1924년 이탈리아 '축구기술이사'에 재임명되자마자 수도 로마 관중의 우상인 풀비오 베르나르디니를 '볼을 배급하는 선수'가 아니라 '달고 뛰는 선수'라는 이유로 보란 듯이 탈락시켰다.

포초는 여동생의 결혼식에 참석하러 이탈리아로 다시 돌아 왔고 결혼식이 끝나자 가족들은 잉글랜드로 돌아가지 말라고 만류했다. 얼마 지나지 않아 이탈리아축구협회 사무국장 자리에 앉게 된 포초는 1912년 올림픽대표팀을 스웨덴으로 통솔해 가도록 요청을 받았으며 이 과정에서 처음으로 축구기술이사직에 오르게 되었다. 이탈리아는 핀란드에 아깝게 패하고 스웨덴을 물리쳤지만 오스트리아에 1-5로 참패했다. 예상 못한 바는 아니지만 그래도 실망스런 경기였다. 그나마 포초와 메이슬의 첫 대면이 성사되었으니 의미가 있었고 그들은 친구가 되어 평생 앞서거니 뒤서거니 경쟁했다.

이듬해 12월 이탈리아가 오스트리아에 1-3으로 패하자 포초는 사퇴를 하고 다시 여행을 떠났다. 1차 세계대전 동안 알피네 연대에서 소령으로 복무했고 1924년 올림픽 직전 이탈리아가 오스트리아에 0-4로 패한 직후 두 번째로 축구기술이사직에 앉게 되었다. 이탈리아는 파리에서 열린 경기에서 스페인과 룩셈부르크를 차례로 물리치고 스위스와 접전 끝에 패했지만 가능성을 보여 준 대회였다. 하지만 아내가 세상을 뜨자 다시 사임했다. 5년 동안 피렐리 그룹의 이사를 역임하고 여가 시간은 산중에서 독일산 셰퍼드견과 함께 보냈다. 1929년 이탈리아협회는 다시 그를 불렀고 이후 20년 동안 이탈리아를 유럽 그리고 틀림없이 전 세계를 통틀어 최고의 팀으로 만들었다.

포초가 처음 일을 맡았을 때는 64개 클럽으로 이루어진 방대한 리그가 있었고 그 중 서너 개 클럽은 포초가 좀 더 축소된 최초의 디비전을 만들려고 하는 시점에 협회를 탈퇴했다. 그가 세 번째로 복귀하던 때는 프로리그가 있었고 파시스트 정부는 선전도구로서 스포츠가 필요하다고 인식하여 경기장을 포함한 기초시설투자에 열성적이었다. 무솔리니의 언론홍보담당관 론도 페레티는 "국경 밖이든 안이든 스포츠를 좋아하든 아니든 우리 이탈리아인들은 순수혈통의 우리선수들이 그렇게 많은 귀족의 적수를 압도하는 모습을 보며 기뻐서 몸을 흔들고 또 흔들었다. 이는 무솔리니의 이탈리아인들이 장엄하게 행진하는 모습을 그대로 보여 주는 굉장한 상징이다"고 1938년 이탈리아월드컵 우승 후 〈로 스포르트 파시스타〉에 실었다.

포초가 파시스트 이념을 얼마나 받아 들였는지는 확실하지 않다.

5, 60년대에는 사람들이 그가 무솔리니와 관련이 있다고 생각해서 외면했고, 그런 이유로 1990년 월드컵을 대비해 지은 토리노 외곽의 스타디오 델레 알피 경기장 명칭을 그의 이름으로 하려던 계획도 취소되었다. 하지만 1990년대 후반 포초가 비엘라 주변의 유격대에게 식량을 가져다주었고 연합군 전쟁포로의 탈출을 도우면서 파시스트에 저항하는 일을 했다는 증거가 등장했다.

분명한 것은 포초는 자신의 팀을 다스리고 동기를 부여하기 위해 사회에 퍼져 있는 군국주의 정신을 최대한 이용했다는 점이다. 그는 "선택할 수 있는 것이 하나 이상일 때 타협을 한다. 어떤 위대한 축구팀도 그런 토대에서 세워진 적이 없다"고 말 한 적이 있다. 사람을 빈틈없이 관리하는 포초는 팬들의 우상인 클럽 선수들을 엄격하게 다루는 가부장적인 스타일을 개발했다. 예를 들면, 훈련 중 모든 연습 게임에 심판을 보고, 만약 한 선수가 사적인 감정으로 동료에게 패스를 꺼린다는 느낌이 들면 팀에서 내보냈으며, 사이가 나빠진 선수가 있으면 같이 방을 쓰도록 했다. 하지만 가장 논란이 된 부분은 그의 민족주의 의식이었다. 한 예로, 헝가리와의 친선경기(5-0승)를 위해 부다페스트로 가는 도중 선수들을 데리고 오슬라비아와 고리지아의 1차 대전 전적지를 방문했고 레두피그리아에 있는 추모 공동묘지에 들르기도 했다. 자서전에서 포초는 "나는 선수들에게 슬프고 끔찍한 광경에 충격을 받을 수 있다면 좋은 일이며, 그런 일에 대해 우리가 어떤 물음을 떠올리든 저 언덕 위에서 목숨을 바친 사람들과 비교할 수는 없는 일이다"고 말했다. 한 번은 애국심을 고취하는 '피아베 강의 전설 La Leggenda del Piave'을 부르며 선두에서 행진을 하기도 했다.

그렇지만 영국 예찬자였던 포초는 어느새 이탈리아리그의 특징으로 자리 잡은 승리보너스 제도의 악영향에 대해 속을 태우며 페어플레이의 황금기를 자주 들먹였다. "그것은 어떤 희생을 치르더라도 이겨야 된다는 의미다. 그것은 적수에 대한 혹독한 원한을 품는 것이며,

리그 성적이라는 목표를 위해 결과에 사로잡히는 것이다"고 말했다. 전술도 고전적인 2-3-5를 주로 사용했지만 이 전형을 잘 구사하기 위해 필요한 기동력과 창의성을 가진 센터하프가 없었다.

결국 1930년 월드컵에서 아르헨티나 선수로 뛰었던 루이시토 몬티에게 눈을 돌렸다. 몬티는 1931년 유벤투스에 들어왔고 이탈리아의 전통 덕분에 입양된 나라의 팀에서도 뛸 수 있는 자격을 갖춘 남미 선수들을 부르는 '오리운디'가 되었다. 계약 당시 이미 30세였던 몬티는 과체중 상태라서 한 달 간 개인훈련을 해도 몸이 느렸다. 하지만 건장한 체격과 경기장을 커버하는 능력 때문에 '도블레 안코Doble ancho(두 대로 연결된 이동 주택)'로 불렸다. 포초는 유벤투스에 정착된 포메이션에 영향을 받아 몬티를 찰리 로버츠도 아니고 허비 로버츠도 아닌 '중간지점'으로 활용했던 것 같다. 그는 상대 팀이 공을 소유하면 내려와서 상대방 센터포워드를 저지했지만 자기편이 공을 잡으면 앞으로 나가 공격의 지렛대가 되었다. 몬티는 스리백의 세 번째 수비수는 아니었지만―그런데 글랜빌은 이탈리아에서 W-M시스템(포초가 'metodo'의 반대 개념으로 썼던 'sistema')의 본뜻을 완전히 이해하게 된 시점은 밀라노에서 이탈리아와 잉글랜드가 맞붙은 2-2 무승부 경기결과에 대해 베르나르디니가 기사를 썼던 1939년이라고 말한다―전통적인 센터하프보다 더 깊은 곳에서 수비를 했으며 두 명의 인사이드 포워드는 윙하프를 지원하러 뒤로 물러났다. 이렇게 2-3-2-3, 즉 W-W포메이션이 생겨났고 W-W는 마리오 차파 기자가 〈라 가제타 델라 스포르트〉에서 말한 대로 "최고의 시스템들 속에 있는 최고의 요소를 모아 놓은 플레이 방식"으로 알려졌다.

겉과 속이 다른 것처럼 포초는 불안해하면서도 근본적으로는 실용적인 사람이었다. 포초의 팀이 기술이 무르익었다는 것은 몬티가 팀에 합류하기 전인 1931년 스코틀랜드전 3-0 승리를 통해 여실히 입증되었다. 〈코리에레 델라 세라〉는 불운한 원정팀 스코틀랜드에 대해 "그들은 빠르고 체력적으로 준비가 잘되어 있으며 킥과 헤딩이 확실하다. 하지만 어디서든 고전적인 플레이를 펼치다보니 초보자처럼 보인다"고 보도했다. 어떤 팀이라도 이 정도의 엄격한 비판은 있을 수 있었지만 섬세한 패턴의 전통에서 성장한 스코틀랜드에게는 저주에 가까운 말이었다.

당시로 돌아가서, 1930년에 데뷔했던 위대한 공격수 메아차는 자주 투우사에 비유되었고 '메아차는 폭스트롯 춤곡의 리듬에 따라 골을 넣었다'고 노래하는 대중가요도 있었다. 하지만 그런 재미와 열정은 곧 사그라지게 되었다. 메아차는 우아한 공격수의 모습을 유지했고, 실비오 피올라, 라이문도 오르시, 지노 콜라우시 같은 선수들의 실력은 의심할 바 없었지만 점점 더 체력과 전투력을 중시하는 축구를 구사했다. 1932년 〈로 스타디아〉 사설은 이렇게 언급했다. "파시스트 시대 10년 만에 젊은이들은 전투와 싸움, 나아가 축구에 알맞게 단련되었다. 용기, 결단, 검투사 같은 자부심 그리고 선택받은 인종이라는 감정까지도 떨쳐 버릴 수 없다."

포초는 초기 대인방어이론의 대표적 인물로서 축구가 한 팀이 자신의 플레이를 펼치는 것 뿐 아니라 상대의 플레이를 저지하는 것임을 보여 주었다. 예를 들어, 1931년 빌바오에서 열린 스페인과의 친선경기에서 포초는 "11명의 상대를 이끄는 우두머리를 잘라버린다면 시스템 전체가 붕괴될 것이다"는 논리를 내세워 레나토 체사리니에게 이그나시오 아귀레사바라를 방어하도록 했다.

그것은 순수파들의 우려를 자아내게 했지만, 포초의 이탈리아팀이 지닌 도덕성에 대한 의문이 본격적으로 제기되기 시작한 것은 1934년 이탈리아월드컵이었다. 1년 전, 고립정책을 고수하던 잉글랜드와 1-1 무승부를 기록한 후 이탈리아는 홈경기에서는 항상 우승후보에 들었는데, 특히 오스트리아 원더팀의 전성기가 지났다는 인식이 있었기에 더욱 우승 가능성이 점쳐졌다. 메이슬은 오스트리아는 결정력이 부족하다는 영국의 비판을 인정하는 것 같았고, 만약 아스널의 센터 포워드 클리프 바스틴을 빌려올 수 있다면 오스트리아가 낙승을 거둘 것이라고 주장하기도 했지만, 골키퍼 히덴이 빠진 것과 클럽소속으로 해외원정을 다니느라 지친 선수들에 대해 불평을 늘어놓자 그런 비관론은 타당해 보였다.

포초의 이탈리아와 메이슬의 오스트리아가 준결승에서 만났을 때는 이미 대회 평판은 나빠져 있었다. 오스트리아는 헝가리에 승리를 거둔 8강전에서 싸움을 벌이면서 순수함에서 멀어졌다. 하지만 대회를 폭력으로 전락시킨 것은 같은 조 이탈리아와 스페인의 1-1 무승부 경기였다. 제 아무리 능력 있는 몬티라지만 반칙의 향연에 완전히 빠져들 태세였으며, 스페인 골키퍼 리카르도 사모라는 다음 날 재경기에 출전할 수 없을 정도로 얻어맞았다. 서너 명의 스페인 선수들이 부상으로 경기장을 떠났다는 이야기의 사실 여부에 대해 왈가왈부하지만 어쨌거나 메아차의 다이빙 헤딩 결승골로 이탈리아가 1-0으로 승리하자 스페인은 억울할 수밖에 없었다.

기대했던 준결승전, 양대 스타일의 격돌은 소문난 잔치에 먹을 것 없는 경기였다. 이탈리아의 1-0 승리로 끝난 경기에서 진델라르는 시작과 함께 몬티에게 저지당했고 오스트리아는 경기시작 40분 동안 한 차례도 슛을 날리지 못했다. 한편, 메아차는 히덴 대신 투입된 피터 플라처와 육탄전을 벌이고 또 한 명의 이탈리아계 남미 선수인 엔리케 과이타는 계속해서 흐르는 공을 선 바깥으로 날려 보냈다. 이제 다뉴비안 스쿨의 명예를 지키는 일이 다른 조 준결승에서 독일을 물리친 체코슬로바키아로 넘어갔다. 때때로 제고는 위협적인 플레이로 이탈리아를 당황하게 만들었고 안토닌 푸츠를 중심으로 76분간 주도권을 잡았다. 프란티세크 스보보다의 슛은 골대를 맞혔고 조르쥬 소보트카가 한 차례 좋은 기회를 놓쳤지만 8분을 남기고 플라니치카를 지나 엉뚱하게 방향이 바뀌는 오르시의 드라이브슛으로 동점을 만들었다. 추가시간 7분에 절뚝거리던 메아차가 오른쪽 크로스를 올리자 과이타가 받았고 이번에는, 나중에 '젖 먹던 힘을 다해' 경기를 했다고 밝힌 안젤로 스키아보가 체코 수비수 요세프 츠티로키를 따돌리고 승부를 결정짓는 슛을 날렸다. 무솔리니의 이탈리아는 그토록 바라던 월드컵 우승을 달성하긴 했지만, 승리를 얻기 위한 그들의 비열한 방법과 욕심은 쓴맛을 남겼다. 벨기에 주심 존 랑제뉘는 "대부분의 나라에서 월드컵을 스포츠의 대실패라고 부르는 이유는 이기려는 의지 외에는 새겨야 할 것이 존재하지 않을 뿐더러 어떤 망령이 월드컵 전체를 뒤덮고 있기 때문이다"고 말했다.

그해 11월 '하이버리 전투'라 부르는 잉글랜드와의 교류전에서 그런 인상은 더욱 굳어졌다. 당시 몬티가 경기시작과 함께 테드 드레이크와 경합을 벌이다 다리 골절상을 당하자 이탈리아는 격렬하게 반응했다. 스탠리 매슈스는 "처음 25분 동안 이탈리아 선수들에게는 차라리 경기장에 공이 없는 게 나을 뻔했다. 그들은 무엇에 홀린 사람처럼 움직이는 것은 모조리 차버렸다"고 말했다. 잉글랜드는 이탈리아의 흐트러진 팀 분위기를 틈타 3-0으로 앞서갔다. 그러나 하프타임에 포초가 선수들을 진정시키자 후반전에는 활발한 플레이를 펼쳐 3-2까지 따라 붙었다.

하지만 아무리 비난과 빈정거림을 받더라도 그들의 재능만큼은 의심할 수가 없었다. 포초가 최고의 팀이라고 여겼던 1938년의 이탈리아가 또다시 월드컵 우승을 차지하자 모두들 이탈리아의 견고한 수비에 집중하기 시작했다. 차파는 "이탈리아만의 중요한 특징은 하프백들이 수비역할에서 한 번도 이탈하지 않고도 최소한의 선수들로 공격하는 능력이다"고 말했다. 그때쯤 오스트리아는 독일의 소속팀이 되어 있었다. 이전 두 번의 준결승전에 뛰었던 선수들을 위주로 한 팀을 꾸렸지만 성공을 거두지 못했고 조1라운드 경기에서 칼 라판이 이끄는 스위스와 재시합 끝에 지고 말았다. 체코슬로바키아는 마지막 8분

이탈리아 1 오스트리아 0, 월드컵 준결승, 이탈리아 밀라노 산시로,
1934년 6월 3일

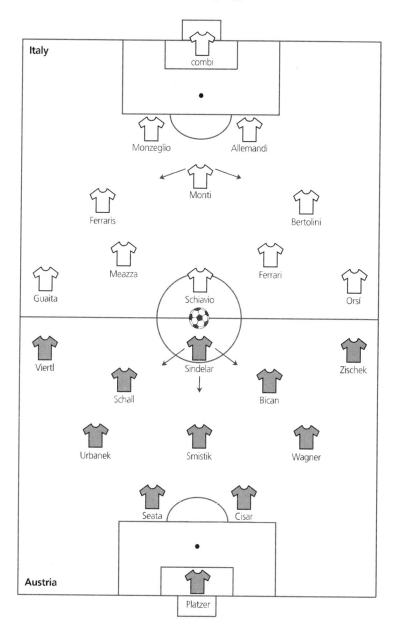

을 남기고 브라질에 패했지만 다뉴비안 스쿨의 헝가리는 포초의 이탈리아와 마지막 결전을 벌이는 최종전까지 진출했다. 이탈리아가 매우 빠르고 체력이 좋다는 것이 드러났고, 몬티 대신에 들어온 센터하프 이탈리아계 남미 선수 미켈레 안드레올로가 헝가리의 센터포워드 죄르지 사로시를 저지하자 헝가리의 메이슬식 경기운영이 느리고 구태의연하게 보일 수밖에 없었다. 이것을 놓치지 않았던 프랑스 기자장 에스케나지는 "우리가 마치 사랑을 나누거나 버스를 잡는 것 마냥 경기를 할 수는 없지 않은가?"라는 물음을 던졌다. 하지만 그 질문은 그렇게 지나가 버리고 말았다.

△▽

다른 파시스트 국가들도 비슷한 길을 걸었다. 스페인에서도 영국인들이 처음 축구를 도입하였는데, 구체적으로 지목하자면 스페인 남서부 미나스 데 리오틴토 탄광촌 노동자들이었다. 1873년 영국 투자가 휴 마테손은 다 쓰러져가는 이곳 구리광산을 350만 파운드에 사들이며 그 당시에 처음으로 열차와 수소가 끄는 손수레로 금화를 실어날라 대금을 지불했다.

기록상 최초의 경기는 1887년 산로케 지역의 축일에, 이제는 거대한 광재 더미 아래 묻혀 버린 경기장에서 비스페인계 사람들이 중심이 되어 펼친 두 팀 간의 시합이었다. 주요 오락은 전통적으로 투우였지만 이 탄광 회사는 3년 전 투우장이 매춘부와 술꾼들의 소굴로 변했다며 투우장을 없애 버렸다. 그 경기가 영국과 스페인사람들이 참여하는 스포츠 행사로 둘을 잇는 가교역할을 했다는 말도 있지만, 지미 번스는 오히려 두 나라 사람들의 차이만 부각되었다고 말했다. "우리는 그 지역 군중들이 처음에 시큰둥했을 거라 생각한다… 경기는 … 투우처럼 지역의 대중적인 오락이 지닌 창의성과 벼랑 끝 전술이 없었다." 그 이후로 스페인에서 축구와 투우의 역사는 서로 얽히고설켜 왔다.

영국이 광산업에 개입하면서 축구는 빌바오로 건너갔고 그곳에서 제대로 된 축구가 피어났다. 1913년 최초의 축구장으로 건설된 빌바오의 산 마메스 구장은 스페인 축구의 산실이 되었다. 당시 스페인 축구의 특징은 영국 산업의 가치에 뿌리를 둔 거칠고 열정적인 축구였다.

아틀레틱 클럽은 스페인축구 최초의 초대형 클럽으로서 1903년 기존의 두 팀을 임시로 합치면서 창립되었다. 한 팀은 도시에 있던 영국 노동자팀이었고 다른 한 팀은 잉글랜드에서 공부하며 축구를 배웠던 힘나시움 사마코이스 소속의 학생들로 꾸린 팀이었다. 초대 감독은 영국축구에 대한 존경심 탓에 잉글랜드 출신의 미스터 셰퍼드라는 인물이 맡았다. 비록 바스크 후손들만 아틀레틱에서 뛸 수 있다고 명기한 규칙이 곧바로 시행되었지만 클럽은 친영파로 남아 있었다. 클럽은 1차 세계대전 당시 연합국을 지원하며 전쟁 중에도 그들과 무역을 지속했던 공업과 선박관련 그룹인 데 라 소타로부터 재정적 도움을 받았고, 영어식 이름과 영국인 코치를 쓴다는 두 가지 정책을 고수했다.

1914년 셰퍼드의 후임으로 빌리 바네스가 클럽을 맡았다. 그는 1902년 FA컵 결승 재경기에서 셰필드 유나이티드에 우승을 안기는 결승골을 넣었으며 이후에 웨스트 햄, 루턴, 퀸스파크 레인저스에서 뛰었다. 그는 두 차례 코파 델 레이 대회를 석권하고 1차 세계대전 참전 등록을 하러 영국으로 건너간 다음 1920년 8월 다시 클럽에 돌아 왔다. 그는 이렇게 말했다. "내가 처음 왔을 때는 참을성 있게 천천히 짧은 패스게임을 했는데, 우아해 보이지만 실효성과 거리가 먼 스코틀랜드 스타일이었다. 나는 아틀레틱에 윙에서 윙으로 공을 보내는 롱패스와, 득점력과 스피드를 갖춘 선수를 중앙에 두는 빠른 축구를 도입했다. 지금은 대부분의 클럽이 이런 플레이를 펼치는 추세이지만 아틀레틱은 오히려 방향을 잃은 것 같다."

1929년 8월에 열린 올림픽에서 아틀레틱의 힘이 넘치는 축구가 스페인의 스타일로 구체화되었다. 스페인은 특별한 기대를 걸지 않고 벨기에 앤트워프로 갔다. 팀은 주로 북부지역 선수들로 구성하였는데 그들은 잔디에서 뛰었지만 중부와 남부지역 선수들은 대개 마른 진흙탕에서 뛰었기 때문이었다. 첫 경기에서 덴마크를 1-0으로 물리쳤지만 8강에서 대회 최종 금메달리스트인 벨기에에게 1-3으로 졌다. 하지만 그것으로 대회가 끝난 것이 아니었다. 체코슬로바키아가 결승전에서 영국인 주심의 경기운영에 항의하며 경기장을 급습하여 실격 처리되자 은메달을 놓고 벌이는 패자부활전에 돌입했다.

스페인은 스웨덴과 이탈리아를 각각 3-1, 2-0으로 물리치고 은메달을 놓고 네덜란드와 맞붙게 되었다. 결국 스페인은 플레이오프에서 네덜란드를 3-1로 꺾었다. 이 경기에서 펠릭스 세수마가는 2골을 넣었지만 영웅이 된 것은 바스크 출신 선수였다. 스웨덴과의 경기에서 전반전이 끝났을 때 스페인은 0-1로 지고 있었다. 하지만 후반전 시작 6분에 호세 마리아 벨라우스테의 동점골이 터졌다. 자주 맞아 납작해진 코에 늘 엉터리진 모습을 하고 있었던 벨라우스테는 부은 귀를 머리에 매듭이 있는 손수건으로 뒤로 고정시켜 탈모증 초기라는 사실을 감추려했다. 그로부터 2분 후 도밍고 아세도가 결승골을 넣었다. 하지만 반전을 이긴 것은 벨라우스테의 골로서 그것은 바스크 스타일을 집약하는 것 같았다. 핸디캡이라는 필명을 쓰는 마놀로 데 카스트로는 이렇게 썼다. "하프타임이 끝나고 경기가 재개되자 스페인은 전투태세에 돌입한 것처럼 보였고 맹렬하게 공격을 감행하면서 2분 만에 페널티구역 밖에서 프리킥 기회를 얻었다." 찍어 찬 크로스를 향해 몸을 날린 벨라우스테는 여러 명의 스웨덴 선수와 함께 골네트로 들어가며 볼을 밀어 넣었다. 핸디캡은 그것을 "헤라클레스의 골"이라고 불렀다. 다음 날 한 네덜란드 신문은 스페인의 플레이를 1576년 앤트워프를 약탈한 스페인 군대의 흉포함에 비유하며 '라 푸리아la furia(분노)'라는 용어를 만들었다. 스페인은 그것을 기쁘게 받아 들였다.

그 골로 라 푸리아의 전형이 과장되면서 신화화되었다. 나중에는 위대한 골키퍼 리카르도 사모라가 벨라우스테가 스웨덴 선수 네 명이 그의 상의를 붙들고 있는 상태에서 가슴으로 볼을 골네트로 밀고 들어 갔다고 주장했다. 그러면서 스페인은 자신들의 올바른 플레이 방식을 라 푸리아라고 확신했다. 번스는 라 푸리아를 이렇게 정의했다. "유별 나게 박력 있고 공격적인 스타일의 축구로서 숭고한 목적과 실행은 타고난 것이며 그것에 대해 클럽 소속의 바스크 선수들은 자신들의 저작권을 주장했지만 모든 스페인 사람들의 정신 속에 널리 흡수되었 다."

하지만 라 푸리아가 거의 정착이 되었던 시점에서 한계가 노출되었 다. 1921년 6월 벨라우스테를 포함하여 국제경기 경험이 있는 스페인 선수들 위주로 구성된 바스크팀이 남미 투어를 떠났다. 첫 도착지인 아르헨티나에서 부에노스아이레스XI팀을 맞아 선전했지만 깔끔하고 집중력 있는 기술축구를 구사하는 아르헨티나에게 공을 빼앗아보지 도 못하고 0-4로 패했다. 다음 방문지인 로사리오, 몬테비데오, 상파 울루에서도 기술이 뛰어난 상대에 고전하면서 원정 8경기를 2승 1무 5패로 마감했다.

빌바오에서도 변화가 있었다. 반스 감독은 한 시즌을 더 머무는 동안 또 한 차례 코파 델 레이 우승을 차지했다. 아틀레틱이 〈데일리 메일〉과 〈스포팅 라이프〉에 후임자 광고를 내자 수 백 명의 열정적인 지원자가 몰려들었고 미스터 버튼이 감독에 선임되었다. 하지만 그는 전쟁 중에 마신 독가스 때문에 폐가 망가져 두 달 만에 팀을 떠났다. 당분간 두 명의 전직 선수와 주장으로 구성된 위원회로 팀을 꾸리다가 프레드 펜트랜드가 팀을 구하게 되었다. 그는 양 세계대전 사이 스페 인에서 활약한 영국인 감독 중 가장 존경받는 인물이었다.

버밍엄 로드 메이어 lord mayor(시장의 경칭)의 아들이었던 펜트랜드는 블랙번, QPR, 미들즈브러에서 오른쪽 공격수였고 잉글랜드대표에 다섯 번이나 뽑혔다. 1913년 선수생활을 접은 펜트랜드는, 지미 호건이 오스트리아 축구팀을 맡기 위해 거절했던 독일 대표팀 감독직을 수락하러 베를린으로 떠났다. 1차 세계대전이 일어나자 그는 베를린 서쪽 6마일 떨어진 루레벤의 경마장이었던 민간인 전쟁포로 수용소에 억류되었다. 처음에 수용소 상황은 끔찍했다. 포로들은 이로 감염된 말 운반용 화물차의 짚단 위에서 잠을 자며 하나뿐인 수직 배수관에서 씻고 주민들이 기부한 나막신과 코트를 입었다. 매일 제공되는 배급은 줄줄 흐르는 죽 한 국자와 블러드 소시지가 전부였다.

결국 독일 당국은 포로들의 자치운영을 허락했다. 그러자 〈더 블리자드〉 3호에 실린 바니 로나이의 표현대로 "영국인이 지닌 조직의 결단에서 나오는 풍부한 지략이 묻어나는 연애편지가 등장했고 대영제국의 미심쩍어 하는 유산 속에서 종종 지나쳤던 창의적인 문화적 절충주의가 표출되었다." 수용소 전체가 우체국, 경찰, 잡지, 도서관을 갖추면서 성장했다. 수용소 지도를 보면 테니스 코트, YMCA, 카지노, 우체국, 찻집, 사무실, 세탁소, 두 개의 풀사이즈 축구장이 보인다.

대부분 남성들이었지만 그것만 빼면 실로 다양한 구성이었다. 한 포로는 전쟁이 끝나자마자 발행한 팸플릿에 이렇게 적었다. "영주의 저택 출신에서 빈민촌까지 어느 혈통이나 직종을 대표하지 않는 사람이 없었다. 모두가 조그만 마구간에 들어찼는데 회사 이사들과 선원, 음악회 연주자와 공장 노동자, 과학 교수와 기수들… 우리는 정말이지 오합지졸이었다. 나는 퍼스의 백작(지상의 진주라는 별명이 붙은), 유색 인종 그리고 소방관과 함께 부엌으로 같이 가곤 했다."

수용소는 개성 넘치고 별난 사람들로 넘쳐나고 있었다. 구스타프 말러에게서 수학한 세계적인 지휘자 F 찰스 애들러, 원자폭탄을 처음 구상한 노벨 물리학 수상자 제임스 채드윅 경, 경마 정보통으로 당시 영국의 흑인 거물 유명 인사였던 프린스 모노룰루, 〈아이리시 타임스)의 편집장으로 솜브레로(챙이 넓은 멕시코 모자)를 자랑스럽게 쓰고 다녔던 알코올 중독자 버터 스마일리, 얼음으로 항공모함을 만들어 윈스턴 처칠의 욕조에서 시연한 적이 있는 제프리 파이크. 그리고 펜트랜드뿐만 아니라 엄청난 수의 전 현직 축구선수들도 있었다. 전 미들즈브러의 팀 동료였던 스티브 블루머. 그는 잉글랜드대표로 23 경기에 나서 28골을 기록했고 1914년 7월 브리타니아 베를린92의 감독으로 임명되었다. 전 블랙번 팀 동료 풀백 샘 월스텐홈. 그는 1914년 봄 북부 독일 축구협회대표팀의 매니저를 역임했다. 또한 전 셰필드 웬즈데이의 왼쪽 공격수였던 프레드 스파익슬리. 그는 스웨덴, 멕시코, 독일에서 감독생활을 하며 자국 타이틀을 획득했다. 또한, 전 스코틀랜드 대표팀 선수이자 토트넘 감독을 역임했던 드레스드너SC 감독 존 카메론, 토트넘 카메론 감독 밑에서 뛰었고 빅토리아 89 베를린에서 감독을 했던 존 브리얼리 그리고 부모를 따라 사우스실즈에서 독일로 이민을 간 독일 대표팀 선수였던 에드윈 더턴도 있었다.

일상의 중압감이 사라지자 포로들은 자기 계발을 통해 스스로 즐기기 시작했다. 수용자 중 한 명이었던 언론인 이스라엘 코헨은 이렇게 기록했다. "다양한 활동이 펼쳐지고 향상되며 세분화되었고 루레벤이 하나의 독립적인 세상이 될 정도로 공들여졌다. 우리 스스로 신체적으로 건강함을 유지하고 권태와 타성에서 벗어나게 될 수밖에 없었다." 미적분학, 기초 물리학, 무기화학, 유기화학, 방사능, 유전, 생물학, 음악, 문학, 독일어로 하는 독문학, 이탈리어어로 하는 이탈리아문학, 셰익스피어와 에우리피데스를 공부하는 수업도 있었다. 입석 오케스트라와 뮤직홀을 갖춘 극장이 세워졌고 그곳에서 공연을 하면 특히 여자로 가장한 사람이 큰 인기를 끌었다.

수용소를 개방하고 하루 만에 처음 공을 찼고 2주 만에 토트넘 홋스퍼스, 맨체스터 레인저스, 볼턴 원더러스라 부르는 팀들이 만들어졌다. 코헨은 "공은 하나뿐이었고 모두들 건장한 체격은 아니었다. 골이 들어가면 재킷을 쌓아올려 표시했다"고 기억을 떠올렸다. 수용소 사령관 폰 케셀 장군은 축구를 탐탁찮아했고 겨울이 오자 싹이 터가던 축구리그는 없어졌다. 하지만 봄이 되자 폰 카셀의 심경에 변화가 생긴 것 같았다. 사람들을 징발하여 캠프 근처 들판에 두 개의 축구장을 그렸다. 펜트랜드, 블루머, 카메론이 루레벤 축구협회를 설립하고 이 규정으로 1915년 3월 29일 블루머가 주장인 루레벤팀과 미스터 리처즈가 주장인 '나머지'팀 간에 최초의 경기가 열렸다. 캠프에서 발행한 잡지에는 이렇게 기록되어있다. "경기의 짜임새가 좋아서 누구나 플레이가 상당히 높은 수준에 이를 수 있다는 걸 체감했다." 5월 2일에는 펜트랜드, 월스텐홈, 블루머가 들어간 잉글랜드XI과 카메론이 주장을 맡은 월드XI이 경기를 펼쳤다. 14개 막사 각각이 두 팀에 들어가서 하나의 리그를 만들었고 너무나 열띤 경쟁을 벌여서 보통 1,000명의 관중이 모였다.

1915년 9월 루레벤 축구협회는 입문서를 발행했다. '엄청난 비용으로' 베를린에서 인쇄한 48페이지의 입문서에는 선수들의 이력과 주장들의 인터뷰 그리고 전술적 논의가 실렸다. 로나이는 이렇게 적었다. "그것은 나름대로 최초의 것이었다. 즉, 코칭 안내서 또는 전술 가이드와 유사한 것으로는 처음 쓰여진 것이었다. 루레벤의 다양한 규율로 이루어진 학교의 의기양양한 지성주의를 옮겨다 놓은 루레벤 축구협회는 문학적 취미 같은 것을 지니고 있었다. 이 입문서는 만일 영국 축구가 절정기 때의 루레벤의 맹렬한 진취성을 조금이라도 다시 받아들일 수 있었다면 무슨 일이 일어났을까를 짐작하게 만든다." 펜트랜드는 블랙번에서 배운 것으로 생각되는 짧은 패스게임에 호의적이었다. 로나이의 지적처럼 증명할 만한 게 없지만 적어도 그가 루레벤에서 어떤 축구를 해야 할지에 대한 나름의 결론에 이르렀다고는 볼 수 있다. 루레벤에서는 기성에 대한 도전을 권장했으며 결과에 대한 압박도 거의 없었고 볼을 앞으로 쏘아 올리라고 고함치는 사람도 없었다.

전쟁이 끝나자 영국으로 돌아와 웨스트 컨트리에서 회복 중이던 펜트랜드는 그곳 구급 간호 봉사대의 일원이었던 전쟁미망인 간호사와 결혼했다. 하지만 다시 대륙으로 건너온 펜트랜드는 1920년 올림픽에 프랑스 대표팀을 맡았다. 8강에서 이탈리아를 물리치고 준결승에서는 체코슬로바키아에 패했다. 한편 체코슬로바키아는 결승에서 심판판정에 항의하며 경기를 포기, 은메달은 스페인이 가져가게 되었다.

펜트랜드가 다음으로 향한 곳은 스페인이었고 처음에는 라싱 산탄데르, 나중에는 1만 페세타 peseta(스페인의 옛 화폐)의 월급에 끌려 아틀레틱으로 옮겼다. 첫 훈련 시간에 맨 먼저 축구화 끈을 매는 법을 가르치면서 "기본을 똑바로 해라, 그러면 나머지는 따라 온다"고 말했다. 그는 반스가 그토록 자랑하던 롱볼 축구를 버리고 패스게임을 주입시켰다. 아마도 라 푸리아의 끈기와 결단력도 불어넣었겠지만 생각을 많이 하고 다급함이 줄어든 축구였다. 그는 훈련 중에 시가를 피웠고 어떤 날씨에도 자신의 옷 입는 스타일을 굽히는 법이 없었다. 1928년 〈엘 노르테 데포르티보〉에 실린 그의 사진을 보면 점박이 넥타이와 완벽하게 접은 포켓 손수건으로 장식한 무거운 양복을 입은 채 근엄한 표정을 짓고 있고, 콧수염 아래로 빈정거리는 미소를 지으며 단호하게 노려보는 눈빛을 띠고 있었다. 물론 머리에는 트레이드마크인 중산모를 쓰고 있었는데 이것 때문에 엘 봄빈 El Bombin(스페인어로 솜브레로 또는 중산모의 의미)이라는 별명을 얻었다. 특이한 성격에 요구도 많았지만 큰 성공을 거두었다.

밑으로 약간 내려온 인사이드 포워드를 두는 아틀레틱은 펜트랜드의 지휘로 1923년 코파 델 레이뿐만 아니라 연달아 비스카이 Biscay(스페인 북부지역) 타이틀을 차지했다. 아틀레틱 선수들은 중요한 승리를 거두면 펜트랜드의 모자를 낚아채 망가질 때까지 밟으면서 자축했다. 그는 코파 델 레이 결승전이 거의 끝나가자 "너희들의 중산모까지 3분밖에 안 남았단 말이야!"라고 소리쳤다고 한다.

1925년 그는 아틀레틱 마드리드(아틀레티코라는 이름은 1941년에야 채택되었다)로 가서 이듬해 팀을 코파대회 결승에 진출시킨 다음 레알 오비에도에서 한 시즌을 보냈고, 다시 아틀레틱 마드리드로 돌아와 1927년 엘 캄페오나토 델 센트로(지역 예선 리그)대회 우승을 차지했다. 1929년 잉글랜드가 마드리드 에스타디오 메트로폴리타노 구장에 경기를 하러 왔을 당시 그는 호세 마리아 마테오스의 보좌관으로 일하며 스페인의 4-3 승리에 일조했는데 이 경기는 잉글랜드가 대륙 국가를 상대로 당한 첫 패배였다. 1929년 후반 펜트랜드는 마드리드를 떠나 빌바오로 갔고 1933년 다시 마드리드로 돌아올 시점에는 두 번의 라 리가와 추가로 네 번의 코파대회 그리고 세 번의 비스카이 타이틀을 달성한 상태였으며 팀이 바르셀로나를 12-1로 물리치는 장면도—이것은 지금까지도 바르셀로나의 최고점수차 패배로 기록되어있다—목격했다. 스페인 내전이 임박하자 펜트랜드는 1936년 스페인을 떠나 브랜트포드의 보조 감독으로 잠깐 지내다 배로에서 잉글랜드에서는 유일하게 정규팀 감독직을 맡게 된다. 초창기의 많은 축구 개척자들처럼—가장 잘 알려진 호건도 있지만—펜트랜드도 고국에서는 인정을 받지 못했다. 하지만 아틀레틱에서는 그를 클럽을 만든 사람으로 받아들인다. 1959년 첼시와의 기념경기를 위해 빌바오에 다시 초대를 받은 펜트랜드는 저명인사 메달을 수여했다. 3년 뒤 그가 사망하자 아틀레틱은 산 마메스에서 추도식을 거행했다.

잉글랜드의 전통은 이탈리아 제노아(제노바의 영어식 이름)와 나폴리에서 성공을 거둔 윌리엄 가버트에 의해 빌바오에 이어졌다. 빌바오는 1935~36시즌 라 리가 우승을 차지했지만 스페인 내전이 발발하자 가버트는 이탈리아로 돌아갔다. 프랑코 장군의 정권장악으로 아틀레틱은 심각한 영향을 받았다. 아틀레티코로 팀 이름을 바꿔야했고 바스크 출신만 뽑는다는 정책을 버려야 했다. 하지만 그것과는 별개로 프랑코는 팀을 미워하지는 않았다. 레알 마드리드가 50년대 후반 유럽을 지배할 때까지 그는 아틀레티코 빌바오의 팬이었다.

바스크인들에 대한 프랑코의 태도는 복잡했다. 추호도 바스크 민족을 국가로 인정하려들지는 않았지만 그와 우파진영 사람들은 '진정한 스페인'의 뿌리는 가톨릭, 제국이라는 개념 그리고 역경의 삶과 밀접한 관련이 있는 바스크 지역에 있다는 사실을 받아 들였다. 바스크인들은 스페인 전사계급의 일부로 여겨졌다. 번스의 말대로 그들의 "남성다움이 깊이 스며든 본질적 가치는 용감성, 자기희생, 리더에 대한 복종 그리고 명예다." 이런 가치들은 16세기 바스크 기사였던 이그나티우스 로욜라에 의해 설립된 예수회 Jesuit Order의 이상을 가르치는데 핵심적인 것들이다. 영국 사립학교와 같이 예수교 학교들은 스포츠를 인격을 형성하는 데 필수적이라고 여겼다. 작은 오리라는 뜻의 '피치치 Pichichi'로 더 잘 알려진 라파엘 모레노 아란사디가 축구에 대한 애정을 키운 곳도 이런 학교들 중 하나였다. 매듭을 만든 손수건을 한 채 플레이를 했던 그는 아틀레틱에서 골을 많이 넣는 스트라이커이자 1920년 올림픽팀의 영웅이었다. 하지만 프랑코주의 신문 〈마르카〉가 1953년 스페인리그 득점왕에게 주는 상을 제정하면서 그의 이름을 따기로 한 것은 득점력 때문이 아니라 그가 가톨릭과 바스크민족 그리고 스페인정신을 하나로 구현하는 인물이었기 때문이다. 프랑코는 바스크 민족주의를 뿌리 뽑으려고 하면서도 바스크 축구선수를 스페인 정신의 화신으로 대우했다. 푸리아 에스파뇰라 furia espanola가 부활했지만 이번만큼은 특히 독재정권의 정신이 불어 넣어졌다.

이를 대표하는 아틀레틱 마드리드는 1939년 내전 중 공군소속 사람들이 창립한 아비아시온 나티오날과 합병했다. 아틀레틱 마드리드가 큰 부채에 시달렸고 전쟁 중 8명의 선수가 사망한 것을 감안하면

합병할 명분은 있었지만 많은 아틀레틱팬들은 충격을 받았다. 결국 클럽은 바스크인들에 의해 마드리드의 한 갈래인 빌바오의 아틀레틱으로 설립되었는데 공인된 클럽이 아니라 이방인들의 팀이었다. 경기장에서 펼치는 클럽의 정신은 새로운 군사독재정부를 반영하도록 바뀌었는데 이것은 리그가 재개되고 난 뒤 맞이한 1939~40 첫 시즌에 아틀레티코의 감독 리카르도 사모라에게 어떤 장군이 가한 비난에서 확연히 드러났다. 그는 말했다. "이 팀에 부족한 점은 코호네스cojones (사나이의 용기)다, 그것도 많이 부족하다... 팀은 더 뛰어야 하고 상대에게 모든 걸 던져야 한다... 감독은 투지를 가지고 규율을 세우고 이따금 채찍도 써야한다." 사모라는 분명히 팀에 필요한 코호네스를 심었으며 아틀레틱 아비아시온 데 마드리드는 그해 시즌 우승을 했고 이듬해도 타이틀을 지켜냈다.

사실 어느 정도는 라 푸리아는 독재정권의 정신이었다. 라 푸리아는 프랑코가 주장하는 새로운 스페인을 홍보하는 선전의 한 부분이자 이슬람교도들이 그라나다로부터 추방당하는 모습을 목격했고 정복자들이 대서양을 횡단하여 나아갔던 전통과 돈키호테가 스페인의 타협을 거부하는 본보기로 선택되었던 전통의 일부로도 활용되었다. 1939년 팔랑헤당Falangist(스페인의 파시스트정당) 신문 〈아리바〉는 이런 사설을 적었다. "푸리아 에스파뇰라는 이전 보다 더 폭넓게 스페인사람들의 삶의 모든 방면에 존재한다... 스포츠 중에서도 축구가 푸리아를 가장 잘 드러낸다. 축구는 국제대회에서 스페인보다 기술은 좋으나 공격적이지 못한 외국팀을 상대로 스페인 인종의 힘을 완전하게 발현할 수 있는 경기다." 무솔리니의 이탈리아만큼 프랑코의 스페인에게 축구는 군사적인 일처럼 되었다.

△▽

진델라르는 축구인생의 말년에, 메이슬은 노년기에 접어들면서 다뉴비안 스타일의 축구가 시들어간 면도 있지만 정치적 발전이 그것을 더욱 부채질했다. 1938년 독일의 오스트리아 합병과 더불어 중앙유럽 유대인 지식계급과 커피하우스의 정신이 마지막을 고했으며 진델라르의 죽음도 이어졌다. 30년대가 흐르는 동안 진델라르는 대표팀에서 차츰 물러났지만 1938년 4월 3일 오스트마르크XI과 독일인으로만 구성된 팀 간의 '화해 경기'에 자청해서 나갔다.

독일축구는 오스트리아만큼 앞서있지 않았지만 조금씩 향상되고 있었다. 1926년 7월 1일 초대 대표팀 감독으로 임명된 오토 네르츠는 W-M전술의 초기 신봉자였다. 하지만 호건이 지도했던 내용들이 샬케04에 이어졌고 그들은 1933년과 1942년 사이에 열 번의 선수권대회 플레이오프 중 무려 9번이나 결승전에 올라 여섯 번 우승하였다. 샬케는 오스트리아 출신의 감독 구스타프 비저 밑에서 '팽이'라고 알려진 변형된 '소용돌이' 전술을 연마했다. 수비수 한스 보르네만은 이 전술에서 공격의 방향을 결정하는 것은 공을 가진 선수가 아니라 공간으로 달려가는 선수이고, "우리가 마지막으로 골네트에 볼을 넣는 순간은 패스해 줄 사람이 한 사람도 남아 있지 않을 때뿐이었다"고 덧붙였다. 아마도 호건이라면 그들의 스타일에는 감탄했을지 모르지만 그들의 정신에는 물음표를 던졌을 것이다.

그런 플레이 방식이 버거웠던 네르츠는 샬케의 칭송받는 인사이드 포워드 에른스트 쿠조라와 프리츠 스체판을 발탁하지 않았다(실제로는 네르츠가 1934년 월드컵에 스체판을 불러들였지만 난감하게도 센터하프로 기용했다). 쿠조라는 당시 상황을 설명했다. "네르츠가 나에게 말했다: '자, 네가 샬케에서 패스를 돌리며 했던 자질구레한 축구는 눈곱만큼도 마음에 들지 않는다. 만일 네가 스체판과 같이 뛰면 볼을 만지작거리며 드리블만 하게 될 거야.'"

독일은 1934년 이탈리아월드컵에서 준결승까지 올랐고 이것으로 1936년 본국에서 열리는 올림픽에서 금메달을 획득할 수 있다는 희망을 갖기에 충분했다. 하지만 기대와 달리 노르웨이전에, 그것도 네르츠에겐 불행하게도 히틀러가 유일하게 참관한 경기에서 0-2의 굴욕적인 패배를 당했다.

네르츠의 수석코치이자 1954년 월드컵에서 서독을 우승으로 이끌었던 제프 헤르베르거는 경기를 지켜보지 못하고 다른 조 이탈리아와 일본의 8강전을 관전하러 갔다. 헤르베르거가 돼지 도가닛살과 절인 양배추로 점심을 먹고 있을 때 다른 코치가 독일이 졌다는 소식을 전해 왔다. 그는 접시를 치우고 음식에 더 이상 손을 대지 않았다. 월드컵이 끝나고 감독직을 물려받은 헤르베르거는 팀을 더욱 다뉴비안 스타일로 전환시키며 샬케에서 아돌프 우르반과 루디 겔레쉬를 끌어 들였고 우아하면서 술도 즐기는 만하임의 인사이드 포워드 오토 지플링을 중앙스트라이커로 배치시켰다. 그 결과 팀은 한층 유연해졌고 팀이 절정에 오른 1937년 5월, 지금의 폴란드 브로츠와프에서 벌어진 덴마크와의 친선경기를 8-0 대승으로 장식했다. 게르트 크레이머 기자는 "사람들이 흔히 독일에 들씌우는 로봇 스타일은 이젠 전설 속으로 사라졌다. 예술 축구가 승리했다"라는 기사를 썼다.

그렇지만 재능이나 예술적인 면에서 독일은 오스트리아에 아직 미치지 못했고 '화해 경기'도 오스트마르크가 압도했다. 억측이 난무하는 바람에 사실을 분간하기가 어렵지만 진델라르가 전반전에 여러 차례 기회를 날려버린 것은 분명했다. 그가 얼마나 많이 골대를 살짝 빗나가는 슛을 했는지 생각해 보면 지금도 혹시 독일선수들을 조롱하려고 일부러 그랬거나 득점하지 말라는 지시를 받았을 거라는 생각이 들 정도였다. 결국 진델라르가 후반 중반쯤에 튕겨져 나온 볼을 골로 성공시켰고 친구인 샤스티 세스타는 프리킥 상황에서 포물선을 그리는 두 번째 골을 성공시킨 후 고위급 나치인사로 꽉 찬 임원석 앞에서 춤을 추며 자축했다.

자신이 진보적인 사회민주당 성향이라는 사실을 결코 숨기지 않았던 진델라르는 그 경기 후 몇 개월 동안 제프 헤르베르거가 이끄는 통합 독일팀에서 뛰라는 요구를 받았으나 거부로 일관했다. 그해 8월 진델라르는 새 법령 때문에 가게를 포기한 레오폴트 드릴이라는 유대인에게서 2만 마르크를 주고 카페를 사들였는데, 이를 두고 공정한 거래라고 생각하는 사람도 있고 치사할 정도로 기회주의적이라고 말하는 사람도 있었다. 또한 가게에 나치 포스트를 거는 것을 주저했다는 이유로 당국으로부터 질책을 받기도 했다. 그러나 누군가의 말처럼 그를 반체제인사라고 주장한다면 너무 앞서가는 것이다.

1939년 1월 23일 아침, 친구인 구스타프 하르트만이 진델라르를 찾다가 결국 아나가쎄에 있는 그의 아파트 문을 부수고 들어갔다. 그는 벌거벗은 채 숨져 있었고 곁에는 여자 친구 카밀라 카스티그놀라가 의식을 잃고 나란히 누워 있었다. 여자는 병원에서 사망했고 둘 다 난방장치의 결함으로 발생한 일산화탄소에 중독된 것으로 밝혀졌다. 이것은 이틀 뒤 조사를 종결지으면서 경찰이 밝힌 내용이었지만 검찰은 6개월이 지나도록 결론을 내리지 못했고 나치당국은 사건의 종결을 명령했다. 2003년 BBC 방송 다큐멘터리에 출연한 진델라르의 친구 에곤 울브리히는 한 지방관리가 뇌물을 받고 사고사로 처리했다고 주장했는데 그래서 진델라르의 장례를 국장으로 치를 수 있게 되었다. 설명은 제각각이었다. 1월 25일 오스트리아 일간지 〈크로넨 차이퉁〉의 기사는 "모든 것이 이 위대한 사람이 독살되었다는 쪽으로 맞춰지고 있다"고 보도했다. 토르베르크는 '한 축구인의 죽음에 관한 발라드'라는 제목으로 '새 질서'속에서 '박탈감'을 느낀 한 남자의 자살임을 암시했다. 나중에는 진델라르와 카스티그놀라가 둘 다 유대인이었다는 의견도 있었다. 진델라르가 유대인 자본가계급 클럽인 오스트리아 비엔나에서 뛴 것은 사실이고 그가 모라비아에서 태어났으며 그 지역의 많은 유대인들이 수도로 이주했지만 사실 그의 가족은 가톨릭계였다. 이탈리아 사람인 카스티그놀라가 유대인계였을 거라고 짐작은 할 수 있지만 사람들은 그녀가 죽기 1주일 전에 어느 술집의 공동소유자가 될 수 있었다는 것을 제대로 모르고 있었다. 가장 설득력이 있는 이야기는 이웃 사람들이 사건 며칠 전부터 자신의 구역에 있는 굴뚝이 고장난 것 같다고 불평했다는 것이다.

증거를 종합해 보면 진델라르의 죽음이 단순사고였음을 말해 주지만 영웅은 평범하게 죽을 리 없다는 생각이 팽배했다. 결국 낭만적이며 자유분방한 사람들에게, 독일이 오스트리아를 합병한 시기에 비엔나 상류사회의 총아였던 건장한 축구예술가가 유대인 여자 친구와 나란히 독살되었다는 것보다 오스트리아를 더 잘 상징하는 것이 있었을까? 폴가르는 사망기사에 이렇게 덧붙였다. "마음 착한 진델라르는 도시가 낳은 인물이자 도시의 자부심인 이곳을 죽을 때까지 따라 갔다. 그는 도시와 떼려야 뗄 수 없을 정도로 얽혀 있어 도시가 죽자 그도 죽어야만 했다. 모든 증거는 그가 자신의 조국에 끝까지 충성하다 자살했다는 것을 보여 준다. 그에게는 짓밟혀 부서지고 고통 받는 도시에서 살아남아 축구를 한다는 것은 도시의 역겨운 유령과 함께 비엔나를 기만하는 것을 의미했다. 그렇게 축구를 할 수는 없는 것 아닌가? 그렇다고 축구 없는 삶이 의미가 없을진대 어떻게 살아남으란 말인가?"

마지막까지도 커피하우스의 축구는 영웅적이라 할 만큼 낭만적이었다.

5장

△▽△▽△▽△▽△

혼돈 속의 질서 – 소련

△▽ 소련의 축구붐은 뒤늦게 찾아 왔다. 그러다 보니 빠르고 급진적인 형태를 띠었고, 관습적으로 전해져 오는 '올바른' 방식이라는 개념이 결코 그들의 발목을 잡지 못했다. 영국 선원들은 1860년대 초 오데사의 부둣가에서 축구를 했다. 〈더 헌터〉는 당시의 어지러운 몸싸움을 곤혹스럽고 불쾌한 논조로 묘사했다. "근육이 단단하고 다리가 힘센 사람들끼리 경기를 하고 약한 사람들은 그저 뒤죽박죽인 무리를 쳐다보기만 했다."

1890년대가 되어서야 축구가 제대로 모양을 갖추기 시작했다. 다른 곳과 마찬가지로 러시아에도 영국인들의 역할이 결정적이었다. 상트페테르부르크에서 시작된 축구는 모스크바로 옮겨 갔고 특히, 모로조프 제분소의 총시배인 해리 차녹은 토요일이면 보드카만 마시는 직원들에게 다른 것을 해보도록 종용하면서 축구클럽을 설립하였는데, 이 클럽이 나중에 디나모 모스크바로 발전한다. 소련정부의 신화 만들기가 정점에 이르자 당시 내무부의 통제 속에 소련 전역에 팀을 운영했던 디나모 스포츠클럽은 자신들의 팀 색상을 청색과 흰색으로 정하면서 인간에게 필수적인 두 가지 요소인 물과 공기를 상징한다는 의미를 부여했다. 그러나 따져 보면 차녹이 블랙번 출신이라서 자신이 응원했던 블랙번 로버스의 유니폼 색상으로 정했던 것이다.

서쪽으로 갈수록 자연스럽게 중앙유럽의 영향을 받았다. 1894년 오스트리아-헝가리 제국의 일부였던 리비브는 최초의 축구시합을 주최했는데, 당시는 소콜 스포츠클럽이 주관한 스포츠 시연 중에 시범경기로 짧게 선을 보였다. 1936년 러시아 국내리그가 창설되었을 때는 영국인들은 이미 떠나고 없었다(외국인이 소비에트 축구를 지배하던 시대는 1908년 러시아 스포르트가 상트페테르부르크 지역대회인 아스페덴컵 Aspeden Cup을 차지하면서 막을 내렸다). 그러나 초창기 2-3-5는 기본설정전술로 그대로 남아 있었다. 1925년에 오프사이드 규칙이 변경되었으나 전술상의 변화가 일어나지는 않았고 소련이 국제축구연맹으로부터 동떨어져 외국팀과의 대회를 아마추어 경기로만 제한했기 때문에 소련이 얼마나 뒤처져 있는지 확인할 길이 없었다.

1937년, 변화는 한꺼번에 불어 닥쳤다. 국내리그의 시작으로 더욱 세련된 경기분석이 가능했지만, 발전의 계기는 스페인 연방국가인 바스크팀이 스페인 내전 중 바스크인의 뜻을 알리기 위해 펼친 세계순회경기의 첫 구간으로 소련에 도착한 것이었다. 외국팀과의 시합은 흔하지 않은 경기라 관심을 끌었고 1년 전 세묜 티모셴코의 '골키퍼'라는 뮤지컬 코미디 대 흥행작이 개봉되었던 터라 더욱 그랬다. 여성 팬의 우상인 그리고리 플루즈니크가 청년 노동자 역을 맡아 어느 순방팀과의 경기에 지역대표로 뽑혔는데, 청년이 수레에서 떨어진 수박을 쫓아가다가 사람들한테 발각된다는 이야기다. 우스꽝스럽지만 예상한대로 몇 차례 멋진 선방을 하고 난 주인공은 마지막 순간, 상대 골문을 향해 내달려 결승골을 넣는다. 영화의 최고 히트곡에는 정치적 풍자가 선명하게 울려 퍼진다: "헤이, 키퍼, 싸울 준비를 해/ 넌 골을 지키는 파수꾼/ 네 뒤에 국경이 있다고 상상해 봐"

하지만 1934년 월드컵에 뛰었던 스페인 선수를 6명이나 보유한, 영화가 아닌 실제 순방팀은 소비에트 정치선전의 희생양이 아니었다.

첫 경기에서 W-M전형을 사용하여 로코모티프를 5-1로 격파한 바스크는 디나모에 2-1 승, 레닌그라드XI과 2-2 무승부를 기록한 뒤 모스크바로 이동하여 디나모 센트럴 카운슬즈 선발XI을 7-4로 물리쳤다. 바스크는 러시아에서 치른 마지막 경기에서 챔피언으로 군림하던 스파르타크를 상대했다. 더 이상의 패배는 없다고 생각한 스파르타크 코치협회장 니콜라이 스타로스틴은 다른 클럽 소속 선수들을 불러 모았다. 여기에는 디나모 키예프의 공격수 빅토르 실로프스키와 콘스탄틴 세호츠키가 포함되었는데, 1935년 프랑스 파리 원정에서 드물게 벌어진 프로팀끼리의 경기에서 두 선수가 출전한 키예프 선발 XI팀이 레드스타 올림픽을 6-1로 물리친 적이 있었다. 스타로스틴은 바스크와 같은 전형으로 맞서기로 결심하고 센터하프를 스리백의 자리로 전환시켜 상대방 센터포워드 이소드로 랑가라의 활동을 차단시켰다. 자신의 저서 〈정상에 선 축구의 시작〉에서 말한 대로 그런 변화는 당시에는 호응을 얻지 못했고, 특히 자신의 동생인 센터하프 안드레이의 반발이 심했다. "그는 나에게 '정말로 내가 소련 전역에서 이름을 날리기를 원해?'라고 물었다. '내가 숨 쉴 수 있는 공간을 없애고 있잖아! 그럼 누가 공격을 도울 건데? 몇 년 동안이나 펼쳐왔던 전술을 지금 망치고 있는 거라고...'"

그러나 이것이 스파르타크의 첫 스리백 실험은 아니었다. 몇 년 앞서 노르웨이 원정에서 당한 부상 때문에 어쩔 수 없이 2-3-5 전술에 손을 봐야 했다. 형제지간인 알렉산더 스타로스틴은 "스파르타크는 투백에다 한 명의 하프백을 보강한 수비적 모습을 띤 W-M을 사용하면서 필요하면 인사이드 포워드를 끌어 내렸다"고 말했다. 시스템의 가능성을 인식한 스타로스틴은 1936년 시즌을 준비하면서 짧으나마 스리백을 유지시켰다. 니콜라이 스타로스틴은 말했다. "그런 과감한 전술개념은 소련에서는 인기가 없었고 친선경기에서 디나모 모스크바에 2-5로 패하면서 묻혀 버렸다. 다른 친선경기에서 다시 한 번 시도를 하지만 이번에는 아주 중요한 국제경기라서 엄청난 위험이 도사리고 있었다."

스포츠의 관점에서만 그런 것이 아니었다. 정부가 경기를 너무 심각하게 받아 들여 준비과정에서 체력문화위원회 의장인 이반 카르첸코, 콤소몰(청년공산당조직) 위원장 알렉산더 코사레프 그리고 당 간부들이 타라소프카에 있는 스파르타크 훈련지에서 잠을 자기도 했다. 니콜라이는 자서전 〈세월속의 축구〉에서 "스파르타크는 마지막 희망이었다. 순식간에 아수라장이 펼쳐졌다. 충고와 행운을 비는 편지, 전보, 전화가 빗발쳤다. 다양한 지위의 대표들이 나를 불러 온 나라가 승리를 기다리고 있다고 설명했다"고 말했다.

결전의 날, 교통정체로 스파르타크가 늦게 도착해 경기가 지연되었고 전반전에 두 번이나 앞서 갔으나 바스크가 곧 균형을 맞추면서 불길한 징조가 보이기 시작했지만 실로프스키가 57분 만에 논란이 될 만한 페널티킥을 성공시킨 후 쉽게 경기를 이끌었다. 결국 블라디미르 스테파노프가 해트트릭을 달성하며 6-2 승리를 거두었다. 후에 니콜라이는 자신의 동생이 익숙하지 않은 역할을 '뛰어나게' 수행했다고 주장했지만 신문과 골키퍼 아나톨리 아키모프는 상대 공격수 랑가라가 공중전에서 안드레이를 압도하여 한 골을 허용했다고 지적하며 부정적으로 평가했다.

예상대로 바스크에게 더 이상의 패배는 없었다. 곧이어 디나모 키예프와 디나모 트빌리시 그리고 그루지야를 대표하는 팀을 차례로 물리치자 이에 분개하는 기사가 〈프라우다〉에 실렸다. '소비에트 선수들은 무적이어야 한다'라는 부담스런 머리기사에 명백한 사실들을 나열했다: "소련에 온 바스크인들의 경기력은 소련 최고의 팀도 아직은 높은 수준에 이르지 않았다는 것을 보여 주었다... 소비에트축구가 약하다는 사실은, 다른 나라에는 우리처럼 당과 정부의 보살핌과 관심 그리고 애정을 한 몸에 받는 젊은이들이 없다는 점에서 더욱 참을 수 없는 일이다."

그런 번드르르한 말을 토로하면서도 상황파악은 제대로 하고 있었다. "분명한 것은 소비에트팀의 질을 높이려면 호락호락하지 않은 상대와 맞붙어야 한다. 바스크전은 우리 선수들에게 아주 유익했다 (긴 패스, 측면 플레이, 헤딩)."

나흘 뒤 바스크는 민스크XI과의 소비에트 원정 마지막 경기를 6-1 승리로 장식하며 〈프라우다〉가 지적한 점을 입증했고, 소련축구에 오래 남을 교훈을 던져 주었다. 국제대회에 적극적으로 참가하라는 요구를 숙고하는 데는 시간이 걸렸지만, W-M이 많은 흥미로운 가능성을 제공했다는 점은 인정되었다.

가장 적극적으로 달려든 사람은 보리스 아르카디예프였다. 일찌감치 인정을 받았던 아르카디예프는 스스로를 소비에트 최초의 위대한 축구이론가로 자리매김했다. 1946년에 발행된 그의 저서 〈축구전술〉은 수년 동안 동유럽 감독들의 바이블이었다.

1899년 상트페테르부르크에서 태어난 아르카디예프는 러시아혁명 뒤 모스크바로 이주했고 그곳 미하일 프룬제 군사 아카데미에서 존경받는 펜싱 선수 겸 코치로 활동했다. 훗날 자신에게 역습공격의 가치를 확신시킨 것은 펜싱에서 강조하던 막기-반격 기술 Parry-riposte 이었다고 설명했다. 그는 수도에서 비교적 규모가 작은 클럽인 메탈루크 모스크바를 이끌고 1936년 초대 슈프림리그에서 3위에 올랐으며 나중에는 대회 타이틀을 차지한 디나모 모스크바를 지도했다. 큰 시합을 앞두고 선수들에게 미술관 관람을 시키는 습관은 말할 것도 없고 늘 들떠있고 상상력이 풍부해 '걸출함이 독보적이디'는 명성을 얻었다. 첫 시즌은 리그와 컵대회를 모두 차지했지만 바스크의 교훈으로 소비에트축구에 일대 변화가 일어나자 자신의 전술을 재고해야만 했다.

아르카디예프는 "바스크 원정경기 이후로 모든 소비에트 상위팀들은 새로운 시스템의 정신으로 재정비를 시작했다. 토르페도는 그런 점에서 다른 팀보다 앞서 나갔으며 전술상의 이점을 안고 1938년 시즌 전반기를 화려하게 보냈다. 그러자 1939년에는 모든 팀들이 새로운 시스템으로 경기를 펼치고 있었다"고 기록했다. 그러나 디나모 모스크바는 1938년 5위, 이듬해 9위라는 초라한 성적을 거두었다. 클럽의 후원자이며 소련국가보안위원회KGB의 악명 높은 수장이었던 라프렌티 베리아가 간절히 성공을 바라던 터라 일대 개혁이 필요했다.

다른 사람들이라면 다시 원칙으로 돌아갔겠지만 아르카디예프는 한발 더 나아갔다. 그는 문제의 실마리는 선수가 아니라 그들을 배치하는 방법에 있다고 확신했다. 그런 뒤 1940년 2월 흑해 휴양지 가그리에 차린 프리시즌 훈련캠프에서 두 시간 동안 전술만 가르치는 색다른 시도를 했다. 그는 자신의 목표는 W-M을 세련되게 변형하는 것이라고 말하며 설명을 이어갔다. "스리백과 더불어 많은 국내외 클럽들은 공격 시에는 흔히 말하는 돌아다니는 선수roaming players를 썼다. 이 창의적인 탐색은 더 이상 나아가지 못했지만 결국 우리의 축구전술에 급진적인 페레스트로이카(개혁)의 시작을 알렸다. 한 치의 거짓말도 없이 말하자면, 몇몇 선수들은 전술과는 무관하게 배회하기 시작했고 어떤 경우는 자기구역에서 스스로 빠져나올 수 있는 힘과 스피드, 체력을 갖추고 있다는 이유만으로 자기구역을 떠나 필드를 돌아다니기 시작했다. 자, 5명의 공격수 중 4명은 자신의 위치를 지키며 앞뒤로 자기 길목을 움직이는데, 갑자기 한 선수가 대각선이나 오른쪽에서 왼쪽으로 달려가면서 그들이 정해놓은 경로를 깨고 있다. 그러면 수비하는 팀이 그를 따라가기 어렵고 다른 공격수는 패스를 내 줄 수 있는 자유로운 팀 동료를 얻어 이득을 보게 된다."

시즌 초반 크릴리야 소베토프 모스크바, 트락토르 스탈린그라드와 무승부를 기록하고 디나모 트빌리시에게 패하면서 부진했지만 아르카디예프는 흔들리지 않았다. 트빌리시에게 패한 다음 날 선수들을 불러 모아놓고 자신과 동료의 경기내용에 대해 보고서를 적게 했다.

분위기는 반전되었고 선수들은 단번에 그의 의도를 파악한 것 같았다. 6월 4일 빠르고 짧은 패스게임을 펼쳤던 디나모 모스크바는 디나모 키예프를 8-5로 물리쳤고 계속해서 우크라이나에서 벌어진 교환경기를 7-0으로 이겼으며 8월에는 전년도 우승팀 스파르타크를 5-1로 격파, 시즌 마지막 7경기에서 26득점 3실점으로 7전 전승을 거두었다. "우리 선수들은 도식화된 W-M에서 벗어나 독단적 교리를 부정하고 러시아의 정신이 영국의 창조물 안에 숨 쉬도록 노력했다. 우리는 상대를 어지럽혔고 허를 찌르는 움직임으로 상대를 무장해제시켰다. 왼쪽 윙어 세르게이 일린은 대부분의 골을 센터포워드 위치에서 얻어냈고, 오른쪽 윙어 미하일 세미차스트니는 왼쪽 인사이드 포워드에서 그리고 센터포워드 세르게이 솔로비오프는 측면에서 골을 넣었다"고 설명했다.

신문들은 이러한 '조직적인 무질서'를 반겼고 한편으로, 상대하는 팀은 여기에 맞설 방법을 궁리했다. 가장 보편적인 해결책이라면 엄격하게 대인방어를 적용하는 것인데, 이에 맞서 아르카디예프는 더욱 빈번하게 서로의 위치를 바꾸도록 지시했다. 그는 "상대가 수비라인을 지역방어게임에서 특정선수에 대한 방어로 바꾸면, 전술적으로 모든 공격수와 심지어 미드필더까지도 자유롭게 움직이도록 하는 한편, 모든 수비수를 이동식 시스템으로 전환시켜 상대가 가는 대로 따라 가도록 하는 것이 전술적으로 옳았다"고 말했다.

여기서 아르카디예프가 말한 '지역방어게임 zonal game'이 정확히 무얼 말하는지 밝히는 게 중요하다. 이것은 제제 모레이라가 50년대 초에 브라질에 도입하고, 이후에 빅토르 마슬로프가 디나모 키예프에서 성공적으로 적용한 '지역방어 zonal marking'와는 다르다. 오히려 한 명의 풀백이 왼쪽을, 다른 한 명은 오른쪽을 맡는 2-3-5의 단순한 지역방어로부터 전형적인 W-M 즉, 각각의 선수가 자기가 담당할 선수를 정확히 알고 있는 시스템으로 전환하는 것을 의미했다(오른쪽 백은 왼쪽 윙, 왼쪽 하프는 오른쪽 공격수, 센터백은 센터포워드 등).
영국에서는 이런 시스템이 W-M의 발전과 더불어 거의 유기적으로
일어났다. 반면 W-M이 완성된 형태로 소련에 들어오면서 시스템
안에 들어있는 갖가지 수비적 변화까지 받아들이다 보니 어쩔 수 없이
혼란스러운 시기가 있었다.

아주 조금씩이지만 하프 중 한 명이 보다 수비적인 역할을 담당하
여 스리백 앞에서 추가로 커버플레이를 했고 자연히 한 명의 인사이드
포워드가 그 자리를 메우기 위해 내려오게 된다. 이것은 소련이기
때문에 더디게 진행되었지만 반대편 대륙이라면 전면적으로 신속하
게 받아 들였을 것이다. 하지만 3-2-2-3은 4-2-4로 진화 중이었
다. 저명한 소련축구 역사가 악셀 바르탄얀은 심지어 아르카디예프가
최초로 일자형 포백을 실행한 사람이라고 믿고 있다.

전쟁으로 리그가 해체되자 1934년 아르카디예프는 디나모를 떠나
CSKA의 전신인 CDKA로 옮겨 다섯 번의 선수권대회를 석권했다.
이후에 스탈린은 1952년 올림픽에서 소련이 유고슬라비아에게 패하
자 클럽에게 책임을 물었고 CDKA는 해산했다. 한편, 아르카디예프의
원칙을 계속 적용하고 있던 디나모는 1945년 양국의 적대관계가 끝나
자 우호증진을 위한 순회방문을 시작했고 영국과의 경기에서 '파소보
치카 passovotchka'라 알려지게 된 짧은 패스 스타일로 그들을 현혹했다.

스탬포드브리지에서 열린 첼시전 첫 경기는 준비 단계부터 정치적
인 우려가 있었고, 특히 '차징'이 커다란 분쟁의 소지가 될지도 모른다
는 두려움이 대두되었는데, 이것은 앞서 남미원정에 나섰던 잉글랜드
팀에게 문제가 되었다.

남부 디비전에서 겨우 11위를 차지했고 리그 일정 재개까지 몇 개월
이 남아 있었던 첼시는 다행히 고전 끝에 3-3 무승부를 기록했지만
소련과 비교해서 세련되지 못한 플레이가 확연히 드러났다. 진델라르
와 히데쿠티가 잉글랜드를 괴롭혔을 때처럼 콘스탄틴 베스코프가 공

격수의 자리가 아닌 곳에서 활동하자 첼시는 당황했다.

하지만 디나모의 플레이 중 가장 놀라운 점은 그들의 열정과 지능이었다. 첼시의 왼쪽 풀백 앨버트 테넌트는 "러시아 선수들은 쉴 새 없이 움직였고 우리는 그들을 따라 잡을 수가 없었다"며 불평을 늘어놓았다. 전 레인저스 주장 데이비 마이클존은 〈데일리 레코드〉에 이렇게 기고했다. "그들은 왼쪽 윙어가 오른쪽 윙으로, 오른쪽 윙어는 왼쪽으로 달려갈 정도로 위치를 서로 맞바꿨다. 나는 그런 축구를 처음 보았다. 경기 일정표에 나와 있는 포지션대로 선수들을 따라가는 일이 우리에게는 복잡한 수수께끼나 다를 바 없었다. 러시아 선수들은 그저 마음대로 여기저기 돌아다니고 있었다. 근데 정말 기막힌 일은, 절대로 서로의 길을 가로막지 않는 것이었다."

계속해서 디나모가 카디프를 10-1로 완파하고 아스널을 4-3으로 물리친 후 레인저스와 2-2 무승부를 기록하자 디나모의 경기방식을 평가하는 것이 부쩍 야단스러워졌다. 제프리 심프슨은 〈데일리 메일〉에 디나모가 수준, 스타일, 효율성에서 영국보다 한참 앞서있는 신형 축구를 구사한다고 언급했다. "오락적인 가치를 보더라도 우리의 리그경기에 목이 터져라 환호를 보내던 사람들은 도대체 무엇을 보고 환호했는지 꼭 돌이켜 봐야 한다." 이제 그들의 스타일이 자신들의 이데올로기와 관련 있느냐는 의문이 생긴다.

사람들은 디나모의 축구를 또다시 체스에 비유했고, 그들 축구의 많은 부분은 사전에 계획된 움직임을 중심으로 이루어진다는 의견도 나왔다. 공산주의 축구는 자신을 마음껏 표현하는 영국축구와는 반대로 선수가 하나의 장치 속에서 톱니바퀴의 이를 이루어 하나의 단위로 구축된다고 하면 쉬운 비유가 되겠지만, 사실 그것은 비유에만 그치지 않았다. 전 아스널 인사이드 포워드 알렉스 제임스는 〈뉴스 오브 더 월드〉에 "디나모가 성공을 거둔 것은 패턴이 들어있는 팀워크 때문이다. 그들은 매슈스나 카터 같은 개인기 위주의 선수가 없다. 계획에

첼시 3 디나모 모스크바 3, 친선경기, 런던 스탬포드브리지,
1945년 11월 13일

맞춰 플레이하고 그것을 수없이 반복하기 때문에 변화가 거의 없다. 그들을 물리치기 위한 대응책을 찾는 일은 무척 쉬울 것이다. 개인기 위주의 선수가 없다는 것은 큰 약점이기 때문이다"고 적었다. 혹은 디나모의 위대한 선수들이(예를 들면 베스코프, 보브로프, 카르체프와 같은 선수들은 기술적인 재능을 지닌 훌륭한 선수라는 점은 누구나 인정했을 것이다) 그들의 재능을 단지 다른 방식으로 활용했을 것이다.

아르카디예프의 후임 감독이었던 미하일 야쿠신은 일견 영국의 언론처럼 이념적 노선을 퍼뜨리는 일을 좋아했다. 야쿠신은 "단체경기의 원리가 소련축구를 이끄는 원리다"고 말했다. "선수는 전체적으로 잘해야 하며 특정한 팀을 위해서도 잘해야 한다." 그렇다면 매슈스 같은 선수는? "그의 개인역량은 뛰어나다. 하지만 우리는 집단의 축구를 우선시하고 개인의 축구는 그 다음이다. 팀워크에 흠집이 생길 수도 있기 때문에 그의 스타일을 선호하지 않는 것이다"고 대답했다.

이런 혁명적인 사고로 인해 영국에서는 흥미로운 이론이 등장한다. 스토크 시티의 밥 맥고리가 팀에 '파소보치카' 스타일을 시도 했지만 성공하지 못했고—매슈스가 그의 팀에 있었으니 놀랄 만한 일은 아니지만—전반적으로 보면 디나모 원정경기의 교훈을 내팽개쳤다고 말할 수 있다. 결국 영국축구가 남미와 중앙유럽의 발전을 무시했거나 혹은 그들의 발전은 영국 덕분이라고 생색을 냈던 점을 생각해 보면, 전후에 닥친 혁명의 세월에도 영국은 자신의 보수주의를 완전히 던져 버리지 않았던 것으로 보인다. 하지만 위대한 윙어들이 쏟아져 나오던 축복의 시기가 없었다면 개혁적인 방법을 더 받아 들였을 것이다. 매슈스, 톰 핀니, 렌 섀클턴 같은 잉글랜드 선수들이나 윌리 와델, 지미 델라니, 고든 스미스 같은 스코틀랜드 선수들이 재능을 마음껏 펼칠 수 있는 전형을 왜 굳이 바꾼단 말인가?

영국의 윙플레이 전성기라 할 수 있는 매슈스의 물오른 감각은 1953년 FA컵 결승전에서 유감없이 발휘되었고 빠른 방향 전환과

갖가지 속임수 동작으로 팀에 활기를 불어넣어 1-3으로 뒤지고 있던 블랙풀이 결국 볼턴을 4-3으로 누르고 역전 우승하는 데 밑거름이 되었다. 6개월 후 같은 경기장에서 헝가리가 잉글랜드를 6-3으로 물리치자 〈데일리 미러〉는 머리기사에다 '(축구)신들의 황혼 Twilight of the (Soccer) Gods'이라고 선언했다. 기교를 부릴 줄 아는 윙어에게 의지했다는 점에서 그 말은 옳았다.

아이러니하게도 W-M의 창시자 허버트 채프먼은 윙플레이에 대해 의구심이 깊어갔다. 거의 반세기 만에 처음으로 개발된 영국의 중요한 축구 전술인 채프먼의 W-M은 처음에는 윙어 문제를 회피했지만, 나중에는 윙어가 시스템에 붙박이로 자리 잡았다. 결국 채프먼 자신의 혁신으로 없애버린 바로 그 형태가 거꾸로 개혁의 전진을 가로막는 일이 일어났다. 윙어를 보유한 감독들은 당연히 시행착오를 겪었다. 영국축구는 세계대전 직후 몇 년간 좋은 성적을 기록했다. 1947년 5월부터 시작해 거의 2년 가까이 패배가 없었고, 그 중에는 에스토릴에서 포르투갈을 10-0으로 침몰시킨 경기와 토리노에서 당시 세계 챔피언 이탈리아를 4-0으로 물리친 경기도 있다. 급조된 스코틀랜드 대표팀도 1948년 10월부터 6경기 연승을 이어갔다. 문제는 눈부신 윙어에 의지한 영국이 다른 곳에서 이루어야 할 전술상의 발전에 눈을 감아 버렸다는 사실이다. 디나모의 영국 원정 8년 뒤 영국은 갑작스레 눈을 뜨게 된다.

6장

▽△▽△▽△▽△

유럽에서 불어오는 황금색 바람 – 헝가리

△▽ 나중에는 오스트리아의 '원더팀'이나 '파소보치카'를 선보인 디나모 모스크바의 축구에 익숙해졌지만, 1953년이 되어서야 잉글랜드는 어떤 노력과 기술을 접목하더라도 보충할 수 없을 만큼 유럽대륙의 축구수준이 높아졌다는 현실을 받아 들였다.

헝가리 '골든팀 Golden Squad', '아라니차파트 Aranycsapat'가 1953년 11월 25일 웸블리를 방문하자, 스스로를 최고라고 여기는 '축구의 어머니' 영국을 상대로 3년 동안 패한 적이 없는 올림픽 챔피언의 명성에 걸맞게 '세기의 경기'라는 타이틀이 붙었다. 조금 과장된 홍보마케팅이었지만 영국 축구사를 통틀어 그만한 반향을 일으킨 경기는 없었다. 잉글랜드는 1950년 브라질월드컵 미국전처럼 외국팀을 상대로 굴욕적인 패배를 당한 적이 있었지만, 1949년 구디슨 파크에서 아일랜드에게 당한 패배 외에는 본국에서는 한 번도 패한 적이 없었고 자기 땅의 기후, 경기장 상대, 심판 판정은 어떠한 변명도 허락하지 않았다. 잉글랜드가 그렇게까지 압도당했던 적은 분명 없었다. 헝가리가 6-3으로 승리를 거둔 때는 영국축구가 쇠퇴하기 시작했던 시기가 아니라 그런 사실을 인정했던 시기라고 볼 수 있다. 부상으로 보도진석에서 관람했던 톰 핀니는 프랑스 신문 편집장이자 대표선수였던 가브리엘 아노가 일찍이 30년 전에 사용했던 '말'에 관한 비유까지 끌어 들였다. "짐마차용 말과 경주용 말의 대결 같았다."

헝가리는 20세기 전반 동안 축구나 정치적으로나 오스트리아의 그늘에 있었다. 어쩔 수 없이 헝가리축구의 사고방식은 유고 메이슬과 '다뉴브의 소용돌이'에 영향을 받은 것이 사실이고, 그 영향이 '생각'과 관련이 있다는 점이 중요했다. 비엔나처럼 부다페스트에서도 축구는 머리를 써서 토론해야 하는 문제였다. 나중에 전쟁으로 귀환하지만, 당시 헝가리에서 코치를 맡았던 전 토트넘 선수 아서 로는 1940년 그곳에서 W-M에 관한 강연을 했다. 하지만 그가 나중에 '푸시앤드런push-and-run(원투 패스, 월 패스)'에 전념했다는 점을 생각해보면 강연내용은 당시 영국 감독들을 사로잡았던 스토퍼 역할의 센터하프보다는 W-M의 세밀한 부분에 초점을 맞췄다고 생각하는 게 좋겠다.

W-M의 소극적 경향은 별도로 하고, 누구나 알고 있는 W-M의 중요한 영향은 센터포워드 위주의 형태를 갖추게 되었다는 사실이다. 감독들은 드리블로 앞으로 돌진하던 선수가 주도면밀한 스토퍼에게 체격으로 제압당하는 광경에 식상하자, 지금도 영국에서 '고전적 넘버 나인'이라 부르고, 글랜빌이 '대문 앞에 선 우둔한 소'라고 제대로 표현한 '성벽 문을 부수는 나무기둥 같은battering-ram-style' 센터포워드를 찾는 일에 눈을 돌렸다. 만약 진델라르가 지능적인 중앙유럽축구의 이상형이라면 영국의 시각에 딱 맞는 선수는 힘이 넘치고 용감하며 도통 생각이 없는 아스널의 테드 드레이크였다.

하지만 '종이 인간'이라 불렸던 진델라르가 30년대 영국에서 자리를 잡을 수 없어 보였던 것처럼 1940년대 헝가리 경기장에는 우람한 최전방공격수가 드물었다. 골치 아픈 일이 아닐 수 없었다. 소수의 이상주의자들은 2-3-5가 물러가고 W-M의 시대가 왔다고 생각했다. 그러다 보니 헝가리는 영국처럼 센터포워드를 키우든지 아니면 공격진에 건장한 핵심선수 없이 W-M의 견고한 수비방식을 유지하는 새로운 시스템을 만들 필요가 있었다.

MTK 감독 마톤 부코비는 자신의 '탱크', 루마니아 태생의 노르베르트 호플링이 1948년 이탈리아 라치오로 이적하자 해결책이 떠올랐다. 만일 센터포워드 적임자가 없다면 그 자리에 어울리지 않는 선수를 무리하게 집어넣지 말고 아예 센터포워드를 없애버리는 게 낫다는 결정을 내렸다. 부코비는 W-M의 W를 뒤집어서 사실상 M-M (3-2-3-2)이라는 것을 만들었다.

갈수록 센터포워드가 미드필더의 보조가 될 정도로 깊이 내려오자 두 명의 윙어가 밀고 올라가서 전방에 유동적인 4명의 공격라인이 만들어졌다. 웸블리에서 처진 스트라이커로 잉글랜드를 괴롭혔던 히데쿠티는 다음과 같이 설명했다. "최전방 중앙공격수는 턱밑까지 따라 붙는 전담선수 때문에 힘들어하고 있었다. 그래서 전통적인 최전방 중앙공격수가 공간이 있는 자리로 내려와 플레이를 한다는 생각이 떠오르게 되었다."

"MTK의 윙하프에는 정확한 볼 배급능력을 지닌 페터 팔로타스라는 좋은 공격형 선수가 있었다. 페터는 한 번도 강한 슛을 날린 적이 없었으며 누구도 득점을 기대하지 않았다. 등번호는 센터포워드인 9번이었지만 자신의 플레이를 계속했다. 미드필드에 자리를 잡고 수비에서 오는 패스를 받아 윙어와 인사이드 포워드에게 볼을 공급했다. 페터가 센터포워드에서 밑으로 처지자 윙하프와 플레이가 겹치게 되었으며 따라서 어쩔 수 없이 윙하프 중 한 명은 더 강력한 수비를 위해 뒤로 물러나고 나머지 한 명은 페터와 연세하여 미드필드를 휘젓고 다녔다."

히데쿠티가 MTK에서 윙어로 뛰었기 때문에 구스타브 세베시 감독이 대표팀에 이 시스템을 적용하기로 하면서 팔로타스를 처진 스트라이커로 선발한 것은 이치에 맞는 판단이었다. 1952년 헝가리올림픽 우승 당시 세베시는 팔로타스를 팀에 보유하고 있었는데, 그때는 히데쿠티가 오른쪽에서 플레이를 했지만 그해 9월 스위스와 벌인 친선경기에서 0-2로 뒤져 있을 때 팔로타스 대신 히데쿠티를 교체 투입하였다. 이전에 이탈리아, 폴란드와 가진 친선경기에서 세베시가 둘을 교체하자 라디오 해설자 죄르지 세페시는 히데쿠티가 30세의 나이에 처진 스트라이커 역할을 완수할 만큼 체력이 되는지를 실험하고 있다고 단언했다. 결국 헝가리는 4-2로 역전승을 거두었고 히데쿠티의 영향력 탓에 그가 맡은 처진 스트라이커 자리를 누구도 비난할 수 없었다. 감독과 선수로도 활약했던 페렌츠 푸슈카시는 히데쿠티를 격찬했다. "그는 경기를 확실히 읽을 줄 아는 위대한 선수였다. 역할을 완벽하게 수행하면서 미드필드의 전면에 포진, 효율적인 패스를 하며 동시에 상대 수비를 끌어 내 대형을 무너뜨리고 필요하면 환상적인 질주로 득점까지 올렸다."

어딜 가나 히데쿠티를 처진 최전방 중앙공격수라 불렀지만 사실은 등번호 때문에 생긴 잘못된 용어이다. 현대용어로 말하면 공격형 미드필더라 할 수 있다. 본인의 설명을 들어보자. "내 자리는 보통 자카리아스 옆의 필드 가운데 근처였고 다른 측면에 있던 보지크는 종종 상대 페널티구역까지 올라가서 꽤 많은 골을 넣기도 했다. 최전방에는 최고의 골잡이 인사이드 포워드 푸슈카시와 코치스가 있었고 W-M시스템보다 골대에 더 가깝게 자리 잡았다. 이러한 새로운 얼개를 잠깐 실험하고 나서 세베시는 두 명의 윙어에게 보지크나 내가 보내는 패스를 받기 위해 미드필드 쪽으로 조금 더 내려오도록 하였다. 이 마지막 손질로 전술 개발은 완성되었다."

그렇지만 잉글랜드를 무너뜨린 것은 히데쿠티였다. 아무래도 헝가리 선수들은 등번호로 포지션을 나타내던 문화에서 성장해 온 사람들이었다. 따라서 오른쪽 윙어 7번은 반대편 왼쪽 풀백 3번과 맞서고, 5번 센터하프는 9번 센터포워드를 맡았다. 너무 핵심적인 것이라 TV

해설자 케네스 울스텐홈은 경기 직전 시청자들에게 이러한 헝가리의 축구관습에 대해 설명을 해야만 했다. 그의 목소리는 흥분과 너그러움이 교차했다. "여러분은 몇몇 헝가리 선수들의 등번호에 어리둥절해 할지도 모르겠지만, 그 번호라는 게 제법 논리적입니다. 가령, 센터하프는 3번, 풀백은 2번과 4번, 이런 식입니다." 다시 말하면, 오랜 관습과는 달리 경기장의 대각선 순서로 번호를 붙였다. 그럼 잉글랜드 선수는 어떻게 대처해야 했는가? 더 현실적으로, 만일 센터 포워드가 하프라인 쪽으로 자꾸 내려가면 센터하프는 어떻게 해야 하는가? 당시 잉글랜드의 센터하프였던 해리 존스턴은 그의 자서전에서 "나로서는 어떻게 해 볼 도리가 없는 비극이었다. 암울한 상황을 바꿀 수 있는 일이 아무 것도 없었다"고 회상했다. 존스턴이 히데쿠티를 따라 가면 양 풀백 사이에 구멍이 생겼고 떨어뜨려 놓으면 경기를 지휘하며 마음껏 돌아 다녔다. 결국 존스턴은 진퇴양난에 빠졌고 히데쿠티는 해트트릭을 기록했다. 6개월 뒤 부다페스트에서 열린 리턴 매치에서 잉글랜드는 존스턴을 대신해 시드 오언을 교체 투입했지만 1-7로 속절없이 무너졌다.

그러나 잉글랜드를 당혹케 만든 것은 히데쿠티 뿐만 아니라 그들의 생소한 시스템과 경기 방식이었다. 오언의 말을 빌리면 "외계에서 온 선수들 같았다." 잉글랜드팀 주장 빌리 라이트는 "우리는 헝가리의 발전된 축구를 너무 얕잡아 보았다"고 털어놓았다. 해설자 울스텐홈이 킥오프를 기다리며 무표정하게 대여섯 번 '저글링 juggling(주로 양발로 공을 교대로 공중에서 움직이는 동작)'을 하는 푸슈카시를 보고 넋을 잃을 정도였으니 당시 잉글랜드축구의 수준을 가늠해 볼 수 있다. 그것이 등골을 오싹하게 할 정도로 당혹스러웠다 해도 프랭크 콜즈가 경기 당일 아침에 〈데일리 텔레그래프〉에 실은 글에 비하면 아무 것도 아니다. 그는 영국인의 저력인 용기에 감동적인 신뢰를 보내며 "헝가리의 놀라운 '저글러'들은 확실한 태클로만 저지할 수 있다"고 단언했다. 글

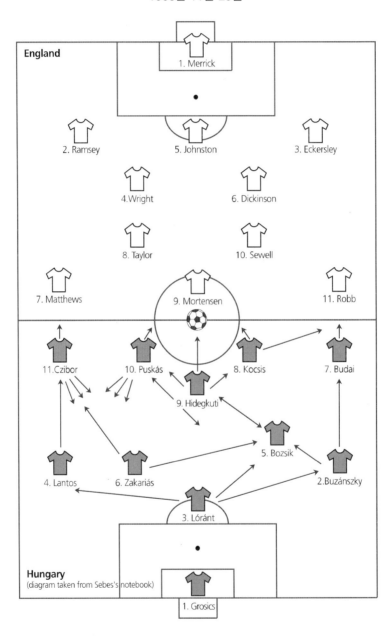

랜빌이 "장님의 눈을 뜨게 해준" 패배라고 말한 것도 놀랍지 않았다.

하지만 기술만의 문제도 아니었고, 기술이 중심적이지도 않았다. 헝가리는 푸슈카시, 히데쿠티, 코치시, 보지크, 졸탄 치보르라는 다섯 명의 당대 최고의 선수를 보유했고 세심하면서도 감동을 주는 세베시 감독이 있었다. 오른쪽 풀백 예노 부잔스키는 다른 문제가 무엇인지 말해 준다. "우리의 승리는 전술 때문이다. 이 경기에서 두 개의 전술형태가 맞부딪쳤고 흔히 그렇듯 더 새롭고 발전된 전형이 우세했다." 사실, 전술과 기술을 나누는 것은 잘못이라고 보는데, 전술에 의해 기술이 발휘되지만 기술이 빠진 전술은 번거롭기만 할 것이기 때문이다. 잉글랜드는 이 문제에 대처가 늦었지만(그리고 6개월 뒤의 리턴매치를 앞두고도 해결하지 못했으니 분명 나태했다.) 그렇다고 해서 경기당일 총감독 월터 윈터바텀이 잘못된 전술을 들고 나왔다고 말하기는 어렵고 오히려 오래 묵은 문제로 볼 수 있었다.

다음 날 아침 제프리 그린은 〈더 타임스〉에 다음과 같은 글을 실었다. "잉글랜드는 붉은 유령이 훨훨 나는 낯선 세계에서 이방인 신세였다. 헝가리선수들이 밝은 체리 빛 유니폼을 입고 놀라운 기술과 강력한 마무리로 쏜살같이 움직일 때는 정말 그랬다. 누군가 유럽대륙과 남미에서 개발한 새로운 축구개념을 언급하면, 항상 골대 근처에서 결정적 마무리가 부족하다는 비판을 받았다. 어떤 사람들은 아마도 완벽한 축구의 모습은 직선적이며 노골적인 영국의 방식과 이와 달리 좀 더 엄밀한 침투 방식 사이의 어디쯤에 있다고 생각했다. 바로 어제, 헝가리는 나무랄 데 없는 팀워크로 그 중간 지점을 완벽하게 보여 주었다."

하지만 세베시는 자신이 이끄는 헝가리를 그렇게 보지 않았다. 전쟁 전 파리의 르노 프랑스 자동차 공장에서 노동쟁의를 조직하여 흠잡을 데 없는 공산주의자임을 과시한 세베시는, 비록 정부의 비위를 맞추는 말을 하면서도 이번처럼 잉글랜드의 개인주의에 맞서 팀워크로 일궈낸 사회주의의 승리라며 자기 목소리를 내기도 하는 사람이었다. 11월의 저녁, 뉴델리에 있는 루티엔스 경의 작품을 그대로 반영하여 만든 웸블리 경기장의 트윈타워 위로 안개가 피어오르고 깃발이 흐느적거릴 때, 그것이 제국의 패배를 상징한다는 것을 상상하기란 어렵지 않았다.

물론 축구는 보드게임이 아니다. 아무리 시스템이 견실해도 경기장에서 성공을 거두려면 이론과 그에 맞는 선수들의, 최상의 경우는 둘의 공생관계에서 생겨나겠지만, 절충이 이루어져야 한다. 부코비 감독의 구상이 헝가리에 딱 들어맞는 이유는 4명의 전방 공격수와 처진 센터포워드로 말미암아 공격진에게 가장 이상적인 공격의 흐름이 생긴다는 것이다. 전반전 중반 해설자가 흥미와 놀라움이 섞인 목소리로 "왼쪽 윙어 치보르가 오른쪽 윙 자리에서 공을 받으러 가로질러 왔다"라고 말하는 장면은 지금으로 치면 축구경기 비디오를 시청하는 모습을 연상시킨다.

유동적인 게 좋다는 건 말할 필요가 없지만 유동적인 팀일수록 수비 대형을 갖추기는 더 어려운 점이 있다. 세베시가 뛰어난 점이 바로 이 부분이다. 세밀한 성격의 세베시는 무거운 영국산 축구공으로 웸블리 구장과 같은 규모의 경기장에서 훈련을 시켰고 그의 노트에는 전술적인 고민의 흔적이 묻어 있었다. 풀백인 부잔스키와 미할리 란토스는 앞으로 나갔고 센터하프인 퀼라 로란트가 밑으로 처져 칼라판의 '볼트(빗장)' 시스템의 스위퍼와 별반 다르지 않는 위치까지 내려왔다. 푸슈카시는 자유롭게 돌아다니게 했고 표면적으로 오른쪽 미드필더인 보지크는 앞쪽으로 나가 히데쿠티를 지원하도록 했다. 이렇게 하기 위해서는 상응하는 수비의 모양을 갖추어야 하는데, 이 역할은 왼쪽 하프—세베시의 전술 노트에서 양 풀백 사이에 위치할 정도로 내려와 있는—자카리아스가 맡았다. 결국 두 명의 풀백, 두 명의 중앙 수비수, 미드필드에 두 명, 전방에 네 명이 포진한 4-2-4에 가까운 시스템이었다.

그러나 골든팀은 영원한 미완의 팀으로 남게 되었다. 무려 36경기 무패를 기록하고 나서 1954년 월드컵 결승에서 두 골의 리드를 지키지 못하고 서독에게 2-3으로 역전패했다. 결국 진흙 경기장에서 자신들의 주 무기인 패스게임을 펼칠 수 없었던 점, 안일한 마음자세, 호르스트 엑켈에게 히데쿠티의 일대일 전담마크 임무를 맡긴 헤르베르거 독일 감독의 단순한 책략 그리고 불운까지, 모든 것이 우승의 꿈을 가로 막았다. 센터포워드가 마크맨의 수중에서 벗어나도록 고안한 시스템은 마크맨이 더 가까이 다가가자 무너졌다.

취약한 헝가리 수비도 톡톡히 대가를 치렀다. 당시의 공격수준을 참작하더라도 그들의 수비는 허점이 많았다. 서독에게 3골을 허용함으로써 대회기간 10골을 실점했고, 또 한편 1953년 웸블리에서 6-3으로 승리한 경기를 포함해서 여섯 경기를 치르는 동안 총 11골을 허용했다. 대부분의 사람들이 잉글랜드가 세 골로도 만족했다고 말하는데, 그만큼 헝가리가 뛰어났다고 볼 수도 있지만 헝가리가 해이해졌다는 비판으로 받아들일 수도 있었다.

스리백의 문제는 수비가 중심축을 따라 작동하면서 상대가 우리 편 오른쪽으로 공격을 하면 센터백을 따라 왼쪽 백이 밀려들어 감으로써, 혹은 그 반대의 경우도 마찬가지로, 한 번의 좋은 대각선 패스에 의해 반대편 측면의 윙어에게 질주할 공간을 내 줘 중심축이 '틀어질' 위험에 놓였다. 미드필더 자카리아스는 깊이 내려와 추가적인 커버플레이를 못했기 때문에 풀백은 자기가 맡아야 하는 윙어에게 묶여 있었다.

패배의 원인에 아랑곳없이 헝가리는 분노일색이었다. 웸블리에서 잉글랜드를 꺾고 돌아 왔을 때는 군중의 뜨거운 환대를 받았지만 1954년 월드컵 결승전 패배 직후에는 거리시위를 피해 북부의 타타로 돌아가야 했다. 푸슈카시는 리그경기 중 야유를 받았고 세베시의 아들은 학교에서 구타를 당했으며 야신상을 받은 골키퍼 귈라 그로시츠는 억류당하기도 했다. 1955년 세베시가 세웠던 관리팀은 해체됐고,

이듬해 벨기에전에서 3-4로 패하자 부코비가 수장으로 있었던 5인 위원회가 세베시를 대신했다. 하지만 1956년에 몰아친 헝가리 폭동의 혼란과 잇따른 선수들의 망명에 세베시는 어찌해 볼 도리가 없었다. 잠시 국가 체육스포츠위원회 부수석을 맡아 스포츠 행정을 이어 갔고 몇 차례 감독직에 앉았으나 1970년에 결국 은퇴했다. 70년대 위대한 페렌치바로시의 공격수 티보르 니일라시는 회고했다. "나는 어렸을 때 세베시와 부다페스트의 같은 동네에서 살았다. 그는 친구와 공을 차던 광장으로 내려와서는 자신의 아파트로 우리를 데려가 샌드위치를 주면서 8미리 영사필름으로 6-3, 7-1 하던 당시의 경기를 보여 주었다. 나를 페렌치바로시에 추천한 사람도 세베시였다. 내겐 할아버지 같았고 오로지 축구를 위해 산 사람이었다."

△▽

당시에는 국가대표경기가 가장 관심을 끌었지만 축구에 꾸준히 영향을 끼친 사람으로는 세베시의 동료 벨라 구트만을 빼놓을 수 없다. 구트만이 브라질축구를 발명했다고 주장하면 과장된 말이지만 그는 도전의식이 강한 사람으로서 중앙유럽축구의 위대한 시대를 마지막으로 꽃피웠던 대표적 인물임에 틀림없다. 또한 커피하우스 시대의 마지막 감독이자 축구의 순수성을 끝까지 지킨 수호자이기도 했다.

당대의 위대한 헝가리 출신 감독이었던 두 사람은 달라도 그렇게 다를 수가 없었다. 세베시는 헌신적인 사회주의자로서 당의 노선을 거침없이 말하고 정치적 수완이 좋았지만, 구트만은 성미가 급한 개인주의자로서 상황에 따라 스스로 무너지고, 사실상 권위를 불신하고 멸시하여 세 차례의 국가대표선수 활동 이후로는 아예 국제경기에 나가지 않았다. 1924년 파리올림픽에 선발됐을 때 구트만은 헝가리의 허술한 준비에 경악을 했는데, 당시 팀 내에는 선수보다 임원이 많았고 몽마르트 근처 호텔에 당 본부를 차리기도 했다. 밤늦게까지 사람들과 어울리는 임원들은 두말할 필요 없이 좋았지만 잠을 자야 하는 선수들은 곤욕스러웠다. 항의를 할 요량으로 구트만은 동료 선수들을 이끌고 호텔 구석구석을 돌며 쥐잡기에 나선다며 쥐 먹이가 될 꼬리를 임원의 방문 손잡이에 걸어 두었다. 이후로는 국가대표 경기에 한 번도 나서지 않았다. 구트만은 온 세상 사람들이 거부하는 손님 같았고, 늘 모욕당할까 경계하며, 언제라도 뛰쳐나갈 태세로 짜증을 부리고 다른 사람을 짜증나게 하는 사람이었다.

1899년 부다페스트의 무용 지도자 집안에서 태어나 16세 때 고전 무용 교사 자격을 갖추었던 구트만은 오히려 축구에 매료되어 전통적인 공격형 센터하프로 뛰면서 '우아하다'라는 평을 달고 다녔다. 1부 리그 토레크베시에서 인상 깊은 플레이를 펼친 구트만은 1920년 부다페스트의 중산층 유대인을 대표하며 호건 스타일의 경기를 고수하던 MTK로 이적했다.

처음에는 페렌츠 눌을 메우는 역할이었으나 눌이 루마니아의 하기 보르 클루지로 이적하자 구트만은 어린 나이에 팀의 중추적인 역할을 맡아 1921년 선수권대회 우승을 차지했다. 그것은 3년간의 전쟁으로 인한 공백 기간을 빼고 이룩한 10회 연속 타이틀 중 여섯 번째였다. 하지만 다음 시즌 눌이 복귀하자 구트만은 팀에서 쫓겨났고, 남은 축구 인생을 새롭게 시작하는 길에 들어섰다. 미클로스 호르티 극우 파시스트 정권의 처형을 두려워하는 많은 유대인들을 따라 비엔나로 향한 구트만은 총 23번이나 국경을 넘나들었는데 이것이 첫 번째였다.

사실 비엔나에 반유대주의가 없지는 않았지만 구트만에게 비엔나는 커피하우스의 축구 지식인들 틈에서 편안함을 느낄 수 있는 곳이었다. 언론인 하디 그뤼네는 2001년 독일 카젤에서 열린 구트만 기념 수집품 경매 알림 란에 "노후에 구트만은 상파울루, 뉴욕, 리스본에 종종 들러 비엔나 카페에서 거품 크림커피 멜랑제를 마시며 친구들과 축구 이야기를 했던 꿈을 꾸곤 했다"고 적었다. 75세에 구트만은 방랑 생활을 접고 다시 비엔나로 돌아와 발피슈가쎄에 있는 오페라 극장

부근의 아파트에서 살았다.

1921년 말 구트만은 비엔나의 위대한 유대인 축구클럽 하코아에 합류했고 무용학원을 열어 모자라는 수입을 보충했다. 지미 호건과 함께 볼턴 원더러스와 밀월에서 뛰었던 하코아 감독 빌리 헌터는 스코틀랜드식 패스게임을 주창했다. 비록 중앙유럽이 난폭한 체력위주의 영국식 축구를 한 번도 수용한 적은 없지만 헌터의 생각은 지속적으로 영향을 끼쳤다.

하코아는 1925년 프로팀이 되었고 이듬해 구트만이 센터하프로 활약한 초대 오스트리아 프로선수권대회에서 우승했다. 하코아 클럽의 순회경기는 돈벌이가 될 뿐만 아니라 건장한 유대주의, 특히 시오니즘 Zionism을 알리는 면에서도 뜻 깊었다. 1926년에는 비록 13경기 중 2경기를 패하긴 했지만 '무적의 유대인'이라는 홍보와 함께 미국 동부 연안을 순방했다. 돈도 벌고 유명세를 탔으니 성공적이었지만 클럽의 몰락이 도사리고 있었다. 구트만은 미국의 부유한 축구클럽 덕분에 좋은 계약조건으로 뉴욕 자이언츠에 들어갔고 그해 말쯤에는 하코아 선수 절반이 뉴욕에 있는 클럽에 둥지를 틀었다.

구트만은 축구로서는 1929년 US컵을 들어 올리며 승승장구했으나 무허가 술집을 사들이는 바람에 월 스트리트의 붕괴와 뒤이은 경제 해체로 몰락했다. 구트만은 회고했다. "남은 5달러 지폐에 그려진 링컨의 눈에 구멍을 뚫으면서 결코 돈이 나의 곁을 떠날 수 없을 것이라고 생각했다." 하코아 시절 실크로 만든 선수복을 고집할 만큼 심미안을 가지고 있던 구트만은 다시는 결코 가난하지 말아야겠다고 다짐했다. 구트만은 미국리그가 붕괴되던 1932년까지 자이언츠에 머물다 다시 하코아로 돌아와 무려 41년 동안 감독직을 맡았다.

비엔나에서 두 시즌을 머무르는 중 유고 메이슬의 추천으로 네덜란드 SC엔스헤데로 옮겨간 구트만은 처음에는 3개월 계약에 서명했지만 재협상 테이블에 앉자 리그 우승 시 고액의 보너스를 요구했다.

클럽으로서는 동부지역 리그에서 강등을 피하려고 애쓰던 터라 이사들은 기꺼이 제안에 동의했다. 엔스헤데는 즉시 팀의 틀을 다시 갖추었고 아슬아슬하게 국내 선수권대회를 놓치고 난 후에, 클럽 회장은 시즌이 끝날 때쯤 경기장에 가서 자신의 팀이 지도록 기도했다고 실토했다. 구트만에게 보너스를 주면 클럽이 파산할 수도 있었기 때문이다.

구트만이 보너스를 받게 되었더라도 양심의 가책을 느끼지는 않았을 것 같다. 어떤 감독은 자신의 영향력을 키우는 데 힘을 기울여 자신이 떠나더라도 클럽이 오랫동안 성공을 거둘 수 있는 구조를 만드는 데 헌신적이었다. 구트만은 바로 그런 적임자인 셈이었다. 구트만은 협상에 열을 올리되 어떠한 간섭도 용납하지 않았다. 축구인생의 막바지에 "세 번째 시즌은 항상 중대한 순간이다"고 말하곤 했다. 그렇게 오래 머물러 본 적이 없는 구트만은 2년간의 네덜란드 생활을 접고 하코아로 복귀했고 오스트리아가 합병되자 헝가리로 피신했다.

이후의 일은 분명하지 않다. 전쟁 통에 어떻게 살아남았냐는 질문에는 늘 "신의 도움으로"라고 답했다. 그의 형은 강제수용소에서 죽었지만 구트만은 하코아와 접촉하여 스위스로 피신했고 그곳에서 억류된 것 같다. 스위스에서 아내를 만난 건 분명하지만 전쟁 중의 경험에 대해선 함구로 일관했다. 대신 1964년 출판된 자서전에 딱 한 단락이 언급되어 있다. "지난 15년간 수없이 많은 책들이 삶과 죽음을 다루는 파멸의 세월을 다루었다. 그러니 그 고통을 낱낱이 말하면 쓸데없이 독자를 고단하게 할 것이다."

1945년 헝가리 버셔시 클럽으로 돌아온 구트만은 이듬해 봄, 루마니아 치오카눌로 옮겼다. 그곳에서 당시 유럽전역에 불어 닥친 식량부족과 인플레이션의 어려움을 피하기 위해 식료품으로 월급을 대신하자고 요구하기도 했다. 팀을 떠나는 모습도 구트만다웠다. 클럽 이사가 팀의 선발에 간섭하려 하자 그를 향해 "좋다, 당신이 클럽을 운영해라. 필요한 것은 다 갖추고 있으니까"라고 말하며 떠났다고 전한다.

다음 시즌 우이페슈트에서 헝가리 타이틀을 차지한 후 키슈페슈트로 옮겨 푸슈카시의 아버지를 대신해 감독이 되었다. 그곳에서 수줍음 따위는 모르는 푸슈카시와의 다툼은 피할 수 없었고 팀은 때마침 서북부 지역의 제르에게 0-4 패배를 당했다. 축구는 '정석'대로 해야 한다고 생각하는 구트만은 전반전 내내 풀백인 미할리 파치가 공격적으로 못 나가도록 진정시키느라 애를 먹었다. 결국 화가 난 구트만은 파치에게 후반전에 나가지 말라고 지시했고, 이제 키슈페슈트는 10명이 뛰게 될 형편이었다. 그러나 푸슈카시가 파치에게 그대로 있으라고 말하자 파치는 잠시 망설이다 결국 감독의 말을 무시해 버렸다. 구트만은 후반전 시작과 함께 관중석으로 올라가 경마신문만 읽다가 전차를 타고 집으로 갔고 다시는 팀에 돌아오지 않았다.

방황은 계속되었다. 이탈리아의 트리에스티나와 파도바, 아르헨티나의 보카 주니어스와 킬메스를 거쳐 사이프러스의 아포엘 니코시아로 옮겨간 구트만은 1953~54시즌 도중 AC밀란으로 갔다. 구트만의 지휘로 밀란은 첫 시즌에 3위로 뛰어 올랐고, 이사회와 다투고 난 1954~55시즌 19경기를 치르고 해고되었을 때도 팀은 상위권에 남아 있었다. 사퇴라는 놀라운 발표를 알리는 기자회견장에서 그는 짧게 한마디를 남겼다. "범죄자도 동성애자도 아닌 나를 쫓아냈다. 이제 작별을 고한다." 그때부터 줄곧 구트만은 계약서에 팀이 리그 상위권에 있을 때는 해고할 수 없다는 조항을 둘 것을 요구했다.

비첸차로 팀을 옮겼지만 시즌 중 29경기를 남기고 떠났고 1956년 한 해는 거의 일자리가 없다가 1956년 헝가리 폭동으로 기회를 잡게 된다. 혼베드가 선수들을 전투에 참가시키지 않으려고 노력하던 중 브라질과 베네수엘라가 오랫동안 원정경기 초청을 해왔던 것을 받아들였는데, 이 때 구트만은 푸슈카시와 화해를 한 상태로 원정길에 나섰다. 남미에서 자신을 필요로 한다는 것을 알고 그대로 머물기로 작정하고 상파울루와 계약을 맺었다. 좀 더 복잡한 내용이 있지만,

구트만의 주장대로라면 이렇게 해서 헝가리의 4-2-4가 브라질에 전파되었다고 한다.

상파울루는 1957년 파울리스타 타이틀을 차지했지만 구트만은 팀을 떠나 포르투갈의 포르투로 돌아 왔다. 그는 감독은 사자 조련사와 같다고 말했다. "조련사는 우리 안에서 자신의 쇼를 보여 주며 사자를 지배한다. 이때 자신감을 가지고 두려움 없이 사자를 다루어야 한다. 사자에게 최면을 거는 자신의 힘을 믿지 못하면 그 순간 그의 눈에 두려움이 서리고 결국 지고 만다." 구트만은 결코 그런 두려움이 나타날 만큼 길게 머물러 본 적이 없었다.

구트만의 포르투는 벤피카를 물리치고 타이틀 획득에 필요한 승점 5점을 따라 붙었다. 이번에는 벤피카가 발 벗고 나서서 즉시 구트만을 감독으로 임명했다. 팀에 도착하자마자 20명의 선수를 내보내고 대신 유소년팀 선수들을 승격시켜 1960년과 1961년 리그 우승을 차지했다. 벤피카에서 이룩한 더 중요한 업적은 부드럽게 흘러가는 축구를 선보이며 1961년 유러피언컵 결승에서 바르셀로나를 3-2로 물리치고 레알 마드리드의 유러피언컵 5년 독주를 끝낸 것이다.

하지만 아직 성이 차지 않았다. 베른에서 결승전을 치르고 일주일 뒤, 벤피카의 역사에 남을 위대한 선수를 데뷔시켰다: 에우제비오. 모잠비크 태생의 에우제비오는 만약 구트만이 리스본의 이발소에서 상파울루 시절 선수였던 카를로스 바우어와 마주치지 못했다면 벤피카가 아닌 스포르팅으로 갔을 것이다. 그때 바우어는 브라질팀을 이끌고 5주간의 아프리카 원정길에 올랐는데, 구트만은 그에게 참신한 재능을 지닌 선수를 물색해날라고 부탁한다. 5수 후에 다시 이발소에서 만나자 바우어는 로렌소 마르케스에 있는 스포르팅의 피더클럽 feeder club(유망주를 임대 보내 1군 경험을 쌓게 할 때의 해당 클럽) 소속인 공격수에 관한 이야기를 꺼내면서, 계약을 하고 싶지만 자금 여유가 없어서 가만두면 스포르팅으로 갈 상황이라고 말했다. 구트만은 클럽에 전화를 걸어 계약을 가로채 이틀 후 에우제비오의 서명을 받아 냈다. "에우제비오와 계약을 하면서 마리오 콜루나를 더 밑으로 끌어내려 공격수보다는 윙하프로 뛰게 할 수 있었다. 처음에는 골을 많이 넣지 못하는 위치라 싫어했지만 콜루나는 나에게 맞는 최고의 선수가 되었다"고 설명했다. 다시 말해 콜루나는 벤피카의 히데쿠티였다.

벤피카는 3위로 시즌을 마쳤는데, 상위팀인 스포르팅과 포르투를 합친 골보다 더 많은 골을 허용했다. 아마도 이것은 구트만의 공격적 전술이 전성기였다는 것을 보여 준다. 구트만은 이에 대해 "나는 상대팀이 득점하는 것은 개의치 않았다. 왜냐면, 늘 우리가 한 골 더 많이 넣을 수 있다고 생각했기 때문이다"라고 설명했다. 하지만 벤피카는 암스테르담에서 열린 레알 마드리드와의 유러피언컵 결승에서 누구도 예상 못한 승리를 거두었다. 경기 초반 2-0으로 앞서가던 벤피카는 2-3으로 역전을 당했지만 결국 5-3으로 레알 마드리드를 꺾었다.

레알의 푸슈카시는 해트트릭을 기록했지만 팀의 패배로 빛이 바랬고 마지막 호각이 울리자 에우제비오를 찾아 그에게 자신의 유니폼을 건네주었다. 이것은 마치 유럽 최고 선수의 망토를 전해 주는 상징적인 행동으로 해석할 수 있었다. 이렇게 벤피카는 레알 마드리드를 대신해 유럽 최고클럽 자리에 앉게 되었다. 약관의 나이인 에우제비오가 있었기 때문에 50년대의 레알처럼 벤피카도 60년대를 호령하지 말라는 법은 없었다. 구트만이 그대로 머무르기만 했다면.

그는 떠났다. 결승전이 끝난 후 벤피카 이사들과 만나 보너스를 줄 의향이 있는지 물었다. 이사들은 계약서에 그런 내용이 없다고 답했다. "나는 유러피언컵에서 우승하고도 포르투갈컵 우승 때보다 적은 4,000달러를 받았다. 이사들은 꿈쩍도 하지 않았고 나는 옮기기로 마음을 먹었다"고 말했다.

두 달 후 구트만은 3부리그 포트 베일의 제의를 뿌리치고 남미 우루과이의 페냐롤로 돌아갔다. 페냐롤은 코파 리베르타도레스대회 우승을 차지했지만 구트만은 결승전을 앞두고 오스트리아 국가대표 팀을 맡기 위해 떠났다. 5경기를 치른 후 반유대주의 분위기로 쫓기다 시피 떠돌다 잠시 벤피카로 돌아 왔고 이어 제네바 세르베테와 파나시 나코스, 포르투로 갔다가 마지막에는 그가 흠모하던 오스트리아 비엔 나팀과 함께 했다. 하지만 그는 벤피카 시절 이후로는 한결같은 모습 을 보이지 못했고 비엔나는 벤피카와는 다른 클럽이었다. 구트만이 벤피카를 저주하며 자신이 원하는 돈을 받지 못하면 절대로 유러피언 컵 트로피를 들어 올리지 못할 거라고 단언했다는 이야기까지 나돌았 다. 물론 얼토당토않은 말이었지만, 그 후 벤피카는 다섯 번이나 유러 피언컵 결승에 오르고도 모두 패하고 말았다.

축구에서 똑같은 일이 반복되는 법은 절대로 없다. 채프먼 이후 누구보다도 구트만은 존경받는 감독의 진정한 모습을 보여 주었다. 그의 뒤를 이은 엘레니오 에레라의 축구 개념은 너무나 달랐다. 상대 보다 한 골 더 넣는다는 낭만적인 생각은 사라지고 냉소주의와 카테나 치오 catenaccio(빗장수비) 그리고 한 골 덜 먹는다는 이론이 그 자리를 차지했다.

7장

▽△▽△▽△▽△▽△

우리의 재앙, 우리의 히로시마 – 브라질

△▽ 1956년 벨라 구트만이 혼베드클럽과 함께 발을 디딘 브라질은 그가 구상하고 싶었던 전술의 황무지는 아니었다. 개인기와 임기응변은 굉장했지만 W-M을 늦게 접하다 보니 오히려 4-2-4 전형이 이미 잘 갖추어져 있었다. 또한 엄격한 대인방어 시스템인 W-M은 재능과 표현을 중요시하는 브라질 사람들과 잘 맞지 않았다.

확인할 길은 없지만 브라질의 축구 창립신화를 받아들인다면, 브라질에 축구를 들여온 사람은 찰스 밀러였다. 그는 상파울루에서 커피 무역을 하는 엘리트집단의 구성원이었던 영국인 아버지와 브라질 어머니 사이에서 태어나 영국 유학을 떠났다. 그곳에서 학교 축구를 접하고 햄프셔 대표가 되었으며 사우샘프턴의 전신인 세인트 메리스에서 몇 경기를 뛰기도 했다. 1894년 상파울루로 돌아오면서 축구공 두 개를 들고 오는데, 전설에는 양손에 하나씩 공을 들고 배에서 내렸다고 전한다.

아버지가 "그게 뭐냐"고 묻자 아들은 "축구로 졸업하고 얻은 제 학위증입니다"라고 답했다고 한다.

세부적인 내용은 사실과 다르겠지만 왜 지금까지도 널리 전해지는지 이유를 알기는 어렵지 않다. 브라질에서 축구는 시작부터가 명랑

162

하고 푹 빠질 만한 어떤 것이며 권위와 존경이라고는 찾아 볼 수 없었다.

축구는 브라질의 영국계 엘리트와 브라질 사람들에게 동시에 빠르게 퍼져갔다. 1902년 성공적인 리그제가 상파울루에 도입되었다. 한편, 또 한 명의 영국계 브라질인 오스카 콕스는 스위스에서 축구를 접하고 돌아와 리우데자네이루에 전파했다. 그는 몇몇 친구와 플루미넨세를 창단했는데, 초기 네덜란드와 덴마크 클럽처럼 모두 모자를 쓰고 수염을 기른 채 환호성을 지르고 남자다움을 과시하며 영국인들의 축구를 패러디한 것으로 보인다.

찰스 밀러도 영국의 전통적인 학교에서 유행한 드리블을 추종하기는 마찬가지였고 재외국인 사회에서 이루어진 축구경기는 당시 영국의 축구스타일과 별반 다를 바가 없었다. 영국계 브라질 클럽은 다른 곳과 마찬가지로 드리블 대신 패스가 자리 잡았다. 풀럼의 해리 브래드쇼가 고용한 스코틀랜드 출신 조크 해밀턴 감독은—이렇게 지미 호건과 브라질이 미약하게나마 처음으로 관련이 되는데—CA파울리스타노에 임명되자 "여기 축구는 매우 수준이 높고 선수들의 조합이 기막히게 잘 이루어져 놀랐다"며 공개적으로 말했다. 1912년 스코틀랜드인으로 구성된 스코티쉬 원더러스가 상파울루에서 창립되었고, 그 영향으로 브라질축구는 더욱 세련되었다. 그들은 패턴을 만드는 방식의 축구를 했고 이를 헷갈리게도, '영국식 시스템'이라 불렀다.

원더러스에서 가장 이름을 떨쳤던 아치 맥린은 스코틀랜드 2부리그 에어 유나이티드에서 두 시즌을 보낸 왼쪽 윙어였다. 브라질의 1950년 축구역사를 정리한 토마스 마죠니는 맥린에 대해 "그는 스코틀랜드축구를 훌륭하게 표현한 예술가였다. 그가 펼치는 과학적인 축구는 왼쪽 윙에서 홉킨스와 짝을 이뤄 협력할 때 더욱 빛났다"고 평가했다. 둘은 나중에 상벤투로 옮겨갔고 거기서 선보인 짧게 주고받는 빠른 패스기술은 '작은 도표'라고 부를 정도로 알려졌다.

아이단 해밀턴이 〈전혀 다른 축구〉에서 조목조목 밝혔듯이 브라질에서는 우루과이나 아르헨티나보다 훨씬 더 오랫동안 영국의 영향이 강하게 남아 있었다. 마죠니는 리버풀에서 뛰었던 센터포워드 해리 웰페어에 대해 언급했다. 그는 리우데자네이루의 플루미넨세에 코치로 들어가 '우리식 플레이'를 적용하기도 했지만 축구에 대한 자신만의 생각을 열심히 알리기도 했다. 막스 발렌팀도 〈축구와 기술에 관하여〉에서 웰페어가 팀의 인사이드 포워드에게 스루패스를 가르쳤다고 말하면서 웰페어의 두 가지 드리블 기술을 설명한다: "몸으로 속이며 돌파하는 몸 흔들기와 드리블을 하면서 한쪽으로 점프하기"

하지만 현지인들이 축구에 관여하면서 본격적으로 구식 축구스타일에서 갈라져 나오게 되었다. 사람들은 플루미넨세의 장애물 때문에 근처 지붕에 올라가 영국계 브라질 사람들의 경기를 관람하며 크리켓보다 이해하기 쉽고 따라 하기 쉬운 축구를 접했다. 길거리에서 약식으로 하는 그들의 축구는 주로 천 뭉치로 만든 공을 사용하고 기존의 축구와는 완전 딴판으로 이루어졌다. 그런 조건에서는 단연 정해진 틀이 없는 개인기가 중심이었고 더욱이 누구도 이런 뽐내기를 제지하질 않았다는 사실이 매우 중요했다. 맥린은 상파울루 지역의 축구에 대해 시큰둥하게 반응했다. "그곳에 대단한 선수들은 있지만 그렇다고 훈련이 잘된 것은 전혀 아니었다. 스코틀랜드였으면 그런 광대짓을 가만두지 않았을 것이다."

지금까지 많은 사람들이 브라질축구와 삼바의 유사점을 찾아 왔다. 실제로 1958년 월드컵에서 브라질이 처음 우승을 차지하자 팬들은 '삼바, 삼바'라고 외치며 자축하기도 했다. 한편, 사이먼 쿠퍼는 〈축구전쟁의 역사〉에서 펠레를 '카포에이라 capoeira'를 시연하는 사람으로 비유했는데, 이것은 앙골라 노예들이 주인을 놀리기 위해 춤으로 위장한 무술이었다.

인류학자 후베르투 다마타는 '제이칭뉴 jeitinho', 즉 '작은 방법' 이론을 제시하고 브라질 사람들이 그토록 자부하는 창의성에 대해 설명했다. 이 이론은 1888년 노예제 폐지 후에도 브라질의 법과 행동양식이 부자와 권력자를 위해 존재했고 따라서 그들을 기발하게 농락하는 방법을 나름대로 찾아야 했던 현실을 염두에 두었다. 그는 〈왜 브라질인가〉에서 제이칭뉴는 "법과 법을 적용하는 상황 속에서 아무 것도 바꿀 수 없는 처지에 있는 사람들이, 그 법마저 심하게 타락한 것은 제쳐두고, 각자 자기방식대로 중재하는 행위이다. 예를 들어, 미국, 프랑스, 영국의 법은 준수를 전제로 존재한다. 결국, 이런 사회는 공동의 선이나 사회법을 벗어나 관료부패를 일으키고 공공기관을 불신하게 만드는 법은 아예 수립조차 않는다. 그러므로 미국, 프랑스, 영국 사람들은 'STOP' 표지 앞에서는 멈추지만 브라질 사람은 이것을 앞뒤가 안 맞고 어리석다고 생각한다."

브라질 사람들은 그런 구속을 피해 돌아가는 방법을 찾고 외부의 구조보다도 자신에게 의지한다. 그러한 상상력은 브라질축구사에서 특히 잘 나타난다. 선수 개인은 상황을 타개할 자신만의 방법을 찾아 고도의 창의성을 발휘하지만 팀워크는 불신한다.

다마타의 연구 중 상당 부분은 30년대 후반 저술활동을 시작한 사회학자 지우베르투 프레이리의 생각을 발전시킨 것이다. 브라질의 인종적 다양성을 긍정적이라고 알렸던 초기 인물 중 한 사람인 프레이리는 자신보다 권위가 높은 사람을 재치 있게 물리쳤던 혼혈 사기꾼을 일컫는 '말랑드루 malandro'와 닮은 점이 많은 리우데자네이루 사람을 추켜올렸다. 1938년 프레이리는 다음과 같이 기술했다. "우리의 축구 스타일은 기습, 간교함, 예리함, 민첩함, 동시에 화려함과 자발성이 조합된 것으로 유럽과는 대비된다. 우리의 패스, 속임수, 공을 가진 몸놀림, 여기에 돋보이는 브라질식 춤과 혁명성이 한데 어우러진 특징들은, 심리학자와 사회학자들이 관심을 가질 만큼, 이게 바로 브라질이라고 말할 수 있는 흑인 혼혈아의 장난과 화려함을 보여 준다."

그 시대 작가들은 말랑드루 정신을 구현한 사람을 30년대 브라질의 위대한 흑인 선수였던 센터포워드 레오니다스와 수비수 도밍구스 다 기아에서 찾았다. 도밍구스는 공개적으로 자신이 가진 창의성과 공을 몰고 전진하는 기술은 자기보호를 위해 시작한 것이라고 말했다. "어릴 적만 해도 축구가 무서웠다. 그때 흑인 선수들이 경기장에서 파울을 했다거나 또는 아무 것도 아닌 일로 얻어터지는 광경을 종종 보았기 때문이다... 형은, 고양이는 떨어져도 항상 균형을 잡는다고 말했다... 근데 너는 춤을 잘 추지 않니? 사실 나는 춤을 잘 췄고 춤은 축구를 하는 데 도움이 되었다... 나는 엉덩이를 많이 흔들었다... 그게 바로 삼바의 한 가지인 '미우징뉴miudinho'를 본떠 개발한 짧은 드리블이었다."

어떻게 발생했는지 확실하지 않지만 1919년쯤 브라질 고유의 플레이 스타일이 생겨났고 그해 11월 상파울루의 잡지 〈스포르츠〉 창간호는 '브라질의 혁신'이란 제목의 기사에서 이를 상세히 다루었다. "영국의 축구방식, 즉 반대 편 골대까지 올라가 있는 공격수가 공을 잡고 최대한 가까운 곳에서 슛을 한다고 가르치는 방식과는 반대로, 브라질의 방식은 슛은 어느 거리에서나 할 수 있고 슛의 정확성이 더 가치 있다고 가르친다. 더 나아가 꼭 공격진 전체가 앞으로 전진할 필요는 없으며 두세 명의 선수가 공을 가지고 돌파하더라도 워낙 속도가 빨라 상대방 수비진 전체가 헤매게 된다."

영국축구가 골대 앞에서 과감하지 못하다는 브라질의 인식은 영국 축구해설자들이 중앙유럽팀이 지나치게 정교한 걸 두고서 얼마나 비판적이었나를 생각하면 쉽게 와 닿지 않는다. 아마도 모든 것이 상대적이라 그럴 수도 있고, 원더러스를 구성하는 브라질의 스코틀랜드인들이 지나치게 패스를 해서 판단에 영향을 주었거나, 더 나아가 당시 영국축구는 오프사이드 규칙이 개정되기 6년 전이라서 더 얽히고설킨 경기였다는 점도 빼놓을 수 없다. 사실이야 어쨌든 브라질축구는 분명히 팀플레이보다는 자기표현을 더 중요시했다.

하지만 브라질축구는 아르헨티나와 우루과이를 잇는 플라테 강처럼 경기를 펼칠 만한 무대가 없었다. 아르헨티나, 우루과이, 칠레와 펼쳤던 열 번의 첫 국제경기 성적은 3승뿐이었고 1917년 코파 아메리카대회에서는 아르헨티나와 우루과이에게 각각 4골씩 허용했다. 그러나 1919년 대회에서 괄목할 만한 실력으로 우승을 차지했는데, 한 명의 풀백이 수비에만 치중하고 다른 풀백은 공격에 가담하는 전략이 먹혀들었다. 세련미는 떨어졌지만 브라질은 처음으로 수비조직이 필요하다는 것을 깨달았다.

그렇지만 남미대륙을 지배할 정도의 수준은 아니었다. 1940년 이전까지 아르헨티나와 20경기를 치러 6승에 그쳤고 우루과이에게 13전 5승을 기록했다. 1922년 코파대회 우승컵을 다시 가져왔으나 세 번째 우승을 차지한 것은 한참 뒤인 1949년이었다(놀랍게도 1997년에야 남의 나라에서 자신의 다섯 번째 코파대회 우승 트로피를 들어 올렸다). 브라질축구협회의 내분으로 1930년 월드컵 대회는 리우데자네이루 선수로만 구성된 팀을 출전시켰다. 개막전에서 유고슬라비아에게 1-2로 패하자 글랜빌은 "브라질은 개별적으로는 한 수 위였지만 팀으로는 뒤떨어졌다"고 기록했다. 다음 경기인 볼리비아전에서 4-0으로 이겼지만 결국 탈락했다.

1933년 프로축구가 공인되자 유럽 원정길에 올랐던 브라질 선수들이 본국으로 돌아오는 계기가 마련되었다. 하지만 프로축구가 대표팀의 국제경기 성적이나 플레이 스타일에 영향을 끼치기까지는 시간이 걸렸다.

1934년 월드컵 스페인전에서 1-3으로 패하며 탈락한 후, 월드컵 본선 진출에 고배를 마신 유고슬라비아와의 친선경기를 위해 베오그라드로 원정을 갔지만 4-8로 참패했다. 당시 도밍구스, 레오니다스, 브리투같은 남부럽지 않은 선수가 있었지만 4년 전 몬테비데오에서 열린 경기보다 전술적으로 더 초라하기 짝이 없었다. 축구 역사학자

이반 소테로는 이에 대해 설명했다. "각 라인 사이에 공간이 많이 생겼다. 유고슬라비아는 그것을 잘 이용할 수 있었고 낡은 시스템의 단점을 여실히 보여 주었다." 분명 변화가 필요한 시점이었다.

△▽

W-M을 처음 브라질에 도입하려 한 사람은 젠칠 까르도주였다. 하지만 두 가지 만만찮은 문제로 시달렸는데, 하나는 전무한 선수경력이고 또 하나는 흑인이라는 점이었다. 처음에는 구두닦이, 웨이터, 전차 기사 그리고 빵 굽는 일을 하다가 상선해군에 들어가자 자연히 유럽을 항해할 기회가 생겼고 한가할 때는 주로 축구를 관람하며 시간을 보냈다. 그러다 영국축구의 팬이 되었고 나중에 허버트 채프먼이 아스널에서 W-M전형을 개발하는 것을 직접 목격했다고 한다. 소테로는 까르도주에 대해 "그는 허풍이 심하고 자신의 여행담을 풀어놓기를 좋아했다"고 평가했다. 미사여구를 즐겨 사용하는 까르도주였지만 전술분석 능력만큼은 대단했다. W-M의 가능성을 알아차린 까르도주는 브라질 축구와 전혀 다른 W-M이야말로 미래의 축구라고 인식했다.

30년대에 감독이 된 까르도주는 시간을 쪼개어 상선 일을 병행했다. 리우데자네이루의 시리우 리바네스라는 조그만 팀에서 W-M전술을 운용했고 거기서 레오니다스라는 기대주를 만났다. 극작가인 넬손 호드리게스는 공격수인 레오니다스에 대해 다음과 같은 글을 적었다. "그는 모든 면에서 브라질 선수다웠다. 환상, 임기응변, 어린애 같으면서도 음탕한 면, 위대한 브라질 사람이라면 가지고 있던 모든 특징을 지니고 있었다." 다시 말하면, 레오니다스는 W-M시스템을 사용하는 영국에서 선호할 유형의 센터포워드는 아니었다. 형태는 모방할 수 있지만 스타일을 따르기는 힘들어 보였다.

시리우 리바네스는 까르도주가 개혁을 추진하기에는 너무 작은 클럽이었다. 레오니다스를 데리고 규모가 조금 더 큰 봉수쎄쑤 클럽으로 옮겼지만 자신의 생각에 찬성하는 무리를 찾기란 쉽지 않았다.

까르도주는 팀 미팅에서 소크라테스, 키케로, 간디를 인용하면서 꽤 알려졌고 브라질의 축구용어도 넓혔다. 예를 들면, '뱀'은 훌륭한 선수를 의미했고, 충격적인 결과는 '얼룩말'이었다. 하지만 소테로가 말한 대로, 사람들은 전술가로서는 "그를 대수롭지 않게 여겼다."

W-M이 견고하게 뿌리를 내릴 수 있었던 것은, 비록 자신의 생각을 완전히 정착시키기 전에 세상을 떠났지만 유럽 출신 도리 커슈너의 역할이 컸다. 플라멩고팀에서 커슈너의 전임이자 후임이기도 했던 플라비우 코스타는 아이단 해밀턴과 인터뷰 때 커슈너에 대해 말했다. "그가 브라질에 왔을 때 젠칠은 W-M에 대해 많은 이야기를 했다. 하지만 커슈너는 W-M을 적용하는 과정에서 필요한 신망을 한 번도 얻지 못했다. 그는 브라질에 '풋볼 시스템'을 적용하려고 노력한 사람이었다."

커슈너는 브라질에 위대한 지식을 가지고 온 현자라는 신화적인 인물이 되었고 모든 예언자가 그렇듯 살아생전에는 알려지지 않았다. 사람들은 그를 어디서 왔는지 어떤 사람인지 알 수 없는 축구전도사로 묘사했다. TV 축구전문 해설가이자 플라멩고의 연대기 작가인 호베르투 아사프는 "심지어 우리는 그가 헝가리 사람인지, 체코 사람인지, 보헤미안인지도 모른다"고 말했다. 그럴 만도 한 것이, 어느 시기에는 'R'과 'U'의 위치가 바뀌었고 브라질식 철자법으로 그냥 'Kruschner'라고 쓰고 발음했기 때문에 'Kruschner'를 찾아보면 아무 기록이 없었다. 알렉스 벨로스가 〈축구〉 서문에서 언급했듯이 "브라질은 사실에 대해서 크게 생각하지 않는다. 브라질은 일화와 신화 그리고 진달될수록 뜻이 바뀌는 '중국식 속삭임 Chinese whispers(말 전달하기 게임)'으로 건설되었다."

지금은 커슈너를 감싸고 있는 신비감의 정체를 알게 되었지만, 또 한 가지 의문은 조세 바스투스 파디야 플라멩고 회장이 새 경기장 조성을 위한 기금마련을 포함해서 리우데자네이루를 장악하려는 자신의 계획을 진행하는 자리에 왜 커슈너를 앉혔는가라는 점이다. 의도야 어쨌든 커슈너를 임명함으로써 다뉴비안 축구의 계보를 이어가고 지미 호건과 직접 연결이 되는 사람을 얻게 된 셈이었다. 호건은 한결같이 헝가리, 오스트리아, 독일 축구의 아버지로 환영받고 있지만 사람들은 커슈너가 브라질축구의 시조였다는 점은 제대로 기리지 못하고 있다.

커슈너는 부다페스트 태생으로 MTK에서 성공적인 선수생활을 시작하여 1904년과 1908년 두 차례 헝가리 타이틀을 거머쥐었고 국제대회에도 몇 차례 소집되었다. 더러 중앙에서도 움직이던 왼쪽 하프로서 깔끔하고 정확하게 볼을 지키며 헤딩도 뛰어 났다. 말년에는 호건에게 코치수업을 받고 1918년 호건의 뒤를 이어 MTK 감독이 되었다. MTK에서 한 차례 우승을 했지만 일 년도 넘기지 못하고 독일로 떠났다.

독일의 슈투트가르트 키커스에서 어느 정도 성과를 거둬 뉘른베르크와 함께 독일대회 타이틀을 차지하고, 바이에른 뮌헨에서 잠깐 감독을 할 때는 함부르크SV와 '영원한 결승전'이라는 경기를 펼쳤고 이듬해 함부르크와 공동타이틀을 차지하기도 했다. 감독 초기에 구트만처럼 팀에 정착하느라 힘겨워하다가 프랑크푸르트로 옮긴 후에 다시 스위스 노르트스턴 바젤로 가서 단번에 팀을 승격시켰다. 다시 팀을 떠나 이번에는 호건과 영국인 수석 코치 테디 덕워스와 합류하여 파리올림픽을 대비한 스위스 국가대표팀을 이끌었다. 대회 결승전에서 비록 전대회 우승팀 우루과이에게 무릎을 꿇고 말았지만 스위스축구 역사에 가장 위대한 성공을 이뤘다.

커슈너는 슈바르츠-바이스 에센팀을 따라 독일로 왔고 1925년에는 스위스 취리히의 그래스호퍼스에 들어갔다. 그곳에서 9년을 보내면서 3번의 리그 타이틀과 4번의 컵대회 우승을 차지했고 칼 라판이 그의 지휘봉을 이어 받았다. 만약에 그가 독일에 그대로 있었거나 고전적인 다뉴비언 스타일의 2-3-5가 여전히 주름잡았던 헝가리로 갔다면 일은 달라질 수도 있었지만, 자신은 스위스에서 W-M 또는 적어도 그 변형전술이 장점이 있음을 확신한 것 같다. 1937년 파디야와 만난 뒤 함께 리우데자네이루에 가서 브라질에 축구 혁명을 가져다 줄 W-M전형을 소개했다.

너그럽게 말하자면 브라질은 서서히 달아오르는 팀이라고 할 수 있지만 본질적으로는 영국만큼이나 보수적이었다. 커슈너가 도착했을 당시 플라멩고의 센터하프는 '흑인의 경이'였던 파우스투 도스 산투스였다. 그는 경기를 편안하게 이끄는 우아한 스타일의 선수였다. 브라질축구는 명확한 포지션 체계를 갖추고 있어서 센터하프는 위쪽에, 풀백은 아래에 위치했는데, 산투스는 커슈너에게 자신이 뒤로 처져 수비를 한다는 것은 있을 수 없는 일이라고 말한 적이 있었다. 이 문제로 팬들과 기자들은 양분되었고 파디야가 나서서 산투스에게 벌금을 물게 하고 지시에 따르도록 하면서 일단락되었다. 비록 전해 내려오는 이야기이긴 하지만 커슈너에 대해 브라질의 전통을 무시하고서 선수들의 개성과 고민에 관심을 두지 않고 오로지 현대화에 매진하는 사람으로 묘사하고 있다.

하지만 그렇게 단순하게 말할 문제는 아니다. 구상이라는 것이 온전히 창안자의 생각에서 형성되어 나오는 경우는 매우 드물고 여러 상황이 나름대로 작용을 한다. 아사프의 말에 따르면 커슈너는 클럽의 의료시설에 경악하고서 전술적 원리보다는 선수들이 의사의 진료를 받는 게 우선적으로 필요한 조치라고 판단했다. 알고 보니 파우스투는 결핵 초기로 2년 후면 죽을지도 모르는 상태였다. 그를 아래로 내려오게 한 결정은 전술상의 이유뿐만 아니라 건강상의 문제도 염두에 둔 것으로 보인다. 파우스투가 건강했다면 과연 커슈너가 과거의 2-3-5를 유지했을지 또는 W-M으로 파우스투를 미드필더인 하프백으로 쓰고 다른 선수를 수비형 미드필더인 센터하프로 기용했을지

단언하기 어렵다.

어쨌든 커슈너가 생각하는 W-M은 보편적인 영국의 전형과는 다소 달랐던 것으로 생각된다. 그는 다뉴비언, 특히 스위스축구를 배운 다뉴비언으로서 센터하프든 다른 어느 포지션이든 허비 로버츠 같은 스토퍼에 대해 동의했을 리 만무하고, 동의했다 하더라도 파우스투는 결코 그런 스타일을 따라 할 수 있는 적임자가 아니었다. 커슈너와 브라질 사람들이 말하는 W-M은 오히려 포초의 '메토도 metodo' 즉 W-W(2-3-2-3)에 더 가까워 센터하프는 하프백과 풀백 사이에서 플레이를 한다. 소테로가 인정하듯 이 시스템은 당시 브라질축구에서는 놀라울 정도로 수비적인 전술로 보였지만 어디에서도 영국처럼 엄격하거나 소극적인 구석은 없었다.

그의 출신배경은 기실 사람들이 이해하는 것처럼 그렇게 불명확한 것은 아니지만, 그가 감쪽같이 사라진 것은 분명하다. 나중에 감독을 대행했던 전 플라멩고 선수 플라비우 코스타는 커슈너의 코치로 남아 있었는데, 커슈너가 포르투갈어를 전혀 모른다는 점을 이용해 기회 있을 때마다 W-M에 대해 경멸을 퍼붓고 파우스투의 입장을 지지하며 커슈너를 깎아 내렸다. 결과는 실망스러웠다. 플라멩고가 22경기에 무려 83골을 기록하고도 숙적 플루미넨세에 뒤져 카리오카 선수권 대회 2위에 그치자 지역 언론은 커슈너와 그의 전술을 한껏 조롱하였다. 에스타디오 다 가베아에서 열린 1938년 리그 첫 경기에서 바스코 다 가마에게 0-2로 패하자 커슈너는 해고당했고 코스타가 감독직을 물려받았다.

오해도 많이 받고 인기도 없었으니 유럽으로 돌아갔을 법 하지만 커슈너는 미클로스 호르티 정권과 나치 독일의 공식동맹 선언으로 불어 닥친 부다페스트의 반유대주의를 두려워해 리우데자네이루에 남아 있었고, 1939년에는 보타포구의 감독으로 선임되었지만 이듬해 팀을 떠났으며 1941년 원인 모를 바이러스로 사망했다.

자신이 받았던 모든 의심에도 불구하고 커슈너는 1938년 프랑스월드컵 브라질 감독 아데마르 피멘타의 고문을 맡아달라는 요청을 받기도 했다. 당시 신문기자였던 토마스 마죠니는 월드컵 대회가 시작되기 전 파리 스타드 드 콜롬베에서 벌어진 프랑스 대 잉글랜드의 친선 경기를 관람하러 갔다. 잉글랜드가 월등한 경기를 펼쳐 4-2로 승리를 거두자 마죠니는 놀란 어조로 잉글랜드의 일관된 스리백 수비에 대한 기사를 쓰면서 브라질에서는 결코 유행할 수 없을 거라고 못박았다.

하지만 무슨 일이든 결과를 끝까지 두고 봐야 한다. 브라질은 마르틴 이우베이라를 공격형 센터하프로 내세우고 두 명의 인사이드 포워드 로메우와 페라치우를 '창끝 ponta da lanca' 지점까지 처지게 하는 유형을 공식화하여 한동안 지속시켰다. 30년대 후반쯤에는 표면적으로 2-3-5를 사용하던 나라조차 전방에 한 줄로 5명의 공격수가 이어져 있는 것은 지나치다고 생각했다. 오스트리아의 진델라르는 전방에서 뒤로 물러나 팀에 탄력을 주었고, 아르헨티나와 우루과이에서는 인사이드 포워드가 깊이 내려와 상황을 살피는 일이 다반사였다. 시우베이라가 이탈리아의 센터하프 루이스 몬티보다 공격성향이 훨씬 강하다는 점을 제외하면 1938년의 브라질 전형은 포초가 이끌던 이탈리아의 '메토도'와 거의 같았다.

브라질은 이 전술로 준결승에 오를 수 있었다. 하지만 1969년, 나중에 대표팀 감독에 오른 언론인 주앙 사우다냐는 1938년 월드컵 대회를 연구하면서, 스리백을 썼더라면 결승까지 갈 수도 있었다는 결론을 내리며 비판적인 입장을 취했다. 결국 브라질은 5경기에 10골(3골은 페널티골)을 허용했는데, 사우다냐는 필요 이상으로 많은 수비진이 상대의 압박에 허둥댔기 때문이라 여겼다.

△▽

커슈너가 해고된 후 플라비우 코스타 감독이 2-3-5 전술로 복귀하리라 예상들 했지만, 오히려 W−M을 손질하여 자신이 '대각선'이라 이름 붙인 대형을 창조했다. 그가 손을 본 내용은 W−M의 중앙에 있는 사각형을 조금 움직여 평행사변형을 만든 것이었다. 최종적으로 파우스투와 논쟁이 붙은 3명의 수비수와 3명의 공격진을 그대로 유지했지만, 좀 더 단순해진 두 명의 하프백과 두 명의 인사이드 포워드를 둠으로써 대각선에 처진 하프백이 있었던 잉글랜드의 전형과 같았다. 한편, 1941년에 확정된 코스타의 최초 구상에는 오른쪽 하프에 볼란테(지금은 '볼란테 volante'가 브라질에서는 '수비형 미드필더'를 뜻한다)와 그의 왼쪽에 조금 전진한 제이미가 있었다. 따라서 오른쪽 공격수 지지뉴는 자신의 뒤에 공간이 너무 넓지 않도록 약간 내려와 플레이를 했고 왼쪽 공격수 페라시오는 고전적인 창끝 역할을 위해 더 전진해 있었다.

그만큼 쉽게 잘 뒤집히는 전형이라서 오른쪽 측면도 더욱 공격적이었다. 예를 들어, 1930년 월드컵 우승 당시 우루과이 선발이었던 온디노 비에라는, 플루미넨세에서는 대각선에 있었지만, 왼쪽 하프 스피넬리와 함께 수비역할을 맡았고 호메우는 창끝 역할을 담당했다. 대각선이 과연 얼마나 새로운 것인지는 이론의 여지가 있다. 작가이자 전 포르투갈 감독인 깐지도 데 올리베이라는 자신의 저서 〈W−M 시스템〉에서 바스코 다 가마의 한 클럽이사가 코스타의 전형을 설명하기 위해 그와 함께 유럽으로 갔지만 W−M을 모방한 싸구려라는 조롱만 받았다. 하지만 코스타가 W−M에 내재되어 드러나지 않았던 과정을 공식화했다고 보는 게 맞다. 좌우 어느 한 쪽 공격수가 항상 다른 쪽 공격수보다 더 창조적이었고, 한쪽 하프백은 다른 쪽보다 더 수비적이었다. 30년대의 아스널은 버나드 조이가 〈축구전술〉에서 설명하듯 왼쪽 하프 윌프 코핑이 내려와서 플레이를 하면 오른쪽 하프 잭 크레이스턴은 더 자유로웠다. 40년대 말과 50년대 초 울브즈와 잉글랜드팀에서 주장을 맡은 빌리 라이트는 센터하프도 가능한 선수였는데, 그가 하프백을 맡자 빌리 크룩이나 지미 디킨슨보다 더 내려와서 플레이를 했다. 리처드 윌리엄스가 〈완벽한 10〉에서 지적하듯이 보통 왼쪽 공격수가 오른쪽 공격수보다 더 공격적이었고 따라서 왼쪽 측면과 창의성을 연관 짓는 이론에 힘을 실어 주었다. 그래서 8번보다는 10번이 플레이메이커로 더 각광을 받는 것이다.

예를 들어, 파울리스타의 해설자 아우베르투 엘레나 주니오르처럼 코스타가 커슈너에게 너무 비판적이다 보니 커슈너의 방법을 다시 사용하기를 꺼려해서 커슈너를 재포장하는 것뿐이라는 암시를 주며 코스타에 대해 냉소적인 태도를 취하기 쉽지만 그 효과만큼은 대단히 중요했다. 코스타가 전술에 약간의 변화를 줌으로써, 피라미드 전술처럼 이제는 W-M도 결코 성역이 아니라는 것이 분명해졌다. 사각형이 평행사변형으로 변하자 다시 다이아몬드형이 되는 데는 많은 손질이 필요하지 않았다. 이제 남아 있는 전술은 4-2-4뿐이었다. 하지만 4-2-4가 탄생하고 이를 널리 받아들이기 전에 브라질은 먼저 '고통의 1950년'을 겪어야 했다.

△▽

브라질이 주최한 월드컵에서 브라질은 최고의 선수로 구성된 팀으로 결승전에 진출했다는 사실은 세상 누구나 아는 일이지만 정작 우승을 차지하지는 못했다. 결승전에서 통탄할 만한 패배를 당하자 넬손 호드리게스는 '우리의 재앙, 우리의 히로시마'라는 말까지 남겼다. 코스타가 도입한 대각선은 다시 수정을 거친 뒤, 인사이드 포워드 아데미르는 센터포워드로 활동하고 왼쪽 공격수 자이르는 창끝 역할을, 지지뉴는 처진 인사이드 포워드를 맡았다. 그 결과, 유동성이 높아졌고 삼각패스는 부드러웠다. 1949년 코파 아메리카대회에서 7경기 39골로 전승을 기록하고 플레이오프에 진출하여 솔리시가 이끄는 파라과이를 7-0으로 대파하며 우승을 거머쥐었다.

월드컵이 시작되자마자 지지뉴가 부상을 당했지만 누가 봐도 브라질

대각선(오른쪽): 플라멩고 1941년

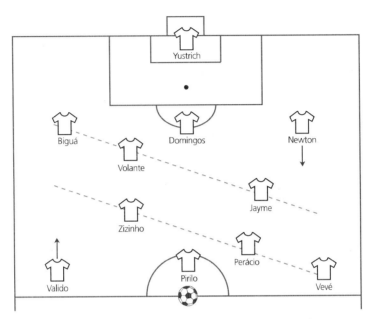

대각선(왼쪽): 플루미넨세 1941년

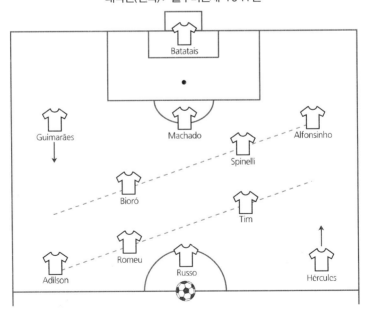

은 우승후보였고 그런 수식어에 걸맞게 마라카낭 개막전 첫 경기에서 골포스트를 다섯 차례나 맞추며 멕시코를 4-0으로 이겼다. 문제점이 드러나기 시작한 것은 상파울루에서 열린 스위스와의 두 번째 경기였다. 당시엔 흔한 일이지만, 코스타도 팀에 변화를 주면서 상파울루 팬들의 마음을 풀어주기 위해 3명의 파울리스타 소속 미드필더를 기용했다. 이런 이유로 팀이 분열되었을 수도 있고, 스위스의 1-3-3-3 빗장전형 때문일 수도 있지만, 브라질 특유의 유연성을 어디에서도 찾을 수 없었고 두 번이나 앞서고도 결국 2-2 무승부를 기록했다. 이제 유고슬라비아와의 조 마지막 경기에서 이겨야 결승그룹에 진출할 수 있게 되었다.

부상에서 돌아온 지지뉴가 건장한 센터포워드 발타자르를 대신하여 투입되었고 아데미르는 이동형 넘버 나인의 역할을 재개했다. 그러자 전년도 코파대회 우승을 차지할 당시의 팀 모양을 갖출 수 있었지만, 스위스전 무승부로 대각선 전술에 대한 신뢰가 떨어지자 더욱 정통적인 W-M전술로 전환했다. 이런 배경에는 모험심이 강하고 유연한 3명의 중앙공격수를 두고 하프백인 다닐루와 카를루스 바우어를 더 아래로 내려 수비를 강화시킬 수 있다는 판단이 깔려 있었다.

처음에는 이 변화가 잘 먹혔다. 유고슬라비아는 라즈코 미티치가 경기시작 직전 튀어나온 대들보에 머리를 부딪쳐 깊은 상처를 입고 치료를 받으면서 10명으로 시작했는데, 그가 경기장에 들어올 즈음 아데미르의 골로 브라질이 앞서 갔고 후반전 들어 자칫 힘들어졌을 경기를 지지뉴의 봉쇄로 이겨냈다. 체력이 강하고 기술이 뛰어난 유고슬라비아를 물리치자 다시 자신감이 살아난 듯했다. 결승그룹 첫 두 경기에서 브라질은 선풍적인 반응을 일으켰다. 스웨덴과 스페인을 각각 7-1, 6-1로 침몰시키자 글랜빌은 "전술은 놀랍지 않지만 기술 만큼은 최고인 미래의 축구"라고 격찬했다.

그의 말대로 전술이 뛰어나지 않았다고 해도 우루과이보다는 훨씬 앞섰다고 볼 수 있는 것은 우루과이는 여전히 볼 컨트롤이 뛰어난 옵둘리오 바레라를 센터하프에 두는 포초의 메토도 유형을 구사했기 때문이다. 우루과이는 결승리그 첫 경기에서 막판 동점골로 스페인과 2-2로 비겼고 스웨덴과의 두 번째 경기에서는 15분을 남기고 2골을 몰아넣으며 3-2로 승리했다. 결국, 브라질로서는 마지막 경기를 비기기만 해도 우승을 할 수 있었고 리우에 모인 사람들은 당연한 승리를 점쳤다. 결승전 당일 조간신문 〈세상〉에는 브라질 선수들의 사진과 함께 '우리가 바로 챔피언'이라는 머리기사를 싣기도 했다. 이에 대해 텍세이라 하이즈는 〈격전의 월드컵 경기〉에서 상세히 기록하고 있다. 바레라는 결승전 당일 아침 호텔 가판대에 놓여있는 신문을 보고 너무 화가 나자 신문을 모조리 사가지고 자신의 방 욕실 바닥에 깔아둔 다음 팀 동료에게 신문 위에 오줌을 누라고 했다고 한다.

경기 전 리우 시장 안젤로 멘데스 데 모라에스는 환영 연설을 미리 했다. "월드컵의 승자, 그대는 브라질… 몇 시간 뒤면 수백만 동포들이 환호할 월드컵의 그대들이여… 지구상의 무적, 그대들이여… 어떤 상대보다도 뛰어난 그대들이여… 내가 먼저, 정복자인 당신들에게 경의를 표하는 바이다."

그래도 코스타만큼은 패배의 가능성을 배제하지 않았다. "우루과이를 생각하면 우리 선수들은 늘 잠을 설쳤다. 선수들이 마치 챔피언 방패 휘장이 박힌 유니폼을 입은 듯이 일요일 경기에 나서지 않을까 걱정이다. 이건 친선경기가 아니다. 여느 때와 같은 시합이다. 그것도 참으로 힘든 시합이다."

브라질을 특별히 힘들게 한 것은 예리한 후안 로페스 감독이었다. 유럽의 전쟁으로 브라질은 외국 원정경기를 못하고 주로 남미팀만 상대하다 보니 다른 지역의 발전된 전술을 목격할 기회가 없었던 반면, 로페스는 스위스가 브라질을 무기력하게 만드는 광경을 지켜봤고 스위스의 시스템에서 영감을 얻었다. 그는 풀백을 보는 마티아스 곤잘레스에게 거의 스위퍼에 가깝게 처져 있게 함으로써 또 한 명의 풀백인 에우세비오 테헤라는 사실상 센터백이 되었다. 두 명의 윙하프 슈베르트 감베타와 빅토르 안드레이드는 브라질 윙어 치쿠와 알비누 프리아사를 일대일 마크했고 바레라와 두 명의 인사이드 포워드는 라판의 1-3-3-3에 가까운 시스템 속에서 평상시보다 아래서 플레이를 펼쳤다.

그날 공식 집계된 마라카낭의 관객 수는 173,850명이었지만 실제로는 200,000명도 넘어섰다. 우루과이 오른쪽 공격수 줄리오 페레스는 너무 긴장한 탓에 국가가 울려 퍼지는 동안 오줌을 싸 버렸다. 하지만 오히려 브라질이 압박을 느끼기 시작했다. 초반에는 브라질이 경기를 주도했지만—로페스의 전술이 브라질의 플레이를 무디게 했지만 제압하지는 못했다—선취골은 나오지 않았다. 브라질 자이르의 슛은 골포스트를 맞혔고 우루과이 골키퍼 로케 마스폴리가, 글랜빌의 표현대로 "골대에서 신들린 곡예"를 펼치면서 전반전을 득점 없이 끝내자 홈팀의 긴장은 높아졌다.

돌이켜 보면 전반 28분에 전환점이 마련되었는데, 이때 바레라가 브라질 왼쪽 수비수 비고데를 주먹으로 쳤다. 나중에 두 사람 다 가볍게 툭 친 것뿐이라고 말했지만, 그 순간 비고데가 두려움에 얼어붙었다는 이야기가 전해지고 있으며 그 이후로 '겁쟁이'라는 놀림이 평생 그를 따라 다녔다.

후반 2분 아데미르의 백패스를 받은 프리아사가 상대 안드레이드를 제치고 발에 살짝 닿는 대각선 슛으로 우루과이의 골문을 열었다. 전반전이있다면 우루과이에게 처참한 결과를 안겨 줄 수도 있었지만, 오랫동안 잘 버텨내자 자신감이 붙은 우루과이는 일방적으로 당하지 않을 거라는 확신이 섰다.

의도적인지 아닌지는 말하기 어렵지만 우루과이는 주로 오른쪽 측면을 공략했다. 그쪽은 브라질이 펼치는 대각선에서 다닐루가 전진해

브라질 1 우루과이 2, 월드컵 결승 리그, 브라질 리우데자네이루 마라카낭,
1950년 7월 16일

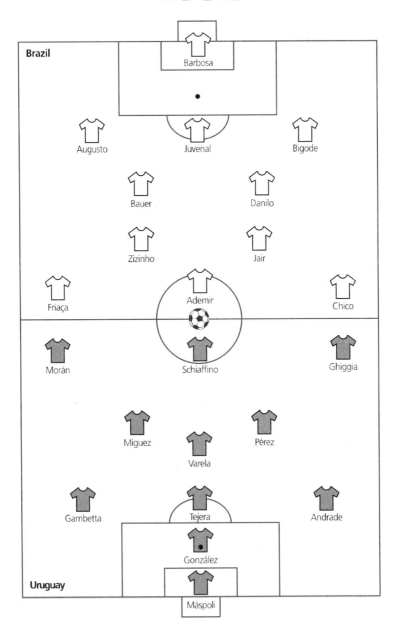

있는 미드필드 지역이라 취약했다. W–M에서 다닐루는 어쩔 수 없이 위로 올라갔으며 비고데는 평상시 자신이 맡았던 약간 올라간 자리보다는 정통적인 왼쪽 수비에 치중했기 때문에 그만큼 위험한 공간이 생겼다. 허약하며 등이 굽은 우루과이의 오른쪽 윙어 알시데 긱히아는 자기한테 그렇게 많은 공간이 생기리라곤 꿈도 꾸지 못했을 것이다.

우승까지 남은 시간은 24분, 드디어 반격을 당했다. 조금씩 활약을 보여 주던 바레라가 앞으로 쇄도해서 오른쪽 긱히아에게 공을 연결했고, 그가 열린 공간으로 속도를 내는 것을 저지하러 비고데가 달려들어 앞이 막히자 후안 스키아피노에게 낮은 크로스를 올렸고 그는 가까운 골포스트 쪽으로 슛을 날렸다. 코스타는 "마라카낭의 침묵이 선수들을 떨게 만들었다"고 말했다. 경기 후에 쏟아진 비난은 관중도 예외가 아니었다. 음악가 치코 부아르케는 자신이 목격한 것을 말했다. "선수들이 마라카낭을 가장 절실히 원할 때 관중은 침묵했다. 관중을 너무 믿어서는 안 되는 것이다."

브라질은 비기기만 해도 충분했다. 하지만 우루과이는 여세를 몰아 거침없이 흔들어댔다. 13분 후에는 긱히아가 다시 자기 진영 오른쪽에서 볼을 잡았을 때 비고데가 가까이 접근하면서 고립되자 페레스에게 볼을 내주었다. 긴장감에서 벗어난 페레스는 자이르를 따돌리고 비고데 뒤로 찔러줬고 때맞추어 긱히아가 달려들었다. 바르보사 골키퍼는 크로스를 올릴 줄 알았지만 페레스는 가까운 골포스트로 흔들거리며 들어가는 슛을 날렸다. 생각지도 못한 일이 일어났다. 세계 챔피언은 브라질이 아니라 우루과이였다.

1889년 공화국이 된 이후로 브라질은 한 번도 전쟁을 겪지 않았다. 호드리게스가 1950년 월드컵 결승을 조국의 '히로시마'라고 말한 것은 그만큼 브라질에 닥친 유일한 대재앙이었다는 뜻이다. 파울루 페르디강은 결승전 경기를 놀랍게 고찰한 〈패배의 해부〉에서 똑같은 점을 다소 누그러진 태도로 표현했다. 그는 당시 경기를 생중계한 라디오 해설을 그대로 싣고 이를 토대로 마치 성경 강독해설을 하듯 경기를 분석했다. "역사상 브라질이 겪은 국가위기 중 1950년 월드컵이야말로 가장 아름답고 찬란한 위기였다. 그것은 열대지대에서 일어난 워털루 대참사이고 그 역사는 이제 우리에게 '신들의 황혼'이다. 그 패배로 평범한 하나의 사실이 놀라운 이야기로 바뀌었다. 이 놀라운 신화는 이제 대중의 상상력 속에 보존되고 커져갔다."

비고데와 바르보사, 주베날. 세 명의 흑인 선수에게 모든 책임이 돌아간 것은 결코 우연으로 치부하기 어렵다. 1963년에는 당시 골키퍼였던 바르보사가 자신의 악령을 쫓아내려고 바비큐 파티에 친구를 불러 마라카낭의 골포스트를 불에 태우는 의식을 거행했지만 그때의 비난을 잠재울 수는 없었다. 결승전이 있고 20년이 흐른 뒤, 한 가게에 있던 바르보사를 보고 어떤 여자가 했던 말이 전해질 정도였다. 여자는 어린 아들에게 "저 사람을 봐. 브라질을 온통 울음바다로 만든 사람이야"라고 말했다고 한다.

2000년 세상을 뜨기 직전 바르보사는 이런 말을 남겼다. "브라질에서 최고형량은 30년이다. 나는 50년을 복역했다." 당연히 하나의 실수였을 뿐인 경기였지만, 지지뉴는 패배의 원인은 W-M전술이라고 주장한다. 이에 대해 벨로스와 인터뷰에서 이렇게 설명했다. "1950년 월드컵 대회 마지막 4경기에서 난생처음으로 W-M으로 경기를 했다. 스페인, 스웨덴, 유고슬라비아도 W-M전술을 썼다. 그리고 우린 W-M을 사용한 팀을 모두 물리쳤다. 하지만 우루과이는 W-M이 아니었다. 우루과이는 한 명을 깊숙이 뒤로 내리고 다른 한 명은 앞쪽에 두고 플레이를 했다." 즉 1919년 코파 아메리카대회에서 우승할 당시 브라질과 수비진이 비슷한 시스템이었다.

잉글랜드가 좌절을 맛볼 때마다 기술적으로 잘못되었다고 반응하는 것처럼 브라질은 수비의 취약점을 들먹인다. 물론 페르디강의 '신들의 황혼'이라는 표현은 잉글랜드가 헝가리에 3-6으로 패한 뒤 〈미러〉에

같은 머리기사가 실렸지만 꼭 우연의 일치만으로 볼 수는 없다. 그런 푸념의 근원은 동일하며 똑 같은 실패에 대한 조롱과 처음부터 전통적인 플레이 방식이 우월한 게 아니라는 분노에 찬 자각이었다. 아이러니한 점은 잉글랜드와 브라질의 전통은 너무나 달랐다는 것이다. 결국 '올바른' 경기 방법은 결코 없는 법이고 어떤 점에서 모든 축구 문화에서는 자신의 강점에 의문을 품고 남을 더 부러워하는 경향이 있다.

6경기에서 22골을 득점한 것이 중요한 게 아니라 마지막에 실점한 2골이 더 중요했다. 브라질의 전문가들은 수비를 강화해야 한다는 데 의견이 일치했다. 1954년 월드컵에서는 공격적 성향의 코스타를 대신해 좀 더 신중한 제제 모레이라가 지휘봉을 잡았다. 프랑스 기자의 말처럼 그것은 아르헨티나 무용수를 영국목사로 바꾼 격이었다.

위대한 중앙공격수 3인방은 없고 스토퍼형 센터하프는 주베날보다 훨씬 더 수비적인 피네이루가 맡았다. 브라질은 멕시코를 가볍게 물리쳤지만 유고슬라비아와 비긴 후 '베른 전투'라고 부르는 문제의 준준결승에서 헝가리를 만나 2-4로 졌다. 브라질 대표단 단장이 공식적으로 전한 월드컵 보고서에는 "현란한 다듬질이 경기에 예술적 표현을 더해 준다. 단, 수익과 결과를 해치면서"라고 결론을 내렸다. 그런데 이것은 흑인 선수들을 비난할 때 주로 쓰는 표현이었다. 다행히 그의 말은 무시되었다. 여론은 가린샤의 불만과 일치했고, 그것은 스트래튼 스미스의 〈브라질 축구전집〉에서 늘 가린샤를 따라 다녔던 말이다. "브라질은 개인을 팀의 큰 틀 안에 묻어두고서 월드컵 우승을 노렸다. 그래서 유럽처럼 축구를 하려고 유럽으로 갔다. 브라질축구는 선수들의 임기응변이 더 중요한 팀이었다."

가린샤 자신은 결코 전술적 규율에 적합한 선수는 아니었지만 그렇다고 제멋대로 돌아다니는 즉흥적인 플레이를 허용할 수는 없었다. 필요한 것은 가련한 비고데처럼 수비를 공격에 훤히 드러내놓지 않고 즉흥적 플레이를 살릴 수 있는 구조였다. 이상하게도 10년 전부터 이미 브라질이 해오던 것에 해답이 있었다.

정확히 누가 4-2-4를 발명했는지는 논란거리다. 아사프의 말대로 그저 "많은 선구자가 있었다." 제제 모레이라, 플레이타스 솔리시, 마르팀 프란시스코가 거론되기도 한다. 심지어 룰라가 산투스팀에 적용한 것이 4-2-4의 원형이라고 말하기도 한다. 악셀 바르탄얀의 말에 따르자면 브라질 사람이 아니라 보리스 아르카디예프가 디나모 모스크바에 적용한 많은 변형 중 하나일 수도 있다. 분명한 것은 대각선의 브라질과 처진 센터포워드(이에 따른 처진 왼쪽 하프)의 헝가리는 제각각 4-2-4가 생길 수밖에 없는 상황으로 옮겨 갔다는 점이다.

파라과이 감독 플레이타스 솔리시는 4-2-4를 알리는 데 핵심적인 역할을 했고 1953년과 1955년 사이 플라멩고에서 이 전술로 3회 연속 카리오카 타이틀을 차지했다. 하지만 이 시스템을 의도적으로 처음 사용한 사람은 마르팀 프란시스코였던 것 같다. 그는 벨루 오리존치에서 20마일 가량 떨어진 도시인 노바 리마의 빌라 노바팀 감독이었다. 그는 왼쪽 하프인 리투를 뒤로 내려 '네 번째 수비수'를 맡게 했는데, 이 용어는 현재 브라질에서는 수비수가 한 단계 올라가 미드필드에 합류하는 경우에 사용한다. 하지만 처음부터, 두 명의 미드필더가 고립될 수밖에 없다는 인식이 있었고 따라서 전방 공격수 중 한 명은 뒤로 처져 있으라는 지시를 내렸다. 빌라 노바에서는 오른쪽 윙어 오소리오가 그 역할을 했다. 그런데 실전에서는 4-2-4 형태가 온전히 나타난 적은 거의 없었다. 공을 소유하고 공격을 전개하면 3-3-4가 되고 공을 뺏기면 4-3-3이었다. 4-2-4가 여기저기서 적용되면서 금세 두 가지 변형전술이 추가로 개발되었다.

첫 번째는 제제 모레이라가 도입한 지역방어 시스템으로, 이것은 1950년에 너무도 처참하게 실패한 W-M의 엄격한 대인방어를 없애면서 더욱 유동적인 플레이가 가능하도록 했다. 1949년 브라질 원정길에 오른 아스널은 사방에서 거침없이 공격을 펼치는 브라질에 놀랐

4-2-4 : 빌라 노바 1951년

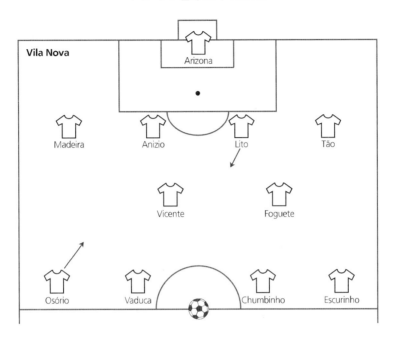

는데, 아스널 선수들은 이런 플레이를 전술적 미숙함을 드러내는 약점이라 여겨 꺼려했다. 풀백 로리 스콧은 아스널이 플루미넨세를 5-1로 물리친 경기를 두고 해밀턴에게 설명했다. "갑자기 한 놈이 달려들면서 골대를 한참 벗어나는 슛을 골문으로 날렸다. 우린 누군지 주변을 둘러보았지만 찾을 수 없었다. 풀백이 자기 자리로 돌아가고 있었다. 그들은 개의치 않고 올라갔다. 나는 한 번도 그렇게 올라가 본 적이 없다."

공격에 가담하는 풀백이 브라질축구에서 점점 더 중요해졌다. 4-2-4의 풀백은 앞 공간으로 올라갈 수 있고, 동시에 빠른 커버플레이도 할 수 있는 시스템이었다. 일대일 대인방어를 멈추자 네 번째 수비수가 스스로 한쪽으로 밀려나지 않고도 전진하는 단순한 과정이 이루어졌고 팀은 W-M에서 가능한 스리백 수비를 계속 유지할 수 있었다.

두 번째는 창끝의 재도입으로, 두 명의 센터포워드가 나머지 공격진보다 조금 아래로 처지고 자연스럽게 미드필드와 연계를 이루는 것이었다. 이것은 특별히 새롭지는 않은 것으로서 브라질의 대각선에서 공격형 인사이드 포워드와 다를 바 없었고 푸슈카시가 헝가리팀에서 오랫동안 이와 유사한 전술을 구사하기도 했다. 하지만 브라질의 축구 기질에는 안성맞춤인 전형으로 보였다. 전술은 곧 가난한 시골 마을 트레스 코라송이스 출신의 앙상한 10대 소년을 통해 꽃을 피웠다. 펠레는 16세에 룰라가 이끄는 산투스에서 데뷔하여 일 년 만에 국가대표팀에 승선, 신선한 바람을 일으켰고 브라질의 첫 월드컵 우승에 기운을 불어 넣었다.

△▽

구트만이 이런저런 주장을 하지만, 그가 1956년 11월에 혼베드와 함께 도착하여 선보인 시스템에 대해 특별한 반응은 없었고, 형태는 비슷했지만 오히려 브라질이 헝가리보다 4-2-4로 더 나아갔다. 히데쿠티는 이 문제를 언급했다. "브라질과 헝가리의 한 가지 다른 시각은 미드필드로 내려오는 공격수의 등번호였다. 1958년 브라질은 오른쪽 공격수 지지에게 이 역할을 맡겼고 헝가리는 센터포워드였다. 양 팀 모두 처진 공격수는 왼쪽 미드필드에서 움직여 원래의 왼쪽 하프가 더 내려와 수비적인 역할을 할 수 있었고 오른쪽 하프는 미드필드의 균형을 유지하며 더 넓은 공간에서 공격을 전개할 수 있었다."

구트만이 끼친 영향은 시스템보다는 스타일이었고 그것이 바로 위대한 헝가리나 영국의 정통적 전술이 가다듬어야 할 부분이었다. 영국 사람들은 헝가리팀의 기술과 처진 센터포워드 때문에 생긴 팀의 유동성에 감정을 주체하질 못했다. 분명히 조금 차이가 있지만, 만약 그런 부분만 본다면 실제로는 원더팀 오스트리아와 다르지 않았을 것이다. 하지만 헝가리는 목적의식을 지닌 활발함이 돋보였다. 그들이 도달한 예술성의 궁극은 승리였고 이런 점에서 단연 지미 호건의 상속자였다. 제프리 그린은 아마 영국의 기분을 맞추느라 1953년의 헝가리는 영국의 과단성과 대륙의 정교함 사이의 정중앙이라고 말했지만 크게 보면 맞는 말이었다. 롱볼 축구를 옹호하던 영국인들은 나중에 자신들의 방법이 효과적이라는 것을 목격했다. 이것은 헝가리가 웸블리에서 너무나 빈번하게 수비에서 두세 번의 패스로 역습으로 전환한 사실을 두고 하는 말이다. 그것은 구트만이 브라질에 도입한 4-2-4의 본모습은 아니었지만 그런 의도를 담고 있었다.

방법의 차이에 대해서는 넬손 호드리게스가 가장 잘 요약했을 것이다. 그는 종종 실제인물을 등장시켜 가상 인터뷰를 하는 짤막한 드라마 같은 장면을 그려냈다. 헝가리의 푸슈카시와 브라질의 위대한 영웅 지지뉴가 나오는 한 편의 글에서 혼베드 원정에 대한 소회를 밝히며 각자에게 경기에서 자신이 정말 잘 할 수 있는 게 뭐냐고 물으면서 끝을 맺는다. 지지뉴는 동료에게 도움을 주는 것이고, 푸슈카시는 당연히 골을 넣는 것이었다. 유별난 예를 든 것이지만, 적어도 당시의 브라질축구가 실용적이지 못하다는 점을 엿볼 수 있다.

상파울루의 1956년 시즌 성적은 초라했고 파울리스타 선수권대회서도 챔피언 산투스에 7점차로 2위에 그쳤다. 1957년에도 불안한 출발을 보이며 결국 선두인 코린티안스에 7점 뒤진 5위로 전반기를 마무리했다. 그러나 구트만의 방식은 조금씩 효과를 보기 시작했다.

구트만은 훈련장 한쪽 벽에 바둑판무늬를 칠해 놓고 훈련 중에 공을 공격수에게 굴려주며 몇 번째 사각형을 맞춰보라고 소리쳤다. 그는 센터포워드가 머리로 살짝 받아서 윙어에게 건네는 긴 패스훈련을 시켰다. 공을 가지고 꾸물거리지 못하게 하며 빠른 패스를 하도록 연마시켰다. 얼마나 강조했으면 '톡-톡-톡'과 '핑-팽-퐁'이라는 유행어가 생길 정도였다. 모든 훈련은 공을 빠르게 움직이고 팀 전체가 본능적으로 플레이하는 것에 초점을 맞추었다.

하지만 무엇보다 중요한 일은 리우의 방구클럽 소속이었던 34세의 지지뉴와 계약을 한 것이며, 이는 나중에 벤피카에 있던 마리오 콜루나와 관계를 맺는 계기가 되었다. 플레이메이커인 지누 사니에게 좀더 수비적인 역할을 맡기고 지지뉴를 두 명의 미드필더 중에서도 좀더 창의적인 역할을 하도록 배치하였다. 지지뉴는 "내가 정말로 축구다운 축구를 한 것은 바로 그때였다"고 고백했다.

상파울루가 파울리스타 선수권대회에서 우승했던 시점에 구트만은 유럽으로 서둘러 떠났다. 하지만 평범한 선수에 불과했던 비센치 페올라가 그의 업적을 잘 이행하여 팀을 1949년 파울리스타 선수권대회 우승으로 이끌었고, 감독직을 관두고 난 후에도 클럽에 머물다 나중에 구트만의 수석코치가 되었다. 페올라가 1958년 월드컵 국가대표 감독으로 임명되자 사람들은 적잖이 놀랐다. 오스발두 브란당은 1957년 코파 아메리카대회에서 브라질이 3위에 그치자 감독직에서 물러났고 후임인 시우비우 피릴루나 페드리뉴도 그다지 깊은 인상을 주지 못했다. 솔리시를 임명하자는 운동이 있었지만, 파라과이 사람이라는 점이 그에게 불리하게 작용했고 브라질축구협회는 논란의 여지가 없는 페올라가 안전하다고 판단하고 그를 선택했다. 쾌활한 성격의 페올라는 워낙 느긋해서, 물론 얼마나 사실인지 모르지만, 훈련 중에 벤치에 앉아 선잠을 자기 일쑤였다는 소문도 있었다. 루이 카스트로는 가린샤 자서전에서 페올라가 과체중으로 인한 동맥질환을 앓고 있었고 때때로 가슴을 콕콕 찌르는 통증이 있었다고 주장한다. 그때 그가 깨달은 해결 방법은 눈을 감고 머리를 낮춰 경련이 가시도록 기다릴 도리밖에 없었는데, 파파라치의 사진을 입수한 이성을 잃은 언론에서 이를 두고 잠을 자고 있다고 제멋대로 해석했다.

이와 달리 아르헨티나 출신 센터하프 안토니오 라틴은 페올라가 보카 주니어스 감독시절에 적어도 한 번은 확실히 곯아 떨어졌다고 주장한다. "훈련은 언제나 시합으로 마무리를 지었는데, 몹시 더운 날, 우린 계속해서 경기를 하고 있었다. 하프타임을 알리는 호각소리를 기다렸지만 그는 가만히 앉아 있었다. 어떻게 해주기를 기다리며 그를 계속 쳐다보았다. 할 수 없이 내가 그에게로 갔을 때 그는 코를 골고 있었다. 쭉 잠들어 있었던 것이다."

유쾌한 성격에 뚱뚱한 체격의 페올라가 정해진 틀에 맞는 플레이를 선호했다손 치더라도 협회의 생각대로 고분고분한 사람은 아니었다. 주셀리노 쿠비체크 정부의 재정지원을 받고 치른 1958년 월드컵대표 팀은 브라질 역사상 준비가 가장 잘 된 팀이었다. 관리들은 스웨덴의 25개 지역을 샅샅이 뒤져 훈련캠프를 골랐고 혹시나 마음이 흐트러질까 봐 그곳 호텔 여성 직원 25명 모두를 교체했다. 심지어 성공은 못했지만 월드컵 기간에 지역 누드촌 폐쇄 운동을 벌이기도 했다.

배후에서 일하는 사람들로 의사와 치과의사, 트레이너, 회계담당, 심리학자 그리고 에르네스투 산투스 전 플루미넨세 감독 밑에서 일하며 상대 정보를 수집하던 정보원까지 두었다. 의사들은 최초 메디컬 테스트를 통해 대다수 선수에게 기생충 퇴치 약 처방전을 주었고 한 선수는 매독치료를 받았다. 치과의사는 예비 명단에 든 33명에게서 470개의 이를 뽑느라 여념이 없었다. 페올라는 이런 일에 기꺼이 협조를 했지만 유독 심리학자 주앙 카르발량이스의 말은 대놓고 무시했다.

카르발량이스는 원래 버스운전사 지원자에게 심리적응도를 평가하던 사람으로서 선수들에게 여러 가지 테스트를 했는데, 가장 우스운 항목은 사람을 그리도록 한 것이었다. 아주 흥미롭게도, 본능적인 플레이를 하는 선수일수록 세세하게 흉내를 내지 않고 막대 모양이나 대강의 형체만 그리곤 했다. 하지만 펠레를 "아주 어린애 같아서 단체경기에 필요한 책임감이 없다"고 결론을 내리면서 웃음을 자아내게 했다. 가린샤는 최고점수인 123점 중 겨우 38점을 받았는데, 이는 상파울루 버스 운전사에게 필요한 최저점보다 모자라는 점수였다. 카르발량이스는 가린샤가 축구 같은 압박감이 심한 경기에 어울리지 않는다는 의견을 내비쳤지만 페올라는 둘 다 팀에 있어야 한다며 무시했다.

둘 다 첫 경기에는 출전하지 않았지만 브라질은 예상을 깨고 오스트리아에 3-0 승리를 거두었다. 펠레는 부상으로, 가린샤는 피오렌티나와 친선 연습경기에서 감독의 눈 밖에 나는 과시용 플레이로 제외되었다(골키퍼를 빙빙 돌리면서 빈 골문으로 공을 굴리지 않고 골키퍼가 다시 커버할 때까지 기다리다 또 속이고 나서 공을 몰고 골라인을 넘어갔다). 그렇지만 산투스가 오스트리아의 W-M전술을 담당하는 4명의 미드필더가 막강하다는 귀띔을 하지 않았으면 가린샤를 출전시켰을 것이다. 페올라는 자갈루가 왼쪽에서 커버플레이를 하도록 했고 사실상 자갈루는 오소리오가 하던 역할을 했지만, 이렇게 되면 가린샤가 실력을 발휘할 수 없으므로 통제가 잘되는 플라멩고의 조엘을 선택했다.

펠레와 가린샤는 잉글랜드전에도 빠졌다. 한편, 잉글랜드도 막후 참모들을 가동하고 있었는데, 이는 세계적으로 축구의 프로화가 진행되고 있다는 암시였다. 토트넘의 총감독 빌 니콜슨은 브라질을 정탐한 뒤 브라질을 이기는 방법은 지지를 막아야 한다는 결론을 내렸다. 그의 방안에 따라 월터 윈터바텀 감독은 브라질의 위협에 맞서기 위해 거의 전례가 없는 전술 변화를 주었다. 호리호리한 웨스트 브롬위치의 풀백 돈 호를 합류시켜 빌리 라이트와 나란히 센터하프로 두고, 토마스 뱅크스와 울버햄프턴의 오른쪽 미드필더 에디 클램프를 그들 옆에 공격형 풀백으로 활용하면서 빌 슬레이트에게 지지를 밀착 마크하도록 위임했다. 바바의 슛이 크로스바를 맞히자 클램프가 걷어냈고 호세 알타피니의 헤딩을 콜린 맥도날드가 두 번이나 선방하는 등 밀린 경기였지만, 잉글랜드의 전술에 브라질의 플레이는 무뎌졌고 득점 없이 비기고 말았다.

브라질이 8강에 오르려면 소련과의 조 마지막 경기에 승리가 필요했다. 카르발량이스는 심층테스트를 실행하면서 선수들에게 머릿속에 맨 먼저 떠오르는 것을 그리도록 했다. 가린샤는 여러 개의 바퀴살을 붙인 태양 같은 원을 그린 뒤, 뭘 그리려 했냐고 묻자 보타포구의 팀 동료 쿠아렌티냐의 머리라고 대답했다. 당장 그를 부적절한 인물로 배제한 카르발랴이스는 소련과의 경기에 나설 11명 중 9명에게 부적합 판정을 내렸다. 페올라는 자신의 판단을 신뢰하며 펠레와 가린샤를 선택했다. 펠레는 카르발랴이스에게 이렇게 말했다고 한다. "당신 말이 맞겠지요. 근데, 축구에 대해서는 아무 것도 모르잖아요."

페올라는 소련선수들의 체격이 엄청나다는 얘기에 걱정하며 시작부터 그들을 움츠리게 하는 방법은 브라질의 기술뿐이라고 판단했고, 탈의실을 막 나가려는 지지를 붙잡고 "명심해라, 첫 번째 패스는 가린샤에게 보낸다"고 일렀다. 시작 20초 만에 윙어인 가린샤에게 공이 갔다. 그러자 노련한 상대 왼쪽 수비수 보리스 쿠즈네초프가 그를 막으려 다가왔다. 가린샤는 왼쪽으로 움직이다가 오른쪽으로 가면서 쿠즈네초프를 제쳤다. 그런 후 멈추고 속이고를 몇 차례 반복했다. 가린샤가 앞으로 치고 나갔고 유리 보이노프마저 제치고 골문으로 향하여 달려가면서 좁은 각도에서 골대를 맞히는 슛을 날렸다. 1분 후에는 펠레가 크로스바를 때렸고 또 1분 뒤 지지의 스루패스를 받은 바바의 선취골로 앞서 갔다. 유럽 선수상인 발롱드로상을 창시한 가브리엘 아노는 이를 두고 축구 역사상 가장 위대한 3분이라고 불렀다.

브라질의 2-0 승리는 최고의 결과는 아니었지만, 8년 전 스페인과 스웨덴을 침몰시킬 당시처럼 모든 면에서 뛰어난 기량을 선보였다. 8강전에서 브라질은 위풍당당한 존 찰스가 부상으로 빠진 웨일스의 만만치 않은 저항을 뿌리치고 1-0으로 힘겨운 승리를 거두었지만 이 경기에서도 브라질의 뛰어난 실력이 여실히 드러났다. 봅 종퀴에의 부상으로 발목이 잡힌 프랑스는 준결승에서 브라질에 2-5로 무릎을 꿇었다. 마지막 결승에서 스웨덴도 같은 점수 차로 무너졌다. 글랜빌은 "이번에는 분명 최고실력을 가진, 말할 수 없이 섬세한 팀이 우승했다"라고 기록했다.

브라질, 1958년 월드컵

브라질, 1962년 월드컵

페올라는 막무가내면서도 빛나는 플레이를 하는 가린샤의 균형을 잡아준 자갈루가 핵심적인 역할을 했다고 말했다. 처음에는 인사이드 포워드였던 자갈루는 자신이 국가대표에 들 수 있는 딱 한 번의 기회라 판단하고 스스로 윙어로 변신했고 나중에는 왼쪽 측면을 아래위로 움직이는 역할에 적응했다. 1962년 월드컵에서 자갈루가 너무 깊이 내려가 플레이를 하면서 4-3-3 시스템이라 부르기 시작했다. 페올라의 건강이 나빠지자 아이모레 모레이라가 그를 대신해 지휘봉을 잡았고, 월드컵 명단에 큰 변화를 주지는 않았다.

모레이라는 이렇게 설명했다. "칠레월드컵에서는 나이를 항상 염두에 둬야 했다. 우리의 전술이 스웨덴월드컵에서 보여 준 브라질의 번뜩임을 기억하는 사람들의 예상보다 유연성이 떨어지는 것은 나이 탓도 있다. 어떻게 하면 팀이 좋은 결과를 낼 수 있는가에 따라 선수를 엄중하게 기용했다. 예를 들면, 지지는 갈수록 미드필드를 잘 지키면서 상대의 중앙을 봉쇄했고, 지투는 더 빠르고 역동적이라 전후방으로 이동하는 플레이를 90분 내내 할 수 있었다. 즉, 서로의 역할을 조심스럽게 연관시켜야 하기 때문에 공격의 탄력성이 줄어들었지만, 그에 대한 엄청난 보상으로 모든 선수가 자유롭고 주도적이며 스스로 변형된 플레이를 할 수 있었다."

가장 득을 본 선수는 가린샤였는데, 그는 두세 명의 상대선수가 어김없이 따라 붙어도 쉽게 따 돌렸다. 펠레가 첫 두 경기에만 출전하고 부상으로 빠졌지만 가린샤로도 충분했다. 그는 8강전 잉글랜드와의 경기에서 페널티킥을 놓치긴 했지만 두 골을 넣으며 3-1 승리를 이끌었고, 칠레와의 준결승전에서도 두 골을 몰아넣으며 팀의 4-2 승리에 공헌했다. 결승전에 나가지 못한 가린샤는 비교적 차분했지만, 더 중요한 것은 1962년 월드컵에서 가린샤가 가장 돋보였다는 점과 1960년 중반 경쟁에서 밀려나기 전까지 윙어로서 최고의 업적을 남긴 것이었다.

1949년 〈가제타〉의 기사에서 마죠니는 다음과 같이 써 내려갔다. "영국 사람들은 축구가 운동 경기지만 브라질 사람들은 게임이다. 영국 사람들은 연달아 세 번 드리블을 하는 선수를 짜증난다고 생각하지만 브라질 사람들은 고수라고 생각한다. 영국축구가 물이 오르면 심포니 오케스트라 같다. 브라질축구가 물이 오르면 열정으로 치닫는 재즈밴드 같다. 영국축구는 공이 선수보다 빨라야 하지만 브라질축구는 선수가 공보다 빨라야 한다. 영국선수는 생각을 한다. 브라질선수는 그때그때 알아서 한다."

가린샤만큼 이런 차이를 극명하게 보여 준 선수는 없었다. 구트만은 상파울루에서 카노테이로라는 왼쪽 윙어를 보유했는데, '왼발잡이'라는 뜻의 이름을 지닌 그는 왼발을 쓰는 가린샤로 불렸다. 한번은 카노테이로가 대놓고 가린샤를 무시하는 것을 보고 난 뒤, 구트만은 "전술은 모두에게 필요하지만 가린샤한테는 필요 없다"라고 말했다. 포백의 묘미는 빅토르 마슬로프와 알프 램지가 증명하듯이 가린샤 같은 선수들에 입각한 전술은 아니었지만 그들이 마음껏 좋은 경기를 펼칠 수 있는 환경을 제공하는 데 있다. 이제 세상 모두가 이 점을 알게 되었고 1966년 월드컵을 끝으로 W–M은 역사 속으로 사라진 것이나 다를 바 없었다.

8장

▽△▽△▽△▽△

그래도 우리가 누군가 (1) – 영국의 전술가

△▽ 1960년 3월 엘레니오 에레라는 버밍엄 공항에서 즉석 기자회견을 열었다. "여기 잉글랜드에는 유럽대륙이 오래 전에 했던, 기술은 없고 체력만 앞세운 스타일의 축구를 한다." 그가 이끌던 바르셀로나가 전날 밤 잉글랜드 챔피언 울버햄프턴 원더러스를 침몰시킨 야간 경기를 봤다면 누구라도 그의 말에 수긍했을 것이다. 1차전을 4-0으로 크게 이긴 바르셀로나는 2차전에서 더욱 눈부신 경기를 펼쳐 합계 9-2 승리를 이끌었다. 울버햄프턴이 혼베드나 스파르타크 모스크바를 물리쳤던 야간 친선경기는 까마득한 옛날 이야기였다.

사실 울버햄프턴은 다른 팀보다도 직선적인 경기를 하는 팀이었지만 에레라는 울버햄프턴이 국내에서 강자였다는 사실이 영국축구가 안고 있는 약점을 보여 준다고 생각했다. "현대축구를 생각해 보면 영국은 진화 단계가 빠져 있다. 영국인들은 오후 5시면 차를 마시는 것처럼 무엇이든 습관에 따라 행동한다"며 영국인의 어쩔 수 없는 보수성을 조롱했다. 울버햄프턴의 총감독 스탠 컬리스가 잉글랜드에서 꽤 진보적인 사람이었다는 점도 아이러니가 아닐 수 없었다.

헝가리전 참패를 통해 영국이 우월하다는 생각이 틀렸고 따라서 영국식 축구를 바꿔야 한다는 인식이 생겼는데, 영국의 황금시대가 지나갔다는 한탄조의 책이 엄청나게 쏟아져 나온 걸 봐도 알 수 있다. 문제는 어떻게 착수해야 하는지 아무도 확신을 못했다는 점이다. W-M이 여기저기서 비판을 받았지만 대안이 없었다. 해결책이 제시되기까지는 빌리 메이슬이 〈축구 혁명〉에서 처방을 내린 과정을 따르려 했다. 즉, 황금시대의 2-3-5로 돌아가는 것. 물론 이것은 에레라가 지적한 문제점을 답습하는 것이고, 나머지 나라들이 점점 더 세련된 전술을 구사하자 영국은 오히려 20년 전의 구식 전형으로 돌아가야 한다며 짐짓 심각하게 주장하는 영향력 있는 축구 저술가들도 있었다.

진지하게 헝가리를 따라야겠다는 선택을 한 것은 맨체스터 시티였다. 조니 윌리엄슨은 1953~54시즌 후반 2군 팀에서 처진 센터포워드로 성공을 거두었고, 이듬해 총감독 레스 맥도월은 돈 레비를 1군 팀의 처진 센터포워드로 뛰게 했다.

나중에 레비는 자신의 회고록 〈행복한 축구 방랑자〉에서 20페이지나 할애하여 당시 시스템을 설명했다. 시즌 개막전에서 프레스톤에게 0-5로 패한 맨체스터 시티는 안개가 짙게 깔린 겨울의 경기장에 적응하느라 애를 먹으면서 불안한 출발을 했지만, 컵대회 결승까지 오르고 리그 7위라는 괜찮은 성적을 거두었다. 한편, 올해의 선수로 선정되기도 했던 레비는 그해 여름, 클럽의 뜻을 거스르며 블랙풀로 가족 휴가를 떠났다는 이유로 시즌 개막 2주 동안 출장정지를 당하면서 주변을 떠도는 신세가 되었다. 부상선수 때문에 레비가 FA컵 결승전 선발명단에 올랐고 시티는 버밍엄을 물리쳤지만 레비는 팀에 환멸을 느끼고 다음 시즌 선덜랜드로 옮겨 갔다.

시티는 더욱 전통적인 방법으로 선회했고 레비는 선덜랜드에 정착하려고 고군분투했다. 선덜랜드는 최대 4파운드 승리수당 규정을 어기고 10파운드를 부당하게 지불하다 발각되어 물의를 일으켰다. 이 와중에 빌 머리에서 앨런 브라운으로 감독이 교체되었고 팀은 강등되었다. 이랬던 저랬던 레비가 팀에 적응하기는 어려워 보였다. 선덜랜드의 오른쪽 공격수 찰리 플레밍은 레비에 대해 다음과 같이 언급했다. "그가 할 수 있는 플레이는 딱 한 가지뿐이었다. 그는 우리한테 여러 가지 낯선 것을 선보였다... 맨체스터에서는 괜찮았지만 레비가 선덜랜드에 왔을 때는 우리는 이미 그 시스템의 장단점을 파악하고 있었다. 그는 도대체 변할 기미가 보이지 않았다." 아마도 이것은 모든 영국선수의 문제로 볼 수 있었다. 이런 이유로 레비는 곧 리즈로 이적했고 다시 인사이드 포워드를 맡았지만 그를 실험적으로 활용할 추진력을 잃고 말았다.

초기 유러피언컵에서 영국 클럽들이 성공을 누렸던 것은 개혁을 통해서라기보다는 주로 그들의 구식 전술을 잘 응용했기 때문이다. 예를 들어, 제1회 유러피언컵 준결승에 올랐던 아일랜드계 클럽 히베르니안에는 고든 스미스, 보비 존스턴, 로리 라일리, 에디 턴불, 윌리 오르몬드로 구성된 5명의 정예 공격수가 있었다. 보비 찰턴, 데니스 비올렛, 덩컨 에드워즈 같은 젊고 활기 넘치는 주축멤버를 지닌 맨체스터 유나이티드도 W-M에 뿌리를 두고 있었다. 제프리 그린은 다음과 같이 평가했다. "유나이티드는 짧고 긴 패스의 조합을 통해 기존의 정적인 공격 형태를 버리고, 질서정연한 수비를 근간으로 재빠르게 위치를 바꾸는 유연한 공격을 펼쳐 성공을 거두었다. 이 시스템은 공격이 절정일 때 여분의 한 사람 즉, '맨 오버man over'를 창조하는 것을 겨냥한다." 영국에서는 매트 버스비가 이끄는 유나이티드가 유연하고 뛰어났지만 유럽의 기준으로 보면 여전히 정통적 전술에 머물러 있었다.

가장 성공적으로 혁신을 일으킨 팀은 1912년 피터 맥윌리엄을 감독으로 선임한 토트넘 홋스퍼였다. 이상하게도 지금은 도외시된 인물이지만 당시 그의 영향력은 어마어마했다. 그는 뉴캐슬에서 노련한 윙 하프로 뛰었던 퀸스파크 계약 선수 봅 매콜에게서 스코틀랜드 패스게임을 배웠고 곧 그 원리를 자신의 새 팀에 적용시켰다. 더 의미 있었던 일은 세밀한 패스게임을 선수들에게 훈련시키기 위해서는 젊은 선수들을 키우는 게 중요하다는 사실을 인식하고 토트넘의 실제적 피더클럽인 켄트 리그 소속 노스플리트 유나이티드를 세운 것이다. 이것은 전례가 없지는 않지만 상당히 드문 조치였다. 그는 설명했다. "우리는 선수들이 좋은 습관만 지니도록 훈련시킨다. 나는 항상 볼을 가장 친한 친구처럼 다루고 조심스럽게 생각하면서 패스하라고 말한다. 세게 공을 차는 일은 토트넘의 사전에는 없다."

그의 생각은 진보적일 수도 있으나 다른 면에서는 아주 전통적인 방식을 고수했다. 윙하프였던 론 버제스는 말했다. "피터 맥윌리엄은 누구하고도 말을 터놓질 않았다. 그는 억센 스코틀랜드 억양으로 곧이곧대로 말하려만 들었다. 만일 한 선수가 그의 심기를 건드리면 주저 없이 그렇다고 말했다. 나는 모두를 '보이'라 부르던 그의 태도와, 우리가 이길 수 있었던 경기를 졌을 때 그가 탈의실로 걸어가면 몇몇 선수들은 시선을 딴 데로 두려고 했던 기억을 잊을 수 없다."

버제스는 자서전에서 코번트리에서 벌어진 2군끼리의 '진을 빼는 힘든 경기'에서 오른쪽 하프 위치에서 전방으로 돌진하다 여기저기 부딪혔던 일을 회상했다. 나중에 탈의실에서 장비를 벗었을 때 맥윌리엄은 그의 멍든 몸을 아래위로 살피더니 "꼬락서니 좋다, 보이! 공을 질질 끌면 안 된다는 걸 알거야!"라고 말했다. 맥윌리엄이 야박할 수도 있었지만 버제스는 그가 옳았다고 결론지었다. "불필요하게 공을 끌면서 튼튼한 수비를 억지로 뚫으려고 한 것은 나의 잘못이었지만 나에게 약이 되었다. 나는 쓰라린 교훈을 얻었다. 퍼렇게 멍이 들 정도로 몸이 쑤셨지만 그 이유만 따지고 보면 충분히 그럴 만 했다."

1927년 맥윌리엄은 1,500파운드의 연봉에 이끌려 토트넘을 떠나 미들즈브러로 갔지만 그곳에서 한 번도 마음 편한 적이 없었든 것 같았다. 1934년, 이전의 아스널 수석 스카우트로 런던에 돌아온 뒤 다시 화이트 하트 레인 White Hart Lane(토트넘 홈구장)에 감독으로 임명되었다. 2차 세계대전 이전 몇 년간 토트넘에는 장차 감독으로서 큰 영향을 끼치게 된 세 사람이 있었다. 아서 로와 빌 니콜슨은 토트넘에서, 빅 버킹엄은 아약스와 바르셀로나에서.

　토트넘에서 처진 센터하프로 뛰었지만 허비 로버츠와 그의 부류들보다 훨씬 더 통합적인 선수였던 로는 볼 소유와, 무턱대고 전방으로 걷어차기보다 정확한 패스를 할 수 있을 때까지 지연하는 플레이를 선호했다. 맥윌리엄에 고무된 로는 언제나 사려 깊은 플레이를 했고 자신의 생각을 실행에 옮기는 데 열정적이었다. 1939년 헝가리에서 시작된 강연투어에서 깊은 인상을 심어준 로는 헝가리 감독들의 멘토 역할을 하면서 헬싱키에서 열리는 1940년 월드컵에 국가대표팀을 맡아달라는 요청을 받았다. 헝가리축구협회의 사실상 중개자 역할을 했던 헝가리 스포츠 신문 〈넴제티 슈포르트〉의 라슬로 펠레키 기자는 잉글랜드축구협회 FA에 그 계획은 로로 하여금 '잉글랜드의 도움으로 헝가리축구의 초석을 다지게 하는 것'이라는 내용의 편지를 썼다. 헝가리축구가 잉글랜드의 도움 없이 발전한 과정을 생각해 보면 그것은 흥미로웠다. 아마도 지미 호건의 나라에 대한 존경심이 여전히 남아 있었을 것이지만 로의 이론은 이미 커피하우스에서 나돌던 이론과 일치했으므로 어느 정도 인위적인 접목을 시도했다고 보는 게 맞겠다.

　전쟁으로 로는 헝가리의 제의를 수락할 수 없었고 고국으로 돌아와 군 축구팀을 지도했다. 첼므스포드 시티에서 리그 타이틀을 차지하고 1949년 당시 2부리그였던 토트넘에 조 흄의 후임으로 임명되었다. 곧바로 그는 자신의 축구이론을 설명했다. 당시 토트넘 주장이었던 버제스는 자서전에 이렇게 썼다. "우리가 훈련 준비를 알리자마자 로는 자신의 새로운 플레이 방식으로 우리를 이끌었다. 처음에 탈의실에서 전체 계획을 논의했다. 우리가 로의 다소 혁명적인 생각을 들었을 때 몇몇 선수들은 의심스런 표정을 지었다." 하지만 2주간의 훈련을 마치자 버제스는 새로운 스타일의 플레이를 실전에서 시도해 보고 싶어 "안달이 났다"고 말했다.

버제스는 새로운 스타일이 무엇이었는지에 대해서는 분명히 했지만 그것이 얼마나 새로운지에 대해서는 확신하지 못했다. 이것은 부다페스트에서 목격한 것 때문에 대담해진 로가 전쟁 전 맥윌리엄이 시도했던 스타일을 극단적으로 받아들인 걸 생각하면 이해할 수 있는 대목이다. 한편으론 그 전술을 "혁명적"이라 불렀지만 다른 한편으론 "정확하게 독창적인 내용이 아무것도 없다"라고 인정했다. 그는 이렇게 썼다. "우리의 스타일은 대륙의 현대적 스타일을 적용한 것뿐이었다. 그것은 14미터에서 18미터 정도의 짧은 패스에 기초했고 어떤 선수도 필요 이상으로 공을 가지고 있는 법이 없었다."

로는 자신의 비전에 근거해서 사우샘프턴의 공격형 오른쪽 백이었던 알프 램지와 첫 계약을 맺었다. 〈훗스퍼의 행진은 계속 된다〉에서 로는 자신이 램지의 공격적 성향을 좋아했다고 말하면서도 공격진에게 긴 패스를 보내는 것에 너무 기대지 말도록 램지에게 당부했다고 설명한다. "램지가 처진 오른쪽 윙어 소니 월터스에게 14~20미터 정도의 패스를 날려 보낼 수 있으려면 얼마나 더 정확해야 하는지 그리고 얼마나 더 실력을 향상시켜야 하는지 스스로 생각해 본 적이 있는가?"라고 물었다. "그럴 수 있다면 상대 왼쪽 수비는 토트넘 진영 너머까지 따라 오지 못할 것이고 월터스는 수비가 있는 곳까지 아무도 없는 중요한 공간을 갖게 된다. 만약 램지가 쭉 따라 올라와 공격에 가담하면 월터스는 인사이드 패스를 보내면 된다."

토트넘이 램지에게 밀고 올라갈 수 있게 하고 후방에서부터 공격을 전개한 것은 영국에서는 좀처럼 보기 드문 일이었다. 램지는 이에 대해 "수비수라도 제한 없이 공격으로 나아갈 수 있었다. 내가 얼마나 자주 올라가서 크로스를 하거나 심지어 골문으로 슛을 하는지 아는 사람은 다 알 것이다. 수비수는 골을 넣는 시도를 해서는 안 된다는 것에 나는 절대로 동의할 수 없다." 하지만 그렇게 할 수 있는 것은 센터하프 빌 니콜슨이 램지의 자리를 대신 지키며 커버플레이를 했기 때문이다.

이것은 푸시앤드런push-and-run이라 알려지게 된 스타일이었지만 그렇게 단순한 게 아니었다. 버제스는 설명했다. "윙어들이 인사이드 포워드들과 위치를 바꾸는 것이 이 전술의 또 하나의 필수요소이기 때문에 보통의 롱킥 전술보다 더 뒤로 물러나서 플레이를 해야 했다." 그것에 맞추기 위해 하프백으로서의 그의 역할은 바뀌었다. 그는 말했다. "나는 더 이상 나 자신을 공격형 하프백으로 여길 수 없었다. 빌 니콜슨과 나는 볼을 인사이드 포워드나 윙어에게 전달할 준비를 하며 풀백에서 오는 짧은 패스를 받을 수 있는 위치에 있어야 했다."

이것은 공간에 있는 사람을 찾는 문제라기보다는 공간을 창조하고 다루는 문제였다. 인사이드 포워드였다가 나중에 빌 니콜슨의 수석코치가 된 에디 베일은 1982년의 클럽역사에 대해 필 소어에게 이렇게 말했다. "우리는 많은 것을 바꾸었다. 마크를 당하고 있는 사람에게 공을 주었다. 하지만 다른 선수들이 볼을 가진 사람이 여러 가지 옵션을 가질 수 있도록 지원해 주는 위치로 들어왔다. 따라서 그것은 어떻게 볼을 주고 어떻게 볼을 받는가를 확실히 하는가에 달려 있었다." 어떤 선수 뒤에 수비수가 바짝 달라 붙어있더라도 만일 그가 공을 즉시 딴 데로 보내 공격의 각도를 바꾸기만 한다면 문제가 되지 않았다. 로는 말했다. "훌륭한 플레이어는 볼 쪽으로 달려간다. 어설픈 플레이어는 볼을 뒤쫓아 간다."

토트넘은 1949~50시즌 순조롭게 승격을 달성했고 당시 1부리그 3위에 올라있던 선덜랜드를 FA컵 4라운드에서 5-1로 대파했다. 하지만 5라운드에서 에버턴에 패하면서 팀이 상위팀과 경쟁하려면 플레이 스타일을 바꿔야 하는 게 아닌가라는 문제가 제기되었다. 로는 바꾸지 않겠다는 단호한 태도를 취했다. "옛 오프사이드 규칙이 [1925년에] 바뀌고 아스널이 성공적으로 자신들의 플레이 시스템을 도입한 이후로 축구는 부정적인 형태를 띠었다고 생각한다. 아스널의 스타일에 문제가 있는 게 아니라 그 시스템을 성공적으로 가동하려면 일정한 수의 전형적인 선수들을 보유하고 있어야 한다. 만일 이런 유형의 선수가 없다면 시스템을 성공적으로 활용할 수 없다. 많은 클럽이 제대로 해 낼 수 있는 선수가 없으면서 아스널 스타일을 따라하려고 했다. 결과적으로 수가 막혀 버렸다. 팀이 개인보다 더 중요하다는 사실을 인식하는 우리 방식이 더 낫다. 결국 개인에게도 더 이로울 것이라고 생각한다."

1950~51시즌 중 처음으로 선두권에 복귀한 토트넘은 때때로 놀라운 경기를 펼쳤다. 11월에 뉴캐슬을 7–0으로 물리치자 〈텔레그래프〉는 감동적인 어조로 글을 써내려갔다. "토트넘의 방식은 참으로 간단명료하다. 단순하게 말하면 토트넘의 원칙은 볼 소유를 최대한 적게 하면서 열린 공간으로 땅볼 전진패스를 하면 순식간에 동료선수가 그 자리로 움직이는 것이다. 그 결과 모든 선수가 빠른 속도로 공을 쉽게 처리하면서 팀 전체가 공격을 수행하는데, 이는 마치 먼 해안가로 달려가는 탄력이 붙은 파도와 같다. 공의 흐름은 삼각형과 사각형 모양을 이루었고, 지난 토요일 경기처럼 패턴에 가속이 붙기 시작하면 모든 패스는 흠뻑 젖은 경기장 표면 위의 정확한 위치로 가서 도저히 막을 수 없었다."

토트넘은 승점 4점차로 타이틀을 차지하며 시즌 연속 2부리그와 1부리그 타이틀을 차지한 세 번째 팀이 되면서, 〈토트넘 위클리 헤럴드〉 특파원 콘코드의 말대로 그들의 스타일이 얼마나 혁명적인지 보여 주었다. 그는 이렇게 적었다. "스퍼스는 모든 의구심을 넘어 자신들의 새로운 스타일이 더할 나위 없이 우월하다는 것을 증명했다... 나는 이 스타일을 성공적으로 적용하면 영국축구에 혁명이 일어날 것이라고 예측한다. 클럽들이 스리백 게임에 대한 해답을 찾는 것이 필요하다는 걸 알게 된 것처럼 스퍼스의 시스템에 대응할 자신들의 구상을 변경해야 할 것이다... 이렇게 엄청난 고무적인 개발을 이끈 공로는 스퍼스의 감독 아서 로에게 돌아간다... 클럽에 짧게 머문 동안 그의 영향으로 최고수준의 축구에서 느낄 수 있는 결과를 만들어 냈다. 그는 축구는 팀 경기며 팀워크만이 성공을 가져온다는 근본적인 진리를 알아내고 적용시켰다."

토트넘은 다음 시즌 2위를 차지했지만 로가 나이 든 선수들을 너무 오래 지켜주면서 팀의 형태가 붕괴되었던 것 같다. 로는 끝까지 이 문제에 매달리다가 1954년 1월 신경쇠약에 걸렸다. 여름에 다시 현장에 복귀했지만 컵대회 5라운드에서 요크 시티에게 당한 패배로 너무나 많은 문제점을 드러냈다. 1955년 4월 병원에 재입원했고 7월에 감독직을 사임한 뒤 다시는 화이트 하트 레인으로 돌아오지 못했다. 수석코치였던 지미 아담슨이 감독직을 승계했고 빌 니콜슨을 자신의 수석코치로 두었다. 토트넘 스타일의 토대는 확고했고 푸시앤드런 축구를 펼쳐 1961년 니콜슨 감독 체제에서 2관왕을 일구어냈다.

하지만 토트넘의 혁신적 태도는 잉글랜드에서 보기 드문 성공을 거두었지만 의구심을 떨쳐 내지는 못했다. 영국을 제외한 모든 세계가 기술적으로 발전했고 점점 더 세련된 수비패턴과 유동성을 창조하는 방법을 찾아내자 영국축구도 비록 섬세함은 덜 했지만 나름대로 노력을 기울였다. 이것은 에레라가 받아들인 '카테나치오(빗장수비)'만큼이나 두려움에, 또는 옹호론자의 눈에는 실용주의에 뿌리를 두고 있었지만 참으로 영국적인 불안감이 반영되었다. 기술이나 많은 생각을 필요로 하는 것은 결코 신뢰하질 않았고, 육체적 강인함은 여전히 뿌리칠 수 없는 미덕이었다. 1966년 월드컵 외에는 잉글랜드축구하면 떠오르는 것이 붕대에 피를 흠뻑 적시고도 굴하지 않는 테리 부처의 모습인 것도 결코 우연한 일이 아니다. 앞선 1990년 월드컵 지역예선에서 스웨덴을 맞아 득점 없이 무승부를 이끌어 출전 자격을 얻었을 때처럼 궁지에 몰리는 것도 영국다웠다. 이탈리아였다면, 잉글랜드가 실제로 1997년 로마에서 열린 이탈리아전에서 믿기 어려울 만큼 뒤바뀐 역할을 한 것처럼, 경기의 흐름을 완전히 멈추고 미드필드에

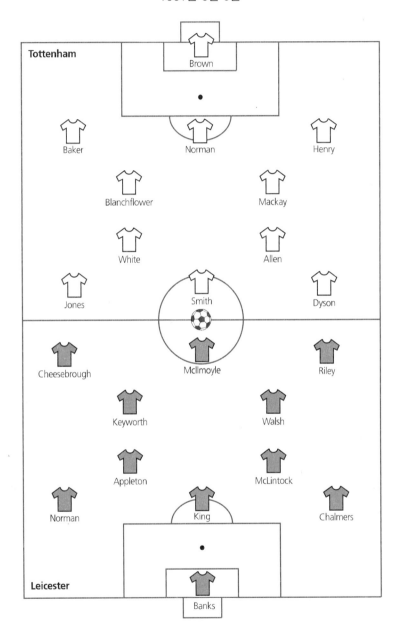

토트넘 홋스퍼 2 레스터 시티 0, FA컵 결승, 웸블리,
1961년 5월 6일

서 느릿느릿 공을 돌리며 시간을 끌면서 리듬을 끊으려 했을 것이다. 하지만 스웨덴과의 경기에서는 가만히 물러나서 불굴의 용기에 의지하며 깊은 수비를 했다. 사이먼 쿠퍼는 이를 두고 틈만 나면 '됭케르크 Dunkirk(필사적인 철수)'를 재현하려는 욕구라고 불렀다.

면면히 이어져 내려온 영국축구의 성향을 클리스 감독 탓으로 돌린다면 터무니없는 일이 될 것이다. 이는 마치 50년대의 축구저술가들이 채프먼을 비난하는 일이나 다를 바 없다. 또 한 가지, 만일 아름다움이 아니라 결과를 목표로 삼는다면 체력위주의 기능주의가 꼭 문제가 될 이유가 없다. 이것은 헝가리에게 무너진 지 13년 만에 결국 체력을 앞세운 잉글랜드가 월드컵 우승을 차지한 것을 보면 알 수 있다. 중요한 것은 방법과 그 방법에 담긴 생각이다.

클리스의 울브즈는 에레라가 이끄는 바르셀로나에게 압도당했지만 몇 년 전만해도 뛰어난 팀을 상대로 대단한 성과를 이끌어 냈다. 1953년 여름 울버햄프턴 홈구장인 몰리뉴에 야간조명이 설치되었고 그해 9월 남아프리카 대표팀과 처음으로 야간경기를 했다. 부에노스 아이레스의 라싱클럽을 3-1로 물리치자 〈익스프레스〉의 고집 센 데스몬드 해켓은 "울버햄프턴은 속도와 정신력으로 무장한 잉글랜드축구가 여전히 세계 최고라는 것을 잘 보여 주었다"고 표현했다. 이후 울버햄프턴은 디나모 모스크바를 2-1, 스파르타크를 4-0으로 물리쳤지만 가장 기억에 남는 경기는 단연 1954년 12월 14일, 푸슈카시, 치보르, 보지크, 코치시가 있던 혼베드와의 대결이었다. 헝가리에게 두 번이나 굴욕을 겪은 잉글랜드로서는 복수전이었다.

경기 당일 아침, 클리스는 그해 여름 헝가리가 서독과의 월드컵 결승에서 진흙탕 경기장에서 악전고투하던 일을 떠올리며 세 명의 축구견습생을 보내 경기장에 물을 뿌렸다. 그 중 한 명인 16세의 론 앳킨슨은 홀든이 쓴 클리스전기의 인터뷰에서 이렇게 밝혔다. "우리는 그가 정신이 나갔다고 생각했다. 추위가 기승부리던 12월에 비가

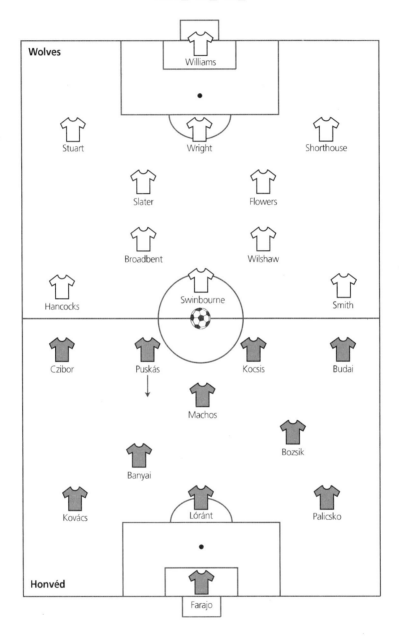

울브즈 3 혼베드 2, 친선경기, 울버햄프턴 몰리뉴,
1954년 12월 13일

4일 동안 줄기차게 내렸다."

혼베드는 경기시작 15분 만에 2골을 넣긴 했지만 곧 그라운드 상태가 그들을 괴롭히기 시작했다. "혼베드는 갈수록 진창에 빠지기 일쑤였고 그들의 기술은 먹혀들질 않았다"고 앳킨슨은 덧붙였다. 클리스는 볼이 땅에 많이 닿지 않는 플레이를 주문했고, 하프타임에 긴 패스를 통해 전방에서부터 곧이곧대로만 플레이를 하는 혼베드의 풀백을 곤란하게 만들라고 지시했다. 후반 4분 만에 울브즈는 조니 핸콕스의 페널티킥 만회골로 희망의 끈을 붙잡았다. 제프리 그린은 다음과 같이 묘사했다. "조금씩 울브즈가 상대를 조여 들어가기 시작했다. 어느 곳이든 두 배의 숫자로 몰려들었다. 운동장은 점점 더 흙탕물이 휘돌아 걸쭉한 풀 같았다. 한편, 몰리뉴의 관중은 바다에 이는 허리케인처럼 밀려 들어와 흔들어대고 포효하면서 끝장을 내라고 했다." 마지막 14분을 남기고 이번에는, 자전거를 타고 경기장에 오다 충돌하여 입은 부상으로 경기에서 거의 제외될 뻔했던 데니스 윌쇼가 올린 크로스를 로이 스윈번이 헤딩으로 동점골을 넣었고, 다시 90초 만에 두 명이 합작으로 결승골을 터트렸다.

이 경기로 영국축구는 1년간의 참혹함을 떨쳐버리는 승리를 만끽했다. 피터 윌슨은 〈데일리 밀러〉에 감격스런 글을 썼다. "살아생전에 이보다 더 긴장감 넘치는 경기를 볼 수 있을까. 그런 경기가 더 있다손 치더라도 내가 살아있지는 않을 것 같다." 〈뉴스 크로니클〉의 찰리 버칸 칼럼도 영국식 축구가 옳다는 것이 밝혀졌다며 반겼다. 〈데일리 메일〉은 환호의 순간을 머리기사에 담아냈다: '세계 챔피언 울브즈 만세' 이 선언에 화가 치밀어 오른 가브리엘 아노는 그것을 반증하려 유러피언컵을 창안했다.

냉담하게도 빌리 메이슬은 겨우 며칠 전 혼베드가 당시 유고슬라비아 리그 7위였던 츠르베나 즈브제다에게 패했으며 선두인 파르티잔에게 한참 뒤져 있다고 지적했다. 메이슬은 "누구도 파르티잔을 세계 챔피언이라 부르지 않는다. 한마디 덧붙이자면, 진창이 된 경기장은 세계챔피언 승자를 결정할 최적의 장소가 아니었고 심지어 그 진창마저도 울퉁불퉁했다"고 말했다. 기술과 체력이 맞붙는 전투를 벌이면 두 가지를 혼합할 수 있는 영국은 누구에게도 뒤지지 않는다고 자위했지만, 몇 년 만에 그 생각은 헛된 것으로 드러났다. 울브즈는 1958년 맨체스터 유나이티드 선수를 포함해 20여명이 사망한 뮌헨 비행기 참사로 생긴 공백을 제외하고 승승장구 1958년, 1959년 리그와 1960년 FA컵을 들어 올렸지만 정작 1955년부터 시작된 공식 유럽대회에서는 존재감이 거의 없었다. 영국축구에 대한 에레라의 독설이 정곡을 찌른 셈이었다.

△▽

대다수의 감독처럼 클리스도 선수 시절의 스타일과는 딴판이었다. 선수 때는 공격 성향의 세련된 유명 센터하프였다. 푸슈카시는 "당대에 가장 전형적인 센터하프"라고 극찬하기도 했다. 일찍이 지도자 기질을 발휘하여 19세에 울브즈, 22세에 잉글랜드 대표팀 주장을 맡았다. 꼼꼼한 성격 탓에 자신이 상대했던 센터포워드에 대한 인상을 기록한 노트를 간직했다. 토미 로튼은 공격수가 클리스를 무너뜨리려면 "탱크 같은 침투력과 경주견 휘핏만큼의 속도"가 있어야만 가능했다고 말했다. 클리스는 철저하리만큼 정정당당한 것으로 명성을 얻기도 했는데, 리버풀과의 타이틀 결정전에서 상대 공격수 앨버트 스터빈즈가 골을 넣으려고 자신의 뒤에 바짝 따라 붙었지만 달리힘으로 상대를 누르지 않으려고 했다. 존 알롯은 클리스를 "열정과 엄격함을 지닌 청교도"라 불렀다.

그의 지도방식은 괴팍한 프랭크 버클리 소령 밑에서 얻은 것으로서 버클리는 30년대의 모험심 강한 감독 중 한 사람이었다. 몰리뉴 경기장의 탈의실에다 치료용 투열장치, 직류전기요법과 응급치료에 쓰는 만능기계, 가짜 약 '섬소이달' 그리고 방사용 자외선 방출 기계를 설치했다. 1939년 FA컵 결승을 앞두고 선수들에게 원숭이 분비샘에서 뽑은 것으로 보이는 '육즙'주사를 맞도록 한 것은 또 하나의 유명한 일화다. 하지만 클리스는 근육을 키우기 위해서가 아니라 자신감을 높이기 위한 유효성분이 없는 가짜 약이라 여겼다.

정통적 방법에 의문을 가지면서 클리스는 다시 기본에 눈을 돌렸고, 늘 "열심히 하는 것 말고는 대안이 없다"고 주장하며 체력 훈련을 필수라고 여긴 몇 안 되는 영국감독 중 한 명이었다. 시즌을 앞두고 실시하는 스태미나 강화 훈련기간에 자연경관으로 유명한 케녹 체이스 지역을 종주하도록 했고 국제 육상대회 선수로 활약한 적이 있는 프랭크 모리스를 체력 코치로 고용했다. 클리스는 한결같이 자신의 선수들이 "높은 단체 의식과 우수한 체력을 지녀야 하며 경기장에서는 올바른 전술을 사용해야 한다"고 말했다. 여기서 말하는 전술은 전방으로 빠르게 공을 전개하는 데 온 힘을 쏟는 W-M이 주를 이루었다. 클리스의 주장에 따르면 울브즈의 선수들은, 대동소이한 철학을 지닌 많은 감독들이 했던 것과는 달리 더 이상 목적 없이 공을 멀리 차내지 않았고 윙어인 지미 멀린과 조니 핸콕스에게 빠르게 공을 전달하려고 시도했다. 주장인 센터하프 빌리 라이트는 설명했다. "몇몇 경솔한 비평가들이 이것을 킥앤드러시 kick and rush라고 불렀다. 그것은 본질을 벗어나도 한참 벗어난 말이다. 사실 모든 단계가 철저히 논리적이며 클리스가 개인주의보다는 이타적인 협력을 우선시했지만 그렇다고 개인기를 펼치는 선수를 경멸한 적은 한 번도 없었다."

클리스가 피터 브로드벤트와 지미 머리 그리고 보비 메이슨같은 재능 있는 선수들을 팀에 불러들였지만 그에게 기술이란 팀의 목표를 위한 도구였지 결코 목표는 아니었다. 공정함의 중요성을 존중했지만 '올바른' 플레이 방법이라는 개념은 그에게 쓸모가 없었고 경기에서는 이기는 게 중요했다. 그는 이렇게 설명했다. "우리는 공을 잡은 선수는 누구나 빠르게 공격을 전개하기 때문에 공격수들은 결코 자기 능력을 과시하는 플레이를 하면 안 된다. 그렇게 하면 즐거워하는 관중이 있을 수도 있지만 효율적인 움직임은 떨어지기 마련이다."

사람들이 웸블리에서 헝가리가 6-3으로 잉글랜드를 물리친 경기를 두고 패스와 개인기의 축제라고 칭송했지만 클리스는 오히려 자신의 생각이 정당하다는 점을 찾아냈다. 먼저 골키퍼 귈라 그로시츠가 공을 길게 걷어낸다는 것과 헝가리의 골 중 한 골만이 헝가리 진영에서 전개되었다는 점을 지적했다. 세 골은 한 번의 패스로, 한 골은 두 번의 패스 그리고 또 한 골은 프리킥에서 나왔다. 사람들이 그렇게 감탄했던 주고받는 패스게임은 헝가리의 볼 점유율이 높았던 후반전에야 가능했다. 그는 다음과 같이 분석했다. "시합 중 득점기회는 문전 앞에서 이루어지는 공의 전개시간과 정비례한다. 울브즈의 수비수가 빨리 공을 걷어내지 않으면 공은 그만큼 문전에서 머물고 상대에게 득점할 기회를 내준다. 공격전개 과정이 더디면 상대 문전에서 플레이가 이루어지지 않고 득점을 많이 하지 못한다."

그런 면에서 클리스는 브리지노스 근처에 주둔하고 있던 영국공군 장교 '윙의 사령관' 찰스 리프라는 동맹군을 얻었다. 리프는 30년대 런던 남서부의 부시 파크에 주둔 중일 때 아스널의 오른쪽 하프 찰스 존스의 3시간가량의 두 차례 강의에 참석한 후 허버트 채프먼이 이끄는 아스널에 매료되었다. 강의에서 존스는 후방에서 전방으로 공의 빠른 전환을 강조했고 채프먼의 전담 윙어 개념에 대해 설명했다.

리프는 세계대전이 끝나갈 무렵 독일로 배치를 받았고 1947년 영국으로 귀환했지만, W-M의 형태만 수용하고 채프먼의 다른 개념들을 받아들이지 않는 현실에 실망감을 감추지 못했다. 그는 W-M 플레이가 너무 느리다고 느꼈는데, 이 시스템에서 윙어는 고립되다시피 했고 잔기술을 부리다 별 소득 없는 크로스만 올리기 일쑤였다. 답답한 마음은 깊어만 갔고 마침내 1950년 3월 19일 카운티 그라운드에서 열린 스윈던 타운과의 경기 도중에 그의 인내심은 한계에 다다랐다. 이에 대해 그는 1989년 스코틀랜드의 팬 대상 잡지 〈펀터〉에 자서전 형식의 기사를 통해 밝힌 바 있다.

사실 1950년 3월 19일에는 아무런 경기도 없었기 때문에 평소 리프가 통계의 정확성에 민감한 편임을 고려하면 당혹스러운 일이지만, 아마도 스윈던이 3월 18일에 3부리그 홈경기에서 브리스톨 로버스를 1-0으로 물리친 경기를 말하는 것 같다. 전반전에 연이은 공격이 무위로 끝나자 후반전에는 기록을 하기로 마음먹었다. 그의 메모에는 스윈던이 후반에 147번의 공격을 하였고 이것을 환산하면 경기당 280번의 공격에 평균 2골을 가정할 수 있으며 실패율은 99.29퍼센트라는 결론을 얻어냈다. 그렇다면 0.71퍼센트만 개선하면 경기당 평균 3골을 넣을 수 있다는 뜻이고 팀의 리그승격도 따 놓은 당상이라고 생각했다.

리프는 더욱 세밀한 분석을 했고 이번에는 양 팀의 공격 전개를 기록하기 시작했다. "1950년도만 해도 이런 통계치가 제대로 수립되지 않았지만 시간이 지나면서 내용이 옳다는 사실이 드러났다. 그리고 9골 중 2골만이 3번 이상 연결된 패스전개로 만들어졌다"고 기사에 덧붙였다. 또한 자기 진영 안에서 시작되는 긴 패스가 더 효과적이고, 상대편의 페널티박스 안 또는 바로 바깥에서 볼을 따내 득점하는 것이 가장 효율적이며 골문으로 어덟 번 정도 슛을 시도하면 한 골을 넣는다는 사실도 알아냈다.

당시 리프는 예이츠버리에 주둔하며 그곳 RAF(영국공군)팀과 함께 했다. 리프는 윙어 역할에 대한 이론을 개발했고, 당시 기록은 남아 있지 않지만 외위빈 라르손은 리프가 노르웨이축구에 끼친 영향이라는 글에서 90년대 노르웨이 총감독이었던 에질 올센에게 보낸 리프의 보고서에 대해 언급한다. 이 보고서는 애초에는 1954년 잉글랜드와 우루과이의 친선경기를 앞두고 월터 윈터바팀(직접 읽었다는 증거는 없지만)을 위해 만든 것으로서 그해 초 열린 월드컵에서 우루과이가 스코틀랜드를 7-0으로 물리친 경기를 분석한 내용이다. 보고서에는 윙어가 오프사이드를 피하면서 거의 터치라인 가까이 붙어 최대한 경기장의 윗선에 머물면서 수비에서 오는 긴 패스를 기다리고, 공중 볼은 우선적으로 항상 가까운 골대를 향해 헤딩하고, 다음으로 슛 또는 크로스를 올리며, 공을 소유하지 못한 경우에는 공에서 먼 골대 쪽으로 이동하여 최전방 중앙공격수를 받쳐주어야 한다고 주장한다. 이것은 딱 맞아 떨어지지는 않지만, 채프먼의 전술에서 윙어들이 했던 것이고, 만일 RAF팀 윙어들이 실제로 그렇게 했다면 그 전술로 성공을 거둬 1950년 육군남부사령부컵 대회 우승을 차지한 것이라 볼 수 있다.

1950년 리프는 부시 파크로 재배치되어 돌아 왔다. 그곳에서 자신의 전술을 체계화하자 브렌트포드의 총감독 재키 기번스가 관심을 보였고 1951년 2월부터 리프를 자신의 클럽에 파트타임으로 고용했다. 그가 팀에 왔을 때는 시즌 14경기를 남긴 상태에서 강등위기에 처해 있었다. 리프의 조언 덕분에 경기당 골 비율이 1.5에서 3으로 올랐고 리그잔류 안정권에 필요한 승점 28점 중 20점을 따냈다. 하지만 리프는 그해 후반 브리지노스로 근무지를 옮겼다.

리프는 1953년과 1967년 사이 왕립통계학회 회장 버나드 벤자민과 함께 세 번의 월드컵을 포함하여 잉글랜드리그 578경기를 연구했다. 그들은 전체 공격전개 중 5퍼센트만이 네 번 이상 연결된 패스로 이루어졌고 여섯 번 이상은 1퍼센트에 불과했다는 사실을 밝혀냈다. 배스대학 스포츠운동 과학그룹의 방문 연구원 켄 브레이는 〈득점하는 법〉이라는 저서에서 "이유는 분명하다. 연속패스연결은 시종일관 정확성을 유지해야 하는데 상대 수비수가 공간을 차단하기 위해 움직이고, 패스가 전개되어감에 따라 패스의 대상을 따라 붙기 때문에 아주 어려운 일이다"고 말했다. 리프가 내린 결론은 볼 점유율 축구는 역효과를 내기도 하며 RAF나 브렌트포드 같은 낮은 수준에서는 더욱 그렇다는 사실이다. 브레이는 이상하리만큼 리프나 80년대에 이와 비슷한 이론을 개발한 FA 기술이사인 찰스 휴스를 꼬집지는 않았다. 롱패스 위주의 공격이 50년대 영국축구에서 드물었다는 이유만으로 그것이 바람직하지 않다는 뜻은 아니다. 보편적인 것이 반드시 좋다고는 말할 수 없다. 채프먼 시절부터 볼을 길고 빠르게 차도록 익혀왔는데, 이는 시즌 중반 진흙탕이나 다름없는 경기장을 고려하면 나름대로 타당했다. 그리고 연속패스연결이 드물었기 때문에 골이 적게 나는 것도 당연했다.

어떻든 리프의 분석을 근거로 직선적인 축구가 더 효율적이라고 말하는 사람들의 주장에는 명백한 오류가 있다. 리프가 제시한 수치에 따르면 연구대상 경기 중 91.5퍼센트의 공격 전개가 세 번 이하의 연결된 패스로 이루어진다. 만약 골문 앞에서 연결되는 패스의 수에 차이가 없다면 이론적으로 세 번 이하의 연결된 패스로 골이 들어갈 비율도 마찬가지로 91.5퍼센트인 셈이다. 직선적인 축구가 더 효율적이라면 이 수치는 더 높아져야 한다. 그러나 브레이는 리프의 수치에 근거해서 "약 80퍼센트의 골은 세 번 이하의 패스에 의한 공격전개에서 나온다"는 결론을 내린다. 이미 지적한 대로 리프 자신은 "9골 중 2골만이 세 번 이상의 연결된 패스전개로 나왔다"라고 주장했다 (그러면 9골 중 7골인 77.8퍼센트는 세 번 이하의 패스연결로 이루어진다). 쉽게 말하자면, 1981~82시즌의 왓포드는 골의 93.4퍼센트를 세 번 이하의 연결된 패스로 기록했지만 1982년 월드컵에는 106골 중 72골, 즉 67.9퍼센트만이 세 번 이하의 패스 전개로 들어갔다.

이 수치대로 대략 80퍼센트의 골이 3번 이하의 연결된 패스로 들어간다고 해도 91.5퍼센트의 공격이 3번 이하의 연결된 패스로 이루어진다면, 리프의 세밀하지 못한 매개변수를 적용하더라도, 자연히 3번 이하의 패스가 네 번 이상의 패스보다 비효율적이게 된다. 더욱이 이 수치는 연속패스연결이 데드볼(프리킥, 코너킥, 페널티 상황 등)

이 되거나 끊겼을 때 얻는 골은 아예 고려하지 않으며, 공을 소유하여 상대를 쫓아오게 만드는 팀은 지치는 속도가 더딜 것이고 따라서 지쳐 있는 상대를 떨어져 나가게 할 수 있다는 사실도 염두에 두지 않는다. 이렇게 수치에 대한 너무나 기초적인 몰이해를 근거로 세운 철학이 영국의 축구지도에 초석이 될 수 있었다는 사실이 끔찍하기만 하다. 지식인에 대한 반감도 옳지 않지만 비뚤어진 사이비 지성주의를 신뢰 하는 것은 훨씬 더 나쁜 일이다.

리프는 〈왕립통계학회 저널〉에 중요한 통계를 하나 제시했다. 사실 이 자료는 스스로의 논제를 거스르는 내용이었지만 사람들은 주목하 지 못했다. 1958년 월드컵에서 모든 공격전개의 1.3퍼센트가 일곱 번 이상의 패스로 이루어진 반면, 1957~58년 영국의 전체 리그경기에 서는 0.7퍼센트를 기록했다. 1962년 월드컵은 2.3퍼센트, 1961년 리 그경기는 1.3퍼센트, 1966년 월드컵은 2.6퍼센트, 1966년 리그는 1.2 퍼센트였다. 이 정도의 표본으로 의미 있는 결론을 끌어 낼 수 있다고 한다면 우리는 두 가지 결론에 얻을 수 있다. 첫째, 연속패스연결이 1958년과 1962년 사이에 점점 더 대세를 이루었고 둘째, 당시 축구 경기의 절정에 있었던 국제대회서는 클럽축구보다 두 배 가량 긴 연결 패스를 만들어 냈다. 길게 직접 연결하는 플레이가 그렇게 뛰어난 것이 라면 틀림없이 수준이 높을수록 더 많이 하지 않았겠는가?

여기서 말하고자 하는 것은 직선적인 축구가 항상 잘못되었다는 게 아니라 극단적인 근본주의 전술은 다른 영역처럼 엉뚱한 길로 들어 서는 경우가 생긴다는 점이다. 오히려 전술은 상황과 활용할 선수에 따라 결정해야 한다. 리프 옹호자들은 수치를 잘못 해석하고 있지만, 설령 그렇지 않다고 해도 그의 연구방법은 거의 무의미할 정도로 포괄 적이다. 왜 당연한 듯이 12월 로더럼에서 열린 3부리그 경기에 적용한 방법을 6월 멕시코 과달라하라에서 열린 월드컵 경기에 똑같이 적용하 는가? 천재적인 위대한 전술가는 알맞은 시기에 올바른 시스템을 적용할 줄 안다. 알프 램지조차도 1970년 멕시코월드컵에서 볼 소유에 무게를 둔 방법을 채택한 걸 보면 그도 이것을 잘 알고 있었다.

그런데도 리프의 통계는 여전히 클리스의 본능에 웅크리고 있었고 잉글랜드리그에서만큼은 두 사람은 실속 있는 동업자 관계를 유지했다. 클리스는 "통계를 통해 실점을 하고 득점을 못했던 전술의 핵심을 수정하고 개선시키는 데 도움이 되었다"고 말하기도 했다. 그는 또한 리프가 '최고득점기회위치 POMO'라는 것을 추출해 낸 것에도 감동을 받았는데, 이것은 골 에어리어 외곽에서부터 골라인에서 먼 쪽 골포스트에 이르는 지대를 말하는 것으로서 놀랄 만큼 많은 득점이 여기서 일어났고 리프가 윙어에게 그 방향으로 뛰어 들어가도록 지시한 구역이다. 계속해서 클리스는 "리프가 헝가리전을 분석한 기록은 내가 옳다고 믿었던 원칙을 낱낱이 보여 주었다. 그는 미덥지 못한 나의 기억을 신뢰하게 만드는 사실들을 분명하게 수립했다"고 말했다.

알프 램지는 헝가리에게 3-6으로 패한 것은 현실이 반영된 게 아니라고까지 믿었는데, 그는 오른쪽 풀백으로 출전하여 페널티 지점에서 잉글랜드의 세 번째 골을 성공시키기도 했다. 또한 헝가리가 대부분의 골을 롱패스로 연결하여 얻었다는 사실을 지적했고, 골키퍼 길 메릭을 은근히 비판하면서 그저 헝가리의 슛이 유난히 잘 들어갔을 뿐이라고 넌지시 말했다. 그러나 다섯 번의 슛을 시도한 잉글랜드에 비해 헝가리는 무려 서른다섯 번의 슛을 날렸고 후반전에 돌입하자 당혹스러울 만큼 여유 있게 공을 소유했다는 사실을 무시하고 있다는 점에서 솔직하지 않다. 하지만 흥미롭게도, 이러한 편협함은 분명히 램지가 지닌 외국인에 대한 태도에서 나왔다고 볼 수 있다(그는 볼쇼이 극장에서 〈잠자는 미녀〉를 볼 기회가 생겼지만 모스크바 영국대사관 클럽에서 상영되는 알프 가넷 영화를 놓치지 않기 위해 거절했다고 한다). 또는 램지가 헝가리와 비슷한 플레이를 펼치는 클럽에서 선수로 성장했고 더욱이 그곳은 공격수가 공간 창출을 위해 밑으로 처져야 했던 팀이라 자신의 입장에서는 헝가리의 숙달된 기술과 전술에 남들만큼 주눅이 들지 않았을 것이다. 램지는 결코 아름다운 것을 보고 혹하는 부류의 사람이 아니었다.

램지가 영국에게 유일한 성공을 안겨준 걸 생각해 보면 그에 대한 일반적인 평가가 그토록 상반되는 게 이상해 보인다. 우승을 차지한 1966년 월드컵을 돌아보며, 앞 세대가 채프먼과 2-3-5 전술을 돌이켜 보았을 때처럼, 그것을 미래 축구의 청사진이라고 본 사람도 있지만, 램지가 성공을 거두자 스스로 진화할 지혜가 없는 추종자들이 그를 따라 하려고 한 것이 마치 램지의 잘못인 양 램지를 탓하는 사람도 있었다. 심지어 잉글랜드가 월드컵 우승을 차지했을 때도 그에게 존경을 보내는 데 인색했다. 이에 대해 전기 작가인 데이브 볼러는 다음과 같이 설명했다. "그를 깎아 내리는 사람은 램지가 축구를 실험실의 동물을 해부하듯 다룬다고 지적하면서 축구에 담긴 시적 요소를 빼내 축구를 과학으로 전락시켰다고 주장한다. 그런데 이런 평가를 찬사라고 볼 수 있는 이유는 축구를 신체의 스포츠이자 전술이 들어간 정신의 스포츠로 여긴다는 의미가 담겨있기 때문이다." 물론 이런 평가에 개의치 않았지만 분명 그의 명성에는 도움이 되지 않았다.

램지의 심장에 현실주의의 피가 흐르고 있다는 것은 1955년 8월 입스위치에 부임하자마자 잘 드러났다. 토트넘 로 감독의 방식에 수긍했을지 모르는 일이지만 푸시앤드런은 예측불허의 3부리그 남부팀에는 적용할 여지가 없다는 점을 금세 알아차렸다. 우선 단순한 것부터 시작을 했고 감독 데뷔전에서 토키 유나이티드에게 0-2로 패했지만 〈이스트 앵글리언 데일리 타임스〉 기자는 입스위치가 선보인 다양한 코너킥이 인상 깊었다고 말했다. 곧 결실을 보이기 시작했지만 램지가 변화를 시도한 12월이 되어서야 월드컵을 종착지로 하는 10년간의 진화가 일어났다. 지미 레드베터는 기술이 좋고 지능적인 인사이드 포워드였지만 걸음이 느리다는 결점이 있었다. 원래는 전임자인 스콧 덩컨이 여름에 그와 계약을 했고 램지가 부임한 4개월 동안 단 한 경기에만 뛰면서 앞날이 불확실해지자 램지는 새해가 되기 직전 레드 베터에게 왼쪽 윙에서 뛸 것을 요청했다. 그는 자신이 빠르지 않다고 걱정했지만 정작 램지는 그의 공 다루는 기술을 염두에 두고 있었다.

레드베터는 당시 상황을 이렇게 설명했다. "나는 왼쪽 윙어였지만 윙플레이를 하지 않았다. 뒤로 물러나서 수비에서 오는 공을 받았고 상대방 풀백이 나를 마크하러 그렇게 멀리까지 올라오지 않자 내가 그만큼 파고들 공간이 생겼다. 내가 앞쪽으로 더 멀리 전진하면 풀백이 위치를 벗어나서 따라 왔다. 마크할 사람이 없는 상태에서 한 가운데 서 있을 수는 없었고 결국 나를 따라 올 수밖에 없었다. 왼쪽 측면에 큰 틈이 생기자 그 자리는 센터포워드 테드 필립스의 차지였다. 그는 공과 공간이 생기기만 하면 골네트를 흔들어댔다."

1957년 팀은 승격했고 포츠머스의 최전방 중앙공격수 레이 크로퍼드와 레스터 시티의 정통파 오른쪽 윙어 로이 스티븐슨과 계약을 성사시켜 램지의 계획은 모양을 갖추었다. 4-2-4 형태였지만 월드컵 우승 당시 브라질처럼 변형된 4-2-4였다. 브라질의 마리우 자갈루가 높은 위치에서 아래까지 깊이 왔다 갔다 하는 자리는 레드베터가 맡았는데, 걸음이 느리다 보니 저절로 깊이 내려가 있었다. 결국 1958년의 4-2-4와 비교해 스타일은 딴판이지만 1962년 브라질이 썼던 비스듬한 4-3-3 형태에 더 가까웠다.

"우리는 수비에서의 빠른 역습이 중요하다고 본다. 어떤 팀이나 공격에 실패한 순간이 가장 취약하며 이 경우에 내가 생각하는 바람직한 패스의 횟수는 세 번이다"고 램지는 말했다. 두 사람이 만났다는 언급은 없지만 3이라는 숫자는 리프에게 매직넘버와 같은 것으로서 그저 우연한 일치로 보이지만은 않는다. 레드베터는 "램지는 패스의 수가 적을수록 나쁜 패스를 할 기회가 줄어든다고 생각했다. 딱 세 번의 좋은 패스가 더 나은 이유는 10번을 하려고 하면 어떤 것이나 마찬가지로 그중에 한 번은 그르치기 때문이다. 세 번째 패스에 슛을 할 수 있는 위치에 가 있어야 하는데 팀플레이를 따라 하면 그렇게 할 수 있다"고 설명했다.

W-M의 가장 큰 약점은 수비수가 3명이기 때문에 중심축이 꼭 필요하다는 사실이었다. 상대의 왼쪽 측면에서 공격이 전개되면 오른쪽 풀백은 윙어를 막기 위해 움직이고 센터하프가 센터포워드를 마크하면 왼쪽 풀백은 커버를 위해 그 뒤로 돌아 들어온다. 만일 4-2-4나 두 명의 골잡이를 두는 시스템과 맞부딪칠 때는 또 한 명의 센터포워드를 마크하게 된다. 레드베터는 "커버를 할 수 있는 자원이 하나뿐이라서 풀백을 물리치면 공격수에게 좋은 기회가 생긴다"고 W-M의 약점을 설명했다.

입스위치는 1961년 다시 승격했고 이듬해 리그 타이틀까지 차지하자 많은 사람들이 어리둥절해했다. 더욱이 선발진을 꾸리는 데 든 돈은 토트넘이 이탈리아에서 지미 그리브스를 다시 데려오는 데 든 비용의 3분의 1도 안 되는 3만 파운드에 불과했다. 〈더 타임스〉는 입스위치에 대해 "설명이 안 된다. 단순한 것을 정확하고 빠르게 하고 플레이에 군더더기가 없으며 뽐내는 것도 없다. 짜릿하지도 않고 맥박이 뛰게 하지도 않는다. 결국 정직하게 일하는 사람에게는 이점이 생기는 법이다"라고 말했다.

그들의 전술을 파헤치는 텔레비전 취재는 거의 없다시피 했기 때문에 최고의 수비수라 할지라도 대처하기 어려웠다. 풀럼과 대표팀에서 풀백이었던 조지 코언의 말이다. "레드베터가 너무 깊이 내려와 도대체 누구를 마크해야 할지 몰랐다. 나를 원래 위치에서 끌어 내린 후 나의 너머로 공을 올려 크로퍼드와 필립스에게 보냈고 그들은 우리가 우왕좌왕하는 사이에 두 골을 넣었다. 필립스와 크로퍼드를 허스트와 헌트로 대체하면 그게 바로 잉글랜드의 시스템이다."

하지만 다음 시즌부터 다른 팀이 예측을 해내면서 입스위치는 FA

컵 우승자와 리그 우승자가 맞붙는 채러티 실드 Charity Shield 경기에서 토트넘에게 1-5로 패했다. 이 경기에서 토트넘 빌 니콜슨 감독은 두 명의 센터포워드를 마크하도록 풀백을 가운데로 들어오게 했고 하프백은 레드베터와 스티븐슨을 맡도록 지시했다. 갈수록 많은 팀이 대처를 하면서 램지가 잉글랜드 대표팀 감독으로 선임된 10월 말까지 입스위치는 15경기에서 2승을 거두는 데 그쳤다.

대표팀 전임자 월터 윈터바텀은 자신은 들러리에 불과했던 위원회에서 대표팀을 선발하면서 감독으로서 힘을 쓰지 못했다. 이것을 목격한 램지는 자신의 전술을 실험하기 위해 완전한 선수선발 권한을 요구했다. 몇몇 사람이 모여 각각의 포지션에 최고의 선수를 뽑는다면 모든 포지션은 선수들 간의 균형이나 상호작용을 고려하지 않은 채로 미리 결정이 나버린다. 과거에는 이런 점을 W-M의 장점이라고 굳게 믿었지만 램지는 항변했다. "사람들은 매슈스, 핀니, 카터 같은 선수들을 말한다. 그런데 그들에게 계획이라는 것은 필요가 없었다. 나도 이런 선수들과 함께 플레이를 했다. 그 당시 잉글랜드는 분명 괜찮은 팀이었다. 그러나 그들에게 엄격한 계획이 있었다면 몇 배는 더 좋았을 것이다."

램지는 이듬해 5월 완전한 통제권을 갖게 되었지만 앞선 두 경기는 위원회와 함께 치러야 했다. 첫 경기에서 위원회가 W-M을 들고 나왔지만 프랑스에 2-5로 패했다. 이 결과 위원회는 램지를 따르지 않을 수 없었다. 다시 4-2-4로 전환한 잉글랜드는 홈에서 스코틀랜드에게 1-2로 패했지만 램지는 임기초반 내내 4-2-4 전술에 매진했다.

램지의 전술개발에 실마리가 된 것은 1964년 5월 포스트시즌 기간의 남미 원정경기였다. 먼저 뉴욕에서 미국을 10-0으로 격파했다. 이것은 램지의 설욕전으로서, 램지는 1950년 브라질 벨루오리존치에서 미국에게 0-1로 패할 당시 소속팀 선수였다. 한편, 대승을 거두었지만 긴 여행으로 몸은 지쳐갔고 3일 만에 경기 일정이 다시 잡혔다.

4개 팀이 펼치는 토너먼트 경기 첫 상대인 브라질에게 1-5로 크게 졌다. 다음 상대인 포르투갈과 비겼지만, 중요한 것은 세 번째 경기인 아르헨티나전이었다. 아르헨티나는 비기기만 해도 우승한다는 걸 알고서 먼 기억 속의 라 누에스트라 시절로 돌아간 듯 공 뒤에 진을 친 채 경기의 흐름을 깨고 공을 소유하면서 시간만 보냈다. 데스몬드 해킷이 〈데일리 익스프레스〉에 실은 대로 잉글랜드는 "한 무리의 촌놈들이 미로를 빠져나가려고 머리를 짜내는 것처럼" 어찌할 줄 몰랐다. 잉글랜드는 경기를 지배했지만 골은 감감 무소식이었고 오히려 역습을 허용, 0-1로 패했다. 아르헨티나의 주장 호세 라모스 델가도는 그 상황을 다음과 같이 설명했다. "우리는 로베르토 텔치를 1962년 브라질의 자갈루처럼 밑으로 둔 4-2-4 전술을 펼쳤다. 잉글랜드는 무어와 찰턴 그리고 톰프슨을 보유한 대단한 팀이었지만 우리는 지능적인 플레이를 했다. 잉글랜드가 공을 훨씬 더 많이 점유한 것은 사실이다. 하지만 그 이유는 우리 팀 한 명이 미드필드를 포기하고 수비에 전념했기 때문이다."

해킷은 선수들에 대해서도 언급했다. "그들 가슴에 그려진 세 마리 사자 문양이 늙은 암고양이 같았다." 반응은 한결 같았다. 잉글랜드가 지능적인 계획으로 훈련이 잘된 상대에게 당할 수도 있는 문제지만, 늘 그렇듯 영국선수들이 최선을 다하지 않았다거나 국가대표라는 자부심을 보여 주지 못했다는 문제점만 지적했다. 〈데일리 메일〉의 브라이언 제임스도 분을 삭이면서 냉정한 평가를 내렸다. "만일 경기에 상관하지 않고 뮤직홀에 가서 즐기고자 마음먹는다면 이 경기에서 무엇이든 얻을 수 있다. 아르헨티나는 일관된 논리를 끝까지 밀고 나갔다. 그들은 '상대가 골을 못 넣으면 우리가 이긴다'라는 원칙을 정했다. 정말 무모하고 성급한 광란의 순간에만 빗장을 풀려고 했다." 물론 램지는 자신은 차이코프스키의 러시아를 좋아했으면 했지 아르헨티나에게 영향을 받았다고 말하지는 않았을 것이다. 그러나 잉글랜드와 남미의 두 축구강대국 사이에 '엄청난 차이'가 있다는 것은 받아들였다. 자국에서 치러진 1966년 월드컵 제패에 대한 축구협회의 보고서에서 남미 원정경기의 경험이 참으로 소중했다고 지적한 점은 의미하는 바가 있다.

그해 여름 내내 램지는 전략을 재고했고 결국은 시스템이 사람보다 더 중요하다는 결론을 얻는다. 과묵한 성격 탓에 확신할 순 없지만 램지가 그 후 2년간 월드컵 우승을 향해 하나하나 조율하며 발전을 꾀한 것은 어렵지 않게 알 수 있다.

4-2-4에서 넓게 포진했던 보비 찰턴과 피터 톰프슨은 뒤로 물러나는 유형이 아니었고 센터포워드인 지미 그리브스나 조니 바이런도 현실적으로 아래로 내릴 수 없었다. 주로 중앙 미드필더를 맡았던 조지 이스트햄은 인사이드 포워드로 전향했고 같이 짝을 이룬 고든 밀른도 경기흐름을 잘 타는 선수였다. 램지는 4-2-4가 약팀을 이기는 데 알맞은 전형이지만 강팀을 상대하기로는 부적합하며 경기가 잘 풀리는 않는 날은 정말 잘하는 팀도 쉽게 공격을 당할 수 있다는 것을 깨달았다. 결국 문제는 4-2-4는 공을 소유할 때 힘이 생기지만 먼저 공을 따내는 데는 도움이 안 된다는 사실로 집약된다.

언제 처음으로 램지가 맨체스터 유나이티드의 전투적 앵커(수비형 미드필더) 노비 스타일스를 염두에 뒀는지 확실치 않지만 분명한 것은 그를 뽑는 순간 스타일스는 4-2-4로는 플레이를 할 수 없었다는 점이다. 만일 그대로 두면 창의적으로 후방에서 전방으로 공을 이동하는 모든 부담스런 짐을 한 선수가 지게 되었다. 그런 인식 때문에 리버풀의 윙어였던 톰프슨이 피해를 입었는데, 그는 브라질월드컵에서 언론으로부터 '하얀 펠레'라 불릴 정도로 활약했다. 태도를 바꾼 램지의 처지에서는 톰프슨은 너무 요란한 선수였고 따라서 존 코넬리, 이안 캘러헌, 테리 페인 같은 선수들에게 눈을 돌리자 서서히 설 자리를 잃게 되었다.

시즌 첫 경기는 10월에 열린 북아일랜드와의 홈 인터내셔널 원정경기였다. 램지는 다시 4-2-4를 꺼내 들었지만 이번에는 보비 찰턴을 이스트햄이 맡았던 미드필더 역할로 전환시켰고 페인을 오른쪽에 배치하여 자갈루나 레드베터처럼 아래로 처지도록 했다. 전반전에 4-0까지 앞섰지만 결국 4-3으로 힘겨운 승리를 거두었다. 〈데일리 메일〉은 '90분간의 난장판'이라고 부르면서 램지에게 머리를 쓰라고 요구했다. 램지는 선수들이 대충대충 플레이를 한다며 화를 냈지만 언론의 반감 때문에 자신의 계획을 바꿀 사람은 아니었다.

뒤이은 벨기에전 2-2 무승부는 납득하기 힘들었지만 이듬해 2월의 회합에서 진정한 돌파구가 열렸다. 고든 뱅크스, 보비 찰턴, 피터 톰프슨을 포함한 6명이 FA컵 출전 때문에 대표팀에서 빠져 나갔지만 램지는 자신의 프로그램을 고수하면서 23세 이하 팀과의 연습경기에 4-3-3 전형으로 성인팀을 내보냈다. 램지는 결과에 만족했다. "나는 주니어팀에게 성인팀의 전술에 대해 사전에 알리지 않는 잔인한 속임수를 썼다. 성인팀은 최고의 미드필더 3인방, 오른쪽 브라이언 더글러스, 중앙의 조니 바이런, 왼쪽의 조지 이스트햄이 젊은 선수들과 함께 격렬하게 뛰어 다녔다." '날개(윙) 없는 기적Wingless Wonders'은 이렇게 탄생했다. "두 명을 측면에 넓게 박아두는 것은 경기가 풀리지 않을 때는 사실상 9명의 선수만 남는 셈이라서 사치에 가깝다"는 게 그의 설명이었다.

1964년에서 1974년까지 웨일스 총감독이었던 데이브 보웬은 램지가 포백수비에서는 전통적인 윙어는 죽는다는 것을 영국에서 누구보다도 먼저 알았다는 점에서 그의 천재성을 인정했다. "수비가 3명일 때는 다르다. 공에서 먼 쪽에 있는 수비가 센터하프 뒤를 커버하게 되면 윙어는 항상 대각선 패스를 통한 공간을 확보하게 된다. 수비가 4명일 때는 수비수는 윙어와 밀착해서 플레이를 하게 되고 따라서 윙어는 속도를 낼 공간을 잃고 만다. 공간이 없는 윙어는 죽은 것이다."

포메이션이 확실해지자 램지는 전형에 적합한 선수를 찾는 일에 박차를 가했다. 4월에 스타일스와 잭 찰턴이 스코틀랜드와의 2-2 무승부 경기에 데뷔했고 다음 달에는 앨런 볼이 1-1 무승부를 기록한 유고슬라비아전에 등장했다. 그리고 딱 한 달 만에 뉘른베르크에서 열린 서독과의 친선경기에 공식적으로 자신의 4-3-3을 선보였다. 울브즈 소속의 론 플라워즈가 스타일스를 대신해 들어갔고 볼은 미드 필드에 배치하고 리즈 유나이티드의 믹 존스와 이스트햄을 전방으로 올렸다. 페인과 대표팀 경기에 첫 출전한 에버턴의 데릭 템플은 윙에서 오르내리며 미드필드를 지원했다. 1-0 승리를 거두고 나서 스웨덴 전에 스타일스를 측면 후방으로 내려 2-1로 승리하자 램지는 4-3-3 으로의 전환이 옳았다고 확신하게 된다. 이 시스템의 핵심은 앨런 볼이었는데, 볼은 엄청난 에너지 때문에 1962년 브라질의 자갈루처 럼 윙어와 미드필드 보조자라는 두 가지 역할을 해 낼 수 있었다.

1965~66시즌 초반의 경기력은 그다지 인상적이지 않았지만, 12월 잉글랜드는 미드필드에 스타일스, 볼, 찰턴 그리고 전방에 로저 헌트, 이스트햄, 조 베이커를 포진시켜 압도적인 내용으로 스페인을 2-0으로 물리쳤다. 시스템의 잠재력을 알아차린 램지는 이를 공개적으로 드러내지 않기로 마음먹었고 〈데일리 메일〉의 브라이언 제임스에게 다음과 같이 말했다. "전 세계의 경쟁자들에게 우리가 하고 있는 것을 보여 주는 일은 아주 잘못된 거라고 생각한다. 어떤 선수를 가장 필요로 하는 순간까지 보호하는 것이 나의 임무다. 이것은 특히 축구를 하는 집단에서 참으로 중요한 하나의 교육 단계이다. 나는 적절한 시점에 알맞은 팀을 꾸리는 일을 할 것이며 특정한 플레이의 조합이 성공했다고 해서 무조건 밀고 나가지는 않는다."

램지는 무승부로 끝난 폴란드와의 친선경기에서 4-2-4로 돌아왔고 같은 전술로 서독을 1-0으로 물리쳤다. 그날 데뷔전을 치른 죠프 허스트는 즉시 헌트와 교감을 이루게 되었다. 연이어 스코틀랜드를 4-3으로 물리치자 팬들과 언론은 기뻐했지만 램지는 마음속으로 수비적인 4-2-4는 적합하지 않다고 확신하고 있었다. 그런 후 1966년 5월 웸블리에서 유고슬라비아를 2-0으로 물리친 경기에서 자신의 마지막 퍼즐조각을 꺼내들었다. 그것은 웨스트 햄 소속으로 감정을 내색하지 않는 미드필더 마틴 피터스였는데, 램지는 그를 '10년 앞선 선수'라며 부담을 줬지만 볼이나 허스트와 같이 그도 현대적 의미의 창의적인 멀티플레이어로서 수비 몫도 거뜬히 해냈다.

원정으로 치러진 핀란드와의 친선경기에서 램지는 4-3-3을 가동하여 볼, 피터스, 찰턴을 미드필드에 두고 캘러헌을 단독 윙어로 두었다. 이 경기에서 3-0 승리를 거두었고, 3일 후 오슬로에서 노르웨이를 6-1로 물리쳤을 때는 전형적인 윙어인 코넬리와 아래로 처진 레드베터의 역할을 하는 윙어인 페인을 가동하는 2인 윙어 체제를 활용했다. 피터스는 여전히 우선 선발카드는 아니었지만—언론의 입장에서 그랬다—카토비체에서 열린 폴란드와 최종 평가전에 소집되었다. 램지가 언론에 선발진을 발표하면서 마침내 자신이 구상해 왔던 포메이션이 구축되었다는 사실을 인지할 수 있었고, 피터스에게 등번호 11번을 준다는 발표를 할 때는 잠시 말을 멈추면서 생소하고 극적인 느낌마저 들었다.

이것은 어떤 형태의 윙어도 존재하지 않는 팀이었다. 4-3-3으로 부르기는 했지만 노비 스타일스가 자서전에서 언급하듯 사실상 4-1-3-2로서 자신은 수비형 미드필더인 앵커맨으로, 그 앞의 피터스와 찰턴, 볼은 누구라도 앞으로 나가면서 전방의 헌트와 그리브스를 지원할 수 있도록 했다. 잉글랜드는 헌트의 골로 1-0으로 승리했고 레이 윌슨은 잉글랜드가 월드컵에 우승할 것이라는 램지의 3년 전 주장을 수긍하게 된 계기가 바로 그때였다고 한다.

그러나 월드컵 첫 경기 우루과이전에서 램지는 피터스에 앞서 코넬리를 낙점했고 기울어진 4-3-3으로 복귀했다. 그는 속내를 드러내

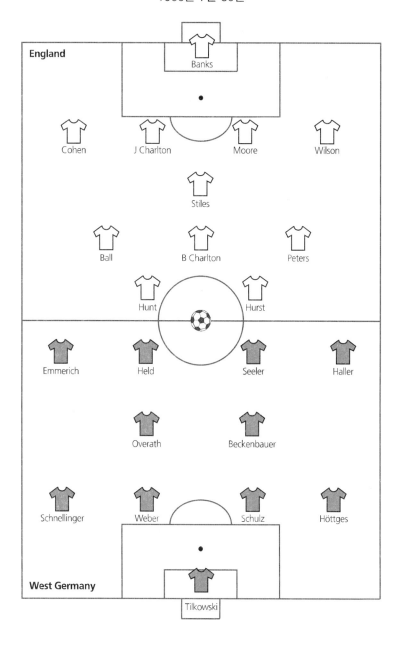

영국 4 서독 2, 월드컵 결승, 런던 웸블리,
1966년 7월 30일

지 않았지만 윙어는 수비에 몰리는 약한 팀을 극복할 수 있는 역할을 여전히 가지고 있다고 느꼈다. 경기 초반 별 소득이 없자 미드필드진은 3명의 전방 공격수를 지원하기 위해 앞으로 나갔지만, 우루과이는 끝까지 버텼고 결국 0-0 무승부로 끝났다.

두 번째 멕시코전에는 피터스가 부상 중인 볼을 대신해 들어왔고 코넬리는 페인으로 교체되었다. 결국 비스듬한 모양이 뒤집혀서 윙어는 왼쪽이 아니라 오른쪽에 있었지만 본질적으로 같은 전술이었다. 램지는 약팀을 상대로 다시 윙어를 활용했고, 계획대로 경기가 풀리면서 2-0으로 낙승했다. 캘러헌은 3조의 프랑스전에 선발로 나섰고 팀은 다시 2-0으로 이겼지만, 이 경기는 스타일스가 자케 시몽에게 가한 끔찍한 태클로 더 유명해졌다. FIFA는 앞으로 주의하라는 경고를 보냈으며, 영국축구협회도 스타일스를 꼭 출전시켜야 하는지를 묻는 메시지를 램지에게 보냈다. 이에 대해 램지가 사퇴까지 불사한다고 버틴 것은 형식적으로 한 말이었는지 모르겠지만 수비형 미드필더 스타일스의 역할이 그만큼 중요했다는 의미일 것이다.

아르헨티나와의 8강전에서 다시 4-1-3-2로 전환한 것은 전술적인 선택일 수도 있지만 그리브스의 부상 탓도 있었다. 이제 램지는 언론의 총애를 받는 선수를 빼더라도 비난을 받을 걱정이 없었고, 화려하지는 않지만 공중볼을 따내고 소유할 수 있는 공격수 허스트를 투입할 수 있었다. 경기는 무자비하고 폭력적이었다. 휴 맥일바니의 표현대로 "축구가 아니라 국제적인 문제가 된 사건"이었다. 하지만 잉글랜드는 단호했고 아르헨티나의 주장 안토니오 라틴이 퇴장 당하자 허스트의 헤딩골로 1-0 승리를 거두었다. 관전할 만한 경기는 전혀 아니었지만 램지로서는 2년 전 마라카나 경기장에서 당한 패배를 교훈으로 삼았다. 스타일스가 에르민도 오네가를 전담 마크한 것은 의외라는 생각이 들었지만 사실 미리 훈련된 내용이었다. 위쪽까지 올라가 있었던 볼은 공격으로 아르헨티나를 괴롭혔을 뿐만 아니라 풀백인 실비오

마르졸리니의 공격가담을 막아 내는 막중한 역할을 했다.

포르투갈과 맞붙은 준결승에서도 스타일스는 에우제비오를 무력화하는 중요한 역할을 했고 보비 찰턴의 두 골로 2-1 승리를 거두었다. 결승전에서 다시 한 번 3명의 공격형 미드필더가 전방으로 뚫고 나갈 수 있도록 만든 시스템이 제 기능을 발휘하면서 피터스가 두 번째 골을 성공시켰고 지칠 줄 모르는 오른쪽의 볼이 올린 크로스를, 논란은 있었지만 허스트가 연결하여 추가시간에 3-2를 만들었다. 종료직전 보비 무어의 롱패스를 받은 허스트가 넣은 네 번째 골은 나중에 레드베터가 언급했듯이 램지가 입스위치 시절에 좋아하던 골이었다: 호들갑 떨지 않고 단순하면서 강렬한 마무리 골. 이 말이 딱 맞아떨어질 수도 있지만 약간 오해의 소지도 있었다. 잉글랜드는 4년 뒤 멕시코월드컵에서 완벽하리만큼 볼 소유 능력을 갖춘 모습을 제대로 보여 주었다.

시간이 흐르자 램지의 실용주의도 점점 효력이 떨어졌다. 잉글랜드는 1972년 유럽선수권대회 안방경기에서 서독에게 1-3으로 패했다. 맥일바니는 많은 사람들을 대변하여 "아무리 승리하더라도 조심스럽기만 하고 기쁨이 사라진 축구는 더 이상 견딜 수 없다. 그런 경기를 패하기라도 한다면 반발만 있을 뿐이다"며 신랄하게 비난했다. 웸블리에서 열린 월드컵 지역예선 폴란드전에서 잉글랜드는 폴란드 골키퍼 얀 토마세프스키의 영웅적인 선방에 막혀 1974년 월드컵 진출에 실패했고 램지는 해고당했다.

언론이 램지에게 반감을 가지는 것은 언론을 무뚝뚝하게 대한 면도 있지만 미학과 결과라는 케케묵은 긴장을 다시 불러일으켰기 때문이다. 램지가 어느 쪽인지는 분명했다. 그는 아르헨티나의 축구방식을 경멸했기 때문에 그의 팀이 과도한 '안티풋볼 anti-futbol'을 지향한다는 비난을 뒤집어쓰지 않았지만 감독의 역할에 대한 오스발도 수벨디아의 생각에는 동의했을 것이다. 램지는 말했다. "나는 경기에 이기기 위해 고용된 사람이다. 그뿐이다."

9장

▽△▽△▽△▽△

축구의 페레스트로이카 – 소련의 전술가

△▽ 축구전문가라고 하는 사람들은 결국 앞선 세대와 똑같은 걱정을 한다. 두 가지 예를 들어보자: "속도를 맹신하기에 이르렀다. 빠른 것을 최고라고 생각한다."; "허겁지겁 걷어내기, 겁에 질린 파워 게임, 실패에 대한 공포, 공을 못 지키고 안절부절못하는 것, 피를 얼어붙게 하고 창의성을 빨아먹는 알 수 없는 울부짖음." 첫 번째는 빌리 메이슬이 1957년에 쓴 것이고 두 번째는 마틴 새뮤얼이 2007년 잉글랜드가 크로아티아에게 2-3으로 패하면서 유로2008 예선탈락이 확정되고 이틀 후 〈더 타임스〉에 실은 내용이다. 물론 둘 다 A.C. 제프콧과 조키 심프슨 같은 사람들이 이미 1914년에 한탄했었던 잉글랜드축구의 고질병을 강조한 점에서 옳은 것이다. 잉글랜드축구에 문제가 생기면 기술의 불신에서 원인을 찾는 일은 1세기 전이나 지금이나 마찬가지다.

하지만 속도에 대한 불만은 상대적인 것이다. 50년대 중반의 영국축구가 메이슬에게 너무 빠르다면 2천년 초반의 프리미어리그는 도대체 어떻게 보았을까? 2차 대전 직후의 비디오를 보면 현대축구와 비교해 거의 느린 화면으로 진행되는 경기라 느껴지고 그 이후로 갈수록 조금씩 속도는 빨라진다. 50년대 헝가리나 60년대 브라질의 경기를 지금 보면 선수들이 아주 오래 공을 소유한다는 점이 눈에 띄는데, 볼 컨트롤 기술이 뛰어 나서가 아니라 아무도 그들을 막지 않았기 때문이다. 공을 받는 선수는 여러 가지 선택을 가늠할 시간적 여유가 있었다. 가린샤나 스탠리 매슈스의 드리블 기술을 현대축구에서 볼 수 없는 이유는 그런 기술을 잊었다기보다는 어느 팀도 속임수 동작에 필요한 여유 공간을 내주지 않기 때문이다. 그들이 현대축구에서도 위대한 선수가 될 가능성은 충분하지만 그런 드리블을 한다면 불가능할 것이다.

과거와 현대축구를 구분 짓는 것은 공간의 축소, 경기의 압축, 다시 말하면 압박이다. 너무나 단순한 개념이라서 한 팀이 압박을 시도해서 성공을 거두면 모두가 따라했어야 마땅하지만 이상하게도 압박은 쉬엄쉬엄 퍼져 나갔다.

독일은 90년대에야 압박을 도입했다. 아리고 사키가 80년대 후반 AC밀란에 압박을 도입하자 모두들 놀랍다며 반겼지만 사실 리뉘스 미헐스의 아약스와 발레리 로바노브스키의 디나모 키예프, 그레이엄 테일러의 왓포드도 여러 해 동안 압박을 써 오고 있었다. 또한 60년대 후반 오스발도 수벨디아가 지휘하던 아르헨티나 에스투디안테스가 성공을 거두는 데도 중심적인 역할을 했다. 그렇지만 압박을 발명한 사람은 우크라이나에서 활동하던 러시아인 감독으로 그는 구소련권 이외에는 오늘날에도 사실상 알려진 인물이 아니다. 물론 축구가 일직선으로 진화하는 것이 아니고 시기마다 중요한 역할을 해낸 사람들도 있지만 현대축구의 아버지라고 말할 수 있는 사람을 꼽으라면 단연 빅토르 마슬로프다.

혁명가라고 믿기지 않는 모습의 마슬로프는 자신의 비전이나 격정적인 지도력으로 유명하기보다는 따뜻한 인간성으로 더 잘 알려졌다. 50년대 디나모 최고의 공격수 미하일로 코만은 그에 대한 인상을 이렇게 묘사했다. "사람들이 그를 할아버지라 부르는 게 흥미로웠다. 그의 지도를 받았던 선수들은 아들뻘 정도는 될 수는 있어도 그가 손자를 둘 정도의 나이는 아니었다. 키예프에 오기 전 이미 그런 별명을 얻었고 나이와는 무관했다. 아마 그의 외모에서 할아버지의 모습이 풍겼던 것 같다: 땅딸한 체격에 벗겨진 머리, 짙고 덥수룩한 눈썹. 할아버지라는 별명에는 풍부한 지혜와 인간성 그리고 친근함이 담겨 있었다."

1910년 모스크바 태생인 마슬로프는 초기 소비에트리그에서 손꼽히는 선수로서 폭넓은 패스능력을 지닌 건장하고 위엄 있는 하프였다. 소속팀 토르페도는 1934년과 1935년 모스크바 선수권대회에서 2위를 차지했고 마슬로프는 1936년부터 1939년까지 토르페도의 주장을 맡아 1938년 프랑스에서 열린 국제토너먼트대회 우승에 일조했다. 1942년 선수생활을 마감하고 토르페도 감독직을 물려받아 총 네 번의 임기를 채우고 1962년 로스토프나도누로 떠났다. 마지막 임기의 시작인 1957년에 가장 큰 성공을 거두면서 이 기간에 팀을 두 차례나 소비에트리그 2위로 이끌었고 1960년 팀 창단 최초로 리그 챔피언에 등극했다. 하지만 1964년 디나모 키예프로 옮기고 나서야 자신의 생각을 마음껏 펼칠 수 있었고 마슬로프로 말미암아 소련축구는 모스크바에서 우크라이나 수도인 키예프로 그 중심을 옮겼다.

아무리 아저씨같이 자상한 마슬로프지만 그런 위업을 이루려면 어느 정도의 강인함과 정치적 수완이 필요했다. 마슬로프는 우크라이나 공산당 중앙위원회 이데올로기 부서 담당자인 볼로디미르 셰르비츠키가 축구를 좋아한다는 점을 잘 이용했다. 디나모는 언제나 우크라이나 전역에서 선수를 뽑을 수 있었고 50년대는 자카르파타아에서 온 선수들도 팀에 있었다. 하지만 마슬로프 밑에 있었던 우크라이나의 최고 선수들 대다수가 디나모로 몰려든 것은 당 지도부가 마련해 준 키예프 지역 아파트와 각종 혜택 때문이었다.

마슬로프는 자신의 독립적 영역을 잘 지켜 나갈 만큼 강단이 있었다. 키예프의 전설에 따르면, 한 번은 부진했던 전반전 경기가 끝나고 하프타임에 당 수석관리 보좌관이 찾아 와 팀에 대해 쓴 소리를 하자 마슬로프는 그를 문 쪽으로 몰고 가면서 "내일은 한가하니 당신 의원을 찾아 가 무엇이든 답해 주겠소. 오늘은 이만 문을 닫고 나가 주시면 좋겠소"라고 말했다는 일화가 있다. 이 사건이 일어난 경기와 관리의 개입에 대해 의견이 분분해 와전된 이야기일 수도 있지만 널리 퍼져 있는 만큼 이야기의 골격은 사실일 것이다.

1964년부터 1967년까지 디나모의 주장을 맡은 안드리 비바는 "우리는 감독이기 전에 할아버지의 인간적인 모습에 더 고마워했다"고 말했다. "무엇보다도 먼저, 그는 우리를 온갖 장단점을 지닌 인간으로 바라보았고 그런 뒤에 축구선수로서 대했다. 그런 식으로 선수들과 관계를 이어가며 너무나 진솔하게 대해 나쁜 감정을 갖는다는 것은 있을 수 없었다. 그는 우리를 신뢰했고 우리도 그랬다."

그러나 이것은 그의 애제자들에게는 맞는 말이었겠지만 마슬로프 사단의 위대한 스타였던 에두아르드 스트렐초프(그는 날조 가능성이 있는 강간혐의로 1958년에 수감된 적이 있다)는 마슬로프의 다른 면을 기억하고 있다. "자신이 싫어하는 선수가 있으면 그는 절대 감정을 숨기지 못한다"고 말했다.

어느 쪽이 옳든, 그와 함께 지냈던 사람들에게 마슬로프는 감동적인 인물임에 틀림없었다. "시합 전 그의 지시사항은 5분을 넘지 않았다. 그는 똑바로 기억하는 법이 없었고 안타까울 정도로 상대선수의 이름을 혼동했다. 하지만 상대의 강점에 어떻게 대응할지 정확하게 설명했다. 항상 마지막에는 심금을 울리는 말로 마무리했다: '오늘 모두가 용맹한 사자가 되고 재빠른 수사슴이 되고 날렵한 표범이 되어야 한다!' 그리고 우리는 늘 그렇게 노력했다"라고 비바는 말을 이었다.

가장 위대한 수제자 로바노브스키를 언급할 때 떠오르는 것이 권위주의라면 그에게는 그런 권위주의를 조금도 찾아 볼 수 없었다. 오히려 그는 기꺼이 의논하고 타협하려 했으며 때때로 선수들이 그의 결정을 엎어버리는 일까지도 받아들인 것 같다. 6, 70년대 가장 인기 있었던 축구전문기자 아르카디 갈린스키는 그때를 회상하며 다음과 같이 적었다. "토르페도의 리그경기 중 나는 대기선수 벤치 가까운 곳에 앉게 되었는데, 경기가 잘 풀리지 않자 감독은 선수를 교체하기로 마음먹었다. 교체선수가 코트와 트레이닝복을 벗고 간단한 워밍업을 한 후 중앙선 가까이 가서 교체를 기다리자 주심은 경기를 중단시켰다."

"여기까지는 늘 일어나는 일이었다. 하지만 그 다음 일은 정말 흥미로웠다. 주심이 호각을 불자 주장인 공격수 이바노프가 이 선수에게 달려가 교체할 필요가 없다고 말했다. 어리둥절해 하던 그는 벤치로 돌아갔다. 나는 감독이 어떻게 반응할까 궁금해서 그를 힐끗 쳐다봤다. 그는 무관심하다는 듯 어깨를 들썩일 뿐이었다."

"나는 사전에 감독과 주장이 입을 맞춰 선수에게 자극을 주려고 그랬을 거라 생각했다. 하지만 시합이 끝나고 보니 선수들이 감독이 지시한 선수교체를 거부했던 것이다. 정말이지 축구에서 이런 일을 한 번도 본 적이 없었고 몇 년 후 똑같은 장면을 다시 목격했다. 같은 경기장인 모스크바 센트럴 레닌 스타디움에서 펼쳐진 경기로 상대는 디나모 키예프였다. 이번에도 마슬로프는 아무런 감정을 드러내지 않았다."

〈소베츠키 스포르트〉의 키예프 특파원 시절 갈린스키는 모스크바에 치우친 감정으로 유명했다. 디나모가 지역방어를 사용한다고 비판했고 마슬로프와 여러 번 입씨름을 한 적도 있었다. 마슬로프는 빈틈 없는 스타일이라기보다는 오히려 '정직한' 면을 보이는 사람이었다. 하지만 갈린스키는 이 두 사건은 마슬로프의 약점을 보여 준 게 아니라 오히려 그의 강점을 돋보이게 했다고 결론 내렸다. "그는 선수들이 교체를 거부한 것은 그의 권위를 깎아내리기 위해서가 아니라 그게 더 유리하다고 선수들이 판단한 것으로 이해했다. 디나모 선수들은 이전의 토르페도 선수들처럼 감독에게 이렇게 말을 했다: 염려 마십시오. 문제없습니다. 우린 금세 경기를 유리하게 바꿔 놓을 겁니다. 두 번 모두 정말 그렇게 되었다."

마슬로프식 지도의 핵심은 의논이었다. 시합 전 날 저녁이면 선발 선수들이나 선임 선수를 불러 모아놓고 다음 날 경기에 대해 하나하나 논의를 했고 선수들의 생각을 물어 최종적인 계획을 짰다. 마슬로프가 좀 더 과감한 전술변화를 실행하게 된 것은 이런 신뢰와 이해가 바탕이 되었다.

전술은 당시에는 이해하기 힘들 정도로 혁신적이었다. 60년대 초 소련은 대다수 국가처럼 소련 국가대표팀 감독 가브릴 카차린이 주창한 4-2-4로 전환하기 시작했다. 그는 소련팀을 이끌고 1956년 올림픽 우승을 달성했고 1회 유러피언 선수권대회에서 W-M전술로 성공을 거두기도 했지만, 1958년 월드컵에서 선보인 브라질의 경기를 통해 축구가 나아갈 길을 보았다. 몇몇 클럽 감독들이 그를 따랐고 이번에는 골수 보수인 소비에트 기관도 그의 실험을 지지했다. 소련이 1962년 월드컵에서 흐트러진 모습을 보이자 갑작스런 변화 때문이라고 비난이 일기도 했고, 유고슬라비아와 우루과이를 차례로 물리쳤지만 준준결승에서 칠레에게 고배를 마셨다. 하지만 브라질식 축구가 대세이다 보니 카차린의 후임자인 콘스탄틴 베스코프는 재임 18개월 동안 사실상 W-M으로 회귀해 놓고도 줄곧 4-2-4 전술을 쓰고 있다고 주장했다.

베스코프보다 예리했던 마슬로프는 알프 램지와 마찬가지로 브라질의 성공은 세 번째 미드필더로서 밑으로 내려오는 자갈루 때문이라는 걸 알아차렸다. 마슬로프는 한발 더 나아가 오른쪽 윙어마저 아래로 끌어 내렸다. 램지는 윙어를 없앤 것 때문에 항상 인정을(또는 비난을) 받는데, 램지 혼자서 이런 개념을 제시할 수 없다는 의미는 아니지만 당시 소련과 유럽 사이의 소통 부재를 생각해 보면 4-4-2를 발명한 사람은 분명 마슬로프였다. 하지만 두 사람의 뒤를 이은 많은 사람들과 달리 마슬로프는 램지처럼 어디까지나 팀의 창조적 플레이에 나쁜 영향을 주지 않는 선에서 윙어들을 끌어 내렸다. 안드리 비바, 빅토르 세레브리아니코프, 요세프 서보같은 선수는 모두 공격수로 축구를 시작했지만 나중에 마슬로프에 의해 미드필더로 전향한 후 볼로디미르 문티안과 페디르 메드비드 같은 정통파 하프들과 함께 창의적인 플레이를 펼치며 거의 공격 2선에서 움직였다. 하지만 그로 말미암아 피해를 보는 선수도 있었다. 마슬로프는 상의를 통한 합의로 지도를 했지만 자신의 시스템에 맞지 않는 선수에게는 인정사정없었다. 한때 스타였던 빅토르 카네브스키와 올레그 바질레비치를 즉시 내보냈고 여기에 로바노브스키까지 포함되자 몹시 시끄러웠다.

사실 마슬로프와 로바노브스키의 사이가 틀어졌다 해도 확실한 이유를 알 길은 없다. 갈린스키의 말에 따르면, 축구에 대한 서로의 생각이 다른 점도 있었지만 개인적 반목도 있었다. 또 하나 새겨야 할 점은 갈린스키가 로바노브스키를 꼬드겨 우크라이나에서 모스크바로 옮기도록 만든 사람 중 한 명이기 때문에 객관적이라고 볼 수는 없다. 그의 말에 의하면 1964년 시즌을 앞두고 코카시언 흑해 연안의 전지훈련 뒤 문제가 불거졌다.

"모든 게 순조로워 보였다. 선수들은 새 감독을 좋아했고 팀도 잘 굴러갔다. 마슬로프는 로바노브스키에게 만족스러워 했다"고 갈린스키는 말했다. 하지만 귀항하는 도중에 기상 악화로 디나모를 실은 비행기가 심페로폴에 착륙했다. 비행기 출발이 몇 차례 더 연기되자 마슬로프는 점심을 주문했다. 그런데 놀랍게도 모든 선수에게 우크라이나 보드카인 호릴카를 한 잔씩 시켜 주었다.

"그들은 눈앞의 광경이 믿기지 않았다. 키예프에서는 이런 일을 한 번도 본 적이 없었기 때문이다. 마슬로프는 다음 시즌의 행운을 빌며 건배를 제의했다. 다 같이 건배를 했지만 로바노브스키는 잔에 손도 대지 않았다. 이것을 보자 마슬로프는 팀의 성공을 위해 들라고 했다. 다시 거절하자 마슬로프는 그에게 욕을 했다. 로바노브스키도 욕설로 맞받아 쳤다." 갈린스키는 그때부터 둘 사이에 불화가 생긴 것이라고 말했다.

하지만 카네브스키는 갈린스키의 이야기가 부풀려졌다고 주장한다. 자신도 식사자리에 있었고 까다로운 성격의 로바노브스키를 제외한 모두가 호릴카로 건배를 했지만, 로바노브스키는 존경할 만큼 엄격하게 절제를 하는지라 마슬로프도 그가 술을 자제하는 것을 개의치 않았다. 그는 기억을 떠올리며 말했다. "마슬로프는 그에게 아무 말도 하지 않았고 더군다나 모욕적인 말은 없었다."

어떤 사람들은 두 사람의 관계가 1964년 4월 27일 모스크바에서 열린 스파르타크전에서 무너졌다고 생각한다. 로바노브스키의 골로 디나모가 1-0으로 앞서 가던 중 20분을 남기고 그는 교체되었는데, 자신의 선수생활 중 처음 있는 일이었다. 그런 후 스파르타크가 동점 골을 넣고 무승부로 경기가 끝나자, 마슬로프가 사전에 스파르타크의 니키타 시몬얀 감독과 경기결과를 조율한 것에 대해 로바노브스키가 받아들일 수 없다고 했기 때문에 교체된 것이라는 추측이 난무했다. 사실여부와 상관없이 야로슬라블에서 열린 시니크와의 다음 원정경기가 로바노브스키로서는 클럽에서의 마지막 경기였다.

그러나 둘 사이의 인간적 반목은 없었던 것으로 보인다. 마슬로프가 1971년 토르페도로 돌아와 팀의 주축인 미하일 게르시코비치와 다비드 파이스 그리고 그리고리 야네츠를 곧바로 퇴출시켰을 때도 그들이 자신의 시스템에 어울리지 않았다는 이유였다. 갈린스키가 무슨 말을 하든, 왜 로바노브스키가 마슬로프의 계획에 적합하지 않았는지 쉽게 알 수 있다. 로바노브스키는 때때로 공을 축구화 끈에 매단 것처럼 다룬다고 해서 모스크바 언론이 '코드'라는 별명을 붙여 줄 정도로 재능 있는 인기스타였다. 2002년 그가 사망한 후 팬들은 애도의 메시지에서 60년대 초 디나모의 경기를 보러갔던 사람들이 역회전이 걸린 그의 코너킥이 골문에서 뚝 떨어지는 장면을 본다는 기대에 가슴 설렜던 기억을 떠올렸다. 이 기술은 그보다 몇 년 앞서 지지가 개발한 '떨어지는 잎'이라 부르는 프리킥을 변형한 것이었다. 그런데 문제는 그가 마슬로프의 구상에는 없는 왼쪽 윙어였다는 점이다.

비바는 이렇게 설명했다. "로바노브스키가 종종 감독의 지시에 반대 입장을 취했을 뿐, 나는 그것을 둘 사이의 갈등이라고 말하고 싶지 않다. 새로운 유형의 축구를 추구하는 마슬로프에게는 공을 오래 끄는 선수들은 부적합했다. 로바노브스키가 '바나나 슛'을 개발했지만 마슬로프는 흔들리지 않았다. 그러다 로바노브스키 자신이 감독이 되고 나서는 선수로서 로바노브스키는 자신의 팀에서도 뛸 수 없었을 거라며 마슬로프의 입장을 인정했다." 이것은 개인주의를 주장한 스탠리 매슈스와 집단주의를 선호하는 미하일 야쿠신 사이에서 벌어진 극단적인 논쟁거리기도 했다. 아무리 재능이 있어도 집단의 한 부분으로 기능을 못하면 집단 속에 들어설 자리가 없었다.

그렇다고 마슬로프가 훌륭한 개인기를 지닌 선수를 반대했던 것은 아니다. 우크라이나가 배출한 천부적인 미드필더 비바는 램지가 이끌던 잉글랜드팀의 보비 찰턴처럼 마슬로프의 시스템에서 자기 몫을 해냈다. 1956년 올림픽 금메달을 목에 걸 때 소련팀 소속선수였고 나중에 존경받는 감독이 된 이오시프 베차는 비바에 대해 말했다. "그는 공을 잡는 순간 동료나 상대가 무얼 할지 바로 안다. 다음 행동을 계산하고 첫 번째 터치에 공을 빠르게 처리할 수 있는 위치로 공을 둔다. 그리고 상대가 자신의 의도를 알아차렸다면 공격방향을 즉시 바꾼다. 이와 함께 비바는 놀라운 롱킥을 지니고 있어서 알맞은 타이밍에 알맞은 곳으로 공을 보내며 공격을 마무리 할 수도 있다."

1966년은 비바의 전성기였다. 그해 봄 디나모 모스크바전에서 나온 36미터 중거리 슛에 레프 야신 골키퍼는 무릎을 꿇었다. 같은 해 가을 CSKA와 가진 일전에서 4-0 승리를 거둘 때도 뛰어난 플레이를 펼치며 네 골 중 두 골을 도왔다. 토르페도를 물리치고 디나모 키예프가 2관왕을 달성한 컵대회 결승에서 결승골을 넣으며 한해를 마무리했다. 또한 팀에서 창조적 플레이의 핵심이었고 뭇 사람의 동의로 올해의 소련선수로 지명되었다.

소련축구는 1958년 월드컵 후에 브라질의 지지에 집착했고 소련축구에 그런 플레이메이커가 없다는 현실이 더욱 고민스러웠다. 60년대에 이르자 플레이메이커는 비바와 디나모 모스크바의 게나디 구사로프 단 둘 뿐이었다. 중요한 것은 마슬로프가 그동안 오락가락했던 플레이메이커의 활용법을 이해했다는 점이다. 예를 들어 갈린스키는 1968년 구사로프가 은퇴하자 베스코프 감독이 공격수 유리 아브루츠키를 플레이메이커로 조련시킨 일을 떠올린다. "그는 진지하게 역할을 수행했다. 항상 공간을 찾아 움직이면서 동료에게 패스를 받을 수 있는 위치를 만들어 주었다. 공을 잡으면 좋은 패스로 처리했다. 하지만 다시 공간을 찾으면 거의 한 번도 공을 돌려받질 못했다. 선수들이 베스코프의 지시를 이해할 수 없었든지 아니면 지시가 불분명했는지 나로서는 알 길이 없다. 하지만 종종 아브루츠키의 마크맨이 떨어지면 다른 선수들은 다들 드리블을 하거나 전방으로 직접 패스를 하려고 했다. 이런 상황에서는 플레이메이커는 무용지물이며, 더욱 문제가 되는 것은 상대가 공격을 할 때 자신이 특정한 선수를 마크하지 않기 때문에 팀에 부담을 주게 된다."

이런 불평은 지금도 흔한 것으로서 특히 북유럽에서 '과분한 선수 luxury players'를 불신하는 분위기가 팽배하다. 갈린스키는 그런 선수들이 누리는 특별대우를 조롱하듯 혹평하면서 신실에 맞닥뜨리게 되었다. "어떤 감독들은 플레이메이커를 요양소의 환자 같은 존재라고 판단한다. 공격수 한두 명이 수비임무에서 벗어나는 것은 괜찮을 수도 있지만 미드필더가 그렇게 한다면? 찰턴이나 지지가 그렇게 한다면?"

마슬로프는 브라질의 지지가 부여받은 자유로운 플레이에서 해결책을 찾았다. 이것은 제제 모레이라가 고안하고 1954년 월드컵에서 브라질이 처음으로 사용한 '잊고 있던 신기술', 지역방어였다. 지역방어 이론은 1958과 1962년 당시 브라질 전성기의 기반이 되었지만 소련에서는 당장 호응을 받지는 못했다. 지역방어의 까다로운 점은 수비수끼리의 짜임새와 이해가 필수적이기 때문이다. 지역방어는 수비수가 단순히 자기 구역의 선수를 마크하는 일에 비해 그리 간단치가 않다. 두 명의 공격수가 자기 구역으로 들어올 수도 있고 다른 구역에 인원이 많으면 수비수는 자기 구역을 벗어나 공격수를 따라 잡게 되고 그러면 다른 수비수가 원래의 수비수가 비워두었던 구역으로 들어오는 상대를 마크해야 한다. 그러므로 이것은 즉흥적으로 할 수 있는 성질의 전술이 아니다.

니콜라이 모로조프가 1966년 월드컵을 앞두고 소련 대표팀에 지역방어를 도입했지만 실패로 돌아갔다. 프랑스 및 CSKA클럽과 가진 월드컵 대비 친선경기에서 6골을 허용하자 모로조프는 지레 겁을 먹고 5명의 수비수를 두게 되었는데, 중앙 수비수인 스위퍼가 4명의 수비수 뒤를 갈무리하고 미드필더도 공을 뺐기면 아래로 내려와서 역습공격을 노리도록 했다. 소련은 준결승까지 올라 월드컵에서 최고의 성적을 거두었다. 하지만 이러한 수비일변도의 방식은 엘레니오 에레라가 이끈 인테르나치오날레를 모방한 것으로 일회성 처방일 뿐이었다.

하지만 마슬로프는 지역방어야말로 올바른 방법이며 도덕적 원칙이라고 확신했다. "대인방어는 대인방어를 쓰는 선수에게 굴욕과 모욕을 안겨주고 도덕적으로도 마음을 짓누른다." 비바는 특정 선수를 마크하지 않았고 나중에는 디나모의 모든 미드필더가 그렇게 했다. 마슬로프는 설명을 덧붙였다. "비바만이 완전한 자율권을 가진다. 그는 아주 총명하고 정직한 선수라서 결코 지나친 플레이를 하지 않고 자신의 기술을 멋대로 사용하지도 않는다. 비바는 필요한 것을 정확히 해내는 스타일이다. 경기 중에는 자신이 감독이 되어 경기를 창조할 권한을 갖기 때문에 자신이 경기의 틀을 만드는 방법을 결정할 수 있다. 다른 선수들은 그의 생각을 파악하고 최대한 그의 생각대로 경기를 전개한다."

마슬로프는 팀 구성을 잘하면 경기장 어느 구역이라도 여분의 인원을 확보하는 게 가능하다고 믿었는데, 언론인 게오르기 쿠즈민은 우크라이나 정부기관지 〈키예브스키예 베도모스티〉에 이것은 자신이 농구에서 얻은 생각이라고 언급했다. 하지만 비바가 자유로운 역할을 맡은 상태에서 의도한대로 되려면 비바가 미드필드 자리에 자신의 고정 수비지점을 가지고 있고 풀백들은 요구가 있으면 포백라인을 위로 올릴 필요가 있었다. 베테랑 수비수 바실 투란시크가 포백 앞에 배치되어 그 역할을 담당하면서 소련축구 최초의 수비형 미드필더가 탄생했다. 마슬로프의 말대로 그의 역할은 '파도를 가르는 것'으로서 상대 공격을 저지하는 제1선이자 공격의 시작이었다. 다시 말해, 헝가리팀 요제프 자카리아스의 역할이었다. 내용을 들여다보면 투란시크가 처음 축구를 시작할 때 공격수였기 때문에 이 역할에 도움이 되었고, 서보나 메드비드처럼 투란시크도 헝가리축구에 많은 영향을 받은 자카르파티아 출신이라는 점도 중요했다.

하지만 투란시크가 압박플레이를 펼치는 데 없어서는 안 되는 수단이었다는 점이 핵심이었다. 만일 경기를 기하학처럼 세밀하게 파악하고 지휘할 줄 아는 선수가 없다면 이런 전술을 시도해 보거나 생각이라도 했겠는가? 기록이 없으므로 마슬로프의 생각을 단언할 수는 없지만 비바를 활용할 때처럼 투란시크가 후방에서 앞으로 치고 나가면서 생기는 여러 가지 가능성을 복격하고 나머지 선수들에게 그것을 최대로 이용하는 방법을 가르칠 정도로 마슬로프의 천재성은 돋보였다. 1966년 마슬로프가 지휘봉을 잡고 난 후 처음으로 디나모가 타이틀을 차지했을 때 미드필더는 무리를 지어 사냥을 하듯 상대를 봉쇄하고 전혀 예상할 수 없는 구역에서도 주도권을 잡을 수 있었다. 모스크바 언론은 기겁을 했고 어느 신문은 4명의 디나모 선수가 공을 가진 상대선수에게 달려드는 사진을 제목과 함께 실었다: "이런 식의 축구는 필요 없다."

미드필드에서부터 쉴 새 없이 움직여야만 하는 압박은 최상의 체력이 필요했으므로 초기에는 등장하기 어려웠다. 한 경기를 다 뛸 수 있는 프로정신은 영양과 몸 상태에 대한 세밀한 이해만큼이나 선결과제였다. 디나모가 1961년 비아체슬라프 솔로비오프 감독 밑에서 첫 우승을 했을 당시 그들의 체력은 정평이 나 있었다. 하지만 마슬로프는 모든 것을 새로운 차원으로 끌어 올렸다. 미드필더였던 문티얀은 이렇게 말했다. "그는 디나모에서 선수들의 체력적인 준비에 주안점을 둔 최초의 감독이었다. 종종 사람들은 로바노브스키라 생각하지만 그렇지 않다. 다만 로바노브스키는 과학적인 근거를 따랐고 마슬로프는 자신의 직감을 믿었다."

통계를 보면 모든 것이 확실하다. 1961년 디나모가 타이틀을 차지할 때 30경기에 28골을 허용하며 견실한 수비의 역사를 갖추었지만, 다음 시즌은 5위로 42경기에 48골을 허용했고 1963년 9위로 떨어졌을 때는 38경기에 48골을 내주었다. 마슬로프가 감독 자리에 올랐던 시즌은 6위의 성적에 32경기 29골을 허용했고, 준우승을 차지했던 1965년에는 32경기에 22골을, 세 차례의 선수권대회가 있던 시즌인 1966년에는 36경기 17골, 1967년은 놀랍게도 36경기에 겨우 11골을 내주었으며 1968년에는 38경기에 25골을 허용했다. 당연히 마슬로프의 전술에 대한 잡음은 줄어들었다. 소비에트 축구언론계의 원로이자 〈풋볼〉 잡지 창립자인 마르틴 메르자노프는 1967시즌을 평가하며 "지역방어는 수비수들이 상호이해와 상호보완을 중심에 둔 플레이를 하며 특정한 상대선수 한 명이 아니라 자기 지역에 들어오는 어느 상대나 대응하는 전술로서 대인방어보다 훨씬 더 효율적임이 드러났다"고 기록했다.

하지만 지역방어만이 능사는 아니었고 1967년 샤흐타르 도네츠크 전 1-2 패배는 닥쳐올 사태를 암시했다. 디나모를 떠난 로바노브스키는 두 시즌을 FC초르노모레츠 오데사에서 보낸 후 동부의 샤흐타르로 옮겼다. 당시 그의 전술적 사고는 진일보했고 올레크 오셴코프 코치와 함께 디나모의 시스템을 맞받아 칠 계획을 내놓았다. 대부분의 팀이 챔피언 디나모를 방어하려고만 하는 마당에 로바노브스키는 샤흐타르가 공격을 할 것을 주문했다. 그래서 4-2-4를 채택하였지만 두 명의 미드필더는 사실상 문트얀과 서보를 대인 마크하는 상황이었고 따라서 창의력이 떨어지는 메드비드가 자유로웠지만 로바노브스키는 개의치 않았다. 로바노브스키가 디나모의 창끝을 최대한 무디게 하려했지만 더 큰 관심은 수적 우위로 상대의 수비를 압도하는 것이었다. 이 유형이 유러피언컵 대회에서 반복되면서 디나모는 1라운드에서 우승전력이 있는 셀틱을 이겼지만 2라운드에서 루반스키와 솔티시크의 빠른 움직임에 맥을 못 추고 폴란드 챔피언 구르니크 자브제에게 최종합계 2-3으로 패했다.

하지만 그것은 예외적인 결과일 뿐 디나모는, 당시에는 아주 드문 일로서, 상대에 따라 전술을 바꿔가며 소비에트리그에 등장하는 변형된 스타일을 능숙하게 선보였다. 갈린스키는 디나모를 이렇게 평가했다. "어떻게 보면 디나모는 두 개의 다른 선발진을 가지고 있다. 하나는 상대에 맞서 측면 싸움에 가담하는 전투적인 모습이고 또 하나는 불규칙한 템포로 '남부의' 기술과 협력플레이를 펼친다. 하지만 이러한 변형은 참으로 간단히 일어난다. 경기 전 한두 가지 변화를 주거나 시합 중 한 번의 교체카드만으로도 가능하다. 기술 위주의 스타일에서 측면 돌파와 크로스, 숏, 긴 공중볼을 구사하는 훨씬 단순한 경기로 단번에 전환시킨다."

마슬로프는 여기서 한발 더 나아간 것 같다. 공격수를 둘만 두는 유행을 일으킨 뒤 원톱을 쓰게 될 시점이 올 거라는 추측을 했다.

디나모 키예프 1 셀틱 1, 유러피언컵 1라운드 2차전, 키예프 올림피스키,
1967년 10월 4일

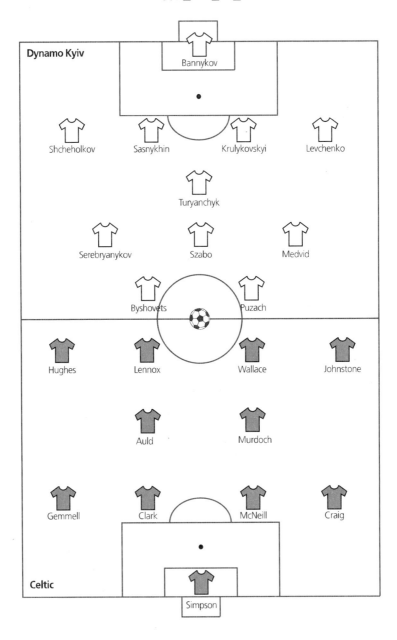

"축구는 비행기와 같다. 고도가 높아지면 공기 저항은 그만큼 커진다. 그래서 비행기의 머리를 더욱 유선형으로 만들어야 한다"며 원톱 공격의 이유를 설명했다. 규모와 신선함 그리고 성공이라는 면에서 마슬로프의 시도는 실로 놀라웠지만 그는 한 발짝 더 나아가려 했다. 그의 개념은 곧바로 디나모와 아약스에서 실현되지만 자신이 기반을 다져놓은 지역방어와 압박을 실행하고도 자신이 팀을 지휘하는 동안에는 한 번도 결실을 맺지 못했다.

1981년 10월 로바노브스키가 지휘봉을 잡은 디나모가 제니트 레닌그라드를 3-0으로 격파하고 열 번째로 소련 타이틀을 획득했다. 〈스포르티브나 가제타〉에 실린 기사는 이 경기와 시즌 중 디나모가 보여준 유연한 움직임에 찬사를 보내면서 팀의 진일보한 모습을 서술했다: "빅토르 마슬로프는 한때 다양한 유형의 선수들로 공격을 할 수 있는 팀을 꿈꾸었다. 예를 들면 비쇼베츠와 흐멜니츠키가 상대 수비진을 부수면서 공격을 시작하다가 어떤 시점에 그들이 미드필드로 내려오고 그 자리를 문티얀과 세레브리아니코프가 맡는 식이다. 하지만 당시에는 그런 플레이 방식이 실현되지 못했고 지금에야 달성되었다."

하지만 마슬로프의 선수들은 가끔씩 우연이든 본능적이든 서로 위치를 바꾸었다. 서보는 당시 상황을 설명했다. "할아버지가 도입한 4-4-2 시스템은 단지 형식적인 배열이었고 실전에서는 아무런 문제 없이 항상 서로 자리를 바꿀 수 있었다. 예를 들자면 어떤 수비수라도 별 두려움 없이 앞쪽으로 압박을 나갈 수 있었는데, 자신이 돌아오지 못하더라도 동료선수가 커버플레이를 해준다는 걸 알고 있었기 때문이다. 미드필더와 공격수도 전보다 훨씬 더 다양한 플레이를 하도록 했다. 이것이 토탈풋볼의 전신이었다. 사람들은 네덜란드가 토탈풋볼을 개발했다고 생각하지만 그것은 서유럽 사람들이 마슬로프의 디나모를 보지 못했기 때문이다."

마슬로프는 결국 디나모가 7위로 순위가 떨어졌던 1970년에 해고당했다. 1966년에는 몇몇 주전선수들이 월드컵에 차출되어 유스팀에서 올라 온 선수들과 함께 힘들게 리그를 꾸려나갔다. 1970년에는 그런 예비 자원조차 없었다. 수비수였던 빅토르 마트비옌코는 이렇게 설명했다. "감독의 운명은 결과에 달려 있다. 시즌 중 2월 봄 휴가 뒤 2위를 달리고 있었을 때 마슬로프가 그 성적을 끝까지 지켰다면 틀림없이 감독직을 유지했을 것이다. 그로서는 뛰어난 유스팀 출신의 선수들이 영국에서 돌아온 선수들을 주전에서 밀어냈던 1966년의 경험을 그대로 따랐으면 충분했다. 1970년도 비슷한 상황이 발생하여 멕시코월드컵에 참가한 디나모 선수들은 한 달 반 동안이나 팀을 떠나 있었고 겨우 한두 경기만 뛰었을 뿐이었다. 실전경험을 못했기 때문에 얻은 것보다 잃은 게 더 많았다. 하지만 마슬로프는 이 점을 헤아리지 못하고 날카로움이 떨어진 선수들을 그대로 투입함으로써 성적은 떨어지기 시작했다." 이것은 충분히 이해할 수 있는 문제인지도 모른다. 그렇지 않아도 마슬로프는 클럽에 7년간 있었던 터라 자신이 진부해졌다는 느낌이 들었다. 하지만 그를 해고하는 방식은 뒷맛이 씁쓸했다. 코만은 이를 두고 '디나모 역사에서 가장 부끄러운 이야기'라 불렀다.

무엇보다도 마슬로프의 해임이 정략적으로 이루어졌다는 게 드러났다. 1970년 시즌 종반 디나모는 CSKA와의 경기를 위해 모스크바로 갔고 그곳에서 우크라이나 소비에트 사회주의공화국 연방스포츠위원회 수석보좌관 미쟈과 만났다. 그는 겨울 스포츠를 담당하는 사람이었지만 경기 전 호텔 러시아에서 마슬로프가 감독직에서 물러난다는 공식 발표를 했다. 대체 인물이 임명되지 않은 채 마슬로프는 관중석에 앉아 있었고 디나모는 0-1로 패했다. 경기를 끝내고 선수단 버스가 키예프로 돌아갈 비행기를 타러 선수들을 태우고 공항으로 가면서 유고-자파드나야 지하철역에 정차하여 마슬로프를 내려놓았다. 그는 걸어가면서 어깨 너머로 뒤를 돌아보았고 손을 들어 작별을 고했다. 코만은 말했다. "내가 직접 보지는 못했지만 마슬로프 같은 거목은 절대로 울지 않았을 것이다."

마슬로프는 토르페도로 돌아와 우승컵을 들어 올렸고 아르메니아의 아라라트 예레반에서 한 시즌을 보내면서 다시 우승을 차지하기도 했지만 디나모의 성공을 재현하기에는 그럴만한 자원이나 열정이 없었다. 1977년 5월, 67세의 나이로 세상을 떴을 때 자신이 쫓아냈던 로바노브스키가 그의 업적을 이어가고 있었다. 그가 지미 호건만큼 강렬한 인상을 남기지는 않았더라도 이후에 그렇게 영향력이 컸던 감독은 없었다.

10장

▽△▽△▽△▽△▽△

빗장을 채우다 – 카테나치오의 전사들

▵▽ 카테나치오 catenaccio 만큼 악명을 떨친 전술 시스템은 없다. 집의 문을 걸어 잠그는 '빗장'을 의미하는 이 단어는 모든 세대에게 피해망상에 가까운 부정적이며 잔인한 이탈리아축구를 떠올리게 한다. 카테나치오는 영국에서 너무나 신랄한 비판을 받아 조크 스타인 감독의 셀틱이 카테나치오를 대변하는 엘레니오 에레라의 인테르나치오날레를 물리치자 리버풀 총감독 빌 샹클리는 이 승리로 조크가 '불멸'의 인물이 되었다며 축하를 보낼 정도였다. 나중에 알고 보니 빌은 두 명의 셀틱 코치에게 인테르 벤치 바로 뒤에 앉아 경기 내내 에레라를 욕하도록 지시했던 것으로 드러났다. 에레라는 자신이 오해를 받고 있고 채프먼과 마찬가지로 자신의 시스템도 한 수 아래의 팀이 무모하게 따라 하다 보니 부정적 평가를 받게 된 거라고 항변했다. 이 문제는 논란거리로 남아 있지만 음흉한 카테나치오의 기원만큼은 소박했다.

스위스에 머물던 칼 라판과 함께 이야기는 시작된다. 라판은 부드러운 목소리에 말수가 적고 온화하며 위엄을 갖춘 인물로서, 1905년 비엔나에서 태어나 프로팀에서 공격수 또는 공격형 하프로 뛰었고 1920년대 중반부터 후반까지 비엔나축구의 황금시대를 같이 했다. 커피하우스에 오래 발을 들여놓으며 말년에는 제네바에서 부르스라는 카페를 운영했다. 1930년에는 오스트리아 대표팀 주장을 맡았고 라피드 비엔나팀 소속으로 리그 우승을 경험했으며 스위스 세르베테에서 플레잉 코치로 일했다.

스위스 스포츠 저술의 원로인 발터 루츠의 말에 의하면, 당시 그의 팀은 준프로선수로 이루어져 라판은 자신들이 체력적인 면에서 프로팀과 겨룰 수 없다는 현실적 문제를 보완할 방법을 고안하기 시작했다. 라판은 1962년 월드컵 직전 〈월드사커〉 잡지와 가졌던 인터뷰에서 다음과 같이 언급했다. "스위스팀은 전술이 중요한 역할을 한다. 그들은 타고난 축구선수는 아니지만 진지하게 문제에 접근했고 미리 생각하고 미리 계산하라는 지시를 잘 받아들인다."

"두 가지 관점에서 팀을 꾸릴 수 있다. 하나는, 브라질처럼 완벽에 이른 수준과 타고난 능력으로 상대를 제압할 수 있는 베스트 멤버이고, 또 하나는 보통 수준의 선수를 특정한 개념 또는 계획 속에 통합하는 것이다. 이 경우, 팀의 이익을 중심에 두고 개인의 능력을 최대한 끌어내는 것을 목표로 삼는다. 어려운 점은 스스로 생각하고 행동할 수 있는 선수들의 자유를 빼앗지 않고서 전술상의 절대적 규율을 실행하는 것이다."

라판이 내놓은 해결책을 스위스 언론인이 '베로우 verrou', 즉 빗장이라 불렀는데, 그 방식은 채프먼의 W-M이 잉글랜드에 등장한 뒤 오랫동안 비엔나에서 기본설정전술로 남아 있었던 옛 2-3-5에서 발전한 것으로 이해할 수 있고, 센터하프가 W-M처럼 두 풀백 사이로 처져 있지 않고 두 명의 윙하프를 뒤로 물러나게 해서 풀백의 측면에 두었다. 윙하프는 공격 역할을 유지했지만 상대 윙어에 맞서는 역할이 중심이었다. 따라서 두 명의 풀백은 사실상 중앙 수비수로서 서로 나란한 자리에서 플레이를 시작했다. 물론 실전에서는 상대가 자기 진영 오른쪽을 공략하면 왼쪽 풀백이 공을 향해 움직이고 오른쪽은 그 뒤를 커버하는 방식이었다. 그러면 이론상으로는 항상 후방에 잉여자원이 남았는데, 이런 선수를 두고 스위스 언론은 '베로우어 verouller'라 했으며 나중에 '리베로 libero'로 불리게 되었다.

이 시스템의 주요한 결점은 센터하프가 막중한 책임을 진다는 것이다. 이론적으로는 4명의 수비, 2명의 처진 인사이드 포워드, 그 뒤에 1명의 센터하프 그리고 일자형으로 포진한 3명의 공격수를 갖춰 마치 조제 모리뉴의 첼시가 그의 첫 두 시즌에 사용한 4-3-3과 닮은 팀 전술이지만, 가장 큰 차이는 윙어가 얼마나 전진하느냐에 있다. 전방의 3명은 순수한 공격수 역할만 하면서 항상 경기장의 높은 위치에 머물며 공을 뺏겨도 허리라인으로 내려오지 않았다. 만일 빗장전술이 W-M과 맞붙으면, 3명의 전방공격수는 보통 때처럼 3명의 상대 수비와 다투고 인사이드 포워드가 상대 윙하프를 마크하는데, 결국 센터하프 혼자서 2명의 인사이드 포워드를 상대했다. 이것은 리베로를 두는 팀이 늘 부닥치는 문제였다. 즉, 경기장의 한 부분에 잉여자원이 생긴다면 어쩔 수 없이 다른 곳에 구멍이 생길 수밖에 없다.

2-3-5를 상대할 때는 상황은 더욱 나빴다. 빗장을 쓰는 팀은 경기장의 양쪽 끝에 한 명을 더 둔 꼴이고 이렇게 되면 센터하프가 상대 인사이드 포워드뿐만 아니라 센터하프도 대처해야 할 상황이었다. 이것은 불가능에 가까운 일이었기 때문에 라판의 팀은 깊게 내려와 미드필드를 상대에게 양보하고 상대가 결국 무익하게 공을 측면으로 돌릴 수밖에 없도록 앞에서 탄탄하게 수비를 형성했다. 시스템이 발전하면서 인사이드 포워드가 점점 더 뒤로 내려와 협력을 했고 센터하프의 짐은 가벼워졌다. 하지만 더 놀라운 변화는 수비라인에서 이루어졌는데, 사실상 중앙 수비수인 2명의 풀백 중 한 명이 다른 한 명의 뒤로 내려와 정통 스위퍼가 되었다.

라판은 세르베테에서 두 번의 리그 타이틀을 획득했고 1935년에 부임한 그래스호퍼스에서 다섯 차례 타이틀을 차지하기도 했지만 시스템이 위용을 과시한 것은 스위스 대표팀을 맡아 성공을 거두었을 때다. 1937년 대표팀 감독에 오른 라판은 단시간에 스위스를 1938년 월드컵에 진출시켰다. 당시 스위스는 중앙유럽에서 최약체로 평가받았고 게뢰 이사컵 대회 성적도 총 32경기 4승 3무 25패로 초라했다. 하지만 빗장전술로 월드컵 대비 잉글랜드와의 친선경기를 2-1로 승리했고 월드컵 본선 1라운드에서 독일을 물리친 뒤 헝가리에 0-2로 패하며 탈락했다. 이것은 이전과 비교해서 훨씬 더 명예로운 퇴장이었다. 하지만 빗장에 대해서는 호기심을 보이는 정도였고 약팀이 강팀을 무력화하는 수단이었을 뿐이었다.

△▽

보리스 아르카디예프의 '조직적인 무질서' 개념에 필수적인 수비전술을 고려해 보면 그리 놀랄 바가 아니지만, 이와 별개로 러시아에서도 몇 년 지나 빗장과 유사한 시스템이 생겨났다. 1943년 소비에트 공군의 지원을 받는 크릴리야 소베토프 퀴비세프(지금의 사마라)팀이 창립되어 1945년 슈프림리그로 승격했다. 그들의 수비전술은 곧 유명해졌고 '볼가클립 Volga Clip'이라는 이름까지 붙여졌다. 2-3-5보다는 W-M에서 진화한 이 전술은 빗장만큼 유연하지는 않았지만 기본원리는 같았으며 하프백 중 한 명이 아래로 내려오고 수비형 센터하프가 풀백 뒤에서 스위퍼 역할을 할 수 있었다.

전술을 설계한 사람은 크릴리야 감독 알렉산드르 쿠즈미쉬 아브라모프였다. 전 크릴리야 주장 빅토르 카르포프는 다음과 같이 그를 평가했다. "어떤 사람들은 그가 흔히 말하는 전문 축구인이 아니라는 사실에 놀란다. 그는 체조계에 몸담았던 사람으로서 독단에 끌려 다니지 않았고, 이떤 일이든 자신의 주관을 갖고 있었다. 체조 훈련에 힘을 쏟아 선수들의 신체 조화를 향상시키는 훈련과정을 활용했다. 한 시간 동안 공을 건드리지 않기도 했지만 기술적으로 도움이 되었다. 쿠즈미쉬는 우리가 경기장에서 생각을 하도록 만들었다. 경기 전에 모두를 모아놓고 우리끼리 작전을 논의하도록 했다. 내가 알기로는

라판의 빗장, 1938년

Switzerland

Huber

Stelzer

Springer   Lehmann   Lörtscher

Verneti

Walaschek   Abegglen

Bickel

Amadó   Grassi

이렇게 하는 감독은 없었다."

"플레이는 상대에 따라 달랐다. 예를 들어 디나모가 트로피모프, 카르체프, 베스코프, 솔로비오프, 일린을 공격 진영에 배치하면 당연히 이들 5명의 스타선수에 대응할 조치를 취해야만 했다. 당시 팀들은 대부분 스리백을 사용했지만 우리는 내가 왼쪽의 니콜라이 포즈다냐코프와 함께 하프백으로 수비에 가담했다."

"우리는 항상 대인방어를 사용하지는 않았고 유연한 플레이를 통해 각자가 폭넓게 움직이는 시스템을 만들었다. 가끔 후보 선수가 투입되면 자신의 전담선수를 경기장 구석구석까지 쫓아다녔고 심지어 물을 마시러 가도 따라 가곤 했는데, 우리는 상황에 따라 움직이도록 훈련을 받았던 터라 그런 모습을 보고 웃음이 터져 나왔다."

니콜라이 스타로스틴이 처음으로 자신의 동생을 세 번째 수비수로 기용했을 때처럼 아브라모프의 개혁에 저항했던 사람들은 러시아축구의 이상과 어긋난다고 생각하기도 했지만, 차츰 수용하는 분위기가 조성되었고 레프 필라토프는 〈질서정연한 것에 대하여〉에서 그것을 '약자의 권한'이라고 표현했다. 아브라모프가 지휘할 당시 크릴리야의 주장을 맡았던 공격수 보로실로프는 이 시스템을 비판하는 사람들에게 비난을 퍼부었다. "우리가 CDKA와 맞붙는다고 하자, 그들의 공격진은 그리닌, 니콜라예프, 페도토프, 보브로프 그리고 도이민이다. 그러면 우리가 전진플레이를 감행해야 하는가? 우리 골대 가까이서 플레이를 할 수 밖에 없지 않겠는가? 한 번은 디나모 모스크바전에서 우리가 공격적으로 나가자 상대 팀 미하일 야쿠신 감독은 우리의 허를 찔렀고 우리는 0-5로 졌다."

상대전술을 무력화하는 데는 볼가클립만한 것이 없었다. 크릴리야는 1946년에 22전 3승으로 상위 12개 팀 중 10위를 차지했고 1947년에는 13개 팀 중 7위를 기록했는데, 특히 디나모 모스크바를 물리친 경기는 유명한 기록으로 남아 있다. 1948년 또다시 디나모 모스크바를 물리쳤고 1949년에는 CDKA를 만나 홈과 원정경기 모두 승리로 장식했다. 필라토프는 그의 저서에 이렇게 적었다. "유명세를 누리던 CDKA가 패스를 전개하며 코너킥과 프리킥을 얻어내면서 경기를 풀어가려 했지만 뜻대로 되지 않았고 공은 공중으로 높이 날아가거나 경기장 밖의 육상트랙에 떨어졌다. 나중에는 자신들이 계란으로 바위를 치는 헛수고만 하고 있다는 것을 알고서 사기가 뚝 떨어졌다."

그렇지만 본질적으로 클립전술은 주도적인 전략이라기보다는 약팀이 강팀을 상대로 쓸 수 있는 방편적인 전술이었다. 크릴리야는 1951시즌을 4위로 마감했고 2년 뒤 소비에트컵 결승에 올랐으며, 1954년에는 소련 대표팀이 부다페스트에서 열린 헝가리 B팀과의 경기에서 클립을 사용하여 3-0 승리를 거두었는데, 카르포프는 이때 자신이 헝가리 장신 공격수 줄라 실라지를 일대일 마크했다고 기억하지만 이는 주로 크릴리야에서만 사용하는 전술이었다. 이제 빗장은 이탈리아로 이동하여 전술의 중심으로 자리 잡는다.

△▽

어두운 고기잡이 배 하나가 해가 잠긴 바다를 뒤로 하고 서 있다. 잠 못 이룬 지친 표정의 축구 감독이 이른 아침 티레니아 해안 선창가를 따라 산책을 하고 있었다. 끼룩끼룩 갈매기 소리와 부둣가 생선 장수들의 흥정소리를 뒤로하고 발걸음을 옮기며 속으로 묻고 또 물었다. 어떻게 하면 팀을 최고로 이끌어 낼 수 있는가. 아무리 노력해도 결정적으로 뚫려버리는 수비를 어떻게 하면 강하게 만들 것인가. 머릿속으로 이런 복잡한 생각을 하면서 항구로 천천히 걸어가다 문득 한 척의 배가 그의 눈에 들어왔다. 어부들이 물고기로 가득한 그물을 잡아끄는데 그물 뒤에는 예비로 쓰는 또 하나의 그물이 있었다. 순간, '바로 이거다' 싶었다. 첫 그물을 빠져나가는 물고기가 있어도 두 번째 그물에는 걸리게 된다. 그는 곧 자신의 팀에 필요한 것은 중앙 수비진 뒤에서 움직이는 예비 수비수를 두어 수비라인을 빠져 나오는 공격수를 잡는 일이라고 판단했다. 그가 바로 카테나치오를 발명한 살레르니타나의 감독 지포 비아니였다.

이것은 비아니 자신이 직접 말한 이야기로 성경에 나올 법한 분위기로 사람을 끌어 들이긴 하지만 지나치게 낭만적인 점은 매한가지다. 그럼에도 불구하고 이탈리아에서 카테나치오의 발달 과정을 연구하는 이론가들 사이에서 비아니 본인이 주창자라는 발언이 가장 설득력이 있다. 비아니 이전에 빗장수비를 사용한 사람들이 있었겠지만 이를 규칙적으로 적용하여 성공을 이끈 사람은 비아니가 최초였다. 이탈리아에서 빗장수비가 라판과는 별개로 성장한 것으로 보이지만 역사적으로 스위스가 이탈리아축구에 끼친 영향력은 대단했다. 예를 들어, 비토리오 포초는 스위스 취리히클럽인 그래스호퍼스 2군에서 2년간 선수생활을 했고 이탈리아 최초의 대표팀 주장 프란츠 칼리는 로잔에서 축구교육을 받았다. 1, 2차 세계대전 기간 북부지역 선두권에 있는 팀 중 적어도 한 명 이상의 스위스 용병을 두지 않는 곳은 찾아보기 힘들었고 특히 제노아, 토리노, 인테르나치오날레에서 용병의 존재가 부각되었다.

새벽 바닷가를 산책하다 떠올랐든 아니든, 자신이 활용할 수 있는 선수 자원이 부족하다는 것을 모를 리 없는 비아니는 약자의 권한을 행사하여 상대 플레이를 차단하는 것이 가장 소득이 있다고 마음을 굳혔다. 표면상 하프백이었던 알베르토 피치니니는 유벤투스에서 두 번의 스쿠데토 Scudetto(세리에A 우승팀이 붙이는 이탈리아 국기모양의 문양)를 차지하기도 했는데, W—M의 스리백 시스템의 중심으로서—이때는 W—M이 이탈리아의 기본설정전술이었던 '메토도'를 대신했다—상대 센터포워드를 마크하기 위해 아래로 내려와 스위퍼 역할을 했다. 그런 후 비아니는 팀 전체를 아래로 끌어 내려 상대를 유인하고 상대가 공격 숫자를 늘리도록 하여 역습에 취약하게 만들었다. 형태는 달랐겠지만 이 혁신에 숨어있는 발상은 1907년 노샘프턴에 있던 허버트 채프먼과 똑같았다.

살레르니타나가 '비아니 방식'이라고 알려진 전술을 사용했지만 카테나치오의 약진을 이끌지는 못했다. 소규모 팀이었던 살레르니타나는 1947년 3개의 대등한 2부리그팀 중 최고의 수비력을 자랑하며 이 시스템으로 리그승격을 이루긴 했지만 세리에A 첫 시즌 동안 원정경기 전패를 기록하며 강등되었다.

비아니가 살레르니타나에서 그런대로 성공을 거두면서 카테나치오도 유행을 탔으며 이탈리아 전역에서 다양한 모습을 띠고 생겨나기 시작했다. 〈가제타 델라 스포르트〉의 전 축구전문 수석기자인 로도비코 마라데이는 이에 대해 설명한다. "약한 팀은 경기를 개별적 전투로 풀어나가면 가망이 없다는 걸 서서히 깨달았다. 그래서 W—M을 기본으로 삼고 조금 수정을 거쳐 후방에 한 선수를 더 둘 수 있었다. 이것은 보통 윙어 중 한 명을 뒤로 물리고 그 쪽의 풀백이 수비진 뒤로 돌아 들어가면서 가능해진다. 그렇지만 체계적으로 이루어졌다기보다는 우발적으로 생겨났다. 이렇게 말하는 이유는 이 시스템을 사용하는 팀이 약한 팀이고 팀 전체가 경기 내내 뒤로 물러나 수비를 펼치기 때문에 풀백이 뒤로 돌아 들어가더라도 눈치조차 챌 수 없다는 점이다."

새로운 스타일을 가장 뚜렷하게 재현한 인물은 네레오 로코인데, 그는 트리에스티나를 혁신했고 계속해서 AC밀란을 두 번이나 유러피언컵 우승으로 이끌었다. 하지만 자신의 축구철학을 형성시킨 곳은 한물 간 고향 팀의 클럽이었다. 할아버지의 정육점에서 일하고 있던 로코는 트리에스티나에서 제의한 계약을 받아 들였고 그곳에서 화려하지는 않았지만 그런대로 괜찮은 선수로 출발하여 파도바와 나폴리로 이적했으며 자신의 고향으로 돌아 왔다. 나중에 국제대회에서 주장을 맡게 되었는데, 당시 이탈리아에서 감독이 되려면 꼭 필요한 중요한 요건이었다. 텔레비전에 출연했을 때는 억양을 심하게 드러내지 않았지만 그 외에는 늘 강한 트리에스테 사투리를 사용했고 1948년 그곳 기독민주당 시의원이 되었다. 하지만 지역의 전설적인 인물로 자리 잡은 계기는 지역 축구클럽에서 이룬 업적 덕분이었다.

1947년 로코가 부임할 당시 트리에스티나는 형편없는 팀이었다. 그러나 세리에A 하위권에 머물면서 간신히 강등을 피할 수 있었던 것은 영미 군대의 시가지 점령으로 홈경기를 치를 수가 없게 되자 강등권 면제 대상이 되었기 때문이지만, 트리에스티나가 원정경기를 많이 치르지 않았더라면 더 잘했을 거라고 믿는 사람은 거의 없었다. 하지만 로코가 부임한 첫 시즌에 홈경기 무패를 기록하며 공동 2위를 차지했다. 이것은 더할 수 없이 좋은 성적이었고 다음 두 시즌 내리 8위를 한 것도 팀의 재정을 고려하면 대단한 일이었다. 로코가 클럽 이사회와 의견차이로 팀을 떠나고 벨라 구트만이 지휘봉을 물려받자 팀은 15위로 곤두박질쳤다.

한동안 카테나치오를 약자의 권한으로만 받아들이다가 알프레도 포니의 인테르나치오날레가 이를 수용하자 대형클럽들도 시스템에 구미가 당겼다. 포니 감독은 오른쪽 윙어 지노 아르마노를 밑으로 내려 상대 왼쪽 윙어를 마크하도록 했고 오른쪽 풀백 이바노 블라손을 스위퍼로 이동시켰다. 아르마노는 이탈리아 최초의 '토르난티tornanti'로 불리는데, 측면을 따라 내려와 수비를 돕는 윙어를 지칭했다.

한편 블라손은 최초의 위대한 리베로로 영웅대접을 받았다. 그는 1950년 트리에스티나에서 이적할 당시에는 어설픈 풀백이었지만 새로운 역할을 맡고 나서 특기인 길게 걷어내기와 타협을 모르는 성격으로 이름을 떨쳤다. 경기시작 휘슬을 불기 전, 경기장에 선을 그어두고 상대 공격수에게 선을 넘어오면 걷어차겠다고 말했다는 이야기도 전해지고 있다. 마라데이는 그에 대해 이렇게 말했다. "블라손은 몇몇 사람들이 상상하는 우아한 리베로는 아니었다. 할 수만 있으면 언제든 터치라인으로 걷어차 버리는 유형이었다. 블라손이 하도 공을 터치라인 밖으로 차내기만 하자 처음에는 리베로를 '마음대로 차는 사람'이라는 뜻인 줄 알았다."

1952~53시즌 인테르는 34경기에 득점은 46골로 유벤투스보다 27골이나 적었지만 실점은 24골에 그쳐 마지막까지 유벤투스를 가까스로 밀어내고 우승을 차지했다(유벤투스는 전 시즌 98득점 34실점으로 리그 우승을 했다). 이탈리아 작가 지아니 브레라는 인테르의 스타일을 언급하면서, 수비를 하다가 "블라손이 갑자기 박격포 슛을 날린다. 70미터 지점에 떨어진 공 주변에는 선수들이 많지 않고 그 넓은 공간을 인테르 선수들이 치지한다"고 말했다. 같은 시즌 여덟 번이나 1-0 승리를 거두었고 0-0 무승부가 네 번이었다. "그들이 언론의 혹평을 받은 것은, 전방에 베니토 로렌치와 나카 스코글룬드 그리고 이슈트반 니에르즈 같은 스타급 선수들이 있었지만 전반적으로 과도한 수비위주의 플레이를 했고 지루한 공방만 이어갔기 때문이

다. 당시 세리에A 우승팀이 평균적으로 대략 100골 가까이 득점했다는 점을 생각하면 이것은 상당히 획기적이었다."

주제에 대한 변주곡이 생겨나기 시작했다. 예를 들어, 피오렌티나가 포초에게 버림받은 센터하프 출신의 풀비오 베르나르디니를 감독으로 앉혀 1956년 리그 타이틀을 차지했을 때 왼쪽 하프인 아르만도 세가토가 리베로 역할을 하는 변형된 카테나치오를 사용했다. 또 한 가지 변형으로, 왼쪽 윙어인 마우릴리오 프리니가 토르난테로 뒤로 물러나고 왼쪽 인사이드 포워드 미겔 앙헬 몬투오리가 프리니의 빈자리까지 밀고 올라와 사실상 추가 센터포워드 역할을 했다. 인기를 끌진 못했지만 이탈리아축구의 틀이 만들어졌다.

△▽

인테르가 카테나치오를 가장 잘 실천하는 팀으로 유명했지만 유럽 대륙에 카테나치오의 잠재력을 최초로 보여 준 팀은 로코의 천재성이 발휘된 빨간 줄무늬 유니폼의 AC밀란이었다. 통통한 몸매, 짧은 다리, 모난 얼굴의 우스꽝스런 로코는 선수 장악력만큼은 철두철미하여 훈련장을 벗어나서도 선수들의 사생활을 감시했다. 통제가 심하다보니 60년대 토리노의 공격수 지지 메로니는 한동안 로코의 관심을 딴 데로 돌리기 위해 여자 친구를 여동생으로 속이기도 했다. 로코는 패기 넘치는 카리스마가 있었고 성미는 급했지만 어딘지 끌리는 사람이었다. 근처 레스토랑을 자신의 사무실로 쓰며 거침없이 술을 마시기도 했다. 한 번은 화가 나서 탈의실 바닥에 있는 공구함을 옷가방인줄 알고 발로 찼는데 거기에 있던 선수들은 바닥만 쳐다보며 억지로 웃음을 참다 그가 멀리 가자 하염없이 웃어 댔다.

토리노에서 로코는 종종 훈련장에 있는 술집을 출입하며 술을 몇 잔 마신 뒤 술을 깨려고 탈의실 사물함 위에서 잠을 자곤 했다. 또한 이탈리아 북부 출신 브레라와 병째 술을 마시며 축구전술에 대해 의견을 나누느라 밤을 샜다. 브레라는 "완벽한 경기라면 0-0으로 끝날 것이다"고 말하기도 했다. 로코는 브레라만큼은 아니었지만 의미 없는 측면패스를 하다 미드필드에서 공을 놓치는 것을 죽도록 싫어했으며 공격수를 포함한 모든 선수들이 뒤로 물러나야 한다고 주장했다. 이런 생각이 항상 잘 받아들여진 것은 아니었다. 예를 들어 브라질 출신 공격수 호세 알타피니는 밀란에서 나름대로 성공을 거두었지만 그런 생각을 받아들이느라 애를 먹었으며, 지미 그리브스는 이것 때문에 이탈리아 생활에 적응하지 못하고 1961~62시즌 세리에A 경력 5개월 만에 본국으로 돌아갔다. 사람들은 밀란에서 그리브스가 10경기에 9골이나 득점한 사실을 종종 잊고 있지만 로코는 성이 차지 않았다. "두 사람 모두 이 사실을 알아야 한다. 축구를 하다보면 돈을 잘 벌기도 하지만 발로 차이기도 한다."

한동안 트레비소에서 머문 후 트리에스티나로 돌아 왔지만 1953년 파도바로 옮기고 나서야 로코의 전술은 진가를 발휘했다. 파도바는 대형클럽은 아니지만 1956~57시즌부터 1959~60시즌까지 각각 3위, 7위, 5위, 6위의 성적을 기록했는데, 이는 클럽 역사상 엄청나게 높은 성적이었다. 그런 후 로코에게 큰 기회가 찾아 왔다. 1959년 AC밀란에게 세리에A 우승 타이틀을 안긴 비아니 감독이 심장마비를 일으키자 그의 후임으로 밀란을 맡아달라는 요청을 받게 된 것이다. 비아니는 스포츠 이사직으로 팀에 머물 때 자신이 로코에게 스위퍼의 장점에 대해 설득을 시켰다고 주장했다. 시스템의 세밀한 부분에 대한 논의는 있었겠지만 로코는 트리에스타나 시절부터 이미 카테나치오를 사용하고 있었다.

하지만 로코의 카테나치오는 방어적 요소가 상당히 제거된 상태였다. 예를 들어, 1961~62시즌 세리에A 우승 당시 밀란은 두 번째로 많은 득점을 올린 로마보다 22골이나 많은 34경기 83골을 기록했다. 비록 트리에스테 출신으로 트리에스티나에서 선수생활을 시작한 체사레 말디니가 당시 부동의 최고 수비수였지만 보통 상상하는 스위퍼의 위협적인 모습은 아니었다. 트리에스티나클럽 공식 기록에 따르면 12년간 클럽에 몸담고 난 뒤 1966년 토리노로 떠났을 때 그는, "신사다운 축구선수, 깨끗한 스타일의 경기를 하는 선수, 수비 임무도 늘 잘 지켰던 선수로서의 기억"을 남겼다.

로코는 또한, 리처드 윌리엄스가 〈완벽한 10번〉에서 "카뮈가 묘사한, 삶의 언저리에서 창백한 모습으로 배회하는 실존주의적 이방인"으로 비유했고, 기운은 없지만 창의적인 지아니 리베라도 받아 들였다. 브레라는 리베라 문제로 인해 로코와의 관계가 '잔인한 전쟁'이었다고 말할 정도로 의견이 달랐다. 자신이 이름 붙였던 '수비주의자 defensivist' 축구에 철저했던 브레라는 리베라를 불필요한 존재로 여겼고 용기가 모자란다는 뜻으로 '수도승'이라고 잘라 말했다. 하지만 로코의 팀에서 리베라가 차지하는 가치는 두 번의 유러피언컵 결승전 승리에서 찾을 수 있다. 그는 1963년 벤피카전에서 후반 8분 동안에 두 번이나 알타피니의 골을 도와 밀란의 역전 우승을 이끌었고 1969년 아약스를 맞아서는 두 골 도움으로 4-1 승리에 기여했다.

로코의 카테나치오는 몇몇 사람들이 짐작했던 만큼 수비적이지 않았지만 구트만이 이끄는 벤피카의 경기 스타일과는 전혀 딴판이었다. 둘 다 강퍅한 성질을 지녔지만 구트만의 축구는 낭만적인 면이 깔려있었던 반면 로코는 오로지 이기고자 하는 축구였다. 1969년 악명 높은 아르헨티나 에스투디안테스 데 라 플라타와 대륙간컵 경기를 앞두고 로코는 이런 지시를 내렸다고 한다. "움직이는 것은 뭐든 차라; 그게 공일수록 더 좋고." 출처는 불분명하지만 로코다운 말임에는 분명했다. 입스위치 타운이 1962~63시즌 유러피언컵 2라운드에서 밀란에게 패하자 입스위치의 주장 앤디 넬슨은 로코팀이 "머리 잡아끌기, 침 뱉기, 발 밟기 같은 온갖 쓸데없는 짓을 해댔다"며 불평을 늘어놓았다. 윙어인 파올로 바리손은 대회 내내 자유롭게 득점을 했지만 결승전에서는 빠지고 브루노 모라가 오른쪽에서 왼쪽 측면으로 이동함에 따라 바리손 대신에 지노 피바텔리가 투입되었으며 지노는 벤피카의 덩치 큰 인사이드 포워드 마리오 콜루나를 무력화시키는 임무를 맡았다. 불운인지 때가 안 맞았는지 모르겠지만, 콜루나는 알타피니의 동점골 후 1분 만에 피바텔리와 거친 몸싸움으로 다리를 절뚝거렸지만 그리 놀라는 사람은 없었다.

△▽

로코의 AC밀란이 아무리 과도한 전술을 쓴다 하더라도 같은 도시의 경쟁자가 오랫동안 다져온 것과는 비교가 되지 않았다. 엘레니오 에레라가 창조한 '위대한 인테르 La grande Inter'는 엄청난 재능을 지니고 있었고 인정사정없이 확실하게 성공을 거두었던 팀이었다. 최고의 빗장수비를 실현한 그들은 사람들이 상상할 수 있는 잘못된 축구의 정수를 보여 주었다. 그들을 존경하지 않는다고 말하기는 어렵지만 존경의 진정성을, 특히 영국에서는, 말하기는 어렵다.

에레라는 '1945년 무렵'에 프랑스에서 열린 시합에서 라판과는 별개로 처음으로 스위퍼 역할을 했다고 주장한다. 자신이 W-M시스템의 왼쪽 백으로 뛰었던 경기에서 팀은 15분을 남기고 1-0으로 앞서나갔다. 압박이 점점 더 심해지는 것을 알고서 에레라는 왼쪽 하프에게 자기 위치로 내려오라고 지시했고 그는 수비형 센터하프의 뒤를 커버하기 위해 돌아 들어왔다. 그는 "이미 선수 시절에 그런 생각을 했다. 우리는 그렇게 승리했고 내가 감독이 된 후 그것을 기억해 냈다"고 말했다. 사실이지 아닌지 알 수 없지만, 자신과 관련된 신화적인 이야기를 윤색하는 걸 싫어하지 않는 에레라는 빗장수비의 대부가 되었고 이 시스템으로 두 번씩이나 유러피언컵을 안았다. 뚱뚱한 몸에 와인을 좋아하던 로코는 항상 자신의 시스템이 품고 있는 정신과 갈등이 있었지만 에레라는 언론인 카밀라 체데르나가 말했듯이 늘 '새까만' 머리색에 곧추선 자세의 죽은 사람 같은 모습으로 규율을 엄격히 지키는 카테나치오의 화신이라 할 수 있었다.

정확한 날짜는 알 수 없지만 에레라의 출생지는 부에노스아이레스였다. 스페인 이주민인 아버지가 출생신고를 늦게 하여 벌금을 물게 될까 봐 출생연도를 바꾸었다고 한다. 하지만 그의 아내의 말에 의하면 나중에 출생증명서를 1910년에서 1916년으로 고쳐서 기록했다고 한다. 자서전에 따르면 아버지는 '예수처럼' 목수로서 무정부주의 노동조합원이었고 '문맹이지만 놀라운 지능을 가진' 어머니는 청소부였다.

그가 4세 때 가족은 정부기관을 피해 모로코로 갔고 에레라는 그곳에서 디프테리아 전염병을 앓다 겨우 살아났다. 바르셀로나의 감독이 되기 직전 비행기 사고로 목숨을 잃을 뻔도 했다. 두 번의 구사일생으로 스스로 자신이 특별하고 선택받은 지위를 가지고 있으며 사명을 띤 지도자라고 확신했다. 이런 점은 그의 금욕적인 생활 속에 잘 드러난다. 인테르 훈련캠프의 그의 방에는 십자가가 유일한 장식품으로 걸려 있었다. 디프테리아에서 회복되고 나서 10대에는 뛰어난 체력을 갖춘 풀백으로 인정받을 만큼 힘이 붙었다. 1997년 세상을 뜨기 5년 전 사이먼 쿠퍼와 가진 인터뷰에서 에레라는 "14~5세쯤부터 아랍인, 유대인, 프랑스인 그리고 스페인 사람들과 시합을 했다. 그때가 내 인생의 학교였다"고 말했다.

에레라의 공식적인 선수활동은 라싱 카사블랑카에서 시작되었지만 자서전의 표현대로 "가난한 나라의 숨은 보석을 찾고 있는 스카우트"에게 발탁되어 프랑스 파리로 옮겼다. 그곳에서 레드스타93과 라싱클럽에서 뛰었고 풀백으로 프랑스 대표에 두 차례 차출되었다. 그 후 평범한 선수로서 활동하다 25세에 심각한 무릎부상으로 선수생활을 마감했다. 자신의 운명을 예리하게 감지할 줄 알았던 에레라는 후일 이 시련에서 긍정적인 것을 이끌어 냈다. "선수로서 나는 무척 슬펐다. 그러나 스타 선수들이 감독이 되면 자신의 위용을 과시하기만 하고 선수 시절 우아하게 뽐내던 실력을 어떻게 가르쳐야 할지 몰랐지만 나는 다행히 그들과 사정이 달랐다."

전쟁이 끝나자 에레라는 아마추어팀인 퓌토의 감독으로 인상적인 모습을 보인 후 스타드 프랑세로 옮겼으며 동시에 프랑스 대표팀 가스통 바로우 감독의 임시 수석코치로 일했다. 여기서 에레라는 처음으로 '르 소시에(마법사, 이탈리아에서는 '일 마고')'라는 별명을 얻었지만 자신의 업적을 등한시한다며 싫어했다. "마법사는 축구에서 쓰는 말이 아니다. '열정'과 '힘'은 축구용어다. 나는 하루 36시간 일한다는 칭찬을 듣고 가장 흡족했다." 이와 같은 이유로 운이라는 개념도 멸시했다. 자신의 이름에 16개의 타이틀이 붙었던 감독 말년에 이렇게 말했다. "사람들이 운이 좋다고 말할 때가 가장 싫다. 행운 같은 게 있다고 믿지 않는다. 20년 동안 그렇게 많은 우승을 했는데도 그게 운인가? 조심스럽게 말하지만, 나는 세상 어느 감독보다도 더 많은 우승을 차지했다. 이런 일은 찾아보기 어렵다." 그의 눈에는 모든 것은 통제할 수 있고 더 나아질 수 있다. 그런 면에서 에레라는 최초의 현대적 감독이다. 구트만은 감독 숭배를 확립하는 데 있어서 채프먼을 따랐을지도 모르지만 감독이 무엇을 해야 할지, 감독이 줄 수 있는 영향이 무엇인지를 보여준 사람은 에레라였다. "처음에 감독은 선수들의 가방을 들었다. 나는 가방을 있어야 할 곳에 두었고 감독이 얻어야 할 것을 얻었다."

섬세한 전술가일 뿐 아니라 완벽주의자였던 에레라는 팀의 모든 업무에 직접 관여했다. 선수들의 식사를 조절하기도 했고 '리티로 ritiro, 칩거, 합숙' 시스템을 개발하여 선수들이 시합 전날 저녁에는 팀의 훈련지에 갇혀 있었는데, 이것은 스포츠 심리학의 개척분야가 되었다. 아침마다 7시 전에 일어나 요가를 하면서 다음과 같이 암송했다. "나는 상하다. 나는 고요하다. 나는 두려움을 모른다. 나는 아름답다." 그리고 격문을 탈의실 벽면에 고정시켜 두었다: "싸울 것인가 플레이를 할 것인가? 파이팅 넘치는 플레이를 하는 것", "자신을 위한 플레이를 하는 것은 상대를 위한 플레이다. 팀을 위해 플레이를 하는 것이 자신을 위한 플레이를 하는 것이다." 또한 선수들에게 하루 12시간 잠을 자도록 독려했고 자신도 9시 전에는 어김없이 잠자리에 들었다. 브레라는 에레라를 "광대이자 천재였고, 저속하면서도 금욕적이고, 식탐이 많지만 훌륭한 아버지고, 술탄이며 신앙인이고, 천박하면서도 능력은 있고, 과대망상증에다 건강에 집착하는 사람"이라고 표현했다.

1949년 스타드 프랑세 회장이 클럽 프랜차이즈를 팔자 에레라는 스페인으로 옮겨 레알 바야돌리드에서 잠깐 머문 후 아틀레티코 마드리드의 감독이 된다. 그곳에서 두 번의 선수권대회 우승을 차지했고 연이어 말라가, 데포르티보 라 코루냐, 세비야 그리고 포르투갈의 벨레넨세스를 거쳐 바르셀로나에 정착하여 처음으로 유럽에서 성공을 경험했다. 바르셀로나를 페어스컵 결승까지 이끈 전임자 도메네크 발만냐는 스탬포드브리지에서 런던XI과 2-2 무승부를 기록한 1차전까지만 하더라도 팀을 이끌고 있었지만 바르셀로나의 리그 형태가 불안해지자 곧바로 쫓겨났고 대신 에레라가 팀에 합류하여 2차전에서 6-0 승리를 거두고 결국 우승의 영광을 차지했다.

에레라는 자신이 '걸출한 선수들'을 물려받았다고 인정했다. "이런 팀이라면 모든 시합에서 이기는 일만 남았다. 지금까지 레알 마드리드가 자국과 외국에서 이룬 업적은 바르셀로나를 주눅 들게 했다." 그래서 동기를 유발하는 표어뿐만 아니라 자신만의 낯선 의식을 거행하여 선수들의 자신감을 강화하기 시작했다. "너무나 많은 감독들이 자신의 역할을 경기장에 나가기 전에 선수들의 어깨를 두드려 주거나 때때로 애국심을 고취하는 연설로 한정한다. 그렇게 하면 몇몇 선수들의 심장이 뜨거워질 수는 있지만 팀 전체 선수들의 근육만 식힐 뿐이다."

선수들은 킥오프 전에 허브차를 받아 마셨는데, 그는 이것을 남미와 아랍에서 유래한 마법의 묘약이라고 여겼다. 에레라는 경기장으로 나가기 전에 원을 만들어 선수들을 모이게 한 뒤 한 명씩 공을 던져주고 그들의 눈을 쳐다보며 물었다. "자 어떻게 플레이를 해야 하지? 왜 이겨야 하지?" 모든 선수에게 공이 돌고 나면 서로 어깨를 걸고 맹세한다. "우리는 이긴다! 우리는 함께 해낸다!" 공격수 루이스 수아레스는 식사 중에 술을 엎지르면 다음 경기에 골을 넣는다고 믿었기 때문에 에레라는 중요한 경기를 앞두고는 팀 전체 식사 시간에 자신의 잔을 넘어뜨렸고 수아레스는 와인에 흠뻑 젖은 테이블보에 손가락을 적신 후 자신의 이마와 발에 묻혔다.

에레라가 인테르로 갔을 때는 의식은 훨씬 더 복잡해졌고 이를 통해 클럽의 냉랭한 분위기를 바꿔보려고 했다. 시합 전 에레라가 센터서클 가운데 공을 놓으면 선수들은 공쪽으로 다가가며 소리친다: "난 꼭 지킨다! 난 꼭 지킨다!" 에레라는 설명했다. "시합 전에 공을 만지는 것은 중요하다. 큰 경기에 엄청난 관중이 들어 차 있다. 모두들 긴장한다. 오직 공이야말로 그들의 살아있는 생명이다. 그런 후 선수들이 서로를 껴안도록 한다. 키스는 안 되고 포옹만! 그리고 이렇게 말한다. '우리는 같은 배를 탔다!' 옷을 갈아입고 나면 다시 이렇게 말한다. '서로 얘기를 해! 수비수끼리 얘기를 해!' 우린 하나의 팀이다. 우린 하나의 가족이다!"

바르셀로나에서 보여 준 에레라의 스타일은 자신감이 충만해 있다는 것을 증명했고 인사이드 포워드를 윙하프 자리에 배치시킴으로써 중원 어디에서나 창의성이 살아났다. 1958~59시즌은 30경기 96골을 기록하며 4점차이로, 1959~60시즌에는 86골을 넣어 골득실 차에서 레알 마드리드를 밀어내고 리그 우승을 차지했다. 하지만 유러피언컵 준결승에서 팀이 레알에게 합계 2-6으로 패하자 에레라는 시즌이 끝나기도 전에 쫓겨났다. 에레라가 떠난 시점은 처음 팀에 왔을 때처럼 바르셀로나가 영국팀을 물리치고 페어스컵 결승 2차전을 앞둔 시점이었다. 팬들은 유러피언컵 패배 후에 그의 호텔 숙소 앞에 모여 비난을 퍼부었지만 그가 쫓겨나자 람블라스 거리까지 그를 무동 태웠다. 분명 그때까지만 해도 유럽에서 구트만과 에레라가 가장 인기 있는 감독이었다.

여기저기서 제의를 받았지만 최종적으로 수입이 가장 좋은 인터밀란으로 옮겼다. 에레라는 5년 동안 12명의 감독을 해임시킨 인터밀란 회장 안젤로 모라티에게 그가 갈망하는 우승을 안겨주겠다고 약속하면서 당시 최고 연봉인 35,000파운드를 요구했다. 에레라는 "때때로 비싸게 고른 것이 싼 것일 수도 있고 싼 것이 아주 값비싼 것이 될 수도 있다"고 말했다. 첫 시즌 클럽의 관중수입이 5배로 뛰어오르면서 그의 예언은 적중했다.

인터밀란에 온 지 몇 주 후 선수 부인들과 만나 영양보충과 자신이 선수들에게 요구하는 일상적인 일들이 얼마나 중요한지 설명했다. 에레라는 비록 자신의 합숙 시스템 때문에 선수들이 시합 전에 아피아노 젠틸레 본부에 갇혀 있기를 싫어했음에도 모든 부분에 통제를 하려고 했다. 수비수 타르치시오 부르니크는 이에 대해 설명했다. "이것은 곧 있을 시합에만 집중하라는 의미였다. 이 시간 동안은 딴 곳에 가지 못하고 훈련하고, 먹고, 자고 할 뿐이었다. 자유시간이 생기더라도 카드놀이 말고는 할 일이 없었다. 그러니 결국 다가온 시합에 대한 생각을 할 수 밖에 없었다. 문제점이라면 지나치면 아니한 만 못하듯 너무 빈번해서 선수들이 힘겨워한다는 것이다."

잠자는 일부터 훈련, 식사, 시합 전날 밤의 산소공급까지 모든 것을 엄격히 규제했다. 잉글랜드 출신 공격수 게리 히친스는 에레라가 인테르를 떠나자 "끔직한 군대를 제대하는 것 같다"고 표현했고, 자신과 수아레스 그리고 마리오 코르소가 크로스컨트리 경주에서 뒤처지자 클럽버스를 타고 훈련캠프에 남겨져 나중에 6마일을 걸어 시내로 돌아왔던 이야기를 했다. 심지어 팀의 최고 스타 산드로 마쫄라까지도 에레라가 지나칠 정도로 준비에 집착하던 때가 있었다고 실토했다. "유러피언컵에서 버셔시를 격파하고 샤워장에서, 캠프에서 살다시피 했으니 며칠 쉴 수 있겠다고 잡담을 하는 것을 그가 듣고 말았다. 에레라는 나에게 이렇게 말했다. '너희들이 아무리 잘했다고 생각하더라도 항상 운동장에

발을 딛고 있어야 한다.' 우린 아무 말도 못하고 숙소로 돌아갔다."

규율은 절대적이었고 권위에 도전하면 인정사정없이 짓밟혔다. 에레라는 바르셀로나 시절 헝가리 출신의 공격수 라디슬라오 쿠발라를 "내가 알고 있는 최고의 선수"라고 표현했지만 그가 몇 차례 폭음을 하자 기강을 해치고 팀을 흔들리게 한다고 말하면서 외면해 버렸다. 쿠발라를 옹호하는 사람들은 오히려 에레라가 클럽에서 쿠발라의 영향력이 커지게 만든 '쿠바리스모'라는 의식을 깨려고 했다는 점을 꼬집는다. 에레라가 인테르에 왔을 때도 아르헨티나 출신 공격수 안토니오 안젤리요의 파란 많은 사생활을 들먹이며 내보냈는데, 그는 1958~59시즌에 33경기에서 33골을 넣은 선수였다. 심지어 이름난 리베로 아르만도 피키도 무사하지 못했다. 그는 에레라의 판단에 대해 의문을 제기한 뒤 1967년 바레세로 팔려갔다. 에레라는 이렇게 말했다. "내가 폭군처럼 무자비하게 선수들을 대했다고 비난을 듣는다. 하지만 나중에 모든 클럽들이 내가 한 일을 따라 했다: 노력, 완벽, 체력훈련, 식이요법 그리고 어떤 시합이든 3일 동안의 합숙."

나중에는 상대 팀에 대한 정보가 담긴 서류까지 손을 뻗쳤다. 상대 선수들을 훤히 알게 되어 사진을 보지 않고 에레라의 설명만 듣고도 누가 누군지를 알 수 있었다. 1961년 바르사에서 인테르로 이적 당시 세계 최고 액수를 기록했던 수아레스는 에레라의 방식을 일찍이 볼 수 없었던 것으로 생각했다. "체력과 심리를 그렇게 강조한 적은 전에 없었다. 그때까지만 해도 감독이라면 그다지 대수로울 것이 없었다. 그는 정말이지 최고선수의 뺨을 때리며 그들이 대단하지 않다는 생각을 일깨웠고 오히려 다른 선수들을 칭찬했다. 그러자 모든 선수가 그에게 자신의 진가를 보여 주려고 몸과 마음이 달아올랐다."

인테르는 베르가모에서 아탈란타를 5-1로 물리치고 에레라에게 감독 데뷔전 승리를 안겼다. 우디네세와의 원정경기를 6-0 승리로 이끌었고 비첸차를 상대로 5골을 몰아넣었다. 최종 순위는 3위였지

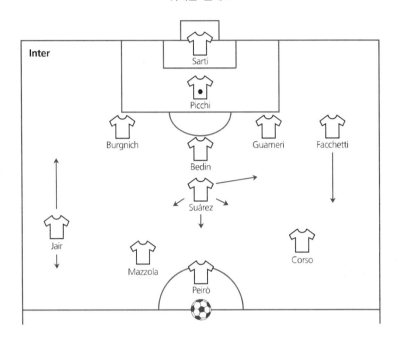

'위대한 인테르'

만 34경기에서 73골을 기록하며 챔피언 유벤투스를 제외하고 가장 많은 골을 넣었다. 이듬해 리그 2위를 차지했지만 모라티 구단주는 만족하지 않았다. 그해 여름 모라티는 에드몬도 파브리에게 에레라의 후임을 제의하기 위해 그를 클럽본부로 초대했지만 고민 끝에 그냥 돌려보냈고 에레라에게 우승 약속을 지킬 시간이 한 시즌 밖에 없다고 못 박아 두었다. 에레라가 팀에 변화를 줘야겠다고 마음을 먹은 것은 그때였다. "미드필더 한 명을 수비진 뒤로 돌려 스위퍼 역할을 하도록 하고 왼쪽 백은 공격을 자유롭게 하도록 했다. 모든 선수들은 내가 어떤 공격을 원하는지 알고 있었다: 수직적인 빠른 패스의 축구와 단 3번의 패스로 상대편 골에어리어까지 도달하는 것. 만약 수직적으로 전개를 하다 공을 뺏기면 문제가 안 되지만 횡으로 가다가 공을 놓치면 바로 골을 먹게 된다."

피키는 세리에A에서 단 한 골을 넣었지만 스위퍼로서 성실함을 인증 받았고, 브레라는 그를 "의미 없는 패스는 결코 하지 않았고 시야는 놀랄 만큼 넓은 수비의 감독"이라고 묘사했다. 아르스티데 과르네리가 스토퍼 역할의 중앙 수비를 맡고 오른쪽 수비수 부르니크는 그와 나란히 자리를 잡고 있었다. 마라데이는 "이즈음 많은 팀들이 오른쪽 윙어를 토르난테로 두었는데, 왼쪽 윙어가 더 효율적으로 공격에 가담하면서 종종 중앙으로 파고들어 슛을 날릴 수 있었기 때문이다. 이탈리아의 위대한 공격수들은, 그중에서도 가장 돋보이는 지지 리바와 피에리노 프라티를 포함해서 다들 그렇게 출발했다."

이렇게 되자 공격수로 영입한 왼쪽 수비수 지아신토 파체티는 자신이 마크하는 선수가 자주 자기 진영 깊숙이 내려가 있었기 때문에 마음 놓고 전진할 수 있었다. 마라데이는 설명을 이어갔다. "자이르는 부르니크 앞에 있었다. 자이르는 수비를 썩 잘하는 편은 아니었지만 깊이 내려 왔는데, 그는 상대에게 달려가는 것을 좋아해서 자기 앞에 공간이 필요한 선수였다. 왼쪽 파체티 앞의 코르소는 창의적인 플레이를 펼쳤고 빠르거나 공격적이진 않지만 상대 수비를 잠그는 데 능력이 있는 선수로서 전방의 선수와 이어주는 역할을 했다. 카를로 타그닌은, 나중에 그의 자리를 지안프랑코 베딘이 물려받지만, 수비수 앞에 포진하여 뛰어 다니며 수비를 하였다. 그와 일직선으로 나란히 있었던 수아레스는 폭넓은 시야와 정확한 롱킥 능력을 갖추고 있었다. 인테르가 공을 따내면 보통 이런 식으로 공격을 전개한다. 공간으로 달려드는 자이르에게 공을 넘기거나, 수아레스가 미드필드의 마쫄라를 겨냥하고 또는 센터포워드로서 특별한 재능은 없었던 베니아미노 디 자코모 혹은 아우렐리오 밀라니에게 멀리 공을 내보내고 또 다른 선택으로 오른쪽에서 안쪽으로 끊어 달려 들어오는 자이르에게 볼을 배급한다."

파체티가 전술의 열쇠를 쥐고 있었고 에레라는 파체티 덕분에 전술의 부정적인 면에 대한 갖가지 비난을 면할 수 있었다. 에레라의 설명이다. "나는 카테나치오를 발명한 사람이다. 문제는 나를 모방한 사람들 대부분이 엉뚱하게 모방했다는 것이다. 그 사람들은 카테나치오에 담겨있는 공격적인 원리를 빼먹었다. 피키를 스위퍼로 썼지만 나한테는 최초로 공격수만큼 많은 골을 넣을 수 있는 파체티라는 풀백이 있었다." 사실 파체티가 리그에서 두 자리 수 득점을 올린 것은 단한 번뿐이라 좀 부풀린 이야기지만 그가 왼쪽 측면을 따라 밀고 올라가는 플레이를 함으로써, 에레라가 무작정 대인방어를 하는 포백과 한 명의 리베로로 팀을 구성한다고 말을 흘리는 사람들이 틀렸다는 것을 입증했다.

에레라의 시스템이 효과가 있다는 데는 누구도 토를 달 수 없었다. 1964년에는 플레이오프에서 볼로냐에게 패하면서 타이틀을 놓쳤지만 1963, 1965, 1966년에 세리에A 우승을 차지했으며 1964년과 1965년 연속 유러피언컵 챔피언이 되었고 1967년에는 다시 결승전에 올랐다. 하지만 누구나 알고 있는 그들의 수비지향성을 감안하더라도 에레라가 성공을 거둔 것만 보면 왜 샹클리가 에레라와 카테나치오를 그렇게 혐오했는지 설명할 길이 없다. 문제는 전술에 따라 다니는 사기행각이었다.

바르셀로나에 있을 때도 쉬쉬하던 소문이 있었다. 도리에 어긋난 행동을 하던 에레라에게 감정이 상할 대로 상한 지역 언론인들이 '제약 우승컵 감독'이라 부르기 시작했지만 당시 선수들은 그런 주장에 대해 부인한다. 에레라 감독시절 바르셀로나 유소년팀에서 발탁된 스페인의 미드필더 푸스테의 말은 신빙성이 있어 보인다. "그는 자기 일에 호락호락하지 않았다. 유머감각도 뛰어났고 선수들의 장점을 이끌어 내는 법을 알고 있었다. 우리에게 온갖 약을 준다는, 그를 둘러싼 얘기는 다 거짓말이다. 그는 훌륭한 심리학자에 가까웠다."

에레라가 심리를 잘 이용했다는 것은 분명하지만 실제로 번듯한 약물학자였다는 의혹도 싹 가시지는 않았다. 그중 가장 떠들썩한 주장은 페루치오 마쫄라의 자서전에 나와 있다. "나는 선수들이 어떻게 처방을 받는지 내 눈으로 똑똑히 보았다. 우리는 에레라가 주는 알약을 혀에 올려놓았다. 그리고 주전선수에게 주기 전에 우리 같은 후보에게 먼저 실험했다. 내가 먹고 싶지 않다고 말하면 산드로(마쫄라의 형)는 화장실에 가서 뱉어 내라고 말했다. 결국 에레라가 알게 되었고 이번에는 알약을 커피에 타서 녹인다고 했다. 그때부터 '일 카페 에레라(에레라 커피)'는 인테르의 관습이 되었다." 산드로는 동생의 이런 주장을 강하게 부인했고 이 일로 형제관계를 끊었다. 하지만 소문은 계속 퍼져 나갔다. 설령 사실이 아니라 하더라도 클럽이미지가 훼손되었고, 또 그 말을 믿는 사람이 많은 것으로 볼 때 에레라가 얼마나 승부에 집착했는지를 엿볼 수 있다.

인테르에서는 전술과 심리 그리고 정신이 한데 어우러졌다. 인테르의 전술이 반드시 수비적이지는 않다고 에레라가 주장할 만한 사례가 있었는지 모르지만 그들의 정신에는 부정적인 생각이 깃들어 있다는 점은 확실했다. 〈이탈리안 잡〉이라는 책을 통해 지안루카 비알리와 가브리엘 마르코티는 이탈리아축구에 배어있는 불안감에 대해 장황하게 설명한다. 에레라의 인테르에서는 그런 불안감이 편집증으로 나타났고 유고 메이슬 같은 이상주의자는 아니더라도 채프먼이라면 등골이 오싹할 방법도 주저 없이 사용하려고 했다. 유독 브레라는 이탈리아인은 체력이 달려 수비적인 축구를 하게 되었다고 한결같이 주장했다.

비신사적 경기운영이 살아남기 위한 방편이 되었다. 예를 들어, 1967년 유러피언컵 셀틱과의 결승전을 앞두고 에레라는 전용비행기를 타고 셀틱과 레인저스의 경기를 관람하러 글래스고의 아이브록스 구장에 도착했다. 이탈리아를 떠나기 전 에레라는 조크 스타인 셀틱 감독에게 그가 인테르와 유벤투스의 경기를 볼 수 있도록 이탈리아로 태워 주겠다고 했다. 나중에 에레라는 전용비행기가 스타인 같은 몸 둘레의 사람이 타기에는 너무 작다는 이유를 대며 약속을 취소했다.

현명하게도 스타인은 자신이 예약해 놓은 비행기 표를 취소하지 않았다. 인테르가 토리노에서 대기시켜 놓겠다고 약속했던 택시와 입장권도 비슷한 이유로 무효가 되자 스타인은 어느 기자가 경비원에게 기자 출입증으로 설득해서 겨우 경기를 관람했다.

이런 일은 사소한 예에 불과했고, 그동안의 약물 복용과 경기결과 조작에 대한 비난은 따로 하고라도 끔찍하리만큼 비정한 모습을 보이기도 했다. AC밀란과의 시합 전날 과르네리의 아버지가 세상을 떴다는 소식을 전해 듣고도 경기가 끝날 때까지 혼자만 알고 있었다. 1969년 인테르를 떠나 로마의 감독으로 있을 때 공격수 줄리아노 타콜라가 사망했다. 그는 아픈 전력이 있었으며 편도선 제거수술 후에도 호전되지 않자 정밀 검사를 했고 심잡음이라는 병이 있다는 사실이 밝혀졌다. 그런데도 에레라는 삼프도리아와의 세리에A 경기에 타콜라를 출전시켰고 그는 45분 만에 경기에서 빠졌다. 보름 후 에레라는 타콜라에게 칼리아리와의 원정경기를 위해 팀과 함께 사르디니아로 같이 떠나게 했다. 타콜라를 시합에 뛰게 할 생각이 없으면서도 경기 당일 아침 차갑고 매서운 바람이 부는 해변훈련에 타콜라를 합류시켰다. 타콜라는 관중석에서 시합을 보다가 경기가 끝나고 탈의실에서 쓰러진 뒤 몇 시간 만에 사망했다.

습관적으로 승부를 조작했다는 주장도 있다. 1964년 보루시아 도르트문트와의 유러피언 컵 준결승이 끝난 후 인테르가 심판을 조종했다고 암시하는 말이 국제경기로는 처음으로 흘러나왔다. 인테르는 독일에서 열린 1차전을 2-2로 비겼고 산시로에서 열린 홈경기에서는 2-0으로 승리했는데, 이 경기에서 도르트문트의 오른쪽 하프인 네덜란드 출신 호피 쿠라트가 수아레스의 발길에 채여 이른 시간에 부상을 입는 바람에 인테르는 큰 이익을 보았다. 유고슬라비아 주심 브란코 테사니치는 아무런 조처를 취하지 않았다. 이 일은 아무도 모르게 지나갈 수도 있었지만 그해 여름휴가 중 테사니치를 만난 유고 여행자가 테사니치가 인테르로부터 휴가비를 받았다는 말을 직접 했다고 주장했다.

비엔나에서 열린 결승전 상대는 레알 마드리드였다. 타그닌은 디 스테파노를 일대일 마크하라는 지침을 받았고 과르네리가 푸슈카시를 꼼짝 못하게 하면서 마졸라의 두 골로 3-1 승리를 거두었다. 모나코의 공격수 이본 듀이스는 대회 초반 인테르의 축구방식을 비판했고 마드리드의 뤼시앵 뮐러는 결승전이 끝난 후 같은 불만의 목소리를 냈다. 이에 아랑곳하지 않고 에레라는 우승 트로피만을 노렸다. 다음 시즌 세리에A에서 공격적인 축구를 펼치며 68골을 기록했지만 수비를 지향하는 마음은 전혀 흔들리지 않았다. 레인저스와의 준준결승 1차전에서 3-1로 앞서다가 7분 만에 골을 허용했지만 놀라울 만큼 끝까지 잘 버텨냈다. 그것은 카테나치오를 제대로 사용한 경기였다. 그런 면에서 리버풀과의 준결승전은 우러러볼 만한 경기가 아니었다.

리버풀이 홈구장인 안필드에서 3-1로 1차전 승리를 거두자 이탈리아 기자가 샹클리에게 "당신들은 절대로 이길 수 없다"고 말했다고 한다. 결국 리버풀은 지고 말았는데, 시합 전날 리버풀이 머무르는 호텔 앞에서 팬들이 소란을 피워 잠을 잘 수가 없었던 것이다. 이런 일은 유럽축구에서 흔히 생기는 불평거리지만 경기가 시작되자 뭔가 단단히 잘못되었음을 알게 되었다. 8분 만에 얻은 간접프리킥을 코르소가 리버풀 골키퍼 토미 로렌스를 직접 통과하는 슛을 날리자 스페인 주심 호세 마리아 오르티스 데 멘디빌은 골을 선언했다. 2분 후 호아킨 페이로는 골키퍼 로렌스가 공격 진영으로 킥을 날리려고 공을 튕기는 순간 낚아채 골대로 넣자 이번에도 주심은 골을 선언했다. 마지막에는 승리를 결정짓는 파체티의 멋진 세 번째 골이 나왔다.

오르티스 데 멘디빌 주심은 나중에 브라이언 글랜빌이 1974년 〈선데이 타임스〉에 폭로한 경기조작 추문에 연루되었다. 신문에는 헝가리 사람 데죠 솔티가 유벤투스가 1973년 더비 카운티와 겨룬 유러피언컵 준결승 2차전을 통과하도록 돕는 대가로 자신이 포르투갈 주심

프란시스코 로보에게 5천 달러와 차를 제공했다는 내용도 들어있었다. 글랜빌은 솔티가 인테르에서 함께 일했던 유벤투스 클럽총무 이탈로 알로디 밑에 고용된 사람일 거라고 말했다. 유럽에서 열리는 이탈리아 클럽경기에는 항상 클럽 관계자들이 지켜보고 있었고 이상하게도 그때마다 결과가 좋았다는 점을 지적했다. 그렇게 해서 늘 따라 다니던 심판매수의 증거들이 드러나게 되었다. 샹클리로서는 묵과할 수 없는 일이었다.

1965년 벤피카와의 결승전이 산시로에서 열리자 말들이 많았지만 이 경기는 에레라 축구의 진수를 보여 주는 교과서 같았다. 인테르는 전반 3분을 남기고 자이르의 골로 앞서 갔다. 그런 뒤 벤피카가 골키퍼 코스타 페레이라의 부상으로 10명이 되자 수비수 제르마노를 골문 안에 둘 수밖에 없었다. 그러나 인테르는 사실상 홈경기였음에도 시종일관 수비로 리드를 지키는 것에 만족했다. 그것은 실용적인 선택이었는가, 아니면 에레라가 그토록 자신감을 불어넣으려 노력했건만 결국 팀이 스스로의 능력을 믿지 못해서일까? 그것도 아니면 자신들의 노력만이 아니라 심판의 힘에 의지한 것은 아닐까?

벤피카는 3년 만에 또다시 우승문턱에서 좌절하자 구트만의 저주를 탓하기도 했지만 문제는 그들의 낡은 공격 방식에 있었다. 적어도 클럽 수준에서는 정당하지만 용인되지 않았던 카테나치오가 벤피카의 4-2-4 전술에 남아 있는 고전적인 다뉴비언 스타일의 잔재보다는 앞섰다. 하지만 심판을 매수하지 않고 다른 조건이 같다면 카테나치오라도 공격에 소질이 있는 팀을 만나면 무용지물이었다. 인테르는 1965~66시즌에 다시 리그 우승을 했지만 유러피언컵 준결승에서 레알 마드리드에게 패했다. 준결승 2차전의 주심을 맡은 헝가리인 죄르지 버더스는 공정한 경기 운영을 했고 레알은 1-1 무승부를 기록, 합계 2-1로 결승에 진출했다. 몇 년 뒤 버더스는 헝가리 기자 페테르 보레니치에게 솔티가 그에게 접근해 왔다고 실토했다. 하지만 버디스는 매수당한 다른 주심들과는 달리 인테르의 제의를 거부했다.

　인테르가 무너지기 시작한 것은 그 다음 해였다. 하지만 시즌 초반에는 7연승을 기록하며 화려하게 출발했다. 4월 중순까지 유벤투스에 승점 4점차로 세리에A 선두를 달렸고 유럽대회에서는 레알을 만나 8강전에서 합계 3-0으로 물리치며 지난 패배를 설욕했다. 그 후 뭔가 심상찮은 일이 일어났다. 준결승에서 CSKA소피아와의 두 경기 모두 1-1 무승부를 기록함으로써 플레이오프를 치러야만 했는데, 그 경기는 소피아에게 관중수입의 4분의 3을 약속한 후에 수월하게 볼로냐에서 열렸다. 경기에서 1-0으로 이기기는 했지만 그동안의 모든 부정적인 불안감과 의구심이 한꺼번에 수면 위로 떠올랐다. 리그에서는 라치오, 칼리아리와 비기고 유벤투스에게 0-1로 패하면서 2위와 승점차이가 2점으로 줄었다. 나폴리와 비겼지만 이번에는 유벤투스가 만토바에 덜미를 잡혔다. 인테르가 다시 안방에서 피오렌티나와 비기자 유벤투스는 비첸차를 누르면서 승점이 같아졌다. 인테르는 리스본에서 열리는 유러피언컵 결승 셀틱전과 만토바와 리그 마지막 원정경기를 남겨 두었고 둘 다 승리한다면 또다시 2관왕을 달성할 수 있었지만 그들의 바람과는 반대로 흘러갔다.

　에레라가 클럽총무인 알로디와 심하게 다퉜을 쯤에 레알 마드리드는 에레라의 환심을 사려고 했다. 수아레스는 약혼녀가 있는 스페인으로 돌아갈 거라는 말이 나돌았고 구단주 모라티는 사업에 집중하기 위해 회장직 사퇴를 원하는 것으로 알려졌다. 엎친 데 겹친 격으로 수아레스는 넓적다리 염좌, 연골손상 등으로 결승전에 빠졌고 마쫄라는 시합 당일까지 독감을 앓았다.

　셀틱은 두클라 프라그와의 원정 준결승에서 수비시스템을 시험 가동하여 비록 득점 없이 비겼지만 자신들의 공격적인 성향을 유감없이 드러냈다. 1958년 월드컵 이후 확산되었던 4-2-4를 기본으로 하지만 두 명의 공격수 스티비 찰머스와 윌리 월리스는 번갈아 인테르의 중앙 수비 마크맨을 끌어 내리기 위해 아래로 내려왔다. 윙어인 지미 존스턴과 보비 레녹스는 안쪽으로 파고들어 공격적인 풀백 짐 크레이그와 토미 겜멜에게 공간을 만들어 주었다. 만약 인테르가 수비에 치중하면 당연히 셀틱은 공격에 힘을 쏟았다.

인테르가 수비에 돌입한 것은 전반 7분 마쫄라가 페널티킥 위치에서 선제골을 넣고 나서였다. 인테르는 1965년 벤피카전을 재현하려 했지만 더 이상 예전의 인테르가 아니었다. 불안감이 엄습해오기 시작했고 셀틱이 몰려오자 더욱 수비를 강화했다. 이탈리아 수비수 부르니크는 그 상황을 설명했다. "15분이 지나면서 셀틱 선수들을 떼어 내기가 어렵겠다는 느낌이 왔다. 공이 있는 곳에 먼저 가 있었고 경기장 어디에서나 우리를 두들겨댔다. 하프타임까지 1-0을 유지했다는 게 기적에 가까울 정도였다. 보통 그런 상황에서는 시간이 조금씩 흐를 때마다 자신감이 붙으면서 확신이 섰는데 그날만큼은 아니었다. 하프타임에 탈의실에서 서로 얼굴을 쳐다보면서 오늘은 끝장났구나 싶었다."

그즈음 부르니크는 합숙이 역효과만 일으키자 의구심만 커져갔다. "지난달에 가족을 딱 세 번 만났다. 룸메이트인 파체티와 내가 부부 같다는 농담을 할 지경이었다. 그럴 만도 한 것이 아내보다 파체티와 보내는 시간이 훨씬 많았다. 여기저기 압력은 들어오고 피할 수도 외면할 수도 없는 상황에서 우리 팀은 리그와 컵 결승에서 무너진 것이다."

포르투갈에 도착하자마자 에레라는 팀을 이끌고 리스본에서 차로 30분 거리의 바다가 펼쳐진 호텔로 갔다. 늘 하던 대로 인테르는 방 전체를 예약해 두었다. 부르니크의 설명이다. "선수들과 코치진을 빼고 아무도 없었다. 심지어 클럽 관계자도 없었다. 정말이지, 버스가 호텔 정문으로 들어온 순간부터 3일 후에 경기장으로 출발할 때까지 코치와 호텔 종사자를 제외하고 단 한 사람도 보지 못했다. 보통사람이라면 그런 상황에서 미쳐버렸을지도 모르는 일이다. 몇 년 후에는 모두들 익숙해졌지만 한편으로는 견딜 수 없는 지경에 도달했다. 우리 어깨에 세상 짐을 다 지고 있는 기분이었고 탈출구는 보이지 않았다. 누가 잠을 잘 수 있겠는가. 나는 3시간을 잤으니 운이 좋은 편이다. 온종일 우리와 싸울 셀틱 선수들만 생각했다. 파체티와 나는 옆방에 있는 주장 피키가 긴장 탓에 밤늦도록 토하는 소리를 들었다. 실제로 4명은 경기 당일 아침에, 또 4명은 경기장에 나서기 직전 탈의실에서 먹은 것을 게워냈다. 이게 다 우리가 스스로 초래한 일이었다."

반대로 셀틱은 긴장을 푸는 일을 각별히 강조했는데, 이 점이 인테르를 더욱 불안하게 만들었다. 그것은 정신력 면에서 카테나치오가 지닌 부정적인 요소를 벗어날 수 없는 한계점이었다. 그들은 괴물을 창조했고 그 괴물은 나중에 창조주인 그들을 공격했다. 셀틱은 덤덤했고 그들에게 기회는 계속 찾아 왔다. 버티 올드의 슛은 크로스바를 맞혔고 인테르 골키퍼 사르티는 젬멜의 슛을 선방했지만 후반 17분에 동점골이 터졌다. 그 골은 스타인이 바라던 대로 계속해서 인테르의 마크를 따돌렸던 두 명의 풀백으로부터 시작되었다. 머독은 오른쪽에 크레이그의 위치를 보고 앞으로 나간 후 뒤로 돌아 잘라 들어갔고 그 순간 젬멜은 골 모서리 쪽으로 오른발 킥을 날렸다. 사실 모든 선수를 마크한다는 것은 불가능한 일이었고 더군다나 아래쪽에서 올라오는 선수를 막기는 더욱 그랬다.

셀틱은 맹공을 퍼부었다. 브루니크는 그때 상황을 설명했다. "어느 순간 피키가 골키퍼를 보며 '줄리아노, 그냥 내버려둬. 소용없어, 이제 저들이 이길 거야'라고 말했다. 상상도 못한 말을 듣게 되었다. 더군다나 팀의 주장이 골키퍼에게 포기하라는 말을 하리라곤 꿈도 꾸지 못했다. 우리는 그렇게 무너지고 있었다. 더 이상 고통을 감내할 수 없다는 의미였다."

지칠 대로 지친 인테르는 그저 전방으로 길게 공을 쏘아 올리기만 하다 결국 5분을 남기고 무릎을 꿇었다. 이번에도 풀백을 이용한 플레

인테르(인터밀란) 1 셀틱 2, 유러피언컵 결승,
포르투갈 리스본 에스타디오 나시오날, 1967년 5월 25일

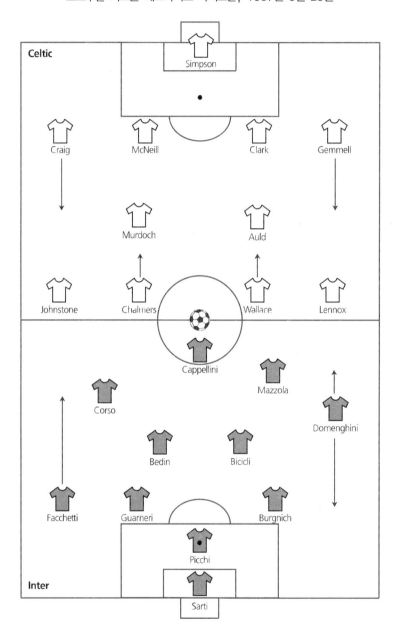

이로서 겜멜이 머독에게 공을 내주고 머독이 때린 빗맞은 숏이 찰머스를 맞고 굴절되며 골문을 열었다. 셀틱은 유러피언컵을 들어 올린 최초의 비라틴계 팀이 되었고 인테르는 그렇게 끝났다.

만토바와 펼친 리그경기 결과는 더 나빴다. 유벤투스가 라치오를 물리쳤을 때, 인테르 골키퍼 사르티는 전 인테르 공격수였던 만토바의 디 자코모가 때린 숏을 빠뜨려 골을 허용하며 우승을 놓치고 말았다. 스위퍼 부르니크는 "우린 정신적으로 육체적으로 심리적으로 모든 게 멈춰버린 상태였다"고 말했다. 에레라가 수비진을 탓하면서 과르네리는 볼로냐로, 피키는 바레세로 이적했다. 부르니크는 이렇게 덧붙였다. "잘될 때는 에레라의 전술 때문이라 하고 잘못되면 항상 선수 탓으로 돌린다."

갈수록 많은 팀이 카테나치오를 모방하면서 그만큼 카테나치오의 약점도 드러났다. 라판이 발견했던, 미드필드가 넘쳐날 수 있다는 문제점을 해결하지 못했다. 토르난테로 이 문제점을 완화할 수 있지만 그것도 공격을 줄일 때만 가능했다. 마라데이는 다음과 같이 설명했다. "인테르가 전술을 그럭저럭 구사할 수 있었던 것은 자이르와 코르소처럼 포지션을 폭넓게 쓸 줄 아는 재능 있는 선수가 있었기 때문이다. 또한 인테르에는 롱볼을 찰 수 있는 수아레스도 있었다. 하지만 대부분의 팀은 심각한 문제가 생겼다. 그래서 풀백을 리베로로 전환하지 않고 인사이드 포워드를 리베로로 만들었다. 이렇게 했을 때 공을 따내는 경우 리베로를 미드필드로 올릴 수 있고 중원에서 볼 배급을 하는 선수를 하나 더 얻게 된다. 이렇게 카테나치오는 '이탈리아식 축구'로 진화했다."

팀 사기와 자신감이 바닥까지 떨어진 인테르는 선두 밀란에 13점 뒤진 5위로 1967~68시즌을 마감했고 에레라는 로마로 옮겨 갔다. 카테나치오가 '라 그랑데 인테르(위대한 인테르)'와 함께 사라진 것은 아니지만 그 무적신화는 스러져갔다. 셀틱은 공격적인 축구가 미래의 축구라는 것을 증명했고 이에 기뻐했던 사람은 샹클리만이 아니었다.

11장

▽△▽△▽△▽△

누가 그들을 천사라 불렀는가 – 아르헨티나

△▽ 1958년 월드컵은 브라질과 마찬가지로 아르헨티나축구의 방향을 잡는 데 중요했지만 방식은 아주 달랐다. 브라질은 성공을 거두었고 펠레와 가린샤같은 신예들의 실력을 통해 개인기 위주의 공격 방법이 옳다고 확신한 반면, 아르헨티나는 충격적인 실패를 통해 30여 년간 떠받치고 있던 축구에 대한 인식에 근본적인 의문을 가지게 되었다. 전술 전환이라는 것이 하루아침에 이루어지는 게 아니지만 아르헨티나의 경우 한 경기를 꼽으라면 1958년 6월 15일 헬싱보리에서 열린 체코슬로바키아전으로서, 이 경기에서 1-6으로 패하면서 '라 누에스트라'의 시대가 막을 내리게 되었다.

1925년의 오프사이드 규칙의 변경은 공격축구에 대한 이상적인 믿음이 팽배했던 아르헨티나에게 별다른 전술적인 차이를 일으키지 않았다. 갈수록 인사이드 포워드들이 뒤로 처지면서 유럽에서 유행하던 W형태의 공격진을 형성했지만 대부분의 아르헨티나팀들은 2-3-5 전술을 운영했다. 하지만 한 가지 흥미로운 변형이 생겨났는데 가장 두드러진 팀은 소일로 카나베리, 알베르토 라린, 루이스 라바스치노, 마누엘 세오아네, 라이문도 오르시로 짜여진 5명의 공격라인을 선보였던 인데펜디엔테였다. 여기서는 윙어들이 가장 높이 올라간 플레이어였고 인사이드 포워드들은 윙어보다 조금 내려왔으며 센터포워드는 '지휘자 conductor' 역할을 했다(인데펜디엔테는 에르네스토 사바토의 〈영웅과 무덤에 관하여〉에서 논쟁을 유발시킨 팀이다). 이와 비슷하게 놀로 페레이라도 에스투디안테스에서 아래로 처진 지휘자역할을 수행했지만, 격정적인 플레이를 펼쳤던 리버 플라테의 베르나베 페레이라의 성공으로 많은 지휘자들이 인사이드 포워드로 재배치된 이후 빠르고 체격이 좋은 잉글랜드 스타일의 센터포워드로 선회했다.

하지만 아르헨티나는 신비한 지혜를 전해 주러 바다 건너서 온 신비로운 이방인을 맞이했다. 커슈너와 구트만처럼 에메리히 히르슐도 유대계 헝가리인이었다. 그는 1922년 아르헨티나 투어 당시 페렌치바로시에서 뛰었고 10년 뒤 아르헨티나로 다시 돌아와 아르헨티나 리그 최초의 외국인 감독으로 힘나시아 이 에스그리마 라 플라타를 지휘했다.

히르슐이 1933년 힘나시아를 5위로 이끌자 프로축구의 탄생으로 30년대 초반 과감한 투자를 시작한 리버 플라테의 관심을 끌었다. 1935년 리버 플라테에 임명된 히르슐은 거기서 M형태 수비를 가동하기 시작했다고 한다. 하지만 자신의 M수비는 커슈너가 선호하던 덜 수비적인 다뉴비안 스타일이었던 것 같다. 분명히 그는 공격적인 철학을 지녔고 이는 2개 대회 우승을 차지했던 1937년에 34경기에서 106 골을 기록한 것을 보면 알 수 있다. 아르헨티나 축구기관과 언론은 1939년 1월 코파 훌리오 로카 대회서 브라질을 상대하기 전까지 새로운 전술의 가능성을 대체로 무시했다. 아르헨티나는 예정된 4경기 중 첫 번째 시합을 5-1로 이겼지만 일주일 후에 열린 두 번째 경기에서는 브라질이 커슈너에게 M시스템을 익힌 보타포구 수비진을 통째 불러들여와 M시스템으로 수비 형태를 바꾸면서 2-3으로 졌다.

그 경기를 통해 수비구조를 다시 평가하기에 이르렀고 이를 바탕으로 리버 플라테는 1940년 전 바르셀로나 골키퍼 겸 코치였던 헝가리 출신 페렌츠 플러트코에게 의지했다. 그는 M수비를 도입하려했지만 결과는 참담했고 시즌의 절반도 채우지 못하고 1940년 7월 해고당했다. 1930년대 부동의 오른쪽 윙어이자 리버의 기술이사가 된 카를로스 페우셀로는 "그의 실패는 다른 무엇보다도 스포츠 환경에 대한 몰이해 탓이었다"고 했다.

그러나 플러트코의 역할은 중요했다. 페우셀로는 "그는 그것을 정착시키지 못했지만 변화의 씨앗을 남겼다"고 말했다. 하지만 5년 전 히르슐이 뿌렸던 씨앗의 싹을 틔우는 과정을 시작했다고 말하는 게 옳을 것이다. 그것을 만개시킨 사람은 레나토 체사리니인데 그는 더블을 달성한 히르슐 사단에 있었다. 하지만 그가 M수비형태의 가능성을 가르친 것은 그보다 더 빨랐다.

체사리니는 초창기 '오리운디 oriundi(외국계 이탈리아 선수)'로서 1920년대 후반 아르헨티나를 떠나 이탈리아로 갔다. 1906년 이탈리아 세니갈리아에서 태어났지만 몇 개월 만에 가족은 아르헨티나로 이민을 갔고 그는 차카리타 주니어스에서 선수생활을 시작한 뒤 1929년 유벤투스의 구애로 모국으로 돌아 왔다. 유벤투스에서 전성기를 보내면서 5회 연속 세리에A 타이틀을 획득했고 막판 골 결정력이 뛰어나 지금도 이탈리아에서는 극적인 승리를 한 경우 '초나 체사리니'(체사리니의 구역)에서 득점했다고 표현한다.

비토리오 포초 국가대표 감독과 대략 같은 시기에 유벤투스는 창의적인 센터하프를 두면서 동시에 처진 인사이드 포워드를 쓰는 '메토도'를 개발했지만, 체사리니는 그 시스템에서 상대의 가장 창의적인 선수를 마크하는 특정한 역할을 수행했다. 1935년 아르헨티나로 복귀하여 차카리타를 거쳐 리버 플라테에서 활약할 때 그는 그런 생각을 가지고 들어 왔다. 체사리니가 리버에서 육성시킨 것은 W-M이라기보다 메토도로서 루이스 몬티(물론 자신도 오리운도였다)처럼 브루노 로돌피를 윙하프보다 조금 아래에 공격형 센터하프로 배치했다. 체사리니를 대신해 그의 지도를 받았던 호세 마리아 미넬 리가 감독을 이어받자 로돌피는 네스토르 로시로 교체되었다. 로시 팬들은 딱 부러지게 큰 소릴 질러대는 그에게 '아메리카 대륙의 울부짖는 짐승'이라는 별명을 붙여 주었는데, 그는 수비 커버가 주 임무였지만 공격도 이끌었다. 1966년 월드컵 당시 아르헨티나 주장이었던 위대한 수비형 미드필더 안토니오 라틴은 로시를 이렇게 회고했다. "로시는 내 우상이었다. 비단 플레이뿐만 아니라 소리치고 움직이는 모든 행동을 따라 했다. 보카 주니어스 시절 첫 출전 경기였던 리버 플라테전 당시에 나는 19살이었고 그는 31살이었다. 우리가 2-1로 승리했고 나는 맨 먼저 그와 사진을 찍었다."

그런 수비형태는 당시 아르헨티나축구 수준으로 보면 매우 유연하고 모험적이었던 공격라인에 발판을 제공해 주었다. 전방의 펠릭스 로스토우, 앙헬 라브루나, 아돌포 페데르네라, 호세 모레노 그리고 카를로스 무뇨스는, 비록 5년 동안 5인 공격라인을 꾸린 것이 열여덟 번에 불과했지만 전설적인 공격진이 되었다. 모레노와 페데르네라는 뒤로 처지기보다는 오히려 하프라인 앞의 공간까지 들어왔다. 한편 로스토우는 왼쪽 측면 전체를 돌아다니는 '벤티라도르 윙'—'선풍기 날개 fan-wing(실제론 '푼테로-벤티라도르'가 사용되지만 영어를 섞은 표현이 더 일반적으로 보인다)'—이라고 불렸는데, 미드필더를 대신해 뛰어 다니며 중원에 바람을 일으켰기 때문이다.

로스토우가 왼쪽에서 종횡무진 뛰어다니면서 오른쪽 하프 노르베르토 야코노는 더욱 수비적인 역할을 했고 찰거머리처럼 상대를 마크하여 '스탬프'라 불렸다(당시는 모든 것에 별명을 붙였는데, 이것은 아르헨티나의 대중문화와 일상대화에 축구가 얼마나 중심에 있는지를 보여 준다). 다른 팀이 야코노의 역할을 따라 하면서 아르헨티나축구는 어느덧 효율적인 스리백을 개발했다. 하지만 5번인 센터하프가 2, 3번인 두 풀백 사이로 내려오는 게 아니라 4번 오른쪽 하프가

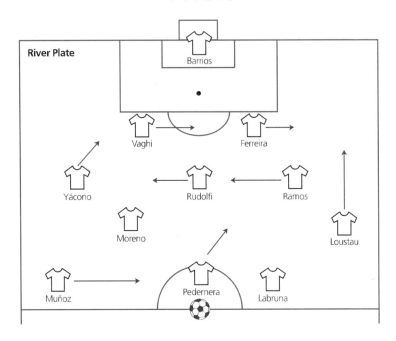

라 마키나(기계)

스리백의 오른쪽에서 움직였다. 1958년 패배의 여파로 4-2-4를 채택하자 6번 왼쪽 하프가 중앙 수비 자리로 돌아 왔고 그 사이에 2, 3번이 자리를 잡았다. 한편 5번 센터하프는 수비형 미드필더로 남아 있었다(심지어 지금도 아르헨티나는 포지션을 숫자로 나타낸다). 따라서 전형적인 영국의 포백이라면 오른쪽부터 2, 5, 6, 3이고 아르헨티나는 4, 2, 6, 3이 된다.

한편 우루과이는 오른쪽 하프를 내리는 형태의 이동이 없었고 따라서 왼쪽의 풀백 두 명은 서로 뒤섞이지 않았다. 2-3-5(또는 메토도)가 4-2-4가 되자 두 명의 윙하프는 폭넓은 수비수(지금의 영국이라면 풀백)로서 아래로 쭉 내려왔고 4, 2, 3, 6의 포백이 형성된다. 여기서 2번은 1950년 월드컵 결승전 마티아스 곤잘레스처럼 종종 다른 3명의 수비수 뒤에서 스위퍼 역할을 함으로써 스위스의 빗장

숫자 체계와 똑같았다.

'라 마키나 la Maquina(기계)'라 부르던 체사리니의 리버 플라테는 라 누에스트라의 전형이 되었다. 보카 주니어스의 5번 에르네스뚜 라차티는 이렇게 말했다. "어떤 사람들은 라 마키나를 이겨 보려고 하지만 축구를 숭배하는 사람으로서 가끔 스탠드에 앉아 그들의 경기를 지켜보고 싶다." 하지만 당시 아르헨티나축구에 깃든 남을 의식하는 낭만주의에 걸맞게 플라테는 무자비하게 승리를 낚아채는 팀이 아니었다. 누구나 리버 플라테를 아르헨티나 최고의 팀으로 인정하지만 1941년과 1945년 사이에 그들은 단 세 차례 리그 타이틀을 차지했고 두 번은 보카 주니어스에 밀려 2위를 차지했다. 무뇨스는 자기 팀에 대해 설명했다. "우리가 골을 갈망하지 않자 그들은 우리를 '번민의 기사'라 불렀다. 우리는 상대에게 골을 넣을 수 없다는 생각을 해본 적이 없다. 경기장에 나가면 우리식대로 플레이를 할 뿐이었다. 공을 가지면 나한테 주고, 나는 이리저리 드리블로 골을 넣었다. 대개 골을 넣기까지 오래 걸렸고 경기가 빨리 결정 나지 않는 것이 고민이었다. 물론 골 에어리어 안에서는 득점을 노렸지만 미드필드에서는 그냥 즐겼다. 서두를 필요가 없었다. 본능에 가까웠다." 라 마키나는 허버트 채프먼의 아스널과는 완전히 다른 기계였다. 그렇게 리버 플라테는 아르헨티나의 황금기를 완벽하게 대표하고 있었고 이 시기의 축구는 대니 블란치플라워가 말한 찬란한 게임이라는 이상에 어느 때보다도 가까웠다. 전쟁과 페론주의 외교로 자초한 고립정책으로 더 이상 번민만 쌓이는 국제경기 패배는 없었고 아르헨티나축구는 심미주의의 길로 멀리 나아갔다.

편협한 생각이었을지 모르지만 그렇다고 아르헨티나가 우월하다는 인상이 꼭 착각이라는 말은 아니다. 드물게 외국팀과 만나게 되더라도 대부분 승리를 거두었는데, 예를 들어 1946~47시즌 겨울 이베리안 반도를 순회한 산 로렌소는 스페인에서 8경기, 포르투갈에서

4-2-4의 등번호 표기

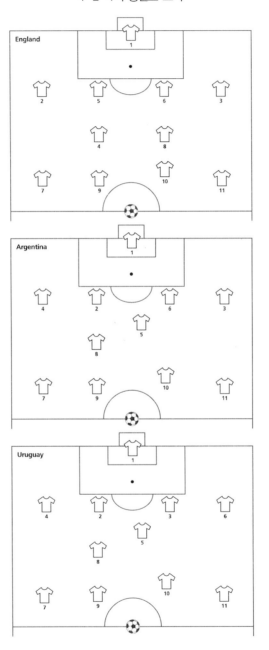

2경기를 펼쳐 5승 1패 4무에 47골을 기록했다. 공격수 레네 폰토니는 이렇게 말문을 열었다. "아르헨티나가 당시 월드컵에 출전했다면 어떻게 되었을까? 오랫동안 가시지 않는 응어리가 가슴에 맺힌 것 같다. 건방지게 굴고 싶지 않지만, 아르헨티나가 참가만 했더라면 우승컵을 들어 올렸을 것이다."

1953년 대표팀끼리 맞붙은 잉글랜드전 승리를 계기로 아르헨티나 사람들이 설마 했던 일이 현실로 다가왔다. 아르헨티나축구가 세계 최고이고 그들이 그런 축구를 가장 잘 대표한다는 사실. 리버 플라테의 뛰어난 라 누에스트라 전통 속에서 성장한 알프레도 디 스테파노가 아니고서는 도대체 누가 레알 마드리드의 유러피언컵 제패를 이끌겠는가? 아르헨티나는 1955년 코파 아메리카대회 우승을 차지하고 2년 뒤 페루에서 다시 컵을 들어 올리면서 그 결론에 더욱 힘을 실었다.

1957년 페루대회 당시 아르헨티나팀은 팔팔하고 재능 있는 선수들로 가득 찼고 공격라인에 있던 오마르 코르바타, 훔베르토 마스치오, 안토니오 안젤리요, 오마르 시보리 그리고 오스발도 크루즈는 장난기 넘치는 플레이를 즐겨 '더러운 얼굴을 한 천사'라는 별명을 얻었다. 1956년 코파 아메리카대회에서는 콜롬비아에게 8골, 에콰도르에 3골, 우루과이에 4골, 칠레에 6골 그리고 브라질을 상대로 3골을 득점했다. 비록 우승 타이틀이 이미 확정된 마지막 경기에서 개최국 우루과이에게 졌지만 아르헨티나는 고립에서 완전히 벗어났다. 그들의 축구는 뒤처져 있지 않았을 뿐만 아니라 남미 최고이자 세계 최고라고도 할 수 있었다.

하지만 1958년 월드컵 기간에는 마스치오, 안젤리요, 시보리는 세리에A로 이적한 상태였으며 3명 모두 이탈리아팀 소속으로 경기에 참가했다. 마찬가지로 디 스테파노도 스페인과 운명을 같이했다. 스웨덴월드컵이 다가오자 아르헨티나는 공격수를 목말라했고 어쩔 수 없이 40세에 이른 라브루나에게 기댈 수밖에 없었다. 디펜딩 챔피언 서독에게

1-3으로 패한 것은 부끄러워 할 일이 아니었지만 이 경기를 통해 자신들이 생각했던 만큼 아르헨티나의 축구수준이 높지 않다는 사실을 깨달았다. 로시는 "우린 눈가리개를 하고 경기에 나섰다"고 말했다.

두 번째 북아일랜드전에서 3-1 역전승을 거두며 자신감을 되찾았다. 아르헨티나는 북아일랜드 미드필더 지미 맥길로이의 표현대로 '바보 만들기'에 가까운 장기를 펼쳤지만 그 말 속에는 경고의 의미가 들어 있었다. 북아일랜드는 아르헨티나의 위대한 전통과 숙련되고 빠르며 힘 있는 공격에 대해 익히 듣고 있었지만, 맥길로이의 말에 따르면 정작 그들이 본 것은 "배가 나온 자그마하고 뚱뚱한 사람들이 우리에게 미소를 짓고 관중석의 여자들에게 손을 흔드는 모습"이었다.

경기결과, 아르헨티나는 체코슬로바키아와 조별 마지막 경기에서 비기기만 해도 예선 통과가 가능했다. 체코슬로바키아는 플레이오프에서 북아일랜드에 져 8강전에 올라가지 못했지만 아르헨티나를 단번에 날려버렸다. 팀 명단에는 들었지만 출전은 하지 못했던 호세 라모스 델가도는 이렇게 설명했다. "우린 느린 경기운영에 익숙했지만 그들은 빨랐다. 오랫동안 국제경기를 경험하지 못했지만 월드컵에 나갈 때는 자신이 있었으나 막상 뚜껑을 열어보니 다른 나라의 속도를 따라 가지 못했다. 우리가 뒤처져 있었던 것이다. 유럽팀은 단순하면서도 정확한 플레이를 했다. 우리는 공을 잘 다루었지만 앞으로 전진하질 못했다."

밀란 드보르작이 8분 만에 뚝 떨어지는 드라이브 슛을 성공시켜 체코슬로바키아가 앞서 나갔고 전반전에만 실수로 즈데네크 지칸에게 두 골을 내주며 3골 차이로 뒤졌다. 코르바타가 페널티 지점에서 한 골을 만회하긴 했지만 4분 만에 지리 페우레이슬의 득점으로 다시 3골 차로 벌어졌고 막판에 바츨라프 호보르카가 2골을 터뜨려 1-6이라는 굴욕적인 패배를 안겨 주었다.

골키퍼 아마데오 카리소는 당시 경기에 대해 피력했다. "나에게 그렇게 엉망으로 치른 경기에 대해 해명하라고 한다면 한마디로 '조직력 부재'라고 말하겠다. 출발부터 좋지 않았다. 우린 40시간을 비행하여 스웨덴에 왔다. 브라질을 보라. 그들은 전용기를 타고 왔고 전술 적용을 위한 전지훈련을 끝마쳤다. 브라질도 체계적이지 못하기는 매한가지였지만 우리처럼 아예 상대를 모르고 있지는 않았다. 체코는 똑같은 방법으로 4골을 넣었다. 뒤로 돌아 가는 크로스를 올리면 그대로 골이 되었고 또다시 크로스를 올리면 골이 터졌다. 나중에는 자신들도 그렇게 득점하는 것에 싫증이 날 지경이었다. 우리는 떠날 때는 모두 쉬운 상대라 생각했지만 돌아 올 때는 우리가 그들의 만만한 상대가 되어 있었다."

격렬한 반발이 기다리고 있었다. 선수들은 부에노스아이레스 공항에서 채소와 동전 세례를 받았고 1941년부터 팀을 맡았던 기예르모 스타빌레 감독은 해고당했다. 역사학자 후안 프레스타는 "그는 전술을 몰랐다. 최고의 선수를 뽑아놓기만 하고 그냥 플레이를 하도록 했다. 얼마나 순진한 낭만주의자였는가"라고 평했다.

라모스 델가도는 이렇게 회고했다. "끔직했다. 경기장마다 사람들은 욕을 해댔다. 월드컵에 뛰지 않았던 우리도 예외는 아니었다. 대표팀을 물갈이 해야만 했다. 개인기보다는 희생할 줄 아는 새로운 유형의 선수를 찾았다. 그 이후로 축구에서 예술성은 힘을 잃었다."

라 누에스트라에 대한 반감은 엄청났다. 메토도는 한물갔다는 인식이 있었지만 반발이 거세다 보니 단순히 4-2-4로 전환하는 것으로는 모자랐다. 리그 경기 관중 수가 급감한 것은 축구에 대한 환멸 때문이기도 하고 중산층이 늘면서 경기장을 찾기보다는 텔레비전을 시청하기 시작한 것도 한몫을 했다. 그동안 페론 정부의 지원을 누렸던 클럽들은 보조금을 못 받게 되었다. 많은 클럽들은 이국정서에 젖은 관중을 다시 끌어 들이고 나아가 라 누에스트라 문화를 희석시키기 위해 재능 있는 외국 선수에게 눈을 돌렸다. 그러나 중요한 것은 변해 버린 축구정신이었다. 재정 부담금이 높아지자 보여 주는 축구가 아니라 이기거나 지지 않는 축구로 변모했다. 그 결과 20년대 후반의 이탈리아처럼 부정적인 전술로 이동했다.

철학자 토마스 아브라함은 다음과 같은 견해를 내놓았다. "유럽식 규율이 등장한 것이 이즈음이었다. 그렇게 해서 규율, 체력 훈련, 위생, 건강, 프로정신, 희생을 함축하는 현대성 즉 포디즘 Fordism(생산성을 높이는 기계화된 체제)의 모든 것이 아르헨티나축구로 유입되었다. 이런 것은 수비에 필수적인 체력 대비법이었다. 전에는 누구도 수비에 관심을 기울이지 않았던 현실을 생각해 보라. 사실 브라질의 업적은 마땅히 아르헨티나축구에 대한 논의로 이어져야 하는데, 브라질이 성공을 거둔 바로 그 시점에 이런 변화를 수용한 것은 이해하기 힘든 일이다."

보카 주니어스만큼은 브라질을 따르려고 애를 쓰면서 브라질 출신 비센치 페올라를 감독으로 임명했고 한 시즌 후 호세 다미코가 그의 뒤를 이었다. 페올라는 2명의 페루선수와 6명의 브라질선수를 데리고 왔는데, 그 중 가장 출중했던 올란도는 1958년 월드컵 우승 당시 브라질의 중앙 수비수였다. 아르헨티나 국가대표였던 라틴은 이렇게 말했다. "미드필드가 아니라 수비지역에서 버티는 '새장에 갇힌 6번'이라는 개념을 소개한 인물이 올란도였다. 페올라는 운이 따르지 않았다. 우린 골 기둥을 맞히거나 페널티킥을 놓치기 일쑤였다. 하지만 똑같은 팀으로 다미코가 지휘를 할 때는 우승을 했다."

1962년 리버를 상대로 골키퍼 안토니오 로마의 페널티킥 선방으로 1-0 승리를 거두고 우승을 확정지은 경기에서, 보카 주니어스는 4-3-3을 들고 나왔지만 알베르토 곤잘레스가 선풍기 윙어 역할을 하면서 아래까지 내려와 네 번째 미드필더로서 중원을 탄탄하게 만들었다. 그런 수비태세는 2년 후 최고조에 달해 페데르네라 감독 밑에서 총 30경기에 15골을 허용하며 다시 리그 타이틀을 거머쥐었는데, 특히 마지막 후반기 25경기에서는 6골만을 허용했지만 득점도 35골에 그쳤다. 페데르네라는 라 마키나의 일원이었지만 팀의 경기운영에 변명을 늘어놓지는 않았다. "예전 같은 자유분방한 보헤미안은 이제는 설 땅이 없다. 메시지는 분명하다: 승리만이 가치가 있고 패배는 무용지물이다." 특별히 의미를 부여할 수 있는 것은 보카 주니어스가 국외서도 실력을 입증하며 1963년 유럽 원정 8경기 무패를 기록한 사실이다.

인데펜디엔테 감독 마누엘 기우디스는 1960년과 1963년 팀을 리그 우승으로 이끌었고 연이어 남미 클럽선수권대회인 리베르타도레스컵에서도 우승을 안겨준 인물로서 전통을 중시하는 사람이었지만 정작 자신의 팀은 강력함 또는 투쟁 정신을 뜻하는 '가라garra(발톱)'로 유명했다. 델가도는 "60년대 초반 인데펜디엔테와 보카는 강력한 마크를 하는 팀으로 역습위주의 플레이를 전개했다"고 말했다.

아브라함은 "거기에는 최초의 현대적 축구의 모습이 보였다. 이를 계기로 수 년 동안 아르헨티나축구는 전통고수파와 개혁파로 나뉘었다"라고 말했다. 특히 카를로스 빌라도와 세자르 루이스 메노티의 논쟁에는 이를 대표하는 선언이 들어있다. 사실 이전에도 이런 논쟁은 있었고 그 중에서도 리버, 로사리오 센트랄을 지휘했던 라브루나와 스페인의 레알 마요르카를 연속 승격시켰고 뒤이어 이탈리아 산로렌초에서 몇 년간 지휘봉을 잡았던 후안 카를로스 로렌초의 대립은 극명했다. 로렌초의 방식은 확고했다. "공격진이 뛰어난 팀을 어떻게 이기는가? 간단하다. 음식을 못 먹게 하려면 부엌에서 음식을 아예 가져오질 말아야 한다. 웨이터를 마크할 필요가 없다. 주방장만 주시하면 된다."

1962년 월드컵을 앞두고 로렌초가 대표팀 감독 자리에 오르자 축구협회는 공공연히 유럽 스타일을 추구했다. 로렌초는 빗장수비를 장착하려 했고 리베로에게 다른 색 상의를 입혀 나머지 선수들이 그의 역할을 잘 알 수 있게 했다. 하지만 너무 생소한 것을 실행하기에는 시간이 모자랐고 대회서는 결국 4-2-4로 전환했다.

1966년 아르헨티나

1966년 월드컵에 재임명된 로렌초는 대회 처음으로 전형적인 아르헨티나 팀 전술이 될 4-3-1-2를 도입했다. 미드필드에 다이아몬드 형태를 기본으로 두고 라틴이 아래에 중심을 잡아, 조르즈 솔라리와 보카 주니어스의 선풍기 날개인 알베르토 곤잘레스가 라틴의 양 옆에서 '왕복하는 사람'으로 위아래로 움직였으며, 에르민도 오네가는 다이아몬드 꼭짓점의 플레이메이커로서 경기를 조율했다. 따라서 풀백 로베르토 페레이로와 실비오 마르졸리니가 공격으로 치고 나올 때 넓은 공간이 생겼다. 거의 터치라인을 껴안다시피 하는 윙어가 필요 없었고 4명의 허리라인은 훨씬 더 유연해졌다. 잉글랜드의 전술형태도 거의 비슷하나 큰 차이점은 잉글랜드는 노비 스타일스라는 지정된 수비형 미드필더가 있고 아르헨티나는 오네가라는 지정된 공격형 미드필더가 있었다. 1966년 월드컵 8강전에 대한 양측의 자료가 일치하는 부분이 거의 없지만 잉글랜드가 승리한 이유만큼은, 비록 심판 음모론과 위성 텔레비전 이전 시기에 홈팀이 결승까지 진출해야 얻게 되는 FIFA의 수익성 문제가 한편에 있지만, 서로 수긍하고 있다. 그것은 스타일스가 오네가를 꽁꽁 묶었고 오른쪽 미드필더 앨런 볼이 마르졸리니의 전진을 차단했기 때문이다.

하지만 1958년 이후 아르헨티나축구의 큰 변화는 시스템이 아니라 스타일에서 일어났다. 그들은 점점 거칠어졌고 셀틱이 1967년 대륙간컵 결승전에서 라싱클럽과 맞붙었을 때 적나라하게 드러났다. 글래스고에서 열린 1차전을 1-0으로 이긴 셀틱은 부에노스아이레스에서는 폭풍우를 만난 격이었다. 아르헨티나로서는 되갚아야 할 골이 있었는데, 1년 전 월드컵 8강전에서 말썽이 되었던 잉글랜드전 패배를 말하는 것으로 대영제국에 속한 국가를 구별하는 것은 의미가 없었다.

경기를 시작하기도 전 셀틱에게 던질 것이 날아 다녔다. 골키퍼로니 심프슨은 몸을 풀다가 날아온 돌에 머리를 맞아 교체되었다. 겁을 잔뜩 먹은 주심은 명백한 페널티 반칙을 불지 않았다. 그러다 결국 페널티킥을 선언했고 셀틱의 토미 겜멜이 성공을 시켰지만, 라싱의 노르베르토 라포가 셀틱이 오프사이드라고 주장했던 지점에서 동점 헤딩골을 넣고 전반전을 마쳤다. 셀틱은 하프타임에 탈의실로 돌아와 물이 없다는 사실을 알고 더욱 불안해했다. 후반전 상황은 더 나빴다. 이른 시간에 터진 후안 카를로스 카르데나스의 골로 라싱이 앞서 나가자 시간을 끌기 시작했고 관중들은 날아온 공을 오랫동안 붙들고 있었다.

서로 1승씩 나눠 갖고 몬테비데오에서 플레이오프를 치렀다. 셀틱은 이번에는 정면승부를 선택했다. 조크 스타인은 "정중한 시간은 지나갔다. 필요할 때는 우리도 강하게 나갈 수 있고 라싱이 보여 준 고약한 행동을 더 이상 참지 않겠다"고 말했다. 경기는 훨씬 더 난폭했다. 또다시 카르데나스가 결승골을 터뜨리며 경기가 끝났지만 폭력이 난무하는 상황에서 결과는 중요치 않았다. 셀틱은 3명, 라싱은 2명이 퇴장 당했지만 더 퇴장을 줬어도 할 말이 없는 경기였다. 셀틱은 선수들에게 벌금을 부과했고 라싱 선수들은 차를 새로 구입했다. 승리만이 모든 것을 말해 주었다.

라싱이 당시의 아르헨티나축구를 대표한다고 말할 수 있지만 무슨 수를 써서라도 이긴다는 정신을 가장 노골적으로 드러낸 팀은 두 말할 여지없이 오스발도 수벨디아가 이끄는 에스투디안테스 데 라 플라타였다.

△▽

수벨디아가 빅토리아 스피네토가 이끄는 벨레스 사르스필드에서 성장한 것을 생각하면 어떤 의미에서 마땅히 그가 새로운 축구스타일의 개척자가 되는 게 이치에 맞았다. 스피네토는 1958년 이전부터 라 누에스트라와 오랫동안 동떨어져 있으면서도 엄청난 영향력을 지닌 감독이었다. 사실 스피네토는 아르헨티나가 1959년 코파 아메리카대회를 통해 자신을 들여다보게 된 헬싱보리에서의 경기 여파로 호세 델라 토레, 호세 바레리로와 더불어 아르헨티나가 기대했던 감독 3인방 중 한 명이었다. 스피네토를 낭만주의자가 아니라고 말하기는 어렵지만 그의 낭만주의는 당대의 낭만주의자와는 사뭇 달랐다. 그는 화려한 장면을 만들거나 자신의 팀이 다른 팀보다 더 예술적 능력을 가졌다는 걸 입증하는 데 열정을 쏟은 것이 아니라 벨레스의 승리만 챙겼다.

스피네토는 1910년 6월 3일 플로레스 근교에서 태어났다. 그곳에서 유아기를 보내고 명문학교인 엘 나시오날 데 부에노스아이레스에서 3학년까지 수학했다. 1971년 〈엘 그라피코〉에 실린 오스발도 아르디초네와의 인터뷰에서 이렇게 회상했다. "나는 훌륭한 상류층 집안의 아들이었다. 조부모가 돈이 있었지만 아버지도 그렇게 살고 싶어 했다. 그래서 아버지는 나의 유산이 될 수도 있었던 돈을 날려 버렸다.

열 서너 살 쯤에 우리 가족이 바랑카스 데 벨그라노에 있던 큼지막한 할머니 집으로 살러 들어갔던 기억이 난다."

그는 학교생활을 열심히 하지 않았고 책보다 축구를 포함한 스포츠를 더 좋아했다. 그는 말했다. "나는 내 나이 또래에 비해 발육이 좋았고 힘과 용기를 드러내길 좋아했다. '사내애들'이 하는 짓. 오후마다 또래 애들끼리 벌이는 싸움에 끼어들었다... 쓸데없이 누가 가장 힘이 센지 맞붙는 일. 주먹을 날리지는 않았고 그저 몸부림을 쳤다. 하지만 축구를 좋아했다. 그런데 축구는 그 지역에서 즐기는 스포츠가 아니어서 오후에는 벨그라노 역 앞에 있는 주차장으로 갔다. 오후 네다섯 시쯤 신문이 도착하길 기다리는 신문배달원 아이들이 모여들었다. 내가 부잣집 아이지만 동네축구에 끼워준 이유는 내가 잘 찬 것도 있고 싸움을 걸어오는 걸 절대로 거절하지 않기 때문이었다."

스피네토 가족은 킬메스로 이사했고 그곳에서 처음으로 2부리그 프리메르 디비시온B 소속 오노 이 파트리아 오프 베르날 클럽에 정식으로 가입했다. 거기서 그는 자신의 거친 스타일이 더욱 쓸모가 있다는 것을 알았다. 그는 말했다. "대단한 싸움이었다! 지금은 경기장에 보호 장치가 있다. 하지만 당시에는 그런 작은 경기장에는 어떤 방비도 없었다. 버스건 무엇이건 아무것도 없이 걸어서 나오다보면 상대 팬들과 한바탕 싸움이 벌어졌다."

그는 가족이 부에노스아이레스 서쪽으로 돌아오는 바람에 그곳을 떠났다. 그는 "이번에는 라 파테르날로 이사를 갔다. 나는 그곳 2부리그 소속 라 파테르날에 들어가 뛰었다." 프로축구가 도입되고 1년 후 유망한 센터하프가 된 스피네토는 플라텐세에 들어갔다. 하지만 팀에는 이미 로베르토 데보토와 파라과이 출신 마누엘 플레이타스 솔리시라는 훌륭한 센터하프가 들어와 있었다. 1군 팀에 들어갈 기회가 줄어든 스피네토는 힘겹게 6개월을 보내다 결국 벨레스의 제의를 수락했다. 그는 말했다. "벨레스 사르스필드는 내 일생의 팀이었다.

나의 경우처럼 우연히 유니폼을 갈아입는다 하더라도 항상 자신의 선수생활에서 '하나의' 클럽은 있다."

리니에르스에서 스피네토는 골 결정력과 정신자세로 금세 유명해졌다. 그는 '카우디요 caudillo' 역할을 하는 센터하프였는데, 이 용어는 '리더' 또는 '주지사'로 번역할 수 있지만 종종 명장으로 사용되며 거칠고 무자비한 인물이지만 난폭한 사람 이상의 의미를 지닌, 즉 능력과 비타협적인 태도를 지닌, 아르헨티나의 이상적인 넘버 5를 집약하고 있다. 그는 1988년 〈수페르 풋볼〉과의 인터뷰에서 이렇게 말했다. "나는 누구에게나 달려드는 센터하프였다―누구도 살살 다루지 않았다. 나는 지는 걸 죽도록 싫어했고 90분이 끝나기 전에는 졌다고 시합을 포기하질 않았다. 국민을 위해, 클럽을 위해, 동료를 위해 언제나 나의 모든 걸 바쳤다. 정말이지 나는 열심히 뛰었다. 하지만 나는 혼자가 아니었다. 언제나 마음을 열고 팀에 헌신했으며 어떤 상대든 존중했다. 하지만 이건 쉬운 일이 아니다. 예전에는 지금처럼 경기 중에 주고받았던 발길질을 가슴에 담아두지 않는 그런 시절이 아니었다. 내가 공을 차던 때는 만일 악의적인 플레이를 하면 심판의 휘슬소리와 함께 끝나는 게 아니었다. 그들은 집까지 잡으러 다녔다... 정당한 무력행사를 해야지, 그렇지 않았다간..."

스피네토는 벨레스에서 여섯 시즌을 보낸 뒤 인데펜디엔테로 갔다가 한 시즌 만에 다시 돌아 왔다. 1940년 벨레스는 아틀란타가 시즌 마지막 경기에서 인데펜디엔테를 6-4로 물리치면서 팀 역사상 처음이자 마지막으로 강등을 당했다. 스피네토는 충격에 빠졌고, 1942년 2부리그 그의 아카수소에서 몇 차례 뛰긴 했지만 서른 살에 사실상 은퇴를 했다. 벨레스에서 평생을 함께한 파블로 폴리카스트로는 2006년 벨레스 역사에 관한 회의에서 이렇게 말했다. "나는 1940년 벨레스가 강등되었던 날 빅토리오를 기억한다. 내가 8살 때 일이었는데 아직도 목이 멘다. 그가 비탈진 거리를 걸어가는 모습을 보았는데 그는 울고 있었다."

그 충격을 스피네토가 바로 잡아야 했다. 1942년 감독으로 선임되면서 기회를 잡았다. 스피네토는 말했다. "그들은 이젠 어쩔 수 없는 처지라고 말하며 선수들과 팀의 자금을 알아서 처리하라고 했다. 그 말은 그들이 선수인 나와 계약하러 왔던 1932년과 비슷했다. 이번에는 내가 이미 클럽의 '동반 후원자'였기 때문에 나에게 그들의 미래를 더욱 쉽게 맡겼다. 그리고 나는 그들을 실망시킬 수 없었다."

스피네토는 즉시 젊은 선수들을 중용하기 시작했다. 미겔 루길로, 아르만도 오비데, 후안 호세 페라로, 알프레도 베르무데스같은 선수들은 벨레스가 다시 프리메라리그로 승격을 달성했던 감독 부임 첫 시즌에 모두 팀에 들어 왔다. 몇 년 후 폴리카스트로는 벨레스가 창립되었던 장소를 기리기 위해 플로레스타역에서 스피네토가 명판을 세우는 것을 지켜 보러갔다. 폴리카스트로는 투박하게 스피네토에게 말을 건넸다. "나는 1940년에 당신이 벨레스에서 강등되는 걸 보았소." 조금 화가 난 스피네토는 이렇게 대답했다. "그리고 1943년에 나와 함께 승격했지요."

벨레스는 다시 팀을 상위클럽으로 일으켜 세웠고 1953년 리버 플라테에 이어 2위로 리그를 마쳤는데 이것은 전통적인 빅5(보카 주니어스, 리버 플라테, 산 로렌소, 인데펜디엔테, 라싱) 외의 팀으로 톱2(우라칸은 1939년 리버와 나란히 2위를 차지했지만 2위를 가리는 플레이오프 2차전은 결국 열리지 않았다)에 진입하는 첫 번째 팀이 되었다. 하지만 스피네토의 장악력은 리그성적보다는 축구스타일에 있었다. 그는 벨레스에 궁극적으로 라싱이나 산 로렌소에 버금가는 위상을 세우는 자부심을 심어주었고 가라 garra—라 플라타 축구에서 소중히 여기는 정신력, 강인함 그리고 세상물정에 밝다는 의미가 혼합된 신화에 가까운 용어—를 불어넣었다.

스피네토는 아르헨티나에서 어떤 감독도 한 적이 없는 방식으로 터치라인에서 경기에 활기를 불어넣는 것으로 유명해졌다. 감독 부임 초반 몇 년간은 운동복을 입고 어깨에다 수건을 둘렀다. 나중에는 호주머니에 접착테이프로 기술자를 뜻하는 T자를 붙인 푸른색 재킷으로 바꾸었다. 항상 오른발을 들어 올려 팔꿈치는 무릎에, 턱은 오른손 바닥에 괸 채 서 있었다. 쉰 목소리로 고함을 지르며 자기 선수들, 상대방, 심판에게 달려들었고 그것 때문에 종종 터치라인 밖으로 쫓겨나기도 했다. 스피네토와 함께 아틀란타에서 활동했고 나중에 국가대표팀으로 옮겨간 아돌포 모길레브스키는 말했다. "선수들은 그를 몹시 좋아했지만 그에게 꼼작도 못했다. 그는 억세기로 소문이 자자했지만 항상 온화했고 사람의 도리를 강조했다."

스피네토의 강인함에 대한 일화는 수도 없이 많다. 그는 하프타임에 선수들에게 만일 경기에 지면 자신들의 어머니가 어떻게 생각하겠느냐고 물으며 자극을 주었다. 그는 이렇게 말하곤 했다. "자신의 위치를 지키려 나가면서 치욕을 두려워하지 않는 선수는 경기장에 있으면 안 된다. 축구는 남자들의 경기다."

2006년에 가진 회합에서 또 한 명의 종신회원인 안토니오 세티노는 라누스에서 열린 경기의 전반전이 끝나고 0-2로 지고 있었던 당시를 떠올렸다. "돈 호세 아말피타니[클럽 최고이사. 홈구장의 명칭을 그의 이름으로 정했다]는 탈의실로 가서 선수들에게 말했다. '얘들아, 비싼 몸들인데, 다리를 안 다치게 해라.' 그는 선수들이 차분하게 플레이하기를 원했다. 돈 호세가 채 나가기도 전에 스피네토는 고함쳤다. '동성애자들아! 우린 이 경기를 이겨야 해!' 벨레스는 경기를 이겼고 선수들은 폭력을 행사하려던 상대 팬들 때문에 밤 10시까지 기다리다 운동장을 빠져 나갔다. 빅토리오는 이 경기의 승리를 통해 자신의 강인함과 벨레스에 대한 그의 열정을 여실히 보여 주었다.

스피네토는 라 누에스트라가 기술에 무게를 두고 있는 점을 싫어했다. 그는 말했다. "물론 한 선수가 기술적으로 재능이 있는지 없는지가 중요하다. 하지만 피브라 fibra(강인함, 스태미나, 결단력)가 없으면 위대한 선수가 될 수 없다. 카를로스 비안치[아주 성공한 감독이 된 공격수]의 경우를 보자. 그는 어릴 때부터 남자다웠다... 경기장에서 자신의 모든 것을 바치는 이유가 있는 것이다. 경기장에서 가장 너그러운 선수가 누구라고 생각하는가? 희생이 무엇인지 제대로 아는 남자다운 선수다. 자신들의 재능에다 내면의 모든 것을 쏟아 붓는다... 부끄러워 할 줄 알았으며 시합에 진 채로 경기장을 떠나는 걸 싫어하기 때문이다."

스피네토의 선수들은 그를 동기부여를 정말 잘 하는 사람으로 기억한다. 공격형 미드필더였던 노르베르토 콘데는 말했다. "그는 선수들이 대부분 공격적인 성향을 띠기 마련이기 때문에 심리적인 부분에 함께 노력을 기울인 사람이었다. 만일 선수가 열의가 없으면 느려지고, 모든 것을 다 바치지 않으면 다른 선수들이 가진 목적의식을 자신은 못 가지게 된다." 그는 예상할 수 없는 일에 기뻐하기도 했다. 공격수 에르네스토 산소네는 이렇게 기억했다. "내가 여러 차례 안 좋은 플레이를 했을 때 그는 마치 내가 플레이를 아주 잘했다는 듯 칭찬했지만 내가 봐도 플레이를 잘 했을 때는 내가 플레이를 못했다는 듯 몰아 붙였다."

무엇보다도 그의 가장 큰 재능은 뒤지고 있는 팀을 끌어 올리는 능력이었다. 벨레스가 리버와의 경기에서 골키퍼 미겔 루길로의 실수로 두 골을 허용하며 하프타임까지 0-3으로 지고 있었다. 하프타임이 되자 지친 루길로는 욕조에 누워 있었다. 스피네토는 후스, 앙헬 알레그리 그리고 아르만도 오비데를 한쪽으로 데리고 가서 말했다. "자, 미겔을 봐라. 너희들이 친구라면 그를 위해 뛰어야 한다." 벨레스는 20분 만에 동점을 이루었고 마지막 순간에는 경기를 뒤집을 수 있는 기회까지 왔지만 센터포워드 오스발도 보티니가 놓치고 말았다.

하지만 스피네토의 중요한 유산은 그가 벨레스에서 이룬 업적이 아니라 안티풋볼 anti-futbol의 토대였는데, 이것은 축구가 기술만큼이나 동기나 강인함과 관련이 있다는 그의 의식이었다. 그를 전술 혁명가라 부르는 것이 지나치다고 볼 수 있는 이유는 그 시대의 유럽이나 브라질에서 진행되는 전술과 비교해서 기초적인 생각에 머물러 있었기 때문이다. 하지만 전술과 경기 스타일에 대해 그렇게 고민을 했다는 점이 40년대 후반 아르헨티나에서 그를 급진적인 인물로 만들었다. 스피네토는 체사리니 밑에서 뛴 적은 없었지만 그를 칭찬하는 데 숨김이 없었고 지배적인 억측에 맞섰던 그의 태도에 존경을 보냈다.

스피네토도 똑같이 전통적인 역할을 수정할 준비를 갖추고, 경기장 중앙을 따라 기술적으로 깔끔하게 빠져나가는 전통적인 경기운영을 피하면서 인사이드 포워드를 창의적인 지렛대로 활용했다. 그는 말했다. "나는 피브라를 지닌 팀을 원한다. 수비수는 수비하고 공격수는 공격하는데, 이게 무슨 팀이란 말인가. 역할을 나누고 나면 경기장에 나가서 그것을 찾는 선수들이 합쳐져야 팀이다. 그리고 윙에서 공격을 해야 한다... 언제나 윙에서... 중앙을 따라 나아가는 것은 깔끔하지만 과연 얼마나 자주 그런 시도를 하며 얼마나 자주 성공하는가? 스스로 경기의 통계를 기록하는 과제를 부여하라. 내가 생각하는 공격이 무엇인지 아는가? 수비수 뒤에 서는 것이다. 공격수는 자신의 전담마크맨 뒤에 서려고 노력해야 하고 동시에 팀 동료는 그에게 수비수 뒷공간을 노리는 패스를 보내려고 해야 한다. 그것도 윙을 통해 이루어져야 한다."

아르헨티나 공격수들은 전통적으로 자신을 공격에만 한정시켰지만 스피네토는 전 방위적인 역할을 권장했다. 가장 주목할 만한 성공은 유독 탐구적인 마인드를 지닌 수벨디아와 더불어 찾아 왔다. 수벨디아는 명목상 왼쪽 인사이드 포워드인 10번을 달고 있었지만 벨레스가 2위를 했던 1953시즌 스피네토는 그에게 지금의 미드필더처럼 경기장의 세로를 따라 움직이며 아래까지 따라 가도록 시켰다. 그것이 스피네토의 생각인지 수벨디아의 생각인지는 지금 와서 알기는 어렵다. 아마도 수벨디아의 지능과 새로운 시도를 하려는 스피네토 감독의 의지가 공생관계를 이루었다고 보는 게 맞겠다.

또한 스피네토는, 로사리오 센트랄과 페릴 카로 오에스테(두 차례)에서 나시오날 챔피언십을 달성했으며 리버 플라테에서 코파 인테르콘티넨탈대회 우승컵을 들어 올린 카를로스 그리구올과, 벨레스에서 세 번의 챔피언십과 리베르타도레스, 코파 인테르아메리카나, 인테르콘티넨탈컵에서 우승을 맛본 비안치를 지도했다. 그런 후 보카로 가서 훨씬 더 큰 성공을 거두며 4번의 챔피언십과 세 번의 리베르타도레스 그리고 두 번의 인테르콘티넨탈 타이틀을 차지했다. 그리구올과 비안치의 소속 팀들은 결코 수벨디아의 팀처럼 대놓고 냉소적이지 않았지만 두 팀 모두 아름다움보다는 실용주의를 선호하는 공격적이고 틀이 잡힌 경기를 펼쳤다.

당연히 스피네토의 수제자의 수제자도 나왔다. 그리구올은 헥토르 쿠페르와 마리오 고메스를 키웠고 비안치는 디에고 카그나와 오마르 아사드를 키웠으며 수벨디아는 에두아르도 마네라와 그 유명한 카를로스 빌라도를 키웠다. 이젠 빌라도 자신이 추종자를 두고 있다. 그 중 미겔 앙헬 루소는 2005년 벨레스에서 클라우수라(후기 리그)를, 2007년 보카에서 리베르타도레스 대회 우승을 했으며, 알레한드로 사베야는 2009년 에스투디안테스의 리베르타도레스 대회를 이끌었고 2010년 아페르투라(전기리그) 타이틀을 차지한 뒤 국가대표 감독이 되었다. 한편 그의 이름에는 안티풋볼의 모든 철학이 담겨 있었다.

△▽

안티풋볼을 주류로 이끈 것은 수벨디아였다. 1966년 6월 쿠데타로 권력을 잡은 후안 카를로스 온가니아는 스포츠의 파급력을 깨닫고 클럽의 부채를 갚도록 돈을 융통시켜 주었다. 그 보답으로 챔피언십을 개정하여 두 개로 분리하였는데—메트로폴리타노와 나시오날—

부에노스아이레스 외곽의 팀을 키우려는 목적이었다. 빅5의 주도권은 깨어졌고 1967년 에스투디안테스가 메트로폴리타노 초대 챔피언이 되었다.

수벨디아가 1965년 국가대표에서 해임되고 나서 에스투디안테스에 왔을 때 당면 목표는 강등권 탈출이었다. 보카 주니어스, 벨레스 사르스필드, 아탈란타, 반필드에서 선수 생활을 한 수벨디아는 지능적이고 감각적인 위치 선정으로 유명했고 당시에 익힌 공간과 대형에 대한 인식이 감독직 수행의 밑거름이 되었다. 라틴은 "그는 오른쪽 하프였고 보카에서 나와 나란히 서서 플레이를 했다. 선수 시절에도 축구를 열심히 연구했고 축구의 규칙을 파악하여 이론과 실전의 경계점에 똑바로 서 있었다"고 말했다.

수벨디아는 아탈란타를 두 차례 훌륭한 성적으로 이끌었지만 아르헨티나 대표팀에서는 좋은 결과를 얻기가 무척이나 힘들다는 걸 알았다. 아마도 나중에 발레리 로바노브스키가 소련팀에서 깨달은 것으로, 대표팀에 어떤 비전을 접목시키기가 어려운 이유는 매일 부대끼는 클럽과는 달리 선수들과 함께 할 시간이 절대적으로 모자라기 때문이다.

에스투디안테스에서 최고의 재능을 지녔다고 알려진 후안 라몬 베론은 "그는 리그 시작 한 달 전에 클럽에 왔다. 주전급 팀과 세 번째 후보팀을 살펴본 다음, 세 번째 팀이 더 낫다고 판단하고 나이 든 선수를 왜 계속 데리고 있는지 반문했다"고 말했다.

그는 나이 든 선수 중 4명만 잔류시키고 팀에 참신한 정신을 불어넣고자 애를 썼다. 베론은 계속 말을 이었다. "수벨디아는 아주 단순한 사람이고 일이 그의 목표였다. 선수들을 가르치고 같이 시간을 보내며 함께 노력하기를 좋아했다. 그는 아르헨티노 게노라초라는 트레이너를 한 명 데리고 왔는데, 골칫덩어리인 이 사람은 어디를 가나 심하게 다퉈 오래 머무는 클럽이 없었다. 하지만 두 사람이 여기에 왔을 때는 계획이 서 있었고 자신들의 꿈을 알고 있었다."

"전에는 경험하지 못한 색다른 프리시즌을 보냈다. 코치들이 하루 하루 훈련에 적극 관여하는 것도 처음 있는 일이었다. 수벨디아가 오고 나서 우리는 경기 전날 집중하기 시작했으며 훈련장에서 살았다. 칠판에서 전술을 배우고 경기장에서 전술을 연습했다."

수도를 벗어난 지역클럽이 우승한 적이 없었던 터라 사람들은 특별한 기대나 당장 좋은 결과를 바라지 않았다. 베론은 말했다. "여기 팬들은 참을 줄 알았다. 수벨디아는 우승을 하지 않고서 3년 동안이나 일했는데, 보카 같은 팀에서는 상상도 못할 일이었다. 우린 너무 어려서 어떻게 돌아가는지 알 수 없었다. 모든 게 좋아지고 있었고 어느 날 우리가 대단한 팀이 되어있다는 것을 깨달았다."

호르헤 벤투라 기자는 〈엘 그라피코〉에 에스투디안테스의 축구스타일에 대해 기고했다. 그들의 축구는 "한 주일간 힘든 실험을 거치고 다듬어 일곱 번째 날, 포지션마다 자신의 이야기를 봉헌하는 효과처럼 터져 나온다. 에스투디안테스가 재능보다는 노력을 통해 자신의 축구를 만들어 나가자 승점은 저절로 올라가고 기세는 맹렬했다."

그들은 아르헨티나의 어떤 팀이 했던 것보다 더 열심히 더 세밀하게 훈련했다. 빌라도는 이렇게 말했다. "경기에서 생길 수 있는 모든 가능성을 내다보며 연습했다. 코너킥, 프리킥, 스로우인을 이용해 가장 유리한 상황을 만들고 상대를 덫에 빠지도록 우리끼리 사용하는 신호와 말도 있었다."

에스투디안테스는 1967년 메트로폴리타노 선수권대회 A조 2위를 자지해 마지막 4강전 진출 자격을 얻었다. 그 정도로도 대단한 업적이지만 플라텐세와 맞붙은 준결승에서 0-3으로 뒤지다 4-3으로 역전승했고 결승에서는 라싱을 맞아 3-0으로 낙승했다. 이에 대해 칼럼니스트 주베날은 〈델 그라피코〉에 글을 실었다. "그들의 우승은 새로운 정신의 승리며, 이것은 스웨덴월드컵부터 지금까지 말로만 공언을 해왔지만 현실로 이루기 힘든 일이었다. 그것은 젊고, 강하고, 엄격하고, 역동적이며, 활기차고, 정신적으로 육체적으로 똑바로 서 있는 사람들이 선사하는 새로운 정신이다. 그들이 새롭게 뭔가를 발명한 것은 아니다. 전년도에 라싱이 밟았던 길을 따라 갔을 뿐이다. 에스투디안테스는 야심찬 '소규모' 팀들에게 내려진 36년간의 챔피언십 '성역'을 무너뜨리고 우승했다. 에스투디안테스는 강력한 수비로 끝까지 물고 늘어져 그들에게 내려진 선고와 한계를 물리쳤다. 에스투디안테스는 클럽 역사상 유일무이한 한 주일의 흥분을 이겨내고 승리의 순간, 자신들이 겸손이라는 가장 모범적인 품성을 지녔음을 선언했다."

포초가 이끄는 이탈리아팀이 파시즘이 지닌 군국주의적 면모를 대표한다며 환영을 받았듯이 에스투디안테스의 젊은 선수들이 온가니아가 이끄는 새로운 아르헨티나를 대표하게 되었다. 주베날은 1969년 1월 이 점을 재차 지적했는데, 이때 에스투디안테스는 3회 연속 코파 리베르타도레스대회 우승을 향해 달리고 있었다. 주베날은 그들의 '수비시스템, 역동성, 기질, 희생정신, 공격적인 수비, 투쟁심, 팀 중심의 사고, 조직력'을 칭찬했다. 계속해서 "우리는 임기응변식 플레이를 배제하고 비평가들이 말한 것처럼 과거에 우리가 열등감을 느꼈던 플레이로 발전하고 진화해 간다"고 말했다. 달리 말하면 에스투디안테스가 라 누에스트라와 다른 플레이를 하기 때문에 칭송을 받았다. 게다가 남미국가들이 추구하는, 멋있지만 나태한 유럽식 축구의 틀에 반기를 들었다고 환영받았다.

어찌 보면 에스투디안테스는 축구 스타일이나 라 누에스트라를 철저히 배격하는 점에서 라싱과 흡사하지만 알맹이만큼은 새로웠다. 전술대형은 남미대륙을 주름잡던 4-3-3이었으나 경기 내용은 아르헨티나뿐만 아니라 남미 전체를 통틀어도 독특했다. 핵심은 강한 압박과 공격적인 오프사이드 전술이었다. 베론은 "아르헨티나에서는 찾아 볼 수 없는 것으로서 에스투디안테스같은 고만고만한 팀이 성공을 거둔 요인이었다"고 말했다.

그렇다면 이것은 어디서 생겨났을까? 호기심 많기로 유명한 수벨디아는 전 세계의 코치방법을 연구했으며 압박에 대해서는, 베론의 표현대로 '어떤 유럽팀'에서 그가 발굴했다는 데 선수들의 의견이 일치한다. 더 나아가 동유럽팀 중 하나라고 지목하는 사람도 있지만 어느 팀인지 확실하지 않다. 사실 에스투디안테스의 압박은 처음부터 수벨디아가 구상한 계획 중 하나로서 비디오로도 선수들에게 보여주었다. 이럴 경우 수벨디아가 당시 디나모 키예프를 이끌며 능숙하게 압박전술을 썼던 빅토르 마슬로프의 영향을 받았다고 믿고 싶지만, 그에 대한 직접적인 증거가 없다. 하지만 키예프가 아닌 다른 팀이 있었다 하더라도 따지고 보면 마슬로프로부터 압박개념을 얻은 것이 분명하다고 말할 수 있는 것은 당시 마슬로프의 영향이 그만큼 세계적이었기 때문이다.

압박과 높은 오프사이드 라인은 공인된 그들의 작품이라고 할 수 있지만 불길한 측면이 있었다. 그것은 유럽인들을 깜짝 놀라게 한 에스투디안테스의 폭력성이었다. 프레스타는 폭력 문제는 당시 아르헨티나의 다른 팀도 예외가 아니라고 말했지만 에스투디안테스가 유독 두드러져 보이는 이유는 추악한 반칙을 썼기 때문이다. 수벨디아는 "장미 길을 지나서는 영광의 길에 이르지 못한다"고 말했다. 지금와서 어디까지가 사실이고 어디까지가 허구인지 분간하기 어렵지만 워낙 자자한 이야기라 어느 정도 근거가 있다고 보는 게 옳다. 급기야 빌라도가 핀을 지니고 다니며 상대선수를 콕콕 찔렀다는 이야기까지 나왔다. 베론은 '낭설'이라 했지만 라틴은 자신이 직접 보지 못했다고 털어 놓고도 끝까지 사실이라고 말했다. "빌라도는 비열했다. 항상 못된 짓을 했다. 옷을 잡아당기거나 얻어맞은 척하며 속임수는 무엇이든 썼다."

베론은 더 이상 말하기를 꺼리면서도 에스투디안테스가 "상대 팀 선수 개개인의 모든 것, 그들의 습관, 성격, 약점을 알아내려고 했고 심지어 사생활을 캐내 경기장에서 못살게 굴고 상대의 퇴장을 유도하기도 했다"고 털어 놓았다.

프레스타는 말했다. "그들은 심리를 가장 나쁜 쪽으로 이용했다. 인데펜디엔테 선수가 사냥을 하다 실수로 친구를 죽였는데, 때마침 에스투디안테스와 경기가 있었을 때 경기 내내 그를 향해 '살인자'라며 노래를 불렀다. 한 번은 라싱 골키퍼가 자신의 어머니와 아주 가깝게 지내다 어머니의 반대를 무릅쓰고 결혼을 했고 6개월 후 어머니가 세상을 뜬 일이 있었다. 빌라도는 그에게 다가가 '축하한다, 드디어 엄마를 죽였네'라고 말하기도 했다."

심지어 의사 자격이 있는 빌라도가 의료종사자와 끈이 닿았다는 주장도 있었다. 예를 들어, 라싱의 수비수 로베르토 페르푸모가 빌라도의 복부를 걷어차 퇴장을 당한 일도 빌라도가 로베르토의 아내가 수술로 떼어 낸 물혹에 대해 놀려댔기 때문인 것으로 추정되었다.

그들의 경기방식이 사람들의 구미에는 맞지 않았겠지만 그들로서는 효과만점이었다. 그들의 과도한 경기방식은 처음에는 해설자들이 눈감아 줄만 한 정도였고 어쨌든 난폭한 짓거리 이상의 뭔가를 지니고 있었다. 산투스로 이적한 후 에스투디안테스와 상대했던 델가도는 이렇게 말했다. "정말로 잘 짜인 팀이었다. 대인방어 외에도 어떻게 플레이를 하는지 알고 있었다. 베론은 핵심 선수로 경기흐름을 주도했고 중앙 미드필더인 파차메와 빌라도는 그다지 재능 있는 선수는 아니었지만, 파차메는 수비가 뛰어났고 빌라도는 정말이지 영리했다. 그런데 팀에서 빌라도 정도는 실력이 없는 축에 들었다."

에스투디안테스는 1968년 리베르타도레스컵 대회에서 라싱과 세 차례나 맞붙은 잔혹한 준결승전을 승리로 이끌고 역시 세 번째 플레이오프까지 치렀던 결승전에서 브라질의 팔메이라스마저 물리치며 우승을 차지했다. 이 경기를 치르면서 '안티풋볼 anti-futbol'이라는 용어를 달고 다니게 되었지만 〈엘 그라피코〉는 그들의 축구스타일을 '아름답기보다는 견고한' 편이라고 인정하면서 지지하는 입장을 보였다.

1968년 후반 대륙간컵 대회에서 폭력사태로 단정할 만한 두 차례의 결승전에서 맨체스터 유나이티드와 만났다. 부에노스아이레스에서 펼쳐진 1차전에서 맨체스터의 데니스 로는 머리카락을 끄집더라고 불평했고 조지 베스트는 배를 얻어맞았으며 보비 찰턴은 빌라도의 반칙으로 몇 바늘을 꿰매야 했다. 노비 스타일스는 머리에 부딪혀 눈 주위가 찢어진 뒤 경기 내내 약이 올라 선심에게 V자 표시를 들어 올리다 결국 퇴장 당했다. 그런 와중에 마르코스 커닉리아로가 베론의 코너킥을 헤딩골로 마무리하며 에스투디안테스에게 승리를 안겨주었다. 맨체스터에서 열린 시합도 다를 바가 없었고 로는 네 바늘을 꿰매야 할 정도의 다리 부상을 당했고 베스트와 호세 휴고 메디나는 서로 주먹을 날려 경기장을 떠나야 했다. 막판 윌리 모건의 동점골로 베론의 헤딩 선제골이 무위로 돌아가면서 결국 1-1 무승부를 기록하면서 타이틀은 에스투디안테스에게 돌아갔다.

베론은 "최고의 경기였다"고 말했지만 다른 사람들은 그렇게 생각하지 않았다. 맨체스터 미드필더 패디 크레란드는 에스투디안테스를 "지금까지 내가 상대한 팀 중 가장 더러운 팀"이라고 말했고 언론도 독설을 퍼부었다. 1차전 후 〈데일리 미러〉는 머리기사를 "스포츠 정신에 침을 뱉은 날"이라 실었고 〈선데이 타임스〉의 브라이언 글랜빌은 침통한 글을 썼다. "그들이 보여 준 몇몇 전술은 어떻게 최고 수준의 축구가 스포츠로 살아남을 수 있을지 의문이 들게 한다. 오늘 밤의 에스투디안테스, 작년의 라싱 그리고 1966년 웸블리에서의 아르헨티나처럼 교묘한 반칙을 한다면 그런 축구는 불가능하다."

〈엘 그라피코〉 칼럼니스트 오스발도 아르디초네는 에스투디안테스의 승리를 옹호하면서 잉글랜드가 월드컵 8강전에서 아르헨티나를 이겼기 때문에 응당한 일이라고 설명을 덧붙였다. 하지만 에스투디안테스가 두 번째로 리베르타도레스컵 결승 1, 2차전에서 우루과이의 나시오날을 물리치고 우승을 차지하자 회의적인 목소리를 내기 시작했다. "에스투디안테스는 경기장에 나가면 실력은 보여 주지 않고 부수고, 더럽히고, 열 받게 하고, 축구에서 있을 수 있는 온갖 불법적인 술책을 다 사용한다. 이기는 것이 좋은 일이라면 과정도 좋아야 하는 법이다."

형세는 바뀌고 있었고 이것은 꼭 에스투디안테스에게만 해당되는 일이 아니었다. 1969년 코르도바와 로사리오에서는 군사정권에 반대하는 폭동이 일어나 결과가 수단을 정당화한다는 철학에 대한 관대함이 한계에 다다랐다는 것을 보여 주었다. 하지만 에스투디안테스에 대한 반격에는 순전히 축구와 관련된 이유도 있었다. 베론은 '보잘것없는' 팀이 이룬 승리의 기쁨이 어떻게 일순간 다른 클럽과 수도권 언론의 분노로 발전했는지 언급했으며, 때마침 아르헨티나는 1969년 중반 볼리비아와 페루의 원정경기에 패하면서 영락없이 1970년 월드컵 진출에 실패했다.

게다가 그해 7월 부에노스아이레스 외곽의 산 마르틴이라는 가난한 마을을 연고지로 하는 차카리타 주니어스가 메트로폴리타노컵 대회 결승에서 리버 플라테를 4-1로 물리치면서 갈채 받는 약자의 탄생을 알렸다. 〈엘 그라피코〉에 실린 주베날의 입장은 확연히 달랐다. "차카리타의 승리로 아르헨티나축구를 위대하게 만들었던 가치들이 다시 살아났다. 많은 선수와 감독은 이걸 잊고 있었다. 차카리타는 '덩치가 커진 작은 팀'이 아니다. 차카리타는 달려들며 거친 플레이를 하고 물고 싸우고 땀을 흘리며 쉼 없이 거친 경기를 펼쳐 위대한 역사적 승리를 만끽하는 팀이 아니다. 차카리타도 달리고, 끝까지 물고 늘어지고, 땀을 뻘뻘 흘리고, 희생도 하지만 분명 그들은 축구를 한다. 경기장 구석구석에서 공을 다루는 그런 축구를 하기를 원한다. 물론 싸우는 일도 빠지지 않는다."

하지만 멕시코월드컵 진출에 실패하자 모두가 마음을 한데 모았다. 〈엘 그라피코〉 사설은 '아르헨티나축구의 근원지'는 허탈했던 1958년의 경험 후에 일어난 혁명의 '위대한 희생'이라고 선언했다. "우리가 체코슬로바키아에게 허용한 6골의 기억을 지우려 하다 보니 패할지도 모른다는 길고 긴 두려움에 더욱 수비적인 경기를 펼치게 되고 급기야 더 많은 골을 넣는 기쁨과 그럴 필요성조차 잊게 되었다. 유럽인들보다 앞서서 부족한 스피드와 체력을 극복하려는 마음에 우리는 무분별한 모방을 했고 능력과 지능을 경멸하기에 이르렀다."

에스투디안테스는 곧 자신을 비난하는 사람들에게 더 많은 공격의 빌미를 제공했다. 9월 말 대륙간컵 결승 1차전 AC밀란과의 원정경기에서 0-3으로 패하자 곧바로 에스투디안테스의 경기 스타일을 문제삼고 나왔다. 하지만 여론을 더욱 악화시킨 것은 라 봄보네라에서 열린 리턴매치였다. 에스투디안테스가 2-1로 이겼지만 폭력이 문제가 되었다. 아귀레 수아레스는 네스토르 콤빈을 팔꿈치로 쳐서 광대뼈를 부러뜨렸고 골키퍼 알베르토 폴레띠는 지아니 리베라를 가격했으며 연이어 에두아르도 마네라는 그를 발로 차서 쓰러뜨렸다.

여기저기서 혐오감을 드러내기 시작했다. 〈엘 그라피코〉는 관전평에서 "텔레비전이 포착한 추한 경기장면들은 전 세계에 도시 게릴라 전투로 바뀌어 등장했다"라고 적었고 경기를 지켜봤던 온가니아 대통령도 마찬가지였다. "그런 수치스런 행동으로 아르헨티나의 명성이 더럽혀지고 위태로워졌고 우리를 혐오하게 만들었다." 세 선수에게는 대중의 볼거리를 망쳤다는 이유로 30일 수감 형을 선고했다.

수벨디아에게 비방을 퍼붓자 그를 옹호하는 사람들은 즉시, 그는 시스템을 만들었을 뿐이지 그런 비신사적인 플레이를 종용하지 않았다고 주장하기에 이른다. 이런 감정을 누그러뜨리게 할 만한 주장이 제기 되었는데, 에스투디안테스가 당시 나머지 클럽팀에 견주어 그렇게 심하지도 않고 오히려 효율적인 축구를 했을 뿐이라는 것이다.

왈테르 바르가스는 〈풋볼 딜리버리〉에 다음과 같이 적었다. "그런 못된 짓에 대해 악마 같은 메피스토펠레스식 지도력의 결과라고 보는 사람들은 꼭 알아 두어야 한다. 슬프지만 모두 알고 있는 1969년 봄보네라, 밀란과 맞붙었던 그날 밤에 수벨디아는 계속해서 경기장 쪽으로 다가가 폭력사태를 멈추도록 애썼고 폭력이 일어나면 선수들을 나무라며 주의를 주었다. 그렇더라도 에스투디안테스에게 쏟아진 죄목 모두가 순전히 지어낸 이야기라는 의미는 물론 아니다. 밀란의 리베라와 콤빈 그리고 동료들이 겪은 폭력은 도저히 정당화할 수도 없고 씻기 힘든 오점이었다. 다들 알다시피 후안 호세 피수티의 라싱, 1968년의 인데펜디엔테, 라틴의 보카 그리고 나머지 다른 팀도 엄격한 가톨릭수도회인 트라피스트 소속은 결코 아니었다."

에스투디안테스는 이듬해 연속으로 리베르타도레스컵을 제패했지만 대륙간컵 결승에서 네덜란드 페이노르트에 패하자 반감의 기운이 돌기 시작했다. 〈엘 그라피코〉 사설은 다음과 같이 공표했다. "우리가 우러러보며 갈채를 보내고 지켜 주었던 에스투디안테스는 이렇지 않았다. 그들이 처음 결승에 올라 정상에 오른 축구는 안티풋볼이 아니며 노력과 활력 그리고 희생이 어우러진 진정한 축구였다." 아마도 에레라의 인테르처럼 자신들만의 특징을 지나치게 좇다가 결국 스스로 웃음거리로 전락하게 된 것 같았다.

12장

▽△▽△▽△▽△

토탈풋볼의 깃발을 올리다 – 네덜란드 아약스

△▽ 때때로 세상은 새로운 변화를 위해 무르익기도 한다. 뉴턴과 라이프니츠가 거의 동시에 적분을 발견했듯이 유럽의 반대편에 있던 리뉘스 미헐스와 발레리 로바노브스키는 축구의 방법에 대해 같은 인식을 가지고 있었다. 두 사람이 보기에 축구란 공간을 통제하는 것이었다. 가령, 공을 가지면 경기장을 넓게 사용해서 잘 지키고, 공을 소유하지 않을 때는 공간을 좁혀 상대가 공을 오래 소유하지 못하도록 하는 것이다.

그들은 선수들끼리 포지션을 맞바꾸도록 종용했고, 커버플레이에 기댔으며, 신바람 나는 축구를 할 줄 아는 팀을 만들었다. 그런 점에서 40년대의 파소보치카나 50년대 헝가리축구의—네덜란드축구는 헝가리축구와 자주 비교되었다—다음 단계였다. 하지만 아약스나 디나모가 그런 축구를 하게 된 것은 공격적인 오프사이드 트랩을 실행했기에 가능했다. 여기에 압박도 한몫을 했는데, 압박을 본격적으로 사용한 시기는 분명 60년대 중반부터 후반 사이다.

아마추어 수준에서는 압박은 불가능한 것이나 다름없었다. 육체적으로 무척 힘이 드는 일로서 거의 쉬지 않고 움직일 수 있는 최상의 체력이 필요했다. 미헐스와 로바노브스키가 활동하던 시대는 전쟁으로 인한 물자부족 현상은 끝이 났고, 영양 상태도 좋았으며, 합법적이든 불법적이든 스포츠 과학이 한껏 발전하여 선수들은 90분 내내 뛰어 다닐 수 있었다. 이것은 이론의 진보뿐만 아니라 강화된 기초체력으로 이룬 축구의 발전단계였다.

△▽

지나치게 자유분방한 현대 네덜란드의 명성을 생각해 보면, 지금에 와서 전쟁 직후의 수도 암스테르담의 모습을 상상하기란 쉽지 않다. 보헤미안적인 천성을 상업적으로 이용한 것은 부인할 수 없고 암스테르담이 혁명적 사고를 길러냈다는 점은 쉽게 수긍할 수 있다. 그러나 50년대는 그렇지 않았다. 알베르 카뮈는 1955년에 출판한 〈전락〉에서 암스테르담이 얼마나 지겨웠던지 "파이프담배를 문 사람이 수백 년 동안 똑같은 운하에 떨어지는 똑같은 비를 쳐다보고 있는" 도시라고 묘사한다.

네덜란드축구도 그렇게 고리타분했다. 영국을 숭배하는 초창기 클럽들의 콧수염과 빅토리아시대 의상은 50년대에 이르러 사라졌지만 축구스타일은 여전히 향수에 젖어 있었고 대표팀에는 우스갯소리 하나 들리지 않았다. 1949년 6월 핀란드전 4-1 승리와 1955년 4월 벨기에전 1-0 승리의 두 시기 사이에 네덜란드는 27차례의 국제경기 중 단 2승을 거두었고 노르웨이에게 두 번이나 졌다. 잉글랜드가 1948년 허드즈필드에서 네덜란드를 8-2로 격파했을 당시 네덜란드는 W-M이 유럽전역의 기본설정전술이 되고 나서도 한참 동안 고전적인 2-3-5를 쓰고 있었는데, 그날 4골을 넣은 잉글랜드팀 센터포워드 토미 로튼은 자신에게 '그렇게 넓은 공간'이 생긴 적이 없었다며 감탄했다.

1954년, 제한적이긴 하지만 프로화를 도입하면서 60년대 네덜란드 축구부흥의 기폭제가 되긴 했지만 그것만으로는 왜 그렇게 급속한 성장을 했는지 설명하지 못한다. 네덜란드가 W-M의 진화단계를 건너뛰다시피 함으로써 엄격한 일대일 대인방어라는 개념이 들어오지 않았다는 점이 도움이 되었고, 초기 축구지도자들이 리그제도의 구조적 압박으로부터 벗어나 성장했던 것도 유리하게 작용했다. 브라이언 글랜빌은 현대의 독자라면 의아해 할 법도 한 '리그의 악몽'을 서술하여, 왜 그토록 많은 유럽 국가들이 축구를 먼저 깨친 영국 출신 감독 덕분에 자신들의 축구발전이 앞당겨졌다고 인식을 하게 되었는지 설명한다. 아마 영국감독들이 진보적이었다기보다는—비록 스스로 국외로 갈 준비를 했다는 사실이 어느 정도 개방적인 그들의 사고를 보여 주지만—자신이 처한 새로운 환경 때문에 본국이었다면 이상적이라고 무시했을 실험들을 추진할 수 있었다.

네덜란드축구의 창시자는 잭 레이놀즈였다. 한때 맨체스터 시티에서 후보 선수로 뛴 적이 있었지만 영향력 있는 대부분의 감독과 마찬가지로 화려한 선수생활을 보내지는 못했고 그림스비 타운에서 셰필드 웬즈데이로, 다시 왓포드로 이적했다. 1912년 레이놀즈는 스위스로 날아가서 상트 갈렌의 감독이 되었고 1914년 전쟁이 일어나자 독일 국가대표팀을 맡았다. 네덜란드로 다시 피신한 레이놀즈는 1915년 아약스 감독으로 첫 부임했다. 이후 32년에 걸쳐 세 차례 팀을 맡으며 25년간 아약스에서 지냈다. 이사들과의 다툼으로 처음 아약스를 떠났고 2차 대전 중 정신병원이었던 상 실레시아의 토스트 수용소에 억류되면서 두 번째로 팀을 떠나 있었다. 그곳에서 레이놀즈는 영국의 유명 유머작가인 P.G. 우드하우스와 함께 지냈는데, 그는 프랑스 휴양지 르 투케에서 끌려 왔다. 우드하우스는 이렇게 회고했다. "나중에 AP통신사 사람이 나를 인터뷰하고 자신의 글에 토스트 정신병원은 블랜딩스성하고는 천지 차이라고 썼다. 물론 달랐지만 방은 분명 넓었다. 만일 고양이가 있어 마음껏 흔들어 보고 싶다면 쉽게 그렇게 할 수 있었을 것이다..."

1945년 레이놀즈는 암스테르담으로 돌아와 미헐스를 자신의 곁에 두었는데, 두 사람의 관리 스타일은 고스란히 닮았다. 레이놀즈는 규율에 엄격한 사람으로 기술을 제일로 삼아 공을 가지고 하는 훈련을 실시했다. 또한 아약스 유소년 시스템의 초석을 다졌고 보통 하루 14시간 일하며 각 레벨의 모든 팀이 같은 스타일의 축구를 하도록 시켰다. 그는 수준이 낮은 팀을 지명도 있는 팀으로 변모시켰고 공격을 지향하는 사고를 견지했다. 1946년의 한 인터뷰에서 이렇게 말했다. "나한테는 공격이 최선의 수비라는 점은 변함이 없다." 아약스의 철학은 30년대에 쓰인 2행시에 요약되어 있다: '펼쳐라, 펼쳐라/ 날개 짓을 게을리 하지 마라'

그렇게 뿌려진 씨앗은 1959년 빅 버킹엄과 함께 싹트기 시작했다. 그는 아서 로와 함께 토트넘 홋스퍼에서 뛰었고 패스하고 움직이는 축구, 마냥 길게 걷어내기보다는 공을 소유하는 축구의 가치를 공유하고 있었다. 버킹엄이 1993년 데이비드 위너와 인터뷰한 내용이 〈찬란한 오렌지군단〉에 실렸다. "필요한 것은 점유율 축구이지 킥앤드러시가 아니다. 롱볼 축구는 너무 위험부담이 크다. 대부분 몸에 익힌 기술은 좋은 결과를 낸다. 공을 가지면 지켜라. 그러면 상대는 골을 넣을 수 없다."

레이놀즈는 자신의 신념이 아약스의 철학과 잘 맞아떨어진다는 사실을 깨달았다. "네덜란드축구는 괜찮았다. 그들은 거칠기만 하거나 반드시 이겨야 한다는 축구가 아니었다. 색다른 기술과 사고로 제대로 된 축구를 했다. 이것은 내가 준 게 아니라 이미 그들 속에 잉태되어 있었다. 단지 볼을 더 많이 소유하라는 말을 한 것이 전부였다. 나는 항상 공을 소유하는 것이 경기의 9할을 차지한다고 생각했고 아약스도 그런 점유율 축구를 했다. 내가 그들에게 영향을 끼치긴 했지만 그들은 그 이상의 일을 해내며 나를 기쁘게 했다. 예를 들면, 두 명이 왼쪽 측면으로 쏜살같이 패스를 주고받으며 30미터나 전진하여 세 명의 수비수를 제치고 나면 어마어마한 공간이 생기곤 했다."

버킹엄은 W-M을 헌신적으로 추종했고 아약스는 당시 영국보다 훨씬 더 유연한 형태의 W-M으로 1960년 네덜란드리그 우승을 차지했으며 공격적 스타일로 경기당 평균 3.2골을 기록했다. 버킹엄은 두 시즌을 보낸 뒤 셰필드 웬즈데이로 갔고 1964년 다시 돌아와서는 예전의 명성을 찾기 위해 악전고투했다. 1965년 1월 아약스는 강등권을 헤맸고 버킹엄은 경질되었다.

후임 감독 미헐스는 1958년 은퇴 후 암스테르담 스포츠 아카데미에서 공부하며 암스테르담의 학교에서 체조를 가르치다 나중에 아마추어팀인 JOS의 감독이 된다. 로바노브스키처럼 자신이 선수로서 몸담았던 클럽에 돌아 왔을 때는 이미 축구에 대한 시각이 완전히 바뀌어 있었다. 위너는 선수 시절의 미헐스를, '경기장에서 짓궂은 장난을 좋아하는 털털한 성격의 예술가'라고 묘사했다. 감독이 되자 아주 딴 사람이 되었고, 오랫동안 아약스의 수석코치로 지냈던 보비 하름즈도 같은 기억을 하고 있다. "감독으로서 그는 규율이 중요했다. 탄성이 나올법한 규율. 심지어 수석코치를 조련사가 동물을 대하듯 했다."

미헐스는 부임 첫해 팀 성적을 끌어 올려 이듬해 리그 우승으로 이끌었다. 당시 아약스가 물 흐르듯 매끄럽고 매력적인 플레이를 했지만 토탈풋볼에 대한 언급은 전혀 없었고 미헐스도 어떤 축구를 지향할 것인지에 대한 청사진을 움켜쥐고 등장하지는 않았다. 그는 "뭔가를 시작할 때는 누구도 추구하려는 목표에 대한 정확한 그림이 없다"고 말했다. 즉, 코앞에 닥친 일은 강등을 피하는 것이었다. 그는 설명을 덧붙였다. "그렇게 하려면 우선 팀 정신을 바꿔야 했고 전술적인 변화도 꾀해야 했다. 물론 팀 정신의 개발이 팀 전술의 개발보다 우선이었다."

미헐스는 훈련 성격을 바꿔 공을 가지고 하는 훈련을 레이놀즈보다 더 우선시 했고 이것이 나중에 아약스 스타일의 핵심이 되는 기술적 능력을 키우는 구조로 정착한다. 더 중요한 것은 클럽경영 방식을 현대화함으로써 두 번째 시즌이 끝나갈 쯤에는 주전선수 모두가 프로의식으로 무장하여 미헐스의 훈련 스케줄을 완벽하게 소화했다. 첫번째 전술적 변화로 W-M을 포기하고 4-2-4를 택하면서 피에트

카이제르, 요한 크루이프, 샤크 스바르트, 헨크 흐루트를 전방으로 올리고 기술위주의 클라스 뉘닝아와 함께 전투적인 베니 멀러를 미드 필드에 두었다.

그 자체로는 급진적이라기보다는 오히려 1958년 월드컵 이후 수년 간 유럽에 휘몰아친 전술의 한 부분에 불과했지만 엄청난 변화의 기운 이 감돌고 있었다. 60년대의 암스테르담은 영국의 무정부주의자 찰 스 레드클리프의 표현을 빌리자면 '반항하는 젊은이들의 도시'였다. 전후에 복지국가를 건설하고 유럽도 동반성장을 하면서 다른 지역처 럼 그동안 지켜온 전통적인 사회 영역이 흐려졌다. 예술과 문화는 갈수록 전위적으로 변했고 1962년 12월 암스테르담에서 열린 시몬 빈커노흐 시인의 '무덤을 열어라 Open the Grave' 행사는 "낡은 방식을 물리치는 승리는 매직 센터 암스테르담에서 시작된다"는 주장과 함께 최초의 아방가르드가 탄생하는 순간이었다.

60년대 중반 초현실과 무정부주의가 암스테르담을 뒤덮고 있었고 온통 흰색으로 치장한 '프로보스 Provos(아일랜드 과격군대라고 자처하는 집단)'가 날마다 반소비주의 시위를 벌이고 있었다. 그 중 주목을 끈 것은 베아트 릭스 공주와 독일 국방군 베어마흐트에서 군 복무를 한 독일 귀족 태생 클라우스 폰 암스베르크의 결혼을 앞둔 1966년 그들이 보여 준 대응이 었다. 결혼식을 무산시키겠다며 실천할 수 있는 여러 가지 기발한 방법 들을 열거하며 소문을 퍼뜨렸다. 환각물질인 LSD를 마실 물에 넣는다 고 했고, 사자 배설물을 길에 뿌려 결혼마차를 끄는 말을 겁주고, 교회 오르간의 파이프를 타고 웃음가스를 주입하겠다고 했다. 결국 그들의 시위는 라드휘스트라드에서 연막탄을 터뜨리는 데 그쳤지만 경찰은 그 정도에도 기겁하여 프로보스운동 때처럼 시위자를 곤봉으로 가격하며 과잉진압에 나섰다. 비슷한 사건이 전에도 있었지만 이 정도는 아니었고 한 번도 텔레비전으로 전국에 실시간으로 방영된 적이 없었기 때문에 이 장면을 본 시청자들은 가슴을 쓸어내렸고 3개월 후 휴가비 문제로 발생한 파업이 폭동으로 이어지자 민심은 변하기 시작했다.

폭동 내사를 통해 시장과 경찰서장이 해고되었고 정부는 젊은이들의 반란에 대한 최선의 대처법은 참는 것뿐이라는 결론을 내렸다. 2년 만에 담 광장은 외국 히피들의 야영지가 되었고 네덜란드 경찰은 유럽에서 가장 느긋하다고 이름을 떨쳤다. 존 레넌과 오노 요코가 1969년 일주일간의 '침대시위'를 벌인 곳이 암스테르담 힐튼 호텔이라는 것도 전혀 우연이 아니었다.

미헐스가 이끌던 아약스팀 사람들은 대부분 문화 혁명과 축구 혁명은 관련이 없다고 말한다. 비록 아약스가 정통이론에 의문을 품는 정도의 자신감을 갖는 데 머물렀지만 어쨌든 그들도 혁명의 현장에 있었다는 위너의 결론에 반론을 제기하기란 쉽지 않다. 구조와 전통은 더 이상 받아들이는 게 아니라 부닥쳐야 할 대상이었다.

그 중심에 있던 크루이프는 이미 팀의 명실상부한 리더였다. 젊은 크루이프는 우상화를 멀리하며 남을 의식하지 않고 자신의 몸값을 챙겼는데, 그것 자체가 어느 계층에도 속하지 않는 새로운 흐름에서 생긴 것이었다. 크루이프는 그 무렵 싹이 트기 시작한 네덜란드 청년 운동의 표상이 되었고 전 아약스 유소년 감독 카렐 가블러의 말대로 영국의 존 레넌과 어깨를 나란히 했다. 1977년 크루이프의 50회 생일 특집 기사를 실었던 〈하드 그라스〉 잡지 기자 허버트 스메츠는 이렇게 썼다. "크루이프는 자신을 예술가로 이해한 최초의 선수였으며 스포츠와 예술을 한데 모을 수 있는 능력을 지닌 최초의 인물이었다."

크루이프는 과격청년파인 프로보는 아니었고 가족과 연관된 그의 보수적인 입장은 프로보스의 신념과 정면으로 배치되었지만, 다루기 힘든 성격과 무정부주의적인 태도 그리고 제도를 농락하기 좋아하는 점은 그들과 닮았다. 크루이프가 1974년 월드컵 기간 동안 퓨마와의 계약을 지키면서 아디다스의 세 줄 무늬 상의를 거절하고 두 줄 무늬만 입겠다고 한 것은 잘 알려진 일화다. 스메츠는 계속 말을 이어갔다.

"네덜란드 선수들은 시스템과 개인의 창의성을 결합할 수 있을 때 최상의 모습을 보인다. 요한 크루이프는 그것을 대표하는 인물이다. 그는 전후의 네덜란드를 만든 인물이었다. 60년대를 제대로 이해하는 단 한 사람이라고 생각한다."

위너도 시스템 속의 개성이라는 개념이 당시 네덜란드의 특징이라고 주장한다. 예를 들어, 구조주의 건축가 알도 반 에이크는 "모든 시스템은 서로 서로 익숙해지기 마련이고, 시스템끼리 결합하여 영향을 미치거나 상호작용하여 결국 하나의 복합 시스템으로 빛을 발할 수 있다"고 말했다. 건축에 대한 이야기지만 미헐스의 아약스 축구에도 그대로 적용될 수 있는 얘길 것이다.

'totaalvoetbal(토탈풋볼의 네덜란드어)'이라는 용어는 1974년 월드컵에서 선보인 네덜란드 대표팀 경기 후에 등장했지만 접두어인 'totaal(전체)'은 광범위한 분야에서 사용되었다. 유명 잡지 〈포럼〉의 기고가였던 건축가 J.B. 바케마는 '전체 도시화', '전체 환경', '전체 에너지'에 대해 언급했다. 1974년 한 강연에서 다음과 같이 말했다. "현상을 이해하려면 관계를 알아야 한다. 옛날에는 최고 높은 사회적 상호관계를 '신'이라는 말로 나타냈고 인간은 자신이 이용했던 것을 돌봐야 한다는 전제로 지구와 우주 공간을 사용할 수 있었다. 하지만 이런 살핌과 존경을 구체화해야 하는 이유는 인간은 원자의 관계라 할 수 있는 상호관계의 현상에 더 가까이 다가가야 인식을 할 수 있기 때문이다. 인간은 자신이 전체 에너지 시스템의 일부라는 것을 깨닫게 되었다." 건축학, 롤랑 바르트의 문학이론과 기호학, 클로드 레비 스트로스의 인류학이론, 자크 라캉의 정신분석이론 같은 영역처럼 축구도 마찬가지였다. 아약스의 축구모델 안에서 선수들은 다른 선수와의 상호관계로부터 '토탈'의 의미와 중요성을 이끌어 냈다. 이 과정에서 신뢰가 무너질 수도 있지 않느냐고 반문하는 것은 이론적 기우에 지나지 않는다. 어쨌든 네덜란드축구와 시대정신과의 관련을 충분히 감지할 수 있으며, 공격적인 시스템을 대표하는 아약스와 디나모 키예프가 가장 세속적인 네덜란드와 소련에서 동시에 탄생한 것도 결코 우연이 아니었다.

아약스에 뭔가 특별한 것이 다가오고 있다는 조짐이 나타난 때는데 메르에서 열린 유러피언컵 2라운드에서 리버풀을 5-1로 대파했던 1966년이었다. 너무 뜻밖의 결과에 빌 샹클리는 안필드 구장에서는 리버풀이 7-0으로 이길 것이라 큰소리쳤고 사람들은 그의 말에 수긍을 했지만 아약스는 결국 크루이프의 2골로 2차전도 무난하게 2-2 무승부로 마무리했다. 하지만 두클라 프라그와 맞붙은 8강전 홈경기에서 약점을 노출하며 1-1로 비기고 체코에서 열린 2차전 경기를 1-2로 패하고 말았다. 미헐스가 냉혹한 모습을 드러낸 것은 이때가 처음이었다. 원정경기에서 페널티킥 빌미를 제공한 토니 프롱크는 수비에서 미드필드로 포지션을 변경시켰고 자책골을 넣은 주장이자 센터백인 프리츠 수테코위는 PSV에인트호번에 팔았다.

아약스의 공격성향은 나중에 명성을 얻지만, 미헐스는 수비부터 먼저 손질을 가해 우선 파르티잔 베오그라드의 노련한 스위퍼 벨리보르 바소비치를 데려오면서 휠스호프와 수테코위를 한꺼번에 대체했다. 아약스는 1966년부터 1970년까지 네 차례 리그우승을 달성했고 비록 AC밀란에게 지긴 했지만 1969년 유러피언컵 결승전에 진출했다. 그런 업적으로 네덜란드인의 마음을 사로잡았고 급기야 벤피카와의 8강전에서 아약스가 홈경기 1-3 패배를 극복하고 합계 4-4로 비기자 두 팀 간의 플레이오프를 보러 40,000명이 넘는 사람이 파리로 갔다.

이 당시 시스템은 변형된 4-2-4를 계속 쓰면서 바소비츠가 다른 수비수 뒤로 내려오기도 하고 미드필드의 세 번째 선수 역할을 하러 올라가기도 하였는데, 문제는 필요 이상으로 미드필드에 선수들이 몰리기 십상이었다. 아스널 감독 버티 미는 1970년 하이버리에서 열린 페어스컵 준결승에서 아약스를 3-0으로 물리친 뒤 '아마추어 같다'고 표현할 정도로 아약스에는 순진함에 가까운 이상주의가 물들어 있었다. 같은 달 말 아약스는 페이노르트와 3-3 무승부를 기록했고 이 경기를 통해 미헐스는 8년 앞서 브라질이, 또 조금 지나 마슬로프와 램지가 내린 결론에 도달한다: 공격이 4명이면 볼 소유에 큰 어려움이 생길 수 있다.

페이노르트는 에른스트 하펠의 지휘로 유러피언컵 제패를 목전에 두고 있었다. 하펠은 1954년 월드컵 3위에 오른 오스트리아팀의 일원이었다. 당시 오스트리아는 공격형 센터하프로 어느 정도 성공을 거둔 마지막 팀이었지만 하펠은 향수에 젖어있지 않고 4-3-3 전술로 전환했다. 스위퍼는 사납기로 소문난 리뉘스 이스라엘이고 미드필드에는 창조적인 플레이를 펼치는 빔 반 하네겜이 있었다. 빔은 오스트리아 출신의 프란츠 하실과 빔 얀센의 측면에 자리를 잡았고 발 빠른 코엔 마우레인이 왼쪽 윙에서 공격을 밀어붙였다. 테오 반 다위벤보데는—1969년 유러피언컵 결승전 AC밀란 우승 당시 아약스의 왼쪽 백을 맡았는데, 그 후 미헐스는 그를 약골이라며 페이노르트에 팔았다—두 사람을 다음과 같이 비교했다. "미헐스는 시합 전에 전술을 짜고 선수들의 몸과 마음을 가다듬는 데 전문가며 하펠은 경기를 세밀하게 해부할 줄 아는 사람이었다. 미헐스는 상황판단이 빨라 경기시작 몇 분 만에 벤치에서 작전변화를 지시했다. 미헐스의 아약스와 달리 페이노르트는 뛰어난 선수가 없었기 때문에 하펠은 더욱 세밀하게 전술을 파고들어 협력플레이를 하는 팀으로 만들었다. 재능은 없다손 치더라도 팀워크는 손색이 없었다."

페이노르트는 재미없는 팀으로 비칠 수 있지만 실제로는 아약스보다는 유연성이 떨어질 뿐이었다. 그럼에도 불구하고 페이노르트와의 3-3 무승부 경기를 치르고 난 뒤 미헐스는 4-2-4에서 4-3-3으로 전환을 결심했다. 그러나 바소비치가 언제든지 밀고 올라갈 수 있었기 때문에 3-4-3으로 바뀌기도 했다. 이런 경우, 두 명의 마크맨이 두 명의 상대 센터포워드를 맡을 수 있고 추가로 커버플레이를 할 수 있는 선수가 생겼다. 바소비치는 "나는 최후의 수비, 즉 리베로였다. 미헐스는 공격적인 축구를 위한 계획을 짰고 우리는 함께 논의했다. 나도 그와 함께 공격적인 수비방법을 고안했다."

바소비치는 결코 겸손하게 자기 재능을 숨기는 사람이 아니었으므로 그가 하는 말을 곧이곧대로 받아 들여서는 안 되지만 분명한 점은 수비수로서 후방에서 전진하여 미드필드에 합류하는 틀을 처음으로 만들었다는 것이다. 이 개념은 네덜란드축구에 면면히 이어져 호르스트 블랑켄부르크, 아리에 한, 대니 블린트 같은 스위퍼를 배출했다. 또한 이것이 더 강력한 무기가 된 것은 압박이 동시에 이루어졌기 때문이다.

아약스의 압박은 대개 공격적 성향의 요한 네스켄스에서 시작되었다. 주 임무는 상대 플레이메이커를 잡는 것인데, 때때로 얼마나 깊이 상대 진영까지 내려갔으면 하름즈는 그를 "가미가제 조종사 같다"고 표현했다. 처음에는 아약스의 다른 선수들은 뒤에 남아 있었지만 70년대 초반쯤에는 다들 그를 따라 했다. 즉, 수비라인을 아주 높이 끌어 올렸다는 뜻으로 상대의 플레이 공간을 죄어 들어갔다. 위험부담이 있었지만 바소비치가 능숙하게 수비라인을 타고 올라와 상대 공격수를 오프사이드에 빠지게 만들었다.

압박은 특별한 기술이 필요하다. 1974년 월드컵에서 네덜란드에게 0-2로 패한 브라질의 주장 중앙 수비수 마리뉴 페리스는 단번에 이 방식의 위력을 알아보고 미헐스 감독 밑에 크루이프와 네스켄스를 보유하고 있던 바르셀로나로 이적한 후 직접 적용시키려 했지만 쉽지 않았다. 마리뉴는 "브라질 수비라면 절대 그렇게 밀고 올라올 수 없지만 바르셀로나에서 미헐스는 중앙 수비수가 오프사이드 라인을 형성하도록 올라가게 했다. 브라질 사람들은 어리석은 짓이라며 '당나귀 라인'이라 불렀다. 이유인즉 수비수 한 명을 제치면 모두를 제칠 수 있다는 것이다"고 설명했다. 이 개념은 브라질이 1919년 코파 아메리카에서 처음으로 풀백의 역할을 나눈 후 계속 유지되었고 빌라 노바

소속의 리투가 개발한 '쿠아르투 자게이루'에 고스란히 담겨 있다. 즉, 한 명의 수비수가 공쪽으로 움직이면 다른 수비수는 밑으로 처져 커버플레이를 했다. 마리뉴는 설명을 이어갔다. "크루이프는 네덜란드는 넓은 경기장에서 브라질이나 아르헨티나 같은 기술축구를 상대할 수 없다는 말을 했다. 대신에 공간을 좁혀 선수들이 얇은 띠 모양을 형성하도록 했다. 오프사이드 트랩 자체가 압박에서 생겨난 것이다. 나로서는 처음 접하는 것이었고 브라질 사람들은 공을 찍어 차서 그 사이를 뚫고 들어가면 오프사이드 트랩을 무너뜨릴 수 있다고 생각했지만 그럴 시간이 없기 때문에 성공할 수가 없었다."

하지만 압박은 상대의 힘을 빼는 것뿐만 아니라 다른 기능도 있었다. 마리뉴는 기억을 떠올렸다. "한 번은 훈련 중에 내가 밀고 올라가 네다섯 명이 오프사이드에 걸렸다. 나는 아직 익숙한 전술도 아니고 어렵게만 느끼던 터라 기분이 좋았지만 미헐스는 나에게 다가와 소리를 질렀다. 그는 오프사이드 위치에 있는 상대선수들은 플레이에 가담할 수 없기 때문에 우리에게 더 많은 수의 선수가 한꺼번에 공을 가진 상대선수에게 달려들도록 요구했다. 결국 오프사이드는 공격적인 전술인 셈이다. 이 상황에서 만약 우리가 공을 따 내고 난 뒤 곧바로 기회를 살릴 수 없다면 수비수는 다시 뒤로 물러나 경기장을 넓게 이용했다. 결국 모든 것은 공간과 관련되어 있다."

위너가 〈찬란한 오렌지군단〉에서 세운 이론, 즉 네덜란드가 공간을 다루는 데 탁월한 이유는 물이 자주 넘치는 평지라서 생활 속에 공간이용이 몸에 배었기 때문이라는 주장은 설득력이 있지만 그렇다고(그리고 비엔나 커피하우스 출신 저자들이 진델라르의 천재성과 자신들의 문학적 저술이 연관성이 있다고 본 것처럼 데니스 베르캄프가 지닌 놀랄 만한 정확성과 냉정함을 피트 몬드리안과 비교해도 무리는 아닌 듯하다) 토탈풋볼을 염두에 두고 있었다고는 말할 수 없다.

버킹엄은 자신이 활동하던 시절에 이미 아약스 선수들은 '습관적인 축구'라고 부르는 것을 할 수 있었다고 말했다. "그들은 본능적으로 서로를 찾아낸다. 리듬을 살려 왼쪽에서 오른쪽으로 이동하고 30~40 또는 50미터를 전진하기도 한다." 아약스에서 출발하여 대표팀으로 이어지는 네덜란드축구가 꽃을 활짝 피운 것은 어떤 계획으로 이루어졌다기보다는 재능 있는 선수들끼리 오랫동안 호흡을 맞춰 습관적인 축구가 자연스레 만들어지는 과정이 있었기 때문일 것이다. 스바르트는 "수르비어가 앞으로 나가면 나는 뒤를 받쳤다. 누가 말할 필요가 없었다. 2년 후에는 다들 무얼 할지 알았다"고 말했다.

이것을 횡재라고 말한다면 크루이프와 미헐스의 역할을 부당하게 깎아 내리는 일이지만 두 사람이 로바노브스키처럼 미래에 대한 안목을 가졌던 게 아니고 상황에 맞춰 대응했을 뿐이다. 아약스를 규정하는 특징인 빠른 포지션 이동도 상대가 아약스의 공격스타일에 맞서려고 수비를 밀집시키자 타개책으로 개발했다. 어떤 의미에서 이것은 1967년 유러피언컵 결승에서 승리한 셀틱에서 얻은 교훈이었다. 밀집수비에는 밀집공격이 최선책이며 따라서 수비수들도 다양한 공격 선택을 제공하기 위해 후방에서 밀고 올라갔다는 의미이다. 미헐스는 이렇게 말했다. "4, 5년 안에 수비벽을 돌파하는 지침을 찾으려 했다. 미드필드와 수비수를 공격전개 과정과 공격에 가담시켰다. 이것이 말로는 쉬운 일이지만 험난한 이유는, 풀백을 공격에 가담하도록 가르치는 일이 어려운 게 아니라—사실 수비수는 좋아한다—그 자리를 커버할 사람을 찾기가 녹록치 않기 때문이다. 결국 기동성이 있는 팀은 포지션 이동을 통해 모두들 '나도 올라가도 되겠구나'라고 생각한다. 그렇게 해서 가장 높은 발전 단계에 도달한다."

4-3-3으로 바꾸고 나자 체계적인 포지션 이동이 더 쉬워진 감이 있었는데, 포지션 이동이 주로 한쪽 측면이나 미드필드에서 일어났기 때문이었다. 수르비어와 한 그리고 스바르트는 오른쪽에서, 바소비치와 네스켄스 그리고 크루이프는 중원에서 그리고 루드 크롤,

게리 뮤렌, 카이즈는 왼쪽에서 자리를 맞바꿨다. 휠스호프는 이렇게 분석했다. "사람들은 어떨 때는 우리도 모르게 플레이가 전개되는 것을 알지 못한다. 오랫동안 함께 하면서 가능한 일이다. 본능적일 때 최고의 축구가 된다. 우리는 이런 플레이에 자신감이 붙었다. 토탈풋볼은 공격수가 수비를 하면 완성된다. 공간을 만들고, 공간을 파고들고, 그러다 공이 오지 않아 공간을 벗어나면 다른 선수가 그 자리에 온다."

혁명적인 것을 꼽으라면 포지션 이동이 횡적이지 않고 종적이라는 점이었다. 보리스 아르카디예프가 이끌던 디나모 모스크바는 윙어들이 중앙으로 이동했고 인사이드 포워드는 윙으로 갔다. 하지만 대체로 수비와 미드필드 그리고 공격라인은 그대로 유지했다. 헝가리 대표팀은 센터포워드를 왼쪽 하프자리까지 끌어내려 라인의 경계를 무너뜨렸고 4-2-4일 때는 공격하는 풀백이 등장했다. 그러나 대대적으로 포지션 이동을 권장한 팀은 아약스가 처음이고 압박전술이 이것을 가능하게 했다. 어느새 맨 밑에 위치한 선수 뒤에 40미터 정도의 공간이 생기더라도 문제될 것이 없었다. 이것은 상대가 공을 받더라도 당장 쫓기게 되어 정확한 패스를 하기가 사실상 불가능했기 때문이다.

스바르트는 "60분 동안 압박플레이를 할 수 있었다. 어디에 어느 팀도 그렇게 하는 걸 본 적이 없다"고 말했다. 몇 년 새 로바노브스키 감독의 디나모도 실행했지만 더 이상 압박을 쓰는 팀은 없었기 때문에 어떻게 그렇게 오랫동안 강한 압박을 할 수 있는지 의문이 들기 시작했다. 아약스와 디나모는 영양보충과 훈련개요를 짜는 등 과학적인 준비를 하느라 엄청난 투자를 하면서 약물에도 관심을 기울였다. 1973년 〈자유 네덜란드〉 잡지와 가진 인터뷰에서 휠스호프는 6년 전 레알 마드리드전을 앞두고 약을 받았다는 말을 했다. "우리끼리 초콜릿 스프링클이라 부르는 것과 함께 알약을 먹었다. 뭔지는 모르지만 강철처럼 강해진 느낌이 들었고 숨도 차지 않았다. 문제는 침이다 말라버려 경기시작 35분이 지나 토악질을 해댔다." 1959년에서 1972년 사이 아약스의 안마사였던 살로 뮐러는 2006년 출판한 자서전에서 똑같은 고백을 했고 휠스호프와 요니 렙이 클럽주치의 존 롤링크가 준 알약이 불안해서 자신을 찾아 왔다고 밝혔다.

시간이 지나 뮐러는 롤링크가 나눠 준 알약을 수거하여 분석을 의뢰했다. 그는 "나는 결과에 놀라지 않았지만, 진통제와 근육이완제 그리고 진정제부터 암페타민(강력한 중추신경 흥분제) 캡슐에 이르기까지 다양했다"라고 자서전에 실었다. 롤링크는 아약스에 오기 전 이미 전력이 있었다. 네덜란드 스포츠계에 몰아친 첫 번째 약물스캔들은 1960년 로마올림픽 때 여자 수영선수가 팀 동료의 가방에서 처방전 두 장을 꺼내 언론에 흘린 사건이었다. 의사의 소견에 따르면 하나는 명백하게 도핑을 했음을 보여 주고 다른 하나는 약물복용 프로그램일 가능성이 높다고 지적했는데, 처방전에는 롤링크의 서명이 있었다. 이후에 그가 네덜란드 사이클 연맹을 떠나면서 도핑 통제가 법제화되었으며, 도핑 통제가 축구계까지 도입된다면 아마도 아약스는 이를 따르지 않았을 거라고 말했다. 심지어 자신도 늦게까지 일할 때는 암페타민을 복용했다고 털어 놓았다. 체계적인 약물복용 프로그램으로 세간의 주목을 가장 많이 받은 곳은 소비에트 연방이겠지만 소련만이 그런 것은 분명 아니었다.

△▽

미헐스는 토탈풋볼의 아버지가 되었고 바르셀로나에서도 토탈풋볼을 지속시켰지만 정작 아약스가 최고의 전성기를 누린 것은 미헐스가 암스테르담을 떠난 후였다. 아약스는 미헐스의 후임으로 15명의 후보자 명단을 작성해 두었다고 한다. 결국 최저 연봉으로 헝가리계 루마니아 감독인 슈테판 코바치로 결정이 났다. 그는 스테아우아 부카레스트를 이끌고 리그 우승과 4년간 3번의 루마니아컵을 제패했다. 벨기에 샤를루아에서 잠시 선수로 활동했지만 네덜란드에는 알려진 인물이 아니었던지라 땅딸막하고 머리가 희끗하며 대화를 즐기는 코바치가 부임하자 사람들은 어리둥절하기도 했고 시큰둥한 반응도 보였다. 코바치가 암스테르담에 들어올 때 자신도 오래 머물 수 있을지 몰라 왕복표를 샀다고 한다. 코바치가 첫 훈련을 실시했을 때 미헐스보다 덜 엄격하다는 것을 알아차린 한 선수가 "머리 길이는 어떻게 할까요?"라고 묻자 "감독을 하러왔지 이발사가 아니다"고 대답했다고 한다. 잠시 후 터치라인에 서 있는 코바치 쪽으로 무릎 높이의 공이 휙 날아갔고 그가 공을 트래핑한 후 리턴패스를 보냄으로써 일단 합격점을 받았지만 그의 기질에 대한 의문은 가시질 않았다.

게리 뮤렌은 코바치에 대해 말했다. "그는 괜찮은 감독이었다. 하지만 너무 착했다. 미헐스는 프로다웠고 모두에게 똑같이 엄했다. 코바치가 부임한 첫 해 자율적인 분위기에서 우린 더욱 잘 할 수 있었다. 하지만 이후에는 규율은 온데간데없이 사라졌다. 초심을 잃지 않았더라면 유럽 챔피언도 될 수 있었는데."

그럴지도 모를 일이지만 아약스의 붕괴는 팀의 정서적인 기질에 내재된 것일 수도 있다. 뭐든 익숙해지면 불만이 생겨나기 마련이고, 특히 아약스구장 탈의실에서 서로 대치하는 이례적인 분위기가 그랬다. 이렇든 저렇든 미헐스의 엄격함을 경험했으니 고삐를 풀어주는게 필요하다고 생각하는 사람도 있었다. 렙은 "선수들은 미헐스의 무정할 정도의 규율에 질려 버렸다"고 말했다. 이런 식으로 리버풀도 무지막지한 빌 샹클리 대신 삼촌같이 따뜻한 봅 파이즐리가 지휘봉을 잡으면서 승승장구했다.

아약스가 완전히 물이 올랐던 시기는 1971~72시즌으로, 코바치는 바소비치 대신에 블랑켄부르크를 기용하고, 그에게 네스켄스와 한 그리고 뮤렌이 뒤를 받치고 있으니 수르비어, 크롤과 함께 안심하고 올라가도록 힘을 실어 주었다. 바소비치는 늘 코바치의 영향이 미미했다고 주장하면서 2002년 세상을 뜨기 전 이렇게 말한 적이 있다.

"토탈풋볼이 코바치에서 시작됐다는 주장은 틀렸다. 사실 그는 아무 관계가 없다. 유럽챔피언이었던 좋은 팀을 물려받아 그냥 해 오던 대로 하였을 뿐이다." 하지만 코바치를 지지하는 사람들이 지적하듯 감독이 아무 것도 하지 않고 가만히 앉아 있기란 여간 힘든 일이 아닐 것이다.

여러 가지 의혹이 늘 그를 따라 다녔다. 그의 이력은 아주 특별났지만—두 번의 유러피언컵, 한 번의 대륙간컵, 두 번의 유러피언슈퍼컵, 두 번의 네덜란드 선수권대회 그리고 두 시즌에 한 차례 네덜란드컵 우승—그는 직무 대행인에 불과하다는 인식이 항상 존재했다. 1972년 4월 벤피카 원정경기를 무득점 무승부로 끝내며 곧바로 2회 연속 유러피언컵 결승진출을 확정짓고 난 직후에 아약스 이사회는 비상회의를 열어 그를 해고하기로 결정했다. 당시 아약스는 리그에서는 5점차이로 선두를 달리고 있었고 로테르담에서 열린 페이노르트와 경기를 5-1로 낙승하면서 네덜란드컵 결승에 진출했다. 하지만 2차전에서 벤피카를 1-0으로 물리친 것은 아약스답지 못하다는 인식이 있었고 기강이 해이하다는 소문이 끊이질 않았던 참에 수석코치 한 흐리젠하우트와 롤링크는 코바치가 팀을 통제하지 못한다는 말을 이사회에 흘렸다.

하지만 그가 통솔을 못했다 하더라도 그런 자유를 만끽한 선수들은 당연히 이사회 결정에 반발했고 코바치는 자리를 지켰다. 크루이프는 "결국 코바치가 옳았다. 우리는 언제라도 의사결정에 참가할 수 있었다"고 말했다. 벤피카와의 준결승 경기는 인상적이지 않았지만 인테르나치오날레와 벌인 결승에서 크루이프의 두 골에 힘입어 2-0 승리를 거두면서 아약스축구의 수준을 확인시키며 낡은 카테나치오의 관에 다시 한 번 못질을 하였다. 다음 날 〈더 타임스〉에는 이런 기사가 실렸다. "아약스는 창의적인 공격이 축구의 진정한 활력소며 카테나치오 같은 그물수비도 재치 있게 뚫을 수 있다는 것을 보여 주었다. 이제 어둔 밤의 윤곽은 더욱 뚜렷해졌고 그림자는 더욱 밝아졌다."

이듬해 아약스는 유러피언컵을 다시 들어 올리며 레알 마드리드 이후 처음으로 세 차례 타이틀을 거머쥔 팀이 되었다. 절묘하게도, 8강전 1차전에서 바이에른 뮌헨을 4-0으로 대파한 팀은 아약스가 준결승에서 물리친 레알 마드리드였다. 레알의 홈구장인 베르나베우에서 벌어진 2차전 합계 3-1의 경기결과만으로는 아약스의 우월성을 다 보여 주기에는 미흡했고, 뮤렌이 보여 준 볼키핑 기술이 코바치의 아약스 정신을 요약하는 '삶의 환희'와 자만심이 표현된 순간으로 더 기억할 만하다. 뮤렌은 다음과 같이 그 순간을 회상했다. "내가 크롤에게 공을 줘야 한다고 생각했지만 가까이 오는 동안 시간이 있었고 나는 저글링을 했다. 계획하고 이렇게 하는 사람은 없다. 그건 생각할 수도 없다. 무심코 한 일이었지만 아약스와 레알 마드리드의 처지가 바뀌는 순간이었다. 그 전까지는 '빅' 레알 마드리드와 '리틀' 아약스였다. 나의 기술을 보자 그들의 균형이 무너졌고 레알 선수들은 마냥 쳐다보고 있었다. 그들은 하마터면 나에게 갈채를 보낼 뻔했다. 관중은 일어섰고 아약스가 레알의 자리를 접수하는 순간이었다."

베오그라드에서 열린 결승전에서 아약스는 4분 만에 기선을 제압하는 골로 유벤투스를 1-0으로 물리쳤다. 경기 내내 연속적인 패스연결을 통해 이탈리아 선수들을 농락했던 아약스는 한 점차 승부가 보여 줄 수 있는 최고의 경기를 선보였다. 1년 뒤 월드컵 결승에서도 이와 비슷하게 초반 선취점을 지키려 했지만 결국 서독에게 무릎을 꿇고 말았다.

위너는 아약스가 "노동자 협동조합같은 커다란 축구팀을 운영하는 것과 흡사하다"는 주장을 펼치지만, 분명한 것은 그 안에는 중요 인물이 있다는 점이다. 하름즈는 "크루이프의 영향은 대단했고 특히 그가 나이를 먹고 동료들과 전술 이야기를 많이 하면서 더욱 그랬다"고 말했다. 코바치는 크루이프와 가까웠지만 그의 영향력에 마냥 겁을 먹지는 않았다. 한 번은 크루이프가 시합 전에 무릎통증을 호소하자 돈이라면 사족을 못 쓴다는 말을 듣고 1,000길드를 꺼내 아픈 부

아약스 1 유벤투스 0, 유러피언컵 결승, 유고 베오그라드 마라카나,
1973년 5월 30일

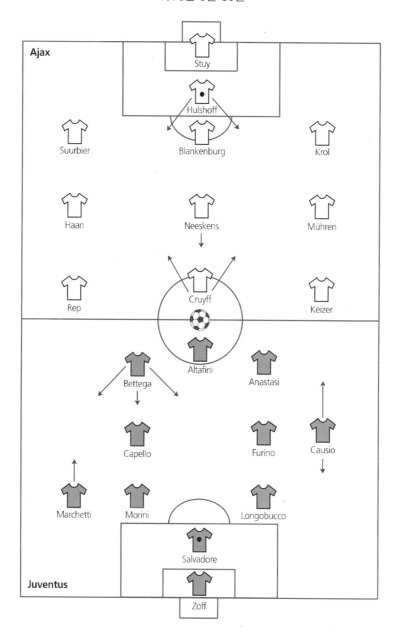

위를 문질러 주었다. 그러자 그루이프는 웃으면서 이젠 괜찮다고 하며 아무 일 없었다는 듯 경기에 나섰다. 하지만 코바치는 강경하지 못했다. 파이즐리가 즐겨 입는 허름한 카디건 속에는 가차 없는 모습이 숨어 있었지만 코바치는 너무 순해서 자신의 두 번째 시즌에 독보적인 존재로 떠오르던 크루이프를 진정시킬 만한 강인함이 모자랐다. 렙은 코바치가 크루이프의 허락을 받을 때까지는 자신을 스바르트 자리로 올릴 배짱도 없었다며 나무랐다. 시간이 흐르자 선수들도 크루이프가 영향력을 행사하는 것을 괘씸하게 생각했다.

코바치는 두 번째 유러피언컵 우승을 이끌고 나서 프랑스팀을 지휘하기 위해 아약스를 떠났다. 그의 후임인 게오르게 크노벨은 1973~74시즌에 누구를 주장으로 할지 투표를 했고 크루이프는 피에트 카이저에 밀려 떨어졌다. 그 후 단 두 경기를 뛰고 나서 바르셀로나로 이적했다. 아약스는 순식간에 무너졌고 크노벨은 신문 인터뷰에서 선수들의 음주와 문란한 여자관계를―사람들은 코바치 감독 시절의 지나친 자율 때문이라고 여겼다―꼬집은 직후 해고당했다.

코바치가 맞이한 다음 행로는 아약스 시절의 성공에 미치지 못했다. 1976년 유러피언컵 진출권 경기에서 단 1승을 거둔 뒤 미셸 히달고로 교체되었다. 비록 루마니아에서 다시 감독직을 수행하면서 1982년 월드컵 진출 일보직전까지 갔지만 황당하게도 루마니아 공산당 정부는 헝가리에게 경기를 헌납했다며 그를 비난하면서 처참하게 임기를 끝내고 말았다. 노련한 루마니아 감독 프로린 하라지안은 "아약스는 코바치가 창조한 종합예술이라고 인정해야 한다. 아약스축구야말로 지금까지 알고 있는 것 중 최고였다"고 말했다. 역설적이게도, 코바치가 아약스에게 정상에 오를 자유를 줌으로써 오히려 팀은 파멸의 길로 들어섰다. 한편 토탈풋볼의 원형은 바르셀로나의 미헐스 아래서 계속 이어졌다.

13장

▽△▽△▽△▽△

과학의 축구 진정성의 축구 – 로바노브스키와 디나모

△▽ 1961년 22살의 발레리 로바노브스키가 윙어로 활약했던 디나모 키예프는 첫 소비에트 슈프림 타이틀을 차지했다. 우승 문턱까지 갈 때가 워낙 많아 디나모 팬들의 아쉬움은 더 깊었던 터라 우승 순간 승리의 기쁨은 안도감으로 배가되었다. 하지만 환호성의 와중에도 로바노브스키의 마음은 무거웠다. 팀 동료인 올레그 바질레비치, 블라디미르 레브첸코와 함께 건설산업과학연구소 축하방문 일정이 기다리고 있었기 때문이었다. 키예프 출신 과학자이면서 아마추어 축구 선수로 활동했던 볼로디미르 사발디르는 그런 축제 분위기에서 로바노브스키가 했던 말을 기억하고 있다. "우린 리그 우승을 했습니다. 그래서 어쩌란 말입니까? 때때로 우리 플레이는 엉망이었습니다. 우리보다 못한 팀에게 몇 점 더 얻은 것뿐입니다. 무엇 때문에 칭찬을 들어야 합니까?"

사발디르가 로바노브스키에게 수십 년 동안 키예프 사람들의 숙원이었던 우승을 이룬 소감을 묻자 그는 이렇게 대답했다. "실현된 꿈은 더 이상 꿈이 아닙니다. 과학자로서 당신의 꿈은 무엇입니까? 학위? 박사학위? 아니면 박사학위 취득 후의 논문?"

사발디르는 "그럴 수도 있지만 진정한 과학자라면 과학발전에 기여하여 족적을 남기고 싶어 하지요"라고 답했다.

"그럼 당신의 질문에 답이 된 것 같습니다."

로바노브스키는 선수로서는 그저 취미로 예술을 좋아했던 사람들과 같은 부류였고 빅토르 마슬로프가 선수들의 행동을 제약하는 것에 반대했다. 하지만 처음부터 그에겐 완벽주의자다운 합리성과 패기만만하고 분석적인 지능이 있었고, 모두들 과학 발전에 집착하던 시대에 고등학교 졸업 당시 수학 금메달을 딸 정도로 수학적 재능을 보인 것도 결코 놀랄 일이 아니었다. 1939년생인 그가 10대였을 때 소련은 최초의 원자력 발전소를 건설했고 스푸트니크호를 우주로 보냈으며 키예프 지역은 소련 컴퓨터산업의 중심이었다. 1957년 키예프에 소련 최초의 인공두뇌학 연구소가 들어서 자동통제시스템, 인공지능 그리고 수학적 모형을 선도하는 곳으로 세계적인 인정을 받았다. 1963년에는 현대적 개인용 컴퓨터의 초기원형이 이곳에서 개발되었다. 당시 로바노브스키는 키예프 폴리테크닉 연구소에서 열 공학을 공부하고 있었는데, 거의 모든 영역에서 컴퓨터를 응용하는 잠재력이 분명해지기 시작한 시기였다. 모든 게 새롭고 흥미 있다 보니 로바노브스키는 과학기술의 장밋빛 미래에 도취될 만도 했다.

개성과 시스템 사이에서 그의 갈등은 깊어 갔다. 선수로서는 드리블과 속임수 동작을 개발하여 상대의 허를 찌르고 싶었지만, 후일 그가 밝힌 대로 폴리테크닉 연구소에서 받은 교육의 영향으로 갈수록 체계적인 접근방법으로 축구를 요소별로 나누어 분석했다. 그의 설명에 따르면 축구는 11가지가 2개로 갈라져 총 22가지 요소가 하나의 시스템으로 결합하고, 그것은 경기장이라는 정해진 지역에서 작동하는 것과 경기 규칙 같은 여러 가지 제약을 받는 것들로 이루어져 있다. 만약 2개의 하위시스템이 동일하다면 비기는 결과가 나올 것이고 하나가 더 강하면 이기게 된다.

비록 이것을 다루는 방법은 확실히 알 수 없지만 내용만큼은 분명하다. 하지만 로바노브스키를 매료시킨 것은 하위시스템의 효율성이 시스템을 구성하는 각각의 요소들을 합한 효율성보다 더 크다는 특성이 있다는 사실이었다. 로바노브스키는 드디어 폴리테크닉 연구소에서 배운 인공두뇌학 기술을 축구에 적용할 적기라고 판단했다. 그는 축구란 개인보다는 연대와 개인의 결속에 관한 문제라고 결론 내렸다. 후에 그는 "모든 생명은 하나의 수다"고 말했다.

하지만 그런 결론에 이르기까지는 시간이 걸렸다. 1968년 마슬로프의 디나모가 3회 연속 타이틀 획득을 위한 만반의 준비를 하고 있을 때 로바노브스키의 소속팀 샤흐타르는 14위에 머물렀다. 로바노브스키는 환멸을 느꼈고 축구를 완전히 관두기로 마음먹었다. 그가 좌절한 것은 초라한 성적보다는 내용이었다. 샤흐타르의 축구는 '안티풋볼 anti-football'이었다. 물론 이것은 수벨디아의 에스투디안테스를 두고 일컫는 '안티풋볼 anti-futbol'과는 관련이 없었다. 자서전 〈끝없는 시합〉에서 로바노브스키는 "우리처럼 축구를 하는 것은 불가능하다. 현대축구에서 운이나 우연에 기댄다는 건 있을 수 없는 일이다. 팀플레이 밑에 자신을 둔다는 믿음이 있는 사람들과 더불어 앙상블을 이루어야만 한다"고 강조했다.

로바노브스키는 다시 돌아가 배관 일을 할까 고심하다가 결국 1969년 당시 4개로 나란히 운영하던 2부리그 소속팀 드니프로 드니프로페트로브스크가 제의한 감독직을 수락했다. 그곳에서 그는 미래의 축구가 될 거라고 확신해 왔던 과학적 방법을 적용했다. 그는 "좋은 감독은 선수 시절을 잊어야 한다. 마슬로프와의 관계는 틀어졌지만 그건 중요하지 않다. 그는 분명 선수들에게 축구방법을 가르쳐 준 위대한 전술가였다"고 말했다. 당시 마슬로프와 의견이 맞지 않았다 해도 그것은 순전히 방법상의 차이일 뿐이었다. 마슬로프는 본능에 따라 움직였고 로바노브스키는 본능의 근원을 찾고 싶었다.

드니프로에서 보낸 세 번째 시즌에 팀 승격을 이루었고 다음 시즌에는 1점차로 디나모의 뒤를 이어 슈프림리그 6위를 차지했다. 하지만 아나톨리 젤렌초프를 만난 1972년이 그에겐 더 중요했다. 로바노브스키는 한동안 선수들의 체력평가에 애를 먹었고 압박전술을 정착시키는 과정에서 선수들이 받는 스트레스에 자신도 지칠 대로 지쳐 있었다. 이때 등장한 생물에너지학 전문가 젤렌초프는 그에겐 해결사 같은 존재였다.

젤렌초프는 "로바노브스키와는 떼려야 뗄 수 없는 사이가 되었다"고 말하면서 로바노브스키가 한 말을 떠올렸다. "한 번은 사람들이 많이 모인 파티에서 그가 '당신이 아니었다면 나는 감독으로 성공하지 못했을 겁니다. 내가 세운 팀 전술과 축구에 대한 지식, 기술, 이해와 자각은 모두 당신의 공로라고 생각합니다'고 말했다." 두 사람은 샤흐타르 전 감독 바질레비치와 자주 만났다. 로바노브스키는 이렇게 회고했다. "우리는 새로 짠 훈련 체계를 세세하게 분석하곤 했다. 우리는 훈련 과정을 전혀 새로운 차원으로 이끌고 있다고 생각했다. 열띤 토론이 벌어지면 바질레비치와 나는 자주 젤렌초프의 이론에 치우친 주장에 의문을 제기했다. 그러다 느닷없이 한 사람이 '이걸 샤흐타르나 드니프로보다 수준 높은 팀에 적용시키면 좋지 않겠는가?'라며 큰소리로 말하기도 했다."

기회는 찾아 왔다. 1970년 마슬로프를 해고한 디나모는 알렉산더 세비도프에게 감독직을 요청했는데, 그는 디나모 민스크에서 오랫동안 감독 견습직으로 일하다 카자흐스탄의 카이라트 알마티를 승격시켜 놓기도 했다. 첫 시즌 만에 키예프에게 타이틀을 안겨 준 그의 스타일은 마슬로프와 달리 압박과 지역방어를 버렸다. 유소년팀에서 주목받기 시작한 올레그 블로힌은 〈활기찬 축구〉에서 다음과 같이 서술했다. "그해 키예프의 플레이는 눈부셨다. 선수들의 일치된 생각과 행동, '**부정맥**(심박의 리듬이 불규칙적인 상태. 여기서는 유연한 플레이와 페널티 박스로 돌진하는 플레이의 조합)', 강렬한 공격력―이 모든 것이 1971년의 디나모식 축구였다. 힘으로 하는 압박과 골문을 향한 공중볼은 사실상 폐지했다. 예리한 조합과 예측하기 힘든 기회를 만드는 데 힘을 쏟았다."

솔직하고 감상적인 마슬로프와는 달리 세비도프는 침착하고 사무적이었으며 졌을 때도 한결같았다. 마슬로프가 오로지 축구에만 매달렸다면 수준 높은 문화를 추구하는 세비도프는 선수들에게 공부를 계속하라고 조언했다. 그는 자신의 축구를 요란하게 전도하던 사람이 아니었으며, 디나모가 성공을 거둔 것은 상대가 디나모는 뭔가 다를 거라 지레짐작한 탓도 있다고 털어 놓았다. "확고하게 1위 자리를 굳히려면 2, 3년의 준비가 필요하다. 상대에게 낯선 새로운 협력플레이를 짜내는 데 시간을 투자하기 때문이다. 하지만 어느 스포츠나 적용되는 법칙이 있다. 수비하다 역습을 노리는 게 공격보다 더 쉽다는 사실이다." 트로피 수여식에서 그가 한 말이다.

다음 두 시즌은 똑같이 2위에 그치며 예전의 성공을 재현하지 못했다. 1972년 말쯤 당 상층부는 그에 대한 신망을 접고 대신 로바노브스키에게 디나모 감독직을 제의했다. 문제는 디나모가 2위를 했다는 사실보다도 1위 팀의 실체였다. 우크라이나 동쪽 루한스크시의 클럽인 조르야는 우승을 할 만한 위협적인 팀이 아니었을 뿐더러 두 번의 우승은 무리라고 생각했지만 그곳 공산당 제1서기 볼로디미르 세브첸코가 지역 탄광업자에게 팀을 위한 재정 지원을 독려했고 그에 힘입어 디나모를 5점차로 따돌리며 우승을 차지했다. 이런 결과는 셰르비츠키를 당혹스럽게 만들어 세브첸코의 축출을 이끌었고 그는 재정 배임 혐의를 받았지만 간신히 처형은 모면했다. 조르야의 성적은 곧바로 떨어졌고 다음 시즌에는 하위권을 맴돌았다.

로바노브스키가 감독직을 거절했음에도 세비도프는 1973년 시즌 3경기를 남겨 두고 해고당했다. 왜 하필 그 시점에 해고당했는지 확실하지 않지만 큰 성공이라곤 거둔 적이 없는 지방연고의 아라라트 예레반에 밀려 2위를 한 것뿐만 아니라 마지막 3경기에서 승점 3점을 잃은 것이 결정적이었다. 세비도프의 공식적인 해임사유는 '팀 내 교육업무의 붕괴 때문'이라고 했을 뿐 더는 언급이 없었다. 아르카디 갈린스키의 주장에 의하면 드니프로에 있던 행정관이 셰르비츠키에게 열렬한 축구팬인 그의 아들 발레리의 약물남용 문제를 해결해 줄 적임자가 로바노브스키라고 설득했기 때문이라고 했다. 이해할 수 없는 것을 접어두고라도, 몇 주만 지나면 순탄하게 감독직을 넘겨 줄 수 있는데, 꼭 그 시점에 해고를 시킨 것을 설명할 길이 없다.

이유야 어떻든 로바노브스키는 1973년 말 키예프로 돌아가 디나모의 키예프 출신 감독으로 부임하는데, 1958년 비아체슬라프 솔로비오프가 빅토르 실로브스키를 대신한 이후 처음이었다. 그 시기에 로바노브스키는 축구팀을 하나의 역동적 시스템으로 보면서 그 시스템의 목적은 최적의 패턴으로 최적의 에너지를 생산하는 것이라 판단했고, 타이틀을 따기 위해서는 경기장에서 일어나는 일만큼이나 밖에서의 체력적 준비, 특히 재활이 중요하다는 결론을 내렸다.

로바노브스키는 4명을 한 조로 이루어 디나모에 왔다. 그가 맡은 일은 경기방식을 유형화하는 것이었고 젤렌초프는 개별적인 선수관리를, 샤흐타르에서 억지로 빼내온 바질레비치는 실질적인 지도를, 미하일로 오셈코프는 '정보지원'이라는 경기통계자료 업무를 책임졌다.

모든 것이 잘 엮어졌고 3단계의 준비과정을 두었다. 선수들 각자에게 개별 기술지도를 통해 경기 중에 부여된 임무를 더 잘 수행하도록 준비했다. 상대에 따라 선수별로 특정한 전술과 임무를 작성하고 전략은 하나의 경기를 전체로 보고 수립하였는데, 이는 어느 팀이라도 시간이 흐르면 최대의 경기 수준을 유지하기란 사실상 불가능하다는 것을 인식하고 각각의 경기를 염두에 두었기 때문이다. 그러다 보니 타이틀을 확보한 경우에는 시즌 후반 경기는 거의 지다시피 했고 원정경기에서는 힘을 아끼면서 비기는 경기를 하기 일쑤였다. 로바노브스키와 젤렌초프의 공저인 〈훈련모델개발의 방법론적 기초〉에는 다음과 같이 적혀 있다. "우리가 생각하는 전술적 진화란 첫째로는, 상대가 우리 스타일에 적응하기 힘든 새로운 플레이를 찾는 것이다. 만일 상대가 우리 스타일을 파악하고 대응하면 다시 새로운 전략을 찾아야 한다. 그것이 축구의 변증법이다. 이런 방법으로 다양한 공격을 해나가야만 상대의 실수를 이끌어 낼 수 있다. 다시 말하면 우리가 원하는 상황으로 상대를 몰아가야 한다. 그렇게 하기 위한 가장 중요한 수단은 플레이를 전개하는 지역을 다양하게 넓히는 것이다."

미헐스의 아약스처럼 로바노브스키의 디나모는 압박으로 상대를 가둬 놓고 상대 진영에서 공을 따낼 수도 있었지만 깊은 수비로 역습을 노릴 줄도 알았다. 하지만 로바노브스키가 평소에 강조했던 것처럼 이 모든 것은 상황에 달려 있었다. 그 중에서도 특히 한 가지를 염두에 두었다. 즉, 공을 소유하면 주 플레이 구역을 최대한 넓히고 공을 뺏기면 가능한 한 좁게 만들어라. 두 사람은 저서에서 "때때로 축구란 공격하는 것이라고 단정하는 사람이 있다"며 말을 이어갔다. "하지만 공을 소유하면 공격하고 상대가 소유하면 수비를 한다는 게 사실에 더 가깝다. 이 원리에서 언제 어디서 어떻게 공격하고 수비할 것인지에 대한 축구전술이 나온다." 공을 소유하는 것이 가장 중요했다. 그들의 방법론은 찰스 휴스와 에질 올센이 역설한 것과는 완전 딴판이었다.

디나모의 훈련장 벽에는 로바노브스키가 선수들에게 요구하는 목록이 붙어 있었다. 14가지의 수비임무 중 가장 중요한 4가지는 공을 따냈을 때 공의 배급과 공격 위치를 잡는 것과 관련이 있었다. 단순히 공을 걷어낸다는 개념은 어디에도 없었는데, 이렇게 하면 공이 상대에게 넘어가 팀 전체가 다시 수비로 전환해야 하기 때문이다. 공격에 관한 13가지 요구는 압박을 통해 전방에서 공을 빼앗는 것을 포함하여 항상 움직이도록 당부하고 상대의 압박이 심한 곳에서 공을 전환하는 방법을 찾는 내용이 주를 이루었다.

누구도 이전에 이런 목록을 수집한 사람은 없을 것이지만 그 내용을 보면 지나칠 정도로 볼 소유를 강조하며 혁명적이라고 할 만한 부분은 없었다. 이보다 더 획기적인 내용은 두 사람이 '연합 활동'이라 불렀던 20가지 항목이었다. 이것은 오프사이드 트랩같은 수비와 오버래핑같은 공격을 응용하는 내용이다. 로바노브스키의 생각은 이랬다. "공격을 하려면 상대에게서 공을 빼앗아야 한다. 보다 쉬울 때가 언제일까, 5명 아니면 11명 모두가 움직일 때? 축구에서 가장 중요한 것은 공을 소유했을 때의 움직임보다 공을 소유하지 않았을 때 선수가 경기장에서 무엇을 하고 있는가이다. 그래서 뛰어난 선수가 있다고 말할 때, 그 말은 1퍼센트의 재능과 99퍼센트의 노력으로 만들어진다고 하는 것이다."

로바노브스키가 세운 목표는 자신이 '만능 universality'이라 이름 붙인 것이었다. 그는 공격수에게는 수비를 요구했고 수비수에게는 공격을 요구했지만, 이를 모순된 지시라고 볼 수 없는 이유는 공격과 수비는 포지션의 문제라기보다는 볼 소유와 연관이 있었다. 로바노브스키 밑에서 선수생활을 했던 전 러시아 공격수 세르게이 유란은 이렇게 말했다. "어떤 감독도 나에게 우리 진영 페널티박스까지 상대를 쫓아가라고 요구한 적은 없었다. 예를 들어, 스파르타크 모스크바와 국가대표에서 감독을 맡았던 올레크 로만체프는 상대 진영에서만 적극적으로 플레이하고 내가 맡은 구역에서는 무엇이든 하라고 했지만, 다른 곳에서는 방해를 하지 말도록 당부했다."

실전에 사용할 약속된 플레이를 연습했지만 그 내용은 기계적이지 않고 상황에 따라 우위를 점하는 수를 두는 체스선수와 같았다고 젤렌초프는 평가했다. 이것은 그들 축구의 핵심으로서 축구의 얼개를 제대로 이해한 선수들끼리 훈련의 틀을 개발함으로써 그들의 축구를 진일보시켰다. 이 원리가 작동된 대표적인 사례는 1986년 위너스컵 대회 결승전에서 아틀레티코 마드리드를 3-0으로 물리쳤을 때 나온 디나모의 두 번째 골이다. 바실 라츠가 왼쪽 측면에서 전진하며 두 명을 끌고 다니다 안쪽의 벨라노프에게 패스했다. 벨라노프가 두 번의 터치를 하자 상대 센터백이 그를 막기 위해 가로질러 왔고 벨라노프는 쳐다보지도 않고 오른쪽 예프투셴코에게 공을 보냈다. 그가 한 발 짝 앞으로 전진하자 이번에는 안쪽에 위치한 상대 왼쪽 백이 그를 막을 수밖에 없었고 또다시 본능적으로 오버래핑을 하던 올레그 블로힌에게 공을 가볍게 톡 밀어주자 블로힌은 달려가 패스를 받아 골키퍼를 넘기는 슛으로 마무리했다. 너무 순식간에 본능적으로 일어난 일이라 막을 수가 없었고 축구라기보다는 럭비팀이 공을 가지고 수비라인을 따라 가다 1명이 추가로 공격에 가담하여 상대 수비보다 1명이 더 많아지는 럭비의 '오버랩'과 같았다.

로바노브스키가 개성을 억누른다는 의견을 내놓는 비평가도 있지만, 실제로 로바노브스키는 선수들에게 팀과 개인은 다르므로 개인기술은 시스템 속에서만 쓸모가 있다는 인식을 심어주었다. 로바노브스키는 "최고의 선수에 맞춰 전술을 선택하는 것이 아니다. 전술은 우리 플레이에 맞아야 하며 모두가 먼저 감독의 요구를 이해해야만 하고 그 다음에 자신의 개인기술을 발휘해야 한다"고 설명했다.

〈방법론적 기초〉에서 두 저자는 구체적으로 경기를 준비하는 예시로 1977년 바이에른 뮌헨과 치른 유러피언컵 준결승전을 들었다. "플레이는 공격을 토대로 만들어졌으며 동시에 상대선수를 확실하게 무력화시켜 플레이 공간을 빼앗고 바이에른의 주특기인 넓게 전개하는 공격을 막는 것이었다. 목표는 무승부였지만 0-1로 패하고 말았다. 키예프에서 벌어진 경기에서는 상대 진영에서 공을 다투고 상대를 압박하는 내용으로 플레이모델을 선택하여 다양한 구역에서 수적 우위를 차지하려고 했다. 결국 2-0으로 승리했다."

로바노브스키의 위대한 팀

3-0 v 페렌츠바로시, 위너스컵 결승, 서독 바젤 상크트 야콥 스타디움, 1975년 5월 14일

3-0 v 아틀레티고 마드리드, 위너스컵 결승, 프랑스 리옹 스타드 제를랑, 1986년 5월 2일

3-3 v 바이에른 뮌헨, 챔피언스리그 준결승 1차전, 키예프 올림피스키, 1999년 4월 7일

또 한 가지 향상된 점은 찰스 리프의 속기보다 훨씬 더 정교하게 경기내용을 기록하고 분석하는 방법을 고안한 것이었다. 각각의 경기 요소를 나누고 로바노브스키가 적용한 스타일에 근거해서 목표를 설정했다(표 참조). 시합 다음 날은 경기에 대한 통계분석표가 훈련장 게시판에 붙었는데, 이 혁신적인 일로 로바노브스키는 막강한 힘을 갖게 되었다. "내가 선수 시절에는 선수를 평가하기란 어려운 일이었다. 감독이 어떤 선수가 어느 순간에 알맞은 곳에 있지 않았다고 지적하면 선수는 안 그랬다고 반박하면 그뿐이었다. 그땐 비디오같은 분석 방법이 없었지만 이제는 반박할 수가 없다. 시합 다음 날 아침이면

동작	경기당 목표 동작		
	밀착 압박 (상대진영에서 압박)	역습 (자기진영에서 압박)	두 유형의 조합
짧은 패스:			
전방	130	80	30-130
측면	100	60	40-100
후방	70	40	20-70
중거리 패스:			
전방	60	80	40-90
측면	50	25	30-80
후방	25	15	10-30
롱 패스:			
전방	30	50	15-40
측면	20	30	10-30
후방	0	0	0
헤딩 패스	20-40	20-40	15-70
드리블	140	80	70-150
돌파	70	50	20-70
가로채기	80	110	70-140
태클	50	70	30-80
슛	10-20	15-35	10-35
헤딩 슛	10-15	5-10	5-15
플레이 재개	10-30	10-30	10-40
실패율	20-35	15-30	25

자신의 모든 플레이를 보여 주는 수치가 드러난 한 장의 표가 붙는다는 사실을 알고 있다. 만일 미드필더 한 명이 경기 중 60번의 기술과 전술을 완수했다면 100개 이상을 목표로 정했기 때문에 자기 역할을 다 못한 것이다."

이런 접근은 어쩔 수 없이 갈등을 불러 왔고, 비록 대부분의 선수가 로바노브스키를 존경했지만—특히 안드리 세브첸코는 로바노브스키가 자신을 축구선수로 만들었다고 말했다—그는 선수들에게 조금의 온정도 주지 않았다. 벨라노프는 "로바노브스키와 적대적인 관계는 아니었지만 친하지도 않았다. 그저 선수와 감독의 관계였다. 하지만 나를 위해 많은 배려를 했다. 디나모로 초대하여 자신의 방식으로 플레이를 해보라고 권했다. 다툼도 있었지만 우리가 함께 잘 해내고 있다는 것을 서로 알았다"라고 회고했다. 어떤 악감정도 없다는 것을 입증이라도 하듯 자기 아들의 이름을 로바노브스키의 이름인 발레리로 지었다.

70년대 후반과 80년대 초반 디나모에서 뛰었던 올렉산드르 합살리스는 로바노브스키는 누가 자신을 비난할라치면 큰소리로 막아 버리곤 했던 일을 기억했다. "로바노브스키와 농담을 안 하는 게 나았다. 어떤 지시를 내렸을 때 '하지만 내 생각은…' 하고 말하려고 하면 똑바로 쳐다보며 소리를 질렀다: '생각하지 마! 생각은 내가 하는 거야. 뛰기나 해!'" 파죽지세의 디나모는 여덟 번의 소비에트 타이틀, 여섯 번의 소비에트컵, 다섯 번의 우크라이나 타이틀, 세 번의 우크라이나컵, 두 번의 유러피언 위너스컵을 차지하며 우크라이나축구의 존재를 부각시켰다. 하지만 소련국가대표와 함께 한 몇 번의 기회에서는 별 소득을 거두지 못했다. 1975년 터키 및 아일랜드와 두 차례 대결을 앞두고 '스타를 모아놓은 팀'보다는 '스타 팀'을 요구하면서 디나모 선수로만 구성된 대표팀을 꾸렸고 1976년 몬트리올올림픽에도 디나모 선수가 주축을 이루었다.

디나모는 연이어 리그 타이틀을 차지하며 유럽 최고의 팀 반열에 올랐지만 로바노브시키는 이에 만족하지 않고 훈련 스케줄을 더한층 늘려갔다. 선수들은 입을 짝 벌리며 힘이 다 빠져 100퍼센트의 능력을 발휘할 수 없다고 불평을 늘어놓았다. 결국 소련팀이 동독과의 준결승전에서 무거운 몸놀림 탓에 패하면서 곪은 자리가 터지고 말았다. 선수들은 로바노브스키를 비난하며 파업에 돌입했다. 사건은 무마되었지만 결국 로바노브스키가 대표팀에서 물러난다고 합의했다. 젤렌초프는 "세미아마추어에게 과학적 방법을 들이댄 것이 문제였고 거기서 갈등이 일어났다"며 당시 상황을 설명했다.

이 분쟁을 통해 로바노브스키는 훈련을 많이 한다고 해서 꼭 선수의 체력이 좋아지지는 않는다는 것을 깨달았다. 한편 젤렌초프는 서로 짝을 이루면서도 대립하는 스피드와 스태미나의 필요성을 균형 있게 맞춘 획기적인 훈련프로그램을 개발했다. 젤렌초프는 1982년 월드컵 우승 당시 이탈리아가 이 훈련모델을 차용했다고 주장했다. 젤렌초프는 빈번하게 경기분석에 컴퓨터를 이용했고 그것을 통해 축구에 일대 혁명을 일으켰다.

"연구실에 앉아 우리는 선수들의 기능별 준비정도와 잠재력을 최대치로 실현하는 방법을 평가한다. 선수들이 과학적으로 검정된 권유를 따르도록 하여 순리적으로 선수들에게 영향을 준다. 모형을 만들고 그것을 발판삼아 벽돌을 쌓고 팀의 골격을 창조한다. 분명, 모든 선수가 디나모의 시스템에 맞는 것은 아니지만 감독은 잔소리하지 않고 다만 숫자로 표현할 뿐이다. 훈련 프로그램을 짜는 방법과 평가하는 법 그리고 경기장에서 서로의 플레이를 이해하는 법을 권장하는데, 이 모든 것은 어떠한 감정도 배제한 과학적 견해에서 나온다"고 젤렌초프는 설명을 덧붙였다.

로바노브스키의 개념은 소비에트축구 스타일의 기본이 되었고, 이것은 성공적인 업적과 사람을 휘어잡는 로바노브스키의 성격 그리고 잘 맞아떨어진 이데올로기의 결과로 볼 수 있다. 당시 선수들이 그런 정형화에 저항했지만 그의 철학은 팀 속에 뿌리를 내리고 있었다. 입심 좋은 구스타브 세베시가 이름 붙인 '사회주의 축구'라는 것은 존재하지 않겠지만, 로바노브스키가 지도하는 팀의 스타일에는 미하일 야쿠신이 1945년 디나모 모스크바의 영국순회경기 때 말했던 '집단 플레이'가 녹아 있었다. 하지만 국내의 반발도 있었으며 80년대 초 몇 년 동안 소련축구는 방법론에 대해 확연히 다른 두 가지 철학으로 갈라졌다.

로바노브스키의 과묵하고 분석적이며 때때로 폭발하는 감정이 선수들을 자신의 시스템에 따르게 하려는 욕구에서 나온 것이라면, 에두아르드 말로페예프는 정말이지 말이 많고 패기만만했다. 디나모 민스크에서 말로페예프와 같이 뛰었고 나중에는 그의 수석코치로 일했던 게나디 아브라모비치는 "벨라루스에서 그의 에너지와 낙천성을 따라 갈 사람은 없다"고 말했다. 90년대 후반 말로페예프는 아브라모비치가 '여성 프로그램'이라 비아냥거렸던 텔레비전 방송에 출연하여 아침에 무엇을 했느냐는 질문에, 먼저 살아있다는 것에 대해 신에게 감사를 올리고 침대에서 내려와 껑충껑충 뛰면서 이 사실을 자축했다고 말했다. 그의 축구개념은 이렇게 기쁨을 추구하는 것이었다.

말로페예프는 디나모 민스크에서 12시즌 동안 존경받는 공격수였고 소련 대표로 40차례 A매치에 출전하여 1966년 월드컵에 뛰었으며 1971년 소비에트리그 득점왕에 오르기도 했다. 연골부상으로 선수생활을 마감하고 유소년팀에서 잠깐 일한 후 1975년 감독교육을 수료하고 나서 1978년 디나모 민스크의 총감독으로 임명되었다. 첫 시즌 만에 팀은 승격했고 두 번째 시즌에는 6위를 차지했다. 더 주목할 점은 이런 성과는 자신이 '진정한 축구'라고 이름 붙였던 플레이를 통해 이룩했다는 사실이다. 아브라모비치는 "그것은 정직한 축구였다. 부상을 입히지 않고, 들이박지 않고, 밀치지도 않고, 그저 공만

차는 축구였다. 경기장 밖에서 심판에게 돈을 주는 일도 없었고 공격을 추구하는 순수한 축구였다. 머리로 하는 축구가 아니라 가슴으로 하는 축구였다"고 풀이했다.

말로페예프가 지닌 또 한 가지 강점은 선수들을 다룰 줄 알고 그들의 능력을 끄집어내는 것이다. 로바노브스키는 선수를 어디에 배치할 도구로 여겼다고 주장하면 지나친 표현이겠지만 그렇다고 아주 틀린 말은 아니다. 반면, 말로페예프는 선수의 개성과 자기표현에 관심을 기울였다. 80년대 초 디나모 민스크 골키퍼였던 미하일 베르게옌코는 "말로페예프의 강점은 사람의 마음을 읽는 그만의 능력이었다"고 설명했다. "우린 시합 3시간 전에 팀 미팅을 가졌다. 모두를 모아놓고 마음상태를 읽어 나갔다. 한 명씩 눈을 마주쳤다. 늘 쳐다보며 뭔가를 탐색해 내려는 모습이 마치 의사와 같았다. 선수를 분석하면 단번에 장단점을 파악했다. 그는 우리의 심장과 영혼으로 다가오는 사람이었다. 진정으로 사람에게 말을 걸 줄 알았다." 베르게옌코는 2006년 말로페예프가 하츠에서 경험한 실패에 대해서 언급하며—4경기에서 2점을 땄으니 통계상으로 최악의 감독이었다—좋은 통역사가 없었기 때문이라고 했다.

얼마 지나지 않아 사람들은 말로페예프와 로바노브스키를 비교하기 시작했다. 베르게옌코는 "민스크와 키예프의 경쟁은 두 가지 정신의 경쟁이다"고 말했다. "로바노브스키는 수학에 기대는 감독이고 말로페예프는 낭만적인 사람이었다. 그가 선수에게 요구하는 것은 경기장에서 자신을 표현하라는 것이다. 자신의 모든 것을 보여 주면 팬들이 사랑할 거라고 말했다."

축구팬이 가장 좋아한 선수는 단연 알렉산더 프로코펜코였다. 그의 생활방식이라면 로바노브스키가 지휘하는 어느 팀 근처에도 갈 수 없었을 것이다. 아까운 소질을 지닌 미드필더였던 프로코펜코는 자신의 주량만큼이나 주체할 수 없는 천재적 재능을 지니고 있었다. 심하게 부끄럼을 타고 언어장애에 시달려 인터뷰를 거절한 적도 있었다. 디나모 팬들이 이런 것에 아랑곳하지 않은 이유는 그와 술을 같이 마시며 그의 생각을 잘 알고 있었기 때문이었다. 무엇보다도 그는 그들과 같은 민스크 출신의 노동자로서 타고난 축구선수이자 성실한 선수이기도 했다. 언론인 바실리 사리체프는 벨라루스의 최고 스포츠인을 기리는 그의 저서 〈운명의 순간〉에서 "로마의 호민관 같은 지도자가 된 그는 자신이 90분 동안 싸워야 한다는 걸 알았다. 지쳤다고 해서 또는 귀찮다고 해서 경기장에서 움직이지 않는다면 그에게는 죽는 것과 같았다"고 서술했다.

1980년 올림픽 3위를 차지한 소련 축구대표팀 일원이었던 프로코펜코는 그 후 술독에 빠져 시즌을 마무리하지 못하기도 했지만 1982 시즌 디나모 키예프전에서 시즌을 대표하는 힐킥을 성공시키며 화려하게 부활했다. 80년대 중반 디나모가 사양길로 접어들 시점에 알코올 중독이 심해져 정부보조 재활클리닉센터에서 지냈다. 지역 공산당의 지시를 받는 디나모는 다시 그를 받아들이려 하질 않았다. 하지만 그가 제2의 아버지라 부르던 아브라모비치가 2부리그 소속 드네프르 모길레프를 설득시켜 그를 받아 주도록 했다. 그곳에서 한 시즌을 보낸 후 아제르바이잔 클럽인 네프치 바쿠로 옮겨 디나모 민스크를 상대했고 스파르타크전에서는 골을 성공시켰다.

하지만 그것도 잠시, 다시 폭음을 시작했다. 1989년 재입원했으나 두 달 만에 숨졌다. 그의 나이 겨우 35세였다. 사리체프는 "그의 뒤로 풀 냄새와 살 냄새가 풍겼다. 골의 환희와 빈 깡통소리도 그를 따라갔다. 축구를 향한 욕망이 가시자 오래 전 품었던 꿈도 그와 함께 묻혔다"고 적었다.

마법의 플레이로 악령의 얼굴을 가렸고 총명하지만 누구도 예측하기 힘들었던 프로코펜코야말로 말로페예프식 축구의 전형적인 선수였다. 기다렸다는 듯이 로바노브스키는 말로페예프의 이상주의를 헐

뜯었다. 그의 지적대로 디나모 민스크 팬들이 아무리 프로코펜코의 힐킥을 격찬하더라도 결과는 무승부였고 오히려 원정팀인 디나모 키예프는 귀중한 승점을 얻었다. 아브라모비치는 이렇게 회상했다. "그는 누가 그 얘기를 꺼내면, 손으로 자신의 머리를 치며 '내가 참 많은 것을 봐 왔지만 '진정한' 축구는 한 번도 본 적이 없다'라고 말했다."

그럼에도 불구하고 적어도 한 번은 '진정한' 축구를 실현한 영광스런 시즌도 있었다. 미드필더였던 세르게이 알레이니코프는 자서전에 이렇게 적었다. "1982년의 디나모는 젊음과 경험이 조화를 이루었다. 선임이든 새내기든 마지막 경기라 생각하며 매 경기를 뛰었다. 그러나 말로페예프가 팀의 수장이며 그것도 유일무이한 수장이라는 점이 중요했다. 그가 이룩한 승리며 그의 철학이 거둔 승리였고 그가 생각하던 축구가 승리한 것이었다."

그해, 말로페예프가 시도하는 전술마다 결실을 맺었다. 베르게옌코는 특히 그해 시즌 6위를 차지한 파흐타코르 타슈켄트와의 원정경기를 떠올렸다. "그늘에서도 영상 40도의 날씨였다. 경기는 오후 6시였지만 정오가 되자 말로페예프는 '자, 훈련하러 가자'라고 말했고 우리는 기겁했다. 호텔 안에서도 밤에는 35도가 넘고 에어컨도 없었다. 어떻게 하면 더위를 피할까 생각 중인데 정오에 훈련하러 간다는 말을 들었으니, 상상해 보라. 그는 '30분 정도 지나면 땀이 나긴 하겠지만 괜찮을 거야'라고 말했다. 우리는 30분간 훈련을 했다. 운동장 한쪽에 더위를 피해 물을 마시던 일꾼들이 놀라 자빠졌다. 하지만 그날 저녁 우린 더위를 잘 이겨내고 강팀을 상대로 3-0 승리를 거두었다."

말로페예프가 실시한 팀 미팅도 특이했다. 디나모가 리그 타이틀을 움켜쥐기 위해서는 원정경기인 스파르타크 모스크바전에 승리가 필요했다. 29년 전 스파르타크가 시즌 막판에 경기조작으로 디나모 민스크를 2위 자리로 밀어냈다는 이야기는 벨라루스에 파다하게 퍼져

디나모 민스크, 1982년

있던 터라 이번에도 디나모 키예프에게 타이틀을 넘겨주기 위해 비슷한 짓을 할지도 모른다는 불안감이 돌았다. 말로페예프는 우선 이런 냉소적인 태도를 물리쳐야만 했고 선수들에게 패배를 미리 받아들이지 말라고 하면서 한물간 그럴듯한 얘기를 지어 냈다. 베르게옌코는 말로페예프가 조용한 탈의실에서 선수들에게 했던 말을 기억했다. "들판을 가로지르는 원숭이 떼가 있다고 치자. 반대편에는 사자가 무리지어 있다. 무수한 일이 일어날 것이다. 사자가 원숭이를 갈가리 찢어 버리거나 원숭이 한 놈이 뛰쳐나와 사자를 현혹시키기 위해 자신을 희생시켜 나머지를 구할 수도 있을 것이다. 지금 우리가 원숭이의 입장이니 승리를 위해 희생해야 한다."

"그 말을 듣고 나는 내가 골키퍼니까 부상을 당할 수도 있을 거라는 생각이 들었지만 팀이 이기는 게 더 중요했다." 실제로 그들은 말로페예프 스코어라 할 수 있는 4-3 승리를 거두었다. "우리가 모스크바에서 민스크로 돌아 왔을 때 놀라운 일이 벌어졌다. 사람들이 꽃을 들고 우리에게 키스 세례를 퍼부으며 좋아했다. 동원된 사람이 아니라 진심어린 환영이었다."

곧이어 말로페예프는 모스크바로 가서 소련 올림픽대표팀을 맡게 되었는데, 때마침 로바노브스키의 국가대표팀 두 번째 임기가 완료된 상태라 감독으로 부임할 적기였다. 로바노브스키로서는 모스크바에서 열린 유로84 지역예선에서 포르투갈을 5-0으로 격파한 뒤 모든 게 그에게 유리하게 진행되는 듯 보였다. 하지만 리스본에서 열린 원정경기에서 평상시 원정경기 전술처럼 로바노브스키는 비기는 작전을 들고 나왔지만 페널티박스 바깥에서 일어난 반칙이 페널티 반칙으로 선언되어 골을 내주면서 수포로 돌아갔다. 포르투갈의 1-0 승리로 소련은 탈락했고 실리 축구가 비난을 받자 그는 사임했다.

로바노브스키의 명성은 땅에 떨어질 대로 떨어졌고 세르비츠키가 직접 나서 그를 디나모에 다시 복귀시켰지만 1984시즌 성적이 10위에 그치며 또다시 실패를 맛보았다. 그러나 로바노브스키는 한 치도 물러서지 않았다. "길은 항상 그대로 길이다. 낮에도 길이 있고 밤에도 길이 있고 새벽에도 길은 있다." 다음 시즌 디나모는 2관왕을 달성하고 위너스컵까지 차지했다.

한편, 말로페예프는 흔들리고 있었다. 소련은 멕시코월드컵 지역예선 5경기 중 단 1승만 거두었지만 마지막 3경기를 승리로 장식하며 최종진출 명단에 들었다. 알레이니코프는 그의 자서전에 당시 상황을 설명했다. "멕시코 월드컵을 앞두고 말로페예프는 극도로 긴장했고 팀은 플레이패턴을 잃었다. 언론은 선수와 코치진을 비난하기 시작했고 루즈니키 경기장에서 열린 핀란드와의 친선경기가 0-0 무승부로 싱겁게 끝나자 더는 참을 수 없는 분위기였다. 말로페예프가 교체될 거라는 소문이 돌았고 때마침 로바노브스키는 위너스컵 우승을 차지했다. 그래도 월드컵 시작 전까지는 아무 일이 없을 것이라 생각했다."

그러나 현실은 다르게 돌아갔고 말로페예프는 노보고르스크 훈련장에서 호출당하고 나서는 돌아오지 않았다. 알레이니코프는 계속 말을 이었다. "팀 내에 이상한 기운이 감돌았다. 키예프 소속 선수들이 그 결정을 반긴 것은 대부분 말로페예프의 생각을 지지하지 않았기 때문에 당연했지만 다른 한편, 로바노브스키 밑에서는 자신들이 뛸자리가 없다고 생각한 선수들은 훈련은 하고 있지만 월드컵에 못 나가게 될 것이라는 사실을 알고 있었다."

"로바노브스키는 더욱 강도 높은 훈련을 시켰다. 힘들었다는 말로는 내용을 다 설명할 수 없을 것이다. 저녁만 되면 빨리 잠자리에들 생각부터 했다. 로바노브스키에게 축구는 재미가 아니라 결과였다. 그는 합리적인 축구를 원했다. 1-0이 5-4보다 더 낫다고 생각했다."

모든 의구심을 뒤로하고 소련이 우승후보에 오른 헝가리를 6-0으로 침몰시키자 모두들 로바노브스키를 옹호하고 나섰다. 하지만 2회전에 나선 소련은 서투른 심판판정과 수비수 안드리 발의 참담한 플레이에 풀이 죽어 결국 월드컵사의 위대한 경기 중 하나였던 벨기에전에 3-4로 패하고 말았다. 로바노브스키는 "감독이라고 해서 선수 개인의 실수를 다 해명할 수는 없고 심판의 실수를 일일이 말할 수는 없는 법이다"고 말했는데, 아무리 과학적인 시스템을 갖추고 있더라도 통제를 벗어나는 요소들이 있다는 것을 인정하는 발언이었다.

2년 뒤 서독에서 열린 유럽 선수권대회에서 소련은 로바노브스키 밑에서 누렸던 옛 영광에 근접했다. 같은 조의 네덜란드와 잉글랜드를 물리치고 준결승에서 이탈리아를 압도했다. 소련의 2-0 승리에 감격한 이탈리아 감독 엔초 베아르초트는 종료휘슬이 울리자 로바노브스키를 찾았다. 그는 로바노브스키에게 다음과 같이 말했다고 한다. "다시 한 번 당신들이 대단한 팀이라는 걸 알았소. 당신의 축구는 100킬로 대의 빠른 속도로 펼치는 현대축구였소. 오늘 같은 압박은 엄청난 능력을 가졌다는 표시고 선수들의 체격에서 희생으로 무장한 프로정신을 보았소."

한 가지 흠이라면 완벽한 경기가 될 뻔 했던 시합에서 스위퍼인 올레그 쿠즈네초프가 경고누적으로 네덜란드와의 결승전에 나설 수 없게 된 것이었다. 젤렌초프는 이렇게 비유했다. "벌이 나는 것을 본 적이 있는가? 벌떼가 공중을 날면 그곳에는 리더가 있다. 리더가 오른쪽으로 돌면 모두 오른쪽으로 방향을 돌린다. 왼쪽이면 왼쪽으로 돌린다. 축구도 마찬가지다. 이쪽으로 움직이자며 결정을 내리는 리더가 있으면 나머지는 리더를 따라 동작을 수정한다. 어느 팀이나 협력을 연결하는 선수가 있고 상대의 협력을 파괴하는 선수가 있다. 전자는 뭔가를 창조하기 위해 나서고 후자는 상대의 팀플레이를 무너뜨리기 위해 경기에 나선다." 리더가 빠진 소련은 페널티킥 기회를 놓쳤고 네덜란드의 마르코 반 바스턴에게 황당한 발리슛을 허용하면서 0-2로 지고 말았다.

1990년 월드컵이 끝나자 로바노브스키는 소련을 떠나 중동으로 향했으나 1996년 다시 디나모로 돌아 왔다. 이것은 새로운 투자자들이 그에게 부를 보장한 이유도 있지만 셰브첸코, 올레크 루즈니, 세르히 레브로프, 바체슬라프 바슈크 같은 세대의 잠재력을 눈여겨보았기 때문이었다. 그는 디나모가 1999년 챔피언스리그 준결승에 오르도록 힘을 실어주고 디나모를 자신이 세 번째로 이룩한 위대한 팀의 반열에 올려놓았다. 하지만 2002년 뇌졸중으로 사망할 즈음에는 좋은 선수들을 팔 수 밖에 없는 상황에서 결국 외국인 선수에 기댈 수밖에 없게 되자 애를 먹었을 거라는 추측이 나돌았다. 디나모 부사장 세르히 폴호브스키는 아무래도 로바노브스키가 그의 마지막 몇 달 동안 공산주의 교육을 받지 않은 선수들을 다루는 문제로 고생을 한 것 같다고 말했다. "그에게 말 못할 고통이 있었다. 전에는 말 한마디, 눈빛 하나로도 권위가 섰고 그의 요구를 전할 수 있었다. 그건 공산주의체제에서 보편적인 것이었다. 하지만 지금의 선수들은 자유를 누리고 개성을 뽐낸다."

그래도 그가 남긴 것은 굳건하다. 챔피언스리그에서 유벤투스를 이끌었고 월드컵에서 이탈리아 대표팀을 맡았던 마르첼로 리피의 말대로 "이제 모두가 압박플레이를 한다."

14장

▽△▽△▽△▽△

월드컵 제패와 달 정복 - 브라질과 아르헨티나, 서독

△▽ 1970년 멕시코월드컵은 신화로 남을 사건이자 실제로도 축구사에 최절정의 시기로 우뚝 서있다. 공격축구의 축제장으로 사람들에게 각인되었고 우승팀 브라질은 펠레, 토스탕, 제르송, 히벨리누 등을 지닌 무적함대로, 지금처럼 미래에도 세계 최고의 팀으로 불릴 것이다. 하지만 이제는 그런 축구는 불가능하고 그들의 업적은 시스템이 축구에 정착하기 전의 일이었다.

브라질은 1970년 월드컵을 대비하면서 미국우주항공국 NASA 훈련 프로그램을 소화했는데, 여기에는 누구나 간파할 수 있는 중요한 암시가 담겨 있었다. 〈조르날 두 브라질〉은 보통 엄숙한 논조를 펼치는 신문이었지만 1970년 6월 22일, 모두를 깜짝 놀라게 할 대담한 관측을 했다. "브라질이 축구공으로 이룬 업적은 미국이 달을 정복한 것과 맞닿아 있다."

얼핏 들으면 얼토당토 않는 비유지만 일단의 진실이 들어 있다. 우선, 미국이 우주경쟁에서 소련을 눌렀고 브라질이 월드컵 결승에서 이탈리아를 물리쳤지만 그 상대를 구체적으로 언급하지 않고 "축구공으로 이룬 성공... 달의 정복"이라고 보편화시켰다. 즉, 채 1년도 안되는 사이에 일어난 두 업적은 유형의 경쟁자가 아니라 인간 이외의

외적 요소를 물리치고 거둔 승리였고 그런 위업을 지닌 축구는 마치 모든 인류를 위한 승리로서 엄청난 노력의 산물로 여겼다.

1970년 월드컵에서 가장 기억에 남는 순간들이 별 대수로운 장면이 아니라는 점은 중요하다. 펠레가 체코슬로바키아전에서 중앙선에서 쏘아 올린 로빙볼은 골대로 들어가지 않았고, 준결승에서는 우루과이 골키퍼 라디슬라오 마주르키에비치를 쓸데없이 농락하다 텅 빈 골대 앞에서 득점기회를 놓치고 말았다. 결승전에서 나온 유명한 카를루스 아우베르투 토레스의 골도 사실상 우승을 확정지은 상태에서 4분을 남기고 나왔다. 그것은 말 그대로 '아트 풋볼'이었다. 설령 브라질이 우승을 못하게 되어 사람들이 브라질을 아기자기한 팀이 아니라 쓸데없이 화려하기만 한 팀으로 기억할지라도, 브라질은 확정적인 우승을 자축하기보다는 자신이 속한 경기의 주변상황을 초월하는 플레이를 전개했다.

달 착륙이 20세기 최고의 과학기술 업적이며 브라질의 1970년 월드컵 우승이 스포츠 역사에 최고의 업적인가 하는 점은 이론의 여지가 있지만, 분명한 것은 과학과 스포츠계의 어떤 사건도 이렇게 직접적인 영향을 끼쳤거나 세계적으로 중요한 상징이 된 적이 없다는 것이다. 텔레비전이 그 이유다. 닐 암스트롱의 달 착륙과 카를루스 아우베르투의 벼락숫은 하룻밤 사이에 전 세계 시청자들에게 시대의 상징이 되어 이후 갖갖이 형태로 반복 재생되었다. 이것은 방송의 시대에 일어난 최초의 위대한 세계적 사건이었다. 마치 이들의 상징적 관련성을 확정짓기라도 하듯 두 번째 달 착륙과 펠레의 통산 1,000골 달성은 같은 날 일어났다.

브라질 선수들이 짙은 청색 반바지와 샛노란 상의를 입은 것도 컬러텔레비전 시대에 부합했다. 그 옷은 멕시코의 영롱한 태양 아래 찬란한 미래로 비쳤다. 브라질은 월드컵 기간 단 한 벌의 유니폼만 준비했지만 문제될 것이 없었다. 허점이야말로 브라질의 매력이었고 그들에게는 아르헨티나월드컵 때와는 달리 누구나 좋아할 순진함이 묻어났다. 스코틀랜드 스포츠 작가 휴 맥일바니는 결승전 기사에 다음과 같이 적었다. "그 마지막 몇 분 안에는 증류된 브라질축구의 아름다움과 활기 그리고 무엇도 섞이지 않은 기쁨이 담겨 있었다. 우리가 열광하고 존중하는 팀들도 있지만, 최고 수준의 브라질은 생생한 체험을 하듯 너무나 자연스럽고 오래 머무는 기쁨을 주었고, 축구를 팀 스포츠 중에서 가장 고상하고 짜릿하며 가슴 뭉클한 경기로 만드는 알맹이를 우리 앞에 펼쳐 보였다. 브라질은 자신들만의 능력을 자랑스러워 하지만 사실은 자신들의 축구에 대해서도 분명 말하고 싶었다. 그것을 사랑하지 않고서야 어떻게 경기에서 최고가 될 수 있겠는가? 아스테카 경기장의 관중석에 앉아 얼굴을 붉으락푸르락하던 우리는 헌정식을 보고 있다는 느낌이 들었다."

달 착륙은 과학과 기술, 재정 그리고 정서적인 부분까지 모든 것을 총동원한 프로젝트의 화룡점점이었다. 1962년 케네디가 우주개발경쟁의 시작을 알리면서 달 정복은 미국의 지상과제가 되었다. 같은 해, 브라질은 두 번째로 월드컵 우승을 차지했고 그들이 가진 자원을 세 번째 우승에 쏟아 붓기 시작했다. 1970년 군사정부가 축구에 관여하면서 선수들은 이전에는 상상하기 힘들었던 세밀한 프로그램을 준비했다. 제르송은 유럽이 발전을 이룬 분야가 체력이라 언급하면서 다음과 말했다. "브라질은 체격 조건을 향상시킬 필요가 있었다. 1966년에는 체력이 좋아지긴 했지만 유럽에 미치지 못했다." 모든 브라질 선수는 개별맞춤 수제 축구화를 가지고 멕시코에 갔다. 출발 보름 전부터 엄선된 식사와 수면 프로그램으로 멕시코 시간에 맞춰 생활했다. 심지어 유니폼도 땀이 나도 무거워지지 않도록 다시 제작했다. 브라질의 승리는 상상력과 즉흥성의 승리였지만 과학적 준비와 경제적 상황도 승리를 뒷받침했다.

오랜 경제 호황은 한국전쟁이 끝날 무렵부터 70년대 중반까지 지속되면서 미국의 우주 프로그램에도 풍부한 자금이 투입되었고 브라질은 엄청난 원자재 시장이 형성되어 50년대 내내 고용과 임금상승을 불러일으켰다. 노동자의 소비가 촉발되었고 도시 중산층이 등장하였지만 도농격차가 커지다 보니 이주민이 도시로 몰려오고 도시 빈민가인 '파벨라스 favelas'가 급속도로 생겨났다. 한마디로 말해 축구가 성장하기에 더 할 나위없는 조건이었다. 데이비드 골드블라트는 〈공은 둥글다〉에서 "너무 가난하면 축구 인프라를 지탱할 수 없다. 너무 부유하면 '말랑드로 malandros'나 '피베스 pibes' 같은 청소년 조직이 양산될 수 없다"고 말했다.

1966년 잉글랜드월드컵에서는 오래 묵은 문제가 불거졌는데, 월드컵의 대의조차도 펠레가 걷어 차여 경기장을 나갈 만큼 느슨한 판정을 하는 심판 앞에서는 속수무책이었다. 크게 낙심한 펠레는 스스로 국제대회에 참가하지 않기로 했지만 2년 후 대표팀에 승선했다. 펠레는 자서전에서 "오랫동안 지나쳐 왔던 부실한 판정뿐만 아니라 폭력이 난무하고 스포츠정신이 사라져 기운이 다 빠져 버렸다"고 말했다. 하지만 브라질축구도 점점 더 폭력적으로 변해 군사정권을 겨냥한 게릴라의 빈번한 공격과 무자비한 보복이 난무하는 사회풍토를 닮아갔다.

1969년 10월 메디시 장군이 정권을 장악하자 축구의 든든한 버팀목이 되었다. 플라멩고 골수팬이기도 한 메디시는 자신을 반대하는 목소리를 억눌렀고 축구를 통해 대중적 합법성을 얻을 수 있다는 걸 일찍 깨달았다. 이것은 크게 보면 1970년 월드컵을 대비한 대대적인 투자를 보장하여 축구계에 좋은 소식이지만 대표팀 감독을 맡고 있던 주앙 사우다냐에게는 어두운 소식이었다. 젊은 시절 공산당 당원으로 활동하기도 했던 사우다냐는 으레 허심탄회하게 군사정권의 사상에 반대하는 입장을 보였다.

사우다냐는 보타포구에서 뛰다 선수생활을 관두고 기자가 되었다.

거침없는 입담으로 '주앙 셈 메도(겁 모르는 주앙)'라는 별명을 얻었고 틈만 나면 자신의 이전 소속팀을 비난했지만 1957년에는 그 팀의 총감독이 되었다. 즉시 팀을 카리오카 챔피언십 우승으로 이끌었으나 다시 언론계로 복귀한 걸 보면 꾸준히 성공을 이어가지 못한 게 분명하지만, 1969년에 국가대표 사령탑에 앉게 되었다. 펠레는 사우다냐가 "영리하고 독설을 내뱉는 사람으로 대표팀 감독에 신선한 바람을 일으켰다"고 말했다. 윗사람에게 고분고분하지 않은 것이—이런 이유로 나중에 칼럼니스트로서의 명성은 높아졌지만—그가 실패한 이유라고도 볼 수 있지만 사우다냐의 몰락은 전술상의 문제였다.

사우다냐 대표팀은 1969년 월드컵 지역예선 경기에서 콜롬비아와 베네수엘라 그리고 파라과이를 상대로 총 23골을 몰아넣으며 6전 전승으로 순항했다. 당시에 그는 자랑스럽게 "우리는 골만 넣으면 된다"고 공언하기도 했지만 그해 10월 유럽을 탐색하다 목격한 '잔인한 플레이와 너그러운 주심들', 힘을 앞세운 수비 지향적 축구에 골머리를 앓았다. 추첨결과 잉글랜드, 체코슬로바키아, 루마니아와 같은 조에 편승되자 그는 이렇게 말했다. "결승전은, 만약 우리가 경계를 소홀히 하면 난투극으로 발전할 것이며 그렇게 되면 최고의 복서와 레슬러가 있는 유럽팀이 승리할 것이다."

그도 마음으로는 축구의 그런 부정적 경향에 반대하지만 30년대 브라질축구가 서툰 기량을 보인 것은 임기응변식 축구를 순진하게 믿었던 결과라고 인식하면서 다시 그런 전철을 밟을까 노심초사했다. 돌아오는 길에 갈수록 체격이 앞서는 상대에 대처하기 위해 코치진 개편을 단행하고 수비수의 몸무게를 3킬로그램 더 늘리고 평균 키를 7센티미터 높이기로 결정했다. 하지만 그런 수정은 혼란만 가중시켰다. 펠레는 "그는 자신에 대한 비판을 받아들일 수 없었고 언론계 옛 동료와의 관계는 악화되었다. 술을 마시기 시작했고 그렇게 갈지자 행보를 시작했다"고 설명했다.

1970년 3월 아르헨티나와 평가전을 주고받으면서 사태는 걷잡을 수 없게 진행되었다. 사우다냐는 메디시 장군이 수작을 부려 아틀레티코 미네이루에서 플라멩고로 옮긴 공격수 다리우를 탈락시켰다. 만일 기자가 다리우가 장군의 총애를 받는 선수인지 아느냐고 묻지만 않았더라면 문제가 생기지 않았을 것이다. 사우다냐는 "내가 대통령을 대신해서 장관을 뽑는가? 마찬가지로 대통령이 나의 공격진을 선발하지 않는다"고 말했다. 메디시는 이미 대통령궁에서 열리는 만찬에 맞춰 훈련일정을 조정하라는 자신의 지시를 사우다냐가 거절하여 마음이 상해 있었고 그 발언으로 사우다냐는 시한부 감독이나 다를 바 없었다.

　사우다냐는 멕시코월드컵 진출에 실패한 아르헨티나와 벌인 홈경기에서 패하면서 벼랑 끝으로 몰렸다. 더군다나 아르헨티나 수비수 로베르토 페르푸모가 "지금까지 내가 겪은 브라질팀 중 최약체"라고 발언하자 파장은 더욱 커졌다. 윌손 피아자와 제르송이 미드필드 한가운데서 헤어나지 못한 것에 대해 사우다냐는 펠레가 뒤로 처져서 미드필드를 지원하라는 자신의 지시를 따르지 않았기 때문이라고 비난했다. 이런 지시가 미친 짓이나 다를 바 없는 이유는, 펠레를 비난한 것도 그렇지만, 그에게 수비를 하라고 한 것은 정도를 한참 벗어난 요구였기 때문이다.

　사우다냐의 성마른 기질은 되레 일을 더 크게 만들었다. 1967년 사우다냐는 경기조작에 관여한 인물이라며 지목했던 방구팀의 골키퍼 망가와 마주치자 공중으로 두 차례 총을 발사했고, 플라멩고 감독 유스트리시가 라디오 인터뷰 도중 자신을 '겁쟁이'라 부르자 예의 그 성질로 총알이 든 권총을 휘두르며 유스트리시가 머물던 리오 호텔 로비로 쏜살같이 달려가기도 했다—다행히 그는 밖에 나가고 없었다.

　그런 광기를 부리면서도 사우다냐는 두 번째 경기에서 피아자 대신에 산투스의 19세 신예 클로도아우두를 불러들이는 절묘한 카드를 꺼내 들었다. 그는 즉시 중원에 열정과 결의를 불어넣었고 펠레는 막판에 결승골을 성공시켰다. 하지만 끝까지 사우다냐는 펠레가 수비에 충실하지 않는다고 느꼈고 그를 뺄 생각을 하고 있다고 공개적으로 밝히기도 했다. 그러자 정서 불안이라는 비난을 받으며 이내 자리에서 쫓겨났다. 여론의 동정이 한계에 달했는데도 그는 이해하기 힘든 감정적 반응을 쏟아내면서 제르송은 정신에 문제가 있고, 펠레는 안목이 좁아 좋은 플레이를 할 수 없으며, 후보 골키퍼인 이메르송 레앙은 팔이 짧다고 주장하면서 마지막 남은 동정심도 잃고 말았다.

지누 사니와 오토 글로리아가 감독직을 고사하자 1958년과 1962년 월드컵에서 왼쪽 측면 전담 윙어로 출전했던 마리우 자갈루가 감독으로 임명되었다. 그는 보타포구 시절 사우다냐의 애제자이기도 하지만 더 중요한 부분은 어떠한 위험스런 좌파적 정치신조에도 얽매이지 않는 믿을 만한 사람이라는 점이었다. 군사정부가 클라우디우 코티뉴를 그의 밑에 체력코치로 두고—NASA에 실태조사를 하러 간 사람도 코티뉴였다—제르니모 바스토스 제독을 조사단에 포함시켰지만 그는 조용히 넘어갔다. 하지만 다리우를 선발하지는 않았다.

자갈루는 두 가지 중대한 선택의 기로에 서 있었다. 펠레는 자갈루 감독이 부임할 쯤 "팀은 어느 정도 정비가 되어 있었지만 바꿀 점도 있었다"고 말했다. 사우다냐는 포초와 세베시가 내세운, 규칙적으로 함께 플레이를 하는 선수들끼리는 소통이 더 잘된다는 논리에 근거해서 팀을 산투스와 보타포구 위주로 꾸렸다. 하지만 자갈루는 코린티안스 소속의 호베르투 히벨리누를 데려왔고 크루제이루의 토스탕의 존재도 부각시켰다. 축구비평가들이 두 선수가 제르송, 펠레와 너무 중복된다는 말을 꺼내자 자갈루는 "우리는 영리하고 훌륭한 선수가 필요하다. 어떤 결과가 나오는지 지켜보자"고 말했다.

팀은 누구도 넘볼 수 없는 경지에 올랐다. 제르송은 "우리는 최고의 팀이었다. 직접 본 사람들은 그걸 알았다. 못 본 사람들은 다시는 그런 팀을 못 보게 되었을 것이다"고 말했다. 이탈리아와 맞붙은 결승전은 두 개의 축구정신, 브라질의 '아트 풋볼'과 브라질에서 이름 붙인 이탈리아의 '결과 축구'의 전투로 묘사되었다. 예술 축구가 승리했지만 다시는 어느 팀도 최고의 선수들을 경기장에 투입하고 알아서 뛰라는 지시만으로 그런 엄청난 성공을 거두는 일은 없었다.

자갈루가 과연 얼마나 핵심적인 역할을 했는지 알기는 어렵지만 그렇게 하는 것도 간단한 일만은 아니었다. 제르송, 펠레, 카를루스 아우베르투는 선임선수로 구성된 '코브라'라는 분과위원회를 만들었고 아틀레티코 미네이루와 평가전에서 3-1로 승리했지만 인상적이지 못하다는 야유를 받자 자갈루에게 자신들이 구상한 선발진을 제시하기도 했다. 포백수비는 비교적 단순했고 피아자를 '네 번째 수비수'로 이용했다. 또한 멋들어진 경기를 펼치는 처진 플레이메이커 제르송은 이탈리아에서 '레지스타 regista(연출가, 플레이메이커)'라고 일컫는 역할을 했다. 그를 받쳐 줄 선수가 필요하자 아르헨티나와의 두 번째 경기 이후 감히 넘볼 수 없는 존재가 된 클로도아우두를 선택했고 그는 좋은 체격과 수비 지향적인 자세로 제르송과 호흡을 맞추었다. 클로도아우두는 무엇보다도 브라질의 결승전 마지막 골에 관여한 것으로 모두들 기억하고 있는데, 그는 자기 진영에서 세 명의 이탈리아 선수를 뚫고 태연하게 드리블을 해나갔지만 사실 평소에는 전혀 그렇게 하지 않았다.

그렇다면 펠레와 토스탕이 정말로 같이 뛸 수 있었을까? 역사학자 이반 소테르는 "토스탕은 정통 센터포워드가 아니었다. 그는 펠레처럼 센터포워드 뒤를 받치는 '창끝 ponta da lança'이었다. 그래서 그는 아래로 처지고 펠레가 센터포워드가 되었다. 아주 유연한 조합이 만들어졌다"고 말했다. 이렇게 되면 페널티박스 안에서 멋진 플레이를 펼칠 수 있는 선수가 아무도 없게 될 위험이 있었지만 골 냄새를 잘 맡는 날쌘 오른쪽 윙어 자이르지뉴(그는 '허리케인'이라는 별명보다 더한 삶을 살았다)가 이 문제를 해결했다. 그가 잉글랜드를 상대로 터뜨린 골은 전형적인 것으로서, 공을 잡은 펠레가 속도를 줄이고 토스탕에게 대각선 패스를 흘려주자 자이르지뉴가 박스 안으로 한 발짝 늦게 달려들면서 골키퍼 고든 뱅크스를 가로지르는 각도 있는 마무리 슛을 날렸다. 그는 결승전까지 전 경기 득점을 올린 유일한 선수로 월드컵을 마무리했다. 훈련 때 제르송은 뛰어드는 자이르지뉴에게 대각선 패스를 보내는 연습을 여러 시간 했는데, 실제로 자로잰 듯 왼발을 사용하는 그는 멕시코 바람의 세기까지 고려하여 패스를 조절했다. 자이르지뉴가 전방으로 돌진하면 뒤 공간이 비었지만 니우통 산투스의 사선형 배치에서 공격형 오른쪽 백인 카를루스 아우베르투가 있었기 때문에 문제될 것이 없었다. 그가 전진하면 수비가 그쪽으로 서서히 옮겨 갔다.

그래도 왼쪽은 누가 맡고 히벨리누를 어디에 세울 것인가 하는 두 가지 중요한 문제가 남아 있었다. 히벨리누는 또 한 명의 창끝 역할에 어울리는 선수였지만 체력적인 문제를 안고 있었다. 이베라우두는 누구보다도 수비 지향적인 풀백으로서 포백의 균형을 잡아주었지만 만일 산투스의 에두같이 종횡무진형 윙어를 내세우면 측면에 공백이 생겨, 알시데 긱히아가 1950년 월드컵 결승전에서 노렸던 약점으로 작용할 수도 있었다. 두 가지 문제를 해결할 하나의 방책이 있었다. 그 해결책은 종종 안쪽에서 떠도는 히벨리누를 약간 왼쪽에 배치하여 그에게 자이르지뉴가 올라가면 균형을 잡아주는 평행추 역할을 부여했고 언제라도 왼발 킥을 날리도록 독려한 것이다. 그렇다면 전술대형을 4-4-2라고 불러야 할까? 아니면 4-3-3? 4-2-4? 또는 4-5-1? 이것은 코에 걸면 코걸이 귀에 걸면 귀걸이와 같았다. 다만 서로를 완벽하게 보완해 주는 것은 경기장의 선수뿐이었다. 지금의 표기로 하자면 틀림없이 4-2-3-1로 불렀을 것이지만 당시는 그렇게 세밀할 필요가 없었다.

브라질 4 이탈리아 1, 월드컵 결승, 멕시코시티 아스테카,
1970년 6월 21일

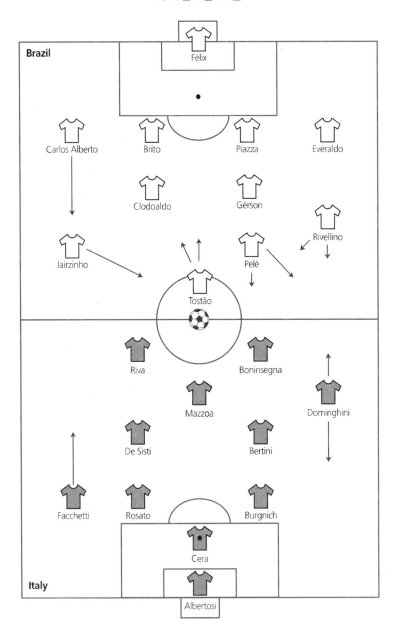

한편, 이탈리아 감독 페루치오 발카레지는 이름난 플레이메이커인 산드로 마쫄라와 지아니 리베라를 동시에 투입하는 법이 없었고 대신, 한 명은 전반전 또 한 명은 후반전에 뛰게 하는 '교대'라는 불편한 타협안을 꺼내 들었다. 둘은 뚜렷하게 대비를 이루었다.

브라질은 단순한 승리가 아니라 가장 수준 높은 골로 승리를 결정지었는데, 이것까지도 그들의 스타일에 딱 맞아 떨어졌다. 3-1로 앞서고 있어도 지킨다는 생각을 하지 않았고 승리를 지키기 위해 시간을 끈다는 것은 있을 수 없었다. 오히려 플레이를 계속 전개하여 월드컵 최고의 골에 단골로 등장하는 골 장면을 만들어 냈다. 그것은 환상적인 월드컵 대회에서 환상적인 팀이 만든 환상적인 작별 선물이었다.

골은 클로도아우두가 자기 진영에서 이례적으로 드리블을 하면서 시작되었다. 그는 아무래도 49분 전에 이탈리아에게 동점골을 헌납한 자신의 힐패스는 까맣게 잊은 것 같았다. 그는 왼쪽의 자이르지뉴에게 볼을 공급했고 지아신토 파체티가 자이르지뉴의 돌파를 저지하자 그는 안쪽으로 방향을 틀어 펠레에게 공을 보냈다. 펠레는 잠시 기다리다 잉글랜드와 우루과이전에서 골을 만들었던 것과 똑같이, 느리지만 정확하게 전진해 있던 주장이자 풀백인 카를루스 아우베르투에게 땅볼을 흘려보냈고 아우베르투는 자이르지뉴의 빈 공간을 지나 공격에 가담, 골문 구석으로 전광석화 같은 슛으로 자신의 첫 골을 기록했다.

활기 넘치고 화려했던 브라질축구에 도취한 것은 브라질만이 아니었다. 하지만 순박한 축구의 시대는 막을 내렸다. 유럽의 클럽축구는 일찌감치 그런 시대와 작별을 고했지만 월드컵이 열린 멕시코의 고도와 더위는 압박과 더불어 어떠한 체계적인 상대봉쇄를 불가능하게 만들었다. 메이저대회로서는 거의 마지막으로 '공간'이 존재했고 브라질은 그것을 최대로 이용할 완벽한 태세가 되어 있었다. 전 세계로 선명한 총천연색 위성을 보냈을 때 '용감한 신세계'의 시작으로 보였던 것이 실제로는 '낡은 세계'의 종료 나팔소리로 들렸다. 분명 달 착륙과 비교하는 마지막 순간으로서 이제 사람을 현혹시키는 속성을 지닌 '담대한 미래'를 예고하고 있었다. 외계에 인간이 정착하지 않은 것처럼 축구도 세속적인 관심에만 묶이게 되었다.

브라질도 1970년의 업적은 최절정의 시기였고 다시 이루기는 어렵다는 분위기였다. 사우다냐가 결국 자신의 감독직을 걸면서 1년이나 앞서서 내렸던 축구의 방향에 대한 평가는 대체로 옳았다는 것이 드러났다. 70년대 초 세계축구를 지배했던 네덜란드의 빠른 두뇌 회전과 미적인 축구는 누구도 부인할 수 없는 특징이었지만, 그때는 네덜란드가 1970년의 브라질보다 체력적으로도 강했고 시스템의 필요성을 훨씬 더 잘 인식하고 있었다.

△▽

세르히오 마르카리안은 몬테비데오에서 텔레비전으로 1974년 월드컵을 지켜보았다. 서른의 나이에 연료공급 회사의 총지배인이었던 그는 12년 전 축구선수가 되려는 꿈을 접었다. 우루과이가 네덜란드에게 굴욕을 당하는 장면을 본 그는 자신이 감독이 되어 다시는 우루과이가 똑같은 고통을 겪지 않도록 하겠다고 마음먹었다. 자격을 얻기 위해 공부를 하고서 베야 비스타에 2군 팀 감독직을 맡았다가 나중에는 1군 팀으로 승진되었다. 우루과이축구에 족적을 남기려고 애를 쓰다가 1983년 파라과이로 건너갔다. 마르카리안은 그곳 올림피아팀에서 두 번의 리그 타이틀을 차지했지만 그가 파라과이 역사상 가장 중요한 감독 중 한 명이 된 계기는 1992년 올림픽 국가대표팀을 맡았을 때였다. 그는 강인함, 수비적인 탄력, 활기찬 가라garra라는 우루과이의 고전적인 미덕을 불어넣어 파라과이를 월드컵 단골 출전팀으로 만들었다.

마르카리안은 극단적인 예였지만 네덜란드축구에 충격을 받은 남미사람은 그뿐만이 아니었다. 유럽에서 네덜란드축구는 경외심을 유발했지만 남미에서는 자신들의 플레이 방식이 더 이상 흐름에 맞지 않다는 절박함을 불러일으켰다. 조별 경기에서 우루과이를 2-0으로 물리치고 1라운드를 통과한 네덜란드는 다음 라운드에서 아르헨티나를 4-0, 브라질을 2-0으로 눌렀다. 3경기 합계 8-0으로 남미축구연맹 Conmebol의 콧대는 꺾였지만 그것은 그저 진 것이 아니라 한 수 아래의 경기였다.

브라질은 주앙 사우다냐가 쫓겨나기까지 하면서도 심각하게 받아들였던 그 경고, 멕시코월드컵의 과분한 승리는 10년 전의 스타일에 대한 단 한 번의 헌정이라는 경고처럼 앞으로 닥칠 일을 예상하고 있었던 것 같았다. 1974년의 브라질은 1970년과는 전혀 다른 모습이었다. 자갈루로서는 팀을 이탈한 선수들 때문에 어찌해 볼 도리가 없었지만 여기저기서 비판의 목소리가 커졌다. 펠레는 은퇴했고 토스탕과 제르송, 클로두아우두는 모두 부상 중이었다. 지난 4년간 잠잠했던 냉소적인 태도가 다시 살아났고 2라운드 네덜란드와의 결선경기에서 확실히 드러났다. 마리뉴 페레스는 요한 네스켄스를 때려 눕혔고 루이스 페레이라도 같은 선수를 발로 가격하여 결국 퇴장 명령을 받았다. 가슴에 늘 얼음조각을 대고 있었던 네덜란드는 2-0 완승으로 되갚았다. 브라질은 4위를 차지했지만, 그 정도의 성적이면 만족스럽다고 생각했다.

팀 비커리가 〈더 블리자드〉 6호에서 주장하듯 브라질이 브라질축구의 핵심 신화인 '조구 보니투 jogo bonito(아름다운 플레이)'로부터 휘청거린 것은 두 가지 요건이 있었다. 하나는 축구 스타일과 멋진 장면을 아무리 언급해도 결국은 승리에 특권을 부여한다는 것이고, 다른 하나는 1964년 쿠데타로 성권을 잡은 이후에 등장한 메디시 장군 아래서 점점 더 강경노선을 걸었던 군사정부와 축구의 관계였다.

아마도 네덜란드를 빼고 나면 누구나 이기는 것을 최고라 여길 것이다. 하지만 비커리는 특히 브라질에서는 축구가 경제 불평등과 사회질서를 뒤집을 수 있다는 의식을 형성하는 데 일조하기 때문에 이런 생각이 더 적나라했다고 주장한다. 만일 기술이 뛰어난 한 선수가 수비수를 휙휙 따돌리고 나면 그의 배경이나 연봉은 묻지도 않는다. 졸이 왕이 될 수도 있는 것이다. 그래서 잔기술이 중요하고 브라질축구는 말랑드루malandro(혼혈 사기꾼) 정신에 사로잡혀 있는 것이다. 하지만 승리를 통해 그것을 입증해야 하는데, 그 결과에 따라 브라질 클럽의 관중 수는 심하게 요동치게 된다. 비커리는 이렇게 썼다. "그것은 마치 스포터스가 '팀이 잘하면 나의 팀이고 팀이 헤매면 더 이상 나의 대표가 아니며 팀과 나를 동일시함으로써 모욕을 당하지 않겠다'는 태도와 같다." 1950년 월드컵 결승전에서 우루과이에게 패했던 브라질 선수들이 외면당했던 상황도 같은 논리를 대변해 준다. 다른 나라였다면 패배의 쓰라림과 그들의 자만심에 대한 당혹감이 사라지고 나면 틀림없이 팀이 대단한 축구를 했으며, 때로는 꼭 원하는 결과를 얻지 못할 수도 있는 게 축구라며 스스로를 위로했을 것이다. 하지만 브라질에서는 패배를 끝없는 수치로 여겼고 그 이후로 20년간 세 차례 월드컵 우승을 했음에도 완전히 씻을 수 없다고 생각했다.

그렇다면 어떻게 이길 준비를 할 것인가? 네덜란드의 새로운 축구에 대처하는 방법은? 패배를 통해 전술적으로 명백해진 것은 현대축구에서 더 이상 구식의 미드필드 창조자가 설 자리가 없다는 것이었다. 브라질에는 이탈리아의 레지스타처럼 아래로 내려와 플레이를 지휘하던 선수들이 있었는데, 1950년의 다닐루 알빔, 1958년과 1962년의 지지, 1970년의 제르송이 그들이었다. 왼쪽 측면에서 안쪽으로 움직였던 히벨리누는 1974년 이 역할을 맡았지만 그가 공을 잡을 때마다 흰색 유니폼을 입은 네덜란드 선수들에게 쫓기기만 했다.

1930년대 이탈리아, 스페인 그리고 1960년대 아르헨티나에서는 우익독재정권이 거칠게 힘을 앞세우는 실용적인 축구를 이끌었고 결국 브라질도 그 길을 갔다. 비커리의 지적대로, 비록 나중엔 비난하긴 했지만, 당시에는 군사통치가 경제발전을 위해서 필요한 단계라는 생각이 퍼져 있었다. 예를 들면 역사학자 다비드 아랑 레이스는 '군사독재'라는 용어를 지적하고 나섰다. 그는 '업계 및 정치·종교 지도자들 그리고 변호사 단체, 주교위원회, 일반 우익단체들 등 시민단체들' 모두가 쿠데타를 지지했으므로 '시민-군사독재'라고 말하는 게 더 정확한 묘사라고 지적했다. 정권의 반대자였던 경제학자 셀소 푸르타도는 군부와 중산층 기술 전문가들의 연합에 기반을 둔 '군사-기술관료 정부'라고 일컬었다. 높은 인플레이션과 실업률을 해결하기 위해 경제학자들을 끌어 들이는 한편 광범위한 건설프로젝트를 위해 기술자들도 필요로 했다. 당연히 축구도 군부와 연결된 기술 관료의 손에 들어갔다.

물론 브라질 국가대표팀은 1958년 월드컵 당시 치과의사와 심리학자부터 1970년의 NASA 훈련프로그램에 이르기까지 과학과 인연을 맺어 왔다. 그러나 멕시코대회 이후 갈수록 지원하는 인원이 늘어났다. 1970년 월드컵부터 라울 카를레소가 유망한 골키퍼를 관리했는데 그는 육군 체육선생으로서 나중에 골대를 지키는 데 필요한 25가지 핵심요소를 서술한 책을 쓰기도 했다. 1978년에는 1970년에 자갈루와 함께 일했던 육군대위 출신의 코티뉴가 브라질팀을 장악했다. 그는 자신의 목표는 '폴리발렌세polyvalence(다기능)'라고 주장했는데 이것은 토탈풋볼의 또 다른 용어였던 것으로 보인다. 그가 월드컵 예선경기를 위해 모험적인 왼쪽 백 프란시스코 마리뉴를 다시 불렀을 때는 그만한 이유가 있었다. 하지만 결승전을 앞두고 훈련장에서는 결국 자신의 주특기인 체력훈련에 매달렸다. 브라질은 4년 전 자갈루의 팀보다 더 유연할 것도 없었고 잔인하기는 마찬가지였다. 코티뉴는 지쿠와 늘 티격태격했으며 히벨리누의 몸 상태가 좋지 않자 오른쪽 백 토니뉴를 오른쪽 윙어로 뛰게 했다. 그렇게 우왕좌왕하다 3위로 대회를 마쳤다.

△▽

아르헨티나에서도 네덜란드전 패배에 대한 반응이 극단적이긴 마찬가지였지만 이로 인해 아르헨티나축구는 다른 길을 밟아 나갔다. 16년 전 헬싱보리에서 큰 충격을 받으면서 유발된 혁명에 대한 반혁명은 이미 무르익었다. 체력을 중심에 두고 승리에만 집착하는 축구가 인기가 없어지자 잃어버린 라 누에스트라 시절에 대한 향수가 일어났다. 밀란과의 인테르콘티넨탈컵 경기가 끝나고 3주 후에 〈엘 그라피코〉는 라 마키나라면 에스투디안테스를 이겼을 것이라 주장하는 기사를 실었다. 누군가가 그들의 역할을 물려받아 옛 스타일을 다시 도입할 필요가 생겨났다. 그 시작은 미겔 안토니오 후아레스가 이끄는 뉴웰스 올드 보이즈의 연고지인 로사리오였다. 하지만 후아레스보다 훨씬 더 갈채를 받게 된 사람은 수석코치인 세자르 루이스 메노티였다.

메노티는 누가 뭐래도 낭만적인 인물이었다. 연필심처럼 가는 몸매에 줄담배를 피우고 머리는 목까지 내려오며 희끗한 구레나룻에 눈매는 독수리 같아 아르헨티나 보헤미안을 빼닮았다. 좌파 지식인이었던 그는 철학자며 예술가이기도 했다. 그는 이렇게 말했다. "우선, 팀은 개념이 있어야 하고, 개념 이상의 헌신, 헌신 이상의 명확한 확신이 있어야 한다. 감독은 그 개념을 지키기 위해 선수들에게 자신이 확신하는 바를 전달해야 한다."

"내가 우려하는 점은 감독들이 지속될 수 없는 철학적 해석을 지지하여 축구라는 볼거리에서 축제의 요소를 제거할 권리를 사칭하는 것이다. 그렇게 되면 모험을 하지 않으려 한다. 그런데 축구에는 모험이 항상 존재한다. 어떤 경기에서 모험을 피할 수 있는 유일한 방법은 플레이를 하지 않는 것뿐이다…"

"중요한 것은 오로지 이기는 것이라고 말하는 사람들에게 나는, 누군가는 이기게 되어있다고 말해 두고 싶다. 그러므로 30개 팀이 참가하는 선수권대회에서 29개 팀은 꼭 스스로에게 반문해야 한다: 나는 클럽에 무엇을 남겼는가? 선수들에게 무엇을 안겨 주었나? 선수들에게 어떤 성장 가능성을 열어 주었는가?"

"축구는 효용이라는 전제로 출발한다. 나도 편법을 쓰더라도 이기려고 하는 에고이스트만큼이나, 아니 그 이상으로 이기기 위해 경기를 한다. 솔직히 경기에서 이기고 싶다. 하지만 전술적인 추론만으로 이길 수 있다고 생각하지 않는다. 오히려 효용성과 아름다움은 불가분의 관계라 믿는다."

메노티의 지휘로 아름다움과 효용은 조화를 이루었다. 1973년 메노티는 우라칸에서 화려한 공격 축구를 펼치며 메트로폴리타노 타이틀을 차지했다. 〈클라린〉의 사설은 이렇게 단언했다. "그들의 플레이를 보면 기쁘다. 그것으로 아르헨티나의 경기장은 축구로 가득 찼고 45년 만에 탱고의 리듬으로 우리 이웃에게 미소를 돌려주었다." 그들이 로사리오 센트랄을 5-0으로 이기자 그곳 팬들이 갈채를 보낼 정도였다. 로사리오 공격수 카를로스 바빙톤은 이렇게 말했다. "그들은 아르헨티나의 대중적 취향과 호흡이 맞았다. 드리블, 원 터치 플레이, 가랑이 사이로 빼는 공, 솜브레로스 sombreros(상대 머리 위로 공을 들어 올리는 속임수), 원투패스, 오버래핑이 다 들어 있었다."

네덜란드에게 참패당했던 1974년 월드컵 이후 메노티는 국가대표 감독으로 임명되었다. 비커리의 말처럼 그에게 축구란 "그 나라의 노동자 계급을 진정으로 드러내는 것"이었다. 그는 네덜란드축구가 남미의 전통적인 축구를 무력화시켰다고 보지 않았다. 단지 속도가 빨라졌을 뿐이었다. 그는 말했다. "훈련의 핵심은 정확성을 동반하는 스피드를 끌어 올리는 것이다."

역설적인 점은 그런 축구이념의 전환이 참으로 가치 있다는 것을 입증하는 일이, 도저히 어울릴 수 없었던 정치적 환경에서 펼쳐졌다는 사실이다. 1976년 쿠데타로 이사벨 페론 대통령이 물러나고 반대 세력을 야만적으로 진압한 우익군사정부가 들어섰다. 온가니아 군사독재 정권은 스포츠를 무자비하게 다루며 잘 드러나지 않는 예술성이라는 미덕은 무시했다. 하지만 70년대 후반 축구와 군사 정부의 관계는 이보다 훨씬 더 복잡했다. 메노티가 잃어버린 황금기를 의식적으로 회고함으로써—그는 1978년 월드컵을 치른 뒤에 "우리의 승리를 그 옛날의 찬란했던 아르헨티나축구에 바친다"라고 말했다.—그는 군사정부의 보수주의에 항의했고, 그의 성공은 군사 정권의 이데올로기에 전면적으로 반대하는 세계관에게는 보상이 되었다.

군부가 1978년의 월드컵 업적을 대놓고 이용하자 메노티는 심기가 불편했고 나중에 그의 자서전 〈속임수 없는 축구〉에서 이 문제를 길게 언급한다. 그는 자문했다. "플레이는 형편없으며 속임수만 있고 국민의 정신과 배치되는 팀을 가르치려면 무엇을 해야 했을까? 물론 아무 것도 없다." 자신의 축구는 군사정부 이전에 존재했던 자유롭고 창의적인 아르헨티나를 떠올린다고 주장했다.

하지만 이런 주장은 자신의 팀을 이상화시키는 행위다. 예술성을 신봉한다고 하면서도 17세의 디에고 마라도나를, 비록 1년 전 국제무대에 데뷔시켰지만, 대표팀에 넣지 않은 것은 주목할 만하다. 20년 전 페올라가 펠레를 대했던 일과 비교하면 지나치겠지만 그래도 그런 비교를 피하기는 어렵다. 메노티의 4-3-3 전술이 라 마키나에 뿌리를 두고 있었다는 점은 사실이지만 그것은 실용주의를 가미한 최신의 것이었다. 미드필드 후방에 위치한 아메리코 가예고는 아르헨티나의 고전적인 5번이었고 그의 앞에는 1920년대 후반 이후로 성행했던 W형 공격대형의 현대적 재현이었다. 전방에 있는 레오폴도 루케의 측면에는 다니엘 베르토니와 오스카르 오스티스가 있었고, 후방과 전방을 연결하는 인사이드 포워드의 현대적인 전형으로 왼쪽은 골잡이 10번 마리오 켐페스, 오른쪽은 새로운 스타일의 8번을 구현한 오스발도 아르딜레스가 있었는데, 그는 기술과 체력이 뛰어났고 항상 볼을 받아 와서 이동했다. 그러나 가예고가 5번을 달았거나 아르딜레스가 8번을 단 것은 아니었다. 마치 네덜란드의 현대적 축구를 받아들인 것처럼 아르헨티나는 4년 전부터 그들처럼 선발선수의 알파벳이름 순서로 번호를 매겼다.

월드컵 토너먼트에서 아르헨티나축구가 때때로 전율을 일으키긴 했지만 라 누에스트라와 동떨어진 직선적이며 체력을 앞세운 경기를 펼쳤다. 철학자 토마스 아브라함은 메노티의 입장에서 보면 표리부동하다고 할 정도의 말도 서슴지 않았다. "그는 전통을 강조하는 말을 하곤 했다. 하지만 1978년, 선수들을 수개 월 동안 여자도 없는 실험실에 가둬 놓고 비타민을 먹이며 무리하게 경기를 시키는 바람에 결국 리버의 경기장에 들어서자 상대인 헝가리팀에서 우리 모습이 초췌하다고 말하기도 했다." 헝가리는 엘 모누멘탈에서 열린 월드컵 첫 상대인 아르헨티나를 맞아 1-2로 패했는데, 이 경기에서 성가신 반칙이 계속되자 분을 삭이지 못하고 티보르 니일라시와 안드라시 퇴뢰치크가 마지막 3분을 남기고 보복행위로 퇴장을 당했다. 서로 경쟁관계였던 두 선수가 같은 행동을 한 것은 선수로서는 거의 유일한 일이기도 했다. 아브라함은 계속 말을 이어 갔다. "메노티는 기술적인 성장과 더불어 선수를 체력적으로 준비시켰지만 그가 늘 강조하는 말은 공을 느끼고 패스하고 주무르고 드리블을 하라는 것이다."

수비조직과 생리학에 관한 연구가 개발되면서 과학적 요소와 예술적 요소를 어느 정도 절충하는 것이 현실적이라 볼 수 있지만, 아르헨티나의 성공은 교묘한 속임수로 이루어졌다는 점을 부인하기는 어렵다. 가장 잘 알려진 것은 페루와 치른 2라운드 경기였다. 아르헨티나는 3점차 승리를 거두어야 하며 동시에 적어도 4골을 넣어야 결선에 진출할 수 있다는 황당한 계획을 알고 시합에 임했다. 결국 6-0 승리로 목표를 초과 달성했지만 지금까지도 경기결과에 대해 의혹이라는 딱지가 붙어 다닌다.

1986년 〈선데이 타임스〉는 익명의 공무원의 말을 인용하여 아르헨티나 정부가 35,000톤의 곡물과 얼마간의 무기를 페루로 보냈고 아르헨티나 중앙은행은 5천만 달러의 페루 동결 자산을 풀어줬다고 주장했다. 하지만 증거를 입수하기는 어렵고 이야기가 나온 시점이 잉글랜드와 아르헨티나의 월드컵 8강전이라는 사실에서 언론의 철저하고 공정한 조사라고 믿기 어렵다.

이런 맥락을 모르고 경기장면을 보는 사람은 특이한 점을 보지 못할 것이다. 경기 초반 후안 호세 무난테의 슛이 페루의 골 기둥을 맞췄고 아르헨티나 태생이라 비난을 받았던 페루 골키퍼 라몬 키로가는 허둥지둥 여러 차례 선방했다. 만일 경기가 조작됐다고 한다면 전반전 중반까지는 누구도 페루에게 그런 말을 하지 않은 것 같다. 아르헨티나 알베르토 타란티니의 다이빙 헤딩슛으로 전반전 끝나기 직전 2-0이 되자 페루는 분명 기세가 꺾였는데, 이미 탈락이 확정된 상태라 당연했다. 또한 아로이토 경기장에 모인 37,000명 관중이 공포 분위기를 조성하기는 했지만, 무엇보다도 아르헨티나의 패스는 참으로 놀라웠다. 특히 3-0을 만드는 켐페스의 발리슛과 루케의 마지막 6번째 골은 축구의 장엄함을 뿜어냈다.

비베사 viveza(약삭빠름), 비신사적인 경기, 사기 등 무슨 용어든 간에, 명백한 부정행위는 네덜란드와의 마지막 결승전을 코앞에 두고 일어났다. 네덜란드 선수를 실은 버스는 일부러 호텔에서 경기장까지 빙 돌아서 도착했고, 선수들이 겁을 먹을 정도로 팬들이 버스 주변에 몰려들어 창문을 두드리고 소리를 질러도 아무도 제지하지 않았다. 아르헨티나는 경기시작시각이 다 되어도 경기장에 도착하지 않았고 네덜란드 선수들은 사나운 관중 앞에 가만히 서 있기만 했다. 마침내 아르헨티나가 경기장에 들어섰지만 이번에는 네덜란드 골키퍼 레네 반 데르 케르크호프의 팔에 댄 깁스를 문제 삼고 나섰다. 대회 내내 아무런 문제가 없었던 것을 고려하면 아르헨티나는 그렇게라도 상대를 흔들어 볼 작정이었다. 이탈리아 주심 세르지오 고넬라는 과감하지 못했고 아르헨티나는 여러 번 심판 덕을 봤다. 결국 롭 렌센브링크의 정규시간 마지막 순간의 슛이 골 기둥을 맞고 튕겨 나온 뒤 연장전에서 터진 켐페스와 다니엘 베르토니의 연속골로 아르헨티나는 월드컵을 제패했다.

아르헨티나 2 네덜란드 1, 월드컵 결승,
아르헨티나 부에노스아이레스 엘 모누멘탈, 1978년 6월 25일

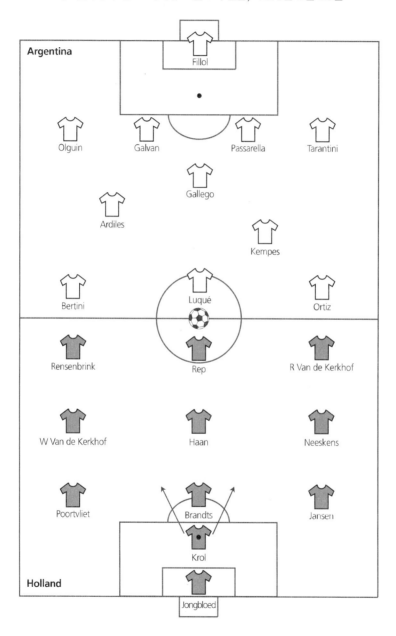

아르헨티나의 승리이자 군사정권의 승리이며 메노티의 승리였다. 그리고 현대의 시각으로 보면 변색되고 변형된 라 누에스트라의 이상이 승리를 거두는 순간이었다.

△▽

1982년에야 브라질은 스페인의 지독한 더위 속에서 화려하게 부진의 늪에서 빠져 나왔다. 세레주의 출장정지 징계 때문에 팔상이 소련과의 개막전 선발로 나와 뛰어난 경기력을 선보이자 재기용되었고 텔레 산타나 감독은 1970년 당시의 자갈루처럼 선수들에게 모든 걸 맡겼다. 지쿠와 소크라치스를 합쳐 브라질은 4명의 유능하고 창조적인 미드필더를 보유했지만 에데르 외에는 활동 폭이 넓은 선수가 아무도 없었다. 모자람이 미덕이라 했던가, 이번에는 처진 플레이메이커인 세레주와 팔상이 '트레콰르티스타 trequartistas(공격 4분의 3지점에 있는 공격형 미드필더)'인 지쿠와 소크라치스의 뒤를 받치고 에데르를 보조 센터포워드로 배치하여, 헤이나우두나 카레카 둘 중 하나라도 몸 상태가 좋았다면 팀 근처에도 가지 못했을, 육중한 걸음의 세르지뉴와 간격을 두고 플레이를 했다.

그렇게 4-2-2-2 포메이션이 형성되어 중앙의 튼튼한 기둥이 서고 그 옆에는 기회를 엿보는 양쪽 풀백 레안드루와 쥬니오르가 자리를 잡았다. 유럽식으로 따지면 폭이 좁아 보였겠지만 브라질은 공을 소유하면 너무나 유연하고 침착하게 움직이며 폭을 창조했다. 이 시스템은 브라질 출신 반데를라이 루셈부르구 감독이 2005년 레알 마드리드에서 '마법의 4변형'이라 직접 이름을 붙여 가동했으나 호응을 얻지 못하고 실패하고 말았지만 브라질의 사고방식에는 제격으로 보였다. 즉, 두 명의 처진 미드필더(1994년쯤에는 둥가와 마우루 시우바가 이 자리를 맡아 전형적인 수비형 미드필더 역할을 했다)가 4명의 공격일변도 선수(2명의 센터포워드와 두 명의 트레콰르티스타)에게 발판을 제공하고 한편으로 두 명의 풀백은 니우통 산투스 시절부터 쭉 이어온 방식대로 측면을 부리나케 왔다 갔다 했다.

1982년의 브라질은 1970년 월드컵 이래로 가장 신명나는 축구를 선보였다. 소련을 2-1로 물리치고 스코틀랜드와 뉴질랜드를 각각 4-1, 4-0으로 격파했는데, 힘들이지 않는 유연한 플레이를 펼치며 자로 잰 듯한 패스와 가공할 중거리 슛이 넘겨났다. 2라운드 결선경기에서 세계챔피언으로 군림하던 아르헨티나를 간단히 물리쳐, 이탈리아와 비기기만해도 준결승에 오를 수 있었다. 모두들 그저 형식적인 경기가 될 거라고 여겼다.

이탈리아는 완벽한 빗장수비가 아닌 '이탈리아식 축구'에 접어들었지만 그래도 수비적이라고 소문나 있었다. 1970년 멕시코 아스테카에서의 대결과 마찬가지로 스페인 에스타디 데 사리아에서의 대결도 어떤 의미를 담고 있었다. 에레라식 빗장수비는 미드필드 자원의 부족을 초래하기 때문에 이 문제를 덜기 위해 이탈리아는 네덜란드와 독일의 축구방식을 본떠 리베로를 훨씬 더 유연한 플레이어로 만들어 후방에서 전진할 수도 있고 볼을 소유할 때 미드필드에 가담할 수도 있게 만들었다. 이것은 이바노 블라손이나 아르만도 피키같은 변형된 풀백이라기보다는 피에루이지 체라 또는 가에타노 시레아같은 변형된 인사이드 포워드에 가까웠다.

이탈리아의 출발은 더뎠고 조 1라운드 3경기 모두 무승부를 기록했지만 똑같이 3경기 무승부를 기록한 카메룬보다 골득실에서 한 골 앞서 1라운드를 통과했다. 파올로 로시는 경기조작사건에 연루되어 출장정지를 당한 후라 전성기 때 모습을 보여 주지 못했지만 아르헨티나를 2-1로 꺾고 자신감이 살아나자 브라질 선수들은 동요하기 시작했다. 근래 가장 불운한 브라질 골키퍼 반열에 오른 발니르 뻬레스는 이탈리아전을 앞두고 로시가 다시 살아날까 봐 큰 걱정이라고 털어놓았다. 그는 골키퍼보다는 예언가로서 더 뛰어나다는 걸 보여 주었다.

이 시합은 과연 월드컵 사상 최고의 경기였는가? 비록 헝가리가 1954년 월드컵에서 우루과이에게 거둔 승리를 최고의 경기라 여기는 사람들이 있다 하더라도, 그렇다고 대답할 수 있는 경기였다. 공식집계 44,000명보다 훨씬 많은 관중이 꽉 들어차면서 경기장의 장엄한 분위기는 더욱 고조되었다. 만일 브라질이 빠른 득점을 올렸다면 이탈리아는 쉽게 사기가 떨어졌을 것이고 그들의 시스템과 정신력으로는 따라 가기가 역부족이었을 것이다. 하지만 이탈리아는 5분 만에 앞서 나갔다. 브루노 콘티가 오른쪽 측면을 따라 거의 40미터를 전진하여 안쪽으로 파고든 후 공격형 왼쪽 백 안토니오 카브리니에게 공을 뿌려 주자 이 공을 로시에게 크로스를 올렸고 로시는 베아르초트 감독의 믿음에 부응하며 멋진 헤딩골을 성공시켰다.

브라질 공격, 이탈리아 버티기라는 경기 흐름이 시작되었다. 7분 만에 동점골이 터졌다. 소크라치스가 지쿠와 원투패스로 전진하여 골키퍼 디노 초프의 가까운 쪽 골대로 골을 성공시켰다. 누가 보더라도 브라질의 승리로 기우는 듯한 분위기에서 치명적인 실수가 나왔다. 25분 뒤, 세레주는 무심코 쥬니오르 쪽으로 애매한 횡패스를 보내자 골잡이 본능이 되살아난 로시가 공을 낚아채 발디르가 지키는 골문을 열었다. 이탈리아가 계속 앞서가자 브라질은 초초해지기 시작했다. 로시는 후반 중반 3-1로 앞서갈 수 있는 절호의 기회를 어이없는 슛으로 날려버렸고 2분 뒤 브라질이 팔상의 강슛으로 동점을 만들자 다시 분위기는 브라질로 넘어오는 것 같았다.

비기기만 해도 결승리그에 오를 수 있었기 때문에 골문을 걸어 잠그고 지켰어야 했지만 그것은 브라질의 방식이 아니었다. 그들은 계속 공격을 이어갔고 마침내 대가를 치르게 된다. 콘티의 코너킥을 어중간하게 걷어 낸 볼은 골 에어리어 외곽에 있던 마르코 타르델리에게 갔고 그의 빗맞은 슛을, 멍하게 서있던 쥬니오르 옆에 위치한 로시가 휘어 들어가는 골로 마무리했다. 글랜빌은 "브라질의 화려한 미드필드가 마지막 순간 시험에 빠지자 앞뒤의 중과부적을 메울 수 없었던 경기"였다고 말했다.

이탈리아 3 브라질 2, 월드컵 2라운드 결선경기, 바르셀로나 사리아,
1982년 7월 5일

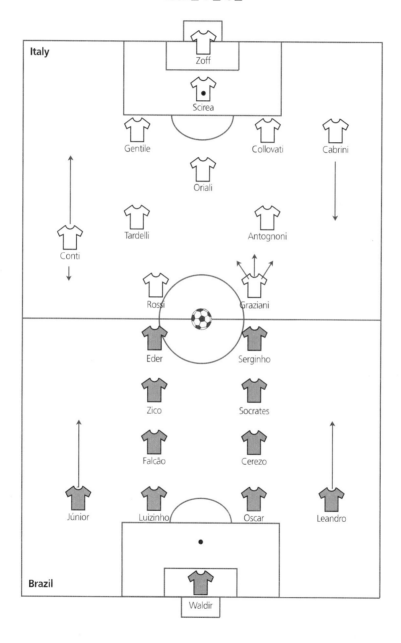

더욱이 그것은 역사의 단층에 자리 잡고 있었던 경기로서, 1970년과는 달리 포메이션이 아니라 이기는 스타일을 따르는 축구였다. 지쿠는 이 경기를 '축구가 죽은 날'이라고 부르기도 했지만 유별나게 낭만적인 브라질의 의식에 철저히 스며들어 있는 생각일 뿐이었다. 사실 축구의 천진난만함이 죽은 날이라고 불러야 옳았다. 즉, 이후로는 더 이상 최고의 선수를 뽑아 놓고 독려만 하는 것이 불가능해진 날이자 시스템의 승리라 부를 수 있는 날이었다. 물론 공격적인 재능을 뽐낼 여지는 있었지만 그 재능을 익히 알고 있는 시스템 속에 담아 보호하고 받쳐줘야 했다.

산타나의 스타일은 1986년 월드컵까지 이어졌고 브라질은 당시 루이 페르난데스, 알랑 지레스, 장 티가나, 미셸 플라티니로 이루어진 '카레 마직 carre magique(마법의 4각형)' 미드필드를 기반으로 하는 웅장한 프랑스와 8강전에서 기억에 남을 경기를 펼친 끝에 승부차기로 패했다. 하지만 1990년 브라질의 지휘봉을 잡은 세바스티앙 라자로니는 윙백을 제외하고는 누구의 몸에도 맞지 않는 센터백을 추가한 3-5-2 시스템을 가동했다. 통계가 묵은 본능을 장악하게 되었다.

체력훈련 전문가 무리시 산타나가 실시한 연구에 따르면 선수들이 경기장을 뛰어다니는 범위가 70년대 중반과 90년대 중반 사이에 두 배로 증가했다. 두말할 필요 없이 정교함과 패스에 기반을 둔 브라질 미드필드는 1974년 네덜란드의 압박에 눌렸던 게 당연했고, 20년 뒤 압박이 더욱 심해지자 이제는 과거로 돌아간다는 것은 있을 수 없는 일이 되었다. 선수들의 체력이 좋아졌다는 것은 곧 시간과 공간은 부족하고 접촉이 많아졌다는 의미였다. 물론 늘 해오던 불평이긴 했지만 결론을 무효화하지는 못했다. 즉, 브라질 선수들이 유럽선수들처럼 강인하고 체격이 좋아야 한다는 것이었다. 만일 그렇게 해서 기술과 능숙함을 얼마쯤 잃는다 하더라도 이것은 이보전진을 위한 일보후퇴였다. 1958년의 브라질은 미드필드에 지지와 지투가 있었고

2010년에는 지우베르투 시우바와 펠리페 멜루가 그 자리를 지키고 있었다.

한 동안 이 이론이 작동했고 1994년과 2002년 사이에 브라질은 3회 연속 월드컵 결승에 진출하여 두 차례 우승을 하였으며 1997년과 2007년 사이에 열린 다섯 번의 코파 아메리카대회에서 4번 우승을 차지했다(이 모두가 그동안 한 번도 이루지 못한 외국 땅에서의 업적이었다). 하지만 이런 성공은 결코 1958년과 1970년의 승리와 맞먹는 기쁨이나 존경을 불러일으키지는 못한 것 같았다. 1985년 지지뉴는 자서전에 이렇게 썼다. 브라질축구는 "팀 전체 볼 소유의 70퍼센트를 차지하는 중앙 미드필더에게, 플레이를 전개하는 게 아니라 상대 플레이를 깨는 역할을 맡겨 버렸다." 그 특징은 이후에는 훨씬 더 큰 해로움으로 작용하게 되었다.

15장

▽△▽△▽△▽△

그래도 우리가 누군가 (2) – 승리공식의 함정과 북유럽

△▽ 진보는 늘 패배에서 시작한다. 츠르베나 즈브제다 베오그라드의 홈구장 마라카나에서 벌어진 1973~74 유러피언컵 1차전을 1-2로 패한 리버풀은 크리스 롤러의 한 골로 2차전에서 반전을 노려 8강전에 진출하겠다는 희망을 품었지만, 안필드에서 열린 홈경기에서 밀란 밀라니치의 지휘 아래 즈브제다는 놀라운 역습을 펼쳤고 보진 라자레비스와 슬로보단 얀코비치의 돌파에 이은 연속골로 1, 2차전 합계 4-2 승리를 거두었다.

다음 날인 1973년 11월 5일 안필드 구장 탈의실로 가는 복도의 창문도 없는 갑갑한 방안에서 6명의 남자가 향후 70년대 후반과 80년대 초반 영국 클럽의 유럽정복을 가능케 한 새로운 축구스타일을 구상했다. 축구역사에도 나와 있지만 '부트룸boot room(선수들의 축구화를 모아두었고 나중에는 코치들이 전술을 의논하던 방)'은 혁신적인 것을 구상할 만한 장소는 아니었다. 작고 누추한 카펫이 깔려 있었고 한쪽에는 축구화를 걸어 놓는 고리와 단체사진 그리고 상의를 벗은 여자모델사진 달력이 있었다. 빌 샹클리 밑에 1군 코치였던 조 파간은 그곳에서 경기가 끝난 후 토론을 하던 전통을 만들기 시작했고 이내 방은 기네스맥주 수출회사 회장이 보낸 맥주상자로 가득 찼는데, 그는 한때 인근 런콘에서 자신의 직장 실업 축구팀을 운영한 적이 있었다. 처음에는 팀의 물리치료사인 밥 파이즐리와 만났지만 점차 클럽 실무직원들도 끼어들기 시작했다. 파이즐리는 다음과 같이 말했다. "이사회실보다 부트룸에서 더 폭넓은 의견을 나누었다. 사방이 벽으로 둘러싸인 방에는 모든 것이 간직되어 있었고 신비감마저 돌았다."

선수에 대한 정보를 흔쾌히 주려는 상대 감독들도 초대되었고 왓포드 회장 시절의 가수 엘튼 존도 방문했다. 안필드의 전설에 의하면 술을 권하자 엘튼 존은 핑크 진을 원했지만 결국 맥주를 받았다고 한다. 갈수록 부트룸은 중요해졌고 감독들에게는 훈련, 전술, 시합에 관한 일목요연한 기록이 담긴 책을 참조할 수 있는 도서관 구실을 했다. 〈승자와 패자: 축구의 비즈니스전략〉에서 경제학자인 스테판 지만스키와 경영 컨설턴트인 팀 쿠이퍼스는 리버풀이 7, 80년대에 성공을 거둔 것은 체계적인 조직의 결과이고 부트룸이 중요한 역할을 했다고 주장했다. "부트룸은 클럽의 데이터베이스로서 사실의 기록뿐 아니라 클럽의 정신과 태도 그리고 철학을 담은 기록실이었다."

하지만 1973년 11월 리버풀의 성공은 요원하기만 했고 클럽은 막다른 골목에 서 있었다. 1970년 유러피언컵 준결승까지 올랐던 즈브제다가 훌륭한 팀이라는 데는 이견이 없었지만 예측불허의 경기스타일은 그렇다 치고 그들의 승리 방식은 리버풀에게 정말 무엇이 부족한지를 정확히 보여 주었다. 회의가 소집되자 샹클리, 파간, 파이즐리가 부트룸에 모였고 그 옆에 2군 감독 로니 모란, 유소년팀 양성 책임자 톰 손더스 그리고 엄격한 규율을 강조하며 부상당한 선수에게 철사로 된 솔이나 훈제 청어로 문지르라고 입버릇처럼 말했다는 스코틀랜드 출신의 루벤 베넷 수석코치도 함께 했다.

중대회담까지는 아니었지만 근본적인 문제가 논의되었다: 국내에서는 거만하기 짝이 없는 리버풀인데 유럽에서는 도대체 왜 그렇게 작아지는가? 영국이 부진한 성적을 거두고 있는 상황에서 그나마 문제점을 찾아 낸 것도 샹클리의 완벽주의 덕분이었다. 어쨌든 리버풀은 이전 시즌 UEFA컵에서 보루시아 묀헨글라드바흐를 최종 스코어 3-2로 물리치고 우승을 차지했다. 하지만 그 전까지 페렌치바로시, 아틀레틱 빌바오, 비토리아 세투발과의 유럽 대항전에서 밀려났다. 사실 이 팀들은 영락없는 피라미는 아니었지만 그렇다고 유럽 최고의 팀도 아니었다.

UEFA컵 우승으로 리버풀이 어떤 돌파구를 찾았다면 즈브제다에게 당한 패배는 리버풀을 새삼 착각에서 깨어나게 했다. "즈브제다는 비록 축구팬들이 돈을 지불하면서까지 관람할 만한 팀은 아니었지만 분명 좋은 팀이다"고 샹클리는 말했다. 하지만 볼 소유와 상대의 맥을 끊는 방식은 리버풀에게 큰 교훈이 되었다. 파이즐리는 이렇게 말했다. "볼을 따내도 후방에 머물게 되면 의미가 없다는 걸 알았다. 유럽 정상의 팀들은 어떻게 효율적으로 수비에서 벗어나는지를 보여 주었다. 첫 번째 패스가 움직임의 속도를 결정했다. 우리는 볼을 잡으면 침착하게 두 번째 세 번째 동작까지 생각할 줄 아는 법을 배울 필요가 있었다."

부트룸에서는 낡은 스토퍼형 센터하프의 시대는 끝이 났다고 판단했다. 이젠 플레이를 전개할 수 있는 수비수가 필요했다. 그들이 완전히 사라졌다고 선언한 중앙 수비수 유형에 딱 들어맞았던 래리 로이드는, 비록 노팅엄 포레스트에서 의외의 전성기를 누리긴 했지만, 당시 햄스트링이 파열되었고 대신 미드필더였던 필 톰프슨이 수비의 중심에 있던 에믈린 휴스의 파트너로 내려왔다. 샹클리는 다음과 같이 설명했다. "유럽팀은 후방에서 공격 전개를 하는 것이 유일한 방법이라는 것을 보여 주었다. 이것은 유럽에서 시작되어 항상 집단적인 시스템으로 움직이던 리버풀에 적용되었다. 하지만 휴스의 파트너로 필 톰프슨이 내려오자 뭐라고 규정하기 어려울 정도로 유연한 흐름을 유지했다. 이렇게 정착된 패턴은 몇 년 지나 톰프슨과 앨런 한센이 이어갔다."

"리버풀에서 깨달은 것은 공을 잡을 때마다 매번 골을 넣을 수는 없다는 사실이었다. 이것은 유럽과 남미를 통해 배운 것이다. 후방에서 작은 무리를 지어 플레이를 하면 상대는 그에 따라 패턴이 변한다. 이렇게 되면, 내가 팀을 떠난 뒤에도 리버풀에 남았던, 레이 케네디와 테리 맥더못이 결정적인 패스를 받기 위해 파고들 공간이 생긴다. 그것은 최종적으로 공이 발을 떠날 때까지 고양이와 쥐가 쫓고 쫓기다 구멍이 나타나길 잠시 기다리는 형국이었다. 단순하면서도 효율적이었지만 관중들이 적응하는 데는 시간이 걸렸다."

위대한 전술가는 아니었던 샹클리는 전술을 주로 파이즐리에게 맡겼다. 그는 릴리샬에서 있었던 일주일간의 코치 과정에 참석했다가 너무 지겨워 둘째 날에 떠나기도 했지만 리버풀을 맡자마자 자신에게 필요한 스타일이 무엇인지 명확히 알게 되었다. 1959년 12월에 연재되기 시작한 〈리버풀 에코〉의 기사는 다음과 같이 적었다. "샹클리는 유럽대륙 축구의 계승자다. 샹클리는 볼을 소유하지 않은 사람이 발밑에 볼을 소유한 사람만큼 중요하다고 믿는다. 유럽대륙의 축구는 게으른 사람이 하는 축구가 아니다. 샹클리는 영국에서 생각하는 '봉쇄된' 상황에서 수비진을 뚫고 들어가는 유럽대륙 스타일의 기민한 전진플레이를 목표로 삼으려 했다. 샹클리는 공을 멈추었다 이동시키는 것이 연속적인 동시동작으로 이루어지도록 가르치려 했고 선수들이 공을 완벽하게 다루도록 훈련시켰다."

조금 과장된 말일 수도 있지만 분명 샹클리는 지미 호건만큼이나 볼 컨트롤의 중요성을 깊이 신봉하고 있었다. 샹클리는 멜우드 훈련장에 4개의 판자를 사각형으로 세워 두고 한 명의 선수를 가운데 세운 뒤 네 귀퉁이에서 날아오는 공을 바로 때리거나 트래핑을 하도록 시켰다.

샹클리는 말했다. "이런 훈련의 주된 목표는 누구나 공을 자유자재로 컨트롤할 수 있는 축구의 기본기를 익히는 것이다. 컨트롤과 패스,

그것은 언제나 중요하다. 후방에 있는 선수는 항상 공을 곧바로 컨트롤하고 전진패스를 할 수 있는 사람을 찾는다. 그렇게 하면 팀은 숨쉴 공간과 시간이 더 많아진다. 조금만 지체해도 상대는 볼 뒤로 달려든다. 이런 컨트롤과 패스는 매우 간단하면서도 경제적이었다."

"리버풀에서는 공을 가지고 자기 진영에서 상대 진영으로 달려가거나 빈 공간으로 달려가는 사람이 없다. 그것은 하지 말아야 할 일 중 하나며 용납할 수 없는 일이다. 리버풀에서는 공을 잡으면 몇 가지 선택 상황이 생긴다. 우선 패스를 받을 사람이 최소 2명, 또는 3명 이상이 필요하다. 공을 잡으면 다른 사람에게 빨리 패스하고 다시 받기를 반복한다. 얼마가지 않아 상대의 패턴이 변하기 시작한다. 그러다 누군가가 안으로 파고든다."

1964년 챔피언십 우승 당시 리버풀은 정통적인 W-M을 사용했지만 샹클리는 전술변화를 꾀하고 있었다. 다음 시즌 리버풀은 유러피언컵 2라운드에서 안드레흐트와 맞붙었다. 이 경기 직전 잉글랜드 대표팀은 7명의 안드레흐트 선수를 보유한 벨기에와 친선경기를 가졌다. 샹클리는 경기를 관람하러 웸블리로 갔고 폴 반 힘스트와 제프 유리온의 공격이 위협적이라는 것을 알게 되었다. 안드레흐트와의 경기에서 샹클리는 하의를 붉은색으로 바꾸기로 결정을 내렸는데, 이렇게 상하의를 붉은색으로 입은 것은 리버풀에서 처음 있는 일이기도 하여 단연 사람들의 시선을 끌었다. 그러나 더 의미 있는 것은 토미 스미스를 중앙 수비수 보조로 활용하기 위해 인사이드 포워드를 끌어 내린 작전이었고, 이것은 영국 클럽들이 사용한 초기 포백의 본보기가 되었다.

이것으로 유동성이 살아났으며 영국의 방식이 유일한 방법이 아니라는 것을 인식하게 되었다. 그러나 파이즐리는 영국축구의 문제점을 다시 지적했다. "우리는 정신없이 달려드는 축구를 하며 모든 시합은 전쟁과 다를 바 없었다. 영국축구의 강점이 공을 향해 달려드는 것이라면 유럽대륙은 가로채는 방법을 배워 우리의 강점을 앗아갔다."
1973년 11월의 혁명은 그런 문제점을 수정했고 1974년 샹클리를 대신해 파이즐리가 지휘봉을 잡은 리버풀은 끈기 있게 패스게임을 하는 팀으로 인식되었다. 이 방법으로 리버풀은 1977년과 1984년 사이에 4번의 유러피언컵을 들어 올렸고 브라이언 클러프 감독의 노팅엄 포레스트는 이 전술을 접목해서 두 차례 유러피언컵을 제패했다.

클러프는 미들즈브러와 선덜랜드에서 골을 많이 넣은 스트라이커였지만—지금까지도 잉글랜드리그에서 최단시간에 250골에 도달한 선수—1962년 복싱 데이 Boxing Day(영국을 중심으로 크리스마스 다음 날의 공휴일)에 입은 무릎 부상으로 사실상 선수생활을 마감했다. 요양 중에는 알코올 중독으로 전전긍긍했지만 수준이 낮은 하트풀스 유나이티드에서 좋은 인상을 남긴 후 1967년 당시 2부리그였던 더비 카운티의 감독으로 임명되었다. 수석코치인 피터 테일러와 함께 두 번째 시즌 만에 팀을 승격시킨 클러프는 놀랍게도 1972년 리그 타이틀을 차지했고 1년 뒤 유러피언컵 준결승에 오르기도 했다.

하지만 6개월 후 감독재임 기간 내내 구단에 못마땅했던 클러프는 결국 샘 롱슨 회장과 사이가 틀어져 사임하고 테일러와 함께 팀을 떠났다. 4부리그 소속인 브라이튼으로 돌아온 클러프는 이후 그의 최대 라이벌이었던 돈 레비를 대신해 리즈 유나이티드를 맡았지만 44일간의 끔찍한 경험을 하고 팀을 떠났다. 더비 카운티를 욕하면서 시간을 보낸 탓에 선수들에게 거부당했던 클러프는 감독직을 관두고 1년 넘게 축구계를 떠나 있다가 노팅엄 포레스트에서 다시 감독직을 이어받았다. 더비와 마찬가지로 포레스트도 리그 우승 경험이 없는 2부리그 지방팀이었다. 클러프는 2년 만에 팀을 승격시켰고 세 번째 시즌에 리그 타이틀을 차지했다. 더더욱 놀랍게도 그 다음 시즌에는 유러피언컵 우승을 했고 2년 만에 다시 컵을 찾아 왔다. 포레스트는 유일하게 국내 리그보다 유러피언 타이틀을 더 많이 보유한 팀으로 남아 있다.

클러프는 80년대에 이미 자금부족을 겪던 포레스트를 깔끔하고 침착한 패스축구로 이름을 떨치며 국내 상위 6개 팀에 들도록 만들었다. 그는 주장했다. "팀은 볼을 소유하고 있을 때만 결실을 본다. 꽃에겐 비가 가장 중요한 영양소다. 누가 봐도 축구의 핵심 영양소는 바로 볼이다." 감독 생활 내내 엄습하던 알코올중독이라는 그림자가 그에게 드리우기 전까지 그의 재능은 건재했다. 마치 그런 개성파 감독이 설 자리가 없는 새로운 세상과 다를 바 없었던 그의 첫 프리미어리그이자 마지막 시즌이 되었던 1992~93시즌에 포레스트는 강등되었다.

클러프는 서로 다른 두 개의 팀에서 잉글랜드리그 타이틀을 차지한 단 4명의 감독(선덜랜드와 리버풀의 톰 왓슨, 허드즈필드 타운과 아스널의 허버트 채프먼, 리버풀과 블랙번 로버스의 케니 달글리쉬가 나머지 감독이다) 중 한 사람이었다. 또한 2부리그 소속팀을 끌어 올렸다는 점에서 그의 천재성이 돋보이며 지방 연고 팀을 챔피언으로 만든 것은 그의 개성이 발휘되었기 때문이라 여겨진다. 그는 언론의 힘을 알아차리고 제대로 이용할 줄 아는 최초의 감독이라 말할 수 있으며 티스사이드 지역의 느린 말투 때문에 인상주의자와 풍자가의 면모를 유감없이 드러냈다. 언론의 주목을 한껏 즐겼던 클러프는 짤막한 농담을 갈고 닦아 기가 막힌 시점에 터뜨리고 언제나 자신의 위대함을 부풀렸다. 그는 이런 말을 한 적이 있었다. "로마는 하루아침에 세워지지 않았다. 그때는 내가 특별히 그 일을 맡지 않았기 때문이다."

적어도 영국에서만큼은 클러프는 유명세를 누리던 최초의 감독이었다. 대중은 그의 오만함과 재치 있는 말에 열광했지만 그 이면에는 어두운 구석이 도사리고 있었다. 시간이 흘러 술을 많이 마시게 되면서 가면과 얼굴이 뒤섞였고 클러프라는 인간이 '클러프'라는 개성이 되어 악마를 멀리하기 위해 자기 풍자에 의지했다. 몇 년 동안 클러프와 함께 일했던 〈노팅엄 이브닝 포스트〉 던칸 해밀턴 기자는 신문사가 클러프의 은퇴와 관련해 발행한 증보판에서 다음과 같이 적었다. "만

리버풀 3 보루시아 묀헨글라드바흐 1, 이탈리아 로마 올림피코,
1977년 5월 25일

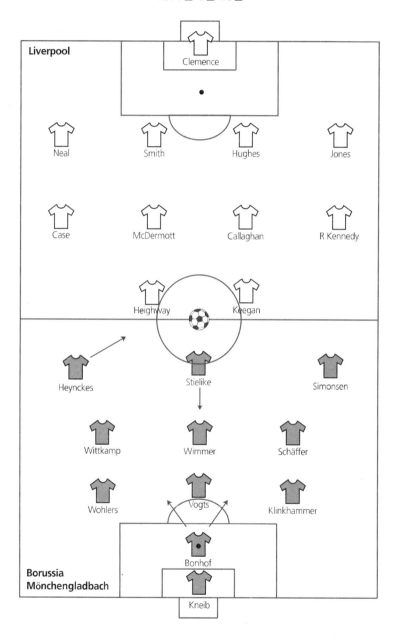

일 그를 감독으로서 뿐만 아니라 개인적으로 알고 나면 그의 모순된 성격을 알게 된다. 열수록 더 작은 상자가 들어있는 중국의 나무상자 같은 사람. 자신의 가정생활을 은밀하게 유지하기로 결심한 공적인 모습의 개인이 있었다. 이 외향적인 사람은 서투른 배우에게 어울리는 무대 감각을 지녀 기본적으로 관객 앞에서 연기를 하는 것을 싫어했다. 괴팍한 사람처럼 용서할 줄 모르고 허풍을 떨며 화도 잘 내고 쓸데없이 거친 어색한 인간이 되었다가도, 동정심 많고 차분하고, 매력적이고 너무나 너그러우며 일부러 누구도 번거롭게 하지 않는 사람이 될 수 있다... 때론 한 시간 만에 이런 모습을 다 드러낼 수도 있다."

　적어도 그가 마지막까지 지켜낸 한 가지는 총명한 축구정신이었다. 클러프는 자신의 표현으로 '펠트 천으로 만든 경기장에서 간섭당하는 서뷰티오 Subbuteo(테이블 축구게임) 인간들'을 항상 경멸했지만 전술을 깡그리 무시했다고 말하는 것은 가당치 않다. 오히려 그는 세밀한 개별적 지시가 필요 없을 정도로 서로를 보완할 능력을 지닌 선수를 수급하는 탁월한 재주를 보이던 전략의 대가였다. 포레스트에서 엄청난 성공을 거두었던 많은 선수들이 팀을 옮기고 나서는 실패한 걸 보면 그의 효율적인 운영이 잘 드러난다. 하지만 클러프 스스로가 그런 점을 언급했을 것 같지는 않다. 잉글랜드 반지성주의의 퉁명스러운 전통에 확고하게 서있는—자신이 일레븐 플러스 Eleven Plus(잉글랜드의 학생선발 시험)에 낙방하여 안정적인 지역 그래머스쿨에서 들어갈 수 없게 됨으로써 촉발된 것—클러프가 단순한 용어 이외의 말로 축구를 설명하려는 사람을 경멸하는 것은 자신의 이미지에 딱 들어맞았다. 9년 앞서 클러프의 미들즈브러에서 몇 마일 떨어진 곳에서 태어난 레비는 상대를 철저하게 연구한 서류뭉치를 자기 선수들에게 내놓았다. 클러프가 보기에 그것은 너무 똑똑한 나머지 의심스러울 정도로 축구를 과도하게 복잡하게 만들어 오히려 축구가 지닌 단순한 아름다움을 해치는 전형적인 사람의 모습에 불과했다.

그의 시스템은 단순하고 시간이 흘러도 거의 변하지 않았다. 테일러는 클러프의 더비 카운티에 대해 말했다. "그들에게 플레이 방법을 얘기하는 데는 시간이 걸리지 않았다. [타깃맨이자 센터포워드인 존] 오헤어에게는 '아무리 상대가 세게 부딪혀도 볼을 지켜라', [골잡이 케빈]헥터에게는 '오헤어를 잘 살펴라. 그가 공을 흘려주면 준비를 하고 있어야 한다'였다. [윙어인 앨런] 힌튼에게는 '넓게 벌려라'는 말 외에는 아무 말도 하지 않았다." 미드필더 앨런 더반은 자기 구역을 책임지라는 말을 들었던 기억을 했는데, 그 자체로 그가 영광을 누리기 위해 경기장을 구석구석 돌아다니기 보다는 오른쪽 백 자리에 눌러 앉아 있도록 만드는 확실한 조언이었다.

포레스트에서는 클러프가 쓰레기 더미에서 건져낸 느리지만 재능 있는 윙어 존 로버트슨이 힐튼 역할을 맡아 왼쪽 측면에서 플레이를 만들어갔고, 개리 버틀즈는 토니 우드콕이나 트레보 프란시스를 위해 볼을 끝까지 소유하였다. 로버트슨의 약점인 기동력은 오른쪽 미드필더인 마틴 오닐에 의해 커버되었는데, 그는 두 명의 중앙 미드필더인 존 맥거번과 이안 보이어가 커버플레이를 위해 왼쪽을 왔다 갔다 할 수 있게 해주었다. 오버래핑하는 풀백 비브 앤더슨은 오른쪽 폭을 열어 주었다.

클러프가 전술을 멀리하긴 했지만 필요하면 선수들에게 개별적인 지시를 하였는데 포레스트가 1차전 2-0 리드를 지켜냈던 1978~79 유러피언컵 1라운드 리버풀과의 원정경기 2차전이 그랬다. 클러프사단의 또 한 명의 미드필더였던 아치 게밀은 자서전에서 이렇게 설명했다. "감독은 우리가 안필드의 원정팀 탈의실을 나서기 몇 분전 무심코 나에게 비브 앤더슨 바로 앞에서 안쪽으로 들어와 추가적으로 오른쪽 백 역할을 하라고 말했다. 감독은 스티브 하이웨이와 레이 케네디 둘 다 볼을 많이 보고 리버풀의 왼쪽 측면을 따라 공격하는 걸 좋아하니 비브와 내가 그 지역에서 일어나는 일을 장악했으면 좋겠다고 빠르게 설명했다." 그것은 팀을 이루기 위해 전략적으로 선택된 선수들은 포괄적인 책임을 져야 한다는 그의 지론에 바탕을 둔 단순한 최소주의 원칙이었다. 하지만 기본전략은 한결 같았다. 4-4-2 시스템에서 한 명의 윙어는 넓게 전진시켰고 다른 한 명은 뒤로 처져 안으로 파고들었으며 볼 소유를 최우선으로 삼았다.

리버풀과 포레스트는 볼 소유를 바탕으로 한 패스게임을 옹호한 반면 '킥앤드러시'로 일축해버리는 혈기왕성한 스타일을 선호하는 부류도 있었다. 그것은 왓포드와 윔블던 같은 작은 클럽들이 찾아 낸 돌파구로서 그들이 급부상하는 토대가 되었지만 잉글랜드축구협회가 이를 공인함으로써 영국축구에 더욱 악영향을 끼쳤다. 브라이언 글랜빌이 "영국축구의 우물에 독약을 탄" 사람이라고 표현한 찰스 휴스가 FA 기술이사가 되자 영국축구는 근본주의자의 손아귀에 들어갔다.

글랜빌의 평가가 옳다고 하더라도 휴스를 옹호하는 사람들은 여전히 많고, 왓포드와 윔블던의 단순명쾌한 축구방식만 놓고 보면 그들의 업적을 매도할 수는 없다. 70년대 영국축구는 가히 별종들의 시대로 기억에 남아 있다. 앨런 허드슨, 프랭크 워싱턴, 스탠 볼스 같은 선수는, 램지가 월드컵에서 성공을 거둔 후 유행을 탔던 체계적인 도식 같은 축구에 적응하지 못했다. 하지만 10년이라는 역사에서 더욱 의미 깊은 것은 압박의 도입이었다.

압박은 놀랄 만한 곳에서 등장했다. 그 장본인은 링컨 시티에서 감독을 시작하여 열악한 조건에서도 왓포드에 엄청난 성공을 안겨준 젊은 그레이엄 테일러였다. 그는 잉글랜드가 1994년 월드컵 진출에 실패하자 비난을 한 몸에 받으면서 대표팀 감독으로서의 명성에 금이 가긴 했지만, 70년대 후반까지만 해도 영국에서는 가장 급진적인 감독이었다. 그를 일컬어 롱볼광이라며 무시하는 사람도 있지만 스텐 컬리스와 허버트 채프먼 시대의 몇몇 감독들이 한 목소리로 말했듯이, 오로지 앞으로 내지르기만 하는 팀이 성공을 거두기란 사실상 하늘의 별 따기만큼 불가능했다. 여기에 대해 테일러는 되물었다.

"언제부터 롱패스가 롱볼이 되었는가?"

지금까지 선수생활은 화려하지 않았지만 감독으로 성공을 거둔 사람들이 많았는데, 이것은 진정한 혁명을 이루기 위한 전제조건이나 다름없어 보인다. 하지만 테일러는 처음부터 자신의 길은 선수보다는 감독이라는 것을 알고 있었던 것 같다. 테일러는 말했다. "원래는 학교에 계속 머물며 대학입시인 A레벨 시험을 쳐서 교사가 되려고 했다. 1년간 식스 폼(6~18세 사이의 학생들이 다니는 2년간의 대학입시 준비과정)을 받고 나서 축구선수가 되려고 관뒀다. 하지만 선수보다는 코치 교육과정을 이수하는 일에 관심이 많았고, 21살 때 코치자격을 얻었다. 항상 무언가를 읽고 있었고 아이디어를 찾았다." 그렇게 골똘했던 아이디어 중 하나가 압박인데, 축구협회에서 발행하는 코치잡지에서 빅토르 마슬로프에 대한 글을 여러 편 읽고 나서 압박의 실현 가능성을 보았다.

테일러는 그림스비 타운에서 4년을 보내고 링컨 시티로 옮겼다. 27세에 최연소 정식 FA 코치가 되었고 엉덩이 부상으로 선수생활이 단축되자 28세인 1972년에 총감독직을 물려받았다. 4년 뒤 테일러는 링컨 시티에게 4부리그 우승타이틀을 안겼고, 최다승점에 최다승 그리고 최소패라는 신기록을 세웠다.

1977년 가수이자 구단주였던 엘튼 존이 그를 왓포드 감독으로 임명하면서 돌파구가 열리기 시작했다. 5년 계약을 제의받자 계약에 동의하기에 앞서 엘튼 존에게 목표가 무엇이냐고 물었다. "왓포드는 4부리그팀이었고 구단 역사에 딱 3년간 2부리그에 들었으니, 나는 당연히 그가 2부리그라고 답할 줄 알았다. 그는 왓포드가 유럽에서 뛰기를 원한다고 말했다. 최정상의 가수가 나에게 5년 계약을 제의하며 왓포드를 유럽에 진출시키라고 요구했다. 5년 뒤 그 요구는 실현되었다."

격동의 70년대 왓포드의 상승은 이채로웠다. 1978년, 1979년 그리고 1982년에 승격을 거듭하였다. 다음 시즌에는 1부리그 2위에 올랐고 이듬해 FA컵 결승전에 오르기도 했다. 테일러는 왓포드의 경기력은 한계가 있다는 것을 인정하지만 그것을 핑계 삼지 않았다. 그는 이렇게 설명했다. "우리 스타일은 어디든 공이 있는 곳은 압박을 가한다는 것이다. 심지어 상대방 오른쪽 백이 자기 진영 아래서 공을 잡아도 압박을 가했다. 우리는 빠른 템포로 경기를 펼쳤고 그러려면 강한 체력이 필요했다. 점수가 0-0인 상태에서 3, 4분이 남았다면 선수들은 어떻게 하는가? 다들 공을 앞쪽으로 보내고 공을 쫓으러 가는데, 그렇다면 마지막 순간처럼 경기시작부터 그렇게 할 수도 있지 않는가? 우리는 체력적인 강점을 살려 그런 시도를 하며 공격 일변도의 플레이를 했지만 유럽에서는 통하지 않는다는 것을 알았다."

다득점 경기가 표준이 되다시피 했다. 다음 시즌 왓포드는 홈에서 에버턴과 4-4 무승부를 기록했고 4-5로 패한 경우도 있었다. 노츠 카운티를 상대로 두 차례나 5-3 승리를 거두었고 선덜랜드를 8-0으로 이겼다. 1982~83시즌에는 노리치에게 1-6 패배를 기록했고 리그 컵 대회에서 노팅엄 포레스트에게 3-7로 패했다. 1984~85시즌 마지막 3경기에서 토트넘과 맨체스터 유나이티드를 5-1로 대파하고 리버풀에게는 3-4로 무릎을 꿇었다. 미친 듯이 덤벙거리는 모습을 보였지만 전체적으로는 먹혀들었다. 1982~83시즌과 이후 테일러가 아스톤 빌라로 옮겨갔던 1986~87시즌 사이에 왓포드는 12위권 밖으로 떨어진 적이 없었다. 클럽의 위상을 볼 때 놀랄 만한 업적이었다.

전형은 방법에 비하면 부차적인 것이었다. 4-4-2를 기본 포메이션으로 사용했지만 윌프 로스트론과 데이비드 바슬리 등 풀백이 밀고 올라갔고 정통파 윙어 나이젤 캘러헌과 존 반스는 경기장 위쪽에서 경기를 펼쳤기 때문에 사실상 1958년 브라질이 사용한 4-2-4와 흡사했고 1982~83시즌에는 3-4-3을 사용하기도 했다. 테일러는 이렇게 말했다. "우리는 계속 전진하고 상대는 계속 뒤로 물러나다 보니 넓게 포진한 미드필더는 계속 따라 올라가서 뒤를 단단히 받쳐 주거나 그냥 거리를 두든지 해야 했다. 우리가 더 높이 올라가면 그에 맞게

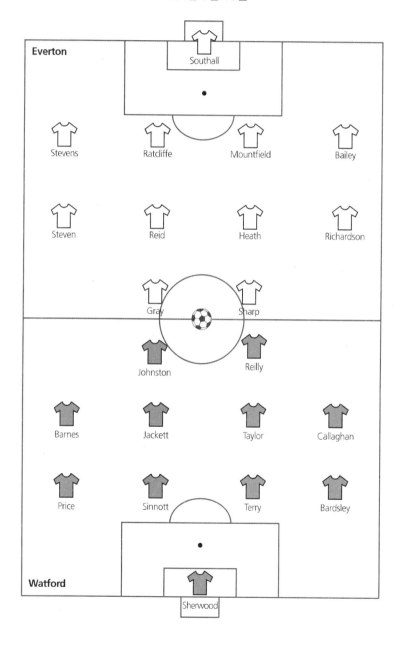

에버턴 2 왓포드 0, FA컵 결승, 런던 웸블리,
1984년 5월 19일

Everton

Southall

Stevens Ratcliffe Mountfield Bailey

Steven Reid Heath Richardson

Gray Sharp

Johnston Reilly

Barnes Jackett Taylor Callaghan

Price Sinnott Terry Bardsley

Watford

Sherwood

상대가 대처할 것이라 예상했지만 꼭 그렇지는 않았다."

미를 예찬하는 사람들은 까무러칠 듯이 반응했지만 테일러는 그렇게 분개하는 것은 대부분 무지하거나 속물적이라고 주장했다. "롱볼을 불평하는 사람들 대부분은 클럽과 선수의 이름에만 주목했다. 글렌 호들이 그렇게 하면 롱패스가 되고 이안 볼턴이 하면 롱볼이었다. 이안은 이름 없는 왓포드 선수로서 가끔 미드필드에서 뛰기도 한 센터백이었다. 호들이 이안보다 훨씬 더 뛰어났지만 롱패스의 정확성을 따진다면 나는 언제나 이안을 꼽겠다."

순수주의자들이 보기에 점입가경인 일이 벌어졌다. 윔블던을 옹호하는 사람들은 그들의 성공을 동화 같다고 말하지만 그것은 확실히 마법이 빠진 동화였다. 스티븐 크랩트리는 〈윔블던―놀라운 여행〉에서, 그들의 이야기는 "만일 〈로이 오브 로버스Roy of the Rovers(영국 축구연재 만화)〉에 등장했다 하더라도 믿기 어려웠을 것이다. 재정지원이 전무한 상태에서, 연민의 정을 보내는 사람도 없고, 리그 기준에 맞지도 않는 운동장과 이름 없는 선수들로 일궈낸 놀라운 일"이라고 했다. 1977년 리그에 등록할 당시는 분명 그랬던 것 같다. 이후 윔블던은 크루팀에서 패스게임으로 유명세를 탔던 다리오 그라디의 지휘로 3부리그로 승격했다. 하지만 바로 강등되었고 그라디가 1981년 2월 크리스탈 팰리스로 떠나자 새로 부임한 데이브 바세트 감독 밑에서 다시 승격했지만 곧 강등되었다. 하지만 그가 맞이한 4부리그가 전환점이 되었다. 시작은 고무적이었지만 11월에 성적이 떨어지자 바세트는 새로운 방법을 시도했다. 2월에는 이렇게 말한 적이 있다. "시즌 초반, 스위퍼를 둔 수비로 재미를 보았지만 이젠 공을 전방으로 빠르게 보내는 전술로 바꾸었다. 그게 우리 팀에 맞다."

도저히 못 봐 줄 경기라는 주장에 대해 바세트는 무시해 버렸다. "매력적인 게 뭔가에 따라 다르다. 이번 시즌에 내가 본 어떤 팀보다도 우리 서포터스가 우리 경기를 즐길 일이 골문 앞에서 더 많았다.

그것을 좋아하든 아니든, 우리는 경기에서 이기고 승격하려고 여기에 있는 것이다."

"골문 앞에서 일어나는 일"은 건성으로 하는 재미없는 축구에 대한 변명으로 감독들이 마지막으로 들고 나오는 말이다. 만일 단순하게 전방으로 패스하는 것이라면 용서할 수 있겠지만 윔블던은 시작 휘슬을 불자마자 꼴사나운 플레이를 펼쳤다. 스톡포트 카운티와 펼친 원정경기에서 3-1 승리를 거두자 1주일 뒤 스톡포트 방송프로그램에서 다음과 같은 물음을 던졌다. "왜 그들은 지저분한 태클과 시간지연 전술에 기대야 했는가? 누구라도 어떻게든 승격을 하겠다는 그들의 목표를 막을 가능성은 없어 보인다."

윔블던은 성공을 거두었지만 관중은 떠나갔다. 바세트는 "우리는 좋은 축구를 선보이려고 모든 노력을 기울였지만 윔블던과 인근지역의 무관심은 말로 다 표현할 수가 없었다"고 말했다. 물론 그들은 좋은 축구를 선보이지 못했고 이기는 축구만 보여 주었다. 이 두 가지 축구가 딱히 같은 것은 아니다. 그가 표현한 절망감은 자신을 정당화하기 위한 것으로 보인다: 팬들이 운동장에 오지 않는데 안티풋볼을 못할 이유가 어디 있겠는가? 골은 들어갔지만 그것은 아름다움을 던져 버린 공허한 축구였다.

그들의 경기를 지켜보는 일은 끔찍했지만 윔블던은 어이없어하는 상대를 아랑곳하지 않고 승격을 거듭했다. 그림스비 타운의 골키퍼 나이젤 배치는 1984년 윔블던 홈구장 플라우 레인에서 열린 1-1 무승부 경기 후 혀를 내둘렀다. "한꺼번에 공을 향해 달려드는 사내아이들 같았다." 그것은 〈브라이턴 이브닝 아구스〉에서 존 비니콤이 단정했던 것처럼 왓포드의 완벽한 재현이었고 오히려 더 악질이었다. 그는 "뒤에서 날려 보낸 높은 패스를 전방의 4명이 쫓아가는 기병대의 돌격 포메이션을 택했을 때 윔블던은 한 가련한 사람이 다시 일으켜 세운 왓포드"라고 묘사했다.

웸블던은 1987년 1부리그 6위를 차지했고 보비 굴드로 감독이 교체된 1988년에는 FA컵 우승을 거머쥐었다. 코번트리 시티 총감독 조지 커티스는 "웸블던은 플레이를 하는 게 아니다. 공을 잡자마자 그냥 차버린다"며 투덜거렸다. 사실 그렇게 말하면 조금 억울할 수 있는 것은 경솔하고 꼴사납기도 하지만 효율적인 최전방 공격수였던 존 파샤누를 향해 공을 찼기 때문이다. 또한 팀에는 결점은 많지만 재능 있는 데니스 와이즈가 있었으나 웸블던을 추앙하는 사람은 거의 없었다. 그들은 유행에 맞지도 않는 것을 실컷 즐기며 양복을 찢는 가입의식을 만들기도 했고 경기에서는 힘에만 의존하는 체력싸움을 즐겼다. 1988년 웸블던이 웸블리에서 리버풀을 상대로 승리를 거둘 수 있었던 것은 자기 선수들 대부분이 주장하듯, 시작하자마자 비니 존스가 스티브 맥마흔에게 으스러지는 소리가 날 정도의 반칙을 하자 리버풀 선수들이 겁을 잔뜩 먹었기 때문이다.

제대로 모르면서 발끈하는 사람들처럼 웸블던 옹호론자들은 인기가 없는 이유를 제도권에 대한 '무뚝뚝한' 태도—크랩트리가 입버릇처럼 사용하는—탓으로 보았지만 관중입장 수는 누구도 달가워하지 않는 축구임을 말해 주었다. 예산 문제가 영향을 주긴 했지만 저변에 깔린 폭력행위를 정당화시키지 못했다. 실용적이지 않을 뿐더러 허무주의에 닿아 있었다.

이와 대조적으로 테일러는 실용적인 선택을 하였다. 시스템의 한계를 인정하면서 모든 면에서 그런 한계가 드러날 것이라고 예상했다고 고백했다. 가동할 자원이 있었던 아스톤 빌라에서는 직선적인 축구에다 세련된 내용도 가미했다. 토니 데일리라면 당시 웸블던에 들어갈 수도 있었겠지만 고든 코웬스처럼 교양 있는 선수라면 웸블던에 들어갔을 리 만무했다.

테일러는 왓포드에서 첫 시즌에 유럽대항전에 나간 뒤 자신의 예상대로 상대 팀이 자신의 축구스타일에 대처하는 법을 들고 나온다는 것을 알았다. "우리가 상대하는 팀은 아래에 처져 짧은 패스로 공을 소유하다가 우릴 따돌리는 경기를 펼칠 태세를 했고, 팬들도 앞으로 공을 차내라고 요구하지 않았다." 비카라지 로드에서 펼쳐진 UEFA 컵 1라운드에서 독일의 카이저슬라우테른에게 1차전을 1-3으로 내주었지만 2차전 3-0 승리로 전세를 뒤집었고 2라운드 레브스키 소피아 전에는 조금 밀렸지만 3라운드에서 스파르타 프라그에게 철저히 농락당하며 합계 2-7로 지고 말았다. 테일러는 "아이와 어른의 경기였다. 공을 뺏기면 다시는 돌려주질 않았다"라고 말했다.

정확하게 말해서 압박을 주 무기로 한 직선적인 플레이 스타일이 문제였다. 이 방법은 압박을 받아도 볼 소유를 할 수 있는 기술적으로 완성된 팀을 만나기 전까지만 유효하며 테일러의 지적대로 기후조건으로 빠른 템포와 쉼 없는 압박을 유지하지 못하면 결점이 더욱 뚜렷해진다. 물론 이것은 잉글랜드가 주요대회에서 계속 부진한 이유의 하나이기도 하고 실제로도 잉글랜드 선수들은 거의 언제나 잉글랜드보다 훨씬 더운 기후에서 경기를 펼쳤다.

테일러는 자신의 축구지식을 넓히는 과정에서 50년대 울브즈의 스탠 컬리스와 팀의 주장 빌리 라이트와 장황하게 얘기를 나누었다. 두 사람이 테일러의 사고에 끼친 영향은 두말할 필요 없이 명백했고, 정확한 시점은 알 수 없지만 찰스 휴스와도 관계를 맺었다. 자신은 휴스에게 영향을 받지 않았다고 하지만, 휴스가 유소년팀 코치 이사이면서 18세 이하 잉글랜드팀 감독을 잠시 역임한 일이 있었으므로 그럴 가능성도 있어 보인다. 이렇게 테일러와 휴스 그리고 찰스 리프의 관계가 얽히고설키기 시작한다.

휴스가 처음으로 낸 두 권의 책, 1973년 〈축구: 전술과 팀워크〉와 1980년 〈축구전술과 기술〉은 실용지침서로서 가까운 골대로 오는 코너킥에 대처 하는 법, 상대를 저지하려면 얼마나 가까이 다가가야 하는지 등에 대해 지도한다. 둘 다 내용이 비슷한 개괄서지만 두 번째

책이 선수 개인에 더 중심을 두고 있다. 두 권 모두 특정한 축구철학을 전파하는 것은 아니고 지나치게 실용적인 감도 들지만 전체적으로 흠 잡을 데 없는 책이다.

그러다가 1981년 혹은 1982년쯤 테일러는 자신의 집에서 휴스와 리프의 만남을 주선했는데, 1933년 노르웨이 감독 에질 올센에게 쓴 리프의 편지에 따르면 휴스가 자신의 비서인 맨디 프리머스에게 속기 기술을 연마시키길 원했기 때문이었다. 처음에 리프는 휴스를 기꺼이 도우려 했지만 휴스가 자신과 함께 일한다는 사실을 암시하는 글을 발표하자 의심을 품었다. 더군다나 리프는 그 편지에서, 비록 신빙성은 확인할 길 없지만, 휴스가 리프나 왓포드가 공개를 원치 않았던 왓포드의 플레이 스타일의 비밀을 파헤치기 시작했다고 주장했다.

1984년에 있었던 휴스의 몇 차례 강연에서는 리프의 영향이 느껴진다. 강의에서 휴스는 "지난 2년간 협회는 코치지도 방안을 더 우수하고 객관적이며 성공적으로 조율하려고 애써왔다. 이런 목적과 목표를 달성하기 위해 FA는 경기 운영 분석연구에 깊이 관여했다"고 발언했다.

마지막 구절인 "경기 운영 분석"은 리프가 50년대 이후 쭉 사용했던 용어이며 휴스의 저서에는 등장하지 않는다. 이것은 리프의 특기로서 두 단어면 충분할 것을 세 단어를 사용하여 만든 기묘하고 까다로운 용어이며, 분명히 휴스가 들은 적이 없는데 우연히 알게 되었다고 보기는 어렵고 리프의 글을 읽었다고 볼 수 있다. 리프는 화가 단단히 났다. 그러자 휴스는 '운영'을 빼고 '경기 분석'이라는 좀 더 명확한 표현을 사용했다.

노츠 카운티 수석코치인 리처드 베이트가 1987년 리버풀 축구과학 포럼에서 리프 이론의 재탕이라 할 만한 내용을 발표하면서 자신이 휴스의 도움을 받았다고 말하자 리프는 화가 머리끝까지 치밀었다. 〈승리의 공식〉의 머리말에서 휴스는 누구의 도움 없이 자신의 결론에 도달했다고 힘주어 강조한다. "나는 FA 임원이 되었던 1964년 1월에 경기 분석을 처음 시작했다. 랭커스트 게이트에 있는 FA 본부에는 FA컵 결승과 국제경기를 기록한 16㎜ 필름 보관소가 있었다. 1964년과 1967년 사이에 여기 있던 모든 경기를 봤고 모든 골을 따로 뽑아 면밀히 분석한 후 득점과 승리의 주요 요인을 수립했다."

"분석 결과는 1964년에서 1974년까지 총 77경기에서 내가 운영했던 세계적인 모든 팀의 플레이방식에 적용되었다. 이런 작업의 핵심적인 내용이 〈전술과 팀워크〉라는 책과, 같은 제목이 달린 11개의 필름으로 1973년 발행되었다."

분석 결과를 활용한 것은 분명하지만 작업의 통계가 충분하지 않고 아무런 통일된 철학을 전달하지 못한다. 어느 쪽인지는 확실하지 않지만 리프가 왜 의구심을 가지는지 알 수 있다. 노르웨이 외위빈 라르손 교수는 "포괄적이며 바람직한 플레이가 금세 단순한 침투에 기반을 두는 플레이로 바뀌었다"고 지적한다. 휴스는 평범한 실용주의 노선의 감독이었지만 FA 기술이사 후임인 하워드 윌킨슨이 사용한 용어를 쓰자면 '열성분자'가 되었다. 용어와 가중치에서 차이가 나는 것은 휴스가 리프의 몇몇 계산법을 인식하지 못했기 때문이라고 올센에게 보낸 편지에서 주장했다.

휴스는 말을 이어갔다. "경기를 분석하는 작업은 이후로 쭉 이어져 왔다. 1982년 초 찰스 리프라는 멋진 사람을 만난 것은 기쁜 일이었는데, 그는 30년 동안 축구경기를 분석했고 여러 리그의 클럽에게 용케 조언도 해주었다."

휴스는 그때 프리머스에게 그녀의 속기실력을 발휘해 경기분석을 하도록 시켰다고 주장한다. "분석 방법만 말하자면 내가 약 25년 전에 고안한 것으로서 실제로 찰스 리프와는 다르다. 리프와 내가 서로 다른 길을 통해 전략에 대한 철학을 얻었지만 결론이 크게 다른 점은 없었다."

하지만 세 사람 사이에는 중대한 의견차가 있었다. 테일러는 휴스를 인정하지 않았고 휴스는 리프를 인정하지 않았으며 리프는 휴스를 비난했다. 리프와 테일러가 보기에, 휴스는 자신의 목적을 위해 둘의 아이디어를 우려먹으며 명성은 명성대로 얻고 책과 비디오를 팔았다. 아마도 그런 얘기는 위원회실에서 듣는 험담 수준의 귀에 익은 이야기이자 저작권 개념을 놓고 보더라도 있을 수 없는 일이었다. 1990년 테일러가 잉글랜드팀 총감독으로 임명되면서 휴스와의 관계는 순탄치 못했고 휴스가 1989년 전임자였던 테드 크로커의 FA 최고이사 자리를 두고 벌인 싸움에서 그레이엄 켈리에게 지는 바람에 매우 화가 나 있었던 점도 좋게 작용하지 않았다.

리프는 75세였던 1980년 8월 4일 테일러에게 편지를 썼다. 편지에서 "모든 골은 확률의 구조 안에서 무작위로 나온다"는 이론을 설명했다. 같은 달, 엑서터에서 두 시간 동안 만났고 그 후 리프는 스코틀랜드 축구잡지 〈더 펀트〉에 글을 실었다. "테일러가 다양한 축구스타일에 관해 더 자세히 알기 위해 나와 통화를 원할 때마다 나는 흔쾌히 그가 원하는 만큼 이야기를 나누었다. 한 사람이 일장연설을 하는 방식의 대화도 몇 차례 주고받았는데, 그때만큼은 서로 다시 만날 필요가 없을 정도로 많은 분야를 넘나들었다."

리프는 1980~81시즌의 왓포드 경기를 보지 않았지만 1981년 3월 11일 플리머스에 있는 자신의 집에서 테일러와 다시 만났다고 한다. 초기이론을 같이 작성한 왓포드의 팬 리처드 폴라드의 보고서를 받고서 리프는 왓포드에서는 "5골 중 1골만이 3번 이상의 연결된 패스를 통해 들어간다"는 결론을 내렸다. 다시 말해 왓포드의 골은 30년간 리프가 보여 주었던 패턴에 부합하는 것으로서 80퍼센트의 골이 3번 이내의 패스전개로 나온다는 것이다(물론 그가 당시에 보여 주었던 91.5퍼센트에는 못 미쳤다).

리프가 설정한 대로 한 골을 넣는 데 대략 9번의 슛이 필요하다는 일정한 값의 상수도 옳았다. 이런 확신을 가지고 왓포드와 왓포드를 상대한 팀이 몇 골을 '미루어 뒀고' 또는 '초과 달성'했는지를 계속 기록했다(만일 90개의 슛을 한 팀은 10골을 넣어야 하는데 8골만 성공시켰다면 두 골이 미뤄진 것이고, 12골을 넣는다면 두 골을 초과 달성한 것이다). 사우샘프턴에서 열린 리그컵 대회 2라운드 1차전에서 왓포드가 0-4로 졌을 때, 리프는 2차전을 앞두고 상대가 4골을 '초과 달성'한 반면 왓포드는 2.5골이 '미뤄진' 상태를 파악하고 테일러에게 편지를 보내 한 경기 만에 균형을 맞출 수 있으니 왓포드가 공격적인 전술로 나가야 한다고 조언했다.

이것은 물론 황당한 이야기며 테일러 스스로 부족한 4골을 만회하기 위해서는 공격이 최선이라는 걸 분명히 알았을 것이다. 왓포드는 90분 동안 5-1로 리드하며 목표를 이루었고 추가 시간에 두 골을 더 넣었다. 리프는 다음과 같이 썼다. "생각만 해도 황홀했다. 처음으로 나의 팀 중 하나가 '미뤄진 골' 및 '초과 달성한 골'과 연관된 상황을 계산적으로 활용했고 놀랄 만한 성공을 거두었다. 물론 우발적인 기회가 유리하게 작용했다는 사실을 항상 받아 들여야 한다. 그리고 예상했던 대로 다음 경기에서는 예기치 못한 상황이 왓포드에게 불리하게 작용하여 1-2로 패했다."

리프의 연구에 수학적 토대가 부족한 것도 여실히 드러났다. '임의의 기회'는 우주의 균형을 맞추기 위해 골을 내주거나 거부할 수 있는 신적인 존재가 아니다. 단지 임의적일 뿐이다. 동전을 100번 던져 99번이 앞면이라도 백 번째가 뒷면일 확률은 여전히 2분의 1이다. 그렇지는 않지만, 실제 상황과 무관하게 9번 중 1번은 어떤 슛이든 골이 된다 하더라도 공격수가 마지막 10번 째 슛을 골로 성공시킬지, 마지막 100번 째 슛을 놓칠지, 그 확률은 여전히 9분의 1이 된다. 물론 동전은 편견이 없다는 전제가 있다. 동전이 계속 앞면만 나온다면 틀림없이 무게가 치우쳤기 때문이고, 스트라이커가 계속 기회를 놓친다면 분명 실력의 문제다.

그럼에도 불구하고 1981~82시즌을 앞두고 테일러는 리프의 훈련생 중 한 명인 사이먼 하틀리를 고용하기로 결정한다. 그는 랭커스터 대학 고고학과 졸업생으로 플리머스에서 리프가 메모해 놓은 것을 본 뒤 그의 생각에 매료되었다. 시즌 중 리프가 전화로 연락을 한 적은 없었지만 세 통의 편지를 보냈고 그 중 하나는 왓포드의 왼쪽 윙어 존 반스에 비해 오른쪽 윙에서 골이 터지지 않는 문제를 다루면서 윙플레이 방법에 대한 자신의 계획을 제안했다. 왓포드가 승격하던 해, 그들이 올린 득점 중 93.4퍼센트가 세 번 이하의 패스 전개로 이루어졌는데, 이를 두고 리프는 "대단하다"고 지적한다. 그러나 만일 세 번 이하의 패스로 이루어진 공격전개의 수를 91.5퍼센트로 놓고, 한 번의 공격전개에 들어가는 패스의 수가 차이가 없다고 전제하면 예상보다 높은 것은 분명하다. 왓포드가 의식적으로 직선적인 축구를 하는 팀이라고 가정한다면 틀림없이 상당수의 공격전개가 세 번 이하의 패스로 이루어졌겠지만 그렇다고 직선적인 축구의 효용이 크다는 증거는 찾아 볼 수 없다.

리프는 자신과 하틀리가 6천 파운드의 보너스를 받았고 다음 시즌 수업료 문제로 테일러와 크게 다투었다고 했지만 테일러는 분명치 않은 통계상의 관점 때문이었다고 기억한다. 리프는 공격 3분의 1지점에 도달하는 공의 횟수에 골몰하고 있었다. 왓포드는 그 수가 1982년 2월 6일 1-0으로 승리한 첼시전에서 202번을 기록했지만, 경기당 평균은 156번이었다. 스탄 컬리스의 울브스는 경기당 180번 가량 기록했으며 리프는 테일러에게 왓포드도 그에 맞먹는 수준으로 끌어 올리도록 재촉했다. 테일러의 주 무기는 어김없이 공격 3분의 1지점에서 공을 따내는 것이었는데, 리프의 시스템은 이것을 계산에 넣지 않았다고 지적하며 이것도 수치에 반영해야 한다고 제안했다. 리프는 그렇게 하지 않았고, 하틀리는 한 시즌을 더 머물렀지만 리프와 왓포드와의 개인적인 관계는 끝이 났다. 테일러는 "리프는 모 아니면 도였다. 타협의 여지가 없었다"고 말했다.

리프가 휴스를 탐탁지 않게 여겼는지는 모르지만 리프의 이론, 또는 적어도 그의 이론을 〈승리의 공식〉에서 풀이한 해설이 최고로 추앙받도록 해 준 사람이 휴스였고, 그는 1983년에서 1994년 사이에 협회의 교육 및 코치이사였다. 이 책은 풍자작가들도 꿈꿀 수 없었던 단체인 영국항공우주공사 British Aerospace와 손을 잡고 후원을 받았다. 휴스는 책의 서문에서 "직선적인 플레이 전략이 볼 소유 전략보다 오히려 낫다. 반박할 수 없는 사실들과 넘치고 넘친 증거들이 있다"고 자신 있게 말한다. 그런 철학을 바탕으로 이룬 영국팀의 성적 자체가 반박투성이라고 말할 수도 있겠지만, 오류를 일으키는 쪽은 선수지 통계는 아니다.

월드컵에서 경기당 골 평균이 1954년 5.4에서 1986년 2.5로 떨어졌다는 사실을 주목한 휴스는 "축구가 과거만큼 훌륭하지 못하다"며 재빨리 결론을 내린다. 이른바 이성과 논리를 적용하여 권위를 지키는 사람이 그런 논리적 비약을 해도 용납이 된다면 실로 믿기 어려운 일이다. 축구의 경기내용을 평가하는 일은 필시 주관적이라서 득점이 없어도 훌륭한 경기가 있듯이 4-3의 스릴 넘치는(흥분과 경기내용은 동의어가 아니다) 스코어라도 나쁜 경기가 있는 법이다. 득점만이 우수함을 나타낸다면 초등학교 경기를 보려고 수많은 사람들이 줄을 서게 될 것이다.

득점이 줄어든 이유에 대해 휴스는 "새로운 효율적 수비전략이 나와서가 아니라 엉뚱한 방향의 공격전략 즉, 볼 점유율 축구에 있다"고 말한다. 이젠 채프먼의 주장이나 프리미어리그 주말경기 통계를 삼깐만 보더라도 볼 점유율이 꼭 승리로 이어지지 않는다는 것이 분명하지만, 그렇다고 볼 소유가 나쁘다는 의미도 아니다. 그러나 휴스는 "압도적"이라는 말을 다시 사용하면서 "공을 잡았을 때 공격전개가 오래 걸리는 팀일수록 수비하는 팀은 복귀하여 재정비하는 시간을 더 많이 가진다"고 주장한다.

〈승리의 공식〉에서 휴스는 1966년부터 1986년 사이에 202골이 들어간 109경기를 증거로 제시한다. 주의할 점은, 그 정도는 거대표본이 아니며, 특히 이것을 토대로 "세계 축구가 지난 30년 동안의 좋았던 시절에 비해 잘못된 전략으로 옮겨가고 있다"고 주장하는 사람들에게는 턱없이 모자라는 경기 수다. 또한 휴스가 경기당 2.5골을 양산한 월드컵에는 격분한 반면에 자신이 표본으로 삼은 경기는 겨우 1.85골에 그쳤다는 사실을 숙고해야 한다. 어쨌거나 흥미로운 결과임에는 틀림없지만, 휴스는 테일러처럼 직선적인 축구는 높은 수준에서는 효율성이 떨어진다고 주장하는 사람들이 못 빠져 나가도록 하기 위하여 성공을 거둔 팀만 걸러 포함시킨 것으로 짐작된다: 리버풀, 16세 이하, 21세 이하 잉글랜드 대표팀 그리고 아르헨티나, 브라질, 잉글랜드, 네덜란드, 이탈리아, 서독이 뛴 월드컵이나 유럽 챔피언십 경기들.

202골 중 53골은 연속 패스전개 없이 나왔고 29골은 1번의 패스, 35골은 두 번, 26골은 세 번의 패스로 들어간 골이었다. 전체 골의 87퍼센트가 다섯 번 이내의 패스전개로 이루어졌고 열 번 이상의 패스전개로 들어간 경우는 3퍼센트도 되지 않았다(만약 모든 공격전개의 91.5퍼센트가 세 번 이내의 패스로 이루어진다는 리프의 통계가 옳다하더라도 여전히 직선적인 축구를 뒷받침해 주지는 않는다). 그렇다면 세 번 이내의 패스로 들어간 골 중 몇 골이 더 오래 패스전개를 하다가 공격이 끊어지면서 일어난 결과인가라는 문제가 남는다.

질문을 예상한 휴스는 당치않은 성취감마저 느끼며 자신의 수치를 제시한다. 휴스가 분석한 열여섯 번의 잉글랜드 대표팀 국제경기에서 패스를 통하지 않은 19골(페널티 골, 골망을 직접 가르는 프리킥, 골키퍼가 쳐낸 공을 날린 골 또는 태클이나 수비수의 패스미스로 인한 골) 중 12골만이 세 번 이내의 패스전개에서 발생하여 63퍼센트를 차지하였는데, 이는 리프의 기준인 91.5퍼센트보다 한참 적었다. 그러니 휴스가 옳은가 아닌가라는 문제보다는 어떻게 그런 이론이 그렇게 오랫동안 무사했는가 하는 점이다.

놀랄 일도 아니겠지만, 브라질은 많은 패스연결을 통해 골을 넣는 대표적인 팀으로 전체 골 중 32퍼센트는 여섯 번 이상의 패스전개로 성공시켰고 그 뒤를 이은 서독이 25퍼센트였다(당시 13차례의 월드컵에서 두 팀이 여섯 번을 우승했다는 것을 감안하면 볼 점유율 위주의 축구를 지지하는 주장으로 받아들여질 수도 있다). 믿기지 않는 또 한 가지는, 연구대상이었던 네덜란드의 10골 중 단 한 골도 여섯 번 이상의 패스전개로 들어간 것이 없다는 사실이다. 여기서 뭔가 잘못되었다는 생각이 들기 시작한다. 즉, 왜 검토한 골이 딱 10골인가? 네덜란드는 1974년 월드컵 결선 대회서만 15골을 넣었다. 이것은 작은 표본일 뿐만 아니라 자의적인 표본이었고 〈승리의 공식〉 어디에도 선별 과정은 설명되어 있지 않다.

악의적인 게 전혀 없다고 하더라도 증상을 파악해 놓고도 원인을 몰랐던 점은 휴스에게 책임이 있다. 그는 결론 부분에서 이렇게 말한다. "첫 번째 목표는 상대보다 더 자주 공격 3분의 1지점에 가는 것이고 마지막 목표는 매 경기 목표물에 최소 열 번의 슛을 날리는 것이다. 만약 여기서 제시한 전략을 채택하고 전술적인 목표를 달성하면 이길 가능성은 85퍼센트 이상으로 높아진다. 패하지 않을 확률은 훨씬 더 높다. 어떤 팀이 열 번 슛을 하고 패한 기록은 한 번도 없다." 그렇다 치자 그러나 과연 슛이 이런 결과의 원인일까? 아니면 경기를 지배하던 팀의 당연한 결과인가? 슛을 많이 하기 때문에 경기에 이기는가, 경기를 압도해서 슛이 많은가?

휴스의 요지는 압박을 내세운다는 점이다. 채프먼과 엘레니오 에레라는 팀 대형을 아래로 끌어 내려 큰 성공을 거두었지만, 현대축구에서 압박은 삼척동자라도 아는 전술이다. 휴스는 "만일 한 팀이 공격

3분의 1지점에서 볼을 탈환하는 횟수를 높인다면 더 많은 골을 넣을 것이다"고 말한다. 그의 통계로 보면 득점의 52퍼센트가 공격 3분의 1지점에서 볼을 소유할 때 발생했고, 수비 3분의 1지점에서는 18퍼센트였다. 그리고 공격 3분의 1지점에서 탈환한 경우 수비지역보다 7배나 득점률이 높았다. 지금은 그런 수치는 공격지역에서 흐름이 끊어지거나 흐르는 볼이 공격하는 팀에게 오는 경우가 있기 때문에 분명 들어맞지 않다. 그러나 이 수치는 압박이 필요하다는 것을 명백하게 보여 준다. 물론 압박은 상대가 공격을 전개하기도 전에 상대공격을 질식시키는 이점도 있다. 이것이 테일러와 리프가 의견 차이를 보이는 부분이지만, 어쨌든 압박은 시합을 이기는 데 도움이 되는 행위로서 위험지역에서 공을 빼앗는 것도 압박의 결과이다.

휴스는 "수준 높은 팀도 절반 이상의 슛이 골대를 벗어난다. 그러니 선수들은 골대를 벗어날까 봐 슛을 아껴서는 안 된다"고 지적하면서 기회가 있을 때마다 슛을 해야 한다고 주장한다. 동료가 확실히 더 좋은 위치를 잡고 있어도 꼭 슛을 해야 하는가? 20미터, 30미터, 40미터에서도 항상 슛을 해야 하는가? 휴스는 빗맞은 슛이라 하더라도 득점기회를 만들 수 있다고 주장하는데, 옳은 말이긴 하지만 만일 잘 찔러준 패스로 한 번에 득점할 가능성이 높은데, 왜 굳이 운에 맡기는 상황을 만들 것인가? 마치 기술에 대한 불신, 즉 플레이에 추가적인 요소를 더하면 잘못될 가능성이 높아져 차라리 튕겨 나오거나 굴절된 공에 의존하는 편이 더 낫겠다고 생각할 정도로 두려움이 도사리고 있는 것 같다.

1963년부터 1983까지 FA 기술이사를 역임했던 알렌 웨이드는 심미주의자는 아니었지만 자신의 후임자가 지닌 독단에는 치를 떨었다. "이 난리법석은 축구의 죽음을 가져올 것이다. 선수들이 소설 속 인물인 스벵갈리 같은 강박적 폭군에게 통제당하고 통계학자와 분석가라는 배터리로 충전되는 축구는 결코 펠레가 말하는 마술처럼 아름다운 게임의 마력을 지닐 수 없다."

아마 이쯤이면, 머리를 숙이고 밀어 붙이던 빅토리아 시절의 축구가 옳았다고 수긍하는 사람도 있을 것이다. 이탈리아가 피해망상으로 카테나치오를 만들고 개인의 능력보다 전략을 믿게 되었을 때, 영국도 자신의 불안감을 능력의 불신으로 이끌어 가긴 했지만 결국은 생각 없이 그저 싸우고 달리고를 반복하는 체력위주의 경기를 선택했다. 독일 언론인 라파엘 호니그슈타인은 영국축구에 대한 냉소적인 내용을 담은 자신의 저서에 "더 열심히, 더 훌륭하게, 더 빠르게, 더 강하게"라는 제목을 달았다. "더 기술적으로"라는 말은 빠져 있었다.

비록 휴스가 정확성을 높이기 위해 슈팅 연습을 늘리자고 하지만, 이것은 100년 전 풀럼의 지미 호건을 충격에 빠뜨렸던 주장과 다를 바 없다: 복권을 많이 사면 결국에는 당첨될 것이다.

그것을 별개로 하고라도 휴스의 작업에는 황당할 정도로 세밀함이 떨어진 것이 있다. 그는 자신의 공식을 적용함으로써—공식을 반대하는 것보다는 더 낫다고 할 수도 있겠지만—팀이 승리할 가능성이 85퍼센트가 넘는다고 주장한다. 문제는 나머지 15퍼센트의 패턴이 존재하는가이다. 테일러는 휴스의 통계로는 알 수 없는 '가능성'을 언급한다. 이것은 직선적인 축구로는 더 나아갈 수 없는 한계가 있고 볼을 소유하고 소유한 볼을 컨트롤하는 능력이 직선적인 축구의 비효율을 사장시킬 정도의 저항으로 찾아 올 가능성을 말한다. 브라이언 클러프는 한결같이 주장한다. "나는 한 치의 의심도 없이 찰스 휴스의 축구방법은 완전 엉터리라고 단정한다. 휴스는 축구공에 고드름이 매달릴 정도로 높이 차야 한다고 믿는 사람이다."

비록 과장된 말이긴 하지만 곳곳에서 휴스의 결함은 드러났다. 채프먼의 직선적인 축구방식이 원활하게 작동한 것은 상대가 뒷공간을 열어두도록 유인하여 그 공간을 이용했기 때문이었다. 빠른 템포의 압박게임을 펼치던 테일러의 왓포드는 그런 공격에 취약했다. 휴스의 공식은 반대 스타일을 구별 짓지 않는다. 테일러의 직선적인 축구가 볼 소유에 능숙하고 날카로운 역습을 감행하던 스파르타 프라그에게 좌초된 것을 생각하면 휴스도 마찬가지였을 것이다. 테일러는 조직력과 열정이 어느 정도 팀을 끌어 갈 것이라는 점을 알았다. 그러나 단지 거기까지였다.

역설적이게도, 테일러는 결점을 꿰뚫고 있었지만 휴스가 리프의 원리를 FA 정책으로 실행한 후의 참혹한 결과물을 자신이 거두어들였다. 물론 부상으로 빠진 선수도 있었지만, 과연 주요 선수권대회에서 유로92 조별 그룹 스웨덴전에서 1-2로 패할 당시보다 더 약한 팀을 내보낸 적이 있었는가? 우즈, 배티, 쿠언, 워커, 피어스, 데일리, 웨브, 팔머, 신턴, 플래트, 리네커. 아픈 상처를 더욱 덧나게 하려는 듯, 잉글랜드는 1994년 월드컵 지역예선에서 리프의 방식을 극단적으로 실행했던 노르웨이에게 패하며 탈락했다.

△▽

영국과 스웨덴축구는 항상 유대가 강했다. 스웨덴에 축구가 보급된 것은 대개 그렇듯 영국선원을 통해서였고 영국에 우호적인 덴마크인의 도움도 보태졌다. 스웨덴축구연맹이 2차 세계대전 후 첫 번째 감독을 임명하기로 했을 때 잉글랜드축구협회에 조언을 구해 올더숏 2군 감독이었던 조지 레이너를 임명했다. 스웨덴은 레이너의 지도와 전시 중립국이었던 이점을 안고 1948년 런던올림픽 금메달을 땄고 1950년 월드컵 3위 그리고 1958년 월드컵 결승까지 진출했다. 이 대회에서 대인마크를 병행한 정통 W-M전술을 펼쳤고 스웨덴축구협회의 아마추어적인 사고방식 때문에 60년대 후반까지 이 전술을 유지했다.

1967년에 프로축구가 허용되었고 1970년 월드컵 진출에 실패하고 나자 이름난 코치 지도자인 라르스 아르네손을 예오리 오비 에릭슨 대표팀 감독과 함께 일하도록 임명했다. 아르네손은 스웨덴축구 전체를 아우르는 플레이 스타일을 구상하였고 독일식 리베로를 두기로 결정했다. 1974년 월드컵에서 진가를 발휘하여 2차 리그를 3위로 마감했고 최종 성적은 5위였다. 비록 모든 수준의 지도를 통일하겠다는 생각이 날개를 펼 충분한 시간이 없었지만 스웨덴은 성공적인 결과를 통해 이 시스템으로 세계적인 경쟁력을 가질 수 있다는 걸 보여주었다.

하지만 말뫼FF의 회장 겸 감독이었던 고령의 독재자 에릭 페르손이 클럽경영을 특화하려고 자리에서 물러나기로 결정하자마자 반전의 움직임이 일어났다. 세간의 이목을 끌던 은행가 한스 카발리 비에르크만 신임 회장은 자국 내 감독은 너무 보수적이라 판단하고 보비 휴튼이라는 27세의 영국인을 감독으로 지목했다.

휴튼은 브라이튼과 풀럼에서 뛰었지만 일찍이 감독에 마음을 두고 있었다. 그는 FA 웨이드 훈련과정을 수석으로 마치고 1971~72시즌 메이드스톤 유나이티드의 선수 겸 총감독으로 임명되었다. 그곳에서 학창시절 급우였고 웨이드 코치과정에서 두각을 나타낸 로이 호지슨을 선수 겸 코치로 영입했다.

현대화의 거물이었던 웨이드는 기회가 있을 때마다 경기 상황과 직접 관련이 없는 코치 기술에 대해 반박했다. 그의 주 관심사는 개인기가 아니라, 휴튼이 정착시켜 놓은 형태와 선수의 배치였다. 2년 뒤 휴튼이 호지슨을 스웨덴 할름스타드BK 감독 자리에 앉히자 영국식 현대축구와 리베로를 선호했던 사람들로 나뉘게 되었다. 휴튼과 호지슨은 지역방어를 사용하고 강한 압박으로 오프사이드 라인을 높게 유지했다. 역습을 하되 네덜란드나 디나모 키예프의 방식이 아니라 상대 수비 뒤쪽 공간을 노리는 롱패스를 활용했다. 호지슨은 이렇게 설명했다. "보비와 내가 스웨덴에 도입한 것은 롱볼 게임 같은 '잉글랜드축구'가 아니라 다른 스타일의 수비였다. 경기장 끝에서 끝까지 넓게 펼치고 페널티구역에 머무는 리베로와 뒤로 물러나지 않는 센터포워드를 두는 팀이 아니라, 포백의 지역방어로 밀고 올라가면서 훨씬 더 빠르게 공격 최전방 구역으로 볼을 전개하는 시스템을 가동했다. 스웨덴 사람들은 자신들의 축구가 두 명의 영국 사람에게 지배당한다는 생각이 마음에 들지 않았다."

스웨덴의 토마스 페테르손 교수에 따르면 "그들은 여러 가지 원리를 하나로 꿰어 다양한 조합과 구성으로 활용할 수 있었고 경기방법에 대해 하나의 유기적 통일체로 틀을 만들었다. 경기의 모든 순간을 전체 속에서 관찰하여 이론화시켰고 훈련교육을 위한 좋은 본보기로 삼았다."

그러나 아르네손은 "선수들의 자주성을 질식시켜 로봇으로 만든다"고 지적했고, 비평가들은 "인간성을 말살시킨다"며 잉글랜드축구를 내치면서 아름다움과 성공의 상대적 장점에 대한 논의가 스웨덴에 들어오게 되었다. 이에 대해 페테르손은 글렌 밀러 이후의 찰리 파커 음악을 듣거나 고전적 풍경화 이후의 피카소 작품을 감상하는 것에 비유하면서 "그 변화는 단지 미적인 상호동화에 있는 것이 아니다. 음악과 미술의 실질적인 구성은 더 높은 단계에서 일어난다"고 썼다. 소박함은 가고 이단계의 복잡성이 찾아 왔다.

휴튼과 호지슨은 확실하게 성공을 거두었다. 두 사람은 6개의 리그 타이틀 중 5개를 차지했고 휴튼은 클러프가 이끌던 노팅엄 포레스트에게 근소한 차이로 패하긴 했지만 말뫼를 1979년 유러피언컵 결승에 진출시켰다. 하지만 1978년 월드컵에서 스웨덴은 오스트리아, 브라질, 스페인과 같은 조에 속해 1라운드에서 최하위로 마감했는데, 이때의 형편없는 경기는 썩어가던 잉글랜드축구의 영향을 받은 것이라고 들 했다(잉글랜드는 일찌감치 본선진출에 실패했다). 스웨덴의 1980년 유러피언 챔피언십 결승진출이 좌절되자 축구협회는 행동에 돌입했다. 1980년 12월 11일 국가대표팀은 영국식 축구를 하지 않을 것이며 국가가 운영하는 어떤 축구기관에서도 영국식 축구를 지도하지 않겠다고 공식 선언했다.

휴튼과 호지슨이 브리스톨 시티에서 지도자 생활을 시작하려고 스웨덴을 떠난 시점에는 리베로가 대세인 것 같았지만 두 사람이 끼친 영향을 스벤 예란 에릭손이 이어가고 있었다. 그는 자신의 코치교육 프로그램의 일부로 입스위치 타운의 보비 롭슨과 리버풀의 봅 파이즐리를 관찰하기도 했다. 에릭손은 외레브로의 체육선생이었고 지역 2부리그인 BK칼스코가의 오른쪽 백으로 활약했다. 그곳에서 선수 겸 감독인 토드 그립으로부터 축구전반에 대해 큰 영향을 받았는데, 그는 영국 스타일의 장점에 대해 확신을 가지고 있었다. 그립은 선수생활을 관두고 외레브로의 총감독이 되었다가 데게르포르스IF로 옮겨 갔다.

에릭손이 28세 때 심한 부상을 당하자 그립은 그에게 수석코치 자리를 제의했다. 곧이어 그립이 국가대표 예오리 에릭손의 보좌관으로 임명되어 떠나자 1976년 에릭손은 데게르포르스에서 감독직을 이어받았다. 에릭손은 팀을 두 번 플레이오프에 진출시켰고 1979년 마침내 2부리그로 승격시킨 후 IFK예테보리의 총감독으로 임명되어 모두를 놀라게 했다. 수비수 글렌 하이센은 이렇게 말했다. "데게르포르스라는 조그만 팀 출신의 수줍음 많은 감독이 갑작스레 스웨덴 최고의 빅클럽을 책임지게 되었다. 우리 중 누구도 선수로나 감독으로나 그에 대한 얘기를 들은 적이 없었고 그에게 적응하고 그를 존경하기까지는 한참이 걸렸다."

에릭손은 예테보리 지휘봉을 잡고 첫 3경기를 모두 패하자 즉시 사임하겠다고 나섰다. 하지만 선수들이 그를 붙잡았고 팀의 골격이 잡히면서 리그에서는 2위로, 컵대회는 우승을 차지했다. 하지만 그것으로 팬들의 인기를 끌지는 못했다. 언론인 프랑크 쇼만은 그에 대해 이렇게 썼다. "에릭손은 대부분의 감독과 마찬가지로 결과를 최우선으로 했기 때문에 팬들의 이상과는 맞지 않았다. 얼마 지나지 않아 좀 더 전술적인 인식과 운동량을 도입하여 예의를 중시하던 옛 기사도 스타일을 강화했다. 그 결과, 예테보리를 상대하기도 힘들지만 그들의 경기를 지켜보는 것도 힘들었다." 평균 관중 수는 3,000명이나 감소한 13,320명이었다.

에릭손은 웨이드처럼 지나치게 형태에 매달렸다. 미드필더 글렌 실러는 다음과 같이 말했다. "스베니스(에릭손)는 훈련장에서 우리를 체스의 말처럼 배치하곤 했다. '너는 여기, 자 너는 저기로', 이런 식이었다. 문제는 모든 말을 함께 맞추고 조화롭게 움직이도록 하는 것이었다. 그중에서 수비가 가장 중요한 부분이었다. 공격을 할 때는 마음껏 플레이를 펼칠 자유가 있었지만 엄격하게 정해 놓은 지역에서 부터 수비를 해야만 했다."

예테보리는 1981년에 다시 2위로 리그를 마쳤지만 이듬해 리그와 컵대회 2관왕을 달성했고 불가능하리라 여겼던 UEFA컵도 들어 올리 며 그동안의 논쟁을 확실하게 잠재웠다. 곧이어 에릭손은 벤피카로 떠났지만 영국식 4-4-2 전술은 확고하게 자리를 잡았다.

노르웨이에서의 논쟁은 덜 격렬했고 실용주의자들이 확실하게 승 리를 거두었다. 웨이드와 휴스가 60년대와 70년대에 노르웨이를 드 나들면서 웨이드의 〈훈련과 코칭 FA 입문서〉는 노르웨이축구의 지 도와 사고의 중심에 있었고, 이것은 1978년 노르웨이축구연합 기술 이사였던 안드레아스 모리스바크의 안내서인 〈축구의 이해〉를 읽어 봐도 알 수 있다.

1968년 노르웨이 스포츠 체육대학이 설립되고 1981년 이곳에서 노르웨이 대표로 16차례나 출전한 에질 올센이 웨이드의 모델을 해부 하고 새로운 유형을 제시하는 강연을 했다. 그는 웨이드가 볼 소유를 지나치게 우선시하여 그 자체가 목적이 되어버렸다고 주장했지만 자 신은 볼을 따내는 것은 수비의 목적이고 그것을 응용해서 골을 만들어 내는 것이 공격의 목적이 되어야 한다고 믿었다. 그 정도면 충분했지 만, 올센이 자신의 생각을 더 전개하면서 그의 뜻이 극명하게 드러났 다. 그는 웨이드 모델은 '침투'에 거의 관심을 두지 않으며 사실은 볼을 소유하는 것보다 종으로 상대 진영을 파고들어 가는 것이 더 중요하다고 느꼈다.

올센의 작업은 마치 시스템과 아름다움에 대한 스웨덴의 논쟁을 노르웨이로 옮겨놓은 것 같았고, 특히 군더 벵트손의 지휘 아래 1983년 볼레렝아IF가 타이틀을 차지한 것을 두고 논쟁이 불붙기 시작했다. 스웨덴 출신 벵트손은 휴튼과 호지슨의 방법에 확신을 가졌고 볼레렝아와 FK뢴에 함께 있었던 같은 스웨덴 출신 올레 노르딘도 그를 따랐다. 그는 1990년 월드컵이 끝난 뒤 '행진하는 올레 Marching Olle'라는 조롱을 받았는데, 당시 호평을 받았던 스웨덴을 이끌었지만 팀은 똑같은 점수 차로 내리 3경기를 내주고 말았다: 1-2, 1-2, 1-2. 곧이어 그립이 스웨덴 대표팀 감독이 되었다.

올센과 스포츠 체육대학 동료들은 함께 경기의 통계를 분석했고 그 결과를 바탕으로 자신의 석사학위 논문의 줄기가 되는 결론에 도달했다. 가장 관심을 끄는 대목은 데드볼 상황이 일어나기 전에 득점할 확률이 우리 편 골키퍼가 공을 소유할 때보다 상대 골키퍼가 공을 소유하고 있을 때가 더 높다는 것이다. 이에 따라 볼의 위치가 볼 소유보다 더 중요하다는 것을 사실로 받아들이게 된다.

그는 〈더 블리자드〉 3호 라르스 시베르트센과의 인터뷰에서 이러게 설명했다. "내가 만일 가장 중요한 나의 핵심 철학을 묘사한다면 그것은 상대가 균형이 조금이라도 무너지면 다시 균형을 찾게 내버려 둬서는 안 된다는 것이다. 아주 단순하게 들리지만 그 원리를 체계적으로 수행하는 사람은 거의 없다. 세계 최고의 팀이라도, 아마 그들이 세계 최고의 선수를 보유하고 있기 때문에 어떤 수비도 뚫을 수 있으니 굳이 상대의 균형이 무너진 순간을 이용할 필요가 없다고 가정하겠지만, 나는 이것이 옳지 않다는 걸 보여 주는 연구를 제시할 수 있다. 상대가 균형을 잡았을 때보다 균형을 잃었을 때 득점기회를 훨씬 더 많이 갖는다. 특히 골키퍼에서 출발하여 후방에서 전개되는 경우는 상대가 완전히 균형을 잡게 된다. 그걸 뚫고 나가서 득점을 올리는 경우는 매우 드물다. 거의 일어나지 않는다. 그런 이유로 불균형을 이용할 가능성이 생기면 볼을 전방으로 전개해야 한다. 볼을 공간으로, '백룸backroom(상대 수비라인 뒤 공간)'으로 빠르게 보내라. 볼 터치를 최소로 하고 볼과 떨어진 움직임을 많이 가져가라."

1987년 올센은 리버풀에서 열린 과학과 축구회의에서 논문을 발표했다. 거기서 올센은 리즈 감독 하워드 윌킨슨의 경기 분석관이었던 조지 윌킨슨을 만나 리프의 작업을 접했고, 이것을 계기로 볼 소유의 무익함과 축구에서 기회의 역할에 대한 자신의 이론을 공고히 다졌다. 1993년에는 리프를 직접 만나 친분을 돈독히 했고 1999년 올센이 윔블던 감독으로 선임되자 당시 95세였던 리프는 올센의 분석관을 맡겠다고 제의했다.

1990년 올센은 노르웨이 대표팀 감독이 되었다. 그는 4-5-1 포메이션을 사용하면서 종종 최전방공격수인 요스테인 플로가 자신의 마크맨인 풀백보다 장신인 점을 십분 활용하여 후방 골문 쪽을 공략하도록 넓게 배치시켰는데, 흥미롭게도 테일러도 아스톤 빌라에서 이안 오몬드로이드에게 비슷한 역할을 맡겼다. 그리고 제라르 울리에 감독의 리버풀과 에릭손 감독의 잉글랜드 대표팀에서 에밀 헤스키가 왼쪽으로 넓게 포진한 것도 이 이론이 부분적으로 적용되었다고 볼 수 있다. 선수 시절 자신의 드리블 기술 때문에 '드릴로'라는 별명을 얻은 올센은 팀이 공격적인 움직임으로 위로 올라가고 공은 '뒷공간', 즉 상대 수비라인 뒤쪽으로 집중적으로 보내라고 말했다. "볼이 없는 상태의 질주에 최고가 되라"는 구절은 처음에는 미드필더 외위빈 레온하드센에게 붙어 다니다가 나중에는 서명 대신으로 사용되었다. 올센은 뜻밖의 성공을 거두었다. 1938년 이후 월드컵 진출에 실패를 거듭한 뒤 1994년과 1998년 노르웨이를 월드컵에 진출시켰고 잠시나마 FIFA 세계랭킹 2위에 오르기도 했다.

올센은 설명했다. "나는 내가 'gjennombruddshissig'라고 이름붙인 스타일을 발명했는데 내가 지은 말 중에서도 길고 무거운 단어였다. 지금은 그것을 '전진하는 축구'라고들 부른다―이것은 더 짧기도 하고 내가 '후퇴하는 축구'라고 부르는 것, 즉 요즘 많은 클럽에서 유행하는 볼 소유를 지향하는 축구와 반대되는 다소 도발적인 말이다. 축구에는 단정적인 해답은 없지만 틀림없이 효율성이라는 문턱 같은 것은 있다. 다들 전방패스가 얼마나 많이 이루어지는지 세어보면 측정할 수 있고 현재 노르웨이는 60퍼센트에서 65퍼센트 사이다. 나는 가장 효율적인 플레이는 그 정도나 조금 더 높은 정도라고 생각한다. 1998년 월드컵에서 우리가 브라질을 꺾었을 때 브라질은 전방패스가 35퍼센트였고 우리는 65퍼센트였다. 그래서 나는 만일 그들이 65퍼센트의 전방패스를 했다면 우리는 기회를 잡지 못했을 것이라고 주장했다." 그는 자신의 팀이 결국 롱볼을 구사하는 플레이를 많이 했던 것은 순전히 플로의 공중볼 능력 때문이었다고 말했다. 그의 이론은 오로지 볼이 전방으로 나가야 한다는 것만 요구했지 패스의 길이에 대해서는 아무런 규정을 두지 않았다.

짐작하건대, 노르웨이축구는 성공을 거둔 역사가 없었기 때문에 롱볼 축구보다 올센의 철학을 더 널리 수용했다. 라르손이 지적하듯이 올센이 등장하면서 노르웨이 축구팬은 '골 기회'를 익숙하게 받아들이게 되었다. 예를 들면, 1997년 핀란드와 펼친 월드컵 지역예선 안방경기에서 1-1로 비겼지만 골 기회는 9-2로 앞섰다며 크게 실망하지 않았다. 다음 번 원정경기는 승리했지만 골 기회는 7-5였다. 문제는, 리프와 휴스가 놓치고 넘어간 '기회의 내용'이다. 6미터 앞에서 비어있는 골문에 넣는 골과 30미터 지점에서 바이시클 킥이 다르듯이 모든 기회가 다 같은 것은 아니다.

더 의미 있었던 것은 1994년 월드컵 지역예선전이었다. 그 전에 노르웨이가 1982년 월드컵 지역예선에서 잉글랜드를 2-1로 물리치

잉글랜드 1 노르웨이 1, 월드컵 지역 예선전, 런던 웸블리,
1992년 10월 14일

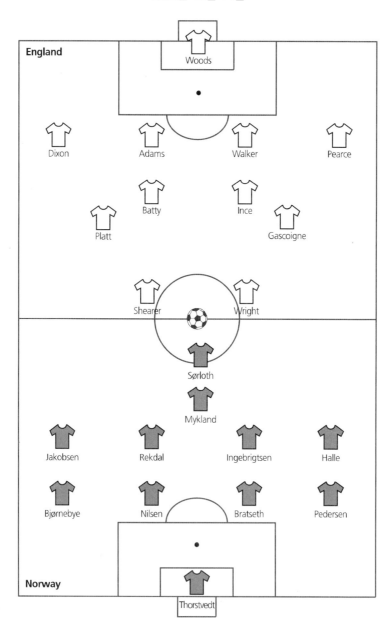

자 라디오 해설가 베르게 릴레린은 너무 흥분한 나머지 앞뒤가 안 맞는 광란의 상태에 빠졌다. "넬슨 경, 비버브룩 경, 윈스턴 처칠 경, 안소니 이든 경, 클레멘트 애틀리, 헨리 쿠퍼, 레이디 다이애나, 우리가 그들을 물리쳤습니다, 우리가 그들을 물리쳤습니다. 매기 대처, 들립니까? 매기 대처... 당신의 자식들이 완전히 패했습니다. 당신의 자식들이 완전히 패하고 말았습니다!" 1993년 오슬로에서 잉글랜드를 2-0으로 물리친 것은 충분히 예상한 결과였고 이 경기에서 테일러 감독의 유명한 "정말 싫단 말이야!"라는 유행어가 생겼다.

하지만 가장 큰 충격은 웸블리에서 벌어진 1-1 무승부 경기였다. 잉글랜드가 한 골 앞서 가며 경기를 지배했지만 14분을 남기고 노르웨이 수비형 미드필더 셰틸 레크달이 30미터 중거리 슛을 골대 상단 모서리로 날려 경기를 원점으로 돌렸다. 그것은 주사위를 굴리는 사람에게 정당성을 부여하는 것과 같았다. 과연 레크달은 골을 넣을 것이라 생각했을까? 과연 규칙적으로 그런 강슛을 쏘았을까? 아니면 휴스가 했을 법한 충고대로 복권을 한 장 더 산 것일까? 어느 쪽이든, 리프가 분명하게 목격했던 '임의의 기회'가 테일러에게 복수를 가한 것이었다.

16장

▽△▽△▽△▽△

스리백의 귀환─3-5-2의 수호신들

△▽ 1982년 브라질이 이탈리아에 당한 패배를 두고 지코는 축구의 죽음을 애통해 했을지도 모르겠지만 다른 사람들은 시스템이 개인기를 이겼다고 선언했다. 하지만 아이러니하게도 '이탈리아식 축구'는 죽어가고 있었다. 실제로 유럽축구에서 시작되었던 대분열은 끝이 났고 스리백 수비가 다시 탄생했다.

1958년 월드컵 우승을 달성한 브라질과 그들의 4-2-4가 W-M (3-2-2-3)의 취약점을 노출시키자 나머지 나라들은 4-2-4를 적용하려고 달려들었고 이때 유럽축구는 리베로를 선호하는 편과 포백과 압박을 선호하는 편으로 양분되었다. 북부의 영국, 네덜란드, 스칸디나비아는 압박을 따랐고 남부의 이탈리아와 발칸국은 리베로를 택했다. 90년대 중반에야 압박을 수용한 독일은 리베로를 사용함으로써 어색하게도 남부에 편입되었다. 한편 러시아는 리베로를 두면서 압박을 하였고 북서쪽 유럽 국가들처럼 오프사이드에 몰두하지 않았다.

서유럽의 분열은 개신교와 가톨릭의 분열을 그대로 반영하기 때문에 그 이유를 살펴보지 않을 수 없다(나아가 독일의 어정쩡하게 뒤섞인 위치까지도). 독일 사회학자 막스 베버는 개신교, 특히 칼뱅주의는 노동은 원래 고결하다는 생각을 조장함으로써 개인이 남아도는 부를 축적하고 투자할 수 있게 만들었고 이것이 북유럽에 자본주의의 확산을 불러왔다고 주장했다. 과연 축구도 이와 같은 논리를 따를 수 있을까? 개신교의 노동관으로 성장한 사람들이 과연 항상 뭔가를 하고 있어야 한다는 필요를 느껴 축구의 쉴 새 없는 압박을 당연시 하는 것이 가능할까? 그러한 사전 대비적 행위와 공공연한 압박이, 리베로를 두고 깊은 수비를 펼치는 사후 대응 행위보다 더 가치가 있거나 더 자연스럽다고 느낄까?

하지만 80년대 초반이 되자 리베로를 두는, 특히 이탈리아식 축구의 시대는 막을 내리고 있었다. 루도비코 마라데이는 이렇게 설명했다. "이것이 한동안 효과를 보자 1970년대 말에서 1980년 초반 이탈리아에서는 누구나 그런 플레이를 했고 결국 실패의 빌미가 되었다. 똑같은 시스템은 선수들의 등번호에도 엄격하게 적용되었다. 9번은 센터포워드, 11번은 왼쪽에서 공격을 전개하는 두 번째 골잡이, 7번은 오른쪽 토르난테, 4번은 처진 중앙 미드필더, 10번은 더 공격적인 중앙 미드필더, 8번은 링커맨으로 주로 중앙 왼쪽에 위치하여 왼쪽 백인 3번이 밀고 올라갈 공간을 남겼다. 대인마크도 쉽게 예측할 수 있었다. 2번은 11번, 3번은 7번, 4번은 10번, 5번은 9번, 6번은 스위퍼였고, 7번은 3번, 8번은 8번, 10번은 4번, 9번은 5번 그리고 11번은 2번을 상대했다."

브라질을 물리친 지 일 년도 지나지 않아 이탈리아식 축구의 약점이 노출되었다. 1983년 유러피언컵 결승 SV함부르크와 유벤투스의 경기에서 유벤투스의 포백 중 3명은 스페인월드컵에 뛰었던 선수로서, 클라우디오 젠틸레와 카브리니는 풀백, 시레아는 스위퍼였다. 차이라면 스토퍼 역할의 중앙 수비수 세르지오 브리오 뿐이었다. 함부르크의 투톱은 팀을 대표하던 호르스트 흐루베쉬와 왼쪽으로 떨어져 플레이를 하는 덴마크 출신의 라르스 바스트루프였다. 유벤투스로서는 젠틸레가 호르스트를 마크할 수 있고 카브리니는 수비에 대한 걱정 없이 측면 공격에 가담할 수 있어 더 없이 좋은 상황이었다.

이를 간파한 함부르크 감독 에른스트 하펠은 바스트루프를 오른쪽으로 돌려 카브리니와 맞서게 했다. 이탈리아에게는 금시초문인 전술이었다. 그들의 비대칭 형태는 제대로 맞아떨어졌는데, 전체가 비대칭이 되는 바람에 결국 W-M처럼 대인마크가 확실히 이루어졌기 때문이다.

조반니 트라파토니 감독은 맨투맨 시스템을 고수하기로 마음먹고 젠틸레를 왼쪽으로 이동시켜 바스투루프를 막도록 했으며, 이때 생기는 오른쪽 구멍은 마르코 타르델리가 아래로 내려와 채우도록 했다. 그렇지만 실전에서는 타르델리의 공격력은 무뎌졌고 오른쪽 공백도 제대로 메우지 못하면서 결국 펠릭스 마가트에게 결승골을 내주고 말았다.

△▽

이탈리아식 축구는 서서히 사라져 가고 있었지만 그 속에는 새로운 대체 시스템의 씨앗이 들어 있었다. 토르난테를 끌어 내리고 오른쪽 백을 중앙으로 조금 이동시키고 센터백을 왼쪽으로 조금 이동시킨 뒤 왼쪽 백을 조금 전진시키면 영락없는 3-5-2가 된다. 90년대는 아리고 사키를 따르지 않았던 이탈리아식 축구의 흐름이 멈춰버린 시기였다. 3-5-2는 브레라 시절 이후 윙어를 불신하고 중앙에 밀집하여 직접 맞붙는 전술로 전환한 이탈리아의 축구정신에 들어맞았다. 3-5-2는 8명의 핵심 선수들이 경기장 중앙에 그대로 둔 채 윙백을 통해 측면을 공략할 가능성을 열어 주었다. 대분열이 일어난 북부의 다른 나라들이 같은 포메이션을 취했다. 경기스타일이 아니라 형태면에서 스리백으로의 귀환은 20년 전 스리백에서 이동하면서 벌어졌던 격차를 메웠다.

한편 카를로스 빌라도는 유럽의 대분열과는 전혀 상관없는 문제를 해결하기 위해 3-5-2를 고안했다. 즉, 플레이메이커를 수비적으로 결집된 시스템 속에서 어떻게 끼워 맞출 것인가라는 문제였다. 세상 어딜 가나 들을 수 있는 질문이었다. 시스템을 갖춘 경기운영이 세계

함부르크 1 유벤투스 0, 유러피언컵 결승, 아테네 올림피아코,
1983년 5월 25일

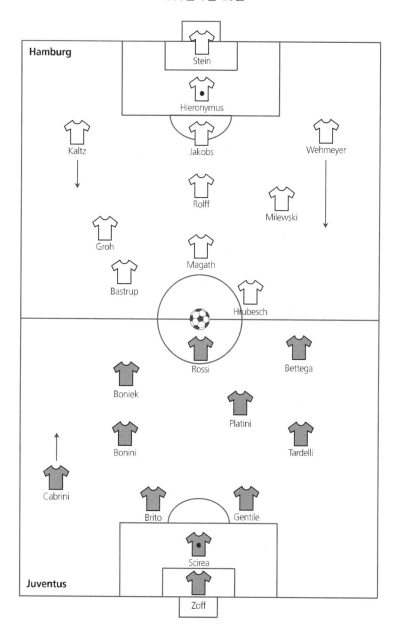

적 대세인 경기에서 예술적 축구의 화신인 자유로운 정신의 10번을 위한 자리가 아직도 있는가? 빅토르 마슬로프가 안드리 비바에게 주었던 '민주주의의 전권'을 10번에게 주는 것이 가능했겠는가?

브라질만큼 재능 있는 팀을 이끌었던 미셸 히달고 감독의 프랑스는 상대에 따라 형태를 바꾸었는데 플라티니는 때에 따라 센터포워드나 수비라인 앞의 '구멍' 자리에서 뛰었지만 주로 레지스타로 출전했다. 워낙 특출 난 선수인지라 히달고가 그를 기용하는 방식도 특이했다. 하지만 중요한 점은 플레이메이커에게 자신을 위주로 팀을 꾸리는 것이 아니라 시스템이 요구하는 것에 적응하도록 요구한 것이다. 이 것은 플라티니 주변 선수들의 높은 수준 때문에 가능했는데, 알랭 지레스와 장 티가나는 두말할 필요가 없는 세계적 수준의 선수였다. 히달고 감독으로서는 그들의 창의성과 시스템 사이에 올바른 균형을 찾아내기만 하면 당연히 기회가 생길 거라고 예측했다.

1986년 카를로스 빌라도의 아르헨티나는 화려한 선발진이 없었고 그가 오스발도 수벨디아 밑에서 성장했다는 점을 이해하면 실용적인 경기운영을 채택한 것은 놀라운 일이 아니다. 그는 어느 팀이나 골키 퍼를 제외하고 수비에 7명, 공격에 3명이 필요하다고 말했다. 물론 3명 중 한 명이 디에고 마라도나라면 통하겠지만, 시대를 통틀어 가장 시스템 위주의 축구를 추구한 감독인 오스발도에게 세계 최고의 개인 기를 지닌 마라도나를 준다면 축구계 최고의 농담이 되었을 것이다. 비록 자신이 1982년 에스투디안테스에서 처음 3-5-2를 실험했다고 주장은 하지만 결과적으로 이것은 빌라도에게 마지막으로 엄청난 포 메이션의 변화를 이끌도록 영감을 주었다.

수비 숫자를 보강하는 축구사의 흐름은 피라미드의 2명에서 W-M 의 스리백으로 그리고 1958년 이후 거의 모두가 사용하는 포백까지 쭉 이어져왔다. 빌라도는 여기서 수비 하나를 빼면서 스스로 자신의 구상이라 내세운다. 만일 더 이상 윙어가 없다면 왜 굳이 풀백을 둬야 하느냐고 생각했다. 니우통 산투스 이후에 풀백은 더욱 공격적으로 변했기 때문에 풀백을 미드필드에 배치하여 더 높은 위치에서 플레이를 하도록 해야 하는 것 아닌가?

이렇게 3-5-2가 탄생한다. 넓게 포진한 미드필드가 핵심인 3-5-2는 공격적인 풀백을 두었는데, 예를 들면 1990년 서독의 슈테판 로이터와 안드레아스 브레메 그리고 약간 수비적이었던 1998년 크로아티아의 마리오 스타니치와 로베르트 야르니 같은 경우였다. 그러나 감독들은 이구동성으로 아니라고 부인하지만 정통적인 풀백을 둔 사실상의 5-3-2였다. 초기 피라미드가 완전히 뒤집어진 형태였다.

빌라도는 1970년에 선수생활을 접고 이듬해 수벨디아의 뒤를 이어 에스투디안테스 감독으로 부임했다. 감독을 맡으면서도 아버지의 가구사업을 돕고 부인과의사로도 활동하다 1976년 의료계를 떠나면서 콜롬비아의 데포르티보 칼리로 팀을 옮겼다. 그런 다음, 산 로렌소와 콜롬비아 대표팀 그리고 에스투디안테스에서 한동안 활동했고 1982년 월드컵 이후 세자르 루이스 메노티를 대신하여 아르헨티나 감독으로 임명되었다. 그 시점에는 비록 두 사람이 상반되는 축구철학을 보였지만 둘의 관계만큼은 대체로 돈독했다.

처음에 빌라도는 1978년 월드컵 우승 때 보여 준 아르헨티나의 경기력을 입에 침이 마르도록 칭찬했다. 감독직을 물려받은 후인 1983년 3월 빌라도와 메노티는 세비야의 아레나 호텔에서 회동했다. 그 자리에서 메노티는 에스투디안테스가 아르헨티나축구 발전을 10년 정도 후퇴시켰다고 말하기도 했지만 좋은 분위기로 헤어졌다. 하지만 빌라도는 선임자의 충고를 무시했고 자신의 감독 첫 데뷔전인 칠레와의 친선경기에서 알베르토 타란티니와 우고 가티를 선발에서 제외시키자 메노티는 〈클라린〉에 강도 높은 비판을 담은 글을 실어 대응했다. 냉전은 끝났고 서로 앙숙이 되었다.

메노티가 다시 떠오른 라 누에스트라에 대한 자신의 비전을 펼치려

한 반면, 빌라도는 이기는 일에만 편승했다. "당신은 1등을 생각해야 한다. 2등은 소용없기 때문에 2등은 실패한 것이다. 당신이 시합에 지면 기분이 나빠지는 게 당연하다고 본다. 원한다면 감정을 표출할 수도 있다. 울거나, 혼자 있거나, 화를 내거나. 팬들과 모든 사람 그리고 구단주를 실망시킬 수는 없는 일이지 않는가? 만일 우리 팀이 지면 나는 마음이 상해 그날 밤에는 어딘가에서 조용히 혼자 식사를 하고 있을 것이다. 그렇게 할 수는 없다. 축구는 이기기 위해 하는 것이다. 영화관이나 극장에서 하는 쇼와 축구는 전혀 별개지만 때때로 사람들은 착각한다."

감독 부임 초반에는 스스로 혼란을 겪었다고 다들 알고 있다. 처음에는 저조한 성적으로 부임 이후 치른 15경기 중 겨우 3승을 거두었고, 특히 코파 아메리카대회에서 치욕적인 탈락을 경험했으며 인도에서 벌어진 미니 토너먼트대회에서는 중국에 패하기도 했다. 1984년 9월 아르헨티나가 유럽투어를 시작할 쯤 빌라도의 입지는 매우 위태로웠다. 빌라도는 이렇게 회고했다. "우리가 공항에서 막 떠나려고 할 때 〈라디오 리바디아〉의 해설자 호세 마리아 무뇨스가 다가와 '걱정 마십시오. 이번 세 경기만 이기면 잠잠해질 겁니다'고 말했다."

하지만 그런 일은 일어날 것 같지 않아 보였다. 빌라도가 첫 상대인 스위스에 맞설 선수를 발표했을 때도 이미 그의 명성에 금이 가 있었던 터라 사람들은 빌라도가 실수를 하고 있다고 생각했다. 빌라도는 다음과 같이 말했다. "내가 3명의 중앙 수비수를 발표하자 사람들은 내 결정이 틀렸다고 말했다. 하지만 나의 입장은 단호했고 모든 게 잘 될 것이니 그렇게 기겁하지 말라고 했다. 우리는 3명의 수비수, 5명의 미드필드 그리고 2명의 공격수를 두려고 했다. 2년간 그렇게 연습했고 이제 실전에서 이것을 가동하려고 한다."

아르헨티나는 스위스와 벨기에를 2-0으로 물리쳤고 서독에게 3-1로 이겼다. 빌라도는 "시스템이 제대로 힘을 발휘했고 나중에는

1986년 월드컵에 사용하면서 전 세계 사람들이 이것을 목격했다. 우리가 3-5-2를 사용하자 속속들이 내용을 모르던 세상 사람들은 깜짝 놀랐다"고 말했다. 아마도 1966년의 알프 램지처럼 빌라도는 자신의 새로운 팀 전술을 염탐꾼으로부터 보호하려고 짐짓 마음을 먹었던 것 같다. 사실 그가 이룬 업적은 장대한 계획 속에 들어있는 것이 아니라 필요한 경우마다 꺼내 쓰는 전략적 미봉책이었다.

△▽

하지만 1986년 멕시코월드컵에서 스리백을 사용했던 팀은 아르헨티나만이 아니었다. 빌라도가 3-5-2를 해석하고 그 시스템에서 플레이메이커를 활용한 것은 독특했겠지만 세 번째 중앙 수비수를 둔 것은 그렇지 않았다.

3-5-2를 디나모 자그레브의 치로 블라제비치가 고안했다고 주장하는 사람들 속에는 그 자신도 포함되어 있다. 70대 나이에도 에너지가 넘쳤던 블라제비치는 입담도 거칠고 아주 웃겼으며 무슨 일이든 나름의 의견을 거침없이 표현했다. "여보게, 내가 사실대로 말해줄게. 3-5-2는 1982년에 치로 블라제비치가 발명했다네."

블라제비치는 1937년 보스니아 트라브니크 마을에서 태어났다. 유고슬라비아 스키 유소년챔피언이었던 그는 디나모 자그레브, 사라예보, 리예카, 스위스 FC시옹에서 오른쪽 윙어로 뛰었는데 시옹에서 무릎부상을 당하면서 일찍 선수생활을 마감했다. 줄곧 스위스에 머물며 감독직을 수행하면서 시계공장 일로 수입을 채웠다. 브베의 감독으로 임명되고 얼마 지나지 않았던 1968년 어느 날 그가 선수 탈의실을 빗자루로 쓸고 있는 모습이 한 노파의 눈에 띄었다. 노파가 물었다. "왜 이런 일을 하시나요? 당신이 할 일이 아니잖아요. 우리 감독이잖아요." 블라제비치는 대답했다. "그렇죠. 감독입니다. 그리고 언젠가는 스위스 국가대표팀 감독이 될 사람입니다." 노파는 웃으며 응답했다. "그래요, 저도 언젠가는 미스 스위스에 뽑힐 거예요." 시옹과 로

잔에서 잠깐 머문 블라제비치는 그의 말대로 대표팀 감독이 되었고 물론 그 노파는 미인대회에 나가지 못했다.

1979년 유고슬라비아 리예카로 돌아와 한 시즌을 보낸 후 무너져 가고 있던 디나모 자그레브를 맡았다. 선발선수를 젊은 층으로 바꾸고 맹렬한 속도로 경기를 이끈다는 공격적인 원칙을 세웠다. 5위로 시즌을 마감한 뒤 '행운의' 흰색 실크 스카프를 목에 둘렀던 블라제비치는 팀에 24년 만의 리그 첫 타이틀을 안겨 주었다.

블라제비치는 자신이 자그레브에 도착하자마자 3-5-2로 전환이 시작되었다고 하면서 이렇게 말했다. "포메이션과 구사할 전술을 결정하려면 세 가지 요소를 고려해야한다. 1) 가용할 선수들의 특징, 2) 팀의 전통, 3) 1)과 2)를 현재의 플레이 시스템에 적용하기. 자신이 부임한 새로운 팀 선수의 특징을 존중하지 않고 '나는 이 시스템을 쓰겠다'고 말하는 사람은 초보감독이다. 그러면 시스템의 희생자로 전락한다."

그러나 여러 가지 정황상 3-5-2로의 전환은 1982년 봄에 시작된 것 같다. 그때까지 대부분의 유고슬라비아팀들은 당시 리베로와 대인방어를 쓰는 독일식 4-3-3을 운영하는 추세였고 언론은 극히 제한적으로만 전술적 논의를 했다(형태보다는 압박에 주안점을 두긴 했지만 토미슬라브 이비치라는 예외적인 인물도 있었다). 창의적인 공격수 즐라트코 크란차르와 힘이 넘치는 센터백 이스메트 하드지치가 군복무를 마치고 팀에 막 복귀했다. 블라제비치는 하드지치를 뒤에 두면 천부적 기술로 인기를 누렸던 벨리미르 자예크의 능력을 더 끄집어 낼 수 있다고 판단했는데, 자예크는 타고난 리더로서 못하는 선수의 따귀를 때리기로 유명했으며 리베로나 미드필드 후방을 책임졌다. 블라제비치는 수비의 중앙에 3명을 두기로 결정을 내렸다—자예크는 리베로, 하드지치는 오른쪽, 왼쪽에는 스레치코 보그단이나 보리슬라브 체코비치. 차츰차츰 기존의 풀백인 즈베즈단 체코비치와 밀리보이 브라춘 대신에 공격적인 페타르 브루치치와 드라고 보스냐크를 투입하면서 3-5-2를 탄생시켰다.

3-5-2는 주로 상대의 허를 찌르기 위해 고안된 시스템이었다. 그해 시즌 디나모는 경기시작 20분 안에 새로운 형태에 적응을 못하는 상대를 한두 골 앞서나갔다. 브루치치와 보스냐크가 밀고 올라가고, 자예크는 자기 뒤에 두 명이 커버플레이를 하고 있는 점을 인지하고 마음대로 후방에서 볼을 끌고 나올 수 있었다. 경기를 앞서기만 하면 깊숙이 내려오고 풀백들은 아래로 처져 5-3-2 형태를 만들어 밀고 올라가지 않고 상대 윙어들을 저지하려 했다.

블라제비치는, 물론 자신보다 더 독특한 사람은 아무도 없을뿐더러 그렇게 되려고 마음먹은 사람도 없지만, 3-5-2야말로 자신의 아이디어라고 주장하며, 자신이 구상한 것이라고 암시한 빌라도를 '멍청이'라 불렀다. 그의 말로는 그 이상의 어떤 진화도 없었다는 것이며 3-5-2가 온전히 그의 머리에서 나왔다는 것이다. "나는 누구의 영향도 받지 않았다." 그럴 수도 있겠지만 블라제비치가 리베로를 선호했던 전통에서 성장했기 때문에 풀백을 전진시켜 미드필더로 활용하고 중앙 미드필더를 끌어 내려 마크맨으로 활용한 것은 논리적으로 진화된 단계라 볼 수 있다.

고집불통에 좀체 가만있질 못하는 성격이라 한 곳에 오래 붙어있지 못하는 탓에 세 번째 시즌을 맞이하면서 이사들과 사이가 나빠지자 결국 스위스의 그래스호퍼스로 다시 돌아갔다. 거기서 두 시즌을 치르면서 첫 시즌 우승을 맛보았고 그 후로 그리스, 코소보, 크로아티아, 프랑스를 왔다 갔다 하면서 프리슈티나를 승격시켰고 디나모에서 세 번째로 감독을 역임하여 크로아티아리그와 컵대회 우승을 차지했다. 1994년 독립국 크로아티아가 유럽축구연맹에 편입되면서 명실상부 크로아티아 국가대표감독이 되었다. 크로아티아는 유로96 8강까지 올라 독일에게 패했고 애국심에 불타올랐던 대표팀을 이끌고 1988년 월드컵 준결승에 진출했다. 나중에 대표팀 감독을 맡게 되었던 당시 수비수 슬라벤 빌리치는 이렇게 말했다. "나는 그를 형편없는 감독이다 위대한 감독이다 이렇게 말하지 않겠다. 우리에겐 최상의 감독이었다. 조금씩 동기를 불어넣어 주고 매일 머릿속에 모두를 조금이라도 일깨울 만한 사소한 일들을 구상하다가 그대로 실행하고 나면, 이번에는 모두에게 나이트클럽을 갔다 오라고 말한다."

블라제비치는 언제나 시스템이나 포메이션에 관한 얘기를 경멸하는 편이었다—물론 자신이 중요한 역할을 했던 얘기를 할 때는 빼고. 그에게는 압축과 공간 활용이 열쇠다. "요즘에는 시스템보다 공격적 스타일이나 수비적 스타일처럼 개념에 대해서들 얘기한다. 지금은 선수들끼리의 역할전환이 언제나 일어난다. 수비라인에 있는 선수가 전진하고 공격라인에 있는 선수는 뒤로 내려와 수비를 한다. 모든 게 유동적이다. 30m의 공간 안에서 모든 것이 이루어진다. 실제로 모두가 어느 포지션에서나 플레이를 해야 하며 그 모든 플레이를 하는 방법을 알아야 한다."

그는 또한 아무리 신중하게 준비된 전술시스템이라도 선수들이 감독의 구상을 따르려는 신뢰와 의욕이 없다면 무용지물이란 걸 인식하고 있었다. 그의 천재성은 바로 여기에 있다. 1998년 독일과의 월드컵 8강전을 준비하면서 이렇게 말했다. "구상을 하느라 꼬박 밤을 샜다. [올리버] 비어호프가 골칫거리였다. 우리한테는 공중에서 그를 제압할 노련한 선수가 없었다. 그래서 크로스가 올라오지 못하게 하는 구상을 했다. 선수들에게 롬멜과 몽고메리 두 장군에 관한 얘기를 해 줄 작정이었다. 롬멜은 전략은 앞섰지만 연료가 없었다. 결국 탱크는 움직일 수 없었고 몽고메리가 승리한다."

"그런데 그날 아침, 같이 있던 사람이 [크로아티아 대통령 프라뇨] 투지만한테서 전화가 왔다고 말했다. 그는 '치로, 꼭 이겨야 해'라고 말했다. 여러 구상을 가지고 탈의실로 가던 중에 탈의실 곳곳에 걸려 있던 거울에 비친 내 얼굴을 보았다. 거의 파랗게 변해 있었다. 문득 '이런, 내가 죽는 건가?'라는 생각이 들었다."

"내 이론은 7, 8분 정도의 내용이라서 나는 선수들을 그 정도 오래 집중시킬 수 없을 거라고 판단했다. 나는 이론 얘기를 꺼내지도 않았다. 모두들 얼굴빛이 사색이 되어갔다. 나는 종이를 구겨서 바닥에 내동댕이쳤다. 7분이 흘렀지만 구상에 대해서 아무 말도 못하고 말았다. 빌어먹을 이론. 나는 이렇게 말했다. '경기장에 나가면 크로아티아 국기를 위하여, 목숨을 바친 이들을 위하여 오늘은 죽어야 한다.' 비어호프에 대한 대책은 아예 없었다. 그리고 우리는 3-0으로 이겼다. 선수들의 심리를 이해해야 한다. 팀 전체와도 그런 관계를 가져야 한다. 그래야 자신의 정신을 온전히 전달할 수 있다."

△▽

스리백은 덴마크의 방식으로 북유럽에서도 등장했는데, 덴마크는 10년 앞서 네덜란드처럼 전 세계 사람들의 상상력을 사로잡았던 팀이었다. 롭 스미트와 라르스 에릭센이 〈가디언〉에 썼던 덴마크팀에 바치는 찬가처럼 그들은 "다른 것을 본떴으면서도 놀랄 정도로 미래를 내다 봤다. 비록 토탈풋볼의 특징인 공간에 대한 인식, 쉴 새 없는 움직임, 패스에 대한 상상력을 지니긴 했지만, 말하자면 네덜란드팀을 앞으로 빠르게 당겨놓은 팀이었다. 발에 제트기를 달고 드리블을 하는 선수들을 모아 놓은 팀은 덴마크 밖에 없었다."

70년대의 네덜란드처럼 덴마크 선수들에게 호감이 갔던 것은 그들이 덴마크 최초의 위대한 팀이었기 때문인지도 모른다. 그들에게 과거의 영광을 말하며 푸념을 늘어놓는 비평가도 없었고 특별한 것을 기대하지도 않았다. 오히려 선수나 팬들이나 자신들의 발전에 대해 미덥지 않은 분위기가 있었고 다른 나라와 함께 할 수 있다는 사실에 대한 감사와 더불어 자신들이 계속 이렇게 승승장구하지는 못하리라는 생각을 했다. 맞춰야 할 잣대가 없었으니 어떤 압력도 없었다.

스미트와 에릭센은 이렇게 썼다. "그들은 독특했고 신선했으며 긍정의 힘을 불어 넣었다. 비록 사람들이 더 이상 말괄량이 머리와 엉겨붙은 머리지붕 그리고 70년대 하드록 스타일의 숭어머리를 한 그들에게 친절하지는 않았지만, 스칸디나비아 사람 특유의 축 늘어진 모습을 한 그들은 정말 멋있었다."

유로84 준결승에 오르고 나서 셉 피온테크 감독은 선수들에게 새벽 5시까지만 야간외출을 허용했다. 규율을 세우긴 했지만 지나치지는 않았다. 하나같이 웃음꽃을 피우는 젊은 선수들은 천박하기 그지없는 '레−셉−텐 Re−Sepp−Ten'이라는 월드컵 노래 속에 자신들의 모습을 여지없이 드러냈다. 보루시아 뮌헨글라드바흐 소속으로 두 차례 UEFA컵과 바르셀로나 소속으로 한차례 위너스컵을 들어 올렸고 1977년 올해의 유럽선수로 뽑혔던 알렌 시몬센조차 진지함 따위는 안중에도 없었다. 그는 1977년 국제친선경기 도중 몇 초간 죽은 시늉을 했는데 이 장면은 그를 목표물로 삼는 어느 저격수를 줄거리로 하는 스릴러 영화 스키텐 Skytten(궁수자리)에 자료영상으로 사용되었다. 시몬센이 유로84에서 선수생활을 사실상 마감하게 만든 다리 골절을 당했을 때 나머지 선수들은 TV에 나와 헌정 노래를 불렀다. '롤리간 Roligans'이라 불리는 팬들도 마찬가지였다. 최악의 훌리건 시대에도 그들만큼은 세상에서 가장 행복한 주정뱅이였다. 16,000여명의 덴마크인들이 유로84를 관람하러 프랑스를 갔는데 그중에는 젊은 피터 슈마이켈(맨유에서 이름을 떨친 덴마크 출신 골키퍼)도 있었다. 비도우레 소속인 그는 다음 날 브뢴비와 일전(1−8로 패했다)을 앞두고 있었지만 38시간의 왕복 여행을 했다.

스미트와 에릭센은 이렇게 말했다. "자기비하는 기본이고 약자로서의 역할을 한껏 즐겼다. 이것이 대니시 다이너마이트Danish Dynamite (당시 막강전력의 덴마크 대표팀의 애칭)가 지닌 미녀와 야수에 버금가는 정반대의 모습이었다. 모두가 유럽 빅클럽의 최고 선수였던 그들은 줄담배와 맥주를 한껏 즐겼다. 하지만 엄청난 기쁨 속에 깃든 소탈하고 근심걱정 없는 덴마크인들의 태도 때문에 언제나 정상에 곧장 오르지 못한다는 두려움이 마음 한 쪽에 자리를 잡았다."

덴마크는 축구를 일찍 받아 들였지만 1908년과 1912년 올림픽 은메달 획득 이후 사람들에게 잊혀졌다. 그 이후로 1948년 올림픽 동메달과 1960년 올림픽 은메달을 차지했다. 그리고 행운의 추첨 덕에 1964년 유럽 챔피언십에서 몰타, 알바니아, 룩셈부르크를 물리치고 준결승에 올랐다. 하지만 축구가 성장한 계기는 1971년 프로축구 금지 해제조치였다. 1978년 프로리그 도입으로 또 한 차례 도약을 했고 칼스버그와 스폰서계약을 맺으면서 1979년 대표팀 사령탑에 독일의 셉 피온테크를 임명하는 계기도 마련했다.

전임자였던 쿠르트 닐센은 양고기 모양의 특이한 구레나룻을 기른 쾌활하고 호감이 가는 사람이긴 했지만 덴마크축구의 현대화를 이끌 재목은 아니었다. 다큐멘터리 〈오그 데트 바르 단마르크 Og Det Var Danmark(그것이 덴마크였다)〉에서 그가 시합을 앞두고 특별한 전술이 있는지 질문을 받는 장면이 있었다. 그는 말했다. "아니요. 전술이라면 득점을 많이 하는 것이죠." 선수들은 '클럽하우스'라 불렀던 코펜하겐의 나이트클럽을 들락날락거렸다. 스미트와 에린센의 말처럼 "무늬는 덴마크 대표팀이었지만 속은 동네팀pub team(여기서는 술집의 의미도 있다)이었다."

거칠고, 썰렁한 위트가 타고났던 피온테크는 임명 당시 39세로 이미 베르더 브레멘, 포르투나 뒤셀도르프, 아이티, 장크트 파울리의 감독직을 거친 상태였다. 그는 팀을 낙관적으로 보지 않았다. "나는 이 팀으로는 아무것도 할 수 없겠다는 생각이 들었다. 일 년에 3일, 딱 6번 보았을 뿐이다. 내가 할 수 있는 데는 한계가 있었다. 어떻게 이들을 팀으로 움직이게 할 수 있었겠는가?"

그는 자신이 아마추어 문화와 싸우고 있다는 걸 알았다. "덴마크 사람은 '규율'이라는 단어를 좋아하지 않는다. '누구도 우리에게 이래라저래라 하지 않는다. 어쨌거나 우린 소용이 없어.' 나는 그런 태도를 바꿔야 했다." 처음으로 대표팀에 발탁된 골키퍼 비르게르 옌센를 희생양으로 삼다시피하며 탈락시켰다. 서서히 마음자세가 달라졌다. 시발점은 9경기 중 8경기에서 승리를 거뒀던 1981년이었다. 1982년 월드컵 예선에서는 이탈리아를 3-1로 물리쳤는데 당시 월드컵 우승을 차지했던 이탈리아에 안긴 대회 유일한 패배였다.

상징적인 것이겠지만 훈련캠프를 덴마크 스포츠연맹본부인 이드레텐스 후스로 옮긴 피온테크의 결정으로 중요한 변화가 일어났다. 그곳은 철조망으로 둘러싸인 황량한 콘크리트 복합주거지로서 방에는 전화도 TV도 없었다. 피온테크는 선수들이 축구를 진지하게 받아들이도록 할 요량이었다. 1986년 월드컵 준비기간에는 3시간짜리 전술회의를 하였고 산소마스크를 씌우고 아침 8시부터 밤 11시 30분까지 고지대 훈련을 실시하였다.

덴마크 축구의 진원지는 네덜란드였다. 1975년에서 1982년 사이에 프랑크 아르네센, 쇠렌 레르비, 예스페르 올센 그리고 얀 묄비까지 모두 아약스로 들어갔는데 이것은 그들이 요한 크루이프의 영향을 받았다는 뜻이다. 묄비는 자서전 〈얀 더 맨 Jan The Man〉에 이렇게 썼다. "그는 법정을 주무르는 왕이었다. 모든 것을 알았고 우리는 그저 듣고 있을 수밖에 없었다. 가끔은 그만하라고 말하고 싶었지만 그래도 계속 그럴 사람이었다."

하지만 피온테크의 덴마크팀은 성숙해졌고 자신만의 색깔을 띤 플레이 형태가 생겨났다. 스트라이커였던 프레벤 엘케르는 말했다. "아니, 아니다. 우리는 결코 네덜란드와 같은 플레이를 하지 않았다. 당시에 네덜란드에서 뛰던 선수들이 많은 게 사실이었지만 시스템은 덴마크식 3-5-2였고 네덜란드는 4-3-3이었다. 플레이 정신은 네덜란드와 흡사했던 것 같다. 즉, 볼을 소유하면 공을 돌리면서 상대가 쫓아다니도록 만들었다. 이것은 지금 같으면 스페인의 플레이고 당시

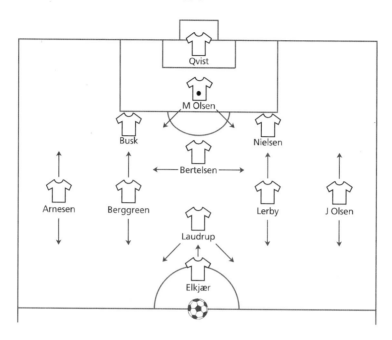

덴마크

로는 네덜란드였지만 우리 방식은 또 달랐다. 우리는 적극적인 스타일이라 수비만 할 수 없었다. 물론 볼을 뺏기면 뒤로 물러나지만 그렇다고 10명 모두가 물러나지는 않았다."

급신석인 전술을 가능하게 만든 것은 경험 많은 리베로 모르텐 올센의 포지션에 대한 이해와 과감성 때문이었다. 엘케르가 말한 3-5-2는 분명 3-5-2 시스템 그대로였지만 그것은 토탈풋볼의 1-3-3-3에서 유래되었다. 쇠렌 부스크와 이반 닐센이 중앙 수비수로 움직였고 홀딩미드필더 엔스 요른 베르텔센은 눌 사이로 내려와서 네덜란드의 리베로와 3명의 수비수가 결합된 형태를 만들 수 있었다. 유로84에서 쇠렌 레르비와 클라우스 베르그린은 미드필드로 내려왔고, 측면은 프랑크 아르네센과 예스페르 올센 또는 욘 시베베크가 맡았고 엘케르와 미샤엘 라우드루프는 이동형 투톱 역할을 했다. 측면선수의 면면을 보면 팀의 색깔이 가장 잘 드러날 것이다. 시베베크가 정통파 풀백 플레이를 할 수 있었지만 아르네센과 올센 둘 다 진정한 공격형 측면 미드필더다 보니 때때로 팀을 곤경에 처하게 만들었다. 예를 들면, 피온테크가 이끌던 덴마크팀의 전성기라 불렸던 1986년 월드컵 유럽예선 소련 전에서 4-2 승리를 거둘 당시, 하프타임에 올센을 페르 프리만으로 교체한 것도 상대방 아나톨리 데먀넨코가 측면을 괴롭혔기 때문이었다.

피온테크는 자신의 팀이 유럽에서 그런 플레이를 하는 최초의 팀이라고 믿었다. "그 이유는 우리한테는 뛰어난 미드필더가 7, 8명이나 있는 반면에 좋은 수비수가 많지 않았다. 당시에 상대 팀들은 많아봐야 공격진에 2명 또는 1명을 두고 플레이를 했는데, 그렇다면 후방에 4명이나 둘 필요가 있는가? 더군다나 이 수비수들이 공격적이라면 전후방으로 80미터씩 왔다 갔다 하게 될 것이다. 이건 정말 힘든 일이다. 축구에서 가장 활동을 많이 하는 포지션은 미드필드다. 공격과 수비에 다 관여하기 때문이다. 나는 힘이 엄청나고 공중볼에 강한 전담 마크맨[닐센과 부스크]을 두고 그 뒤에 세 번째 수비수인 모르텐[올센]을 두었다. 또한 때때로 올센이 볼을 가지고 나가기도 했고, 필요하다면 누군가가 미드필드에서 내려왔다. 그런 점에서 좋은 시스템이었고 독일은 1990년 세계 챔피언으로서 이 시스템을 사용하고 있었다. 더군다나 경제적이기까지 했다...공격에 가담하는 사람을 바꿀 수 있었다. 한 사람이 숨을 고르면 다른 한 사람이 올라간다."

핵심은 유동성과—피온테크는 '대조 시스템contra system'이라 불렀다—포지션을 바꾸려는 의지였는데 이것은 1985년 아일랜드전에서 나온 시베베크의 골에서 잘 드러난다. 처음에 수비에서부터 차분히 볼이 전개되다가 오른쪽 백이 어느덧 아일랜드 진영에 올라가 있었고, 잠시 멈춰서 어떻게 할 건가 궁리를 하다가 계속 질주하여 결국 왼발 칩슛으로 마무리 지었다. 자기 팀 골키퍼가 거의 한 번도 볼을 길게 차내지 않았을 정도로 볼 소유를 최우선으로 삼자 단순하면서도 상대를 당황케 하는 움직임을 통해 많은 골을 넣었다. 한 예로서 1986년 월드컵 스코틀랜드전 골은 필드 중앙을 따라 여섯 번의 간결한 패스로 만들어졌다.

하지만 덴마크와 네덜란드의 가장 큰 차이는 형태가 아니라 스타일이었다. 공격적 마인드와 볼 소유에 무게를 둔 것은 비슷했지만 덴마크는 네덜란드의 그칠 줄 모르는 패스보다는, 아르네센, 라우드루프, 엘케르 그리고 두 명의 올센처럼 볼을 모는 데 천부적인 선수들로 인해 드리블게임에 훨씬 더 가까웠다.

모르텐 올센과 쇠렌 부스크는 오프사이드 라인을 높여 압박하는 플레이를 하자고 제안했다. 자기 선수들의 강점이 경기지능이나 딱히 볼을 따내는 능력이 아니라 볼 자체에 대한 능력임을 인지한 피온테크는 곧 그들의 말을 수용했다. 모르텐 올센은 말했다. "그가 여러 가지 독일식 규율을 가지고 왔지만 자신이 덴마크 선수를 지휘하고 있다는 사실도 잊지 않았다. 우리도 나름의 책임감이 필요하다는 사실을 알았고 규율과 자율 사이에 알맞은 균형을 찾아냈다. 우리는 독일팀처럼 플레이를 할 수 없었고 덴마크식 플레이를 해야 했다. 그걸 알았으니 그는 정말이지 현명했다."

덴마크는 신바람 나는 공격스타일로, 이후로 어느 국가대표팀도 그런 적이 없다고 주장할 정도로 으스대는 걸음걸이와 스타일로 전세계의 사랑을 받은 두 번째 팀이 되었다. 1986년 월드컵 2라운드 스페인전에서 에스페르 올센이 무작정 보낸 횡패스로 스페인의 스트라이커 에밀리오 부트라게뇨에게 동점골을 헌납하며 1-5 내패의 빌미를 제공했을 때 해설자 스벤드 게르스는 "아, 예스페르, 예스페르, 예스페르 그건 정말 치명적이었습니다..."라고 탄식했다. 전 세계가 듣고 느낄 수 있었던 고통스런 울음이었다.

올센이 범한 한 번의 실수로 덴마크의 황금시대는 막을 내렸지만─탄탄치 못한 걸출함을 지닌 선수가 감당하기에는 끔찍한 짐—유로84 지역예선 개막전에서 잉글랜드에 맞서 황금시대를 열었던 선수도 올센이었다. 보비 롭슨의 지휘 아래 첫 경기를 치른 잉글랜드는 경기를 압도당하다시피 했지만 트레보 프란시스의 두 골로 2-1 승리를 거두었다. 이전 11경기에서 두 골만 허용했던 수비진은 레르비의 유인하는 움직임을 이용하여 올센이 방향을 틀어 피터 실턴이 지키던 골문으로 마무리 골을 작렬하자 잉글랜드는 불안한 승리를 지켜내야 할 상황이었다. 웸블리에서 인상적인 경기력을 펼친 덴마크는 1-0 승리로 유로 진출권을 확정지었다.

프랑스에서 열린 대회에서 주최국에 0-1 패배를 당하긴 했지만 유고슬라비아를 맞아 5-0 대승을 이끌면서 조별예선 마지막 벨기에와의 경기를 비기기만 해도 예선통과를 할 수 있었다. 성급한 경기운영으로 0-2로 뒤지고 있는 상황에서 엘케르의 놀라운 개인기에 의한 결승골로 3-2 역전승을 거두었다. 스페인과의 준결승은 또 하나의 명승부였다. 아르네센과 엘케르의 두 번의 슛이 골포스트를 맞혔고 결국 2-2 무승부 끝에 승부차기로 스페인이 승리했다. 엘케르는 중요한 순간 페널티킥을 놓쳤고 경기 중 스페인 선수와 경합을 벌이다 찢어진 상의 사이로 등을 드러낸 채 쓸쓸히 돌아 나오는 모습은 우스꽝스럽기도 했지만 보는 이의 마음을 아프게 했다.

시몬센이 없는 터라 덴마크의 성공은 오래갈 수 없겠다는 두려움이 더 커졌지만 오히려 팀은 더 좋아졌고 1985년 소련을 4-2로 꺾으며 절정에 이르렀다. 묄비는 이 경기의 비디오를 유일하게 간직하고 있었다. 그는 말했다. "당시 나는 벤치에 있었다. 내가 본 최고의 시합이었다."

그러나 결국 덴마크는 오래가지 못했다. 그들의 플레이에 내재된 위험요소가 약점으로 드러났던 것이다. 유로대회에 이르기까지 몇 개월에 걸쳐 치러진 네덜란드, 동독과의 친선전에서 각각 0-6, 0-4

로 완패했다. 1985년에는 8경기 중 4경기에서 득점을 올리지 못했고 나머지 4경기에서는 17골을 넣었다. 짚고 넘어가야 할 것은 스위스와의 두 차례 무득점 무승부 경기인데 이 경기서 나무 골 기둥을 무려 5번이나 맞췄고 페널티킥도 실축했다. 이로써 두 번 남은 월드컵 지역예선에서 1986년 멕시코월드컵 진출이 좌절 될 가능성이 현실화 되었다. 노르웨이와의 경기에서 0-1로 뒤진 채 전반전을 마쳤을 때의 분위기가 그랬다. 하지만 후반전에 5골을 몰아넣으며 정상적인 흐름을 찾았고 아일랜드와의 원정경기에서 4-1 승리를 거두며 월드컵 진출을 확정지었다.

월드컵이 다가왔지만 피온테크는 태도를 굽히지 않았다. 그는 "멕시코에서 우리는 늘 그렇듯 공격적인 축구를 하게 될 것이다"고 약속했고 실제로 그렇게 했다. 1-0 승리로 끝난 팽팽했던 스코틀랜드전에서 엘켸르가 가까스로 한 골을 기록했지만 우루과이에게 6-1 대승을 거두었다. 물론 우루과이가 1-0으로 앞서는 상황에서 20분 뒤 미겔보시오가 퇴장 당하긴 했지만 레드카드 때문에 경기를 지배한 것이 아니라 레드카드를 이끌어 낸 상황 때문에 경기를 지배한 것이었다. 이것으로 덴마크의 다음 라운드 진출이 사실상 확실해진 것은 서독과의 마지막 일전을 패하면 마지막 남은 16강 진출 티켓을 놓고 모로코와 경기를 펼치기 때문이었다. 한편, 비기거나 이기면 버거운 상대인 스페인전이 기다리고 있었다. 다른 팀이라면 그 경기를 포기하려 했겠지만 덴마크입장에서는 서독이 아마추어팀이었던 지난 1971년 친선경기에서 단 한 번 이긴 적이 있는 팀일 뿐만 아니라 그 이후로 덴마크 남쪽의 이웃나라들이 덴마크와의 경기를 거부했다는 점에 분개하고 있었다. 더군다나 피온테크는 자신의 고국을 상대로 자신을 부각시키려고 안간힘을 썼다. 또다시 덴마크는 여느 때처럼 뛰어난 경기를 펼치며 2-0으로 승리했다. 하지만 결정적으로 아르네센이 로타어 마테우스를 걷어차 퇴장을 당하면서 스페인전에 뛸 수 없게 되었다.

덴마크는 예스페르 올센의 페널티골로 앞서갔다. 하지만 하프타임 직전 골키퍼 라르스 호그가 볼을 올센에게 던져주자 올센은 훌리오 살리나스를 피하려고 방향을 휙 튼 다음 자신의 페널티박스 위로 넘어가는 도무지 이해할 수 없는 무의미한 패스를 했다. 공을 받을 것이라 생각했던 골키퍼 호그는 거기에 없었고 상대방 부트라게뇨는 그 공을 골문으로 굴려 넣었다. 해설자 게르스의 말은 옳았다. 그것이야말로 치명적이었고 그의 해설은 자신의 세대를 위한 묘비명이 되었다. 후반전에 덴마크는 무너졌고 결과는 스페인의 5-1 완승이었다.

덴마크가 무너진 것은 스페인의 높은 고도와 더위 속에서 자신들의 강력한 플레이 스타일을 유지할 수 없었기 때문이라고 말하는 사람도 있었다. 피온테크는 선수들의 정신자세를 비난했다. "조별 예선을 치른 후 '그래, 우리가 이만큼 해냈구나, 엄청난 일을 해냈으니 누구도 우릴 나무랄 수 없어'라는 덴마크 사람 특유의 태도가 꿈틀거리기 시작했다. 결국 그들의 마음자세에는 한 가지가 빠져 있었다. '우리는 할 수 있고 해내야 한다!'라는 태도의 전환, 그것이 내 생각만큼 잘 이루어지지 않았다."

덴마크는 세상을 기쁘게 해 놓고 멕시코를 떠났다. FIFA 기술 보고서는 다음과 같이 기록했다. "그들은 대회기간 중 가장 화려한 축구를 했다... 체력을 다 쏟아 부으며 모험을 시도하려는 자세는 덴마크축구에 놀랄 만한 활력을 불어 넣었다." 하지만 다시는 그런 경기를 하지는 못했다. 유로88에서 조별예선 3경기 전패를 기록했고 90년 이탈리아 월드컵 진출에 실패했다. 피온테크는 1990년 감독직을 사임하고, 당시 유리한 세율로 이득을 보려고 한다는 말이 나도는 중에 터키로 가서 국가대표팀 감독을 맡았다. 그러나 자신은 줄곧 부인해왔던 리히텐슈타인에 있는 자신의 비밀은행계좌에 관한 타블로이드 신문의 기사에 화가 나서 팀을 떠났다고 주장했다. 하지만 성공이라는 단어가 잊혀졌다 싶었던 순간 덴마크는 뒤늦게 유고슬라비아의 대체국 자격으로 유로92에 참가하여 우승을 차지했다. 당시 라샤르드 묄레르 닐센 감독의 덴마크는 80년대 팀과는 스타일면에서 딴판이었다. 플레이 정신은 유사한 부분도 있었지만 기능적이며 실용적인 내용을 띠었다.

△▽

덴마크가 마지막 16강전에서 탈락하면서 아르헨티나는 탄탄대로를 달렸고 결국 1986년 월드컵 우승을 차지하긴 했지만 처음부터 큰 기대를 안고 멕시코로 간 것은 아니었다. 아르헨티나는 이스라엘과의 마지막 평가전에서 7-2 승리를 거두었지만 7경기 만에 거둔 첫 승에 불과했다. 마라도나는 자서전에서 팬들이 혹시 우리가 굴욕을 당할까 두려워 한국과의 개막경기를 '눈을 반쯤 감은 채' 지켜보았다고 말했는데, 결국 4년 뒤 두려움은 현실로 나타났고 카메룬에게 굴욕적인 패배를 당했다. "우리는 심지어 누가 경기를 뛰는지도 몰랐다. 파사레야는 떠났고 브라운, 쿠시우포, 엔리케는 선발에 들어 있었다. 우리가 서로를 그렇게 믿었건만 단 한 번도 긍정적인 결과를 이룬 게 없었다. 그러다가 빌라도가 세운 꼼꼼한 계획들, 그의 전술, 포지션에 대한 집착, 이 모든 것들이 한 순간에 와 닿았다."

하지만 쿠시우포와 엔리케는 개막경기에 뛰지 못했다. 4-4-2로 출발한 실전에서 브라운은 네스토르 클라우센, 오스카 루게리, 오스카 가레 뒤에서 리베로 역할을 했고 페드로 파스쿨리는 호르헤 발다노와 함께 전방에 섰다. 수월하게 승리를 거둔 아르헨티나는 이탈리아전에서는 쏜살같은 이탈리아 공격수 쥬세페 갈데리시를 막기에 쿠시우포가 제격이라고 판단했다. 루게리는 알레산드로 알토벨리를 맡았고 이탈리아식 축구처럼 왼쪽 풀백 가레는 자유롭게 미드필드까지 밀고 올라갈 수 있었다. 불가리아전과 2라운드 우루과이전에서 승리를 거둘 때도 이 시스템을 그대로 사용했다.

빌라도는 잉글랜드와 8강전에서야 베스트 일레븐을 확정지었고 그 선수들로 준결승과 결승에서 벨기에와 서독을 물리쳤다(물론 램지도 1966년 아르헨티나와의 8강전에서 최종 출전선수를 확정했다). 브라운은 피키처럼 단순한 스위퍼 시절로 돌아간 듯한 리베로의 성향을 지니고 있었다. 그의 앞에 있던 두 명의 마크맨 루게리와 쿠시우포는 상대 센터포워드를 전담했다. 세르히오 바티스타는 두 사람 앞에서 자유자재로 볼을 다루고 지켜내는 역할을 하고 수비지향적인 가레를 대신해 훌리오 올라르티코에체아와 리카르도 지우스티가 넓게 포진했다. 호르헤 부라차가는 미드필드와 공격진을 연결해주는 역할로서 발다노와 마라도나처럼 부동의 자리였다. 이제 남은 자리는 하나였다. 파스쿨리는 2라운드 우루과이전에서 결승골을 터뜨렸지만 빌라도는 파스쿨리를 빼고 대신 엔리케를 출전시키기로 결정했다. 그는 이렇게 설명했다. "정통파 센터포워드로는 잉글랜드를 상대할 수 없지 않은가? 그는 상대에게 집어 먹힐 것이다. 대신 미드필드에 한 명을 가담시키면 마라도나에게 더 많은 공간이 생긴다."

마라도나는 세컨드 스트라이커라고 하지만 자기 뒤의 수비 형태에 따라 어디나 마음대로 돌아다닐 수 있었다. 51분에 터진 마라도나의 첫 골은 비베사 viveza(활력, 생기)의 가장 나쁜 예(마라도나의 '신의 손' 사건)였고 4분 뒤의 두 번째 골은 숨을 멎게 할 정도였다. 두 골을 허용하면서 공격에 나설 수밖에 없었던 잉글랜드의 보비 롭슨 감독이 존 반스와 크리스 와들, 두 명의 윙어를 투입하자 곧 빌라도 시스템의 수비약점이 드러났다. 게리 리네커가 반스의 크로스를 골로 연결하여 한 골을 만회했고 마지막 몇 초를 남기고는 똑같은 상황이 거의 연출될 뻔했다.

윙어가 있는 팀은 과연 아르헨티나를 압도했겠는가? 분명 그럴 수도 있다. 세 명의 중앙 미드필더인 바티스타, 엔리케, 부루차가는 볼을 지배할 수도 있었지만 글렌 호들과 스티브 호지처럼 사납지 않은 상대 미드필더에 맞서고도 반스와 와들에게 공급되는 볼을 차단하지 못했다. 15분을 남기고 카를로스 타피아가 공격적인 부루차가를 대신하여 들어갔지만 반스는 계속해서 경기장을 휘젓고 다녔다.

그래도 크게 문제될 것은 없었다. 준결승전에서 만난 벨기에는 이름 있는 선수가 포진한 팀이 아니었기 때문에 그들이 미드필드 싸움에 전력을 기울였지만 한 수 위의 마라도나에게 당하고 말았다. 결승전에서 맞붙은 서독은 새로 바꾼 윙백 시스템에 완전히 적응하지 못한 상태였다.

1966년 월드컵 결승에서 패한 서독축구는 네덜란드와 비슷한 길을 걸었다. 두 나라는 전통적인 라이벌이었지만 축구의 진화만큼은 닮은 점이 있다. 네덜란드처럼 서독은 축구방식에 관해 정해놓은 이론이 없다시피 했기 때문에 오히려 유리했다. 물론 네덜란드보다 더 성공한 편이었지만 프로리그는 1963년에야 만들어졌다. 60년대 독일축구는 커다란 변화를 겪고 있었고 그로인해 새로운 아이디어를 쉽게 수용했다.

서독이 웸블리에서 열린 1972년 유러피언 챔피언십 8강 1차전에서 자신의 방식으로 잉글랜드를 3-1로 물리친 일은 19년 전 같은 장소에서 헝가리가 잉글랜드를 6-3으로 이긴 것만큼이나 극적이었다. 다음 날 영국신문들은 프란츠 베켄바우어와 귄터 네처가 이끄는 서독이 포지션을 바꿔가며 빠른 속도로 볼을 움직였던 초반 30분간의 플레이에 놀라 침울한 어조로 과거의 헝가리전에 비유했다. 프랑스 스포츠지 〈레퀴페〉는 서독의 스타일을 '2000년에서 온 축구'라고 환영했지만 영국 관측자들은 그 순간의 상징적 의미를 재빨리 간파했다. 당시 잉글랜드와 서독은 각각 한 번씩 월드컵 우승을 경험했다. 그 이후로 독일은 월드컵에서 두 번, 유러피언 챔피언십에서 세 번 우승컵을 들어 올렸지만 영국은 무관의 신세였다. 알버트 바함은 〈가디언〉에 이렇게 기고했다. "이런 규모의 패배는 1966년 월드컵 우승 당시의 스타일을 그대로 베낀 뒤 그것에 기초해서만 개선을 꾀하고 그대로 쭉 만족해왔던 이래로 항상 예정되어 있었다─운동량을 위대한 신으로 받들고 나머지는 그것의 발아래 두었다."

그 경기는 잉글랜드월드컵 주역들의 죽음이었다─제프 허스트는 다른 국제경기를 한 번도 뛰어 본 적이 없었고 알프 램지는 감독으로 겨우 한 차례 더 치열한 경기를 지휘했을 뿐이었다. 서독 감독 헬무트 쇤의 평가는 달갑지 않은 사실과 함께 울려 퍼졌다. "그들은 시간이 갈수록 가만히 서 있었던 것 같다. 물론 우리에게 정면승부를 걸었지만 기술적으로 우리가 훨씬 앞섰다." 서독의 작전은 두 클럽에 뿌리를 두고 있었다. 그들은 바이에른 뮌헨과 보루시아 묀헨글라드바흐로서 두 팀 모두 분데스리가의 창립멤버는 아니었다. 1963년 바이에른은 유고슬라비아 출신 즐라트코 차이코브스키를 감독으로 임명했고 글라드바흐는 1964년 헤네스 바이스바일러를 임명했다. 두 인물은 나름대로 진보적이었고 두 팀 다 유스팀에 집중하며 내부로부터 발전을 이끌어 냈다. 1964~65 시즌 승격을 이룬 글라드바흐의 평균 연령은 겨우 21살이었다.

젊어진 팀의 효과는 두 가지였다. 말주변이 좋은 루마니아 출신 미르체아 루체스쿠가 줄곧 주장해왔듯이 한편으로는 젊은 선수들은 선입견이 적었고 경험이 없다보니 신중하질 않았으며 더 고분고분하고 두려움이 적었다(램지의 노련한 잉글랜드팀이 만들어 내는 둔감하고 식상한 축구와 완벽한 대조를 이루었다). 다른 한편으로는 어릴 적부터 함께한 선수들 간에 이해심이 깊어 서로의 유별난 특징도 수용할 정도로 유기적인 발전을 이룬다. 한 명이 전진하면 다른 선수가 커버를 하고 한 명이 왼쪽으로 움직이면 다른 한 명은 오른쪽으로 움직인다. 서로의 포지션을 무의식에 가까울 정도로 막힘없이 맞바꿨다. 그런 정교함은 오로지 깊은 상호이해를 통해서만 가능하며 이것은 어린 나이에 가장 쉽게 형성된다.

두 팀의 경기운영은 차이가 있었다. 글라드바흐는 역습을 노렸고 바이에른은 볼 소유를 선호했다. 두 팀 모두 네덜란드처럼 강한 압박과 공격적인 오프사이드 트랩을 써진 않았지만(이상하게도 크리스토프 비어만이 〈공은 둥글다 Der Ball ist rund〉에서 말한 대로 90년대가 되어서야 압박전술이 독일에 들어왔다) 유동적인 움직임을 장려하면서 고정된 위치보다는 팀 내부의 다른 선수들과 연관 지어 선수들 스스로 경기장에서 자신의 역할을 찾도록 다독였다.

독일에서 축구는 네덜란드보다도 더 광범위한 문화운동의 일부였다. 볼프람 피타는 '문화사로 본 독일 축구'라는 글에서 "전통적인 자본가 집안의 삶의 가치와 방식은 자율적인 문화의 증가로 다양한 생활방식이 생겨나자 효력을 상실했다. 이렇게 보면 귄터 네처와 베켄바우어는 시대가 낳은 인물이자 70년대 문화 실험의 대변자였다"라고 설명한다. 그렇다면 독일과 비슷한 사회 세력이 있었던 잉글랜드축구에는 왜 같은 영향을 주지 않았는가라는 의문이 든다. 아마도 그 해답은 롭 스틴이 서술했던 '별종'들처럼 그들이 고립되어 존재했기 때문에 뿌리 깊은 잉글랜드축구의 전통에 − 결국 겨우 몇 년 앞당겨 성공을 가져다주었던 전통(물론 그 성공으로 더 확실히 보수화가 이루어졌다.) − 큰 도전장을 던지지 못했다는 점에서 찾을 수 있다.

피타는 특히 네처가 "독일 좌파 지식인의 총아로서 그들은 네처를 통해 경기장 안이나 바깥에서 독일 문화의 전통과 결별하는 사람의 모습을 보았다. 네처가 힘과 열정을 다투는 독일식 '축구 덕목'에서 근원적으로 벗어난 플레이를 스스로 자축했을 뿐만 아니라 규범을 따르지 않는 그의 사생활도 그런 이미지에 한몫을 했기 때문이다"고 적었다. 네처의 헤어스타일이나 의상을 보면 반항적인 모습이 확연했지만, 실제로 파란만장한 삶을 살았던 쪽은 베켄바우어였다. 하지만 보수정당인 기독사회연합 CSU을 공개 지지한 점과 바이에른에서 뛰었던 전력 때문에 베켄바우어는 보수적인 인물로 비춰졌다.

서독축구 발전의 최종단계는 1970년 멕시코월드컵이었는데, 조별 경기와 잉글랜드를 3−2로 물리쳤던 8강전 경기는 더위가 절정이었던 레온에서 펼쳐졌다. 볼을 뺏기면 서둘러 쫓아가서 되찾아오고 볼을 가지면 지키는 일이 전술의 핵심이었다. 데이비드 레이시는 〈가디언〉지에 서독이 의식적으로 가급적이면 본부석의 그늘이 지는 곳에서

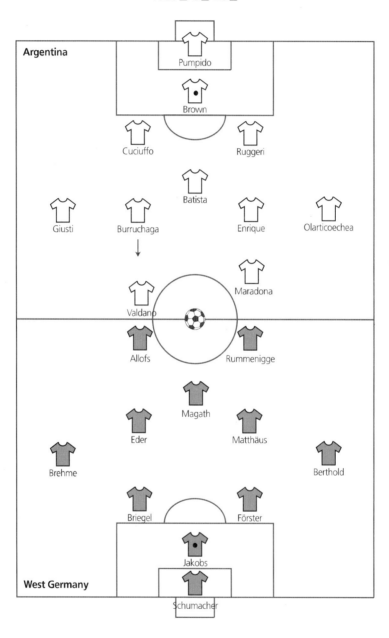

아르헨티나 3 서독 2, 월드컵 결승, 멕시코시티 아스테카,
1986년 6월 29일

경기를 펼치려했고 자신의 패턴에 맞게 경기를 주도하려는 의식과 노력을 이끌어갔다는 의견을 내놓았다. 그 결과 네덜란드가 그토록 피하려했던 실용주의 방식이 접목되면서 70년대 초중반 국가대표와 클럽축구에서 유럽을 지배하는 축구스타일이 탄생하였다.

베켄바우어는 네덜란드의 크루이프만큼이나 서독축구의 발전에 중심적인 인물이었다. 베켄바우어는 60년대 후반부터 바이에른 뮌헨의 즐라트코 카즈코브스키 감독의 조언으로 바이에른에서 리베로 역할을 수행했다. 즐라트코는 공을 잘 다루는 중앙수비수의 가치를 지켜보면서 성장한 사람이었다. 위대한 아약스 최초의 리베로 벨리보르 바소비치가 그와 똑같은 축구문화에서 배출된 것도 결코 우연이 아니다. 베켄바우어 본인은 항상 자신의 공격성향은 서독팀에서 미드필더로 뛴 경험 때문이라고 주장하지만 대표팀에서는 빌리 슐츠가 리베로였기 때문에 베켄바우어는 공을 가지고 전진할 때 느끼는 수비수로서의 불안감이 적었다.

기원이 어디건 간에 대인방어와 자유로운 리베로를 두는 1-3-3-3이 독일축구의 기본전형이 되었고, 여기에 살짝 변화를 주어 공격수한 명을 플레이메이커로 끌어내리면 당시 감독이었던 베켄바우어가 1986년 멕시코 월드컵에서 사용한 시스템과 같았다. 예를 들어, 8강전에서 개최국 멕시코를 승부차기로 물리쳤을 때 디트마르 야콥스가 스위퍼였고 그 앞으로 좌우에 한스 페터 브리겔, 칼 하인츠 푀르스터, 안드레아스 브레메, 미드필드에는 토마스 베르톨트, 로타어 마테우스, 노르베르트 에데르가 포진하고 플레이메이커는 펠릭스 마가트 그리고 최전방에 칼 하인츠 루메니게와 클라우스 알로프스가 있었다.

하지만 2-0으로 승리를 거둔 프랑스와 준결승에서 3명의 중앙수비수를 두고 에데르는 푀르스터, 볼프강 롤프와 나란히 미드필드에 합류하여 미셸 플라티니를 대인 방어하는 역할을 수행했다. 베켄바우어는 푀르스터에게 밑으로 처지도록 지시했고 푀르스터의 말을 인용하면 '결국은 거의 자동적으로 지역방어를 쓰게 되었다.' 독일축구는 이 문제를 해결하는 데 10년이 더 필요했다.

출장정지에서 풀려난 베르톨트가 경기에 나서자 롤프는 벤치로 돌아왔고 결승전에서 마테우스가 마라도나를 전담 마크했다. 서독은 3-5-2를 고수했고 마라도나의 활동은 잠잠한 편이었지만 문제는 마테우스가 마라도나를 따라 깊이 내려오다 보니 중앙수비수가 4명이 되었다. 수비라인 앞에 홀더가 두 명이 있어서 전체적으로 창조성이 떨어졌고 마가트는 고립되어 플레이에 거의 관여하지 못했다.

서독은 전술 운영의 폭이 좁아 풀백이 밀고 올라가지도 않았고 결국 아르헨티나의 플레이에 휘둘렸다. 코너킥 상황에서 올린 공을 슈마허가 잡지 못하고 놓치자 앞에 있던 브라운이 헤딩골을 넣었고 발다노가 후반 11분 만에 두 번째 골을 차분하게 성공시키면서 경기는 기울어져 갔다. 그제야 마테우스가 대인방어 역할에서 벗어나면서 덩달아 서독의 플레이가 살아나자 빌라도 감독을 괴롭혔던 아르헨티나의 약점이 노출되었다. 세트 플레이는 빌라도 감독의 전문이었지만 팀의 수비능력을 너무 걱정한 나머지 결승전 당일 새벽 4시에 루게리의 방에 불쑥 들어가 잠이 덜 깬 어리둥절한 그에게 달려들어 코너킥에서 누굴 마크하는지 물었다. 당장 '루메니게'라는 답이 돌아오자 빌라도는 루게리가 집중을 잘하고 있다고 판단했다.

그러나 16분을 남기고 브라운이 어깨골절로 치료를 받는 사이에 루디 펠러의 코너킥을 루메니게가 골로 성공시켰다. 8분 뒤 베르톨트가 다시 한 번 코너킥에서 올라온 공을 골대 대각선 쪽으로 헤딩을 날리고 이 공을 펠러가 동점골로 성공시켰다. 동점상황에서 서독으로서는 3-5-2의 수비위주 전술로 전환해야 했지만 그렇게 하지 않았다. 탄력이 붙은 서독은 결국 수비 뒤쪽 공간을 비워두었다. 마라도나는 3분 만에 그 공간을 이용하여 브리겔 너머로 달려오던 부루차가에게 패스했고 부루차가는 결승골을 넣었다.

돌이켜 보면 아르헨티나의 성공은 기이하기 짝이 없고, 마라도나 한 명을 위한 팀이라는 험담은 부당하겠지만 마라도나에게 과도하게 의존하는 것이 얼마나 위험한지는 1986년 월드컵이 끝난 시점부터 다음 월드컵이 열리기까지 31경기 중 6승만을 기록한 것만 봐도 알 수 있다. 어쨌든 아르헨티나는 1990년에도 결승전까지 올랐다.

빌라도는 대표팀 감독으로는 많은 경기를 이기지 못했지만 중요한 경기는 꼭 이겼다. 더군다나 1990년 이탈리아 월드컵에서 스리백이 일반화되면서 빌라도의 생각이 옳았음을 보여주었다. 브라질도 서독과 같은 포메이션을 사용하였고, 서독은 90년 월드컵에서 이 포메이션으로 클라우스 아우겐탈러, 기도 부흐발트 그리고 베르톨트 혹은 위르겐 콜러를 스리백으로 두고 미드필드 3인방은 마테우스 그리고 상황에 따라 부크발트, 토마스 헤슬러, 우베 바인, 피에르 리트바르스키, 올라프 톤 중 2명으로 구성하여 대회 우승을 차지하였다. 이것은 스리백 시스템의 꽃으로서 형태를 크게 비틀지 않고도 쉽게 변화를 줄 수 있었다. 예를 들어, 2라운드 네덜란드전에서 중앙수비수가 본업인 부흐발트는 미드필더로서 네덜란드의 패스게임을 무너뜨리는 데 일조했다.

더욱 놀랍게도 아일랜드와 첫 경기를 1-1로 비긴 잉글랜드가 마지막 보루로 리베로를 채택하자 〈가제타 델라 스포트〉는 '더 이상 축구가 아니다. 제발, 우리는 영국이다.'라는 제하에 기사를 싣기까지 했다. 마크 라이트를 스위퍼로 세우고 측면은 테리 부처와 데스몬드 워커로 채우자 잉글랜드는 미드필드진에 공격 재능을 갖춘 크리스 와들, 데이비드 플라트, 폴 가스코인을 기용할 수 있었다. 잉글랜드에게 운이 따랐던 경우도 있었지만, 잉글랜드 팬들이 대회의 여러 가지 사실을 잊을 만큼 역설적이게, 잉글랜드는 지난 수년간의 경기보다도 훨씬 더 모험적인 경기를 펼치며 1966년 이후 처음으로 준결승에 올랐다. 준결승에서 서독을 만나 대등한 경기를 펼쳤지만 승부차기 끝에 지고 말았다.

그렇지만 성공적인 월드컵이라고 말할 수는 없었다. 경기당 골은 2.21로 역대 최저였고 레드카드는 역대 최고인 16개를 기록했다. 심지어 최고의 팀이라 할 수 있는 서독조차도 마지막 3경기에서 겨우 3골을 기록했는데, 그마저도 두 골은 페널티킥이고 한 골은 굴절되어 들어간 프리킥이었다. 서독은 단연 체력을 앞세운 팀이었고 체력은 3-5-2 전술이 요구하는 부분이었다. 요한 크루이프는 윙어가 윙백으로 바뀐 것을 두고 '축구의 죽음'이라 부르면서 3-5-2에 대해 절망했다.

이것은 빌라도의 구상 중 다른 면이 작동한 결과였다. 즉, 플레이메이커의 최적의 자리는 미드필드가 아닌 두 번째 공격수 자리가 될 것이라는 판단이었다. 빌라도가 3명의 플레이어와 7명의 러너가 필요하다는 극단적인 주장을 했지만 그런 방향으로 균형이 기울어간 것은 분명했다. 1988년의 네덜란드도 한때 아래로 처진 플레이어였던 루드 굴리트를 4-4-1-1 전술에서 마르코 반 바스턴 뒤에 두 번째 스트라이커로 배치하였다.

선수들의 체력은 좋아지고 시스템이 체계를 갖추자 수비도 더욱 탄탄해졌다. 브라질이 꿈꾸던 축구는 멀어져 갔고 플레이메이커 역할을 하는 두 번째 스트라이커가 5번째 미드필드요원으로 바뀌었다. 1990년 월드컵의 골 가뭄 후 1992년 유러피언 챔피언십도 경기당 겨우 2.13골을 기록하여 지루한 축제가 되고 말았다. FIFA가 한사코 백패스와 백태클을 금지하는 규정을 만들었지만 미적인 축구로부터 한없이 멀어지기 시작했다. 분석과 이해가 철저하게 이루어졌고 수비 전략은 단단해질 대로 단단해지면서 90년대 초반 축구계가 직면한 가장 큰 질문은 축구에 과연 아름다움이 숨 쉴 공간이 존재할까라는 것이었다.

17장

▽△▽△▽△▽△

기수는 말로 태어나지 않는다 – 이탈리아 AC밀란

△▽ 이탈리아가 리베로를 기본설정전술로 도입하게 된 계기는 60년 대 AC밀란이 유럽에서 거둔 성공이었고, 25년 뒤 리베로 전술을 소멸 시킨 것도 AC밀란의 성공 때문이었다. 1983년 유러피언컵 결승에서 함부르크가 유벤투스에게 승리하면서 감독과 전문가들은 '이탈리아 식 축구'의 결점에 눈을 떴을지도 모른다. 하지만 2년 뒤 헤이젤 참사 의 공포 속에서 치른 경기에서 유벤투스는 리버풀을 1-0으로 꺾고 자신들의 건재를 과시했다.

리베로와 대인방어로부터 거리를 두고자 하는 노력이 있었지만 힘 을 받지 못했다. 루이스 비니시우가 1974년 나폴리에 지역방어를 도입했지만 실험은 흐지부지 끝났다. 그러다가 전 밀란 공격수였던 닐스 리드홀름 감독이 지역방어를 사용해 로마를 1984년 유러피언컵 결승으로 이끌었다. 그는 밀란으로 옮겼지만 이탈리아축구가 대인방 어를 완전히 포기하고 통합된 압박시스템을 도입할 가능성에 눈을 뜬 시기는 아리고 사키가 밀란의 지휘봉을 잡은 1987년이었다.

사키는 이렇게 말했다. "리드홀름이 말하는 지역은 지역이라 할 수 없다. 나는 그와 달랐다. 우리는 공격하는 선수가 다른 지역으로 움직일 때마다 이 선수에서 저 선수로 이어지며 마크를 했지만 리더홀름의 시스템은 하나의 지역에서 출발하지만 사실은 뒤죽박죽이 되어 결국 자신의 지역에서는 여전히 대인방어를 하게 된다." 어느 팀도 사키의 밀란만큼 지역방어 시스템을 잘 쓰는 팀은 없었을 것이다. 사키는 3년 만에 팀을 2번이나 유러피언컵에 진출시켰지만 당시에 그는 무명이나 마찬가지였고 클럽도 침체되고 있었다.

라벤나 지방의 인구 7,000명인 푸시냐노 마을에서 태어난 사키는 축구를 좋아했지만 축구를 할 상황이 아니었다. 아버지가 운영하던 신발공장의 영업사원이었던 사키는 누가 봐도 지역클럽인 바라코 루코에서 뛸 정도의 축구실력은 아니라서 대신 클럽에서 감독 일을 맡게 되었지만 번번이 신임의 위기를 맞았다. 사키는 "나는 26살이고 골키퍼는 39살, 센터포워드는 32살이었다. 나는 그런 사람들을 다 설득시켜야 했다"고 회고했다.

하지만 모든 의구심을 떠안으면서도 어떻게 축구를 해야 하는지에 대해 분명한 생각을 품고 있었다. "어릴 적에는 혼베드, 레알 마드리드, 브라질 같은 위대한 팀을 좋아했다. 하지만 내가 넋을 빼앗긴 팀은 1970년대의 네덜란드였다. 지금 생각하면 믿기지 않는 일이지만, 아주 작은 텔레비전을 보면서 나는 그들의 플레이를 이해하고 제대로 감상하려면 경기장 전체를 봐야 한다고 느꼈던 것 같다."

네 팀 모두 훌륭한 패스게임을 하면서 선수들의 움직임과 상호작용을 기본으로 하는 팀이었다. 혼베드, 레알 마드리드, 브라질은 나름대로의 축구 방법을 시스템으로 발전시켰다. 리뉴스 미헐스의 네덜란드는 그런 가능성을 표출한 초기 두 팀 중 하나였다. 그들의 경기를 지켜보면서 어린 사키는 볼을 잡은 사람이나 대부분 중요한 장면이라고 생각하는 것뿐만 아니라 팀의 나머지 모습도 꼭 보고 싶었다. 결국 발레리 로바노브스키가 내린 결론에 접근했다: 볼을 잡지 않은 선수가 볼을 잡은 선수만큼 중요하며, 축구는 11명 개개인의 문제가 아니라 그들이 만들어 내는 역동적인 시스템에 관한 것이다.

단순하게 얘기해서 사키는 공격적인 팀에 호감을 가졌는데, 그것만으로도 지포 비아니, 네레오 로코, 엘레니오 에레라의 유산에 갇힌 주류 축구문화로부터 어느 정도 자신을 떼어 놓았다. 사키는 이렇게 말했다. "내가 감독을 시작할 때는 대부분 수비에 관심을 두고 있었다. 스위퍼와 마크맨을 두었고, 공격은 개인의 지능과 상식 그리고 플레이메이커인 10번 선수의 창의성으로 귀결되었다. 이탈리아는 축구뿐만 아니라 모든 면에 방어적인 문화가 스며들어있다. 수 세기 동안 온갖 나라들이 이탈리아를 침입했다."

이를 근거로 지아니 브레라는 이탈리아의 '약점'에 대해 말하면서 신중한 수비를 하는 것은 자신들이 잘할 수 있는 유일한 방법으로서 세계 2차 대전의 처절한 패배로 생성된 어쩔 수 없는 사고방식이며, 무솔리니 시대 비토리오 포초의 성공에 깔려있는 군국주의에 대한 불신을 표출한 것으로 보았다. 하지만 사키는 아버지의 출장길에 동행하여 독일, 프랑스, 스위스, 네덜란드를 돌아보며 그런 패배주의에 의문을 품었다. 사키는 이렇게 말했다. "그것은 나의 눈을 뜨게 했다. 브레라는 이탈리아 클럽들이 수비에 집중할 수밖에 없는 것은 음식문화와 관련이 있다고 종종 말했지만, 다른 스포츠에서는 아주 뛰어나고 성공을 거두는 걸 보면 우리가 체력적으로 열등하지 않다는 것을 알 수 있다. 그러므로 나는 진짜 문제는 게으르고 방어적인 우리의 사고방식이라고 확신했다."

"심지어 외국인 감독이 이탈리아에 오더라도 이탈리아 방식에 젖어들고 만다. 언어도 그렇고 편의주의도 마찬가지다. 에레라조차도 처음 왔을 때는 공격적인 축구를 시도하다 이내 수비직으로 변했다. 로코 감독의 파도바와 가진 경기가 기억난다. 인터밀란이 경기를 지배했고 파도바는 중앙선을 3차례 넘어와 두 골을 넣고 한 번은 골포스트를 맞혔다. 에레라는 언론에 뭇매를 맞았다. 무슨 잘못을 했을까? 리베로 전술로 수아레스에게 아래로 내려와 롱볼을 차도록 지시했고 역습 위주의 경기를 펼쳤다. 내 생각에는 '위대한 인테르'에 훌륭한 선수가 많지만 목표는 오로지 이기는 것이었다. 하지만 과거에는 이길 필요도 없이 그저 즐기기만 했었다."

자신의 철학을 세운 사키는 일찍이 미래를 내다보았거나, 적어도 메달과 트로피만으로는 측정할 수 없는 위대한 것이 있다고 생각했다. "역사상 위대한 클럽은 시대와 전술에 상관없이 한 가지 공통점이 있다. 그들은 경기장을 소유했고 볼을 소유했다. 다시 말해, 공을 가지면 플레이를 지배하고 수비를 할 때는 공간을 지배한다."

"마르코 반 바스턴은 왜 우리가 꼭 이겨야 하는지 나에게 자주 물었다. 몇 년 전에 〈프랑스축구〉는 역사상 위대한 10개 팀을 선정했다. 밀란도 거기에 올랐다. 〈월드 사커〉도 같은 목록을 실었는데, 밀란이 4위였지만 3위까지는 국가대표팀이었다. 54년의 헝가리, 70년의 브라질, 74년의 네덜란드, 그 다음이 우리였다. 나는 잡지를 구해 마르코에게 말했다. '이래서 이겨야 하고 확실히 해 두어야 한다.' 나는 역사를 쓰고 싶어 그렇게 한 것은 아니었다. 90분 동안 사람들을 즐겁게 해 주려고 했다. 더욱이 그 기쁨이 이기는 것이 아니라 즐겁고 뭔가 특별한 것을 지켜보는 것에서 솟아나기를 원했다. 이것은 열정에서 나왔으며 밀란을 지도하여 유러피언컵을 차지하려고 한 것은 아니었다. 나는 내가 품은 몇 가지 생각을 가르치는 일을 좋아했다. 훌륭한 감독은 대본작가이자 영화감독이다. 팀은 그런 감독을 그대로 반영해야 한다."

이런 정서는 최근에 미적인 축구를 웅변적으로 설파하는 철학계의 일인자 호르헤 발다노와 혼연일치되는 것이다. 그는 이렇게 말했다. "감독은 경기가 자신을 위협하는 것으로 보게 되고 그런 두려움 때문에 그들의 생각은 변질되었다. 감독이 물리치고자 하는 가상의 위협이 축구에 담긴 행복, 자유, 창의성을 갉아먹는 억압적 결정을 하게 만든다. 축구가 지닌 엄청난 유혹의 핵심에는 영구불변의 감흥 같은 게 있다. 지금의 축구팬이 축구에 대해 느끼는 것이 50년, 80년 전 팬들의 가슴에도 있었다. 마찬가지로 호날두가 공을 받으며 느끼는 것을 펠레가 느꼈고 디 스테파노도 같은 생각을 했다. 그렇게 보면 바뀐 것은 거의 없다. 축구의 매력도 그렇다."

가브리엘 마르코티가 〈더 타임스〉에서 지적했듯이 발다노는 축구의 매력이 정서에 뿌리를 두고 있다고 본다. 발다노는 다음과 같이 말했다. "사람들은 종종 결과가 중요하다고 말하면서 앞으로 10년 후면 기억하는 건 점수뿐이라고 말하지만 그건 사실이 아니다. 사람의 기억에 남는 것은 축구의 위대한 것을 찾아 나설 때 일어나는 느낌이다. 비록 파비오 카펠로의 AC밀란이 최근의 팀으로 더 큰 성공을 거두었지만 아리고 사키의 AC밀란을 우리는 더 기억한다. 마찬가지로 1970년대의 토탈풋볼을 표방하는 네덜란드는 1974년 월드컵 결승에서 그들을 물리쳤던 서독이나 1978년 월드컵 결승에서 패배를 안겨준 아르헨티나보다 한참 더 전설적인 팀이다. 그것은 완벽함을 찾아 나서는 것이다. 완벽이 존재하지 않는다는 사실을 알지만 그렇게 나아가는 것이 축구에 대한, 아마도 인간에 대한 우리의 의무이다. 그게 바로 우리가 기억하는 것이고 그게 바로 특별한 것이다."

사키는 30대에 접어들었지만 완벽을 향한 탐색은 유아기 수준이었다. 바라코 루코에서 벨라리아로 옮긴 후 1979년 세리에B 소속 체세나의 유소년팀에서 일하게 되었다. 이제 그는 돌이킬 수 없는 루비콘 강에 서 있었다. 사키는 말했다. "아버지의 일을 돕고 있던 나로서는 인생행로의 갈림길에 서게 되었다. 1년에 5,000파운드를 받았는데, 이 정도의 액수는 아버지 회사의 이사로 일하고 버는 한 달 수입에 해당한다. 하지만 어떤 의미에서 그 일은 나를 자유롭게 했다. 감사하게도, 돈에 대해 한 번도 생각해 볼 필요가 없었기 때문에 돈을 위해 그 일을 한 적은 없었다." 결국 그의 결정은 상상할 수 없을 만큼 빠르게 수익을 안겨 준 도박과 같았다.

체세나에 이어 세리에C1 소속 리미니의 감독직을 물려받아 팀을 리그 타이틀 획득 일보 직전까지 이끌었다. 그런 후 세리에A 소속 피오렌티나에 고용되면서 드디어 약진의 발판을 마련하였다. 그곳의 이탈로 알로디는 한때 인테르와 유벤투스의 막후 클럽비서였는데, 그가 사키에게 유소년팀 감독 일을 맡겼다. 여기서 쌓아 올린 업적으로 당시 세리에C1 소속 파르마의 사령탑이 되었다. 첫 시즌 만에 팀 승격을 달성하고 34경기에 14골만을 내주면서 탄탄한 수비에 근거한 공격전술을 선보였다. 이듬해는 세리에A 승격을 위한 승점에 불과 3점이 모자랐다. 하지만 사키에게 이보다 더 중요한 일은 파르마가 코파 이탈리아대회 조별 예선경기에서 밀란을 상대로 1-0 승리를 거둔 다음, 두 팀이 당시 녹아웃 방식의 1라운드에 같은 조였을 때 또다시 합계 1-0으로 꺾은 것이었다. 그러나 파르마는 아탈란타와의 8강전에서 탈락할 수도 있었고 리그 원정경기를 한 경기도 이기지 못할 수도 있는 상황이었지만, 그해 초 밀란을 인수한 실비오 베를루스코니는 자신이 목격한 것에 감명을 받았다. 그도 위대한 것에 대한 꿈을 품고 있었고 사키의 이상을 받아들인 것 같다.

사키는 이렇게 말한다. "감독을 받쳐 주고, 참을 줄 알고, 선수들에게 자신감을 불어 넣어 주면서 끝까지 맡기는 클럽이 있다면 뭔가 달라도 달라진다. 그래서 나는 이기는 것뿐만 아니라 확실하게 이기기를 원하고 그런 사고방식을 가진 선수들이 필요하다. 루드 굴리트가 바로 그런 선수였고 나는 처음에 밀란에서 그의 도움을 많이 받았다."

그러나 아직도 완전한 신뢰를 얻지 못한 상태였다. 사키는 솔직히 자신이 그곳에 있었다는 사실이 믿기지 않는다고 말했다. 하지만 프로선수가 아니었던 사람은—베를루스코니는 괜찮은 수준의 아마추어 팀에서 뛰었고 틀림없이 사키보다 더 좋은 선수였다—결코 감독으로 성공할 수 없다는 말을 내비치는 사람에게 쏘아 붙이듯 응수했다. "기수가 경주마로 태어났어야 할 필요는 없다."

사키는 이 문제를 정면으로 다루었고 첫 번째 팀 훈련에서 선수들에게 길이 남을 말을 한다. "나는 푸시냐노라는 작은 마을에서 왔지만 여러분은 무엇을 이루어 놓았는가?" 사실 밀란은 많은 비용으로 꾸려졌으나 이루어 놓은 것은 많지 않은 팀이었다. 밀란은 지난 20년간 단 한 차례 세리에A 우승을 차지했고 1980년 토토네로라 부르는 승부조작 및 불법 도박사건으로 세리에B로 강등된 후 재건을 위해 몸부림치고 있었다. 앞 시즌은 5위로 마감했고 UEFA컵 출전을 위한 플레이오프에서 삼프도리아를 막판에 간신히 꺾고 마지막 남은 한 자리를 차지했다.

PSV에인트호번의 굴리트와 아약스의 마르코 반 바스턴을 합계 7백만 파운드로 영입하면서 선수층은 두터워졌지만, 반 바스턴은 여러 차례 부상으로 인한 수술로 큰 기대를 걸 수 없었고 결국 시즌 후반 겨우 11경기에 출전했다. UEFA컵 대회 두 번째 홈경기에서 피오렌티나에게 0-2로 패하긴 했지만, 그 패배는 승점 3점 차이로 세리에A 타이틀을 거머쥐었던 시즌에 당한 단 2번의 패배 중 하나였다.

그해 여름 클럽의 세 번째 네덜란드 선수로 프랑크 레이카르트가 들어왔다. 그는 앞 시즌 요한 크루이프 수석코치와 심하게 다투고 아약스를 탈퇴하여 리스본 스포르팅에 합류했지만 계약이 늦어져 입단이 불가했고 다시 레알 사라고사로 임대되었다. 사키는 레이카르트의 영입을 계속 고집했지만 한 가지 위험요소가 있었다. 그것은 베를루스코니가 아르헨티나의 스트라이커 클라우디오 보르기의 부활을 최선의 선택이라고 확신했기 때문이다. 그러나 그는 이미 클럽명단에 올라가 있긴 했지만 코모에 임대 중이었다. 똑똑하고 건장한 레이카르트가 20년 만에 팀의 첫 유러피언컵 제패에 공헌하면서 사키는 자신의 주장이 옳았음을 입증했다.

"핵심은 짧은 팀이었다." 사키는 수비라인과 공격라인 사이의 공간을 좁히도록 지시했다. 공격적인 오프사이드 트랩을 사용함으로써 상대가 뒷공간에서 플레이를 하는 것을 어렵게 만들었고 트랩을 뚫으려면 줄줄이 세 개의 벽을 무너뜨려야 했다. "이렇게 하면 힘을 덜 쏟고도 먼저 볼을 차지하고 지치지도 않는다. 만일 우리가 마지막 수비수부터 최전방공격수까지 25미터 사이에서만 플레이를 하면 우리의 능력을 볼 때 결코 패하지 않는다고 선수들에게 자주 말해 주었다. 그러기 위해서는 팀은 하나의 단위로 경기장의 아래위와 좌우를 이동해야만 했다."

하지만 많은 혁신적인 내용에도 불구하고 시스템을 모방하려는 팀이 비일비재하게 수비위주로 기운 반면에 그들은 달랐다. 사키는 말했다. "우리가 볼을 잡으면 항상 볼 앞에 5명을 두고 오른쪽과 왼쪽으로 한 명씩 넓게 벌린다. 미리 정하지는 않고 누구라도 그 자리에 갈 수 있다."

사키는 처음 경험한 유럽팀과의 시합이었던 UEFA컵 2라운드 에스파뇰전에서 쑥스러운 패배를 당하기도 했지만 사키의 위대함이 빛이 발한 곳도 역시 유럽 무대였다. 1989년 유러피언컵 결승이 열린 시기에 밀란은 무한질주의 팀이었지만, 사키를 깎아 내리려는 사람들의 지적대로 당시 2라운드 경기는 사키에게 커다란 행운이었다. 지금의 레브스키인 불가리아 비토샤를 합계 7-2로 물리쳤고 산시로에서 난적 츠르베나 즈브제다 오프 베오그라드를 맞아 1-1 무승부를 기록했다.

즈브제다는 마라카나에서 열린 2차전에서 데얀 사비체비치의 골로 1-0으로 앞서 갔고 밀란은 피에트로 파울로 비르디스와 카를로 안첼로티의 퇴장으로 9명으로 싸워야했기 때문에 이대로 경기가 끝난다고 보았다. 하지만 다뉴브 강과 사바 강이 만나는 지점이라 안개 끼는 날이 많았는데, 후반전 접어들자 안개는 더욱 짙어졌고 급기야 후반 57분 경기는 취소되었다. 다음 날 경기가 재개되고 반 바스턴과 드라간 스토이코비치가 한 골씩 주고받았지만 고란 바실리예비치의 파울로 로베르토 도나도니가 끔찍한 부상을 당하자 먹구름이 끼기 시작했다. 도나도니는 경기장에 의식을 잃고 누워 있었고, 즈브제다의 물리치료사가 재빨리 판단을 내리지 않았다면 도나도니는 목숨을 잃을 수도 있었다. 그는 도나도니의 턱을 부러뜨려 그 속으로 산소를 폐에 공급하는 조치를 취했다.

벤치에 대기하던 굴리트는 무릎 수술에서 완전히 회복되지 않았지만 경기에 뛰게 해달라고 졸랐다. 밀란으로서는 바실리예비치를 맞고 굴절된 공이 골라인을 넘었을 때 득점을 얻었어야 했지만 주심도 선심도 노골을 선언했다. 그러나 결국 승부차기 끝에 승리를 거두고 8강전에 진출했다.

베르더 브레멘과의 8강전에서도 논란이 있었다. 독일에서 열린 1차전에서 베르더는 조반니 갈리 골키퍼에게 명백하게 파울을 하지 않는데도 골로 인정받지 못했고, 밀란은 밀란대로 골라인을 통과했지만 골로 선언되지 않은 것을 언급하며 두 번은 페널티킥을 얻었어야 한다는 분위기였다. 2차전에서 겨울 휴식기 이후 다시 경기에 나선 도나도니는 군나르 자우어에게 견제를 받다 쓰러져 논란이 될 만한 페널티 반칙을 얻었고 이를 바스턴이 성공시켜 합계 1-0 승리를 거두었다. 그때까지는 그저 운이 좋았을 거라 생각했지만 준결승전은 밀란의 우수함을 만천하에 알린 경기였다.

23년 전 유러피언컵 우승 이후 무관의 신세였던 가련한 레알 마드리드는 마치 상대의 존재를 부각시키기 위한 팀이라는 생각이 들 정도였다. 먼저 벤피카가 1962년 결승에서 레알의 챔피언 망토를 가져왔고 아약스는 1973년 준결승에서 레알을 대파하고 유럽 최고의 팀임을 과시했으며 사키의 밀란도 최고의 경기력으로 5-0 승리를 이끌면서 신들의 반열에 올랐음을 알렸다. 단지 레알의 명성 때문에 현학자들이 그들을 반대하기도 하지만, 실제로 레알은 오랫동안 개인기 위주의 경기를 고집하다보니 잘 조련된 팀을 만나면 쉽게 무너졌다. 에밀리오 부트라게뇨와 우고 산체스를 한 조로 하는 기동타격대는 강력했지만 중원에 바르셀로나의 베른트 슈스터가 합류하면서 기민한 미헬

이 어쩔 수 없이 아래로 처지게 되자 결국 팀에 불균형이 생겼다.

밀란은 레알의 홈구장 베르나베우에서 열린 1차전에서 상대를 능가하는 경기력을 보였지만 동점골을 허용하며 1-1 무승부를 기록했다. 마드리드의 네덜란드 감독 레오 베인하커르는 2차전 선발로 그동안 교체선수로 뛰었던 발 빠른 오른쪽 윙어 파코 요렌테를 선택했다. 그의 빠른 발로 단번에 밀란을 무너뜨릴 수 있을 거라 생각했지만 오히려 중원만 약해졌다. 슈스터는 밀란의 중앙 미드필더인 레이카르트와 안첼로티를 위협할 만큼 빠르지 않았고 부트라게뇨는 결국 오른쪽 측면을 받쳐 주기 위해 아래로 자꾸 내려오면서 산체스와 협력플레이가 이루어지지 않았다.

베인하커르 감독의 오판도 있었지만 밀란의 우수성을 지나치고 넘어갈 수는 없다. 브라이언 글랜빌은 이렇게 썼다. "밀란의 경기는 기술적 우위, 역동적인 속도, 직감적인 움직임을 모아 놓았다. 반 바스턴과 함께 최전방에 있던 굴리트는 더할 나위 없이 훌륭한 플레이를 펼치며 힘과 기술 그리고 기회포착이 완벽하게 어우러진 모습을 보였다."

안첼로티는 18분 만에 혼자서 깔끔한 사이드 스텝으로 공간을 만들어 낸 후 30미터 거리에서 골 모서리 상단에 꽂히는 중거리 슛으로 선취골을 넣었다. 사실 안첼로티의 존재만으로도 사키 축구의 신빙성은 높아졌다. 1987년 안첼로티가 28세의 나이로 로마에서 이적해 왔을 때 새 감독의 전술적응에 시간이 꽤 걸렸다. 사키는 말했다. "처음엔 애를 먹었다. 베를루스코니는 악보를 못 읽는 오케스트라 지휘자를 두게 되었다고 말했지만 나는 우리 오케스트라에 맞춰 노래를 부르도록 가르치겠다고 말했다. 매일 그에게 1시간 일찍 오도록 한 다음 유소년팀 아이들과 같이 훈련을 하면서 모든 것을 섭렵했다. 결국에는 완벽하게 노래를 부르게 되었다." 그리고 준결승에서 진가를 발휘했다.

AC 밀란 5 레알 마드리드 0, 유러피언컵 준결승, 밀라노 산시로,
1989년 4월 19일

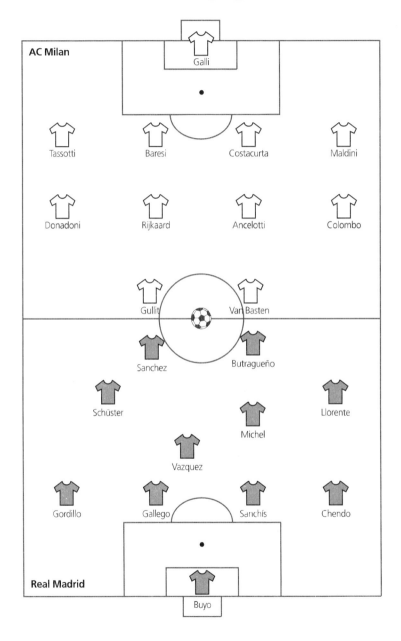

레이카르트는 마우로 타소티의 오른쪽 크로스를 골로 성공시켜 두 번째 골을 만들었고 굴리트는 전반 종료 직전 왼쪽 측면에서 올린 도나도니의 빠른 크로스를 주특기인 헤딩슛으로 세 번째 골을 완성했다. 네 번째 골은 후반 4분 세 명의 네덜란드 선수가 만든 합작품으로, 레이카르트의 패스를 굴리트가 헤딩으로 떨어뜨려 놓자 반 바스턴이 골대 모서리로 향하는 대포알 슛으로 마무리했다. 골 에어리어 모서리에서 가까운 골대 쪽으로 스치며 들어간 도나도니의 다섯 번째 골은 마드리드에게 마지막 굴욕을 안겼다. 프랑코 바레시는 말했다. "그렇게 플레이를 하기는 쉽지 않지만 시동이 걸리면 우린 무적이었다."

결승전 상대인 스테아우아 부카레스트는 별 저항도 못하고 굴리트와 반 바스턴에게 각각 2골을 허용하며 0-4로 무릎을 꿇었다. 스테아우아 골키퍼 실비우 룽은 "막판에는 녹초가 되었다. 내 평생 그렇게 많은 슛은 처음 봤다"고 말했다. 사키는 그것은 자신이 추구하던 완벽에 가장 근접한 모습이라고 말했다. "스테아우아를 꺾은 다음 날 아침, 전에 느껴보지 못한 낯선 기분으로 깨어났다. 그런 감정은 생전 처음이었다. 입안에서 묘한 단맛이 감돌았다. 나는 깨달았다. 아, 지금이 내 인생에 최고의 순간이구나."

신발 공장을 그만 둔 지 10년 만에 두 번의 큰 성공을 통해 그의 꿈은 실현되었다. 사키는 축구에 대해 이렇게 말했다. "많은 이들이 선수들이 자신을 보여 주는 것이 축구라고 생각하지만 그렇지 않다. 아니, 원래부터 축구란 그런 게 아니다. 선수는 감독이 제시한 파라미터 안에서 자신을 표현해야 한다. 그래서 감독이 최대한의 정보를 가지고 갖가지 시나리오와 수단, 움직임을 염두에 두고 있어야 한다. 그 다음에 이를 바탕으로 선수가 결정을 내린다. 분명 축구란 선수가 어떤 플레이를 하는가라는 문제이다. 그렇다고 기술이나 체력에만 국한 된 것은 아니다. 나는 로봇이나 개인기를 부리는 선수를 원하는 게 아니다. 나를 이해할 수 있는 지능과 그 지능을 팀을 위해 쓸 수 있는 정신을 가진 사람을 원했다. 간단히 말해서, 어떻게 축구를 해야 할지 아는 선수를 원했다."

이와 다른 입장을 보이는 발다노의 낭만주의는 사키보다 덜 실용적인 경향을 보인다. 발다노는 이렇게 말했다. "모든 이론이 열려 있지만 축구경기장에서 선수 개개인의 자기표현만큼은 저버려서는 안 된다. 감독 한 사람의 두뇌로 경기장에 있는 11명의 두뇌가 펼치는 무한한 가능성과 겨룰 수는 없지 않은가? 팀이라는 개념이 아주 중요하지만 궁극적으로 개인이 팀을 뛰어 넘는 단계로 나아가야만 한다."

하지만 사키는 시스템이 가장 중요했다. "축구는 대본이다. 배우가 정말 훌륭하다면 자신의 창의성을 발휘하여 대본과 대사를 해석할 수는 있지만 그래도 대본을 따라야 한다." 사키가 말하는 대본작가는 감독을 지칭하고, 대본은 소화를 잘 시켜야 할 것이지 마음대로 지어내는 것은 아니다. "감독은 선수들을 이끌어 주고, 자신의 잠재력을 하나의 단위로서 극대화할 수 있는 집단적인 경기를 스스로 개발하게 할 수 있는 유일한 사람이다. 나의 철학은 내 능력껏 선수를 가르쳐 자신들이 최대한 많은 것을 알게 하는 것이다. 이렇게 하면 선수들은 경기장에서 모든 시나리오를 토대로 매우 빠르게 올바른 결정을 내릴 수 있게 된다."

사키가 이룬 대단한 업적이 밀란에 있던 자만심에 가득 찬 위대한 선수들마저 움직였다는 생각이 든다. 사키는 이렇게 설명했다. "나는 굴리트와 반 바스턴에게 잘 짜여진 5명이 10명의 흐트러진 선수를 이길 수 있다고 장담했다. 나는 직접 5명을 뽑았다. 골키퍼에 조반니 갈리, 나머지는 티소디, 말디니, 코스타쿠르나 그리고 바레시. 10명은 굴리트, 반 바스턴, 레이카르트, 비르디스, 에바니, 안첼로티, 콜롬보, 도나도니, 란티그노티 그리고 마나리였다. 5명인 팀을 상대로 골을 넣는데 15분을 주었다. 한 가지 규칙은, 우리가 볼을 소유하거나 그들이 볼을 놓치면 자기 진영 10미터 지점에서 다시 시작하는 것이었다. 늘 이것을 해봤지만 그들은 득점을 올리지 못했다. 단 한 번도."

압박이 열쇠였지만 그렇다고 디나모 키예프나 아약스처럼 볼을 소유한 사람을 물고 늘어지는 것은 분별없는 행동이었다. 사키는 말했다. "많은 곳에서 영향을 받았다. 먼저 네덜란드축구였다. 하지만 우리와 달리 그들은 열정적인 플레이에 더 무게를 두고 있었고 우린 전술을 더 중요시했다. 모든 선수가 알맞은 자리에 있어야만 했다. 수비 시에는 언제나 네 가지를 염두에 두었다: 공, 공간, 상대와 동료. 모든 동작은 네 가지 기준에서 일어나야 하고, 각자 이 네 가지 중 어느 것이 자신의 동작을 결정해야 하는지를 정했다."

"압박은 열심히 달려드는 문제가 아니다. 압박은 공간을 휘어잡는 것이다. 우리는 강하다고 느끼도록 하고 상대는 스스로 약하다고 느끼게 만드는 것이다. 만일 상대를 자신들이 편할 대로 플레이를 하게 내버려두면 그들의 자신감은 더욱 커질 것이다. 하지만 우리가 그들의 흐름을 끊으면 그들의 자신감은 떨어질 것이다. 그렇다, 핵심은 우리가 하는 압박은 육체적인 것뿐만 아니라 심리적이기도 하다. 우리의 압박은 늘 집단적이라서 11명 모두가 '적극적'인 위치에 있음으로써 우리 볼이 아닐 때 상대에 효과적으로 영향을 끼칠 수 있다. 모든 움직임은 상승작용을 일으켜 팀 전체의 목표에 맞아떨어져야 한다."

"모두가 일제히 움직였다. 만일 풀백이 한 명 올라가면 11명 전체가 거기에 맞추었다. 사람들은 우리 팀에 덩치 큰 선수만 있다고 생각하는데, 우린 에바니와 도나도니 같은 가냘픈 선수도 있다. 그렇지만, 그들의 위치 선정과 동작 때문에 그들은 덩치가 크고 강한 선수가 되었다. 그래서 사람들에게 크게 보이는 것이다."

"우리는 몇 가지 압박으로 경기 중에 변화를 줄 수 있었다. 부분 압박은 자리를 선점하는 것이라 볼 수 있고, 전면 압박은 말 그대로 공을 따내는 것이고 위장 압박은 압박하는 체 하면서 숨을 고를 시간을 버는 것이다."

그것은 이탈리아에서는 가히 극단적인 경우로, 리베로가 아니라 일자형태의 포백을 두고 활처럼 휜 모양을 유지하여 공이 경기장의 한 가운데 있을 때만 직선으로 펼쳐졌고 필요하면 언제든지 가차 없이 압박을 감행했다. 파울로 말디니는 말했다. "그가 밀란에 오기 전까지는 선수끼리의 격돌이 핵심이었지만 그가 온 이후로 공과 떨어진 곳에서의 움직임이 중심이 되자 우리는 승리를 거두기 시작했다. 모든 선수는 공격만큼이나 수비에서도 중요했다. 중심을 포지션에서 선수로 이동한 팀으로 변모했다." 선수 상호간의 이해가 얼마나 중요했으면 이탈리아 대표팀 감독 시절 사키가 1994년 월드컵 기간에 하루 휴식을 주자 바레시는 결속력이 떨어지면 안 된다며 훈련을 요청하기도 했다.

한 가지 중요한 사항으로 '섀도 플레이 shadow play'가 있었는데, 이것은 60년대 잉글랜드에서는 흔히 볼 수 있었지만 유럽대륙에서는 혁명적이었다. 사키는 말했다. "시합 당일 날 아침에 특별 훈련을 했다. 부트라구에노는 레알 마드리드와의 준결승이 열리기 전 우리 훈련을 보려고 스카우트를 보냈고 그는 이렇게 보고서를 올렸다고 말했다. '11명이 정규 경기장에서 공도 없고 상대도 없이 경기를 했다!' 선수들이 포메이션대로 정렬을 하고 내가 선수들에게 가상의 공이 어디에 있는지 말하면 그에 맞춰 패스를 하고 다른 선수들의 반응에 따라 시계장치처럼 경기장을 누볐다."

밀란은 이듬해 유러피언컵을 탈환하지만 굴리트가 연이은 무릎부상으로 몇 차례 수술을 받자 예전만큼 좋은 성적을 거두지는 못했다. 대회 2라운드에서 다시 레알 마드리드를 꺾었을 때는 바레시가 진두지휘한 오프사이드 트랩이 돋보였다. 8강전 상대인 벨기에 메헬렌은 2차전에서 밀란의 도나도니가 보복행위로 퇴장을 당했지만 오히려 추가시간에 밀란에게 2골을 내주며 어이없이 패했다. 밀란은 바이에른 뮌헨과의 준결승전에서도 추가 시간에 골을 넣어 원정경기 골 규정에 의해 승리했다. 이제 벤피카와의 결승전이 기다리고 있었다. 놀랍게도 벤피카는 준결승에서 마르세이유를 꺾긴 했지만, 사실 결승골은 바타 가르시아 골키퍼가 골라인 위에서 걷어낸 명백한 노골이었지만 골로 선언되었다. 1년 전의 상황은 재연되지 않았고 밀란의 레이카르트는 우아한 오른발 바깥쪽 슛으로 결승골을 넣었다.

밀란은 유러피언컵을 재탈환하고 이루기 힘든 업적을 세웠지만 이전보다 확신을 심어주지 못했고 덩달아 사키도 다음 시즌 힘겨운 문제에 부닥쳤다. 반 바스턴과 불화를 겪은 와중에 이탈리아축구협회는 사키를 대표팀 감독으로 공공연히 거론하기 시작했고 파비오 카펠로를 사키와 함께 일하도록 임명해 두었다. 밀란은 세리에A 2위로 시즌을 마감했지만 유러피언컵에서 망신스럽게 탈락한 것이 기억에 더 오래도록 남았다. 마르세이유와의 8강전 안방경기 1차전을 1-1로 비긴 뒤 치러진 2차전에서 0-1로 뒤지고 있는 상황에서 경기종료 2분을 남기고 조명탑이 고장이 났다. 선수들은 퇴장했고 다시 불이 들어왔지만 밀란은 경기장에 나서지 않았다. 마르세이유의 3-0 승리가 선언되었고 밀란은 한 시즌 유러피언컵 출전 정지를 받았다.

예상대로 사키가 국가대표팀을 맡기 위해 팀을 떠났긴 했지만 밀란에서 거둔 놀랄 만한 성공으로 그는 이미 최고의 반열에 올라 있었다. 로바노브스키처럼 대표팀의 관리 일정이 만만치 않다는 것을 알게 되었고 실제로 조금이라도 매일 선수들을 가르칠 시간을 낼 수가 없었다. 사키는 한 마디로 "불가능한 일"이라고 말했다. 게다가 좋은 축구선수가 딱히 좋은 플레이어가 되는 것은 아니라는 주장을 펼쳐 그동안 이탈리아팀에서 내로라하는 몇몇 선수들, 특히 로베르토 바조와 사이가 나빠졌다.

1994년 월드컵 이탈리아의 두 번째 경기에서 두 가지 문제가 동시에 불거졌다. 개막전을 아일랜드에게 0-1로 패한 후 사키는 세 가지 변화를 주었는데, 가장 눈에 띄는 것은 타소티를 안토니오 베나리보로 교체한 것이었다. 사키는 이렇게 설명했다. "바레시와 코스타쿠르타가 노르웨이의 센터포워드를 공략했을 때 아직 팀플레이에 익숙지 않은 베나리보는 두 사람을 따를 수 없었고 그가 상대의 온사이드 위치에서 플레이를 하자 골키퍼 팔리우카는 어쩔 수 없이 페널티박스 바깥까지 나와 파울을 범해 퇴장을 당했다."

교체 골키퍼 루카 마르체지아니를 투입하기 위해 한 명을 불러들여야 할 상황에서 놀랍게도 바조를 선택했다. 사키가 그를 불러들이는 신호를 보내자 바조의 놀란 표정이 TV에 잡혔고 '저 사람이 미쳤나?'라며 묻고 있는 것 같았다. 지리멸렬한 경기 끝에 1-0으로 승리를 거두긴 했지만 논란을 잠재우지는 못했다. 다만, 유명선수로 각인된 선수에 대한 사키의 태도를 확실히 엿볼 수 있었고 이것은 감독직을 수행하는 동안 변치 않았다. 사키는 말했다. "내가 레알 마드리드의 축구이사로서 유소년클럽에서 올라온 선수들을 평가했을 때 축구에 소질이 있는 선수들이 있었다. 기술과 체력, 투지가 엿보였고 축구를 갈망하고 있었다. 하지만 그들은 내가 말하는 축구하는 방법을 이해하지 못했다. 결단력과 위치 선정 능력이 부족했다. 그들에게는 축구에 대한 예리한 감각이 없었다: 즉, 집단 속에서 한 선수가 어떻게 움직여야 하는가. 그리고 과연 그걸 배울 수 있을까라는 의문이 들었다. 사실 힘, 열정, 기술, 체력, 이 모든 것이 매우 중요하다. 하지만 그것은 목적을 이루기 위한 수단이지 그 자체가 목적이 아니다. 그것을 수단으로 목표를 이루고자 할 때 그런 재능이 팀에 보탬이 되어야 팀과 자신 모두 더 큰 성공을 거둔다. 이런 맥락에서 나는 바조가 위대한 축구선수일지는 몰라도 훌륭한 플레이어는 아니라고 말할 수 있다."

이탈리아는 결승전에 진출하여 브라질에게 승부차기로 지긴 했지만 그것으로 비판을 잠재우기에는 역부족이었고 유로96 조별예선에서 탈락하자 사키도 자신의 운명을 예감했다. 밀란으로 다시 돌아온 사키는 옛 명성을 되찾지 못하고 한 시즌 만에 막을 내렸다. 아틀레티코 마드리드에서 잠깐 머무를 때는 소문이 자자한 클럽 회장 헤수스 힐의 간섭에 맞서 싸우기도 했다. 뒤이은 파르마에서의 생활도 3경기를 치르고 나서 중압감을 언급하며 23일 만에 끝났다. 그는 말했다. "밀란과 다른 팀의 차이는 밀란에 있는 수준 높은 선수가 다른 팀에 없다는 것이다. 또한 훌륭한 클럽이 뒷받침이 되어야만 모든 게 가능하다. 만일 베를루스코니가 선수 문제를 포함하여 공개적으로 나를 그렇게 지원하지 않았다면 우리는 성공을 거두지 못했을 것이며 과연 선수들이 내 말에 귀를 기울였을지 알 수 없다. 뭔가 새로운 것을 하려고 할 때는 어마어마한 지원이 꼭 필요하다."

하지만 사키는 너무 일찍 전성기를 누리게 되면서 빅토르 마슬로프처럼 다시 자신의 비전을 발휘할 정신적 여력이 부족했을 거라고 여겨진다. 또한 밀란에서 보낸 첫 임기 후반 벨리 구트만이 말한 '3년의 규칙' 효과가 나타나기도 했다. 즉, 정신을 고갈시키는 반복적인 훈련은 3년 정도가 한계라고 구트만이 말했다.

밀란은 사키가 떠나면서 예상했던 빈사상태가 아니라는 것을 보여주었다. 사키는 말했다. "나는 위대한 밀란이 해가 지는 큰길에 접어들었고 더 이상 반복되지 않는 성공주기의 끝에 도달했다고 생각했다. 나의 판단은 보란 듯이 빗나갔다. 카펠로가 지휘한 밀란은 5년 동안 챔피언스리그와 4번의 리그 타이틀을 획득했고 그 중 한 번은 무패를 기록했다."

물론 사키가 기초를 다져준 부분이 있기도 하지만 카펠로의 밀란은 몰라보게 달랐다. 4-4-2와 압박은 같았지만 유연성은 덜한 반면 수비는 더 공고해져 미드필드 뒤에 마르셀 데사이처럼 전담 홀딩맨을 두었는데, 이것은 만능이 되어야 한다는 사키의 원칙에 배치되는 것이었다. 이 흐름은 1994년 34경기에 36골 밖에 기록하지 못하고도 세 번째 세리에A 우승을 달성했을 때 절정에 달했다. 당시 15골만을 허용한 타소티, 바레시, 코스타쿠르타, 말디니로 이루어진 포백의 힘이 바탕이 되었다.

같은 시즌 밀란은 유럽대륙에서 잊을 수 없는 경기를 선보였다. 밀란은 아테네에서 요한 크루이프가 이끌던 바르셀로나를 4-0으로 격파했는데 이 경기는 1960년 레알 마드리드가 아인트라흐트 프랑크푸르트를 7-3으로 물리친 이후 가장 위대한 결승전이라 불렸다. 사실 이 경기는 시즌 막바지 경기와는 어울리지 않는 이례적인 경기였다. 무엇보다도 데얀 사비체비치라는, 사키의 팀 위주의 개념이나 카펠로의 실용주의와도 동떨어진 출중한 개인기를 발휘하는 선수가 뛰고 있었지만, 한편으로는 바레시와 코스타쿠르타가 둘 다 출장정지를 당해 경기에 나서지 못하는 상황이었다.

이 경기에 또 하나의 비유가 덧붙여졌다: 공격축구의 바르셀로나 대 수비위주의 밀란. 토탈풋볼의 유산을 지닌 바르셀로나는 호마리우와 흐리스토 스토이치코프라는 독불장군 같은 스트라이커가 버티고 있었고 요한 크루이프가 지휘봉을 잡고 있었다. 그러나 4회 연속 스페인리그 타이틀을 차지한 바르셀로나는 참담하게 무너졌다. 밀란은 처음부터 경기를 주도하다가 20분 만에 사비체비치가 미겔 앙헬 나달 옆으로 빠져나가 골문 대각선으로 올린 공을 다니엘레 마싸로가 골로 성공시키며 앞서 갔다. 두 번째 골은 화려한 팀워크로 만든 골로서 사비체비치, 보반, 크리스티안 파누치가 연결한 볼을 받은 도나도니가 옆줄에서 방향을 튼 다음 마싸로 쪽으로 보냈고, 그는 골대의 먼 쪽 구석으로 차 넣었다. 그런 후 사비체비치는 멋진 로빙슛으로 한 골을 더 추가했고 이번에는 그가 골대를 맞힌 슛을 데사이가 멋지게 골문으로 감아 차 쐐기골을 넣었다. 바르셀로나의 골키퍼 안도니 수비사레타는 "그들은 정말 완벽했다"라고 말했다.

말디니는 이렇게 말했다. "언론, 특히 외신들은 우리에게 어떤 희망도 걸지 않았다. 바르셀로나가 완벽한 팀인 것은 분명했지만 그들도 약점이 있고 우린 그걸 이용하는 방법을 알았기 때문에 가차 없이 물고 늘어졌다. 우리는 완벽에 가까운 경기를 펼치며 까다로운 상대

AC 밀란 4 바르셀로나 0, 챔피언스리그 결승전,
그리스 아테네 스피로스 루이스, 1994년 5월 18일

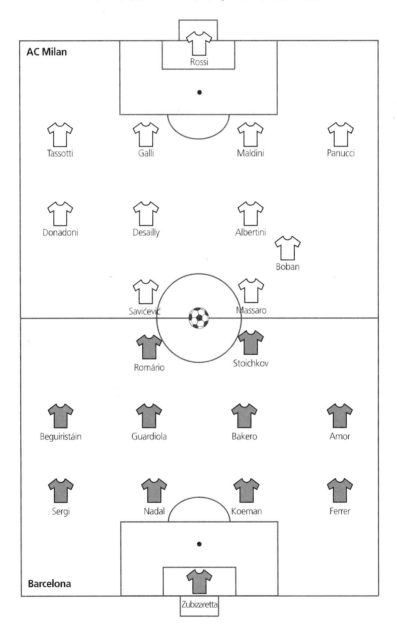

를 꼼짝 못하게 만들고 어떤 약점도 보이지 않았다."

사키는 결코 자신의 팀에 대해 확신하지 않았지만 말디니는 1989년 사키의 밀란이 자신이 뛰었던 최고의 팀으로 인정한다고 말했다. 사키는 말했다. "축구는 머릿속에서 태어나지 몸에서 태어나는 것이 아니다. 미켈란젤로는 손이 아니라 마음으로 그림을 그린다고 말한 적이 있다. 그러니 나에게 필요한 선수는 분명 지능적인 선수다. 이것은 밀란의 철학이었다. 나는 솔로 아티스트를 원하는 게 아니라 오케스트라를 원했다. 내가 받은 최고의 찬사는 내가 구사하는 축구가 음악 같다고 말할 때였다."

18장

▽△▽△▽△▽△

토탈 리콜 – 반 할과 비엘사의 철학

▽△ 모든 나라가 아약스와 네덜란드가 70년대 초반 시도했던 것을 따라 잡고 시스템을 정착시키자 토탈풋볼의 모국은 다음에 닥칠 일에 대한 의문에 직면했다. 진화는 결코 멈추지 않는 법이며 같은 것을 반복하기만 하면 멸종만이 기다릴 것이다. 한동안 아약스는 개성이 강한 사람들끼리 늘 있는 충돌과 빈약한 예산 때문에 예전의 수준을 유지하는 데 따르는 어려움과 다른 팀들이 플레이 방식을 알아가고 있다는 현실에 부대끼며 발전을 꾀하려 애쓰고 있었다.

요한 크루이프가 감독으로 복귀했던 말도 많고 탈도 많았던 3년 동안 아약스는 위너스컵 우승을 차지하면서 적어도 유럽대회 우승 가뭄은 해소했다. 그러나 아약스가 전위적인 전술가로서의 자신의 입지를 다시 한 번 세운 계기는 1991년 루이스 반 할의 감독부임이었다. 그의 임명은 대대적인 지지를 받지 못했다. 지난 20년간의 낭만을 열망했던 반 할은 토탈풋볼에 대한 그의 재구상을 두고 창의성보다 따분한 기계론적 시스템을 강조한다고 여겼던 사람들에게 지독하리만큼 인기가 없었다. 그러나 그는 비전이 있었고 클럽의 정치공작에 굴하지 않고 자신의 구상을 내세울 만한 인격을 갖추고 있었다.

붉은 얼굴의 반 할은 독단적이며 상스럽고 걸핏하면 화를 냈다.

예를 들면, 바이에른 뮌헨시절 자신은 이름 있는 선수들을 겁내지 않는다며 탈의실에서 바지를 벗은 적이 있었다. 공격수 루카 토니는 그때를 회상했다. "감독은 자신이 어느 선수나 뺄 수 있다는 것을 확실히 하려고 했다. 그의 말대로 자신이 모든 걸 쥐고 있었기 때문에 그 점은 요지부동이었다. 그리고 이것을 제대로 보여 주었다. 나는 그런 일을 처음 경험했다. 완전히 미친 짓이었다. 다행히 나는 앞줄에 있지 않아 많이 보지는 못했다."

암스테르담 태생인 반 할은 아약스의 기록물에 20세 선수로 짧게 올라가 있었지만 아약스 선수로 출전한 적은 없으며 스파르타 로테르담에서 미드필더로 대부분의 선수생활을 보냈다. 헨리 코르멜린크와 트옌 시베렌스는 그들의 공동저서에서 반 할의 지도철학에 대해 의례적인 언급을 했다. "그는 자기 의견에 대한 자신감과 선수와 코치들에게 자신이 옳다고 확신시키는 능력 그리고 무엇보다도 전술적 통찰력이 뛰어 났다." 다시 말해서 그는 아약스가 주력했던 완고하면서도 전술적으로 민첩한 선수의 전형이었다. 36세였던 1988년 아약스 유소년 코디네이터를 맡은 것도 그런 이유에서였다. 몇 달 뒤 쿠르트 린더가 수석 코치직을 관두자 반 할과 또 한 명의 유소년 코치인 스피츠 콘이 임시 감독으로 임명되었다. 이사회는 그가 감독직을 지속적으로 수행하기에는 경험이 부족하다고 느껴 레오 베인하커르에게 의지했지만 그는 부임 첫 시즌 만에 리그 타이틀을 차지한 뒤 수입이 더 좋은 레알 마드리드로 떠났다.

베인하커르의 보조 코치로 일했던 반 할은 비록 크루이프가 복귀할 때까지 임시로 맡은 역할이지만 또다시 팀을 지휘하는 위치에 시게 되었다. 하지만 마흔 살의 반 할은 기회를 놓치지 않았다. 그가 이름 있는 기존 선수들을 대거 방출시키자 팬과 언론의 분노는 극에 달했다. 하지만 6년 뒤 크루이프처럼 자신이 바르셀로나로 떠날 쯤 아약스는 유럽축구의 최고봉에 다시 올라 있었다.

반 할이 팀에 엄격한 규율을 적용하자 팬과 기자들뿐 아니라 선수들도 처음에는 고개를 갸우뚱거렸다. 그는 말했다. "축구는 팀 스포츠다. 그러므로 팀 구성원은 서로 의지하고 있다. 만일 경기장에서 어떤 선수가 자신의 과제를 제대로 수행하지 않으면 동료들이 힘겨워 할 것이다. 즉 각자가 자신의 능력을 최대로 발휘하여 주어진 기본 임무를 완수해야 하며 이러기 위해서는 경기장에서 규율 잡힌 방식이 필요하다. 나는 이것을 이루려면 경기장 밖에서도 규율이 필요하다고 본다." 반 할이 생각하는 규율은 시간 엄수, 공동 식사 그리고 체력 관리였다.

하지만 규율은 의사소통, 팀 빌딩과 더불어 삼위일체를 이루는 세 가지 굳건한 신념 중 한 가닥이었다. 반 할은 선수들이 물리치료를 받으면서 무심코 잡담을 하는 것을 목격하고 나서 선수들끼리 축구를 의논하도록 의료치료 시간을 연장하기까지 했다. 규율과 의사소통을 통해 어느 정도는 팀 빌딩이 이루어졌다. 반 할은 서로를 보완하도록 선수들이 팀 동료의 장단점을 이해하기를 원했다. 그것은 몇 가지 연습을 통해 다져졌는데, 그 중에서 가장 잘 알려진 것은 서로 손을 잡은 채 원을 만들어 헤딩을 하면서 그라운드에 공이 떨어지지 않도록 하는 훈련이었다.

형태에 대해서는 반 할은 오랜 동안 아약스의 4-3-3에 내재된 것을 명확하게 했는데 중앙 수비수 한 명이 홀딩 미드필더 역할을 하러 앞으로 나가면 사실상 3-4-3이 되면서 지역방어를 쓰는 스리백에 한 명의 스트라이커와 측면에 두 명의 윙어 그리고 다이아몬드 형태의 미드필드진이 형성된다. 그는 말했다. "현대축구에서 포백의 가운데 있는 선수가 실질적인 플레이메이커가 되었다." 그의 설명에 따르면 그들에게는 공간이 있었지만 전진해 있는 중앙 미드필더인 10번은 경기템포를 조율하기에는 지나친 제약을 받았다. 1992년 아약스가 반 할의 첫 번째 메이저대회 트로피인 UEFA컵을 들어 올렸을 당시 빔 용크를 '홀딩 미드필더로 변하는 센터백'인 4번으로 두고 있었다. 기술적 능력이 뛰어난 팀에서 선발진에 포함된 두 명의 풀백은 프랑크 데 부르와 대니 블린트였다. 소니 실루이는 수비형 센터백이었지만 당시 포백의 나머지 세 선수 모두 나중에는 미드필더로 뛰었다. 그런 후 반 할은 AC밀란에서 프랑크 레이카르트를 데려와 4번으로 낙점하고, 휘스 히딩크 대표팀 감독이 유로96에서 아약스와 유사한 시스템을 선보였을 당시, 마치 수비수가 아닌 것처럼 활약했던 클라렌스 세도르프를 선택했다.

하지만 4번에게 플레이메이커 임무를 주는 것은 중앙스트라이커 뒤에서 움직이는 선수의 역할이 변한다는 의미였다. 코르멜린코와 시베렌스는 이렇게 적었다. "아약스의 10번은 자신의 맞상대를 쫓아다니면서 플레이의 본보기를 세워야 한다. 처음에는 베르캄프, 나중에는 롭 알프런에게 그 역할을 맡겼던 반 할은 1992년 여름 아약스의 일원이 된 핀란드 출신의 야리 리트마넨을 이상적인 선수로 꼽았다. 아약스가 볼을 뺏기면 그는 즉시 자신의 수비임무를 수행했고 아약스가 볼을 소유하면 세컨드 스트라이커로서 적절한 순간에 센터포워드와 나란히 서 있었다."

결과적으로 센터포워드의 임무가 바뀌었고 반 할은 스트라이커인 스테판 페테르손이나 로날트 데 부르가 득점을 많이 못한다고 비난하는 사람들에게 언제나 빠르게 응수했다. "그들은 원투패스와 동료를 위해 공간을 만드는 데 능숙했다. 아약스는 좁은 지역에서 플레이를 하기 때문에 활동이 많은 미드필더와 수비수들도 심심치 않게 득점할 수 있는 위치에 재빨리 도달할 정도로 경기장을 누빌 수 있다."

하지만 70년대에 떠오른 토탈풋볼과 반 할의 철학에는 다른 점이 있었다. 반 할은 미드필더는 오버래핑으로 윙어 자리를 넘어가서는 안 된다는 입장이었다. 타이밍이 맞지 않는 오버래핑으로 풀백이 곤경에 빠지지 않아야 수비의 안정성을 꾀할 수 있기도 했지만 윙어는 자신의 앞쪽에 치고 나갈 공간이 필요하기 때문이었다. 미드필더는 지원하는 자리며 필요할 때 재빨리 측면으로 전환해 줄 수 있어야 했다.

훈련은 패스훈련, 압박과 압박 하에 볼 소유를 지탱할 수 있게끔 시나리오를 세우는 것에 집중되었다. 반 할의 장기 중 하나는 5 대 3이라는 것이었는데, 이상하게도 감독이라는 직위를 맡았을 때는 '실전 상황'에 맞지 않다는 이유로 시행하지 않았다. 그것은 3명의 상대 수비수 한가운데에 자기 팀 선수 한 명을 두고 바깥쪽에 있는 4명의 선수가 직사각형을 형성해 면을 따라 볼을 돌리는데, 가운데 선수는 볼을 다른 팀의 3명으로부터 멀어지도록 원터치 패스만 허용하면서 5명이 공을 지키는 훈련이었다. 또한 경기장의 반을 사용하여 6 대 7 게임을 하곤 했는데, 7명인 팀은 골키퍼를 둘 수 없었기 때문에 상대의 중거리 슛을 막기 위해 빠르게 압박을 해야 한다는 어려움이 있었다.

반 할의 아약스는 1992년 UEFA컵 결승에서 토리노를 물리쳤으며 리그에서는 3회 연속 타이틀을 차지했다. 하지만 아약스는 파비오 카펠로가 이끌던 밀란과 대결한 1995년 챔피언스리그 결승전에서 최고의 영광을 누렸다. 밀란은 지난 대회 결승에서 크루이프의 바르셀로나를 4-0으로 대파했던 팀이었다. 밀란은 평소대로 4-4-2 전술을 가동하여 즈보니미르 보반을 중앙 미드필더인 마르셀 데사이보다 전진 배치시켰지만 아약스의 공격을 차단하기 위해 변화를 꾀했다. 센터포워드 다니엘레 마싸로는 블린트나 레이카르트가 볼을 잡을 때마다 오른쪽으로 위치를 옮겨 왼쪽 백인 프랑크 데 부르에게 나가는 패스를 차단하거나, 부르가 볼을 받았을 때는 적어도 그가 볼을 안쪽으로 보내지 못하도록 만들었다. 보반이 레이카르트를 꼼짝 못하게 만들자 전반전 아약스의 플레이는 대부분 데 부르보다 롱패스가 약한 오른쪽 백 미하엘 레이지허르부터 전개되었다. 로날트 데 부르에게 보내는 패스가 자주 빗나가자—반 할은 후방에서 센터포워드로 롱패스를 날리는 것을 개의치 않았다—오른쪽 미드필드에서 전진하려고 하는 세도르프는 힘이 빠졌다. 데사이가 리트마넨을 꼼짝 못하게 하자 블린트는 반복해서 오른쪽에 있는 피니디 조지에게 롱패스를 보낼 수밖에 없었다.

하프타임에 반 할은 레이카르트에게 보반으로부터 멀찌감치 아래로 내려와서 포백수비와 같은 역할을 하도록 지시했다. 그러자 여유와 공간이 생겨 경기를 지휘하기 쉬워졌다. 이 점은 후반 8분에 세도르프 대신 카누가 들어오고 부르가 미드필드 오른쪽으로 이동하여 세로르프보다 더 위로 올라가면서 상대방 데미트리오 알베르티니가 뒤로 처지게 되자 잘 드러났다. 아약스가 후반전 60퍼센트의 볼 점유율로 경기를 지배하기 시작했고 리트마넨 대신 패트릭 클루이베르트가 교체 투입된 후에는 카누가 10번 역할을 하며 지친 데사이보다 우위에 섰다. 종료 5분전에 나온 클루이베르트의 결승골은 왼쪽에 위치한 마크 오베르마스의 패스에서 시작되었다.

재원이 상대적으로 부족하고 선수층이 젊다는 점을 고려하면 그것은 괄목할 만한 쾌거이자 반 할 철학의 놀라운 정당성을 입증한 것이었다. 다음해 아약스는 다시 결승에 올랐지만 유벤투스와 접전 끝에 승부차기에서 패했다. 그이후의 팀 분열은 피할 수 없었다. 반 할은 보비 롭슨을 대신하여 바르셀로나에 정착했고, 비록 독트린의 애매한 부분을 놓고 토론을 벌이는 마르크스주의자들처럼 크루이프와 옥신각신했지만 바르셀로나에 토탈풋볼의 영향을 끼쳤다. 한편 1995년, 계약만료가 된 선수들의 자유이적을 허용했던 보스만의 팀 운영으로 조금씩 약화된 아약스는 챔피언스리그 수익을 분배할 시기에는 다시는 예전의 아약스를 이어가지 못했다.

△▽

대서양의 반대편에서도 투지 넘치는 감독이 축구를 어떻게 할 것인가에 대해 비슷한 결론을 내리고 있었다. 1974년의 네덜란드팀이 남미축구에 끼친 지대한 영향을 생각해 보면 남미의 감독이 직접 미헐

스의 원리를 활용하는 데 그렇게 오랜 시간이 걸렸다는 게 의아하게 여겨졌다. 마침내 마르셀로 비엘사가 그 일을 해냈다. 비엘사는 미헐스의 축구원리에 담긴 정신까지 받아들이며 그의 지나친 이상주의를 따랐다. 지난 10년간 비엘사만큼 영향력 있는 감독은 없었지만 2004년 올림픽에서 아르헨티나를 이끌며 금메달을 획득한 이후로 그는 어떤 대회도 우승한 기록이 없다. 그에겐 승리의 결과보다 방법이 더 중요했다.

때때로 혁신은 어떤 주제를 다른 각도에서 접근하는 사람들에게서 생겨난다. 비엘사는 축구선수가 되려고 이를 악물었고 이미 15세에 집을 떠나 로사리오 클럽팀인 뉴웰스 올드 보이즈 숙소로 들어갔지만 자신이 가져온 2행정 퓨마 오토바이를 밖에 두지 않으려하다 이틀 만에 쫓겨났다. 하지만 그는 학구적인 성장배경을 가지고 있었다. 가족 대부분이 정치인이거나 변호사였고 할아버지 집에는 3만권이 넘는 책이 있었다고 한다. 어린 비엘사는 지식은 소중한 것이며 정보를 수집하여 분류해야 된다고 배웠다. 그는 이렇게 말했다. "나는 축구를 배우는 학생이다. 비디오를 보고, 책을 읽고, 분석을 한다. 하지만 내가 말하는 모든 기술의 저변에 깔린 대원칙은 공간을 지나치게 내주지 않는다는 것이다."

그는 40개 이상의 전 세계 스포츠 잡지를 구독하고 수천 개의 비디오와 DVD를 소장하고 있다. 1997년 벨레스 사르스필드 소속으로 인터뷰 자리에 나왔을 때 클럽 이사들에게 자신의 생각을 설명하기 위해 51개의 비디오를 가지고 왔다. 팀을 맡자마자 비디오 화면을 파일로 보존할 수 있는 컴퓨터를 갖춘 사무실을 요구했는데 당시에는 획기적이었다. 한 번은 크리스마스와 새해 연휴 동안의 계획을 묻자 2시간씩 운동을 하고 14시간은 비디오를 보려고 한다고 말했다.

소년 시절 비엘사는 어머니에게 〈엘 그라피코〉 잡지를 사 달라고 해서 색인을 만들었다. 어머니가 한 일은 그게 전부가 아니었고 엄청난 투지도 불어 넣어 주었다. 그는 "어머니의 영향은 내 삶에 중요했다. 내가 아무리 노력해도 어머니 입장에서는 성에 차지 않았다"고 말했다. 그의 선수들이 인정하듯이 그 점에서는 비엘사는 어머니를 빼닮았다. 비엘사가 아틀레틱 빌바오에서 지도했던 스페인의 세계적인 공격수 페르난도 요렌테는 이렇게 말했다. "처음에는 그의 강인함, 집요함 그리고 '아니라는 대답을 받아들이지 않는' 반발심 때문에 사람을 성가시게도 했지만 나중에는 그가 천재라는 것을 알게 된다. 그는 계속 뛰어다니며 선수들에게 노력하도록 확신을 준다. 그것은 실전에서나 연습과정에서 잘 나타난다. 그는 세상 누구보다 많은 것을 알고 있는 엘리트다. 그에게 익숙해지면 그를 좋아하게 된다."

아버지는 로사리오 센트랄 팬이었지만 비엘사는 지역 라이벌인 뉴웰스 등을 응원했고 13세에 클럽에 들어갔다. 선수로서 비엘사는 볼을 곧잘 다루었지만 동작이 느리고 특히 공중볼에 약했다. 뉴웰스에서 딱 네 차례 경기를 뛰었지만 21세에 프로선수로서 장래성이 없다는 게 명백해지자 클럽을 떠났다.

그는 농경학과 체육을 공부하고 25세에 부에노스아이레스로 가서 시 소속 대학축구팀을 지도했다. 그는 자신의 전매특허인 철저함으로 20명의 선수를 구성하기위해 3,000명의 선수를 두루 살폈다. 단번에 그가 평범한 감독이 아니라는 사실이 드러났다. 예를 들면, 훈련장에서 유의어사전을 들고 다녔고 격식을 갖춘 우스테드 usted(you의 존칭인 스페인어)로 선수들을 불렀다. 그는 호세 유디카가 지휘하던 뉴웰스의 유소년팀 감독이 되었다가 1990년 유디카의 감독직을 승계했다.

자신의 기본 축구철학은 이미 모양을 갖추고 있었다. 미드필더였던 후안 마누엘 욥은 이렇게 말했다. "물론 그는 우리 전술을 바꾸었다. 하지만 1980년대와 90년대 사이에 큰 변화가 일어났다. 그보다 경험이 많은 선수들은 기반도 약하고 이름도 없던 감독을 의심쩍은 눈초리로 바라보았다. 그들은 도대체 어떤 일이 일어날지 알 수가 없다보니 그저 기다리며 지켜보고만 있었다. 전술상의 대변화가 일어났다. 체력훈련을 전면 수정했고, 세트피스 훈련을 철저하게 시행하며 작은 것 하나도 놓치지 않았다. 그것은 분명 중대한 변화였다. 마르셀로[비엘사]의 철학은 20년 사이에 변화를 겪으며 형성되었다. 스타일면에서는 실용적이었다. 그것은 매우 공격적인 스타일로서 모든 선수가 일대일 대결에서 이길 것을 요구했다. 그렇게 경기를 유리한 쪽으로 바꾸는 것이 마르셀로의 구상이었다. 항상 전진하여 공격할 시기를 노리고, 볼 소유와 함께 전체적으로 일대일 대결에서 이기는 수를 늘려나가는 것이었다. 물론 우리는 수비의 균형을 잡아야 했지만 그런 공격적인 축구가 마르셀로만의 독특한 스타일이었다."

아르헨티나축구가 빌라도주의와 메노티주의, 또는 비엘사의 표현을 빌리면 69년의 에스투디안테스와 73년의 우라칸으로 갈라졌던 지점에서 비엘사는 제3의 길을 찾아냈다. 1988년 국가대표팀 감독이 되고 난 뒤 이렇게 말했다. "나는 내 인생에 16년을 그들의 말에 귀 기울였다. 영감을 최고로 여기는 메노티에게 8년, 기능을 최고로 여기는 빌라도에게 8년. 그러고 나서 각각에게서 최고의 것을 취하려고 했다."

메노티와 빌라도는 각자의 방식으로 반응했다. 소소한 이론을 장황하게 늘어놓는 카페 이론가형인 메노티는 말했다. "비엘사는 걱정을 많이 하는 젊은 사람이다. 자신의 이론이 있고 이론을 개발하는 방법을 안다. 하지만 출발점에서 우리는 서로 맞지 않다. 그는 축구를 예측할 수 있다고 생각하고 나는 그렇지 않다." 비엘사만큼 실용적이었던 빌라도는 비엘사가 자신이 했던 것을 되풀이하는 것일 뿐이라고 주장했다. "그가 나와 같은 생각을 하고 있다고 말할 수 있는 것은 1986년에 이미 우리가 그렇게 했기 때문이다. 그들이 상대를 연구하기 위한 비디오를 많이 보유한 것도 당시의 나와 닮았다."

비엘사가 집착했던 비디오 분석은 광범위하고 꼼꼼한 그의 패턴

중 하나였다. 그가 아틀레틱을 유로파리그 결승으로 이끌었던 2012년, 항상 테크니컬 에어리어를 열세 발짝으로 건너다녔는데 이것은 말도 안 되는 그의 짧은 보폭 때문에 가능했다. 기자들이 그 이유를 묻자 비엘사는 경기를 보지 않고 왜 자신을 보느냐며 반문했다. 뉴웰스 유스팀 감독 시절에는 빅클럽에서 놓치는 국내 선수들이 있을 거라 확신하고 아르헨티나 지도를 17개 구역으로 나눈 뒤 선수들을 관찰하러 나섰다. 비행기 공포증이 있었던 비엘사는 자신의 피아트147 승용차를 몰고 5천마일 이상을 운전하며 구역별로 방문하였다.

한 번 내린 결정이 정당하다고 판단하면 어떻게든 지켰다. 1998년 아르헨티나 대표팀을 맡게 되었을 때, 예전에 멕시코방송국 경영진이 소유했던 아메리카팀에서 일했던 경험을 바탕으로 일대일 인터뷰는 일절 하지 않기로 결정했다. 그는 아무리 작은 지방신문이라도 거대한 다국적 방송국과 똑같이 자신과 접촉하기를 원했고 오로지 기자회견으로만 언론과 상대하기로 결정을 내렸다. 누군가의 질문을 받으면 미궁에 빠질 정도로 상세하게 답변을 했기 때문에 기자회견이 몇 시간 동안 진행되기도 했지만 무언가가 정당하다는 결론에 이르면 실행에 옮겼다.

마찬가지로 축구 이외의 문제에 대해서는 선수들에게 말을 걸거나 가까이 다가가지 않았다. 그에게 선수들은 인격체라기보다는 적절히 배치시켜야 할 특성들의 묶음으로 남아 있었다. 그는 뉴웰스의 미드필더 크리스티안 도미치에게 이렇게 말했다. "네가 축구를 관두는 날이 오면 그땐 너의 친구가 될 거야." 그는 그런 방식으로 선수들을 무자비하게 훈련시켰다. 사전에 준비된 동작들을 반복적으로 연습을 시켰는데 마치 인간이 지닌 개별적 요소들을 최소화시키는 것 같았다. 이런 것을 두고 메노티는 비엘사가 축구를 예측할 수 있다고 믿는다며 불평을 했던 것이다.

그런 훈련들은 빌라도 방식이라고 할 수 있지만 비엘사식 축구의 기본 취지는 스펙트럼에서 메노티에 훨씬 더 가까웠다. 빌라도는 이 상적인 플레이 방식은 7명이 수비하고 3명이 공격하는 것이라고 보았는데 비엘사는 그보다 훨씬 공격적이었다. 그는 말했다. "나는 공격에 매달린다. 비디오를 볼 때도 수비가 아니라 공격에 집중한다. 나의 축구에서 수비는 매우 단순하다. 즉, '항상 달린다.' 나는 새로운 것을 창조하는 것보다 지켜내는 게 더 쉽다고 알고 있다. 예를 들어 뛰는 것은 의지가 결정하는 것이고 창조를 하려면 그에 따르는 일정한 재능이 있어야 한다."

비엘사에게 수비는 사전 대비적 행위였지만 그렇다고 볼 뒤로 몰려들어 버티고 있어야 할 문제는 아니었다. 핵심은 최대한 경기장의 위쪽에서 볼을 빼앗아 상대가 시작도 하기 전에 상대의 예봉을 꺾는 것이었다. 그는 이렇게 설명했다. "상대가 볼을 잡으면 팀 전체가 압박을 하며 항상 상대 골문 가까이서 플레이를 끊으려고 한다. 우리가 볼을 잡으면 역동적인 플레이로 공간을 즉흥적으로 만들어 간다."

비엘사가 말하는 철학은 네 가지 용어로 나눌 수 있다: 'concentracion permanente, movilidad, rotacion y reprnitizacion' 처음 세 가지는 쉽게 그 의미를 옮길 수 있다—꾸준한 집중, 기동성과 교대. 하지만 네 번째는 비엘사 특유의 용어다. 음악에서 'repenitizacion'은 미리 연습하지 않은 곡을 연주한다는 의미다. 그것은 악보를 보고 바로 연주하기 때문에 '즉흥 연주'와는 다르다. 그러나 축구에서 즉흥적이라는 말은 분명히 급박한 어조를 띠고 있다. 어떤 의미에서 그것은 비엘사 철학 전체의 핵심이다. 선수들에게 처음에 했던 것을 반복하도록 요구하는 그의 철학은 자신이 이루고자 하는 것의 '화려한 무익함'을 드러내는 역설이다. 뉴웰스 시절, 그는 이렇게 말했다. "가능한 일은 이미 다 이루어졌다. 우리는 불가능한 일을 하고 있다."

이런 철학을 바탕으로 한 그의 연구와 이론은 가히 종교에 가까울 정도라서 그를 따르는 사람들이 때때로 그를 숭배자처럼 보게 되는 것이다. 비엘사가 직관에 반하는 스타일을 보이는 경우가 종종 있기 때문에 비엘사파 bielsista가 되려면 신앙심이 필요하다. 1992년 2월 자신의 신념이 혹독한 시험에 빠졌지만 그는 곧 자신이 옳았다는 더욱 확고한 생각을 가지고 세상에 다시 모습을 드러냈다.

뉴웰스가 플레이오프에서 보카 주니어스를 물리치고 1990~91시즌 챔피언이 되긴 했지만 클라우수라 clausura(아르헨티나 프로축구 후기리그)에서는 겨우 6승을 기록했다. 물론 피로 탓으로 여길 수도 있었지만—또한 토너먼트 구조가 아페르투라 apertura(아르헨티나 프로축구 전기리그) 우승자가 클라우수라에 전력투구하게끔 만들어져 있지 않다—뉴웰스는 1991~92시즌을 나락에서 시작하여 아페르투라에서 3승만 기록했고 1991리그 총 38경기 중 9승만을 거두었다. 욥은 설명했다. "우리는 타이틀을 쟁취하라는 요구에 부대끼며 두 시즌을 초라하게 보냈다. 선수 규모도 작았고 대부분의 선발선수는 유스팀 출신이었다. 엄청나게 힘이 들었고 타이틀 도전이라는 압박감까지 겹치자 마르셀로는 속도를 늦추게 되었다. 그것은 한 번은 치러야 할 단계였다." 뉴웰스는 클라우수라 첫 경기서 킬메스를 2-0으로 누르고 산뜻한 출발을 했지만 홈에서 열린 코파 리베르타도레스 대회 산 로렌소와의 경기에서 0-6으로 패하고 말았다.

비엘사는 심란했다. 연이어 팀은 우니온과의 주말리그 경기를 위해 산타페로 향했다. 그런데 그곳 콘키스타도르 호텔에서 난데없는 생각이 떠올랐다. "나는 방문을 걸어 잠근 채 불을 끄고 커튼을 쳤다. 나는 사람들이 그저 가볍게 '죽고 싶다'던 말의 참뜻을 깨달았다. 눈물이 왈칵 쏟아졌다. 나에게 일어나는 일들을 이해할 수 없었다. 축구인으로서도 괴로웠고 축구팬으로서도 괴로웠다."

아내 로라에게 전화를 걸었다. "그런 뒤 반박할 수 없을 주장을 펼쳤다: 3개월 동안 우리 딸은 사경을 헤맸다. 이제는 괜찮다. 이런데도 과연 축구경기 결과 한 번에 세상이 나를 집어 삼킬 거라고 생각하는 것이 말이 되는가? 훌륭한 추론이긴 했지만 현실의 결과에 대한 고통은 당장의 해명을 필요로 했다." 이것은 그에게 위기였다: 산 로렌소와의 경기는 단순한 패배가 아니었다. 비엘사는 단지 감독으로서의 자기 능력을 의심하는 게 아니었다. 그가 선택한 어휘는 강력했다: 그가 찾는 것은 단순한 해결책이 아니었다. 자신의 축구와 삶을 관통하는 철학 전반을 입증하는 문제였다.

비엘사는 선수들을 불러 모아 놓고 말했다. "우리가 계획을 재고해야 될 상황이라면 다함께 할 것이다. 우리가 프리시즌 중 달성할 수 없겠다고 느낀다면 새로운 방법을 추구할 것이다." 뉴웰스는 우니온과 0-0 무승부를 기록했지만 비엘사는 자신의 새로운 길로 들어섰다. 그는 자신이 이전에 했던 것은 너무 멀리 갔던 게 아니라 오히려 충분히 가지 못했다고 결론지었다. 앞선 18개월의 분투 끝에 슬럼프에 빠졌던 선수들은 다시 활기를 찾았다. 그는 말했다. "정신적으로 충격을 받은 상황에서도 팀 전술을 이해하는 새로운 방식이 탄생했다. 한동안 개인기술과 더불어 그것이 협력에 기여하는 문제에 대해 나름의 생각을 갖고 있었지만 경기장에서 너무 많은 포지션 변경이 생기다보니 실행되지 못했다. 우리는 구조를 혁신하기 위해 실패를 경험한 것이고, 불행하게 보이기만 했던 상황은 몇 가지 포지션 변화를 통해 전체 개념을 다시 가동하게 만들었다."

비엘사는 오른쪽 백이었던 훌리오 살다냐를 왼쪽으로 돌렸다. 살다냐는 뉴웰스에 쏟은 헌신과 강인함으로 팀의 표상이 되었다. 그해 아내가 교통사고로 사망했지만 비엘사와 팀의 잠재력을 발견하고 팀에서 계속 뛰었다. 에두아르도 베리초는 왼쪽 측면 수비에서 미드필드 뒤로 옮겨 갔다. 타고난 리베로 페르난도 감보아는 오른쪽으로 이동했다. 하지만 센터백 마우리시오 페체티노가 상대를 마크하러 앞으로 나가면 수비 뒷공간으로 들어오는 경우도 있었다.

욥은 말했다. "나는 풀백을 맡고 있었는데 유니온 데 산타페로 갔을

1992 뉴웰스 올드 보이즈

때는 중앙 미드필드에 투입되었다. 그 경기가 바로 변화의 시작이었
다. 우리가 달아올랐던 순간이자 비엘사 감독이 날아올랐던 순간이었
다. 우리를 챔피언십의 길에 올려놓았던 순간이었다. 마르셀로는 나
를 다양한 포지션에 활용했다. 나는 주로 중앙 미드필더였지만 측면
이나 스토퍼 또는 리베로 역할도 하였다. 크게 보면 나는 멀티플레이
어였다. 그는 선수들에게 다재다능함을 주려고 했다. 우리는 각자
맡은 역할을 알고 있었기 때문에 포지션을 바꾸는 것은 어렵지 않았
다. 결과적으로 두 개의 타이틀을 차지하고 원정경기에서 보카 주니
어스를 물리치며 코파 리베르타도레스 대회 결승에 오른 것을 보면,
누구나 그 방식이 통하고 있다는 걸 알게 될 것이며 기꺼이 비엘사의
지시를 따르게 될 것이다."

3-4-3이 기본 형태였지만 비엘사는 "팀의 틀은 언제나 상대의

특성에 기반 한다"고 설명했다. 포지션과 포메이션은 부차적인 것이 되었다. 사키가 밝혔듯이 선수들이 자신의 포지션을 유지하는 것은 상황에 따라 대응하는 플레이 방식이었다. 사전 대비적 관점은 포지션과 포지션의 상호관계에서만 가치가 있다. 훨씬 더 중요한 것은 선수들이 자신들의 포지션에 적용하는 원칙이다. 그런 면에서 비엘사의 스승은, 자신이 내세우는 실용주의가 자신의 이상과 이상하리만큼 맞지 않았던 우루과이 출신 오스카르 와싱톤 타바레스 감독이었다. 비엘사는 이렇게 말했다. "축구는, 오스카르 타바레스가 요약한 대로 네 가지 원칙에 기반 한다. 첫째, 수비. 둘째, 공격. 셋째, 수비에서 공격으로 움직이는 방법. 넷째, 공격에서 수비로 움직이는 방법. 핵심은 그러한 경로를 최대한 부드럽게 만드는 데 있다."

이런 점에서 뉴웰스 선발진의 다재다능함은 비엘사에게 도움이 되었다. 선수들은 경기에 쉽게 적응했고 예측하기 어려운 공격을 전개했다. 예를 들어 공격형 미드필더 헤라르도 마르티노가 두 명의 상대 홀딩 미드필더를 마주하고 있다면 알프레도 베르티가 앞쪽으로 올라감으로써 마르티노의 입장에서는 '불공평한 싸움'에 처하지 않았다. 물론 다른 곳에 연쇄반응이 일어났다. 비엘사는 이렇게 물었다. "베리초가 창의적인 두 명의 미드필더를 혼자 상대한다면 어떻게 해야 하는가? 욥이 베르티가 비운 사리로 올라가거나 살다냐가 베리초의 위치로 들어가면 베리초가 베르티의 원래 경계지역으로 달려 들어간다... 둘 다 가능성이 있는데 어느 쪽을 적용할지는 선수들의 판단에 달려 있다." 선수들이 책임을 져야 한다는 것이 핵심원리다. 비엘사는 일중독자이자 안벽주의지이긴 했지만, 라파 베니테스처럼 코너킥이나 프리킥지점에 선수를 세워 놓고 어떤 방식을 사용할지 통제하는 일은 절대 없었다. 오히려 비엘사는 어린 선수들에게 과제를 내주며 다음 상대할 팀이나 이전 경기를 분석하도록 하여 스스로 경기를 생각하고 전술과 전략을 세우도록 다독였다.

몇 가지 원칙은 신성불가침이었다. 비엘사는 말했다. "우리는 자기 혼자서 경기를 이길 수 있다고 생각하는 선수는 선발하지 않는다. 핵심은 경기장을 잘 장악하고 전후방을 25미터로 유지하는 '짧은 팀 (즉, 높이가 없다는 게 아니라 밀집되어 있다는 의미에서)' 형태를 지니며 누군가 위치를 옮기더라도 흐트러지지 않는 수비를 갖추는 것이다." 그런 면에서 비엘사는 사키와 흡사했다.

새로운 방법은 큰 성공을 거두었다. 뉴웰스는 남아 있던 그룹별 7경기에서 4승 3무의 성적을 거두며 리베르타도레스 대회 마지막 16강에 안착했다. 뉴웰스는 단 1패의 성적으로 클라우수라 우승을 차지했다. 리베르타도레스 대회서 우루과이의 데펜소르 스포르팅을 물리치고 산 로센소와 8강에서 만났다. 이번에는 로사리오에서 4-0 으로 이기면서 합계 5-1로 승리하며 준결승에 올랐다. 준결승에서는 승부차기 끝에 아메리카 데 칼리를 따돌렸다.

뉴웰스는 상파울루와의 결승전에서 승부차기까지 가는 접전 끝에 패했다. 그 동안 자신이 구상한대로 팀을 지휘했던 심적 부담감에 지쳐버린 비엘사는 감독직을 관두고 멕시코 아틀라스팀의 제의를 수락했다. 다시 아메리카 데 칼리로 옮긴 뒤 1997년 아르헨티나로 돌아와 벨레스에게 또 한 번의 타이틀을 안겼다. 그 이후에 그가 우승을 한 것은 2004년 아르헨티나올림픽이 전부였다. 이길 뻔한 경기와 아름다운 실패는 비엘사를 얘기할 때 늘 따라 붙는 수식어였으며 언제나 헛되이 절대적인 것을 좇는다고 해서 연금술사다운 면모가 보인다고도 했다. 뉴웰스에서 자신이 불가능을 위해 안간힘을 쓰고 있다고 했던 발언은 당시 사람들이 알고 있던 것보다도 실제에 가까웠다. 그런 점에서 비엘사는 빌라도보다는 메노티에 훨씬 가깝다. 세 번의 아르헨티나 국내 타이틀과 한 번의 올림픽 금메달을 포함하여 비엘사의 수상경력은 화려하지 않았지만 팀의 경기운영 방식을 놓고 보면 기억될 인물이다. 아니, 그보다는 한 세대에 감명을 주었던 인물이다.

피로는 항상 비엘사가 이끄는 팀의 발목을 잡았다. 그가 요구하는 강도 높은 플레이는 계속해서 오래 끌다보면 지탱할 수 없어 보인다. 아틀레틱 빌바오에서 보낸 2011~12 첫 시즌이 딱 그랬다. 아틀레틱은 선수들이 적응에 애를 먹으면서 출발이 부진했다. 결국 3월에 팀 형태에 변화를 주었고 팀은 유로파리그 다음 상대인 맨체스터 유나이티드를 홈과 원정에서 잇따라 격파했다. 하지만 5월에 접어들자 피로가 스며들기 시작하면서 유로파리그 결승에서 아틀레티코 마드리드에게 0-3 완패를 당했고 뒤이어 코파 델 레이 대회 결승에서 바르셀로나에게 무릎을 꿇었다. 센터포워드 페르난도 요렌테가 유러피언 챔피언십 대회를 앞두고 스페인 국가대표팀 훈련장에 지친 모습으로 나타나자 대표팀 감독 비센테 델 보스케는 그가 경기에서 아무런 역할도 못할 거라고 판단했다. 다음 시즌 시작과 동시에 하비 마르티네스는 팀을 떠났고 기진맥진한 상태를 헤어나지 못한 요렌테도 팀을 나가겠다고 공언했다. 한편 훈련장 건설공사를 두고 비판을 하던 비엘사는 이에 동의하지 않는 이사들과 사이가 틀어졌다. 돈과 야망 따위의 세속적인 관심과 공사 마감일을 놓쳐버린 건축업자들 때문에 묻혀버린 비엘사의 초연한 비전을 생각해 보면 이런 일은 충분히 예상할 수 있었다. 15년이나 앞서 비엘사는 이렇게 말했다. "만일 선수들이 인간이 아니라면 나는 절대 패하지 않을 것이다."

비엘사가 추구했던 완벽성은 잠시 반짝하고 지나갔겠지만 그를 따랐던 많은 사람들은 그보다 온건하게 자신들의 이상에 실용성을 더해 더 큰 성공을 거두었다. 호르헤 삼파올리를 포함한 몇몇은 공인된 그의 제자들이다. 2011년 비엘사의 우니베르시다드 데 칠레는 무적의 팀으로 아페르투라와 클라우수라를 석권하고, 앞서 치른 모든 대회를 휩쓸었으며 대륙별 챔피언십인 코파 수다메리카나 대회에 참가하여 칠레팀으로는 20년 만에 처음으로 우승컵을 들어올렸다. 2012년 삼파올리는 또 한 차례 아페르투라 우승을 차지한 후 대표팀 감독에 올라 2007년부터 2011년까지 비엘사가 이룬 업적을 이어갔다. 비엘사는 똑 부러지는 스타일이 없었던 칠레 대표팀에 하나의 철학을 심었고 2010년 월드컵에서 칠레를 가장 주목할 만한 팀으로 만들었다. 당시 마우리시오 이슬라, 곤살로 하라, 아르투로 비달, 마티아스 페르난데스, 알렉시스 산체스 같은 선수들은, 나른한 대회와는 어울리지 않게 맹렬한 기세로 기쁜 듯이 상대 팀을 공격했다. 2011년 코파 아메리카대회서 파라과이를 결승으로 이끈 헤라르도 마르티노는 비엘사가 이끈 뉴웰스의 일원으로 비엘사로부터 많은 것을 얻은 게 분명하다. 비엘사 밑에서 아르헨티나 대표팀 선수로 뛰었던 디에고 시메오네도 비엘사의 구상에 대해 존경을 나타냈고 그것을 활용하여 에스투디안테스와 리버 플라테에서 아르헨티나리그 타이틀을 차지하고 아틀레티코의 유로파리그 우승을 이끌었다. 하지만 비엘사가 배출한 가장 성공적인 감독은 펩 과르디올라였다. 그는 140년간 이어져 온 축구철학의 흐름 속에서 가장 최근의 인물이다.

19장
▽△▽△▽△▽△

유령과 기계 – 만능의 시대, 전술은 어디로

△▽ 고전적인 윙어는 60년대에 이미 빅토르 마슬로프와 알프 램지 그리고 오스발도 수벨디아에 의해 완전히 망가져 사망한 거나 다를 바 없었다. 90년대 중반에 이르자 빌리 메이슬이 그토록 걱정했던 속도의 숭배 앞에서 모든 '판타지스타 fantasistas(환상적인 플레이를 펼치는 플레이메이커)'가 희생당해 똑같은 파멸의 길을 갈 것으로 보였다. 아리고 사키가 시스템 속에서 아름다움을 찾아냈을 수도 있지만 전체적으로 보면 압박의 결과로 창의성의 숨통이 막혀 버렸다. 허버트 채프먼, 엘레니오 에레라, 알프 램지 이후의 축구역사를 돌이켜 보면 수비의 혁신적인 요소들이 공격보다 훨씬 쉽게 안착했다. 전면을 덮어 버리는 5명의 미드필드가 일반화되었고 우람한 골격이 기교보다 더 중요해 보였다. 심미주의는 실용주의 앞에 고개를 숙였다. 1990년 월드컵 우승국 서독은 깊은 인상을 남기지 못했고 유로92에서 덴마크는 단연 실용을 앞세운 기능적 플레이로 승리를 거두었다. 브라질은 1994년 월드컵에서 둥가와 마우루 시우바가 상대의 중원을 깨트리는 역할을 맡았고 팀은 득점 없이 비긴 뒤 브라질축구에서 가장 예외적인 승부차기로 우승을 차지했다. 미래는 어두워 보였다. 하지만 새 천년의 전환점에서 축구는 다시 한 번 지난 20년간의 공격성을 되찾는다.

유로2000은 현대 최고의 축구대회로 손꼽혔다. 느리면서도 체력 위주의 구습을 벗어나지 못한 독일은 한 경기도 이기지 못하고 돌아갔고, 잉글랜드는 스티브 맥마나만과 폴 스콜스 그리고 데이비드 베컴을 중원에 밀집시키고도 굼벵이같은 모습을 보이며 조별예선 통과에 실패했다. 이탈리아는 3-4-1-2라는 변형전술과 씨름하다 거의 얼떨결에 결승전에 올라 견실한 수비는 결코 한물가지 않았다는 점을 입증했다. 그러나 기뻐할 일도 많았다.

우승팀 프랑스는 우아한 비정통파 센터포워드 티에리 앙리뿐 아니라 유리 조르카에프, 지네딘 지단, 크리스토프 뒤가리를 출전시켰다. 준결승에서 탈락한 네덜란드와 포르투갈도 프랑스만큼이나 선수 복이 많았다. 네덜란드는 바우데베인 젠덴, 데니스 베르캄프, 마크 오베르마스를 패트릭 클루이베르트 뒤에 포진시켰고 포르투갈은 루이스 피구, 루이 코스타, 세르지우 콘세이상, 주앙 핀투 중 세 명을 누누 고메스 뒤에 배치했다. 또한 지난 10년간 창의적인 플레이로 이름을 날렸던 게오르게 하지와 드라간 스토이코비치가 비록 전성기 때의 스피드를 보여 주지 못하고 처진 위치에서 플레이를 했지만 유종의 미를 장식하는 무대이기도 했다. 1996년 파이브백을 두고 앞 선에 디터 아일츠를 배치해 대회 우승을 거둔 독일팀과 비교해 보면 엄청난 차이가 드러난다. 플레이메이커를 유지한 것뿐만 아니라 4년 만에 윙어가 부활했다.

어떤 의미에서는 축구가 지닌 수비라는 특성 때문에 상대 수비를 뚫을 수 있는 선수가 필요했고 이들에게는 수비 부담을 거의 주지 않는 경우가 많았다. 특히 유로2000에서 3-4-1-2를 썼던 이탈리아가 그랬다. 여기서 '나누어진 팀 broken team'이라는 것이 생겨났다. 보통 3명의 공격(때때로 윙백이나 미드필더가 합류했다)과 7명의 수비로 짜여 지는데, 예를 들어 알베르토 자케로니 감독이 지휘하던 1997~98시즌 세리에A 우승팀 AC밀란은 조지 웨아와 올리버 비어호프를 최전방에 두고 그 뒤를 레오나르두가 받쳐주는 3-4-3을 사용했다. 가끔 토마스 헬베그나 크리스티안 치게가 윙백에서 지원을 하러 나갔지만 중앙 미드필더 데메트리오 알베르티니와 마시모 암브로시니는 수비에 집중했다. 파비오 카펠로의 로마는 프란체스코 토티가 파울루 세르지우와 마르코 델베키오 뒤에서 플레이를 하고 미드필드에는 홀딩맨 역할을 하는 루이지 디 비아지오, 다미아노 토마시, 에우제비오 디 프란세스코가 있었다. 유벤투스에는 지네딘 지단, 알레산드로 델 피에로, 필리포 인자기를 에드가 다비즈, 지지에 데샹, 안제로 디 리비오, 안토니오 콩테가 한 조를 이뤄 받쳐주었다. 플레이메이커의 역할이 더욱 필요했고 주가가 올라갔지만 갈수록 그 역할을 해내기는 어려웠다. 2000년 이탈리아축구가 막다른 골목으로 치닫고 있었을 때 밀란의 카를로 안첼로티 감독이 현대적인 '레지스타 regista(연출가)' 안드레아 피를로를 미드필드 깊숙이 배치하면서 어려움을 벗어날 수 있었다.

  하지만 다른 나라는 그런 소극적인 흐름에 맞서 판타지스타를 3명이나 배치하는 모험을 감행했다. FIFA는 1990년 월드컵 이후 백패스를 폐지하고 백태클을 금지하는 새로운 규정으로 정당한 신임을 받았지만 그렇게 간단한 문제가 아니었다. 그들은 옛 예술가들과는 달랐고 아돌포 페데르네라의 지적처럼 압박과 시스템이 지배하는 시대에 보헤미안이 설 자리가 있을 리 만무했다. 그렇지만 예술성을 표출할 자리는 분명히 있었고 체력적인 노력이나 수비위치를 잡는 것만이 전부가 아니었다. 세자르 루이스 메노티는 이렇게 말했다. "우파의 축구와 좌파의 축구가 있다. 우파적인 축구는 삶이 투쟁이라는 것을 보여 주고자 하며 희생을 요구한다. 강철 같은 선수가 되어 무슨 수를 써서라도 이겨야 하고 복종하고 따라 움직여야 한다. 권력을 쥐고 있는 사람이 선수에게 원하는 게 바로 그것이다. 그래서 시스템에 묻어가는 부진아와 써 먹을 데 있는 바보가 생겨나는 것이다."

1996년 독일 2-1 (연장전 골든골) v 체코 공화국, 유로96 결승, 런던 웸블리

2000년 프랑스 2-1(연장전 골든골) v 이탈리아, 유로2000 결승, 로테르담 데 카윕

특정한 이념을 지니고 열변을 토해내는 메노티는 항상 자신이 시인하는 것보다 팀은 더 체계가 갖추어져 있었지만 이 말에는 분명 옳은 점이 있다(그러나 좌파/우파라는 이분법은 유용성이 없다. 첫째, 소련은 상당히 체계적인 축구를 하였는데, 메노티의 정의로는 '우익'이 되는 모순이 생긴다. 또 하나는, 만일 정치용어가 축구스타일에 적용된다면 스칸디나비아의 평등주의에 입각한 4-4-2에는 사회민주주의가 반영되어야 하지 않는가?). 완벽한 무득점 무승부를 지향하는 지아니 브레라라면 예술성이라는 오류에 빠지기 쉬운 화려함을 배제한 팀을 반기겠지만 아마도 그럴 사람은 없을 것이다. 수벨디아는 후안 라몬 베론을, 엘레니오 에레라는 산드로 마쫄라를, 카를로스 빌라도는 디에고 마라도나라는 화려한 선수를 보유하고 있었다. 결국 이 두 가지를 절충할 필요가 있었다. 마르셀로 비엘사는 이렇게 말했다. "완전히 기계가 된 팀은 쓸모가 없다. 대본이 없으면 그들은 헤맨다. 하지만 나는 독주자 Soloists(개인기 위주의 선수들)들의 영감에만 의존하는 팀도 원하지 않는다. 신이 그들을 깨우지 않으면 그들은 상대방에게 속수무책이다."

그렇다면 그런 예술성이 어떻게 예측 가능한 시스템으로 머무르지 않고, 하나의 시스템 속에 통합되어야 하느냐는 문제가 대두한다. 이 논쟁이 가장 격렬했던 곳은 아르헨티나로서 빌라도파와 메노티파의 해묵은 갈등이 수면 위로 떠올랐다. 그곳에서 등번호 10번에 해당하는 플레이메이커는 발칸반도 이외의 어느 곳에서도 그 정도로 존경을 받지는 못한다. 이탈리아에서는 플레이메이커를 토티처럼 공격진 뒤편의 빈 공간에서 플레이하는 '쓰리쿼터'와 피를로처럼 더 깊이 내려와 있는 '레지스타'로 나눈다. 하지만 아르헨티니에시스 플레이메이커는 갈고리라는 뜻의 '엔간체 enganche'로서 항상 미드필드와 공격 사이에서 움직인다.

엔간체는 후안 카를로스 로렌초가 1966년 월드컵 아르헨티나 대표팀의 4-3-1-2 대형에서 에르민도 오네가에게 자리를 맡기면서 널리 알려지게 되었다. 하지만 로렌초가 소문난 실용주의자임을 생각해 볼 때, 포백으로의 전환이 얼마나 중대한 변화를 일으켰는지 알 수 있다는 점에서 엔간체의 시도는 아이러니한 구석이 있다. 로렌초는 예술성이 자리를 찾았고 자신의 시스템 속에서 그것을 구체화했다고 생각했지만 오히려 낭만에 반대한다는 입장으로 비쳐졌다. 그러나 오늘날 아르헨티나의 낭만주의자들은 로렌초의 포메이션을 보존해야 한다고 주장한다.

다른 사람들은 로렌초를 따랐고 빌라도의 성공작인 3-5-2로부터 20년이 흐른 뒤에도 4-3-1-2는 아르헨티나 내에서 가장 보편적인 포메이션으로 남았다. 미겔 루소는 70년대 빌라도의 에스투디안테스 소속으로 기질적으로 독불장군 같은 선수지만 2007년에 종료된 보카 주니어스 감독 시절에는 엔간체를 버릴 수 없다고 느꼈다. "보카는 나름대로의 전통과 구조가 있고 그 정도로 많은 성공을 거두었다면 바꿀 필요가 없다. 또 바꾸고 싶다하더라도 서서히 해야 한다."

오네가가 두 명의 스트라이커 뒤에 자리 잡은 최초의 선수일 수도 있지만—본질적으로는 발전된 '창끝' 포지션으로, 인사이드 포워드가 발전한 형태—적어도 아르헨티나에서 최초의 플레이메이커는 아닌 것이 분명했다. '라 마키나' 시절의 리버 플라테만 해도 알프레도 디 스테파노를 팔긴 했지만 5명의 플레이메이커가 있었다. 인데펜디엔테는 플레이메이커의 집결지였다. 1984년 대륙간컵 우승 당시 팀의 중심에 미겔 지아첼로, 노베르토 오우테스, 호세 페르쿠다니가 있었고 그들 앞에는, 언론인 우고 아쉬가 "강력한 슛도, 헤딩도, 카리스마도 없고 꼬맹이처럼 볼품없고 태연하다"고 묘사한, 상상력으로 똘똘 뭉친 리카르도 보치니도 있었다. 다른 세대지만 가장 주목받는 인물로 디에고 마라도나가 있으며 그의 뒤를 잇는 선수로는 아리엘 오르테가, 파블로 아이마르, 하비에르 사비올라, 안드레스 디 알레산드로, 후안 로만 리켈메, 카를로스 테베스 그리고 리오넬 메시가 있다.

이런 선수들이 당시의 축구와 관련이 있을까? 물론 그렇고 테베스나 메시의 경우는 더욱 확실하다. 그러나 두 선수는 전통적 의미의 플레이메이커는 아니다. 테베스는 보조 공격수로 한때 웨스트 햄에서 잠깐이나마 윙을 맡기도 했고, 메시의 경우 바르셀로나의 4-3-3 전형에서 측면에서 안으로 파고드는 역할을 주로 한다. 옛 엔간체를 완벽하게 재현하는 선수는 리켈메로서 애처로운 모습과 우아한 몸놀림 그리고 세련된 볼 터치를 뽐냈다. 에두아르도 갈레아노가 축구 예술가와 아르헨티나 무용곡인 밀롱가 클럽 애호가를 비교하면서 리켈메를 언급했고, 그런 선수들의 미래에 대해 토론을 할 때도 그에게 초점을 맞추었다. 리켈메는 선수보다는 이데올로기의 암호 같은 존재였다.

칼럼니스트 에제크비엔 페르난데스 모레스는 아르헨티나의 전통 블루스음악에서 자주 사용하는 선율을 소개하면서 〈라 나시온〉에서 다음과 같이 말했다. "늘임표 부분에는 음악이 없지만 일시 멈춤은 음악을 만드는 데 일조한다." 위대한 재즈 뮤지션 찰스 밍거스도 충동적인 어느 젊은 드러머가 광적으로 솔로연주를 하는 것을 보러 술집에 들렀던 일화를 얘기한다. 그는 이렇게 말했다. "틀렸다. 그게 아니다. 천천히 시작해야 한다. 사람들에게 인사도 하고 자기 소개도 해야 한다. 방에 들어갈 때는 소리를 지르며 들어가는 게 아니다. 음악도 마찬가지다."

하지만 그것은 과연 축구에 들어맞는가? 골동품 수집가와 낭만주의자들은 그렇게 믿고 싶을 것이다. 호르헤 발다노는 현대축구의 쉴 새 없는 다급함은 텔레비전에 맞춰 축구를 포장하기 때문이라는 흥미로운 주장을 펼친다. 그는 말했다. "축구는 너 이상 신비롭지 않다. 곳곳에 카메라를 둔 상황에서는 상상력을 발휘하면서 축구를 경험하질 못한다. 스크린의 화면은 머릿속으로 그리는 그림과 경쟁할 수 없다. 또한 플레이 방식에도 영향을 주고 있다."

"나는 권투선수인 카를로스 몬손의 트레이너 아밀카르 브루사가

TV로 중계되는 복싱에서 복서는 어디를 가격하든 많은 펀치를 날리는 것이 중요하다고 설명하는 걸 들은 적이 있다. 텔레비전이 활발함을 요구하기 때문이다. 축구도 마찬가지다. 이제 축구는 필요 이상으로 격해졌다. 남미에서는 축구에 '포즈 pause(멈춤)' 개념이 있는데 공격의 징후를 보이는 순간을 반영하는 것이다. 그것은 포즈를 필요로 하는 음악이 강렬함이 떨어질 때처럼 경기에 내재되어 있는 것이다. 문제는 텔레비전의 언어에서는 이것이 작용하지 않는다는 점이다. TV로 중계되는 축구경기에서 격렬함이 떨어지기라도 하면 사람들은 채널을 돌려 버린다. 그래서 TV의 입맛대로 경기가 점점 더 빨라지는 것이다."

문제는 박진감 넘치는 두 시스템이 충돌하게 되면 리버풀과 첼시의 2007년 챔피언십리그 준결승 같은 경기가 양산된다는 점이다. 당시 이 경기는 역동적이며 사력을 다한 경기였음에도 아름다운 장면이라 곤 찾아 볼 수 없었고, 발다노는 이를 두고 '시트 온 어 스틱 shit on a stick('꼬챙이에 달라붙은 똥', 역겹다, 형편없다는 의미, 발다노의 악명 높은 칼럼에 실린 글의 일부)'과 닮았다고 표현했다. 그것은 딱히 TV 시청률에도 도움이 되지 않았다.

텔레비전을 탓하든 말든 긴박감이 필수라는 숱한 인식의 밖에 서 있었던 리켈메는 어쩔 수 없었다. 모레스는 리켈메가 변해야 하며 메시처럼 과단성을 배워야 한다는 목소리를 냈다. 오늘날 축구에서 몸을 부대끼지 않고 떠밀거나 쫓아가며 야단법석을 떨지 않으면서 존재하고, 체력보다는 상상력으로 경기를 이끌고 상대를 속이는, 쉼 없이 돌아가는 시대의 정점에 있는 선수를 감당할 수 있겠는가? 호르헤 발다노는 말했다. "리켈메의 뇌에는 모든 시대의 축구에 대한 기억이 저장되어 있다. 그는 삶이 팍팍하지 않았던 시절, 길거리에 의자를 들고 나와 이웃과 놀던 시절의 선수다." 그의 울적한 모습을 보면 아마 자신이 다른 시대의 사람이라는 걸 알고 있는 것 같다. 그러나 한편으로, 속도가 빠르지 않다는 점 때문에 아마도 자신이 뛰었던 어느 시대와도 동떨어져 있다는 것을 잘 알고 있었을 것이다. 결국 그는 이론 논쟁의 패러다임이 아니라 엄청난 재능과 뚜렷한 약점을 동시에 지닌 개인일 따름이다.

아르헨티나에서 리켈메는 존경과 경멸을 한꺼번에 받고 있고 그에 대한 감정의 골은 아르헨티나축구에서 플레이메이커가 얼마나 중심에 있는지를 보여 준다. 아쉬는 2007년 아르헨티나 일간지 〈페르필〉의 칼럼에 '엔간체'는 "너무나 아르헨티나다운 발명으로서 없어서는 안 되는 것"이라고 적었다. 계속해서 그는, 플레이메이커는 "예술가며 말 그대로 까다롭고 오해를 받기 십상인 인물이다. 결국에는 플레이메이커가 아무리 이성적이더라도 뭔가 잘못되어 보인다"고 적고 있다. 그것은 마치 플레이메이커가 그들의 재능에 대한 대가를 치러야 하고 끊임없이 자신의 재능을 쏟아내고 또 억제하기 위해 고군분투해야 한다는 말과 다를 바 없다. 분명 리켈메는 그런 감성을 지니고 있었고 이런 이유로 비야레알 감독 마누엘 페예그리노는 낙심하며 그를 클럽에서 쫓아냈다.

아쉬는 이렇게 글을 이어갔다. "우리는 꼭 리더에 대해 말하고 있는 것이 아니다. 리더라면 라틴, 루게리, 파사레야 또는 페르푸모같은 위압적인 사람이다. 그러나 리켈메는 낭만적인 영웅이고 시인이며 신화의 운명을 지닌, 곡해 받는 천재다. 그런 유형의 마지막 표본인 리켈메는 보치니와 함께, 속박된 마당에서 그리고 세상의 악으로부터 그를 지켜주는 환경에서 보호받을 때만 발휘되는 비애와 확실성을 지니고 있다." 리켈메가 보카를 절대 떠나지 말았어야 한다는 의미로 들린다.

그럴 수도 있겠지만, 그렇다고 리켈메가 자신이 떠받드는 클럽을 벗어나서는 성공할 수 없다는 얘기는 아니다. 바르셀로나에서는 힘겨워했지만 비야레알의 2005~06 챔피언스리그 준결승 진출에 한몫을 했고 아르헨티나 대표팀이 그해 여름 절묘하게 월드컵 8강까지 진출한 것도 그의 지능적인 플레이 때문이었다. 하지만 두 대회에서 팀이 중도 탈락한 것에 대해 그에게 비난이 쏟아졌다. 챔피언스리그 아스널과의 경기에서 페널티킥을 놓쳤고 독일전에서는 존재감이 없는 플레이를 하다 72분 만에 벤치로 물러났다. 어떤 사람들은 중요한 경기에서는 리켈메가 종종 어디에 있는지 알 수 없다는 말을 한다. 하지만 호세 페케르만 감독이 리켈메를 대신해 메시나 사비올라 같은 비슷한 판타지스타를 활용할 수도 있었지만 훨씬 더 수비적인 에스테반 캄비아소로 교체하여 일직선 형태의 4-4-2로 전환시킨 것은 놀라웠다. 페케르만 감독은 4-4-2에서는 두 명의 독일 출신 중앙 미드필더 중 수비 지향적인 토르스텐 프링스가 플레이메이커보다 더 좋은 결과를 얻을 것이라 판단했거나 아니면 여러 사람의 주장대로 무용지물이 된 리켈메 때문에 완전히 겁을 먹고 포메이션에 대한 자신감을 잃었을지도 모른다. 팀이 패하고 나면 리켈메가 거의 비꼬는 말투로 항상 자신의 책임이라고 말하는 것도 놀랄 일이 아니다.

플레이메이커를 지목하면서 생기는 가장 큰 문제는 플레이메이커가 너무 핵심적인 역할을 맡는다는 것이다. 만일 어느 팀이 창의적인 분출구가 한 곳만 있다면 그 팀의 숨통을 틀어막는 일은 누워서 떡 먹기와 같고 더군다나 현대 시스템에서는 위협적인 공격을 유지하면서도 두 명의 홀딩 미드필더를 두고 있기 때문에 더욱 그렇다. 다이아몬드 형태의 사촌격인 4-3-1-2와 3-4-1-2도 마찬가지다. 또한 이 세 가지 포메이션은 모두 폭을 확보하지 못하기 쉽다. 중요한 것은 비엘사 감독 밑에서 리켈메는 많은 기회를 얻지 못했고 아르헨티나는 때때로 극단적인 공격전술인 3-3-1-3을 펼쳤는데, 당시에는 거의 유일무이한 전술이었다. 비엘사는 이미 3-3-2-2를 실험하면서 후안 세바스티안 베론과 아리엘 오르테가를 가브리엘 바티스투타와 클라우디오 로페스 뒤에 세웠고 하비에르 사네티와 후안 파블로 소린은 윙백으로, 디에고 시메오네는 중앙 수비수 앞의 홀딩 미드필더로 뛰게 했다. 사실상

3-4-1-2의 변형으로 중앙 미드필더 중 한 명이 추가로 트레콰티스타가 되었지만 정통 3-4-1-2만큼이나 폭이 좁아질 수밖에 없었다. 그렇지만 센터포워드와 트레콰티스타를 넓게 이동시켜 윙어로 전환하면 문제를 덜 수 있었다. 플레이메이커에게 풍부한 패스 길이 열렸고 포메이션이 너무나 특이해서 상대가 대처하기 쉽지 않았다.

아르헨티나 출신 감독 크리스티안 로브린세비치는 〈에프데포르테스〉에 다음과 같은 글을 실었다. "수비할 때는 전체가 압박을 하여 가능한 한 상대 골문 가까이에서 볼을 따내기 위해 모든 라인을 끌어올렸다. 본질적으로는 네덜란드의 토탈풋볼과 흡사했다. 공격 시에는 공을 되찾은 상태에서 팀 전체가 최대한 깊숙이 들어가서 플레이를 했고 쓸데없이 지연을 하거나 측면으로 치우치는 것을 피했다. 5, 6명의 선수가 공격에 가담했고 수비를 위주로 하는 포지션은 세 명의 수비수와 중앙 미드필더뿐이었다."

하지만 두 변형전술의 문제점은 공을 뺏기면 되찾기가 어렵고 팀은 필시 역습을 당하기 쉽다는 것이다. 아르헨티나는 2002년 월드컵에서 3-3-2-2를 적용하여 조별 예선을 통과한 후에 볼 점유율을 높였고 어느 팀보다도 많은 코너킥과 기회를 만들었다. 그러나 불행히도 본국으로 돌아가는 비행기를 탔다. 3경기에서 단 2골로 승점 4를 겨우 얻었고 수비에 약점을 드러내며 과연 얼마나 영양가 있는 기회를 만들었는지에 대한 의문을 불러 일으켰다. 아르헨티나의 공격이 중앙으로 집중될 때 수비하는 팀은 단지 깊이 자리를 잡고 상대가 주변으로 공을 돌리는 것을 지켜보다가 중거리 슛만 날리도록 만들었다. 4-3-1-2나 3-4-1-2에서 좌우 폭은 공격수의 움직임이 좋아야 하며 또는 아래위를 왔다 갔다 하는 미드필더가 넓게 벌리면서 폭을 만들어 내거나 공격형 풀백이 폭을 창조할 수 있다. 그러나 시스템이 잘못 작동하면 공격의 폭이 없어지거나 무리하게 벌리다 수비에 구멍이 생기기도 한다.

유고슬라비아 2 핀란드 0, 유로 2004 예선전, 베오그라드 마리카나, 2002년 10월 16일

후반전

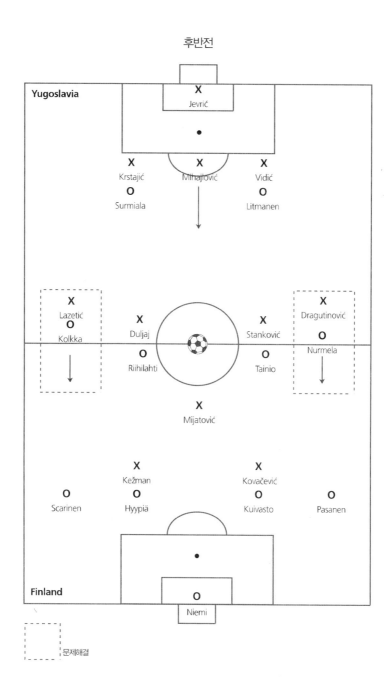

그렇다고 두 포메이션이 딱히 구제불능이라는 말은 아니고 조심스럽게 적용해야 한다는 의미다. 예를 들어, 2002년 10월 나폴리에서 열린 유로2004 예선전에서 유고슬라비아는 이탈리아를 무력화하기 위해 납작한 다이아몬드 형태로 나섰다. 고란 트로보크는 포백 앞에 서고 시니사 미하일로비치를 왼쪽에, 니콜라 라제티치를 오른쪽에 두고 데얀 스탄코비치는 조금 깊은 트레콰티스타 자리에 놓고 프레드락 미야토비치를 마테야 케즈만과 떨어진 곳에 배치했다. 수비위주의 작전은 상대 알레산드로 델 피에로의 활로가 막히면서 효과를 봤고 유고슬라비아는 1-1 무승부라는 만족스런 결과를 얻었다. 하지만 나흘 뒤 베오그라드 홈에서 열린 핀란드전에서는 유사한 시스템을 사용하고도 고전했다. 운에 기대기보다는 뭔가를 만들어내야 한다는 부담 때문에 공격의 폭이 좁아졌으며 수비에서는 풀백들이 4-4-2 전형의 핀란드 공격수 미카 누르멜라와 유나스 콜카에 맞서 서로 자주 고립되었다. 전반전을 0-0으로 마친 유고슬라비아는 3-4-1-2로 전환하여 미하일로비치가 스리백 앞으로 나와 미드필드에 가담했다. 핀란드의 누르멜라와 콜카는 난데없이 상대 윙백을 상대하게 되었고 수비임무가 부담스럽다 보니 상대 수비수 앞까지 속도를 내어 달릴 수 있는 공간이 줄어들었다. 유고슬라비아는 중앙 수비와 중앙 미드필드에 별도의 선수를 확보하자 볼 점유율이 높아졌고 결국 2-0으로 낙승했다.

그것이 바로 다이아몬드 형태가 유행에서 떨어져 나가는 주된 이유일 것이다. 2007~08 챔피언스리그 예선에 오른 32개 팀 중 미크레아 루체스쿠가 이끈 샤흐타르 도네츠크만이 고전적인 형태의 다이아몬드형을 썼고 그에 따른 고질적인 문제에 부닥쳤다. 이 문제는 셀틱과의 개막전 홈경기에서 특히 두드러졌다. 그러나 두 번째 벤피카 원정경기에서는 놀라운 실력을 발휘하면서 라즈반 라츠와 다리요 스르나가 풀백에서 전방으로 종횡무진 움직이고 홀딩 미드필더 마리우시 레반도프스키는 두 사람을 보호하기 위해 아래로 처져 있었으며(여기서

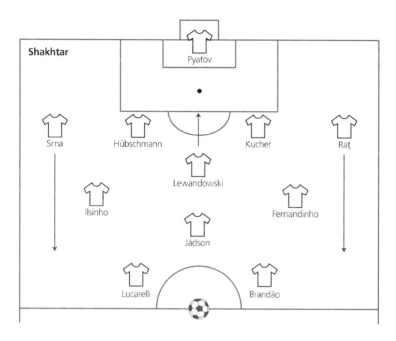

2007~08 샤흐타르 도네츠크

Shakhtar

Pyatov

Srna　Hübschmann　Kucher　Raţ

Lewandowski

Ilsinho　Fernandinho

Jàdson

Lucarelli　Brandão

다이아몬드는 영락없이 3-4-1-2로 바뀐다) 가냘픈 몸매의 브라질 출신 자드송은 전방의 투톱 뒤에서 플레이메이커 역할을 했다. 하지만 AC밀란과 맞붙은 두 차례 경기에서는 경기장 위쪽의 넓은 지역 전체에서 약점이 노출되었다. 두 경기 모두 완패를 당했고 자신감이 떨어지면서 결국 UEFA컵 예선통과에 실패했다.

　유고슬라비아의 3-4-1-2는 상대 윙어의 영향력을 지웠기 때문에 핀란드에 먹혀들었지만 2006년 월드컵에서 나머지 유럽팀이 일찌감치 포기한 스리백을 고집한 크로아티아처럼 일차원적인 팀으로 되기 쉬운 문제를 안고 있었다. 1998년 월드컵 3위를 차지할 때 미로슬라프 블라제비치는 때때로 선발명단에 3명의 플레이메이커를 투입했다. 슬라벤 빌리치가 "지금까지 있었던 가장 창의적인 미드필더"라고 평가하기도 했던 즈보니미르 보반, 로베르트 프로시네츠키, 알료자 아

2012~13 샤흐타르

Pyatov

Chyryhnskyi Rakitskyi Raţ

Srna

Hubschman

Fernandinho

Alex Teixera Mkhitaryan Willian

Luiz Adriano

사노비치를 중앙 미드필드에 함께 내보내는 것은 논리에 어긋났지만 성공을 거두었다. 하지만 그것은 일회적이었고 결국 스리백에는 볼을 편안하게 다룰 줄 아는 두 명의 스토퍼, 빌리치와 이고르 슈티마츠 그리고 다리오 시미치 혹은 즈보니미르 솔도 중 한 명을 넣었는데, 둘은 미드필더로도 뛸 수 있어서 필요하면 앞쪽으로 전진해 미드필더 역할도 할 수 있었다. 특히 대회기간 중 최고의 기량을 선보였던 독일과의 8강전에서 프로시네츠키의 결장으로 3-5-2의 균형을 조금 이동시켜 사실상 3-3-2-2 전술로 솔도를 홀딩 미드필더로 두면서 3-0 승리를 거둔 것은 주목할 점이다.

2006년 월드컵에서 즐라트코 크란차르 크로아티아 감독은 90년대 후반 이탈리아가 밟았던 길을 따라 자신의 아들 니코 크란차르를 정통 플레이메이커로 두기 위해 두 명의 홀딩 미드필더로 중원을 강화할 필요가 있다고 판단했다. 이것은 1986년 월드컵 대회 막바지에 서독이 채택한 팀 전술과 크게 다르지 않은 포메이션이었다. 스르나와 마르코 바비치가 아무리 공격적인 윙백이라 하더라도 유벤투스에서 종종 센터백 역할을 한 이고르 투도르와 창의성이 부족한 정통 미드필더 니코 코바치를 미드필드의 후방에 둠으로써 사실상 7명이 수비에 가담했다는 사실은 숨길 수 없었다.

크로아티아는 이 전술로 브라질에 맞서 0-1로 지긴 했지만 고군분투했다. 경기에서 일본과 호주를 상대할 때처럼 주도권을 잡을 수 있는 기회에서 윙백의 공격쇄도와 크란차르의 창의성에만 기대어 지겹도록 예측 가능한 플레이를 전개했다. 크로아티아는 답답하고 따분한 축구를 구사했고 스스로 욕구불만이 생기자 과도한 몸싸움과 지저분한 플레이를 했다. 크로아티아에게 한줄기 희망이라면 세르비아몬테니그로가 훨씬 더 불리한 토너먼트를 치러야 했다는 것이다. 하지만 세르비아몬테니그로가 예선에서 발칸의 전통적인 스리백에서 벗어나 인상 깊은 경기력을 보여 준 점은 간과할 수 없었다. 10차례의 예선경기에서 단 1골만을 허용했고 4명의 수비수, 고란 가브란치치, 믈라덴 크르스타이치, 네마냐 비디치 그리고 이비차 드라구티노비치는 '판타스틱 4'라는 칭호를 얻었다. 세르비아몬테니그로가 독일전에서 낭패를 본 것은 부상과 팀 사기의 저하라고 말할 수 있지만 크로아티아의 근본적인 문제는 축구방식에 있었던 반면에 세르비아는 나름대로의 진화과정을 밟아가고 있었다.

3-5-2 또는 3-4-1-2의 장점에 대한 논의는 수년간 크로아티아 축구를 따라 다녔다. 빌리치는 월드컵 대회 후 즐라트코 크란차르를 대신해 감독을 맡아 단번에 이 문제를 종식시켰다. 그는 자신의 팀이 가급적 독일식 4-3-3 포백을 구사하겠다고 공언했다. 전통주의자들은 그러면 플레이메이커가 없어진다고 두려워했지만 빌리치는 한 명이 아닌 두 명을 채워 넣는 방법을 찾아냈다. 결과적으로 블라제비치

1998(3-0 독일, 월드컵 8강전, 프랑스 리옹 스타드 제를랑, 1998년 7월 4일)

2006(2-2 호주, 월드컵 조별 결선, 독일 슈투트가르트 고트리브 다이믈러 스타디움, 2006년 6월 22일)

2007(2-0 에스토니아, 유로2008 예선, 크로아티아 자그레브 막시미르, 2007년 9월 8일)

감독의 3-3-2-2 전술의 전성기 때만큼은 아니지만 사람들의 기대치를 넘어 크란차르가 지휘봉을 잡았던 때보다 훨씬 더 좋았다.

빌리치가 니코 코바치를 처진 미드필더로 두어 포백을 보조하게 하자 두 명의 공격수뿐만 아니라 왼쪽의 크란차르에게도 활동 공간이 생겼으며 가운데는 루카 모드리치, 오른쪽은 스르나가 배치되었다. 건드리면 부서질 것 같이 마른 체격의 모드리치는 전통적인 플레이메이커를 닮았지만, 그 이상의 의미가 있었다. 모드리치는 "대표팀에서 하는 역할과 디나모에서 하는 역할은 아주 다르다. 여기서의 역할은 더 자유롭지만 수비 임무도 더 많다"라고 말했다. 무엇보다도 즐라트코 크란차르는 월드컵을 앞두고 모드리치를 대표팀에 불러들일 때 그의 '조직적인' 성향을 칭찬했다.

모드리치와 니코 크란차르는 강인함과 전술원리에 대한 감각을 갖춘 판타지스타라는 새로운 스타일의 플레이메이커를 대표한다. 그중에서도 모드리치가 더 성공을 거두었는데 그는 플레이를 거듭할수록 종종 미드필드 뒤에서 레지스타 역할을 하기도 한다. 아쉬는 "아무도 플레이메이커를 원하지 않고 아무도 그들을 사려고 하지 않는다. 왜? 그들이 시를 싫어하는가? 색깔을 싫어하는가?"라고 적었다. 다시 토마스 페테르손의 '이단계의 복잡성'에 대한 요지로 돌아온 것 같다. 모두들 시스템을 이해하게 되고 축구가 본래의 순수한 속성을 잃은 상태에서는 더 이상 아름답기만 해서는 안 된다. 그 시스템 속에서 아름다워야 한다. 아쉬는 계속해서 "세상에 누구도 더 이상 플레이메이커를 둔 플레이를 하지 않게 되었고 미드필더는 여러 역할을 수행하고 공격수는 탱크와 포뮬러 원 자동차의 혼합이다"라고 썼다. 그렇긴 하겠지만 사람들은 플레이메이커를 아쉬워할 것이다. 하지만 전통적인 윙어가 사양길에 접어든 것처럼 전통적인 플레이메이커도 그렇게 될 것이다. 위대한 리켈메는 2008년을 맞으며 복귀한 보카에서 성공을 거두고, 아르헨티나 대표팀에서도 성공하리라 예상할 수 있는 것은 세계축구의 수비가 클럽 수준만큼 훈련이 잘 되어 있지 않기 때문이다. 하지만 리켈메는 팔시오니 감독의 지루하지만 효율적인 축구에 격분하면서 자신이 최후의 희귀종이자 찬란한 시대착오 속 인물이라는 점을 더욱 부각시켰다.

은완코 카누를 지지하는 나이지리아 추종집단은 조금 얼떨떨하게 도, 그를 유럽에서 내내 뛰었던 세컨드 스트라이커가 아니라 트레콰티스타로 여기고 있는데, 대표팀에서는 언제나 그에게 플레이메이커 역할을 강요하면서 결국은 역할의 중복만 도드라지게 만들었다. 포츠머스에서 카누는 벤자니 무아루와리라는 파트너를 두었기 때문에 빛을 발했고, 그는 자신이 지닌 지능적인 움직임이 가려질 정도로 강렬하게 공격을 퍼부었다. 카누가 미드필드와 공격 사이의 공간에서 거닐고 있을 때 벤자니는 질주하며 다녔다. 한 사람은 상상력이 풍부했고 한 사람은 에너지가 넘쳤다. 이것은 적어도 포츠머스에서는 궁합이 맞았던 두 가지 절대적 속성이었다.

2006년 아프리카 네이션스컵에서 카누는 교체선수로 효과만점이었다. 경기의 흐름이 떨어지면 투입되어 공간을 찾아 경기를 조율했다. 급기야 나이지리아 언론은 오거스틴 에구아보엔 감독에게 코트디부아르와의 준결승에 카누를 선발로 내보내도록 압력을 가했다. 카누는 제대로 된 킥 한 번 못하고 코트디부아르의 홀딩 미드필더인 야야 투레와 지지에 조코라의 빠르기와 힘에 가로막혔다. 2년 뒤 세콘디에서 열린 개막경기에서 신임 감독 베르티 포그츠는 카누를 그때와 똑같은 덫에 던져 놓았다. 수비형 미드필더인 앵커맨이 하나라면 자기 뜻대로 경기를 풀어 나갈 수 있었겠지만 두 명인 경우는 불가능했다. 나이 때문이라고 말하면 본질을 놓치는 것이다. 플레이메이커는 개인전투의 시대에 속하고 만일 자신의 마크맨을 이겨 낼 수 있다면 자기역할을 해낼 수 있다. 그러나 두 명의 마크맨이 플레이메이커를 전담하는 시스템에서는 감당할 수가 없다. 물론 두 명이 플레이메이커를 따라 붙으면 수비하는 팀에 공간이 생기기 마련이지만 바로 그런 불균형을 대비하기 위해서 지역방어가 생긴 것이다. 4-3-1-2의 명백한 결함은 지목된 플레이메이커를 막으면 창조적인 흐름이 사실상 멎어 버린다는 점이다.

그러면 현대축구에서 플레이메이커는 어떻게 사용할 수 있는가? 2006년 10월 자그레브에서 크로아티아가 잉글랜드를 2-0으로 꺾을 때 선보였던 빌리치의 초창기 시스템에는 오른쪽 윙포워드 밀란 라파이치와 정확한 크로스로 균형을 잡아주는 윙백 스르나가 포함되어 있었다. 빌리치의 크로아티아는 끝까지 5명의 공격수를 두었는데, 이것은 현대축구에서는 쉽게 찾아 볼 수 없으며 유로2008 예선 이스라엘 원정경기와 웸블리에서 열린 잉글랜드전에서 각각 3골과 2골을 실점한 이유일 것이다.

경기를 이끄는 선수를 한 명만 둠으로써 천편일률적으로 될 위험도 생겼지만 브라질을 제외한 축구 중심국에서 스리백의 인기가 떨어지는 데는 다른 이유도 있다. 상파울루대학의 코치 학과장 호세 알베르투 코르테스는 체력과 연관이 있다고 믿는다. "현대축구의 속도를 볼 때 경기장의 다른 어떤 선수보다도 더 강하고 빨라야 하는 윙백이 예전과 같이 기능하는 것은 불가능하다."

하지만 대다수 사람들은 스리백에 등을 돌리게 된 것이 미드필드를 강화하면서 기교파 선수를 배치하려고 애를 쓴 결과로 여기는 것 같다. 하지만 아이러니하게도, 1986년 빌라도의 포메이션이 스리백을 널리 알리기도 했지만 플레이메이커를 두 번째 스트라이커로 포함시키면서 결국 스리백의 쇠퇴를 이끈 혁신적인 결과를 불러일으켰다. 빌라도의 방안은 두 명의 마크맨이 상대 센터포워드를 집중 마크하고 남는 한 명이 뒤를 갈무리하는 것이었다. 하지만 마크할 공격수가 하나라면 한 명이 커버플레이를 하는 동안 한 명이 남아돌아 결국 경기장의 다른 곳에서 수적 열세에 놓인다. 2007년 파르티잔 베오그라드의 감독을 맡았던 전 발렌시아 수비수 미로슬라프 듀키치는 "한 명의 센터포워드를 3명의 수비수가 커버하는 것은 어불성설이다"고 설명했다.

2007년에 코린티안스를 지휘했던 노련한 넬싱요 밥티스타 브라질 감독은 하나의 시스템이 다른 시스템과 맞붙을 때 생기는 약점을 알아 내는 프로그램을 개발했다. "3-5-2의 A팀이 4-3-3으로 변형되는 4-5-1의 B팀을 상대한다고 치자. A팀은 윙백에게 B팀의 윙어를 전담시키는데, 이러면 A팀은 3명의 공격수에 5명의 수비가 투입되고 중원에서는 A팀 3명의 중앙 미드필더가 3명의 상대 미드필더에 맞서게 됨으로써 4-4-2에 맞설 때 얻는 3-5-2의 이점이 없어진다. 전방의 투톱은 4명의 수비수를 상대하게 되어 상대방 풀백이 남아돌아 그 중 한 명이 미드필드로 밀고 올라오더라도 상대는 여전히 수비에서 3대 2의 수적 우위를 점하게 된다. 따라서 B팀은 볼 소유를 지배하고 경기장을 더 넓게 쓸 수 있다."

물론 A팀의 중앙 수비수 중 한 명은 미드필드로 올라갈 수는 있지만 그것도 A팀의 중앙 미드필더가 4명이 되는 문제가 있고 여전히 폭은 부족하다. 그나저나 한 명의 수비수가 미드필드로 올라갈 것 같으면 그냥 수비형 미드필더를 두어야 하는 게 아닌가?

이집트가 2006년과 2010년 사이에 3-4-1-2 전술로 세 차례나 아프리카 네이션스컵을 제패한 주된 이유는 일직선 형태의 4-4-2가 아프리카에서 지배적이었기 때문이다. 실제로 4-4-2 전술을 가동하지 않은 팀은 이집트와 카메룬 외에 4-2-3-1을 사용했던 기니와 모로코뿐이었다. 주목할 점은 쟁쟁한 대다수 상대 팀이 중원은 강하지만 측면에서 약점을 노출했고 우수한 대회치고는 하나같이 크로스가 실망스러웠다는 사실이다. 그것은 희대의 기이한 일로 비칠 수도 있고, 아니면 유럽클럽이 재능 있는 아프리카 선수와 계약하려고 찾아다닐 때, 맨체스터 유나이티드 아프리카 스카우트인 톰 버넌이 일

3-5-2의 몰락

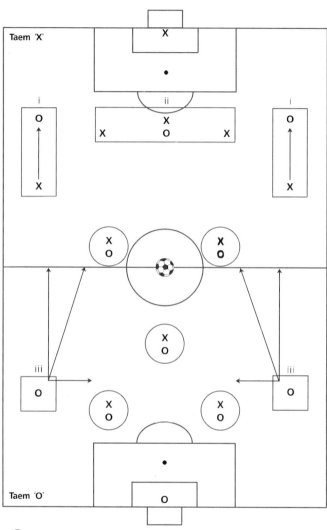

Taem 'X'

Taem 'O'

○ 서로 지워짐

| i | X의 윙백은 O의 윙어를 막기 위해 뒤로 물러난다 |

| ii | X의 3명의 수비수가 O의 공격수 한 명을 상대한다 |

| iii | O의 남는 풀백은 수비를 지원할 수도 있고 측면으로 돌진하거나 미드필드를 보강한다 |

컨는 '파파 부바 디오프 사례 *Papa Bouba Diop template*'를 염두에 두는 것과도 관련이 있을 수 있다. 과거 유럽에서 성공을 거둔 아프리카 선수들이 대개 덩치가 크고 강인했기 때문에 클럽은 그런 선수들만 찾는다. 어린 나이에 유럽클럽에 소집된 선수들은 빨리 성장하고 이름을 날려 나중에 국가대표에 들어간다.

아크라의 높은 언덕지대에서 축구아카데미를 운영하는 버넌은 적어도 가나의 아이들은 처음 축구를 할 때 모두가 중앙 미드필드에 자리 잡는 경향이 있다고 믿고 있다. 그는 말했다. "아이들을 보라. 경기장은 길이가 약 20~30미터이며 양쪽 끝에 몇 발자국 간격으로 돌멩이를 갖다 놓고 종종 도랑이나 배수구를 사이드라인의 경계로 삼는다. 그러니 얼마나 작은가. 경기란 온통 공을 받고 가운데로 방향을 틀어 몰고 가는 것이 전부다." 그 결과 코트디부아르를 필두로 대부분의 서아프리카팀은 최소 두 명의 뛰어난 중앙스트라이커가 폭을 벌리지 않고 플레이를 하다 보니 아무리 훌륭한 이집트의 윙백 아메드 파티와 사예드 모아와드라도 안절부절못했을 것이다.

이집트는 2008년 네이션스컵 첫 경기에서 카메룬을 4-2로 물리친 뒤 수단, 잠비아, 앙골라, 코트드부아르를 상대로 10골을 몰아넣으며 연승을 거둔 후 결승에서 다시 카메룬과 맞붙었다. 첫 번째 맞대결에서 4-4-2를 가동했던 오토 피스터 카메룬 감독이 결승에서 4-2-3-1을 들고 나오자 이집트는 대회기간 처음으로 전술의 흐름을 유지하지 못하며 흔들렸다. 수비수 와엘 고마는 마치 남아도는 부품처럼 안절부절 어찌할 바를 모르고 미드필드를 배회했고 기량이 모자라는 팀을 상대로 볼 점유율에는 앞섰지만 상대 리고베르 송의 호된 실수에 편승하여 힘겨운 승리를 거두었다.

스티브 맥클라렌조차 스리백은 상대가 두 명의 전담 공격수를 둘 때만 효과적이라고 말했다. 빌리치의 크로아티아가 골 냄새를 맡으며 떠도는 에두아르도 다 실바와, 체력이 돋보이는 믈라덴 페트리치 또

이집트 4 카메룬 2, 아프리카 네이션스컵 조별 경기,
가나 쿠마시 바바 야라 스타디움, 2008년 1월 22일

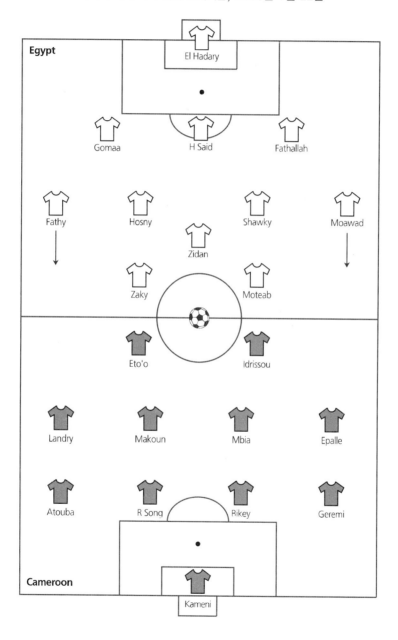

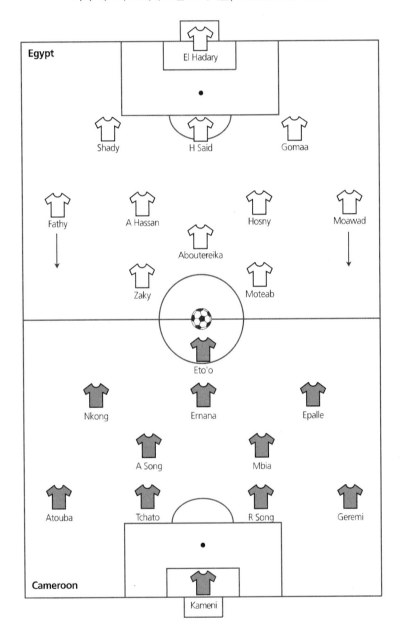

는 이비차 올리치 중 한 명으로 두 명의 스트라이커를 두는 몇 안 되는 팀 중의 하나라는 점을 감안하면, 맥클라렌의 잉글랜드가 크로아티아 수도 자그레브에서 열린 유로2008 조별예선 원정경기에서 3-5-2를 채택한 것은 그가 받은 온갖 비난에도 불구하고 적어도 이론상으로는 옳았다. 문제는 잉글랜드가 포백 이외의 전술에는 너무나 서툴러 경기력은 엉망이었고 더군다나 잉글랜드가 어설픈 4-4-2 전술을 쓰는 팀을 상대할 때처럼, 어설픈 3-5-2 전술을 짓누르는 데 능숙한 크로아티아를 만났으니 더욱 그랬다.

60분 만에 터진 에두아르도의 선제골 전까지는 크로아티아를 꼼짝 못하게 했다는 분석도 있지만 그것은 크로아티아가 대여섯 번이나 좋은 기회를 얻었다는 사실을 간과하는 것이며, 에두아르도가 니코 코바치의 크로스를 헤딩골로 성공시킬 때까지 마크를 당하지 않은 것을 보면 서투른 시스템에서 잉글랜드의 대인마크 전술이 어떻게 붕괴되는지를 잘 보여 주었다. 뜯긴 잔디 때문에 폴 로빈슨 골키퍼가 당황하며 헌납한 게리 네빌의 자책골은 그렇지 않아도 완벽한 패배에 엉뚱한 웃음거리까지 보탰다. 빌리치는 말했다. "잉글랜드가 스리백 전술로 나오길 기다렸다. 그러면 측면에 한 명씩 더 많아지기 때문이다. 우리가 속도를 늦추면 그들도 쉽게 우리를 봉쇄할 수 있어 문제가 없지만 때때로 우리가 속도를 높여 직선적이고 과감하게 공격을 펼치면 여러 가지 문제가 생겼다."

최근에 와서 비록 세 가지 기본 상황에 제한되어 적용되긴 하지만 스리백이 다시 살아났다. 2010~11시즌 나폴리와 우디네세가 스리백으로 성공을 거둔 후에 세리에A 20개 팀 중 13개 팀이 2011~12시즌에 스리백을 썼고 리그 우승팀인 유벤투스도 마찬가지였다. 이전 시즌 챔피언스리그에서 인터 밀란과 AC밀란이 토트넘과 샬케04에게 치욕적으로 노출시킨 좌우 폭의 실종을 목격한 이탈리아팀은 스리백이 중앙 플레이어를 희생시키지 않고서도 측면 선수들을 더 높은 위치에 가담시키는 수단을 제시했다. 그것은 이탈리아에서 언제나 그 역할을 불신하는 윙어 없이도 좌우 폭을 만들어내도록 해주었다.

어떤 팀들에게는 스리백이 노골적인 수비시스템이 될 수도 있다. 결국, 만일 어떤 팀이 상대가 볼을 지배하도록 놓아두고 깊이 내려와 상대 압박을 흡수하려고 하면, 수비라인에 여분의 두 명을 두는 것은 추가적인 유용한 예방조치가 된다. 알레한드로 사베야가 지휘봉을 잡았던 에스투디안테스가 2010년 10월 2점 앞서고 있던 리그 선두자리를 지키기 위해 무승부를 목표로 삼고 벨레스 사르스필드에 갔을 때, 그들은 스리백과 더불어 미드필드 깊숙이 4명의 선수를 포진 시켰다. 경기는 줄곧 에스투디안테스 진영에서 펼쳐졌고 벨레스가 볼 소유를 지배했지만 대개 중거리 슛에만 한정되었다. 자신들의 바람대로 무승부를 이끌었던 에스투디안테스는 결국 아페르투라 우승을 차지했다.

또한 비엘사 방식을 신봉하는 사람들에게는 스리백은 경기장의 높은 위치에 많은 선수를 둠으로써 최대한 빨리 볼을 다시 가져올 수 있는 방법이다.

△▽

빌라도는 팀을 3명의 공격수와 7명의 수비수로 나누어야 한다고 제안하고 빌리치는 5 대 5를 선택했지만, 90년대의 주류는 4명의 공격과 6명의 수비라는 절충안으로 기울었다. 처음 4-5-1이 80년대 후반과 90년대 초반 서유럽에서 인기를 누렸을 때 다들 수비적인 시스템이라 여겼다. 그것은 초기 카테나치오와 같이 강팀을 무력화하기 위해 사용하는 '약자의 권한'이었다. 지금도 '투톱'을 사용하지 않으려는 팀에 대해 불평하는 식자들을 심심치 않게 볼 수 있다. 하지만 4-5-1은 4-4-2가 4-2-4에 내포되어 있었듯이 항상 4-4-2에 내포되어 있었다.

적어도 잉글랜드의 상황에서는 4-4-2 전형에서 스트라이커의 동반관계는 두 가지 범주로 나누어진다: 덩치 큰 선수와 빠른 선수(존

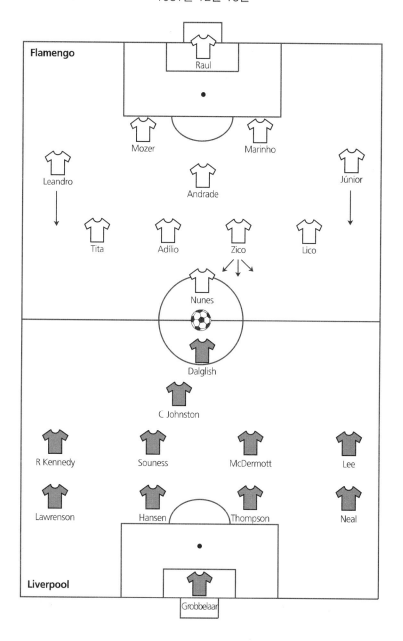

플라멩고 3 리버풀 0, 대륙간컵, 일본 도쿄 국립경기장,
1981년 12월 13일

Flamengo

Raul

Mozer   Marinho

Leandro   Andrade   Júnior

Tita   Adílio   Zico   Lico

Nunes

Dalglish

C Johnston

R Kennedy   Souness   McDermott   Lee

Lawrenson   Hansen   Thompson   Neal

Liverpool

Grobbelaar

토샥과 케빈 키건; 마크 헤이틀리와 앨리 맥코이스트; 니얼 퀸과 케빈 필립스) 또는 창조자와 골잡이(케니 달글리쉬와 이안 러시; 피터 비어즐리와 게리 리네커; 테디 셰링엄과 앨런 시어러). 전자는 말 그대로 두 명의 스트라이커지만, 후자는 창의적인 선수가 미드필드와 공격 사이의 공간을 이어주며 더 깊이 내려와서 움직였다고 볼 수 있다. 에릭 칸토나와 잔프란코 졸라가 잉글랜드축구에 끼친 놀랄 만한 영향은 대개 그들이 아래로 내려와 공격과 미드필드 사이에서 플레이를 하면서, 과거 마티아스 진델라르와 난도르 히데쿠티가 했던 것처럼 잉글랜드의 중앙 수비수를 혼란스럽게 만들 수 있었기 때문이다. 그렇다면 쟁점은 표기의 문제로 보인다. 예를 들면 1989~90시즌 승격한 선덜랜드를 누구도 4-4-1-1 전술로 묘사할 생각을 못했겠지만, 에릭 게이츠를 마르코 가비아디니 뒤로 밀어 넣으면 누가 봐도 4-4-1-1이며 4-5-1에 맞서 본능적으로 움츠러드는 것만 극복이 되면 분명히 3-5-2만큼 유연하고 변형도 쉬워진다.

4-5-1로 세계적인 성공을 거둔 팀이 파울로 세자르 카르페지아니가 이끈 위대한 플라멩고라고 주장하는 것은 논란의 여지가 있지만, 플라멩고가 리버풀을 꺾고 1981년 대륙간컵 대회 우승을 차지하자 뭐라 나쁘게 말할 수 있는 부분이 눈곱만큼도 없었다. 4명의 판타지스타, 리코, 지쿠, 아딜리아 그리고 티타 중 누구를 선택할 것인가 하는 문제에 부닥치자 카르페지아니 감독은 1982년 월드컵 당시 브라질처럼 4명을 모두 기용했다. 하지만 2명의 스트라이커 뒤에 포진시키지 않고 누녜스를 원톱으로 놓고 안드라데가 4명 뒤에서 홀딩 미드필더를 맡음으로써 요즘 말하는 4-1-4-1이 되었다.

물론 미드필드에 5명을 두면 수비위주의 시스템이 될 수가 있다. 80년대 상당수의 팀이 이 전술을 사용했고, 특히 유럽 원정에서는 더욱 그랬다. 특히 에버턴이 이 전술에 능수능란했는데, 예를 들어 1985년 바이에른 뮌헨과의 위너스컵 대회 8강전 원정경기 1차전에서 하워드 켄달 감독은 앤디 그레이를 벤치에 앉히고 미드필드 자리에 앨런 하퍼를 배치했으며 그레이엄 샤프에게 원톱 스트라이커를 맡겼다. 원정경기 0-0 무승부를 거두고 나서 4-4-2 포메이션으로 다시 그레이를 투입하고 안방경기를 3-1로 이겼다. 그레이는 이 경기에서 그들의 플레이가 특별하게 다를 바가 없었다고 말했지만 바이에른 수비진이 에버턴의 위협적인 공중볼에 애를 먹는 것을 알아차리고 약점을 집중적으로 공략했다.

일반적으로 말해서 직선적인 공격을 하는 팀일수록 4-5-1에서는 수비위주가 된다. 이런 경우 자신의 골대와 상대선수 사이에 9명을 세워두는 것을 일차 목표로 두고 센터포워드는 볼을 다투고 따낸 공을 지연시킨 다음 돌파해 들어가는 미드필더에게 뿌려 주거나 데드볼을 얻어낸다. 90년대 초 조지 그레이엄이 이끄는 아스널의 이안 라이트는 유럽팀과의 경기에서 이 역할을 완벽하게 수행했다. 하지만 볼 소유와 짧은 패스가 중심이 되자 5인 체제의 미드필드 운영은 한층 섬세한 도구가 되었다.

스페인은 2000년에 이르자 4-2-3-1이 보편화하였고 몇 년 사이에 거의 기본설정전술이 되었다. 하지만 4-2-3-1이 4-4-2와 별도로 발전한 곳이 스페인이기 때문에 그렇게 놀랄 일은 아니다. 플레이메이커를 세컨드 스트라이커로 쓰게 되자—카를로스 빌라도가 1986년 월드컵에서 마라도나를 배치하면서 나타난 흐름—4-2-3-1의 등장은 불가피했다. 처음에 홀딩 미드필더에게 그를 마크하도록 임무가 주어졌는데—그래서 90년대 후반 '마켈렐레 역할 the Makelele role'을 할 수 있는 선수붐이 일었다—그 상황에서 밑으로 처진 공격수가 좌우로 넓게 움직이다 공간을 찾곤 했다. 만일 홀딩 미드필더가 그를 따라오면 중앙에 공간이 생기고 다른 선수가 그 자리를 커버하기 위해 아래로 처지게 되면 공격적인 미드필더들에게도 연쇄반응을 일으켰다.

또는 이 진화는 다른 방향에서 생길 수도 있었다. 즉, 윙어를 높이 올리고 센터포워드 한 명을 아래로 내린 4-4-2 팀은 사실상 4-2-3-1 포메이션이 된다. 예를 들면 1991년 위너스컵 결승에서 맨체스터 유나이티드가 바르셀로나를 꺾었을 때 브라이언 롭슨과 폴 인스를 홀딩 미드필더로 두고 좌우 측면에 리 샤프와 마이크 펠란을 그리고 브라이언 맥클레어를 마크 휴스보다 처진 위치에 놓았다. 지금도 다들 4-4-2라고 부르지만 사실상 4-2-3-1이었다. 아르센 벵거가 잉글랜드에서 첫 시즌을 보냈던 아스널도 마찬가지였다. 에마뉘엘 프티가 측면에, 데니스 베르캄프는 니콜라 아넬카 뒤에 위치하였다. 물론 팔러는 안쪽으로 파고 들어오고 오베르마스가 밀고 올라갈 수도 있었기 때문에 전통적인 4-3-3에 가까운 형태가 만들어지기도 했다.

하지만 스페인 코칭 잡지 〈트레이닝 풋볼〉에 따르자면 이 새로운 포메이션을 처음 의식적으로 사용한 사람은 1991~92시즌 세군다 디비시온 소속 쿨투랄 레오네사를 이끌었던 후안마 리요였다. 그는 설명했다. "나의 의도는 경기장의 높은 위치에서 압박을 가해 볼을 따내는 것이었다. 그것은 4명의 포워드를 두는 플레이에서 찾을 수 있는 가장 대칭적인 형태였다. 가장 큰 장점은 포워드를 높이 둠으로써 미드필더와 수비수도 덩달아 높이 올라가면서 모두에게 이로웠다. 하지만 선수를 잘 선별해야 한다. 기동력이 엄청나야 하고 볼을 지키며 플레이를 할 수 있어야 한다. 잊지 말아야 할 점은 선수들은 압박을 하기위한 플레이가 아니라, 플레이를 하기위한 압박을 하고 있다는 사실이다."

레오네사에서 리요는 사미와 테오필로 아바호를 두 축(스페인에서 '도블레 피보트, doble pivot'라고 알려진 시스템)으로 하고 카를로스 누녜스, 오르티스, 모레노를 그 앞에, 라타피아를 원톱으로 두었다. 시스템의 성공을 확인한 리요는 살라망카로 가져갔다. 〈트레이닝 풋볼〉의 사설에 따르면 그곳 선수들은 "너무 낯선 방식이라 못 믿겠다는 표정을 지었고 자신들의 포지션과 각 라인의 배열에 대해서도 마치 공룡을 마주대한 사람처럼 생경함과 놀라움으로" 반응했다. 그렇지만 그 시스템으로 팀은 승격을 이루었다.

포메이션은 빠르게 퍼져 나갔다. 하비에르 이루에타는 두 시즌 동안 데포르티보 라 코루냐에서 4-2-3-1 시스템을 사용해 2000년 리그타이틀을 차지하였고, 존 토샥이 1999년 레알 마드리드로 돌아와서 홀딩 미드필더로 제레미와 페르난도 레돈도를 썼고 스티브 맥마나만, 라울, 엘비르 발리치를 앞쪽에, 아넬카나 페르난도 모리엔테스를 최전방 스트라이커로 썼다.

잉글랜드에서 적어도 4-4-2와 구분하여 이 포메이션을 받아들인 팀은 맨체스터 유나이티드였다. 1999~2000 챔피언스리그 홈경기에서 레알 마드리드에게 당한 변명의 여지없는 2-3 패배로 알렉스 퍼거슨 경은 이전 시즌 트레블 treble(정규리그, FA컵, 챔피언스리그 3개 대회에서 동시에 우승하는 것)을 달성할 때 사용했던 정통 4-4-2가 유럽대회서는 전성기를 누렸었다는 확신을 갖게 되었다(비록 자신은 한 번도 4-4-2를 구사한 적은 없고 항상 공격수를 떼어 놓았다며 어느 정도 정당성이 있는 주장을 하고 있지만).

하지만 4-2-3-1은 5인 미드필드 체제의 한 가지 변형일 따름이다. 공격형 미드필더 중 한 명이 홀드 역할로 빠져나가면 크리스마스 트리 모양인 4-3-2-1이 되든지 현대의 4-3-3이 된다. 코 아드리안세 감독이 80년대 후반 덴 하그에서 처음으로 4-3-2-1 전술을 펼친 것으로 보이고 테리 베너블스가 유로96을 앞두고 잉글랜드팀에 시험적으로 가동했다. 하지만 이 전술을 사용하는 팀이 처음으로 주목할 만한 성공을 거두며 주류의 전술에 들게 된 것은 1998년 월드컵 때였다.

프랑스 감독 에메 자케의 고민은, 세상이 다 아는 위대한 플레이메이커이면서 걸음은 느리고 수비능력이 거의 없는 지단의 자리를 만들어 주는 것이었다. 그가 내놓은 해결책은 사실상 지단에게 프리롤(정해진 포지션이 없이 플레이하는 것)을 부여하는 것이었지만, 대신 팀의 수비를 약화시키지 않게 하려고 이탈리아 방식으로 수비가 주 임무인 지지에 데샹, 에마뉘엘 프티 그리고 크리스티안 카랑뵈 3명을 미드필드에 배치했다. 창의적인 플레이를 펼치도록 유리 조르카에프를 포함시켰고 스테팡 기바르쉬가 원톱 역할을 맡았다. 그는 월드컵 우승을 차지한 선수 중 기술적인 면에서 최악의 센터포워드라고 심한 조롱을 받았다. 그러나 뒤를 받치는 창의적인 선수를 위해 지공을 펼치는, 말하자면 초점역할이라는 자신의 임무를 완수했다(이것을 받아들이면 1982년 월드컵 브라질팀의 세르지뉴의 역할도 재해석될 여지가 열린다). 2000년 자신감이 붙은 자케는 기동력이 뛰어난 파트리크 비에라를 수비형 미드필더로 둔 4-2-3-1에서 앙리 뒤에 3명의 창의적인 선수를 배치할 수 있다는 확신을 했다.

카를로 안첼로티의 AC밀란은 비록 프랑스보다 조금 더 공격적이긴 해도 현대적인 4-3-2-1을 가장 잘 구현하는 팀이다. 2006년 챔피언스리그 우승 당시 카카와 클라렌스 세도르프는 미드필드 선발대로, 안드레아 피를로는 그 뒤에서 연출가 역할을 했고 측면에서는 젠나로 가투소가 낚아채거나 덤벼들고 마시모 암브로시니는 단순하며 효율적인 플레이를 선보였다. 하지만 늘 그렇듯 팀의 유동성이 핵심인데, 피를로와 암브로시니는 둘 다 주저 없이 앞으로 나갔지만 세도르프가 더 수비적인 역할을 해낼 수 있기 때문에 가능했다.

이보다 더 보편적인 전술인 4-3-3은 1962년 브라질이 실연했던 4-3-3과는 전혀 딴판이다. 브라질의 4-3-3은 기울어진 4-2-4로서 마리우 자갈루가 윙에서 깊숙이 내려와 미드필드에 가담했다. 특별한 경우를 제외하고는 80년대까지는 비대칭 모양을 쭉 유지했고 뉴캐슬의 경우는 4-3-2를 설정한 다음 크리스 와들을 상대 풀백 중 어느 쪽이 약한가에 따라 측면 윙어로 배치했다. 하지만 조제 모리

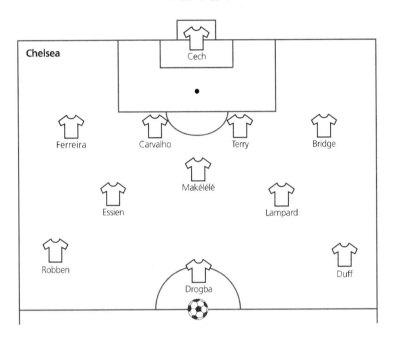

뉴의 첼시와 다른 팀이 사용하는 오늘날의 4-3-3은 사실상 4-5-1의 변형이다.

아마도 여기서 전술 이해에 있어서 가장 중요한 최근의 변화가 보인다. 즉, 수비, 미드필드, 공격 3열만 있다는 개념이 사라졌고 1990년 이후 계속된 오프사이드 규칙의 완화로 이런 개념은 빠르게 소멸했다. 특히 2005년 플레이에 관여하는 부분에 대한 정의가 바뀐 뒤로는 팀들은 높은 오프사이드 라인에서 압박플레이를 하기가 갈수록 어려워졌고 따라서 효율적인 플레이 구역이 35~40미터에서 55~60미터로 벌어지게 되었다.

그것은 두 가지 효과를 가져 왔다. 첫째, 미드필드에서 시간과 공간이 많아지고 신체적 접촉은 적어졌다. 이로서 메시, 사비, 안드레스 이니에스타, 메수트 외질 같은 야위지만 창의적인 인물이 떠오르게 되었고 이제는 미드필더가 탄탄한 체격을 지닌 선수일 필요가 없다는 인식을 하게 되었다. 둘째, 한 줄로 묶는 미드필드로는 수비전술 이외의 어떤 것으로 사용하기가 갈수록 어려워졌는데, 이것은 앞뒤의 빈 공간 탓에 공간사이에서 플레이를 하는 선수들이 뚫고 들어가기가 비교적 쉽기 때문이다. 이런 이유로 전술의 관점에서 2010년 월드컵에서 가장 주목할 점은 4-4-2 대신 4-2-3-1을 기본설정선술로 썼다는 것이다.

지금처럼 자꾸 나누다 보면 배열이 의미가 없을 정도로 좁아질 수도 있겠지만 이제는 수비, 미드필드, 공격의 기본범주를 다시 더 작게 나눌 수 있다는 인식이 퍼져 있다. 빌리치는 "전술은 결국 선수들이 아래위로, 좌우로 움직이는 것이며 더 이상 라인은 없다"고 말했다. 모리뉴는 그 정도까지는 아니지만 라인이 존재한다는 것은 인정하면서도 전진 할 때만큼은 선수들이 라인을 파괴해야 한다고 주장했다.

모리뉴가 지휘를 할 당시 첼시의 포백은 정통 스타일에 가까웠다. 클로드 마켈렐레가 포백 바로 앞에 자리를 잡고 프랭크 램퍼드와 티아구, 또는 나중에 마이클 에시엔이 마켈렐레 앞에서 사실상 왕복하는 역할을 수행했다. 지지에 드로그바를 원톱으로 세우고 데미안 더프, 조 콜, 아르연 로번 중에서 조합하여 두 명을 넓게 벌려 윙어면서 보조 미드필더로 이용했는데, 결국 공격수도 아니고 미드필더도 아니었다. 어떨 때는 4-1-2-3이다가 또 어떨 때는 4-1-4-1이 되기도 했지만 4-3-3으로 다들 이해했다.

라인을 나누는 것이 얼마나 새로운 개념인지는 논의할 문제이며, 수비형 미드필더와 공격형 미드필더가 항상 존재했고 경기장을 4열로 나눈다는 개념은 W-M에서도 있었다. 그렇다면 플라비우 코스타의 '대각선'의 경우처럼 변한 것은 표기법이 아닌가 싶다. 표기법이 갈수록 정교해지고 실상을 나타내는 일에 적합하자 포메이션의 실체를 파악하기가 더 쉬워졌다. 분명 오늘날 '4-5-1'이라는 용어는 너무

모호해서 팀의 라인업으로 묘사하는 일이 쓸모없을 정도며 오히려 포메이션의 계보를 설명하는 하나의 총칭에 가깝다.

2008년이 다 되어서야 아리고 사키는 단호하게 자신의 밀란 시절 이후로 어떤 혁신도 없었다고 말했다. 그의 주장에는 사리사욕 같은 것이 깔려 있었지만 상당 부분 옳았다. 하지만 더 중요한 것은 마켈렐레 같은 유형에 대한 그의 태도였다. 사키는 4-2-3-1과 지정 홀딩 미드필더를 두는 현대식 4-3-3에 회의적이었는데, 지나치게 선수를 구속시킨다고 생각했다. 그는 말했다. "오늘날의 축구는 개성을 관리하는 문제다. 그렇기 때문에 스페셜리스트가 양산되는 것이다. 개인이 집단을 눌러 버렸다. 그러나 그것은 약점에 다름 아니다. 그것은 사전에 대처하는 플레이가 아니라 상황에 따라 대응하는 사후적인 방법이다." 펩 과르디올라의 바르셀로나와 위르겐 클롭의 보루시아 도르트문트는 그런 흐름을 바꾸는 데 일조했다.

사키는 사후 대응 방식의 경기운영이 레알 마드리드의 '갈락티코스 galacticos(은하수, 세계적인 축구스타)' 정책의 근본적 결점이라고 믿는다. 사키가 2004년 12월에서 2005년 12월까지 레알 마드리드의 축구이사로 일했을 때 클럽은 많은 스타선수들을 영입하여 이를 악물고 뛰는 유소년팀 출신의 선수들과 균형을 맞추려고 했다. 사키는 이렇게 설명했다. "아무런 프로젝트가 없었다. 그냥 각자의 자질을 이용하는 것뿐이었다. 예를 들면 지단과 라울 그리고 피구는 뒤로 물러나지 않는다는 것을 다 알고 있으니 포백수비 앞에 한 명을 두어야 했다. 그렇게 되면 수세적으로 반응하는 축구가 된다. 그것은 선수들의 자질을 기하급수적으로 높이지 않는다. 기실 선수들의 능력에 이와 같은 복합적인 효과를 일으켜 내는 것이야말로 전술의 핵심이다."

"나의 축구에서 플레이메이커인 레지스타는 공을 가진 사람 누구나 될 수 있다. 하지만 마켈렐레라면 그렇게 할 수 없다. 물론 그가 공을 아주 잘 따내지만 그의 머릿속에는 그렇게 할 수 있는 개념이 없다.

이젠 온통 전문가 이야기뿐이다. 축구는 집단적이며 조화로운 경기인가? 또는 X만큼의 재능을 지닌 선수를 투입하여 Y정도의 능력을 갖춘 스페셜리스트와 함께 균형을 맞추는 문제인가?" 물론 그런 재능 있는 선수들의 힘은 현대의 유명 연예인 문화로 인해 강화되었다. 클럽들조차 아시아, 아프리카, 미국 등 떠오르는 축구시장에 자신의 상표를 홍보하기 위하여 화려할수록 더 좋은 확실한 스타선수에 대한 필요를 느낄지도 모른다.

얼마간 대표팀을 맡고난 뒤 1966년 AC밀란으로 돌아온 사키는 파비오 카펠로 시절에 미드필드에 기용했던 마르셀 데사이를 수비라인에 복귀시켰다. 자신이 정말 존경한다고 공언한 발레리 로바노브스키처럼 사키는 '만능'의 이점을 믿었고, 주어진 역할의 한계에 묶이지 않으며 경기장을 누비되, 팀 동료와 상대 팀 그리고 이용할 수 있는 최대의 공간을 고려하여 자신의 위치를 잡을 줄 아는 선수의 존재가치를 믿는다. 이것이 이루어진다면 그야말로 유연한 시스템이 된다.

물론 이것은 새로운 유형의 윙어와 플레이메이커가 보여 주고 있는 바다. 그들은 창조적인 플레이를 할 뿐만 아니라 뛰어 다니면서 수비까지도 해낼 수 있다. 판타지스타가 진화하면서 다른 포지션도 변화했다. 예를 들면, 상위팀 중 스토퍼 역할을 하는 두 명의 센터백을 두는 경우는 극히 드물다. 언제나 공을 패스하거나 공을 가지고 미드필드로 전진할 수 있는 선수가 적어도 한 명은 필요하기 마련이다. 더욱 놀라운 점은 골 냄새를 잘 맡는 센터포워드는 사라진 것이나 다를 바 없다는 사실이다. 조란 필리포비치는 "밀렵꾼(공을 가로채 골을 노리는 선수)이 포착했던 절반의 기회는 이제는 존재하지 않는다"고 말했는데, 그는 즈브제다의 스트라이커였다가 나중에 감독이 되어 분리 독립국이 된 몬테네그로의 초대 감독을 역임하기도 했다. 그는 계속해서 설명을 보탰다. "수비조직은 더 좋아졌고 선수들의 체력도 더 좋아졌다. 그러니 기회를 창조해야지 실수에 기대서는 안 된다."

필리포 인자기는 최후의 희귀종에 속하지만 적어도 자신의 축구인 생이 끝나갈 무렵에는 그의 구식 축구스타일이 슬금슬금 그에게 찾아왔다. 이미 20대 중반 무렵 상대 최종 수비수의 어깨쯤에 자리를 잡고서 가까운 골대로 쏜살같이 달려들었던 마이클 오언이라도 현대축구에서는 그것만으로는 충분치 않다는 것이 분명해졌다. 오언은 이렇게 말했다. "나는 내가 원하는 경기를 펼치면서 자리를 벗어나 공을 잘 지연시키고 조금이라도 더 연결을 시키려고 했다. 하지만 뒤를 파고들고 득점을 올리는 나의 주 임무를 지켜야만 한다. 마지막 순간에 가장 중요한 목표는 결국 공을 골네트 쪽으로 보내는 것이다."

이런 태도는 참으로 영국적인 것으로서 감독들에게 좌절감을 안겨주는 근원이기도 하다. 모리뉴는 이렇게 말한다. "영국에서 젊은 선수에게 여러 가지 역할을 가르치지 않는다는 사실이 믿기지 않는다. 그들은 한 가지 포지션만 알고 그 포지션에서만 플레이를 한다. 그들에게는 스트라이커는 스트라이커일 뿐이지만 나에게 스트라이커는 움직이고 크로스를 올려야 하고 4-4-2, 4-3-3 또는 3-5-2에서도 똑같이 해야 한다."

오언은 유로2000을 준비하며 자신의 주 무기를 확대시키려 했던 케빈 키건 감독의 노력에 몹시 비판적이었지만 이제 골네트로 공을 넣는 것만이 전부가 아닌 게 현실이 되었다. 적어도 최고수준의 축구는 더욱 그랬고 2010년 월드컵 이후에 오언은 마침내 이런 현실을 인정했다. 오언은 〈텔레그라프〉의 자신의 칼럼에 이렇게 썼다. "대개 다른 선수와 함께 전방에서 플레이를 펼치는 스트라이커로서 이런 말을 하는 것은 가슴 아프지만 4-4-2로 좋은 팀을 상대하던 시절은 가고 있다."

오언은 몇몇 경기에서—2009~10시즌 올드 트래포드에서 열린 맨체스터 더비에서 교체로 들어와 막판 결승골을 넣은 것처럼—팀을 승리로 이끄는 선수 중 하나였지만 팀이 좋은 축구를 하는 데는 방해가 된다(즉, 고만고만한 팀이나 경기내용은 나쁘지만 좋은 팀에서는 아주 쓸모가 있다는 것을 입증할 수 있지만 좋은 플레이를 펼치는 뛰어난 팀에는 좀처럼 기여하질 못한다). 오언이 아무리 부상 전력이 있다고 하지만 그가 2005년 레알 마드리드를 떠났게 되었을 때 챔피언스리그 진출권을 따낸 어떤 팀도 그를 잡으려하지 않았고 결국 뉴캐슬로 옮기게 된 것은 분명 의미하는 바가 있다. 뉴캐슬을 떠나자 쑥스러울 정도로 조용하다가 결국 맨체스터 유나이티드의 자유계약신분 선수가 되었다. 오언은 축구전술의 진화 과정에서 뒤로 밀려난 선수처럼 보였고 맨체스터 유나이티드에서 간헐적으로 뛰다가 스토크 시티로 옮겼고 여기서도 마찬가지로 벤치에서 대기하는 역할을 했다.

오히려 현대의 공격수는 골잡이 이상이며 심지어는 골을 넣지 않고도 성공할 수 있다. 기바르쉬를 예로 든 것처럼 유로92에서 덴마크의 센터포워드 플레밍 포블센과 킴 빌포트는 둘 다 훌륭한 경기를 펼쳤다고 알고 있지만 사실은 단 한 골을 합작했을 뿐이고 그것도 결승전에서 나왔다. 오히려 그들의 역할은 롱볼 경합을 벌이고 따낸 공을 지키다가 공격성향이 강한 미드필더 헨리크 라르센과 브리안 라우드루프에게 건네주는 것이었다. 당시에는 정도에서 벗어나 보였지만 미래를 예감하는 것이었다.

분명 득점은 공격수가 할 일이고 더군다나 특별한 가치가 있기 때문에 골을 넣지 않는 공격수는 특이한 경우이긴 하지만, 현대축구에서 가장 위대한 공격수는 예전의 협력적 스트라이커의 혼합에 가까워 보인다. 지지에 드로그바와 에마뉘엘 아데바요르의 경우는 최전방 공격수이자 배터링 램(성벽을 허무는 큰 망치)으로 빠르고 득점도 올리며 강인한 체력에 섬세하기까지 하다. 창조자와 골잡이의 장점을 다 갖추고 있는 티에리 앙리와 다비드 비야는 아래로 내려오거나 넓게 벌릴 수도 있기 때문에 스스로 기회를 만들고 마무리도 능숙하다. 양 극단 사이쯤에 있는 선수로는 전성기 때의 라다멜 팔카오, 안드리 셰브첸코, 즐라탄 이브라히모비치, 사무엘 에투 그리고 페르난도 토레스가 있다. 크리스티아누 호날두는 측면에서 플레이를 할 때 수비역할에 문제가 많지만 체력, 뛰어난 기술, 최고의 마무리로서 비교할 수 없을 만큼 완벽한 선수다.

창의적인 플레이어만으로 충분하지 않고 골잡이만으론 충분하지 않다. 최고의 현대적 포워드는 만능의 요소를 기본으로 지니고 있으며 이보다 더 중요하게 시스템 속에 녹아드는 플레이를 할 수 있어야 한다.

20장

▽△▽△▽△▽△

패스의 찬가 - FC바르셀로나의 철학과 위상

△▽ 종료 휘슬이 울리면서 2011년 챔피언스리그 결승전은 하나의 전시회로 길이 남게 되었다. 공은 블라우그라나 blaugrana(푸른색과 빨간색 줄무늬로 된 바르셀로나 유니폼)에서 블라우그라나로 쏜살같이 움직이고 맨체스터 유나이티드는 쫓아다니느라 여념이 없었다. 결국 바르셀로나의 줄세공 무늬 같은 패스패턴에 그저 감탄하는 지경에 이르렀다. 그보다 2년 앞서 로마에서 열린 대회 결승전에서도 바르셀로나는 맨체스터 유나이티드를 2-0으로 물리쳤다. 이번에는 3-1로 그때와 점수 차는 같았지만 두 팀의 격차는 더욱 크게 벌어졌다. 이 경기는 프리미어리그 챔피언을 초토화시킨 바르셀로나의 나무랄 데 없는 최고의 경기였다. 맨체스터 유나이티드의 알렉스 퍼거슨 감독은 이렇게 말했다. "누구도 우리에게 그런 채찍질을 하지 못했지만 그들은 그럴 자격이 있다. 올바른 방식으로 플레이를 하고 자신들의 축구를 즐긴다. 그들은 패스로 사람의 넋을 빼놓았고 우리는 한 번도 메시를 제대로 막지 못했다… 나의 감독 생활 중 내가 상대한 최고의 팀이다."

맨체스터 유나이티드와 펼친 경기는 실제로는 바르셀로나의 최고 경기는 아니었다. 절정의 순간은 2010년 11월 조제 모리뉴가 마드리드의 지휘봉을 잡고 처음 치른 클라시코 clasico(레알 마드리드와 바르셀로나의

바르셀로나 3 맨체스터 유나이티드 1, 챔피언스리그 결승, 런던,
2011년 5월 28일

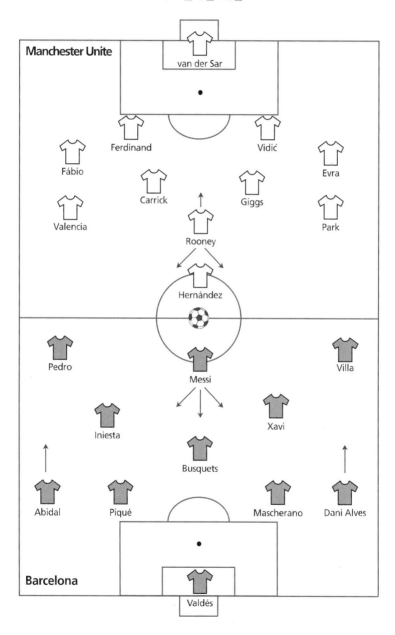

라이벌 경기)에서 레알 마드리드를 5-0으로 완파했을 때였다. TV로 경기를 지켜봤던 웨인 루니는 자신도 모르게 벌떡 일어나 박수갈채를 보냈다고 토로했다. 루니만이 아니라 전 세계에서 바르셀로나의 티키타카 tiki-taka(짧게 주고받는 패스) 스타일을 추켜세웠다.

2012년 1월 퍼거슨은 바르셀로나에 대한 변함없는 자신의 생각을 피력했다. "지금의 바르셀로나는 최고의 팀이다. 우리는 이것을 3년 동안 경험했다. 때때로 축구에서 손을 들어 올리며 '저들이 우리보다 낫다'라고 말할 줄 알아야 한다. 그것은 죄를 짓는 것도 아니며 약점을 보이는 것도 아니다. 더군다나 메시가 존재하는 지금의 바르셀로나는 확실히 놀라운 팀이다." 세계 최고의 선수가 세계 최고의 팀에서 뛸 때 나머지 팀들이 할 수 있는 것은 많지 않다.

바르셀로나는 그냥 만들어진 팀이 아니었다. 바르셀로나는 몇몇 위대한 선수들을 어느 한순간 불러 모았거나 선견지명이 있는 감독이 혼자 혁명을 주도하여 생긴 결과물이 아니었다. 최근 4년간 두 차례 챔피언스리그 우승을 차지하고 나머지 두 번은 준결승에서 아슬아슬하게 패했던 바르셀로나는 40년간의 진화를 거쳐 이룩한 팀이다.

△▽

60년대는 바르셀로나에게 침울한 10년이었다. 1961년 유러피언컵 준결승에서 바르셀로나가 레알 마드리드를 꺾으며 레알 마드리드에게 처음으로 유럽대회 고배를 마시게 한 최초의 팀이 되었지만 10년 동안 그것이 거의 전부였다. 결승에 진출한 바르셀로나는 벨라 구트만이 이끄는 벤피카에 패하며, 결국 1969년 바젤에서 슬로반 브라티슬라바를 상대로 위너스컵 결승을 치를 당시까지 코파 델 헤네랄리시모 Copas del Generalisimo(지금의 코파 델 레이) 대회 2회 우승과 한 번의 페어스컵 우승만 추가했다.

바르사가 벤피카에 2-3으로 패하자 우울한 자성의 목소리가 들끓었고 결국 엘레니오 에레라를 감독에 복귀시켜야 한다는 제안까지 등장했다. 바르사의 미래를 두고 클럽은 분열되었다. 나르시스 데 카레라스 회장과 살바도르 아르티가스 감독은 사임했고 바르셀로나 소속 전직 선수였던 호셉 세구에르가 임시 감독으로 임명되었다. 1970년 1월, 리그 10위로 바닥을 헤매자 극단의 조치가 필요했고 이내 클럽의 향방을 바꿔놓을 인선이 이루어졌다. 이로서 40년 후 열매를 맺게 될 전통이 수립되었다.

주름진 얼굴에 깔끔하게 가르마를 탄 빅 버킹엄은 구세주의 모습과는 사뭇 달랐지만 이반 폰팅은 〈인디펜던트〉의 사망부고에 그를 '타고난 우아함과 대담한 성격'의 소유자로 묘사했다. 그는 30년대 후반 피터 맥윌리엄의 토트넘에서 아서 로, 빌 니콜슨과 함께 뛰었고 이후 웨스트 브롬위치 알비온의 최장수 감독으로 활동하며 1954년 FA컵 우승을 달성했다. 버킹엄 밑에서 뛰었던 보비 롭슨은 자서전에 다음과 같이 기록했다. "그는 민첩한 전술가였다. 헝가리 사람들에게 배운 힘든 교훈을 받아들이고 우리식 플레이를 실험하는 데 두려움이 없었다."

버킹엄은 아약스에서 두 차례 감독직을 수행하며 부임 첫 해 리그 우승을 했고 두 번째 임기에 요한 크루이프를 데뷔시키며 리뉘스 미헐스의 위대한 아약스에 초석을 놓았다. 하지만 바르셀로나가 그와 접촉을 했을 당시 자신이 떠난 후 셰필드 웬즈데이를 뒤덮었던 경기조작 스캔들과 풀럼에서 세 시즌을 보내며 경험했던 험악한 분위기에 환멸을 느껴 1년 넘게 축구계를 떠나 있었다. 그리스 에트니코스에서 잠깐 활동하며 활기를 되찾았지만 자신의 유산을 확실하게 남긴 곳은 바르셀로나였다.

바르셀로나 선수로서 22년간 뛰었고 코치진에서 다시 22년간 활동했던 찰리 렉사는 버킹엄의 중요성을 누구보다도 잘 알고 있다. 그는 설명했다. "축구사에는 과도한 조명을 받았던 감독들이 있지만 버킹엄은 그가 없는 팀이 존재하지 않는다거나 팀의 승패는 모두다 그의 탓인 것처럼 허세를 부렸던 부류의 사람이 아니었다. 그는 내가 겪었던 감독 중 우리에게 1) 좋은 선수, 2) 라커룸에서 규율, 3) 경기계획의 중요성을 가르쳤던 최초의 감독이었다."

트위드 재킷과 실크 넥타이를 고집하고 칵테일, 골프, 승마를 즐겼던 버킹엄은 완벽한 영국신사의 모습이었다. 그러나 그런 매력에는 혹독함이 숨겨져 있었고 특히 자신의 눈 밖에 난 선수들에게는 심하게 욕을 퍼부었다. 당시 바르셀로나의 주장이었던 호셉 푸스테는 말했다. "라커룸 근처에 보이기만 하면 꺼져버리라고 욕을 들었던 선수들이 예닐곱 명 있었다." 그는 상대방에게도 욕을 하곤 했는데, 한 번은 탈의실 칠판에 'BETIS'라고 써놓고는 "베티스가 누구야? 빌어먹을 베티스"라고 소리치며 칠판을 걷어차 바닥에 내동댕이치기도 했다.

버킹엄의 통역관으로 있었던 호세 마리아 밍게야는 이렇게 말했다. "그는 몇 가지 명확한 프로의식을 지니고 있었다. 그는 일단 어떤 경기가 진행되면 그것은 쉼 없이 장면이 바뀌는 영화와 같다고 말하곤 했다. 그래서 선수들은 자신을 그 영화의 배우로 생각하고 바뀐 장면에 계속 적응하며 전개되는 각각의 움직임에 대처하도록 자신의 위치를 옮겨야 했다."

팀을 리그 4위로 끌어 올린 버킹엄은 부임 첫 해 챔피언십에서 발렌시아에 1점 뒤진 2위를 차지했지만 코파 델 헤네랄리시모 대회 결승에서는 발렌시아를 꺾었다. 하지만 허리에 심각한 문제가 생겨 그해 여름 영국으로 돌아 왔다. 바르사는 아약스에서 버킹엄의 철학을 이어 받아 팀을 유러피언컵 우승으로 이끌었던 리뉘스 미헐스를 찾았다.

처음에는 이 묘수가 통하지 않았다. 누가 봐도 유머감각이라곤 없었던 미헐스는 대리석 같은 사람이라는 뜻의 '엘 세뇨르 마르몰El Senor Marmol'이라는 별명을 얻을 정도로 인기가 없었다. 바르사가 1971년 9월 페어스컵 결승에서 리즈를 물리치고 우승은 했지만 이구동성으로 공로는 미헐스가 아니라 버킹엄에게 돌려야 한다고 말했다.

버킹엄이 규율을 강조했지만 미헐스는 한술 더 떴다. 1972~73시즌 2부리그인 세비야에게 컵대회 우승을 내준 후 일어난 사건은 축구계를 떠들썩하게 만들었다. 렉사를 포함해 7명의 선수들은 호텔에서 긴장을 풀 겸 카드놀이를 하고 있었다. 룸서비스로 카바cava(스페인산 포도주) 두 병을 주문했는데 미헐스가 중간에 가로채 스페인 축구의 규율부재에 대해 성토하면서 선수들에게 병을 집어 던졌다. 그는 나중에 지나친 행동이었다고 시인했지만 이 일은 클럽에 드리워진 절망적인 분위기를 말해주는 사건이었다.

이런 분위기는 70년대 초반 바르셀로나를 변화시킨 세 사람 중세 번째 인물인 요한 크루이프가 클럽에 오면서 걷어낼 수 있었다. 버킹엄은 외국 선수는 스페인리그에서 뛸 수 없는 상황에서도 아약스로부터 크루이프를 데려오려고 접근을 시도했다. 1973년 5월 외국인 선수 금지조항이 해제된 후 몇 주 만에 계약이 성사되었다. 당시 바르셀로나는 14년 동안 한 차례도 리그 타이틀을 차지하지 못했지만 크루이프의 합류로 팀 부활에 신호탄을 쏘아 올렸다.

그해 1973~74시즌은 바르셀로나 역사에 가장 특별한 시기로 남아 있다. 독재자 프랑코는 병이 들었고 강경파 해군장성 루이스 카레로 블랑코를 대통령으로 임명하고 나자 카탈로니아와 바스크에서 민족주의 운동이 거세졌다. 그해 12월 그는 바스크 분리주의 그룹인 ETA가 설치한 폭발물에 의해 사망했다. 중앙정부가 약해지자 카탈로니아인들의 자부심이 요동쳤으며 바르셀로나를 등에 업고 더욱 강화되었다. 크루이프는 그라나다와의 리그 데뷔전에서 팀을 4-0 승리로 이끌었다. 순식간에 그는 깊은 인상과 충격을 던져 주었다. 한 주 뒤 발행된 〈바르사〉잡지의 한 기사에는 이렇게 적혀 있었다. "크루이프는 팀 동료를 위한 플레이를 할 뿐만 아니라 팀 전체가 플레이를 하도록 만든다. 그의 자질은 그동안 팀 내에서 실력은 있으나 자신의 진가를 제대로 보여 주기보다는 종종 실수를 저질렀던 다른 선수들의 장점을 끄집어낸다. 팀은 풍부한 아이디어와 편안함을 갖춘 일치된 팀으로 변모했다. 이 모든 것들은 결국 축구의 재미를 되살려 놓았다. 그것은 축구를 대중들이 가장 좋아하는 스포츠로 만드는 특별한 우아함을 회복시켰다."

더 좋은 결실이 그들을 기다리고 있었다. 1973~74시즌 클라시코 일정이 2월 베르나베우에서 잡혀 있었는데 같은 날 크루이프의 아들이 태어날 예정이었다. 크루이프의 아내 대니는 제왕절개 수술을 받고 한 주 빨리 아들 요르디를 출산하여 크루이프는 경기에 뛸 수 있었다. 5-0 승리로 끝난 경기에서 크루이프는 관중들을 매료시켰다. 훗날 바르셀로나의 회장이 되었던 호안 라포르타와 산드로 로세는 학생 신분으로 이 경기를 지켜보았다.

바르사는 시즌을 독주하며 아틀레티코를 8점차로 따돌리며 우승했다. 하지만 그해 여름 요한 네스켄스가 팀에 합류했음에도 불구하고 결코 예전의 기량을 찾지 못했다. 미헐스가 1년 동안 떠나 있었을 때 헤네스 바이스바일러가 지휘봉을 잡았는데 그는 보루시아 묀헨글라드바흐에서 덜 엄격한 형태의 토탈풋볼을 실행했다. 1978년 5월 미헐스가 최종적으로 바르셀로나를 떠나자 불안정한 시기가 이어졌다. 같은 해 회장직에 선출된 호셉 유이스 누녜스가 크루이프의 조언에 따라 그 유명한 바르셀로나 유소년 아카데미 라 마시아 La Masia를 설립하긴 했지만 한편으로 유명선수를 캄프누로 끌어 들이는 정책을 추구하는 바람에 팀은 불안정했다. 미헐스가 떠나고 1983년 3월 세자르 루이스 메노티가 오기까지 6명의 감독이 팀을 거쳐 갔다. 버킹엄과 미헐스가 지켰던 이론들이 계속해서 유소년 아카데미를 떠받치고 있었지만 A팀에서 토탈풋볼 전통의 상속자로서 바르셀로나의 의미는 잃어버렸다. 메노티가 아주 다른 축구 방법론을 지니고 있는 것이 분명했음에도, 바이에른에서 토탈풋볼 혁명을 지휘했던 우도 라텍 감독의 후임인물로 메노티를 임명한 것은 계약이 불투명해진 디에고 마라도나에게 전력을 다하기 위한 것이라는 소문이 나돌았다.

라 누에스트라를 업데이트한 메노티식 축구는 군사정부뿐 아니라 빌라도와의 싸움에서 살아남았지만 바르셀로나에서는 라 푸리아la furia(분노, 스페인축구 정신)의 완성이라는 또 다른 난제에 직면했다. 폭풍의 근원지는 바스크였다. 레알 소시에다드는 1981년 타이틀을 차지한 뒤 이듬해 타이틀을 지켜냈지만 경기 스타일이 극단으로 치달은 곳은 빌바오였다.

아틀레틱 빌바오는 1956년 이후 리그 우승 경험이 없었고 70년대 중반 두 차례 3위를 한 뒤 다시 중위권으로 미끄러졌다. 그러자 1981년 하비에르 클레멘테에게 기대를 걸었다. 부상으로 아틀레틱에서의 선수생활을 접은 클레멘테는 대신 지방 연고팀인 헷소와 비스코니아 그리고 아틀레틱 2부 팀에서 수습 감독직을 수행했다. 뼛속까지 바스크 사람이었던 그는 거침없이 속내를 드러내곤 했다. 줄담배를 피우고 자주 욕을 해대며 언제나 식을 줄 모르는 분노의 상태로 존재하는 것처럼 보였다. 그가 '티키타카'라는 말을 만들었다고들 하지만 실제로는 자신만의 직선적 스타일의 축구와 대비시키기 위하여 그저 패스를 위한 패스를 묵살하는 경멸의 의미였다. 시드 로는 클레멘테가 "'하다가 말았잖아. 계속 가'라는 의미의 '파파푼 이 파리바 papapun y parriba'와 '그만해!' 같은 표현과 수비적이고 기만적이며 지저분할대로 지저분한 축구와의 관련을 영원히 끊을 수 없을 것이다"고 지적했다.

클레멘테 축구는 티키타카의 반대였다. 그의 팀은 포백 앞에 2명의 홀딩 미드필더를 두는 '블로케bloque'를 기반으로 탄력적이고 실용적이며 힘이 넘치는 고강도 게임을 펼쳤다. 국가대표팀 감독시절에는 중앙 수비를 주로 맡았던 미겔 앙헬 나달과 페르난도 이에로를 함께 미드필드에 배치시켜 악명을 떨치기도 했다. 그는 안도니 고이코에체아, 마누 사라비아, 주장인 다니가 있었던 팀을 물려받아 거기에 골키퍼 안도니 수비사레타, 풀백 산티 우르키아가, 미드필더 이스마엘 우르투비와 미겔 데 안드레스, 윙어 에스타니슬라오 아르고테를 충원하였는데 이들 모두 아틀레틱의 칸테라 cantera(유소년 아카데미)에서 데리고 왔다. 그는 그들을 강인하고 경쟁력 있는 뛰어난 하나의 팀으로 만들었다.

메노티의 출발은 좋았다. 바르셀로나는 사라고사에서 열린 코파 델 레이 대회 결승 레알 마드리드전에서 마르코스 알론소의 종료직전 헤딩 결승골로 2-1 승리를 거두며 1983년 코파 델 레이 우승을 차지했다. 하지만 리그에서는 이미 너무 멀리 표류하고 있었다. 마드리드는 마지막 날까지 1점차로 아틀레틱을 앞서고 있었지만 마드리드가 발렌시아에게 0-1로 패한 반면 아틀레틱은 라스 팔마스와의 원정경기를 5-1로 승리하면서 챔피언이 되었다. 다음 시즌 타이틀 경쟁은 살얼음판을 걸었고 바로 이 시기에 스페인축구는 혈기 넘치는 실용주의 축구의 아틀레틱과 낭만적인 심미주의 축구의 바르셀로나의 불꽃 튀는 대결을 목격하게 되었다.

1981년 12월에 있었던 경기로 인해 긴장상태가 고조되었다. 클레멘테가 아틀레틱의 지휘봉을 잡고 처음으로 바르셀로나와 맞선 경기에서 고이코에체아의 도발로 베른트 슈스터는 전방십자인대가 파열되어 결국 6개월 뒤 열린 월드컵에 결장했다. 정치적 상황과 맞물려 반감은 거세졌다. ETA가 1983년 43명을 암살하자 집권 사회당은 암살단에 가까운 비밀 반테러주의자 해방그룹을 만들어 〈엘 문도〉의 폭로로 해산되기까지 적어도 27명의 정치적 사살에 관여했다. 하지만 실제로 경쟁을 부채질한 것은 스콧 올리버가 〈더 블리자드〉 4호에서 설명했듯이 메노티와 클레멘테의 끈질긴 입씨름이었다. 어쨌거나 둘의 성격은 자신들의 팀플레이 스타일에 온전히 녹아들어 있는 것 같았다.

메노티는 클레멘테를 '권위주의자'라고 일축했는데, 이는 그맘때 스페인과 아르헨티나의 독재정치가 끝났던 터라 더욱 가시 돋친 말이었으며, 그의 팀을 두고는 '수비적이며 파멸적'이라 표현했다. 클레멘테는 메노티를 '바람둥이 히피'라 부르며 되받아 쳤다. 독실한 바스크 민족주의자였던 클레멘테는 스페인 대표팀 감독 역임 중에도 흔들리지 않았다. 자기 민족을 '우나 라사 에스페시알 una raza especial(특별한 인종)'이라 부르는 습관은 은연중에 프랑코주의자의 순수한 스페인(프랑코는 바스크 민족주의를 경멸했지만 자신은 바스크를 참된 스페인의 심장으로 보았다) 과 라 푸리아 정신을 떠올리게 했는데, 이를 두고 메노티가 그를 '파시스트'라고 낙인찍어도 할 말이 없을 정도였다(메노티의 정치성향을 딱 꼬집기는 어렵다. 그가 지닌 카페 철학자의 보헤미안 기질은 좌파와 동조하는 듯 했지만 1994년 정의당 소속으로 산타페 주지사 출마를 위한 선출을 노렸다. 정의당은 노동당을 대체할 권위주의적 인민주의 노선을 기반으로 페론에 의해 창설되었지만 카를로스 메넴이 이끌었던 90년대 중반에는 신 진보적 중도우파 정당이 되었다).

두 사람의 경쟁의식은 4년 후 클레멘테가 에스파뇰의 감독으로, 메노티가 아틀레티코 마드리드 감독으로 재회했을 때도 식지 않았다(선발진에 고이코에체아를 둔 것을 보면 메노티에게는 알아차리기 힘든 편법을 쓰는 구석이 있었다). 먼저 메노티가 UEFA컵 인테르나치오날레와의 경기에서 경기장을 좁게 쓰는 클레멘테의 전술을 비난하자 클레멘테는 급기야 메노티를 "험담과 은유로 살아가는 허풍쟁이"면서 "축구계에 종사하는 모든 사람이 알다시피, 대통령이 그를 위해 사다 줬기 때문에" 겨우 월드컵 우승을 하게 된 축구계의 "기생충" 또는 "거지"라고 불렀다. 메노티는 클레멘테가 "파시스트 성향의 자세와 태도"를 취하고 있으며 "그가 나를 존경하거나 부러워하는 게 아니라면 그의 행동을 이해할 수 없다. 정신과 치료를 받아야 할" 문제를 지니고 있다고 응수했다. 그것은 놀이터에서나 있을 법한 가식에 불과했겠지만 스페인 축구의 정신자세에 대한 메노티의 포괄적인 지적만큼은 심오했다. "스페인이 경기장에서 투우가 아니라 투우사가 되기로 마음을 먹는 날에야 더 나은 축구를 하게 될 것이다."

메노티와 클레멘테는 1983년 9월 24일 캄프누에서 처음으로 격돌했다. 시즌 첫 세 경기를 승리로 이끌었던 아틀레틱은 이 경기에서 슈스터가 고이코에체아에게 파울을 하기 직전까지 바르셀로나에 0-3으로 지고 있었다—다들 그 반칙은 1981년의 반칙에 대한 보복이라 생각했다. 관중은 슈스터의 이름을 연호하고 있었는데, 마라도나의 자서전에 의하면 고이코에체아는 파울을 당하기 전부터 이미 감정이 격해져 "저 놈을 죽여 버려야지"라며 혼자 되뇌었다. 마라도나는 그를 진정시키려 했지만 오히려 그의 화를 돋게 만들었다. 결국 역사상 가장 악명 높은 파울이 발생했다. 고이코에체아는 마라도나의 디딤 발을 소리가 날 정도로 걷어차서 왼쪽 발목 측면 복사뼈가 부러지고 인대가 파열되었다. 마라도나는 실려 나갔지만 고이코에체아는 퇴장 당하지 않았다. 고이코에체아는 경기 후 18게임 출장 금지를 당했지만 항소로 6게임으로 줄었다. 아틀레틱은 반성의 기미를 보이지 않았고 경기 후 클레멘테는 마라도나가 부상의 정도를 과장했다고 넌지시 말했다. 한편 고의성이 없었다고 주장했던 고이코에체아는 파울 당시에 신었던 축구화를 자신의 거실 유리장식장에 보관하였다.

수페르코파 Supercopa 대회에서 아틀레틱과 다시 만난 바르사는 1, 2차전 합계 3-2로 이겼고 산 마메스에서 열린 리그 두 번째 맞대결에서도 승리했지만 그것으로 충분하지 않았다. 바르사는 마라도나의 결장에다 3주 후 엎친 데 덮친 격으로 슈스터마저 부상을 입자 크게 흔들렸다. 마라도나의 깜짝 복귀로 시즌 최종 9경기에서 8승 1무의 호성적을 거뒀지만 아틀레틱에 1점 뒤진 채 레알 마드리드와 동률로 시즌을 마감했다.

하지만 코파 델 레이 결승전이 남아 있었다. 악감정이 불이 붙은 것은 바로 이때였다. 클레멘테와 마라도나는 경기 전 가시 돋친 말을 주고받았고 눅눅한 베르나베우 구장의 분위기는 마드리드로 오는 중 버스 충돌 사고로 사망한 바르사팬을 애도하는 1분간 묵념 도중 아틀레틱팬들이 휘슬을 불면서 더 한층 싸늘해졌다. 양 팀 모두 고의적인 파울이 난무했고 슈스터는 자신에게 던질 것이 날아오자 관중석으로 다시 던져 버렸다. 엔디카가 가슴으로 볼을 받아 깔끔하게 골로 마무리하면서 아틀레틱은 일찌감치 앞서갔다. 공격적으로 나갔던 아틀레틱은 뒤로 물러나 경기 흐름을 끊으며 역습을 노렸고 답답해하던 바르사는 좀체 만회골 기회를 잡지 못했다. 종료 휘슬이 울리고 아틀레틱 코치진이 자신들의 두 번째 타이틀 획득을 자축하러 경기장에 뛰어들어오는 순간 마라도나는 이성을 잃고서 출장하지 않았던 교체선수 미겔 앙헬 솔라의 얼굴을 무릎으로 찼고 이내 바닥에 쓰러진 솔라를 때려 의식을 잃게 만들었다. 나중에 마라도나는 아틀레틱 수비수 호세 누녜스의 V사인에 화가 났다고 주장했지만 원인이 무엇이든 축구 역사상 가장 볼썽사나운 패싸움이 이어졌고 양 팀 선수들은 서로 발차기를 날렸다. 진압 경찰이 교체선수들, 기자, 구단 직원들, 의료대원들, 경기장에 들어온 팬들 사이로 들어가 섰지만, 충격을 받은 후안 카를로스 2세가 우승컵을 다니에게 전달하는 순간에도 계속해서 실랑이가 벌어졌다. 무엇보다도 그것은 스타일의 차이에 뿌리를 둔 오래가지 못한 빗나간 경쟁의식의 정점이자 라 푸리아의 마지막 개가였다. 그 이후 스페인의 어느 팀도 그렇게 체력만 앞세우는 플레이 방식으로 성공을 거둔 적이 없었다.

그해 여름 메노티는 바르셀로나를 떠났고 어머니가 돌아가시자 아르헨티나로 돌아갔다. 한편 마라도나는 나폴리에 팔렸다. 바르사는 퀸스파크 레인저스 감독 테리 베너블스를 임명하며 모두를 놀라게 했다. 베너블스가 인정한대로 바르사는 팀의 재정비와 체력 향상을 꾀하기 위하여 영국 출신 감독을 원했다. 하지만 베너블스는 토트넘의 빌 니콜슨 감독 밑에서 적어도 3년간 선수로서 뛰었고 그런 만큼 맥윌리엄이 세운 전통의 한 부분에 속해 있었다. 베너블스는 메노티가 선호했던 스위퍼를 없애고 압박게임을 되살렸다. 그는 이렇게 말했다. "나는 그들이 볼을 압박하도록 노력을 기울였다. 뒤로 물러나서 상대 팀 전체가 우리 앞에 있을 때만 볼을 따내려 하지 말고, 볼을 잡은 선수에게 한 번에 서너 명의 선수가 달라붙어 빠르고 효율적으로 역습을 감행할 수 있는 위치에서 볼을 뺏으려고 했다." 그는 리그 타이틀로 보상을 받았다.

클레멘테는 아틀레틱에 두 시즌을 더 머물렀고 팀을 각각 3위와 4위로 이끌었다. 1990년 클럽에 다시 돌아 왔지만 홈에서 바르셀로나에 1–6으로 참패를 당한 직후 경질 당했다. 당시 바르셀로나는 70년 대를 풍미했던 토탈풋볼로 돌아갔고 요한 크루이프를 감독으로 선임했다.

△▽

선수 시절 바르셀로나에 엄청난 영향을 끼쳤던 크루이프는 감독으로서 더욱 빛을 발했다. 아약스에서 감독으로 거둔 성적은 오락가락했다. 세 시즌 동안 한 차례도 리그 타이틀을 거머쥐지 못했지만 두 개의 컵대회를 석권했다. 특히 위너스컵 우승으로 13년 동안 무관이었던 유럽축구의 가뭄을 해갈했다. 크루이프는 골키퍼 자리에 스탠리 멘조를 뽑을 것을 고집했다. 그는 스위퍼 겸 골키퍼 역할을 하면서도 볼을 다루고 공격을 전개시키는 스탠리의 능력이 기술적인 장점에 대한 우려보다도 더 가치 있다고 주장했다. 또한 아약스의 지도방식으로 성장한 유소년 아카데미 출신 선수들을 우선시했다. 그는 바르셀로나에서 자신이 누녜스에게 설립을 권했던 아카데미가 결실을 맺는 것을 목격하고서 더욱 자신의 스타일을 극단적으로 밀고 나가게 되었다.

그는 말했다. "내가 팀에 왔을 때 우연히도 칸테라를 거쳐 1군 팀에 합류할 준비가 된 새로운 자국 출신 선수진이 있었다. 팀에는 5,6년 주기로 활용할 선수가 생겼다. 하지만 또 한 가지 상황을 알아차리게 되었다. 축구팬들은 누구나 자신들과 정서를 공유할 수 있는 자국 출신의 좋은 선수들이 뛰는 모습을 보고 싶어 한다. 그래서 만일 감독이 같은 능력을 지닌 외국 선수와 자국 선수 중 선택을 한다면 당연히 자국 선수를 택한다. 그렇게 되면 팬들은 상황이 나빠져도 감독을 덜 비난하게 된다. 바르사 팬들은 칸테라 출신 선수들이 1군 팀에서 뛰는 것을 보고 싶어 한다. 그렇게 하면 팬들은 감독을 더욱 바르셀로나의 일원이라고 느끼게 된다."

성공을 거두기까지는 시간이 걸렸다. 크루이프의 첫 시즌, 바르셀로나는 선두 레알 마드리드에 5점 뒤지며 리그를 마감했지만 위너스컵 결승에서 삼프도리아를 2-0으로 물리치며 우승을 차지했다. 크루이프가 고전적인 아약스의 4-3-3 겸 3-4-3을 적용하면서 게리 리네커는 훌리오 살리나스, 틱시 베기리스타인과 함께 전방을 맡았지만 때때로 오른쪽 측면에서 뛸 때는 좋아하지 않았다. 그해 여름 바르사가 로날드 쿠만, 미샤엘 라우드루프와 계약을 맺자 리네커는 방출되었다.

쿠만은 마음 놓고 미드필드로 올라가는 스위퍼로서 매우 중요한 역할을 했다. 크루이프는 말했다. "그는 환상적인 터치를 했다. 한 번의 패스로 전방의 모든 선수들이 일대일 상황을 맞도록 할 수 있었고 플레이 리듬이 살아있어 모든 가능성이 펼쳐졌다." 한편 크루이프가 역동적인 센터포워드였던 라우드루프를 날카로움이 떨어진다고 아쉬워했지만, 이 점에서는 사람들이 알고 있던 크루이프도 마찬가지였다. 그는 말했다. "미샤엘[라우드루프]이 축구가 가난을 벗어나는 유일한 길이었던 브라질이나 아르헨티나의 빈민촌에서 태어났더라면 지금쯤이면 세상에 알려진 가장 위대한 친재 중 한 명으로 인정받았을 것이다. 그는 그런 경지에 도달할 능력을 갖추고 있었지만 빈민촌 근성이 부족했다. 이것만 있었다면 그렇게 되었을 것이다."

그가 맡은 역할은 리오넬 메시의 전신에 가까웠다. '폴스나인 false nine(가짜 9번)'이라는 용어는 당시에는 사용되지 않았지만 본질적으로 메시의 역할이었다. 코린티안스의 G.O. 스미스, 에스투디안테스의 놀로 페레이라, 헝가리의 난도르 히데쿠치 그리고 크루이프도 폴스나인이었다. 레알 마드리드는 1990년에도 타이틀을 차지했지만 바르셀로나가 코파 델 레이 결승에서 레알을 꺾고 우승하자 바르셀로나를 비난하던 사람들은 궁지에 몰렸다. 그해 여름 흐리스토 스토이치코프를 CSKA소피아에서 영입하자 금세 달아오르는 그의 강렬함과 현란한 기술이 팀에 보태졌다. 그 당시는 선수처리와 크루이프의 일관성 없는 선수선발에 대한 우려가 있었고 더군다나 크루이프가 심장마비를 겪었을 때였다. 그러나 클럽은 크루이프를 끝까지 신뢰했고 크루이프도 자신의 철학을 견지했다.

당시 코치였던 렉사는 이렇게 말했다. "크루이프와 내가 바르사에 도착했을 때 우리는 우리에게 영감을 주었던 리뉴스 미헐스의 축구를 팀에 불어넣기로 결심했다. 그것을 달성하기까지 우리는 대가를 치렀다. 우리는 캄프누의 한 가지 문화를 물려받았다. 수비수가 키퍼에게 볼을 돌리거나, 윙어가 엔드라인까지 가서 볼을 받은 다음 기회를 살릴 수 있는 선수가 있든 없든 크로스를 올리지 않으면 그 선수에게 휘파람을 불며 야유를 보냈다. 첫 번째 과제는 올바른 철학과 기술을 겸비한 선수를 발굴하여 계약을 하고 우리가 물려받은 것들을 교육시키는 것이었다. 하지만 팬들까지 교육시키는 부수적인 효과가 따라왔다. 결국 모두에게 바탕을 이루는 철학이 있으며 이건 절대 굽히지 않는다고 가르치고 나자 모든 것이 일사천리로 흘러갔다."

심장 이상으로 담배를 끊을 수밖에 없자 막대사탕을 줄기차게 빨았던 크루이프는 자신의 비전을 압축시킨 팀의 출현을 지켜보았다. 바르사는 1990~91시즌 리그 우승을 차지한 뒤 내리 세 시즌 연속 타이틀을 차지했다. 이보다 더 중요한 업적은 '드림팀'이라 불렸던 1992년에 바르셀로나 역사상 최초로 유러피언컵을 들어 올린 것이다. 스토이치코프는 선발진의 측면에서, 주로 왼쪽이었으나 때론 오른쪽에서

마음껏 움직였고, 라우드루프는 당시에는 다이아몬드형 미드필드의
끝에서 뛰었으며 훌리오 살리나스는 중앙스트라이커, 호세 마리아
바케로는 다른 쪽 측면에 두었다.

1994년 바르셀로나가 다시 유러피언컵 결승에 올랐을 때는 바르사
시스템이 한 단계 진화해 있었다. 센터포워드였던 브라질 출신 호마
리우는 혼자서도 득점을 올리기도 했고 아래로 내려오거나 측면으로
벌리는 능력을 갖춘 선수였다. 한편 스토이치코프는 베기리스타인을
왼쪽에 둔 채 오른쪽에서 플레이를 하는 편이었고 두 사람이 각자
호마리우가 만든 공간으로 자신의 중심 발로 안쪽으로 잘라 들어감으
로써 득점 가능성을 높였다. 그들이 최초의 '뒤집어진 윙어 inverted
wingers'는 아니었지만 활발하게 움직이는 포워드와 함께 체계적으로
활용한 윙어임에는 틀림없었다.

1996년, 두 시즌을 무관으로 보내고 누녜스와 불화를 겪었던 크루
이프가 팀을 떠나자 보비 롭슨이 지휘봉을 잡아 코파 델 레이와 위너
스컵 우승을 이끌었다. 하지만 그는 루이스 반 할을 선임할 때까지
임시방편으로 여겨졌다. 조금 더 기계화된 그의 변형 토탈풋볼은 성
공을 거두며 두 번의 리그 타이틀과 컵대회 우승을 차지했고 라 마시
아와 1군 팀의 연계를 강조하기도 했지만 2000년 팀을(첫 번째로)
떠나고 나자 팀은 길을 잃었다.

2003년까지 바르셀로나는 4년째 우승을 하지 못했고 클럽의 부채
는 쌓여만 갔다. 감독으로 휘스 히딩크와 로날드 쿠만을 염두에 두었
지만 둘 다 몸값이 너무 비싸다고 판단하고 크루이프의 추천으로 프랑
크 레이카르트로 방향을 틀었다. 감독 경험이 많지 않다는 점을 생각
하면—네덜란드 대표팀 감독 시절 유로2000 준결승에서 9명이 뛴
이탈리아에게 승부차기로 졌고 스파르타 로테르담을 이끌다 팀 사상
처음으로 강등을 경험했다—그의 감독 선임은 토탈풋볼의 철학을 신
봉한다는 놀라운 공언이었다.

처음에는 역효과를 낳는 듯 했다. 2004년 1월 바르사는 아홉 차례 홈경기에서 10점을 얻어 13위에 자리하고 있었다. 말라가에게 1-5로 패한 뒤 몇 주 지나 라싱 산탄데르에게 0-3으로 패하자 다들 레이카르트가 경질될 거라 예상했다. 하지만 1996년 이후 무급직이었지만 클럽의 양심으로 존재했던 크루이프는 이제 바닥을 쳤다고 주장했다. 아니나 다를까 바르셀로나는 이후 17경기에서 14승 3무의 성적을 거두어 레알 마드리드를 제치고 2위로 시즌을 끝마쳤다. 계속해서 레이카르트는 팀에 2번의 리그 타이틀을 안겼고 팀은 챔피언스리그에 진출했다. 멕시코 출신 센터백 라파엘 마르케스가 정통 홀딩 미드필더와 나란히 미드필드로 올라갈 수 있었지만 레이카르트는 정통 4-3-3을 선호했다. 그가 추구하는 축구는 토탈풋볼의 미덕을 지니고 있었지만 반 할이나 크루이프처럼 극단적이지 않았다.

하지만 2008년에 이르러 레이카르트의 기력은 떨어졌고 특히 코치였던 헨크 텐 카테가 2006년 여름 팀을 떠나고 나서 선발진의 몇 가지 요소들이 팀에 지장을 초래했다는 낌새가 있었다. 보비 롭슨 감독 밑에서 통역관으로 일했던 조제 모리뉴를 임명한다는 얘기가 돌았지만 나중에 축구이사가 된 베기리스타인이 거부권을 행사했다. 개성보다 철학을 중요시하는 원칙을 지닌 그는 내부에서 승격을 시도하며 펩 과르디올라에게 감독직을 맡겼다. 37세에 불과했던 과르디올라는 감독 경험이라고는 바르사 2군 팀이 전부였지만 그것은 탁월한 선택이었다.

△▽

과르디올라는 크루이프, 미헐스로 이어지는 바르셀로나의 전통에 깊이 스며들었다. 어린 시절 팬이었던 과르디올라는 라 마시아에서 축구를 배우며 왜소하지만 영리한 미드필더로 이름을 날렸다. 1990년 로날드 쿠만이 아킬레스 부상을 당했을 때 크루이프는 그의 대체선수로 얀 뵐비와 계약을 할까 했는데 렉사로 부터 과르디올라의 잠재성에 대해 얘기를 듣게 되었다. 크루이프는 그를 관찰하러 2군 팀 경기를 보러갔다. 하지만 당혹스럽게도 유스팀에서 최고 선수로 인정받았다던 과르디올라는 경기 내내 벤치를 지키고 있었다. 과르디올라가 체력적으로 탄탄하지 못하다는 얘기를 들은 크루이프는 선수가 뛰어나다면 체력은 중요하지 않다고 응답했다. 이것은 이후로도 쭉 클럽의 전통으로 이어진 철학이었다. 크루이프는 설명했다. "과르디올라는 영리해야만 했다. 당시로서는 다른 선택이 없었다. 나와 닮은 점이 있었다. 여러 가지 기술을 갖춰야 하며 볼을 빨리 처리해야 하고 충돌을 피해야 한다. 상대와 충돌을 피하려면 좋은 시야를 지녀야 한다. 도미노 효과와 같다. 금세 세밀한 부분과 선수들의 위치를 파악하는 날카로운 눈을 갖는다. 이건 선수뿐 아니라 감독일 때도 적용할 수 있는 것이다. 과르디올라는 그의 체격 때문에 그렇게 배운 것이며 운 좋게도 똑같은 것을 경험하게 된 감독 밑에 들어오게 되었다."

과르디올라는 바르사의 4회 연속 우승 당시 첫 번째 타이틀을 획득할 때 세 경기에 출전했고 곧이어 센터백이면서 동시에 중앙 미드필더를 담당하는 중요한 자리에 고정선수가 되었다. 크루이프는 말했다. "과르디올라는 볼을 빠르게 컨트롤하고 빠르게 패스할 줄 알았다. 볼을 좋은 상태로 전달하다보니 다른 선수가 공을 받아 뭔가를 할 수 있었다."

레이카르트가 떠나기 1년 전 과르디올라는 2군 팀과 3부리그 감독을 고수하면서 클럽으로 돌아 왔다. 그전에는 클럽 아카데미 이사라는 명망 있는 역할을 제의 받았다. 그는 자신이 원하는 것은 감독이라고 말했다. 그는 대단한 자신감을 갖고 감독직을 시작했다. 레이카르트라면 1군 팀에 비교적 신중한 4-3-3을 썼겠지만 과르디올리는 즉시 자신이 구상한 반 할과 비엘사 스타일의 3-4-3을 적용했다. 2군 팀은 승승장구했고 과르디올라는 자신이 지휘한 첫 시즌에 팀의 승격을 이루어 낸 뒤 A팀으로 올라왔다.

과르디올라는 감독으로는 경험이 모자랐을 수도 있었지만 결코 순진하지는 않았다. 반 할처럼 그는 자신의 철학을 실현하려면 규율과 모두의 진심어린 헌신이 필요하다는 것을 깨달았다. 선수마다 이상적인 몸무게를 정해 놓고 목표에 도달하지 못하면 벌칙을 주었다. 훈련이나 미팅에 지각하면 5분 단위로 500유로의 벌금을 부과했다. 예를 들면 알리악산드르 흘렙은 재능은 있었지만 자주 지각을 하는 바람에 결국 방출되었다. 호나우지뉴는 팀에 나쁜 영향을 끼친다고 여겨 다른 클럽에 팔렸다. 나중에는 사무엘 에투와 즐라탄 이브라히모비치가 규율을 따르지 못해 팀을 떠났는데 둘 다 예상 몸값보다 한참 낮은 이적료에 팔렸다. 과르디올라의 첫 시즌에 뛰었던 사비는 말했다. "아주 작은 것들이 이제는 중요하다. 우리는 펩과 함께 석사과정을 준비한다는 마음자세다. 모든 것을 통제하고 모든 것을 준비한다. 우리는 전략, 전술, 맞설 상대의 전술에 대해 많은 시간을 할애한다."

칸테라에 역점을 둔 것이 확연했다. 빅토르 발데스, 카를레스 푸욜, 헤라르드 피케, 세르히오 부스케츠 그리고 사비는 모두 라 마시아를 거친 카탈로니아 출신의 선수였고 반면에 페드로, 리오넬 메시, 안드레스 이니에스타, 티아고 알칸타라는 어린 나이에 스카우트되어 그곳에 왔다. 과라디올라와 나중에 감독직을 승계하게 된 티토 빌라노바 코치를 포함한 코칭 스태프 대부분이 칸테라 출신이었다.

감독직을 수행하기 전 과르디올라는 마르셀로 비엘사를 포함하여 많은 감독과 상의했다. 비엘사와 아사도 asado(쇠고기에 소금을 뿌려 숯불에 구운 아르헨티나 전통요리)를 함께 먹으며 새벽까지 토론을 이어갔다. 비록 자신들의 플레이 유형이 진화하긴 했지만 패스와 높은 위치에서 볼을 따내는 것을 강조하는 비엘사의 방식을 반영한 것은 선수들 모두가 패스하고 움직이는 동작의 장점을 어릴 적부터 훈련을 받아 적용이 쉬웠기 때문이었다. 렉사는 말했다. "물론 다른 팀도 우리를 따라 할 수 있다. 하지만 우리는 30년이나 빨리 시작했다는 유리한 점이 있다."

아마도 비엘사의 주된 역할은 과르디올라에게 자신의 신념을 확인시키는 것이었다. 6년 동안 감독으로서 그를 지도했던 크루이프가 커다란 영향을 준 것은 분명하지만 멕시코 도라도스팀에서 잠시 감독을 하며 과르디올라를 지도했던 후안마 리요도 마찬가지였다. 또한 서로 사이가 좋지 않았다고들 알고 있지만 반 할과 아약스팀도 그에게 영향을 주었다. 과르디올라는 말했다. "당시 아약스는 항상 다음과 같은 것들을 하려고 했고 또 할 수 있다는 인상을 심어주었다: 팀으로서 플레이를 하며 팀으로서 자신을 희생하여 개개인이 빛을 발하며 경기를 이긴다. 다양한 실력을 갖춘 모든 선수들이 예외 없이 경기장에서 자신의 임무를 인식했다. 그들은 전술적 규율과 적재적소에 모든 것을 적용시킬 수 있는 엄청난 능력을 선보였다."

과르디올라 철학의 핵심은 단순했다. 그는 말했다. "축구라는 세계에는 딱 한 가지 비밀이 있다: 내가 공을 가졌거나 내가 공을 갖지 못하거나. 바르셀로나는, 다른 팀이 당연히 원하지 않겠지만 볼을 가지는 쪽을 택했다. 우리가 볼을 가지고 있지 않을 때는 공이 우리에게 필요하기 때문에 우리는 공을 되찾아야 한다."

중점 훈련은 론도rondo인데 가운데 두 명을 두고 빙 둘러싼 선수들이 볼을 계속 지키는 것이다. 사비는 〈바르사〉에서 그레이엄 헌터에게 이렇게 설명했다. "우리는 볼이 오기 전에 주변에 누가 있는지 알아차리고, 볼을 계속 돌리기 위해 10분의 1초 만에 툭 차거나 쿠션을 주거나 아니면 발리킥을 사용할지 준비하는 걸 배웠다." 이전보다 훨씬 더 공간 창출과 공간 활용에 중점을 두었는데, 이것은 볼이 없는 상태에서의 움직임으로 패스가 나가기 전에 수비수가 공격수 쪽으로 끌려오게끔 만드는 기술에 의해 이루어졌다.

이 시스템으로 엄청나게 많은 골을 만들어냈지만 수비적 요소도 존재했다. 막강한 체력과 조직력에 기초한 바르사의 압박은 놀라웠다. 반 할과 마찬가지로 과르디올라는 5초 안에 볼을 되찾지 못하면 팀은 밑으로 내려와 수비위치를 잡아야 한다고 주장했다. 그는 말했다. "공격을 할 때 주안점은 항상 자신이 있어야 할 곳에 있고 항상 자신의 위치를 지키는 것이다. 역동적인 움직임이 발생하지만 누군가는 지켜야 할 포지션을 메워야 한다. 그래서 우리가 볼을 뺏기더라도 상대가 우리에게 역습을 하기가 쉽지 않게 될 것이다. 따라서 우리가 대형을 갖춰 공격을 하게 되면 우리가 볼을 잃었을 때 볼을 가진 상대선수를 따라 잡기가 더 쉬워진다."

처음에는 과르디올라의 팀 형태는 변형된 4-3-3으로서 사무엘 에투의 양쪽 편으로 오른쪽 공격라인에 메시를, 왼쪽에는 티에리 앙리를 두었다. 과르디올라의 선수기용에 첫 번째 도박이라 할 수 있었던 2군에서 올라온 세르히오 부스케츠는 거의 세 번째 센터백이 될 정도로 내려올 수 있어서 스스로 반 할이 4번 선수에게 요구했던 플레이메이커 역할을 할 여유가 생겼고 팀의 나머지 선수들의 템포를 설정하고 풀백들이 자유롭게 공격에 가담하게 만들었다.

윙어를 '반대'편에 두는 것은, 즉 오른쪽에 왼발잡이를 또는 그 반대로, 바르사의 광범위한 플레이 흐름의 일부분이었다. 물론 한 명의 센터포워드를 두면 전진 배치한 미드필더가, 특히 센터포워드가 아래로 처져 스트라이커가 없는 시스템에서 폴스나인 역할을 할 때는, 골을 넣어야 한다(반대로 지금 측면 공격수 역할을 하는 선수들 상당수가 예전 같았으면 세컨드 스트라이커가 되었을 것이다). 그렇게 되면 현대축구의 단순 명쾌함, 즉 측면 선수가 골라인 쪽을 향하여 크로스를 노리기보다는 골문 쪽으로 달려드는 경향을 어느 정도는 설명할 수 있다. 그러나 허버트 채프먼이 지적했듯이, 가장 위협적인 크로스는 골라인에서 끌어 낸 볼이라는 믿음이 왜 생겼었는지 명확하지 않다. 물론 골키퍼가 손으로 낚아채야 할지 말아야할지 고민하게 만드는 것으로도 위협적이지만 바깥에서 안으로 빠르게 휘어들어오는 공보다 더 위협적일 만한 이유는 없어 보인다. 실제로는 직감적으로 먼 골대 쪽으로 휘어 찬 공은 살짝만 건드리면 방향이 바뀌고 아무도 건드리지 못하면 슬며시 들어가기 때문에 더 위험할 것이다. 또한 그런 식의 골이 지난 10년가량 더욱 흔해진 것으로 보인다. 그것 자체가 아마도 점점 더 많아지는 '뒤집어진 윙어'의 결과이거나 현대 축구공의 특징인 높은 회전력의 결과일 수도 있으며, 아니면 수비를 더 깊이 내려오게 만드는 오프사이드 규칙의 완화 때문일 수도 있다. 즉, 먼 골대 쪽으로 휘어 들어가는 공은 각도와 골키퍼가 터치를 하려고 반응하는 시간적인 면에서 13미터 밖에서 달려드는 것보다 5.4미터 밖에서 달려 들어오면 분명히 더 위협적이다.

측면 플레이어가 안쪽으로 파고드는 데는 다른 이점도 있다. 첫째, 대부분의 풀백이 여전히 자신의 전통적인 위치에서 플레이를 하기 때문에 윙어가 안쪽에서 공략하면 풀백의 약한 발을 공략하는 셈이다. 둘째, 측면 플레이어가 안쪽으로 움직이면 오버래핑하는 풀백에게 공간을 열어주게 되어 결국 공격 숫자가 하나 더 늘어난다. 아스널에서 한창 때의 로베르 피레와 애슐리 콜의 연결이 그런 모습이었고 최근에는 크로아티아의 이반 라키티치와 다니엘 프라니치, 잉글랜드의 스티븐 제라드와 애슐리 콜이 있다. 하지만 가장 명확하고 효과적인 예는 뭐니 뭐니 해도 메시와 다니 아우베스였다.

가속 공간의 문제가 남아 있다. 풀백이 측면 공격수 자리까지 바짝 밀고 올라오면 공격수는 측면을 따라 공간을 만드는데 이것은 메시의 주특기라 할 수 있다. 하지만 갈수록 메시와 에투는 자리를 바꾸기 시작했다. 메시가 중앙공격수 자리로 이동해서 아래로 처져 움직이자 난도르 히데구티가 1953년 잉글랜드를 난감하게 만들었던 것과 똑같이 수비수를 당황시켰다. 폴스나인이 주류로 등장했다.

폴스나인의 등장은 이미 예견 되었다. 2003년 리우데자네이루에서 열린 회의에서 브라질을 월드컵 우승으로 이끈 카를루스 아우베르투 파헤이라는 4-6-0의 가능성을 언급했다. 전 UEFA 기술이사였던 앤디 록스버그는 설명했다. "4명의 수비수는 전진할 수도 있긴 하지만 후방에 위치한다. 미드필드에 있는 6명은 자리를 돌아가며 공격과 수비를 한다. 하지만 미드필드에 6명의 데쿠가 필요할 것이다. 그는 공격만 하는 게 아니라 달리며 태클을 하고 경기장 구석구석을 누빈다. 때론 오른쪽 백 자리에 가 있기도 한다."

하지만 데쿠야말로 로바노브스키와 사키가 말하는 만능의 고전적 예가 아니고 무엇이겠는가? 주목할 점은 2005~06시즌 프랑크 레이카르트가 전투적인 마르크 반 봄멀이나 중앙 수비수로 전향한 에드미우송을 챔피언스리그에서 미드필드에 투입했지만 라 리가에서는 빠짐없이 데쿠, 사비, 안드레스 이니에스타를 투입한 것인데, 그들 모두 173센티미터 이하로 누구도 위협적인 체격이라고 말할 수 없었다. 부지런하고 기술이 뛰어난 선수들은 제대로 구성만 되면 굳이 몸집으로 제압할 필요가 없다. 과르디올라 밑에서 패스게임을 하는 미드필더라면 170센티미터면 이상적이었다.

물론 바르사는 여러 가지 규정 변경으로 혜택을 보았다. 창의적인 선수를 겁먹게 하는 대표적인 무기였던 백태클은 금지되었고 조금이라도 신체 접촉이 있으면 벌칙을 받게 되었다. 그것만큼 중요한 것은 오프사이드 규칙의 변경으로 수비진이 더 내려오게 됨으로써 공략할 플레이 지역이 넓어졌다. 공간이 많다는 것은 신체 접촉이 적다는 뜻으로 그에 맞게 근육으로 뭉친 단단한 체격의 선수들이 덜 필요하게 되었다.

서서히 파헤이라의 비전이 현실로 다가오기 시작하는 것 같다. 예를 들면, 2006~07시즌 루치아노 스팔레티의 AS로마는 4-1-4-1을 선보였지만 트레콰티스타의 원형인 프란체스코 토티를 원톱으로 세웠다. 다비드 피사로는 홀딩 미드필더로, 타데이, 시모네 페로타, 다니엘레 데 로시 그리고 만치니가 전방에 자리를 잡았다. 하지만 토티가 자신의 주업이었던 트레콰티스타 자리로 처져 공격형 미드필더가 전진할 수 있는 공간을 만들어 주는 일이 반복해서 일어났다. 센터포워드

2006~07 로마

2007~08 맨체스터 유나이티드

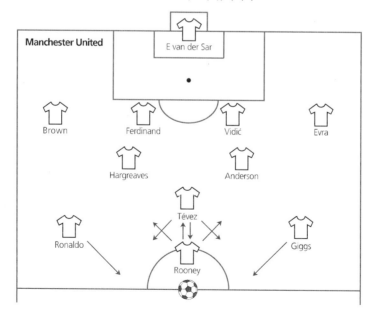

와 공격형 미드필더의 구별이 사라지면서 로마의 포메이션은 4-6-0은 아니더라도 분명 4-1-5-0이었다. 스팔레티는 그 시스템을 제니트 상트 페테르부르크로 가져왔고 알렉산드르 케르자코프를 폴스나인으로 활용하여 2010, 2011~12시즌 연속 타이틀을 차지했다.

조금 놀랍게도 2005~06 챔피언스리그에서 AS로마를 7-1로 침몰시켰던 맨체스터 유나이티드가 그들의 실험을 이어 받았다. 크리스티아누 호날두, 웨인 루니, 카를로스 테베스 그리고 라이언 긱스 또는 나니를, 오언 하그리브스, 마이클 캐릭, 안드레송, 폴 스콜스 중에서 조합한 두 명의 홀딩 미드필더 앞에 두었고 빈번하게, 뚜렷한 최전방 선수를 두지 않고서 전방의 4명이 번갈아가며 사실상의 스트라이커 역할을 했다. 이 시스템은 상호 이해를 높이기 위해 많은 노력이 필요하지만 제대로 작동하면 신바람 나는 축구를 할 수 있다.

2012년 유러피언 챔피언십에서 선보인 스페인식 제로톱은 훨씬 급진적이었다. 비센테 델 보스케 감독이 이끄는 스페인은 2년 전 월드컵 우승을 차지할 때 7경기에 득점은 8골에 불과했고 폴란드와 우크라이나전에서는 소극적인 전술에 대한 비난이 들끓었다. 그래도 남아프리카월드컵에서는 한 명의 스트라이커를 두었다. 유로2012에서는 다비드 비야의 부상과 기량이 떨어진 페르난도 토레스 때문이기도 하지만 세스크 파브레가스를 팀의 최전방 선수로 사용하려 했다.

하지만 파브레가스는 폴스나인이라기보다는 센터포워드 역할을 하는 미드필더로 보였다. 따라서 실제로는 아래로 처지는 경우가 그렇게 많지는 않았다. 물론 다른 선수가 그를 통과해서 침투하면 그에게 침투패스를 흘려보내는 데는 안성맞춤이긴 했지만 그의 주 임무는 볼을 보유하는 것이었다. 보통 센터포워드는 마무리, 빠르기 또는 공중볼 능력 때문에 선택되지만 파브레가스는 패스능력으로 선발된 것 같았다. 공격 전방에서 튕겨져 나오는 볼을 낚아채거나 미드필드에 각도를 넓혀 주면서 타깃맨이나 다를 바 없는 역할로 공중볼보다는

2012 스페인

Casillas

Arbeloa Piqué Sergio Ramos Jordi Alba

Busquets

Xabi Alonso

Xavi

David Silva Fàbregas Iniesta

땅볼을 받았다. 이탈리아와의 결승전에서 나온 스페인의 두 번째 골은 골키퍼 카시야스의 롱볼이 왼쪽 윙에 있던 파브리가스에게 오면서 시작되었다. 플레밍 포블센, 스테팡 기바르쉬, 또는 심지어 세르지뉴 같은 선수들은 오랫동안 센터포워드가 위협적인 골잡이가 아니면서도 효과적일 수 있다는 걸 보여 주었다. 파브레가스의 역할은 그런 전통과 폴스나인 전통의 혼합으로 보였다.

파브레가스를 그렇게 활용하면서 스페인은 볼 소유를 더 잘할 수 있었고 그것은 델 보스케 감독이 바라마지않던 '지배 control'를 하게끔 만들었다. 보스케의 스페인은 모든 경기와 대회에서, 기회를 만들어 내서 이기는 것이 아니라 상대가 질식할 정도로 볼 소유를 장악함으로써 승리를 거두었다. 우리가 30번의 기회를 갖고 상대에게 5번의 기회를 허락하면 상대가 이길 가능성이 있다. 그러나 우리가 5번의 기회를 잡고 상대에게 일체 기회를 주지 않으면 최악의 경우에 승부차기일 뿐이다. 그것은 정신을 고갈시키는 방법이긴 하지만 사전 대비적 행위며 어떤 의미에서는 토탈풋볼 철학의 논리적 최종 결과물이다. 아약스가 1973년 유러피언컵 유벤투스와의 결승전에서 경기 초반 앞서가자 유벤투스 선수들로부터 멀리 떨어져 공을 소유하고 리드를 지키며 볼 소유 경기를 선택하지 않았는가? 1872년 퀸스파크가 발명한 패스게임은 자신들보다 체격이 늠름한 잉글랜드 선수들로부터 볼을 멀리 두려는 수비적인 조치가 아니었는가?

많은 선수들이 지적했듯이 상대방이 볼 뒤에 선수들을 몰아 놓고 스페인에게 좌절감을 안겨주려 한다면, 때때로 시합이 박진감이 없다고 해서 왜 스페인이 비난을 들어야 했는가? 델 보스케는 자기 진영에 내려가 있는 상대 팀에 의해 어떻게 자신들이 프로푼디다드 profundidad (경기장의 상하 폭)를 유지할 수 없게 되었는지 줄곧 얘기했다. 스페인의 4-0 승리로 끝난 유로2012 결승전 당시 이탈리아처럼 어느 팀이 방법을 바꿔 높은 위치에서 스페인을 압박하는 순간, 스페인은 그들이 남겼던 공간을 무자비하게 공략했다. 틀림없이 메노티가 요구한 것처럼 투우가 아니라 투우사가 되어 플레이를 하는 팀이 바로 스페인이었다. 아이러니하게도 스페인에게 그런 플레이를 가르친 것은 바르셀로나였다. 데이비드 위너가 〈블리자드〉 4호에 티키타카와 투우의 유사점을 서술하는 기사에서 지적했던 대로 황소는 카탈로니아가 아닌 스페인의 상징이며 그런 이유로 2007년 분리주의자들이 한때 셰리주 sherry(스페인 남부지방의 백포도주)를 광고했던 초대형 황소 동상이 있었던 지역에 마지막으로 남아 있던 토로 데 오스보르네 Toro de Osborne (오스보르네의 투우, 검은색 황소 형상물)를 파괴하였다.

아르센 벵거는 바르사의 '무익한 지배 sterile domination'에 대해 이의를 제기했지만 과르디올라의 바르사는 대개 지루하다는 비난을 벗어났는데, 네 시즌 동안 리그에서 기록한 412골이 모든 걸 증명했다. 진화를 거듭한 바르사는 여름마다 몇몇 선수들을 영입했고 메시는 오른쪽에서 안쪽으로 파고들기 시작했으며 팀은 연이어 우승을 차지했다. 과르디올라는 처음 세 시즌 동안 세 번의 리그 타이틀과 두 차례 챔피언스리그 우승을 경험했다. 아이슬란드 화산 폭발로 버스를 타고 원정길에 오른 바르사는 조제 모리뉴가 이끄는 끈질긴 인터밀란을 맞아 준결승에서 패하며 유럽 3개 타이틀 제패의 기회를 놓치고 말았다.

과르디올라는 언제나 안주하고 정체되는 위험성을 인식하고 있는 것 같았다. 아마도 벨라 구트만이 3년째가 가장 중요하다고 언급하면서 강조했던 문제점을 겪지 않으려고 결심한 것으로 보였다. 그런 의미에서 바르셀로나에서의 그의 마지막 시즌은 한편의 그리스 비극 작품이었다: 돌려놓을 수 없는 자신의 운명을 직감한 주인공 또는 〈12마리 원숭이 Twelve Monkeys〉에서 브루스 윌리스가 역할을 맡은 제임스 콜처럼, 자신의 운명을 바꾸려는 시도에 의해 자신의 운명을 완수할 수 있는 조건을 창조하는 주인공. 그런 의도에서 공격에 다양성을 부여하기 위해 이브라히모비치와 계약을 성사시켰지만 결국 팀을 와해시키는 행동 때문에 그를 방출하고 말았다. 과르디올라의 다음 구상은 스리백이었는데, 언제라도 포백으로 변할 수 있는 홀딩 미드필더를 두는 반 할식 스리백이 아니라 공격적인 비엘사 스타일의 스리백이었다. 2011년 12월, 포백에서 스리백으로 전환을 통해 레알 마드리드가 우세해 보였던 클라시코를 바꿔놓자 과르디올라의 수정이 옳았다는 것이 증명되었다. 그때도 과르디올라가 문제를 너무 복잡하게 만들었고, 자신의 운명을 바꿔놓으려고 취했던 방안들이 도리어 운명을 불러일으킨 방안들이 되었다는 비난이 있었다. 과르디올라는 바르사를 상대하는 팀들이 자기 진영에 깊숙이 내려가서 바르사의 플레이를 미리 읽어낼 것을 걱정했다. 그래서 더 많은 선수들을, 특히 다니 아우베스를, 밀집 수비의 측면을 공략하기 위해 더 높은 위치로 올리는 방법을 고안했다. 하지만 이 방법은 상대가 더 쉽게 예측할 수 있게 만들었다. 처음부터 높은 곳에 있는 선수를 막는 것이 후방에서 치고 올라오는 선수를 막기보다 더 쉬웠기 때문이다.

그것이 꼭 첼시를 상대한 챔피언스리그 준결승 2차전 막판에 바르사답지 않게 밋밋한 경기를 펼친 유일한 원인은 아니었지만, 바르사 선수들이 한 번도 수비라인을 뚫고 빠르게 돌파하지 못한 이유였다. 즉, 모두가 이미 페널티 박스 근처에 너무 가까이 있었고 그들은 볼을 향해 달려갈 때 속도를 낼 만 한 스피드를 만들어 낼 수 없었다. 그래서 2년 전 챔피언스리그에서 상대했던 인터밀란처럼 4분을 남기고 볼 뒤에 선수들을 밀집시켜 엄청난 정신력과 집중력을 발휘하며 약간의 행운과 찾아 온 기회를 놓치지 않았던 팀에게 무너졌다.

무리뉴의 레알 마드리드가 라 리가 우승을 차지했을 즈음, 사임을 고려하고 있었던 과르디올라는 하나의 운명적 이상을 부여잡고 있었다. 그는 자신의 팀이 어떤 어려움이 있어도 지금까지의 바르사 중 가장 바르사다운 모습을, 그것도 자신의 바르사가 파국에 직면한 바로 이 시기에 갖춰야 한다고 결심했다. 수비 숫자를 갈수록 줄이는 플레이를 결심한 것은 순교의 한 가지 형태가 되었다. 사무엘 웨버가 프로이드를 다시 읽으면서 물었듯이, 자신의 파국을 맞아 자신의 자아가 의미를 끌어다 온 궁극적 철학을 끝까지 따름으로써 스스로 해체되는 것 말고 그 철학을 섭렵했다고 단언하는 더 좋은 방법이 무엇이겠는가? 자신의 바르사가 서서히 꺼져가도록 내버려두는 대신에, 바르사의 철학이 무릎을 꿇는 대신에, 아무 일이나 개입시키는 모험을 하는 대신에, 과르디올라는 바르사를 위대하게 만든 것을 더욱 강조하면서 볼을 훨씬 더 오래 소유하고 전방에 훨씬 더 많은 선수를 둠으로써 예측할 수 없는 바르셀로나 축구의 지상 명령을 모면하려고 애썼다. 그것은 실패이긴 했지만 그의 표현대로 실패였을 뿐이었다.

또한 외형적으로도 실패가 아니었다. 과르디올라는 바르셀로나 감독 재임 4년 동안 자신이 획득할 수 있었던 19개의 트로피 중 14개를 들어 올릴 정도로 성공가도를 달리고 있었다. 그 이상으로 그의 팀은 사키가 말한 위대함의 조건들을 충족시켰다. 즉, 바르사는 그들의 승리와 1872년 글래스고에서 처음 인식된 후 꿈에도 생각 못할 경지로 발전한 패스개념을 받아들인 것만큼이나 경기스타일로도 기억될 것이다. 봅 매콜은 1901년 패스개념을 퀸스파크에서 뉴캐슬로 가져갔고 그에게서 배운 피터 맥윌리엄은 1912년 그 이론을 토트넘으로 가져갔다. 그곳에서 그는 빅 버킹엄을 가르쳤고 버킹엄은 다시 리뉘스 미헐스와 요한 크루이프에게 영향을 줌으로써 두 사람이 아약스와 바르셀로나에서 걸어갈 길을 열어 주었다. 과르디올라와 그의 바르셀로나는 이 계열의 가치 있는 상속자다. 수많은 방법의 축구가 있지만 그들의 축구는 위대한 전통이다.

▽△▽△▽△▽△
에필로그

△▽ 현대축구를 둘러보고 나서 새로울 게 있을 리 없다고 주장하기 쉽다. 실제로 로베르토 만치니는 2007년 베오그라드에서 열린 강연에서 그렇게 말하면서 앞으로 축구의 진보는 전술이 아니라 선수들의 체력적인 준비에서 온다고 주장했다. 어느 정도 수긍할 수 있는 말이다. 축구는 거의 150년 동안 가차 없는 검증과 분석을 통해 성숙할 대로 성숙했고 11명이라는 선수의 수가 변하지 않는 것을 전제로 하면 세상을 놀라게 할 혁명적인 일은 결코 없을 것이다. 설령 뜻밖의 어떤 감독이 기존의 틀을 완전히 벗어난 것을 우연히 발견한다 할지라도 50년대 초반 헝가리의 처진 센터포워드만큼의 큰 충격을 주지는 못할 것이다. 심지어 그것조차, 이 책을 통해 보여 주려고 했지만 연속성의 일부로서 마티아스 진델라르가 오스트리아 원더팀의 센터포워드 역할을 나름대로 해석하여 이끌어 낸 것이며 마르팀 프란시스코가 빌라노바에서 시도한 것과 아주 유사했다.

잉글랜드는 1931년의 처진 공격수 진델라르에 대처할 수 없었고 잉글랜드 클럽들은 1945년 디나모 모스크바가 순회경기를 펼쳤을 때 브세볼로트 보브로프가 똑같이 그렇게 하자 애를 먹었으며, 1953년에는 난도르 히데쿠티에게 당하고 말았다. 분명 뭔가를 깨달았어야 했지만 그렇지 못했다는 것은 세 가지의 예가 22년에 걸쳐 따로따로 일어났다는 사실만 봐도 드러난다. 요즘이라면 헝가리의 골든팀이

런던에 와도 신기하게 여기지 않을 것이며 그들의 업적을 텔레비전으로 볼 수도 있고 경기 비디오를 살펴보면서 선수들의 움직임을 컴퓨터로 분석했을 것이다. 전술상의 혁신은 더 이상 결코 놀랍거나 갑작스럽게 나타나지 않을 것이다.

또한 구스타브 세베시같은 재능 있는 헝가리 감독이라면 분명 헝가리에 있지 않고 돈을 좇아 서유럽으로 갔을 것이다. 다른 축구문화끼리의 교류가 증가하면서 국가대표의 스타일도 크게 차이가 나지 않게 되었다. 통일된 것도 아니고 결코 그렇게 될 수는 없겠지만 축구의 흐름은 그런 방향으로 가고 있다.

하지만 예상에 기꺼이 반기를 드는 상상력은 언제나 존재한다. 갓 승격한 팀, 특히 한정된 자원을 가진 팀은 보통 수비적인 전술을 채택한다. 따라서 당연히 상대의 경기를 그르치게 하고, 기술을 못 부리게 막고, 골을 덜 먹도록 하면 약팀이 무승부나 1-0 승리를 가져갈 가능성이 높아진다. 하지만 이전 시즌 카타니아의 세리에A 승격을 이끌었던 파스콸레 마리노 감독은 2006~07시즌 공격형 풀백을 두고 홀딩 미드필더가 없는 4-3-3 전술을 구사했다. 선수들에게 확률의 경기를 하지 말고 당치않고 어려운 것을 시도하라고 힘을 불어넣었다. 때때로 그들은 AS로마에게 0-7로 패할 때처럼 완전히 무너지기도 했지만, 활기찬 플레이가 빈곤한 경기력만큼이나 대적하기 어렵다는 것을 보여 주었다. 그해 2월 팔레르모와 더비 경기에서 폭동이 일어나 경찰관 한 명이 살해당한 후 카타니아는 홈구장 경기를 금지 당했지만 그래도 13위라는 높은 성적을 거두었다. 새로운 시스템은 아니지만 분명 혁명적인 경기 스타일이자 관습에 대한 반란이었다. 그 이후로 프리미어리그에서는 노리치 시티와 스완지 시티 같은 팀이 고정관념에 저항하며 뒤를 이어가고 있다.

옛 스타일은 새로운 맥락 속에 성공적으로 도입될 수 있고, 특히 축소된 메이저대회는 더욱 그렇다. 예를 들면 유로2004에서 그리스는 지역방어를 펼치는 포백 없이 경기를 한 유일한 팀이었다. 오토 레하겔 감독은 3명의 대인 마크맨과 함께 리베로를 두었고 5명의 미드필더와 원톱으로 수비를 견고하게 만들었다. 앤디 록스버그는 이에 대해 설명했다. "레하겔은 사람들이 해결책을 잊어버렸던 문제를 끄집어냈기 때문에 승리했다. 유행하는 것은 아니었지만 톡톡히 효과를 보았다. 볼을 지배하지 않고도 경기를 지배했다. 오토의 생각은 왜 꼭 효력이 떨어진 누군가의 시스템을 따라 가야 하느냐는 물음이었다. 그의 시스템에 대해 뭐라고 말하든 그리스가 공을 소유할 때마다 아주 빠르게 공격으로 몰고 갔다는 것을 인정해야 한다."

특히 프랑스는 8강전에서 그리스에게 고전하며 결국 0-1로 패하고 말았다. 록스버그는 말했다. "프랑스는 티에리 앙리에게 더 빠르게 공을 배급했어야 한다. 앙리는 왼쪽에서 중앙으로 또는 중앙에서 왼쪽으로 달려들 때가 가장 위협적이다. 그리스에 맞서서 앙리는 공간을 확보하지 못하고 너무 넓게 떠돌아 다녔다. 그것은 상대가 가장 원하던 일로서, 위협적인 선수를 터치라인 쪽으로 모는 것이었다. 그리스를 상대하는 팀은 심한 마크에 익숙하지 않았다. 옛날의 방식이 새로운 것임이 드러났다."

스페인이 종종 스트라이커가 없는 플레이를 하면서 유로2012 우승을 차지한 것은 놀랄만한 일이 아니었다. 그것은 지난 몇 년간 이어져 온 흐름들의 진전이었을 뿐이었다. 마찬가지로 바르셀로나의 특출함은 개념보다는 수준에서 혁명적이었다. 그들은 남들이 전에 했던 것을 했지만 그보다 더 이상 잘할 수 없을 정도로 해냈다.

오늘날 스트라이커 없는 포메이션을 사용하는 팀은 몇 손가락에 꼽히는 엘리트 클럽뿐이다. 시간이 지나면 아마 4-6-0은 90년대 중반까지의 잉글랜드의 4-4-2나 80년대 말까지의 이탈리아 리베로처럼 정통적인 전술이 될 수도 있고 또는 그저 한철 지나가는 유행이 될 수도 있다. 분명 4-6-0의 등장은 다재다능한 것을 선호하고 따라서 낡은 스트라이커는 사라진다는 것을 암시하며, 만능으로의 이동이 계속 진행 중인 흐름이라는 점은 자신 있게 말할 수 있다―심지어 이안 러시와 흡사하게 구식 타깃맨의 체격을 갖춘 로베르트 레반도프스키도 편안하게 측면으로 벌리거나 아래로 처진다. 다시 한 번 그것은 만치니의 견해를 입증해 주며 옛날처럼 기술을 부리는 선수들이 향상된 영양섭취와 훈련방법 덕분에 체력적으로 더 당당해지고 있는 것이 현실이다. 만약 모두가 건장하고 힘이 세다면 자신의 체격이나 기동력 말고는 아무 것도 제공하지 못하는 선수들에 대한 수요는 딱히 없을 것이다. 하지만 스트라이커가 구식의 윙어와 플레이메이커와 같은 전철을 밟는다면 그 다음은 누구 차례일까? 아마 센터백? 결국 마크할 센터포워드가 없다면 4-4-2의 두 번째 센터백은 3-5-2의 세 번째 센터백처럼 원톱을 두는 팀을 상대로 남아돌게 된다.

그렇다고 해서, 과학기술에 의한 세밀한 분석도 별반 차이가 나지 않을 것이라고 믿기는 어렵다. 컴퓨터와 인공두뇌학 지식으로 발레리 로바노브스키가 자신의 시스템을 고안했듯이 과학기술이 정밀할수록 시스템도 더욱 정교해지는 것은 당연지사다. 실은 여기에 가장 큰 장애가 되는 것은 선수들의 자의식이다. 수년간 엄청난 연봉과 유명세에 우쭐해진 선수들이 과연 로바노브스키와 아리고 사키가 요구하는 대로 스스로를 집단에 완전히 희생시킬 수 있겠는가? 갈락티코스 시대 레알 마드리드 군단의 경험을 보면 아닐 것이라는 답이 나온다.

아마도 그것은 호르헤 발다노가 텔레비전이 현대축구에 끼치는 영향에 대해 말하면서 암시했던 역설의 다른 측면이다. 즉, 축구발전을 가로막는 것은 비로 현대축구가 누리는 인기다. 두말할 나위 없이, 팬들이 여기에 연루되어 있다. 관람석의 관중은 보수화 성향을 띠고 70년대 스웨덴의 예는 승리에 대한 요구 이상으로 개인기를 선호한다는―토마스 페테르손의 용어로 말하자면 '일단계의 복잡성'을 지닌 축구―것을 보여 준다. 라 누에스트라의 시대가 끝나면서 아르헨티나가 경험한 것은 그러한 타락이 얼마나 해로운지를—적어도 그런 생각이 든다—보여 준다. 세계화는 내장된 방어막이라는 말도 있다. 아무도 발전하지 않는다면 아무도 뒤처지지 않는다. 따라서 만일 축구의 주류에서 벗어나 있는 어떤 나라가 별안간 대단한 재능을 지닌 선수들을 보유하는 축복을 받아 그들이 서유럽 물질주의의 유혹을 버텨낼 정도로 오랫동안 전술적으로 기민한 감독의 시스템에 스스로를 복종시키지 못한다면, 1958년 아르헨티나가 체코슬로바키아에게 1-6으로 패할 때와 같은 각성은 일어나지 않을 것이다. 2002년 월드컵 준결승까지 진출한 한국의 성공은 엄격한 조직력과 심지어 필수적이기까지 한 평범한 선수들로 무엇을 이룰 수 있는지를 보여 주었다.

사키는 분명 자신이 지휘하던 AC밀란이 근본적인 체계적 방식을 완성한 이후 어떠한 뚜렷한 전술상의 발전이 없었다는 것이 "놀랍고도 염려스럽다"고 생각하고 있지만 그래도 진화는 계속되리라고 확신한다. 그는 말했다. "인류가 존재하는 한 새로운 것은 나타난다. 그렇지 않으면 축구는 죽는다." 새롭게 등장한 팀이 바르셀로나였다. 사키는 "나의 밀란처럼 바르셀로나는 세계 축구사에 바르셀로나 '이전'과 '이후'의 경계를 그었다."

직후의 모습은 바이에른 뮌헨과 보루시아 도르트문트가 잘 보여 주었는데 두 팀은 반 할과 비엘사 철학의 정수를, 바이에른의 경우는 반 할로부터 직접, 받아 들여 박차를 가했다. 그것은 훈련의 핵심은 팀이 정밀해질 수 있는 속도를 높이는 것이라는 메노티의 금언에 착안한 것으로서 축구의 내부적 리듬 속에 쓰여 있을 법한 하나의 사실이다. 즉, 새로운 하나의 형태가 개발되고 수정되어 더욱 빨라지다가 마침내 자신을 대체할 새로운 혁신을 불러오는 최대의 속도에 이르게 된다. 바이에른 뮌헨이 바르셀로나의 모델을 가져와 향상시키려 한 것은 기술적인 혁신이 아니라 체력적인 면이었다.

2012~13 챔피언스리그 준결승에서 바이에른 뮌헨이 1, 2차전 합

계 7-0으로 바르셀로나를 물리친 것은 떠오르는 거인과 사라지는 거인의 보기 드문 서사시적 격돌이자 한 시대를 마감하고 또 한 시대를 여는 경기였지만 바이에른의 승리를 티키타카의 패배로 표현하는 것은 옳지 않을 것이다. 오히려 그것은 티키타카의 진화였다. 바르사와 같이 바이에른은 높은 위치에서 압박을 하며(틀림없이 유프 하인케스의 가장 큰 업적은 아르연 로번과 프랑크 리베리에게 자신의 수비 임무를 성실히 수행하도록 설득시킨 것이었다) 볼 컨트롤에 집중한다. 2011~12와 2012~13시즌 동안 유럽 상위 5개 리그에서 바르사만이 바이에른보다 더 높은 점유율과 패스 성공률을 보였다. 바이에른의 기본 철학을 직접적으로 설계한 사람은 루이스 반 할이지만 줄곧 비엘사주의 철학을 견지하고 있다. 바르사와 비교해서 아마도 압박에 더 집중하고—같은 철학을 기본으로 플레이를 펼치는 도르트문트가 특히 그러하다—수직적인 것에 더 시야를 두지만(물론 이것은 비엘사의 이상에 훨씬 더 가깝다) 그 중심원리는 똑같다.

　바르셀로나가 170센티미터의 천재집단을 데리고 한 일을 바이에른은 덩치가 크고 더 빠르고 더욱 직선적인 선수들로 해냈다. 바이에른이 전성기적 바르사의 줄세공 패스 수준에는 도달하지는 못했지만 크게 벗어나지는 않았으며 챔피언스리그 준결승에서 놀라웠던 점은 바르셀로나가 무척이나 지치고 허약해 보였다는 것이다. 물론 상승세의 팀과 순환 주기의 끝을 향하는 팀을 비교한다는 것은 온전히 정당한 일은 아니다. 한 팀은 성공에 굶주려 성공을 갈구하고 다른 한 팀은 성공을 실컷 누려 경기에 몰입할 동력이 떨어졌다. 하지만 바이에른 선수들이 바르사 선수들보다 몸집이 더 컸다는 점만은 부인할 수 없다.

　마찬가지로 도르트문트의 경기속도와 공격력이 준결승에서 레알 마드리드를 흔들어놓았다는 것은 분데스리가의 이점이 체력과 관련이 있다는 것을 확인시켜준 것으로 보인다. 그렇다고 속도가 언제나 기술을 극복한다는 말은 아니고 전성기 때 바르사였다면 전성기의 바이에른을 아마도 뛰어 넘었을 것이다. 팀마다 최적의 리듬이 있는 법이며 과르디올라의 바르셀로나가 했던 티키타카는 분명히 조금 더 직선적 스타일의 하인케스의 바이에른보다 더 느린 템포를 요구했을 것이다. 또한 성공을 거둔 팀은 보수적으로 흐르고—유로2008 우승과 유로2012 우승 사이의 기간에 스페인팀이 그랬다—그것이 경기 속도를 늦출지도 모른다.

또한 바이에른은 바르사를 상대하면서 자신들의 다양한 공격옵션도 선보였다. 볼 소유를 위주로 하는 두 팀이 만나면서 한 팀만이 볼을 지배할 수 있는 것은 명백하다. 준결승전을 치르면서 바이에른은 자신들이 바르셀로나보다 상황에 더 잘 대처하면서 뒤로 물러났다가 빠른 역습으로 돌진할 수 있는 팀이 될 수 있다는 것을 깨닫게 되었는데, 이것은 팀 전체의 빠르기와 바스티안 슈바인슈타이거, 단테, 특히 하비 마르티네스의 롱패스 능력 때문에 가능했다(다시 말하지만, 이것을 바르사에 대한 회고적인 비판으로 받아들일 필요는 없다. 4년 동안 그들은 너무나 잘 만들어진 A플랜을 가지고 있었기 때문에 만일 B플랜을 개발했다면 노력의 낭비가 되었을 것이다. 실제로 A플랜이 너무나 훌륭해서 바이에른조차 바르사에 맞서는 자신들의 방법을 수정하기로 결정했다).

정말이지 과르디올라의 바르사는 오랫동안 넘어설 수 없는 정상처럼 느껴졌다. 그러나 웸블리에서 정상에 오른 후 2년 만에 같은 무대에서 바이에른은 챔피언스리그 우승을 차지하며 자신들이 훨씬 더 높은 꼭대기에 오를 수 있다는 걸 보여 주었다. 전에도 많은 사람들이 역사의 종말을 외쳤다. 그러나 지금까지 누구의 말도 적중한 적은 없다.

참고문헌

단행본 및 학술지

Alabarces, Pablo, Ramiro Coelho and Juan Sanguinetti, 'Treacheries and Traditions in Argentinian Football Styles: the Story of Estudiantes de la Plata' in Armstrong and Giulanotti (eds), *Fear and Loathing in World Football*

Alcock, Charles W, *Football, The Association Game* (George Bell & Sons, 1902)

Aleinikov, Sergei and DI Belenky, *I Zhizn, I Slyozy, I Futbol* (Polymya, 1992)

Allison, Malcolm, *Soccer for Thinkers* (Pelham, 1967)

Andersen, Jens, *Frankie Boy* (People's Press, 2008)

Archer, Ian and Trevor Royle (eds), *We'll Support You Evermore: The Impertinent Saga of Scottish Fitba'* (Souvenir Press, 1976)

Archetti, Eduardo P, *Masculinities: Football, Polo and the Tango in Argentina* (Global Issues, 1999)

'Masculinity and Football: The Formation of National Identity in Argentina' in Giulianotti and Williams (eds), *Game Without Frontiers*

Armstrong, Gary and Richard Giulanotti (eds), *Entering the Field: New Perspectives on World Football* (Berg, 1997)

Fear and Loathing in World Football (Berg, 2001)

Assaf, Roberto and Clóvis Martins, *Almanaque do Flamengo* (Abril, 2001)

Campeonato Carioca: 96 Anos de História, 1902–1997 (Irradiação Cultural, 1997)

Auclair, Philippe, 'Roy the Rover', *The Blizzard*, Issue Five (June 2012)

Bakema, JB, *Thoughts about Architecture* (St Martin's Press, 1981, ed. Marianne Gray)

Ballard, John and Paul Suff, *The Dictionary of Football: The Complete A–Z of International Football from Ajax to Zinedine Zidane* (Boxtree, 1999)

Bangsbo, Jens and Birger Pietersen, *Soccer Systems and Strategies* (Human Kinetics, 2000)

Barend, Frits and Henk van Dorp, *Ajax, Barcelona, Cruyff: The ABC of an Obstinate Maestro*, translated David Winner and Lex den Dam (Bloomsbury, 1997)

Barnade, Oscar and Waldemar Iglesias, *Mitos y creencias del fútbol argentino* [*Myths and Beliefs of Argentinian Football*] (Al Arco, 2006)

Barthes, Roland, *Mythologies* (Édition de Seuil, 1957, trans. Vintage 2000)

Bate, Richard, 'Football Chance: tactics and strategy' in Reilly *et al* (eds), *Science and Football* (Spon, 1988)

Bayer, Osvaldo, *fútbol argentino* [*Argentinian Football*] (Editorial Sudamericana, 1990)

Ben-Ghiat, Ruth, *Fascist Modernities: Italy 1922–45* (University of California Press, 2001)

Blokhin, Oleh, *Futbol na vsyu zhyzn* (Veselka, 1988)

Booth, Keith, *The Father of Modern Sport: The Life and Times of Charles W. Alcock* (Parrs Wood, 2002)

Borges, Jorge Luís and Adolfo Bioy Casares, 'Esse est Percipi' in Kuper and Mora y Araujo (eds), *Perfect Pitch: Dirt*

Bottenburg, Maarten van and Beverley Jackson, *Global Games* (University of Illinois Press, 2001)

Bowler, Dave, *Winning isn't Everything: A Biography of Sir Alf Ramsey* (Victor Gollancz, 1998)

Bray, Ken, *How to Score: Science and the Beautiful Game* (Granta, 2006)

Brera, Gianni, *Herrera e Moratti* (Limina, 1997)

   Storia critica del calico Italiano (Tascaballi Bompiani, 1978)

Buchan, Charles, *A Lifetime in Football* (Phoenix House, 1955)

Burgess, Ron, *Football: My Life* (Souvenir, 1955)

Burn, Gordon, *Best and Edwards: Football, Fame and Oblivion* (Faber and Faber, 2006)

Burns, Jimmy, *Barça: A People's Passion* (Bloomsbury, 1999)

   Hand of God: The Life of Diego Maradona (Bloomsbury, 1996)

Buxton, Peter, *Stoke City Football Club: A Centenary* (Pyramid, 1963)

Caldas, Waldenyr, *O Pontapé Inicial: Memória do Futebol Brasileiro* (1894–1933) (IBRASA, 1990)

Camus, Albert, *La Chute [The Fall]*, trans. Justin O'Brien (Penguin, 1990, first published 1956)

Castillo, Juan José, *Ladislao Kubala* (Barcanova, 1998)

Castro, Ruy, *Garrincha: The Triumph and Tragedy of Brazil's Forgotten Footballing Hero*, translated by Andrew Downie (Yellow Jersey, 2004)

Chapman, Herbert, *Herbert Chapman on Football* (Garrick, 1934)

Connolly, Kevin and Rab MacWilliam, *Fields of Glory, Paths of Gold: The History of European Football* (Mainstream, 2005)

Connor, Jeff, *The Lost Babes* (HarperSport, 2006)

Cox, Richard, *The Encyclopaedia of British Football* (Routledge, 2002)

Crabtree, Stephen, *The Dons–The Amazing Journey 1982–87* (Baron, 1987)

Craig, Jim, *A Lion Looks Back* (John Donald, 1998)

Crampsey, RA, *The History of Queen's Park, 1867–1967* (Nisbet, 1967)

Crerand, Paddy, *Never Turn the Other Cheek* (HarperSport, 2007)

Crick, Michael, *The Boss: The Many Sides of Alex Ferguson* (Simon & Schuster, 2002)

Csaknády, Jenő, *Die Bela Guttmann Story: Hinter den Kulissen des Weltfussballs* (Verlag Blintz–Dohany, 1964)

Csanádi, Árpád, *Soccer* (Corvina Kiadó, third edition, 1978, trans. István Butykai and Gyula Gulyás, trans rev Charles Coutts)

Cullis, Stan, *All for the Wolves* (Rupert Hart Davis, 1960)

DaMatta, Roberto, *O que faz o brasil, Brasil?* (Rocco, 1984)

DaMatta, Roberto *et al.*, *Universo do Futebol: Esporte e Sociedade Brasiliera* (Edições Pinakotheke, 1982)

De Galan, Menno, *De Trots van der Wereld* (Prometheus BV Vassallucci, 2006)

Di Giano, Roberto, *Fútbol y cultura política en la Argentina, identidades en crisis* (Leviatán, 2005)

Diéguez, Luis and Ariel Scher, *El libro de oro del mundial* (Clarin, 1998)

Downing, David, *The Best of Enemies: England v Germany, a Century of Football Rivalry* (Bloomsbury, 2000)

   England v Argentina: World Cups and Other Small Wars (Portrait, 2003)

   Passovotchka (Bloomsbury, 1999)

Edwards, Leigh and Andy Watson, *Mission Impossible: The Story of Wimbledon Football Club's Historic Rise from Non-league to the First Division* (Dons Outlook, 1986)

Filatov, Lev, *Obo vsyom poporyadku* (Fizkultura I Sport, 1990)

Filho, Mário, *O Negro no Futebol Brasileiro* (second edition) (Civilizacao Brasiliera, 1964)

Finn, Ralph, *A History of Chelsea FC* (Pelham, 1969)

Foot, John, *Calcio: A History of Italian Football* (Fourth Estate, 2006)

Fox, Norman, *Prophet or Traitor: The Jimmy Hogan Story* (Parrs Wood, 2003)

Freddi, Cris, *Complete Book of the World Cup 2002* (CollinsWillow, 2002)

Freyre, Gilberto, *The Gilberto Freyre Reader* (Knopf, 2002)

Galeano, Eduardo, *Football in Sun and Shadow* (trans Mark Fried, Fourth Estate, 1997)

Galinsky, Arkady, *Nye sotvori syebye kumira* (Molodaya Gvardiya, 1971)

Galinsky, Vitaly, *Valeriy Lobanovskyi. Chetyre zhyzni v futbolye* (Sport, 2003)

Gardner, Paul, *The Simplest Game: The Intelligent Fans' Guide to the World of Soccer* (Collier Books 1976, rev ed. 1994)

Garland, Ian, *History of the Welsh Cup 1877–1993* (Bridge, 1993)

Giulianotti, Richard, *Football: A Sociology of the Global Game* (Polity, 1999)

Giulianotti, Richard and John Williams (eds), *Game Without Frontiers: Football, Identity and Modernity* (Arena, 1994)

Glanville, Brian, *Champions of Europe: The History, Romance and Intrigue of the European Cup* (Guinness, 1991)

   Cliff Bastin Remembers (Ettrick, 1950)

   Soccer Nemesis (Secker and Warburg, 1955)

   The Story of the World Cup (Faber and Faber, 2001)

Goldblatt, David, *The Ball is Round: A Global History of Football* (Viking, 2006)

Golesworthy, Maurice, *The Encyclopaedia of Modern Football* (Sportsman's Book Club, 1957)

Gorbunov, Alexander, *Trenerskoe Nasledye, Boris Arkadiev* (Fizkultura i Sport, 1990)

Górski, Kazimierz, *Piłka jest okrągła* (Kazimierz Górski, 2004)

Gould, Stephen Jay, *Triumph and Tragedy in Mudville* (Cape, 2004)

Gray, Andy with Jim Drewett, *Flat Back Four: The Tactical Game* (Boxtree, 1998)

Grayson, Edward, *Corinthians and Cricketers* (Sportsman's Book Club, 1957)

Green, Geoffrey, *The Official History of the FA Cup* (Naldrett, 1949, rev. ed. Heinemann, 1960)

   Soccer: The World Game–A Popular History (Phoenix House, 1953, rev. ed. Pan 1956)

   There's Only One United (Hodder and Stourton, 1978)

Hamilton, Aidan, *An Entirely Different Game: The British Influence on Brazilian Football* (Mainstream, 1998)

Handler, Andrew, *From Goals to Guns: The Golden Age of Football in Hungary 1950–56* (Columbia University Press, 1994)

Heizer, Teixeira *O Jogo Bruto das Copas do Mundo* (Mauad, 1997)

Herrera, Fiora Gandolfi, *Tacalabala, Esercizi di magia di Helenio Herrera* (Tapiro, 2002)

Herrera, Helenio, *La Mia Vita* (Mondo Sport, 1964)

Hesse–Lichtenberger, Ulrich, *Tor! The Story of German Football* (WSC, 2002)

Hey, Stan, *The Golden Sky* (Mainstream, 1997)

Hidegkuti, Nándor, *Óbudától Firenzéig* (Sport, 1965)

Holden, Jim, *Stan Cullis: The Iron Manager* (Breedon, 2000)

Holt, Richard, JA Mangan and Pierre Lanfranchi (eds), *European Heroes: Myth, Identity, Sport* (Frank Cass, 1996)

Honigstein, Raphael, *Harder, Better, Faster, Stronger: Die geheime Geschichte den englischen Fussballs* (Kiepenheuer & Witsch, 2006)

Hopkins, Stephen, 'Passing Rhythms: The Modern Origins and Development of "The Liverpool Way"' in Williams, Hopkins and Long (eds), *Passing Rhythms*

Horak, Roman and Wolfgang Maderthaner, 'A Culture of Urban Cosmopolitanism: Uridil and Sindelar as Viennese Coffee–House Heroes' in Holt, Mangan and Lanfranchi, *European Heroes*

Howard, Charles (ed.), *The Encyclopaedia of Sport and Games* (Heinemann, 1911)

Hughes, Charles, *Football: Tactics and Teamwork* (EP, 1973)

Soccer Tactics and Skills (BBC and Queen Press, 1980)

The Winning Formula (Collins, 1990)

Hunt, David, *The History of Preston North End Football Club: The Power the Politics and the People* (Carnegie, 1992)

Hunter, Graham, *Barça: The Making of the Greatest Team in World* (BackPage Press, 2011)

Inglis, Simon, *Football Grounds of Britain*, (Collins Willow, 1996)

Iwanczuk, Jorge, *Historia del futbol amateur en la Argentina* (Autores Editores, 1995)

Jackson, NL, *Association Football* (Newnes, 1900)

James, Brian, *England v Scotland* (Sportsman's Book Club, 1970)

Johnston, Harry, *The Rocky Road to Wembley* (Sportsman's Book Club, 1954)

Johnston, William, *The Austrian Mind: An Intellectual and Social History* (University of California Press, 1983)

Jakobsen, Joakim, *Tynd Luft: Danmark ved VM I Mexico 1986* (Gyldendal, 2008)

Jones, Ken, *Jules Rimet Still Gleaming: England at the World Cup* (Virgin, 2003)

Jones, Peter, *Wrexham: A Complete Record 1972–1992* (Breedon, 1992)

Joy, Bernard, *Forward Arsenal!* (Phoenix, 1952)

Soccer Tactics: A New Appraisal (Phoenix, 1957, rev ed, 1963)

Kassil, Lev, *Vratar Respubliki* (reprinted Detgiz 1959; first published 1938)

Keith, John, Bob Paisley: *Manager of the Millennium* (Robson, 1999)

The Essential Shankly (Robson, 2001)

Kelly, Stephen, *The Boot Room Boys: Inside the Anfield Boot Room* (CollinsWillow, 1999)

Kovacs, Ştefan, *Football Total* (Calman–Levy, 1975)

Kormelink, Henny and Tjen Seeverens, *The Coaching Philosophies of Louis van Gaal and the Ajax coaches* (Reedswain, 1997)

Køster–Rasmussen, Janus, 'Denmark 4 USSR 2,' *The Blizzard*, Issue Three (December 2011)

Kraul, Andreas, *Presenting Jesper Olsen* (Thaning & Appel, 2007)

Kucherenko, Oleg, *Sto let rossiyskomu futbolu* (Russian Football Union, 1997)

Kuper, Simon, *Ajax, the Dutch, the War: Football in Europe during the Second World War* (Orion, 2003)

　Football against the Enemy (Orion, 1994)

Kuper, Simon and Marcela Mora y Araujo (eds), *Perfect Pitch: Dirt* (Headline, 1999)

Lacey, Josh, *God is Brazilian: Charles Miller, the Man who Brought Football to Brazil* (NPI, 2005)

Larson, Øyvind, 'Charles Reep: A Major Influence on British and Norwegian Football' in *Soccer and Society*, 2, 3, Autumn 2001, 58–78

Lawson, John, *Forest 1865–78* (Wensum, 1978)

Lawton, James, *On Football* (Dewi Lewis Media, 2007)

Lawton, Tommy, *Football is my Business* (Sporting Handbooks, 1946)

　My Twenty Years of Soccer (Heirloom, 1955)

Le Corbusier, *Vers une architecture* (first published 1923, trans. F Etchells, Architectural Press, 1970)

Lebedev, Lev, *Rossyiskiy futbol za sto let* (Russian Football Union, 1997)

Leite Lopes, José Sergio, 'Successes and contradictions in "Multiracial" Brazilian Football' in Armstrong and Giulianotti (eds), *Entering the Field*

Lidbury, Michael, *Wimbledon Football Club: The First Hundred Years* (Ward and Woolverton, 1989)

Lobanovskyi, Valeriy, *Beskonyechnyy match* (IN Yura, 2003)

Lovejoy, Joe, *Sven–Goran Eriksson* (Collins Willow, 2002)

Mangan, JA, *Athleticism in the Victorian and Edwardian School: The Emergence and Consolidation of an Educational Ideology* (Cambridge University Press, 1981)

Maradona, Diego, with Daniel Arcucci and Ernesto Cherquis Bialo, *El Diego* (Yellow Jersey, 2005, trans Marcela Mora y Araujo)

Marples, Morris, *A History of Football* (Secker and Warburg, 1954)

Martin, Simon, *Football and Fascism: The National Game under Mussolini* (Berg, 2004)

Mason, Tony, *Passion of the People? Football in South America* (Verso, 1995)

Matthews, Sir Stanley, *Feet First* (Ewen & Dale, 1948)

Mazzola, Ferruccio and Fabrizio Calzia, *Il terzo incomodo–Le pesanti verità di Ferruccio Mazzola* (Bradipolibri 2004)

Mazzoni, Tomás, *O Brasil na Taca do Mundo 1930–50* (Leia, 1950)

　História do Futebol no Brasil 1894–1950 (Leia, 1950)

McCarra, Kevin, *Scottish Football: A Pictorial History from 1867 to the Present Day* (Third Eye Centre and Polygon, 1984)

McCarra, Kevin and Pat Woods, *One Afternoon in Lisbon* (Mainstream, 1988)

McIlvanney, Hugh, *McIlvanney on Football* (Mainstream, 1994)

　World Cup '66 (Eyre & Spottiswoode, 1970)

McKinstry, Leo, *Sir Alf* (HarperSport, 2006)

Meisl, Willy, *Soccer Revolution* (Sportsman's Book Club, 1956)

Melegari, Fabrizio, Luigi La Rocca and Enrico Tosi, *Almanacco Ilustrato del Milan* (Panini, 2005)

Menotti, César Luis, *Como Ganamos la Copa del Mundo* (El Grafico, 1978)

Menotti, César Luis and Ángel Cappa, *Fútbol sin trampa* (Muchnik, 1986)

Merrick, Gil, *I See it All* (Museum Press, 1954)

Midwinter, Eric, *Parish to Planet: How Football Came to Rule the World* (Know the Score, 2007)

Mikes, George and Nicholas Bentley, *How to be an Alien: A Handbook for Beginners and Advanced Pupils* (Penguin, 1970)

Milan, Betty, *Brasil o Pais da Bola* (Berst, 1989)

Miller, David, *Cup Magic* (Sidwick and Jackson, 1981)

Mølby, Jan, *Jan the Man* (Orion, 1999)

Morales, Victor Hugo and Roberto Perfumo, *Hablemos de fútbol* (Booket, Planeta, 2007)

Morisbak, Andreas, *Fotballforståelse* (Norges Fotballforbund of Folkets Brevskole, 1978)

Motson, John and John Rowlinson, *The European Cup 1955–1980* (Queen Anne, 1980)

Mourant, Andrew, *Don Revie: Portrait of a Footballing Enigma* (Mainstream, 1990)

Muller, Salo, *Mijn Ajax: Openhartige Memoires van den Talisman van Ajax in den gouden Jaren '60 en '70* (Houtekiet, 2006)

Murray, Bill, *The World's Game: A History of Soccer* (University of Illinois Press, 1996)

Oliveira, Cândido de, *A Evolução da táctica no futebol* (Capa de Pagarna, 1949)

   Sistema W–M (Capa de Pagarna, 1950)

Oliver, Scott, 'The Other Rival, Another Way,' *The Blizzard*, Issue Four (March 2012)

Olsen, Egil, '*Scoringer i Fotball*', Masters thesis, NUSPE, Oslo, 1973

Panzeri, Dante, *Burgueses y gangsters en el deporte* (Libera, 1974)

   Fútbol, dinámica de lo impensado (Paidós, 1967)

Papa, Antonio and Guido Panico, *Storia sociale del calcio in Italia* (Il Mulino, 2002)

Paulo, Emílio, *Futebol: Dos Alicerces ao Telhado* (Oficna do Livro, 2004)

Pawson, Tony, *100 Years of the FA Cup* (Heinemann, 1972)

Pelé, with Orlando Duarte and Alex Bellos, *Pelé: The Autobiography*, trans. Daniel Hahn (Pocket Books, 2006)

Perdigão, Paulo, *Anatomia de una Derrota* (L&PM, 1986)

Persson, Gunnar, *Stjärnor På Flykt: Historien om Hakoah Wien* (Norstedts, 2004)

Peterson, Tomas, 'Split Visions: The Introduction of the Svenglish Model in Swedish Football', *Soccer and Society*, 1, 2 (Summer 2000), 1–8

Pinto, Edson, *Flávio Costa: O Futebol no Jogo da Verdade* (Cape, 1996)

Powell, Jeff, *Bobby Moore: The Life and Times of a Sporting Hero* (Robson, 1993)

Pozzo, Vittorio, *Campioni del Mondi: Quarant'anni do Storia del Calcio italiano* (Centro Editoriale Nazionale, 1960)

   '*Il fallimento del calcio italiano*', *Successo*, 2, 1959, 107–8

Puskás, Ferenc, *Captain of Hungary* (Cassell, 1955)

Radnedge, Keir, *50 Years of the European Cup and Champions League* (Carlton, 2005)

Rafferty, John, *One Hundred Years of Scottish Football* (Pan, 1973)

Ramsey, Alf, *Talking Football* (Stanley Paul, 1952)

Reep, Charles and Bernard Benjamin, 'Skill and Chance in Association football', *Journal of the Royal Statistical Society*, Series A, 131, 581–85, 1968

Reilly, T, A Lees, K Davids, and WJ Murphy (eds) *Science and Football* (Spon, 1988)

Revie, Don, *Soccer's Happy Wanderer* (Museum, 1955)

Riordan, James, *Sport in Soviet Society: Development of Sport and Physical Education in Russia and the USSR* (Cambridge University Press, 1977)

Ronay, Barney, 'The Bomb and the Bowler Hat', *The Blizzard*, Issue Three, December 2011

The Manager: The Absurd Ascent of the Most Important Man in Football (Sphere, 2009)

Sábato, Ernesto, *Sobre Héroes y Tumbas* (Súdamericana, 1961)

Sabaldyr, Volodymyr, *Vid matchu smerti do matchu zhyttya* (Lesya, 2005)

Saldanha, João, *Futebol & Outras Histórias* (Record, 1988)

Histórias do Futebol (Revan, 1994)

Sarychev, Vasily, *Mig i Sudba* (Pressball, 2004)

Sebes, Gusztáv, *Örömök és csalódások* (Gondolat, 1981)

Sivertsen, Lars, 'The Mind has Mountains', *The Blizzard*, Issue Three (December 2011)

Smith, Stratton (ed), *The Brazil Book of Football* (Souvenir, 1963)

Smith, Stratton and Eric Batty, *International Coaching Book* (Souvenir, 1966)

Soar, Phil, *And the Spurs Go Marching On* (Hamlyn, 1982)

Soar, Phil and Martin Tyler, *Arsenal: The Official History* (Hamlyn 1998)

Soter, Ivan, *Enciclopédia da Seleção 1914–2002* (Folha Seca, 2002)

Souness, Graeme with Bob Harris, *No Half Measures* (Collins Willow, 1985)

Starostin, Nikolai, *Futbol skvoz' gody* (Sovetskaya Rossiya, 1989)

Zvyozdy Bol'shogo Futbola (Sovetskaya Rossiya, 1969)

Steen, Rob, *The Mavericks* (Mainstream, 1994)

Stiles, Nobby, *Soccer My Battlefield* (Stanley Paul, 1968)

Studd, Stephen, *Herbert Chapman: Football Emperor* (Souvenir, 1981)

Syzmanski, Stefan and Tim Kuypers, *Winners and Losers: The Business Strategy of Football* (Penguin, 2000)

Taylor, Chris, *The Beautiful Game: A Journey Through Latin American Football* (Victor Gollancz, 1998, rev ed. Phoenix, 1999)

Taylor, Matthew, *The Leaguers: The Making of Professional Football in England 1900–1939* (Liverpool University Press, 2005)

Taylor, Rogan and Klara Jamrich (eds), *Puskas on Puskas: The Life and Times of a Footballing Legend* (Robson, 1998)

Todrić, Mihailo, *110 Years of Football in Serbia* (Football Association of Serbia, 2006, trans. Borislav Bazić and Marijan Franjia)

Torberg, Friedrich, *Die Erben der Tante Jolesch* (DTV, 1978)

Kaffeehaus war uberall (DTV, 1982)

Trapattoni, Giovanni, *Coaching High Performance Soccer* (Reedswain, 1999)

Valentim, Max, *O Futebol e sua Técnica* (ALBA, 1941)

Vargas, Walter, *Fútbol Delivery* (Al Arco, 2007)

Vegh, Antal, *Gyógyíthatatlan?* (Lapkiadó–Vállalat–Ország–Világ, 1986)

Miért beteg a magyar futball? (Magvető, 1974)

Vialli, Gianluca and Gabriele Marcotti, *The Italian Job: A Journey to the Heart of Two Great Footballing Cultures* (Transworld, 2006)

Vickery, Tim, 'The Rise of the Technocrats', *The Blizzard*, Issue Six (September 2012)

Vignes, Spencer, *Lost in France: The Remarkable Life and Death of Leigh Richmond Roose, Football's First Playboy* (Stadia, 2007)

Wade, Allen, *The FA Guide to Training and Coaching* (Football Association, 1967)
　　Modern Tactical Development (Reedswain, 1996)
Wagg, Stephen, *The Football World* (Harvester, 1984)
Wall, Sir Frederick, *50 Years of Football, 1884–1934* (Soccer Books, 2005)
Ward, Andrew, 'Bill Shankly and Liverpool' in Williams, Hopkins and Long (eds),
　　Passing Rhythms
Weber, Max, *The Protestant Ethic and The Spirit of Capitalism*, trans Peter Baehr
　　and Gordon C. Wells (Penguin, 2002; first published 1904)
Whittaker, Tom, *Tom Whittaker's Arsenal Story* (Sportsman's Book Club, 1958)
Williams, John, Stephen Hopkins and Cathy Long (eds), *Passing Rhythms: Liverpool
　　FC and the Transformation of Football* (Berg, 2001)
Williams, Richard, *The Perfect 10: Football's Dreamers, Schemers, Playmakers and
　　Playboys* (Faber and Faber, 2006)
Williams, William Carlos, *Selected Essays* (Random House, 1954)
Wilson, Jonathan, *The Anatomy of England: A History in Ten Matches* (Orion, 2011)
　　Behind the Curtain: Travels in Eastern European Football (Orion, 2006)
　　Nobody Ever Says Thank You: A Biography of Brian Clough (Orion, 2011)
　　The Outsider: A History of the Goalkeeper (Orion, 2012)
Winner, David, *Brilliant Orange: The Neurotic Genius of Dutch Football*
　　(Bloomsbury, 2000)
　　'*Corrida* of Uncertainty,' in *The Blizzard*, Issue Four (March 2012)
　　Those Feet: A Sensual History of English Football (Bloomsbury, 2005)
Young, Percy M, *Football in Sheffield* (Sportsman's Book Club, 1964)
　　A History of British Football (Stanley Paul, 1968)
Zauli, Alessandro, *Soccer: Modern Tactics* (Reedswain, 2002)
Zelentsov, Anatoliy and Valeriy Lobanovskyi, *Metodologicheskiye osnovy razrabotki
　　modelyey trenirovochnykh zanyatiy* (Sport, 2000)
Zubeldía, Osvaldo and Geronazzo, Argentino, [*Tactics and Strategy of Football*] (Jorge
　　Álvarez, 1965)

웹사이트

Russell Gerrard's searchable archive of international fixtures at:
　　http://www.staff.city.ac.uk/r.j.gerrard/football/aifrform.html
Milos Radulović's searchable archive of European club fixtures at:
　　http://galeb.etf.bg.ac.yu/~mirad/
www.dfb.de
www.englandstats.com
www.icyb.kiev.ua
www.playerhistory.com
www.rsssf.com
www.soccerassociation.com
www.soccerbase.com
www.thefa.com
www.uefa.com

잡지 및 신문(( ) 표기가 없는 것은 모두 영국)

Aftonbladet (Sweden)
Arbeiter-Zeitung (Austria)
Brighton Evening Argus
The Boys' Champion Story Paper
Buenos Aires Herald (Argentina)
Champions
Clarín (Argentina)
Corriere della Sera (Italy)
Daily Mail
Daily Record
East Anglian Daily Times
Efdeportes (Argentina)
L'Équipe (France)
Evening Standard
FourFourTwo
Futbol (Russia)
Futbolnyy kuryer (Ukraine)
A Gazeta (Brazil)
El Grafi (Argentina)
El Gráfico (Argentina)
The Guardian
The Herald
Hol (Ukraine)
The Huddersfield Examiner
The Independent
Kievskiye vedomosti (Ukraine)
Konsomolskaya Pravda (Russia)
Kronen Zeitung (Austria)
Lance (Brazil)
Literaturnaya Rossiya (Russia)

Liverpool Echo
Manchete Esportiva (Brazil)
Manchester Evening News
O Mundo (Brazil)
La Nacion (Argentina)
News of the World
Neues Wiener Journal (Austria)
Pariser Tageszeitung (France)
The Punter
The Scottish Athletic Journal
Scottish Referee
Scottish Umpire
The Sheffield Independent
Sheffield Telegraph and Star Sports Special
Sovetsky Sport (Russia)
Sport (Serbia)
Sport Express (Russia)
Lo Sport Fascista (Italy)
Sport den za dnyom (Ukraine)
Sporting Chronicle
Sports (Brazil)
Sportyvna Hazeta (Ukraine)
Lo Stadia (Italy)
The Standard (Argentina)
Sunday Times
Tempo (Serbia)
Ukrayinskyy futbol (Ukraine)
Welt am Montag (Austria)
World Soccer

574

레브스키 소피아 Levski Sofia
레스터 시티 Leicester City
레알 마드리드 Real Madrid
레알 마요르카 Real Mallorca
레알 바야돌리드 Real Valladolid
레알 사라고사 Real Zaragoza
레알 소시에다드 Real Sociedad
레알 오비에도 Real Oviedo
레이스 로버스 Raith Rovers
레인저스 Rangers
렉섬 Wrexham
렌턴 Renton
렌프루셔 Renfrewshire
로마 Roma
로사리오 센트랄 Rosario Central
로스토프나도누 Rostov-na-Donu
로잔 Lausanne
로치데일 Rochdale
로코모티프 Lokomotiv
루가 보스웰 시슬
　　　Lugar Boswell Thistle
루턴 타운 Luton Town
리미니 Rimini
리버 플라테 River Plate
리버풀 Liverpool
리예카 Rijeka
리즈 시티 Leeds City
리즈 유나이티드 Leeds United
린 FK Lyn
링컨 시티 Lincoln City

마르세이유 Marseille
만토바 Mantova
만하임 Mannheim
말라가 Málaga
말뫼FF Malmö FF
맨체스터 시티 Manchester City
맨체스터 유나이티드
　　　Manchester United
메이드스톤 유나이티드
　　　Maidstone United

메탈루크 모스크바 Metallurg Moscow
메헬렌 Mechelen
모나코 Monaco
미들즈브러 Middlesbrough
밀란 AC Milan
밀월 Millwall

바라코 루코 Baracco Luco
바레세 Varese
바르셀로나 FC Barcerlona
바스코 다 가마 Vasco da Gama
바스크 Basque
바이에른 뮌헨 Bayern Munich
반필드 Banfield
발렌시아 Valencia
방구 Bangu
배로 Barrow
버밍엄 시티 Birmingham City
버셔시 Vasas
번리 Burnley
베르더 브레멘 Werder Bremen
베야 비스타 Bella Vista
베일오브레븐 Vale of Leven
벤피카 Benfica
벨라리아 Bellaria
벨레넨세스 Belenenses
벨레스 사르스필드 Vélez Sársfield
보루시아 도르트문트
　　　Borussia Dortmund
보루시아 묀헨글라드바흐
　　　Borussia Mönchengladbach
보카 주니어스 Boca Juniors
보타포구 Botafogo
볼레렝아IF Vålerenga IF
볼로냐 Bologna
볼턴 원더러스 Bolton Wonderers
봉수쎄쑤 Bonsucesso
뵈뢰시 로보고 Vörös Lobogó
부에노스아이레스 축구클럽
　　　Buenos Aires Football Club
브라이튼 Brighton

브렌트퍼드 Brentford
브뢴비 Brøndby
브리스톨 로버스 Bristol Rovers
브리스톨 시티 Bristol City
브리타니아 베를린 Britannia Berlin
브베 Vevey
블랙번 로버스 Blackburn Rovers
블랙풀 Blackpool
블랙히스 Blackheath
비도우레 Hvidovre
비스코니아 Biskonia
비야레알 Villarreal
비엔나 아마토이레 Wiener Amateure
비엔너FC Wiener FC
비첸차 Vicenza
비토리아 세투발 Vitória Setúbal
비토샤(레브스키) Vitosha(Levski)
빅토리아 89 베를린 Victoria 89 Berlin
빌라 노바 Vila Nova

사우샘프턴 Southampton
산 로렌소 San Lorenzo
산투스 Santos
살라망카 Salamanca
살레르니타나 Salernitana
삼프도리아 Sampdoria
상벤투 São Bento
상트 갈렌 St Gallen
상파울루 São Paulo
샤를루아 Charleroi
샤흐타르 도네츠크 Shakhtar Donetsk
샬케04 Schalke 04
선덜랜드 Sunderland
세르베테 Servette
세비야 Sevilla
세인트 메리스 St Mary's
셀틱 Celtic
셰피 유나이티드 Sheppey United
셰필드 웬즈데이
　　Sheffield Wednesday
셰필드클럽 Sheffield Club

소피아 CDKA Sofia
쉬바이쯔—바이스 에센
　　Schwarz—Weiss Essen
슈투트가르트 키커스
　　Stuttgarter Kickers
스윈던 타운 Swindon Town
스코티쉬 원더러스
　　Scottish Wonderers
스타드 프랑세 Stade Français
스태일리브리지 Stalybridge
스테아우아 부카레스트
　　Steaua Bucharest
스토크 시티 Stoke City
스톡포트 카운티 Stockport County
스파르타 로테르담 Sparta Rotterdam
스파르타 프라그 Sparta Prague
스파르타 Sparta
스파르타크 Spartak
스포르트 Sport
스포르팅 Sporting
슬로반 브라티슬라바
　　Slovan Bratislava
시니크 Shinnik
시리우 리바네스 Sírio Libanês

아라라트 예레반 Ararat Yerevan
아메리카 데 칼리 América de Cali
아비아시온 나티오날 Aviacion National
아스널 Arsenal
아스톤 빌라 Aston Villa
아약스 Ajax
아인트라흐트 프랑크푸르트
　　Eintracht Frankfurt
아카수소 Acassuso
아탈란타 Atalanta
아틀라스 Atlas
아틀레티코 마드리드 Atlético Madrid
아틀레티코 미네이루 Atlético Mineiro
아틀레틱 빌바오 Athletic Bilbao
아포엘 니코시아 Apoel Nicosia
애버딘 Aberdeen

얼럼나이 Alumni
에버턴 Everton
에스투디안테스 Estudiantes
에스파뇰 Espanyol
에어 유나이티드 Ayr United
에어드리오니언스 Airdrieonians
에인트호번 PSV Eindhoven
에티니코스 Ethinikos
엔스헤데 SC Enschede
영보이즈 오브 베르네
    Young Boys of Berne
예테보리 IFK Gothenburg
오노 이 파트리아 오프 베르날
    Honor y Patria of Bernal
오스웨스트리 타운 Oswestry Town
오스트리아 비엔나 Austria Vienna
올드숏 Aldershot
왓포드 Watford
외레브로 Orebro
요크 시티 York City
우니베르시다드 데 칠레
    Universidad de Chile
우니온 Unión
우디네세 Udinese
우라칸 Huracán
우이페슈트 Ujpest
울버햄프턴 원더러스(울브즈)
    Wolverhampton Wonderers
    (Wolves)
워크숍 Worksop
워킹턴 Workington
원더팀 Wunderteam (Wonder Team)
웨스트 브롬위치 앨비언
    West Bromwich Albion
웨스트 햄 West Ham
윔블던 Wimbledon
유벤투스 Juventus
이글리 Eagley
이튼 칼리지 동문팀 Old Etoninas
인데펜디엔테 Independiente
인버네스 시슬 Inverness Thistle

인테르나치오날레(인테르, 인터 밀란)
    Internazionale(Inter)
입스위치 Ipswich

장크트 파울리 St. Pauli
제노아 Genoa
제니트 레닌그라드 Zenit Leningrad
제니트 상트 페테르부르크
    Zenit St Petersburg
제임스타운 에슬레틱스
    Jamestown Atheletics
조르야 Zorya
죄르 Györ

차카리타 주니어스 Charcarita Juniors
체세나 Cesena
쳴므스포드 시티 Chelmsford City
첼시 Chelsea
초르노모레츠 오데사
    Chornomorets Odessa
츠르베나 즈브제다 오프 베오그라드
    Crvena Zvzeda of Belgrade
치오카눌 Ciocanul

카디프 Cardiff
카르투지오 수도회 동문팀 Old Carthusians
카이라트 알마티 Kairat Almaty
카이저슬라우테른 Kaiserslautern
카타니아 Catania
칼리아리 Cagliari
칼스코가 BK Karlskoga
코린티안스 Corinthians
코모 Como
코번트리 시티 Coventry City
쿨투랄 레오네사 Cultural Leonesa
퀸즈파크클럽 Queen's Park Club
크루 Crewe
크루제이루 Cruzeiro
크리스탈 팰리스 Crystal Palace
크릴리야 소베토프 모스크바
    Kryla Sovetov Moscow

나이젤 배치 Batch, Nigel
나이젤 켈러헌 Callaghan, Nigel
나카 스코글룬드 Skoglund, Nacka
난도르 히데쿠티 Hideguti, Nándor
네레오 로코 Rocco, Nereo (감독)
네마냐 비디치 Vidić, Nemanja
네스토르 로시 Rossi, Néstor
네스토르 콤빈 Combin, Néstor
네스토르 클라우센 Clausen, Néstor
넬손 호드리게스 Rodrigues, Nélson
넬싱요 밥티스타
　　　Baptista, Nelsinho (감독)
노르베르토 라포 Raffo, Norberto
노르베르토 야코노 Yácono, Norberto
노르베르토 콘데 Conde, Norberto
노르베르트 에데르 Eder, Norbert
노르베르트 호플링 Höfling, Norbert
노베르토 오우테스 Outes, Norberto
노비 스타일스 Stiles, Nobby
놀로 페레이라 Ferreira, Nolo
누누 고메스 Gomes, Nuño
니얼 퀸 Quinn, Niall
니우통 산투스 Nílton Santos
니코 코바치 Kovač, Niko
니코 크란차르 Kranjčar, Niko
니콜라 라제티치 Lazetić, Nikola
니콜라 아넬카 Anelka, Nicolas
니콜라스 레인 잭슨
　　　Jackson, Nicholas Lane
니콜라이 모로조프
　　　Morozov, Nikolai (감독)
니콜라이 스타로스틴
　　　Starostin, Nikolai
니콜라이 포즈다냐코프
　　　Pozdyanakov, Nikolai
니키타 시몬얀 Simonyan, Nikita (감독)
닐 암스트롱 Armstrong, Neil
닐 웨브 Webb, Neil
닐스 리드홀름 Liedholm, Nils (감독)

다니 아우베스 Alves, Dani

다니 Dani
다니엘 리들 Liddle, Daniel
다니엘 베르토니 Bertoni, Daniel
다니엘 파사레야 Passarella, Daniel
다니엘 프라니치 Pranjić, Danijel
다니엘레 데 로시 Rossi, Daniele De
다니엘레 마싸로 Massaro, Daniele
다닐루 알빔 Alvim, Danilo
다닐루 Danilo
다리오 그라디 Gradi, Dario (감독)
다리오 시미치 Šimić, Dario
다리요 스르나 Srna, Darijo
다리우 Dario
다미아노 토마시 Tommasi, Damiano
다비드 비야 Villa, David
다비드 아랑 레이스 Aarão Reis, David
다비드 아레야노 Arellano, David
다비드 파이스 Pays, David
다비드 피사로 Pizarro, David
단테 Dante
대니 블란치플라워
　　　Blanchflower, Danny (감독)
대니 블린트 Blind, Danny
더그 엘리스 Ellis, Doug
던 Dunn, A.T.B.
던칸 해밀턴 Hamilton, Duncan
덩컨 에드워즈 Edwards, Duncan
데니스 로 Law, Denis
데니스 베르캄프 Bergkamp, Dennis
데니스 비올렛 Viollet, Dennis
데니스 와이즈 Wise, Dennis
데니스 윌쇼 Wilshaw, Dennis
데릭 템플 Temple, Derek
데메트리오 알베르티니
　　　Albertini Demetrio
데미안 더프 Duff, Damien
데스몬드 워커 Walker, Desmond
데스몬드 해켓 Hackett, Desmond
데얀 사비체비치 Savićević, Dejan
데얀 스탄코비치 Stanković, Dejan
데이브 바세트 Bassett, Dave

데이브 보웬 Bowen, Dave (감독)
데이브 볼러 Bowler, Dave
데이비 마이클존 Meiklejohn, Davie
데이비드 골드블라트
　　Goldblatt, David
데이비드 다우닝 Downing, David
데이비드 레이시 Lacey, David
데이비드 바슬리 Bardsley, David
데이비드 베컴 Beckham, David
데이비드 베티 Batty, David
데이비드 위너 Winner, David
데이비드 콜드헤더 Calderhead, David
데이비드 플라트 Platt, David
데이비드 헌트 Hunt, David
데죠 솔티 Solti, Dezso
데쿠 Deco
도리 커슈너 Kürschner, Dori (감독)
도리바우 유스트리시
　　Yustrich, Dorival (감독)
도메네크 발만냐
　　Balmanya, Domènec (감독)
도밍고 아세도 Acedo, Domingo
도밍구스 다 기아 Domingos da Guia
돈 레비 Revie, Don
돈 호 Howe, Don
돈 호세 말피타니 Amalfitani, Don José
둥가 Dunga
드라간 스토이코비치
　　Stojković, Dragan
드라고 보스냐크 Bošnjak, Drago
디노 초프 Zoff, Dino
디디에 데샹 Deschamps, Didier
디디에 드로그바 Drogba, Didier
디디에 조코라 Zokora, Didier
디에고 마라도나 Maradona, Diego
디에고 시메오네 Simeone, Diego
디에고 카그나 Cagna, Diego
디터 아일츠 Eilts, Dieter
디트마르 야콥스 Jakobs, Ditmar
딕 덕워서 Duckworth, Dick
딕시 딘 Dean, Dixie

라다멜 팔카오 Falcao, Radamel
라디슬라오 마주르키에비치
　　Marzurkiewwcz, Ladislao
라디슬라오 쿠발라 Kubala, Ladislao
라르스 바스트루프 Bastrup, Lars
라르스 시베르트센 Sivertsen, Lars
라르스 아르네손 Arnesson, Lars
라르스 에릭센 Eriksen, Lars
라르스 호그 Hogh, Lars
라몬 운사가 아슬라
　　Unzaga Asla, Ramón
라몬 키로가 Quiroga, Ramón
라슬로 펠레키 Feleki, László
라울 카를레소 Carlesso, Raul
라울 Raúl
라이문도 오르시 Orsi, Raimundo
라이언 긱스 Giggs, Ryan
라즈반 라츠 Rat, Razvan
라즈코 미티치 Mitić, Rajko
라타피아 Latapia
라타피아 Latapia
라파 베니테스 Benítez, Rafa
라파엘 마르케스 Márquez, Rafael
라파엘 모레노 아란사디
　　Aranzadi, Rafael Moreno
라파엘 호니그슈타인
　　Honigstein, Raphael
라프렌티 베리아 Beria, Lavrenty
래리 로이드 Lloyd, Larry
레나토 체사리니
　　Cesarini, Renato (감독)
레네 반 데르 케르크호프
　　Kerkhof, René van der
레네 오우세만 Houseman, René
레네 폰토니 Pontoni, René
레스 맥도월 McDowell, Les (감독)
레슬리 나이턴 Knighton, Leslie (감독)
레안드루 Leandro
레어폴도 루케 Luque, Leopoldo
레오 베인하커르 Beenhakker, Leo
레오나르두 Leonardo

레오니다스 Leônidas
레오폴트 드릴 Drill, Leopold
레이 윌슨 Wilson, Ray
레이 케네디 Kennedy, Ray
레이 크로퍼드 Crawford, Ray
레이 팔러 Parlour, Ray
레프 야신 Yashin, Lev
레프 필라토프 Filatov, Lev
렌 섀클턴 Shackleton, Len
로날드 쿠만 Koeman, Ronald
로날트 데 부르 Boer, Ronald de
로니 모란 Moran, Ronnie (감독)
로니 심프슨 Simpson, Ronnie
로도비코 마라데이 Maradei, Lodovico
로리 라일리 Reilly, Lawrie
로리 스콧 Scott, Laurie
로버트 스미스 Smith, Robert
로버트 크롬프톤 Crompton, Robert
로베르 피레 Pires, Robert
로베르토 데보토 Devoto, Roberto
로베르토 도나도니
　　　　Donadoni, Roberto
로베르토 만치니
　　　　Mancini, Roberto (감독)
로베르토 바조 Baggio, Roberto
로베르토 텔치 Telch, Roberto
로베르토 페레이로 Ferreiro, Roberto
로베르토 페르푸모 Perfumo, Roberto
로베르트 레반도프스키
　　　　Lewandowski, Robert
로베르트 야르니 Jarni, Robert
로베르트 프로시네츠키
　　　　Prosinećki, Robert
로이 스윈번 Swinbourne, Roy
로이 스티븐슨 Stephenson, Roy
로이 킨 Keane, Roy
로이 호지슨 Hodgson, Roy (감독)
로저 르메르 Lemerre, Roger (감독)
로저 헌트 Hunt, Roger
로케 마스폴리 Máspoli, Roque
로타어 마테우스 Matthäus, Lothar

론 버제스 Burgess, Ron
론 앳킨슨 Atkinson, Ron
론 플라워즈 Flowers, Ron
론도 페레티 Ferretti, Londo
롤랑 바르트 Barthes, Roland
롤랜드 알렌 Allen, Roland
롤린슨 Rawlinson, J.F.P.
롬멜 Rommel
롭 렌센브링크 Rensenbrink, Rob
롭 스미트 Smyth, Rob
롭 스틴 Steen, Rob
롭 알프런 Alflen, Rob
루도비크 마라데이 Maradei, Ludovico
루드 굴리트 Gullit, Ruud
루드 크롤 Krol, Ruud
루디 겔레쉬 Gellesch, Rudi
루디 펠러 Völler, Rudi
루디 히덴 Hiden, Rudi
루반스키 Lubański, Wloodzimierz
루벤 베넷 Bennett, Reuben
루이 카스트로 Castro, Ruy
루이 페르난데스 Fernández, Luis
루이스 라바스치노 Ravaschino, Luis
루이스 몬티 Monti, Luis
루이스 반 할 van Gaal, Louis
루이스 비니시우 Vinicio, Luis
루이스 수아레스 Suárez, Luis
루이스 카레로 블랑코
　　　　Carrero Blanco, Luis
루이스 페레이라 Pereira, Luís
루이스 피구 Figo, Luís
루이시토 몬티 Monti, Luisito
루이지 디 비아지오 Biagio, Luigi Di
루치아노 스팔레티
　　　　Spalletti, Luciano (감독)
루카 마르체지아니
　　　　Marchegiani, Luca
루카 모드리치 Modrić, Luka
루카 토니 Toni, Luca
룰라 Lula(Luis Alonso Pérez)
뤼시앵 뮐러 Müller, Lucien

르꼬르뷔제 Corbuisier, Le
리 샤프 Sharpe, Lee
리고베르 송 Song, Rigobert
리뉘스 미헐스 Michels, Rinus (감독)
리뉘스 이스라엘 Israel, Rinus
리샤르드 묄레르 닐센
    Nielsen, Richard Møller
리오넬 메시 Messi, Lionel
리쳐드 로빈슨 Robinson, Richard
리쳐드 맥브레티 McBrearty, Richard
리쳐드 베이트 Bate, Richard
리쳐드 윌리엄스 Williams, Richard
리쳐드 폴라드 Pollard, Richard
리치몬드 루스
    Roose, Leigh Richmond
리카르도 보치니 Bochini, Ricardo
리카르도 사모라 Zamora, Ricardo
리카르도 지우스티 Giusti, Ricardo
리코 Lico
리투 Lito

마나리 Mannari
마놀로 데 카스트로 de Castro, Manolo
마누 사라비아 Manu Sarabia
마누엘 기우디스
    Giúdice, Manuel (감독)
마누엘 루이 코스타 Costa, Manuel Rui
마누엘 세오아네 Seoane, Manuel
마누엘 페예그리노
    Pellegrino, Manuel (감독)
마닝 Manning, L.V.
마르셀 데사이 Desailly, Marcel
마르셀로 비엘사 Bielsa, Marcelo (감독)
마르체아 루체스쿠 Lucescu, Mircea
마르첼로 리피 Lippi, Marcello (감독)
마르코 가비아디니 Gabbiadini, Marco
마르코 델베키오 Delvecchio, Marco
마르코 바비치 Babić, Marko
마르코 반 바스턴
    Basten, Marco van (감독)
마르코 타르델리 Tardelli, Marco

마르코스 알론소 Alonso, Marcos
마르코스 커닉리아로
    Conigliaro, Marcos
마르크 반 봄멜 Bommel, Mark van
마르틴 메르자노프 Merzhanov, Martin
마르틴 시우베이라 Silveira, Martin
마르팀 프란시스코
    Francisco, Martim (감독)
마리뉴 페레스 Marinho Peres
마리오 고메스 Gómez, Mario
마리오 스타니치 Stanić, Mario
마리오 차파 Zappa, Mario
마리오 켐페스 Kempes, Mario
마리오 코르소 Corso, Mario
마리오 콜루나 Coluna, Mario
마리우 자갈루 Zagallo, Mario (감독)
마리우시 레반도프스키
    Lewandowski, Mariusz
마밀카르 브루사 Brusa, Amilcar
마시모 암브로시니 Ambrosini, Massimo
마우로 타소티 Tassotti, Mauro
마우루 시우바 Silva, Mauro
마우리시오 이슬라 Isla, Mauricio
마우리시오 포체티노
    Pochettino, Mauricio
마우릴리오 프리니 Prini, Maurilio
마이크 펠란 Mike Phelan
마이클 에시엔 Essien, Michael
마이클 오언 Owen, Michael
마이클 캐릭 Carrick, Michael
마크 라이트 Wright, Mark
마크 오베르마스 Overmars, Marc
마크 헤이틀리 Hateley, Mark
마크 휴스 Hughes, Mark
마테야 케즈만 Keÿman, Mateja
마톤 부코비 Bukovi, Marton (감독)
마티아스 곤잘레스 Gonzales Matías
마티아스 진델라르 Sindelar, Matthias
마티아스 페르난데스 Fernández, Matías
마틴 새뮤얼 Samuel, Martin
마틴 오닐 O'Neill, Martin

마틴 쿠언 Keown, Martin
마틴 피터스 Peters, Martin
막스 발렌팀 Valentim, Max
망가 Manga
매트 버스비 Busby, Sir Matt (감독)
맨디 프리머스 Primus, Mandy
메디시 Médici, General
메수트 외질 Özil, Mesut
모레노 Moreno
모르텐 올센 Olsen, Morten
몰든 Malden, H.C.
몽고메리 Montgomery
무리시 산타나 Sant'anna, Murici
믈라덴 크르스타이치 Krstajić, Mladen
믈라덴 페트리치 Petrić, Mladen
미겔 데 안드레스 Miguel de Andrés
미겔 루길로 Rugilo, Miguel
미겔 루소 Russo, Miguel (감독)
미겔 보시오 Bossio, Miguel
미겔 안겔 나달 Nadal, Miguel Ángel
미겔 안토니오 후아레스
    Juarez, Miguel Antonio (감독)
미겔 앙헬 루소 Russo, Miguel Ángel
미겔 앙헬 몬투오리
    Montuori, Miguel Angel
미겔 앙헬 솔라 Sola, Miguel Ángel
미겔 지아첼로 Giachello, Miguel
미로슬라프 듀키치
    Djukić, Miroslav (감독)
미로슬라프 블라제비치
    Blazević, Miroslav (감독)
미샤엘 라우드루프 Laudrup, Michael
미셸 플라티니 Platini, Michel
미셸 히달고 Hidalgo, Michel (감독)
미쟉 Mizyak
미카 누르멜라 Nurmela, Mika
미켈 존 오비 Obi, Mikel Jon
미켈레 안드레올로 Andreolo, Michele
미크레아 루체스쿠
    Lucescu, Mircéa (감독)
미클로스 호르티 Horthy Miklós

미하엘 레이지허르 Michael Reiziger
미하일 게르시코비치
    Gershkovich, Mikhail
미하일 베르게옌코
    Vergeenko, Mikhail
미하일 세미차스트니
    Semichastny, Mikhail
미하일 야쿠신 Yakushin, Mikhail (감독)
미하일로 오솀코프
    Oshemkov, Mykhaylo
미하일로 코만 Koman, Mykhaylo
미할리 란토스 Lantos, Mihály
미할리 파치 Patyi, Mihály
믹 존스 Jones, Mick
밀란 드보르작 Dvorák, Milan
밀란 라파이치 Rapaić, Milan
밀란 밀라니치 Miljanić, Miljan (감독)
밀리보이 브라춘 Bračun, Milivoj

바니 로나이 Ronay, Barney
바딤 예프투셴코 Yevtushenko, Vadym
바르보사 Barbosa, Moacyr
바바 Vavá
바비 존스턴 Johnston, Bobby
바스티안 슈바인슈타이거
    Schweinsteiger, Bastian
바실 라츠 Rats, Vasyl
바실 투란시크 Turyanchyk, Vasyl
바실리 사리체프 Sarychev, Vasily
바실리 카르체프 Kartsev, Vasili
바우데베인 젠덴 Zenden, Boudewijn
바츨라프 호보르카 Hovorka, Václav
바케마 Bakema, J.B.
바타 가르시아 García, Vata
반데를라이 루셈부르구
    Luxembourgo, Vanderlei (감독)
발데마르 지 브리투 Brito, Waldemar de
발디르 페레스 Waldir Peres
발레리 로바노브스키
    Lobanovskyi, Valeriy (감독)
발렌틴 이바노프 Ivanov, Valentin

발타자르 Baltazar
발터 노위쉬 Nausch, Walter
발터 루츠 Lutz, Walter
배리 휠스호프 Hulshoff, Barry
뱌체슬라프 바슈크
　　Vashchuk, Vyacheslav
버나드 벤자민 Benjamin, Bernard
버나드 조이 Joy, Bernard
버니 윌킨슨 Wilkinson, Bernie
버티 미 Mee, Bertie (감독)
버티 스마일리 Smylie, Bertie
버티 올드 Auld, Bertie
베니 멀러 Muller, Bennie
베니아미노 디 자코모
　　Giacomo, Beniamino Di
베니토 로렌치 Lolenzi, Benito
베니토 무솔리니 Mussolini, Benito
베르게 릴레린 Lillelien, Børge
베르나베 페레이라 Ferreyra, Bernabé
베르티 포그츠 Vogts, Berti (감독)
베른트 슈스터 Schuster, Bernd (감독)
베아트릭스 Beatrix, Princess
벤자니 무아루와리
　　Mwaruwari, Benjani
벨라 구트만 Guttmann, Béla (감독)
벨리미르 자예크 Zajec, Velimir
벨리보르 바소비치 Vasović, Velibor
보리스 아르카디예프
　　Arkadiev, Boris (감독)
보리스 쿠즈네초프 Kuznetsov, Boris
보리슬라브 체코비치 Cvetković, Borislav
보비 굴드 Gould, Bobby (감독)
보비 레녹스 Lennox, Bobby
보비 롭슨 Robson, Bobby (감독)
보비 머독 Murdoch, Bobby
보비 메이슨 Mason, Bobby
보비 무어 Moore, Bobby
보비 찰턴 Charlton, Bobby
보비 하름즈 Haarms, Bobby (감독)
보비 휴튼 Houghton, Bobby (감독)
보스만 Bosman

보진 라자레비스 Lazarevic, Bojin
볼란테 Volante
볼로디미르 문티얀 Muntyan, Volodymir
볼로디미르 사발디르
　　Sabaldyr, Volodymyr
볼로디미르 셰르비츠키
　　Shcherbytskyi, Volodimyr
볼로디미르 셰브첸코
　　Shevchenko, Volodymyr
볼프강 롤프 Rolff, Wolfgang
볼프람 피타 Pyta, Wolfram
봅 길레스피 Gillespie, Bob
봅 매콜 McColl, Bob
봅 맥고리 McGory, Bob (감독)
봅 종퀴에 Jonquet, Bob
봅 카일 Kyle, Bob (감독)
봅 크롬프톤 Crompton, Bob
봅 파이즐리 Paisley, Bob (감독)
봅 휴이슨 Hewison, Bob
부흐발트 Buchwald, Guido
브라이언 글랜빌 Glanville, Brian
브라이언 더글러스 Douglas, Bryan
브라이언 롭슨 Robson, Bryan
브라이언 맥클레어 McClair, Brian
브라이언 제임스 James, Brian
브라이언 클러프 Clough, Brian (감독)
브란코 테사니치 Tesanić, Branko
브루노 로돌피 Rodolfi, Bruno
브루노 모라 Mora, Bruno
브루노 콘티 Conti, Bruno
브루스 윌리스 Willis, Bruce
브루스 캠벨 Campbell, Bruce
브리안 라우드루프 Laudrup, Brian
브세볼로트 보브로프
　　Bobrov, Vsevolod
블라디미르 레브첸코
　　Levchenko, Vladimir
블라디미르 스테파노프
　　Stepanov, Vladimir
블라이드 형제 Blythe brothers
비고데 Bigode

비니 존스 Jones, Vinnie
비르게르 옌센 Jensen, Birger
비브 앤더슨 Anderson, Viv
비센치 페올라 Feola, Vicente (감독)
비센테 델 보스케 Del Bosque, Vicente
비아체슬라프 솔로비오프
    Solovyov, Vyacheslav (감독)
비탈리 흐멜니츠키
    Khmelnytskyi, Vitaliy
비토리오 포초 Pozzo, Vittorio (감독)
빅 버킹엄 Buckingham, Vic (감독)
빅토르 마슬로프 Maslov, Viktor (감독)
빅토르 마트비옌코 Matviyenko, Viktor
빅토르 발데스 Valdés, Victor
빅토르 보로실로프 Voroshilov, Viktor
빅토르 세레브리아니코프
    Serebryanykov, Victor
빅토르 실로브스키
    Shylovskyi, Viktor (감독)
빅토르 안드라데 Andrade, Victor
빅토르 카네브스키 Kanevskyi, Victor
빅토르 카르포프 Karpov, Victor
빅토리오 스피네토 Spinetto, Victorio
빌 니콜슨 Nicholson, Bill (감독)
빌 맥크라켄 McCracken, Bill
빌 머리 Murray, Bill (감독)
빌 샹클리 Shankly, Bill (감독)
빌 슬레이트 Slater, Bill
빌리 길레스피 Gillespie, Billy
빌리 라이트 Wright, Billy
빌리 로버츠 Roberts, Billy
빌리 메이슬 Meisl, Willy
빌리 반스 Barnes, Billy
빌리 슐츠 Schulz, Willi
빌리 스미스 Smith, Billy
빌리 웨드록 Wedlock, Billy
빌리 크룩 Crook, Billy
빌리 헌터 Hunter, Billy (감독)
빔 반 하네겜 Hanegem, Wim van
빔 수르비어 Suurbier, Wim
빔 얀센 Jansen, Wim

빔 용크 Jonk, Wim

사무엘 에투 Eto'o, Samuel
사무엘 웨버 Weber, Samuel
사미 Sami
사비 Xavi
사예드 모아와드 Moewad, Sayed
사이먼 쿠퍼 Kuper, Simon
사이먼 하틀리 Hartley, Simon
산도르 코치시 Kocsis, Sándor
산드로 로셀 Rossell, Sandro
산드로 마쫄라 Mazzola, Sandro
산티 우르키아가 Santi Urkiaga
살로 뮐러 Müller, Salo
살바도르 아르티가스 Artigas, Salvador
새뮤얼 알렌 Allen, Samuel (감독)
샌디 아담슨 Adamson, Sandy
샘 롱슨 Longson, Sam
샘 애쉬워스 Ashworth, Sam
샘 월스텐홈 Wolstenholme, Sam
샘 위더슨 Widdowson, Sam
샘 크룩스 Crooks, Sam
샤스티 세스타 Sesta, Schasti
샤크 스바르트 Swart, Sjaak
세레주 Cerezo
세르게이 솔로비오프 Soloviov, Sergei
세르게이 알레이니코프 Aleinikov, Sergei
세르게이 유란 Yuran, Sergei
세르게이 일린 Ilyin, Sergei
세르지뉴 Serginho
세르지오 고넬라 Gonella, Sergio
세르지오 브리오 Brio, Sergio
세르지우 콘세이상 Conceicão, Sergio
세르히 레브로프 Rebrov, Serhiy
세르히 폴호브스키 Polkhovskyi, Serhiy
세르히오 마르카리안 markarián, Sergio
세르히오 바티스타 Batista, Sergio
세르히오 부스케츠 Busquets, Sergio
세묜 티모셴코 Timoshenko, Semyon
세바스티앙 라자로니 Lazaroni, Sebastão
세스크 파브레가스 Fàbregas, Cesc

세자르 루이스 메노티
  Menotti, César Luis (감독)
셸소 푸르타도 Furtado, Celso
셉 피온테크 Piontek, Sepp
셰틸 레크달 Rekdal, Kjetil
소니 실루이 Silooy, Sonny
소니 월터스 Walters, Sonny
소일로 카나베리 Canavery, Zoilo
소크라치스 Socrates
솔티시크 Szoltysik, Zygfryd
쇠렌 레르비 Lerby, Søren
쇠렌 부스크 Busk, Søren
슈마허 Schumacher
슈베르트 감베타 Gambetta, Schubert
슈테판 로이터 Reuter, Stefan
슈테판 코바치 Kovacs, Ştefan (감독)
스레치코 보그단 Srećko Bogdan
스링 Thring, J.C.
스미스 Smith, H.N.
스벤 예란 에릭손
  Eriksson, Sven-Göran (감독)
스벤드 게르스 Gehrs, Svend
스콧 덩컨 Duncan, Scott (감독)
스콧 올리버 Oliver, Scott
스탠 볼스 Bowles, Stan
스탠 컬리스 Cullis, Stan (감독)
스탠리 매슈스 Matthews, Stanley
스탠리 멘조 Menzo, Stanley
스테판 지만스키 Szymanski, Stefan
스테팡 기바르쉬 Guivarc'h, Stéphane
스튜어트 피어스 Pearce, Stuart
스트래튼 스미스 Smith, Stratton
스티브 맥마나만 McManaman, Steve
스티브 맥마흔 McMahon, Steve
스티브 맥클라렌 McClaren, Steve (감독)
스티브 블루머 Bloomer, Steve
스티브 스톤 Stone, Steve
스티브 하이웨이 Heighway, Steve
스티브 호지 Hodge, Steve
스티븐 제라드 Gerrard, Steven
스티븐 제이 굴드 Gould, Stephen Jay

스티븐 크랩트리 Crabtree, Stephen
스티비 찰머스 Chalmers, Stevie
스펜 휘태커 Whittaker, Spen (감독)
스펜서 워커 Walker, Reverend Spencer
스피넬리 Spinelli
스피츠 콘 Kohn, Spitz
슬라벤 빌리치 Bilić, Slaven (감독)
슬로보단 얀코비치 Janković, Slobodan
시니사 미하일로비치 Mihajlović, Siniša
시드 로 Lowe, Sid
시드 오언 Owen, Syd
시모네 페로타 Perrotta, Simone
시몬 빈커노흐 Vinkenoog, Simon
시우비우 피릴루 Pirilo, Silvio (감독)
실비오 마르졸리니 Marzolini, Silvio
실비오 베를루스코니 Berlusconi, Silvio
실비오 피올라 Piola, Silvio
실비우 룽 Lung, Silviu

아귀레 수아레스 Suárez, Aguirre
아나톨리 데먀넨코
  Demyanenko, Anatoliy
아나톨리 비쇼베츠 Byshovets, Anatoliy
아나톨리 아키모프 Akimov, Anatoly
아나톨리 젤렌초프 Zelentsov, Anatoliy
아데마르 피멘타
  Pimenta, Adhemar (감독)
아데미르 Ademir
아돌포 모길레브스키 Mogilevsky, Adolfo
아돌포 비오이 카사레스
  Casares, Adolfo Bioy
아돌포 페데르네라
  Pedernera, Adolfo (감독)
아돌프 우르반 Urban, Adolf
아돌프 포글 Vogl, Adolf
아돌프 히틀러 Hitler, Adolf
아딜리아 Adília
아레한드로 사베야 Sabella, Alejandro
아르만도 세가토 Segato, Armando
아르만도 오비데 Ovide, Armando
아르만도 피키 Picchi, Armando

알렉스 퍼거슨 경
　　Ferguson, Sir Alex (감독)
알렉시스 산체스 Sánchez, Alexis
알렌 시몬센 Simonsen, Allen
알렌 웨이드 Wade Allen
알료자 아사노비치 Asanović, Aljosa
알리악산드르 흘렙 Hleb, Aliaksandr
알버트 바함 Barham, Albert
알베르 카뮈 Camus, Albert
알베르토 곤잘레스 González, Alberto
알베르토 라린 Lalín, Alberto
알베르토 자케로니
　　Zaccheroni, Alberto (감독)
알베르토 타란티니 Tarantini, Alberto
알베르토 폴레띠 Poletti, Alberto
알베르토 피치니니 Piccinini, Alberto
알베리고 에바니 Evani, Alberigo
알비누 프리아사 Friaća, Albino
알시데 긱히아 Ghiggia, Alcide
알프 가넷 Garnett, Alf
알프 램지 Ramsey, Alf (감독)
알프레도 디 스테파노
　　Stéfano, Alfredo Di
알프레도 베르무데스
　　Bermúdez, Alfredo
알프레도 포니 Foni, Alfredo (감독)
알프레드 폴가르 Polgar, Alfred
앙리 몽테를랑 Montherlant, Henry de
앙헬 라브루나 Labruna, Angel (감독)
앙헬 알레그리 Ángel Allegri
애슐리 콜 Cole, Ashley
앤더슨 Anderson, W.H.
앤드류 윌슨 Andrew Wilson
앤디 그레이 Gray, Andy
앤디 넬슨 Nelson, Andy
앤디 닐 Neil, Andy
앤디 록스버그 Roxburgh, Andy
앤디 신턴 Sinton, Andy
앨런 더반 Durban, Alan
앨런 볼 Ball, Alan
앨런 브라운 Brown, Alan (감독)

앨런 시어러 Shearer, Alan
앨런 하퍼 Harper, Alan
앨런 한센 Hansen, Alan
앨런 허드슨 Hudson, Alan
앨런 힌튼 Hinton, Alan
앨리 멕코이스트 McCoist, Ally
앨버트 스터빈스 Stubbins, Albert
앨버트 테넌트 Tennant, Albert
앨튼 존 John, Elton
앰브로즈 랭글리 Langley, Ambrose (감독)
야리 리트마넨 Litmanen, Jari
야야 투레 Touré, Yaya
얀 묄비 Mølby, Jan
얀 토마셰프스키 Tomaszewski, Jan
어니 블렌킨숍 Blenkinsop, Ernie
에곤 올브리히 Ulbrich, Egon
에데르 Eder
에두 Edu
에두아르도 갈레아노 Galeano, Eduardo
에두아르도 다 실바 da Silva, Eduardo
에두아르도 마네라 Manera, Eduardo
에두아르도 베리쵸 Berizzo, Eduardo
에두아르도 아르케티 Archetti, Eduardo
에두아르드 말로페예프
　　Malofeev, Eduard (감독)
에두아르드 스트렐초프
　　Strelstov, Eduard
에드가 다비즈 Davids, Edgar
에드몬도 파브리 Fabbri, Edmondo
에드미우송 Edmílson
에드워드 스링
　　Thring, Reverend Edward
에드윈 더턴 Dutton, Edwin
에디 베일리Baily, Eddie
에디 클램프 Clamp, Eddie
에디 턴불 Turnbull, Eddie
에르네스무 라차티 Lazzatti, Ernesto
에르네스토 사바토 Sábato, Ernesto
에르네스토 산소네 Ernesto Sansone
에르네스투 산투스
　　Santos, Ernesto (감독)

에르민도 오네가 Onega, Ermindo
에른스트 쿠조라 Kuzorra, Ernst
에른스트 하펠 Happel, Ernst (감독)
에릭 게이츠 Gates, Eric
에릭 칸토나 Cantona, Eric
에릭 페르손 Persson, Eric
에릭 휴튼 Houghton, Eric
에마뉘엘 아데바요르
　　Adebayor, Emmanuel
에마뉘엘 프티 Petit, Emmanuel
에메 자케 Jacquet, Aimé (감독)
에메리코 히르슐
　　Hirschl, Emérico (감독)
에믈린 휴스 Hughes, Emlyn
에밀 헤스키 Heskey, Emile
에밀리오 부트라게뇨
　　Butragueño, Emilio
에스타니슬라오 아르고테
　　Argote, Estanislao
에스테반 베케르만
　　Bekerman, Esteban
에스테반 캄비아소
　　Cambiasso, Esteban
에우세비오 테헤라 Tejera, Eusebio
에우제비오 디 프란세스코
　　Francesco, Eusebio Di
에우제비오 Eusébio
에제크비엘 페르난데스 모레스
　　Moores, Ezequiel Frenández
에질 올센 Olsen, Egil (감독)
엔디카 Endika
엔리케 Enrique, Héctor
엔리케 Guaita, Enrique
엔초 베아르초트 Bearzot, Enzo (감독)
엘레니오 에레라 Herrera, Helenio (감독)
엘비르 발리치 Baljić, Elvir
예노 부잔스키 Buzánsky, Jenő
예스페르 올센 Jesper Olsen
예오리 에릭슨 Ericsson, Georg (감독)
예오리 오비 에릭슨
　　Åby-Ericson, Georg (감독)

옌스 요른 베르텔센
　　Bertelsen, Jens Jørn
오거스틴 에구아보엔
　　Eguavoen, Augustin (감독)
오레스테 코르바타 Corbatta, Oreste
오르티스 Ortiz
오마르 시보리 Sívori, Omar
오마르 아사드 Asad, Omar
오마르 코르바타 Corbatta, Omar
오소리오 Osólio
오스발도 보티니 Osvaldo Bottini
오스발도 수벨디아
　　Zubeldia, Osvaldo (감독)
오스발도 아르디초네
　　Ardizzone, Osvaldo
오스발도 아르딜레스 Ardiles, Osvaldo
오스발도 크루즈 Cruz, Osvaldo
오스발두 브란당 Brandão, Osvaldo
오스카 가레 Garré, Oscar
오스카 루게리 Ruggeri, Oscar
오스카 콕스 Cox, Oscar
오스카르 오르티스 Ortiz, Oscar
오스카르 와싱톤 타바레스
　　Tabárez, Oscar Washington
오언 하그리브스 Hargreaves, Owen
오토 글로리아 Gloria, Oto
오토 네르츠 Nerz, Otto (감독)
오토 레하겔 Rehhagel, Otto (감독)
오토 지플링 Siffling, Otto
오토 피스터 Pfister, Otto (감독)
온디노 비에라 Viera, Ondino (감독)
올라프 톤 Thon, Olaf
올란도 Orlando
올레 노르딘 Nordin, Olle (감독)
올레그 바질레비치
　　Bazylevych, Oleh (감독)
올레그 블로힌 Blokhin, Oleh
올레그 쿠즈네초프 Kuznetsov, Oleh
올레크 로만체프 Romantsev, Oleg (감독)
올레크 루즈니 Luzhny, Oleg
올레크 오센코프 Oshenkov, Oleg

올렉산드르 합살리스
Khapsalys, Oleksandr
올리버 비어호프 Bierhoff, Oliver
옵둘리오 바레라 Varela, Obdulio
와엘 고마 Gomma, Wael
왈테르 바르가스 Vargas, Walter
외위빈 라르손 Larson, Øyvind
외위빈 레온하드센
Leonhardsen, Øyvind
요니 렙 Rep, Johnny
요세프 서보 Szabo, Josef
요세프 츠티로키 Ctyroky, Josef
요스테인 플로 Flo, Jostein
요제프 보지크 Bozsik, József
요제프 스미스틱 Smistik, Josef
요제프 우리딜 Uridil, Josef
요제프 자카리아스 Zakariás, József
요제프 치비 브라운
Braun, József 'Csibi'
요코 오노 Ono, Yoko
요한 네스켄스 Neeskens, Johan
요한 크루이프 Cruyff, Johan (감독)
욘 시베베크 Sivebæk, John
우고 가티 Gatti, Hugo
우고 산체스 Sanchez, Hugo
우고 아쉬 Asch, Hugo
우도 라텍 Lattek, Udo
우드하우스 P.G. Wodehouse
우베 바인 Bein, Uwe
월터 윈터바텀
Winterbottom, Walter (감독)
월트 불 Bull, Walter
웨인 루니 Rooney, Wayne
위르겐 콜러 Kohler, Jürgen
위르겐 클롭 Klopp, Jürgen
윈스턴 처칠 Churchill, Winston
윌리 라이언 Lyon, Willie
윌리 모건 Morgan Willie
윌리 오르몬드 Ormond, Willie
윌리 와델 Waddell, Willie
윌리 월리스 Wallace, Willie

윌리엄 가버트 Garbutt, William
윌리엄 레슬리 풀 Poole, William Leslie
윌리엄 체스터먼 Chesterman, William
윌리엄 카를로스 윌리엄스
Williams, William Carlos
윌슨 피아자 Piazza, Wilson
윌프 로 Low, Wilf
윌프 로스트론 Rostron, Wilf
윌프 코핑 Copping, Wilf
유고 메이슬 Meisl, Hugo (감독)
유나스 콜카 Kolkka, Joonas
유리 보이노프 Voinov, Yuri
유리 아브루츠키 Avrutsky, Yuri
유리 조르카에프 Djorkaeff, Youri
유프 하인케스 Heynckes, Jupp
이고르 슈티마츠 Štimac, Igor
이고르 투도르 Tudor, Igor
이그나시오 아귀레사바라
Aguirrezabala, Ignacío
이메르송 레앙 Leão, Emerson
이바노 블라손 Blason, Ivano
이반 닐센 Nielsen, Ivan
이반 라키티치 Rakitić, Ivan
이반 소테르 Soter, Ivan
이반 카르첸코 Kharchenko, Ivan
이반 폰팅 Ponting, Ivan
이베라우두 Everaldo
이본 듀이스 Douis, Yvon
이비차 드라구티노비치
Draguitinović, Ivica
이비차 올리치 Olić, Ivica
이사벨 페론 Péron, Isabel
이소드로 랑가라 Langara, Isodro
이슈트반 니에르즈 Nyers, István
이스라엘 코헨 Cohen, Israel
이스마엘 우르투비 Urtubi, Ismael
이스메트 하드지치 Hadžić, Ismet
이안 라이트 Wright, Ian
이안 러시 Rush, Ian
이안 보이어 Bowyer, Ian
이안 볼턴 Bolton, Ian

조키 심프슨 Simpson, Jocky
존 딕 Dick, John
존 랑제뉘 Langenus, John
존 레넌 Lennon, John
존 로버트슨 Robertson, John
존 롤링크 Rolink, John
존 루이스 Lewis, John
존 매든 Madden, John
존 맥거번 McGovern, John
존 바커 Barker, John
존 반스 Barnes, John
존 브리얼리 Brearley, John
존 블랙번 Blackburn, John
존 비니콤 Vinicombe, John
존 알롯 Arlott, John
존 오셔 O'Shea, John
존 오헤어 O'Hare, John
존 잭슨 Jackson, John
존 찰스 Charles, John
존 카메론 Cameron, John
존 케네디 Kennedy, John
존 코넬리 Connelly, John
존 토샥 Toshack, John (감독)
존 파샤누 Fashanu, John
존 프라이스 Price, John
졸탄 치보르 Czibor, Zoltán
죄르지 버더스 Vadas, György
죄르지 사로시 Sárosi, György
죄르지 세페시 Szepesi, György
죄르지 오르스 Orth, György
죠프 허스트 Hurst, Geoff
주베날 Juvenal (브라질 선수)
주베날 Juvenal (칼럼니스트)
주세페 메아차 Meazza, Giuseppe
주셀리노 쿠비체크
　　　Kubitschek, Juscelino
주앙 사우다냐 Saldana, João (감독)
주앙 카르발량이스
　　　Carvalhães, Dr João
주앙 핀투 Pinto Juão
줄라 실라지 Szilágyi, Gyula

줄리아노 사르티 Sarti, Giuliano
줄리아노 타콜라 Taccola, Giuliano
줄리우 페레스 Pérez, Julio
쥬니오르 Júnior
쥬세페 갈데리시 Galderisi, Giuseppe
즈데네크 지칸 Zikan, Zdenek
즈보니미르 보반 Boban, Zvonimir
즈보니미르 솔도 Soldo, Zvonimir
즐라탄 이브라히모비치
　　　Ibrahimović, Zlatan
즐라트코 차이코브스키
　　　Čajkovski, Zlatko
즐라트코 카즈코브스키
　　　Cajkovski, Zlatko (감독)
즐라트코 크란차르
　　　Kranjčar, Zlatko (감독)
지네딘 지단 Zidane, Zinédine
지노 아르마노 Armano, Gino
지노 콜라우시 Colaussi, Gino
지노 피바텔리 Pivatelli, Gino
지누 사니 Dino Sani
지리 페우레이슬 Feureisl, Jiri
지미 그리브스 Greaves, Jimmy
지미 깁슨 Gibson, Jimmy
지미 델라니 Delaney, Jimmy
지미 디킨슨 Dickinson, Jimmy
지미 레드베터 Leadbetter, Jimmy
지미 맥길로이 McIlroy, Jimmy
지미 맥메네미 McMenemy, Jimmy
지미 맥뮬란 McMullan, Jimmy
지미 맥스테이 McStay, Jimmy
지미 머리 Murray, Jimmy
지미 멀린 Mullen Jimmy
지미 번스 Burns, Jimmy
지미 심프슨 Simpson, Jimmy
지미 아담슨 Adamson, Jimmy
지미 존스틴 Johnston, Jimmy
지미 코스틀리 Costley, Jimmy
지미 햄프슨 Hampson, Jimmy
지미 호건 Hogan, Jimmy (감독)
지아니 리베라 Rivera, Gianni

지아니 브레라 Brera, Gianni
지아신토 파체티 Facchetti, Giacinto
지안루카 비알리 Vialli, Gianluca
지안프랑코 베딘 Bedin, Gianfranco
지우베르투 시우바 Silva, Gilberto
지우베르투 프레이리 Freyre, Gilberto
지지 리바 Riva, Gigi
지지 메로니 Meroni, Gigi
지지 Didi
지지뉴 Zizinho
지쿠 Zico
지투 Zito
지포 비아니 Viani, Gipo (감독)
짐 크레이그 Craig, Jim
짐 홀든 Holden, Jim

찰리 로버츠 Roberts, Charlie
찰리 버칸 Buchan, Charlie
찰리 스펜서 Spencer, Charlie
찰리 워리스 Wallace, Charlie
찰리 톰슨 Thomson, Charlie
찰리 파커 Parker, Charlie
찰리 플레밍 Fleming, Charlie
찰스 래드클리프 Radcliffe, Charles
찰스 리프 Reep, Charles
찰스 멀레스 Murless, Charles
찰스 밀러 Miller, Charles
찰스 밍거스 Mingus, Charles
찰스 존스 Jones, Charles
찰스 휴스 Hughes, Charles
찰스 W. 앨콕 Alcock, Charles W.
체너리 Chenery
체사레 말디니 Maldini, Cesare
치로 블라제비치 Blazević, Ćiro
치코 부아르케 Buarque, Chico
치쿠 Chico

카노테이로 Canhoteiro
카누 Kanu
카레카 Careca
카렌티냐 Quarentinha

카렐 가블러 Gabler, Karel (감독)
카를레스 푸욜 Puyol, Carles
카를로 안첼로티 Ancelotti, Carlo (감독)
카를로 타그닌 Tagnin, Carlo
카를로스 그리구올 Griguol, Carlos
카를로스 누녜스 Núñez, Carlos
카를로스 메넴 Menem, Carlos
카를로스 몬손 Monzón, Carlos
카를로스 바빙톤 Babington, Carlos
카를로스 비안치 Carlos Bianchi
카를로스 빌라도 Bilardo, Carlos (감독)
카를로스 타피아 Tápia, Carlos
카를로스 테베스 Tevez, Carlos
카를로스 페우셀로 Peucelle, Carlos
카를루스 바우어 Bauer, Carlos (감독)
카를루스 아우베르투 토레스
    Torres, Carlos Alberto
카를루스 아우베르투 파헤이라
    Parreira, Carlos Alberto (감독)
카를루스 아우베르투 Alberto Carlos
카밀라 체데르나 Cederna, Camilla
카밀라 카스티그놀라
    Castignola, Camilla
카카 Kaká
카터 Carter, Raich
칼 라판 Rappan, Karl (감독)
칼 치쉨 Zischek, Karl
칼 하인츠 루메니게
    Rummenigge, Karl-Heinz
칼 하인츠 푀르스터
    Förster, Karl-Heinz
칼튼 팔머 Palmer, Carlton
캐러더스 Carruthers
캠벨 Campbell, F.W.
케네스 울스텐홈
    Wolstenholme, Kenneth
케니 달글리쉬 Dalglish, Kenny
케빈 키건 Keegan, Kevin (감독)
케빈 필립스 Phillips, Kevin
케빈 헥터 Hector, Kevin
켄 브레이 Bray, Ken

코 아드리안세 Adriaanse, Co (감독)
코스타 페레이라 Pereira, Costa
코엔 마우레인 Moulijn, Coen
콘스탄틴 베스코프
　　Beskov, Konstantin (감독)
콘스탄틴 셰호츠키
　　Shchehotskyi, Konsstantyn
콘코드 Concord
콜롬보 Colombo
콜린 맥냅 McNab, Colin
콜린 맥도날드 McDonald, Colin
콜린 베이치 Veitch, Colin
쿠르트 닐센 Nielsen, Kurt
쿠르트 린더 Linder, Kurt
쿠시우포 Cuciuffo, José Luis
크로스 Cross, E.A.
크리스 롤러 Lawler, Chris
크리스 와들 Waddle, Chris
크리스 우즈 Woods, Chris
크리스토프 뒤가리 Dugarry, Christopher
크리스티아누 호날두 Ronaldo, Cristiano
크리스티안 도미치 Domizzi, Cristian
크리스티안 란티그노티
　　Lantignotti, Christian
크리스티안 로브린세비치
　　Lovrincevich, Cristian (감독)
크리스티안 치게 Ziege, Christian
크리스티안 카랑뵈
　　Karembu, Christian
크리스티안 파누치 Panucci, Cristian
클라렌스 세도르프 Seedorf, Clarence
클라스 뉘넁아 Nuninga, Klaas
클라우디오 로페스 López, Claudio
클라우디오 보르기 Borghi, Claudio
클라우디오 젠틸레 Gentile, Claudio
클라우디오 코티뉴
　　Coutinho, Captain Cláudio (감독)
클라우스 베르그린 Berggreen, Klaus
클라우스 아우겐탈러
　　Augenthaler, Klaus
클라우스 알로프스 Allofs, Klaus

클라우스 폰 암스베르크
　　Amsberg, Claus von
클레그 Clegg, W.E.
클렘 스티븐슨 Stephenson, Clem
클로도아우두 Clodoaldo
클로드 레비 스트로스
　　Lévi-Strauss, Claude
클로드 마켈렐레 Makélélé, Claude
클리프 바스틴 Bastin, Cliff
킴 빌포트 Vilfort, Kim

타데이 Taddei
타르치시오 부르니크
　　Burgnich, Tarcisio
테드 드레이크 Drake, Ted
테드 크로커 Croker, Ted
테드 필립스 Phillips, Ted
테디 덕워서 Duckworth, Teddy
테디 셰링엄 Sheringham, Teddy
테리 맥더못 McDermott, Terry
테리 베너블스 Venables, Terry (감독)
테리 부처 Butcher, Terry
테리 페인 Paine, Terry
테오 반 다위벤보데
　　Duivenbode, Theo van
테오필로 아바호 Abajo, Teófilo
텍세이라 하이즈 Heizer, Teixeira
텔레 산타나 Santana, Telê (감독)
토니 데일리 Daley, Tony
토니 우드콕 Woodcock, Tony
토니 프롱크 Pronk, Tonny
토니뉴 Toninho
토드 그립 Grip, Tord (감독)
토르스텐 프링스 Frings, Torsten
토마스 마죠니 Mazzoni, Tomás
토마스 뱅크스 Banks, Thomas
토마스 베를톨트 Berthold, Thomas
토마스 아브라함 Abraham, Tomás
토마스 페테르손 Peterson, Tomas
토마스 헤슬러 Hässler, Thomas
토마스 헬베그 Helveg, Thomas

하비 마르티네스 Martínez, Javi
하비에르 사네티 Zanetti, Javier
하비에르 사비올라 Saviola, Javier
하비에르 이루레타
    Irureta, Javier (감독)
하비에르 클레멘테 Clemente, Javier
하워드 윌킨슨 Wilkinson, Howard (감독)
하워드 켄달 Kendall, Howard (감독)
한 흐리젠하우트 Grijzenhout, Han
한스 보르네만 Bornemann, Hans
한스 카발리-비에르크만
    Cavalli-Björkman, Hans
한스 파스락 Passlack, Hans
한스 페터 브리겔 Briegel, Hans-Peter
해리 메이크피스 Makepeace, Harry
해리 브래드쇼 Bradshaw, Harry (감독)
해리 웰페어 Welfare, Harry
해리 존스턴 Johnston, Harry
해리 차녹 Charnock, Harry
해리 투프넬 Tufnell, Harry
허버트 데인티 Dainty, Herbert
허버트 몰리 Morley, Herbert
허버트 버제스 Burgess, Herbert
허버트 채프먼 Chapman, Herbert (감독)
허비 로버츠 Roberts, Herbie
헤네스 바이스바일러
    Weisweiler, Hennes
헤라르도 마르티노 Martino, Gerardo
헤라르드 피케 Piqué, Gerard
헤르만 레오폴디 Leopoldi, Hermann
헤수스 힐 Gil, Jesús
헤이나우두 Reinaldo
헥토르 쿠페르 Cúper, Héctor
헨리 노리스 경 Norris, Sir Henry
헨리 레니 테일러
    Renny-Tailyour, Henry
헨리 코르멜린크 Kormelink, Henry
헨리크 라르센 Larsen, Henrik
헨크 텐 카테 ten Cate, Henk
헨크 흐루트 Groot, Henk
헬무트 쇤 Schön, Helmut

호나우지뉴 Ronaldinho
호르스트 블랑켄부르크
    Blankenburg, Horst
호르스트 엑켈 Eckell, Horst
호르스트 흐뤼베쉬 Hrubesch, Horst
호르헤 루이스 보르헤스
    Borges, Jorge Luis
호르헤 루이스 브라운 Brown, Jorge Luis
호르헤 발다노 Valdano, Jorge
호르헤 벤투라 Ventura, Jorge
호르헤 부라차가 Burrachaga, Jorge
호르헤 브라운 Brown, Jorge
호르헤 삼파올리 Jorge Sampaoli
호마리우 Romario
호메우 Romeu
호베르투 다마타 DaMatta, Roberto
호베르투 아사프 Assaf, Roberto
호베르투 카를루스 Carlos, Roberto
호베르투 히벨리누 Rivellino, Roberto
호세 누녜스 Núñez, José
호세 다미코 D'Amico, José (감독)
호세 델라 토레 della Torre, José
호세 라모스 델가도 Ramos Delgado, José
호세 마리아 마테오스
    Mateos, José María
호세 마리아 무뇨스 Muñoz, José María
호세 마리아 미넬리 Minelli, José María
호세 마리아 밍게야
    José-Maria Minguella
호세 마리아 바케로 Bakero, José María
호세 마리아 벨라우스테
    Belauste, José María
호세 마리아 오르티스 데 멘디빌
    Mendibil, Ortiz de
호세 모레노 Moreno, José
호세 바레이로 Barreiro, José
호세 알베르투 코르테스
    Cortes, José Alberto
호세 알타피니 Altafini, José (Mazzola)
호세 유디카 Yudica, José
호세 페르쿠다니 Percudani, José

호세 페케르만 Pekerman, José (감독)
호세 휴고 메디나 Medina, José Hugo
호셉 세구에르 Seguer, Josep
호셉 유이스 누녜스 Lluís Núñez, Josep
호셉 푸스테 Fuste, Josep
호아킨 페이로 Peiro, Joaquin
호안 라포르타 Laporta, Joan
호피 쿠라트 Kurrat, Hoppy
후베르트 스메츠 Smeets, Hubert
후스 Huss
후안 라몬 베론 Verón, Juan Ramón
후안 로만 리켈메 Riquelme, Juan Roman
후안 로페스 López, Juan (감독)
후안 마누엘 리요
　　Lillo, Juan Manuel (감독)
후안 마누엘 욥 Llop, Juan Manuel
후안 세바스티안 베론
　　Verón, Juan Sebastian
후안 스키아피노 Schiaffino, Juan
후안 에바리스토 Evaristo, Juan
후안 카를로스 로렌초
　　Lorenzo, Juan Carlos (감독)
후안 카를로스 무뇨스
　　Muñoz, Juan Carlos

후안 카를로스 온가니아
　　Onganía, Juan Carlos
후안 카를로스 카르데나스
　　Cárdenas, Juan Carlos
후안 파블로 소린 Sorín, Juan Pablo
후안 페론 Péron, Juan
후안 프레스타 Presta, Juan
후안 호세 무난테 Munãnte, Juan José
후안 호세 페라로 Ferraro, Juan José
후안 호세 피수티
　　Pizzuti, Juan José (감독)
후안마 리요 Lillo, Juanma
훌리오 살다냐 Saldaña, Julio
훌리오 살리나스 Salinas, Julio
훌리오 세사르 팔시오니
　　Falcioni, Julio César
훌리오 올라르티코에체아
　　Olarticoechea, Julio
훔베르토 마스치오 Maschio, Humberto
휘스 히딩크 Hiddink, Guus
휴 마테손 Matheson, Hugh
휴 맥일바니 McIlvanney, Hugh
휴 모패트 Moffatt, Hugh 'Midget'
흐리스토 스토이치코프 Stoichkov, Hristo